BOURBAKI

ÉLÉMENTS DE MATHÉMATIQUE

N. BOURBAKI

ÉLÉMENTS DE
MATHÉMATIQUE

FONCTIONS D'UNE VARIABLE RÉELLE

Théorie élémentaire

Springer

ISBN-10 3-540-34036-X Springer Berlin Heidelberg New York
ISBN-13 978-3-540-34036-2 Springer Berlin Heidelberg New York

Springer est membre du Springer Science+Business Media
springer.com
Imprimé en Allemagne

Cover Design: WMXdesign, Heidelberg
Imprimé sur papier non acide 41/3100/YL - 5 4 3 2 1 0 -

Mode d'emploi de ce traité

NOUVELLE ÉDITION

1. Le traité prend les mathématiques à leur début, et donne des démonstrations complètes. Sa lecture ne suppose donc, en principe, aucune connaissance mathématique particulière, mais seulement une certaine habitude du raisonnement mathématique et un certain pouvoir d'abstraction. Néanmoins, le traité est destiné plus particulièrement à des lecteurs possédant au moins une bonne connaissance des matières enseignées dans la première ou les deux premières années de l'Université.

2. Le mode d'exposition suivi est axiomatique et procède le plus souvent du général au particulier. Les nécessités de la démonstration exigent que les chapitres se suivent, en principe, dans un ordre logique rigoureusement fixé, L'utilité de certaines considérations n'apparaîtra donc au lecteur qu'à la lecture de chapitres ultérieurs, à moins qu' il ne possède déjà des connaissances assez étendues.

3. Le traité est divisé en Livres et chaque Livre en chapitres. Les Livres actuellement publiés, en totalité ou en partie, sont les suivants:

Théorie des Ensembles	désigné par	E
Algèbre	,,	A
Topologie générale	,,	TG
Fonctions d'une variable réelle	,,	FVR
Espaces vectoriels topologiques	,,	EVT
Intégration	,,	INT
Algèbre commutative	,,	AC
Variétés différentielles et analytiques	,,	VAR
Groupes et algèbres de Lie	,,	LIE
Théories spectrales	,,	TS

Dans les *six premiers* Livres (pour l'ordre indiqué-ci dessus), chaque énoncé ne fait appel qu'aux définitions et résultats exposés précédemment dans ce Livre ou dans les Livres *antérieurs*. A partir du septième Livre, le lecteur trouvera éventuellement, au début de chaque Livre ou chapitre, l'indication précise des autres Livres ou chapitres utilisés (les six premiers Livres etant toujours supposés connus).

4. Cependant, quelques passages font exception aux règles précédentes Ils sont placés entre deux astérisques: *. . . .* Dans certains cas, il s'agit seulement de faciliter la compréhension du texte par des exemples qui se réfèrent à des faits que le lecteur peut déjà connaître par ailleurs. Parfois aussi, on utilise, non seulement les résultats supposés connus dans tout le chapitre en cours, mais des résultats démontrés ailleurs dans le traité. Ces passages seront employés librement dans les parties qui supposent connus les chapitres où ces passages sont insérés et les chapitres auxquels ces passages font appel. Le lecteur pourra, nous l'espérons, vérifier l'absence de tout cercle vicieux.

5. A certains Livres (soit publiés, soit en préparation) sont annexés des *fascicules de résultats*. Ces fascicules contiennent l'essentiel des définitions et des résultats du Livre, mais aucune démonstration.

6. L'armature logique de chaque chapitre est constituée par les *définitions*, les *axiomes*, et les *théorèmes* de ce chapitre; c'est là ce qu'il est principalement nécessaire de retenir en vue de ce qui doit suivre. Les résultats moins importants, ou qui peuvent être facilement retrouvés à partir des théorèmes, figurent sous le nom de « propositions », « lemmes », «corollaires », « remarques », etc; ceux qui peuvent être omis en première lecture sont imprimés en petits caractères. Sous le nom de « scholie », on trouvera quelquefois un commentaire d'un théorème particulièrement important.

Pour éviter des répétitions fastidieuses, on convient parfois d'introduire certaines notations ou certaines abréviations qui ne sont valables qu'à l'intérieur d'un seul chapitre ou d'un seul paragraphe (par exemple, dans un chapitre où tous les anneaux considérés sont commutatifs, on peut convenir que le mot « anneau » signifie toujours « anneau commutatif »). De telles conventions sont explicitement mentionnées à la tête du *chapitre* dans lequel elles s'appliquent.

7. Certains passages sont destinés à prémunir le lecteur contre des erreurs graves, où il risquerait de tomber; ces passages sont signalés en marge par le signe Z (« tournant dangereux »).

8. Les exercices sont destinés, d'une part, à permettre au lecteur de vérifier qu'il a bien assimilé le texte; d'autre part à lui faire connaître des résultats qui n'avaient pas leur place dans le texte; les plus difficiles sont marqués du signe ¶.

9. La terminologie suivie dans ce traité a fait l'objet d'une attention particulière. *On s'est efforcé de ne jamais s'écarter de la terminologie reçue sans de très sérieuses raisons.*

10. On a cherché à utiliser, sans sacrifier la simplicité de l'exposé, un langage rigoureusement correct. Autant qu'il a été possible, *les abus de langage ou de notation*, sans lesquels tout texte mathématique risque de devenir pédantesque et même illisible, ont été signalés au passage.

11. Le texte étant consacré à l'exposé dogmatique d'une théorie, on n'y trouvera qu'exceptionnellement des références bibliographiques; celles-ci sont groupées dans des *Notes historiques*. La bibliographie qui suit chacune de ces Notes ne comporte le plus souvent que les livres et mémoires originaux qui ont eu le plus d'importance dans l'évolution de la théorie considérée; elle ne vise nullement à être complète.

Quant aux exercices, il n'a pas été jugé utile en général d'indiquer leur provenance, qui est très diverse (mémoires originaux, ouvrages didactiques, recueils d'exercices).

12. Dans la nouvelle édition, les renvois à des théorèmes, axiomes, définitions, remarques, etc. sont donnés en principe en indiquant successivement le Livre (par l'abréviation qui lui correspond dans la liste donnée au n° 3), le chapitre et la page où ils se trouvent. A l'intérieur d'un même Livre la mention de ce Livre est supprimée; par exemple, dans le Livre d'Algêbre,

E, III, p. 32, cor. 3

renvoie au corollaire 3 se trouvant au Livre de Théorie des Ensembles, chapitre III, page 32 de ce chapitre;

II, p. 23, *Remarque* 3

renvoie à la Remarque 3 du Livre d'Algèbre, chapitre II, page 23 de ce chapitre.

Les fascicules de résultats sont désignés par la lettre R; par exemple: EVT, R signifie « fascicule de résultats du Livre sur les Espaces vectoriels topologiques ».

Comme certains Livres doivent seulement être publiés plus tard dans la nouvelle édition, les renvois à ces Livres se font en indiquant successivement le Livre, le chapitre, le paragraphe et le numéro où se trouve le résultat en question; par exemple:

AC, III, § 4, n° 5, cor. de la prop. 6.

Au cas où le Livre cité a été modifié au cours d'éditions successives, on indique en outre l'édition.

INTRODUCTION

L'objet de ce Livre est l'étude élémentaire des propriétés infinitésimales des fonctions d'*une* variable réelle; l'extension de ces propriétés aux fonctions de *plusieurs* variables réelles, ou, à plus forte raison, à des fonctions définies dans des espaces plus généraux, ne pourra être traitée que dans des Livres ultérieurs.

Les propriétés que nous démontrerons sont surtout utilisées lorsqu'elles se rapportent à des fonctions *numériques* (finies) d'une variable réelle; mais la plupart s'étendent sans nouveau raisonnement aux fonctions d'une variable réelle prenant leurs valeurs dans un *espace vectoriel de dimension finie* sur le corps **R**, et plus généralement à des fonctions prenant leurs valeurs dans un *espace vectoriel topologique* sur **R** (voir ci-dessous); comme ces fonctions interviennent fréquemment en Analyse, c'est pour elles que nous énoncerons toutes les propriétés qui ne sont pas spéciales aux fonctions numériques.

La notion d'espace vectoriel topologique, dont nous venons de parler, est définie et étudiée en détail au Livre V de ce Traité; mais dans le présent Livre, nous n'aurons besoin d'*aucun* des résultats du Livre V; seules interviendront quelques définitions que nous allons reproduire ci-dessous pour la commodité du lecteur.

Nous ne reviendrons pas sur la définition d'une *espace vectoriel* sur un corps *commutatif* K (A, II, p. 3).[1] Un *espace vectoriel topologique* E sur un *corps topologique* K

[1] Les éléments (ou *vecteurs*) d'un espace vectoriel E sur un corps commutatif K seront notés d'ordinaire dans ce chapitre par des minuscules grasses, les scalaires par des minuscules latines; le plus souvent, nous noterons *à droite* le scalaire t dans le produit par t d'un vecteur $\mathbf{x}$, produit qui s'écrira donc $\mathbf{x}t$; éventuellement, nous nous permettrons toutefois d'utiliser la notation à gauche $t\mathbf{x}$ dans certains cas où elle sera plus commode; nous écrirons aussi parfois le produit du scalaire $1/t$ ($t \neq 0$) et du vecteur $\mathbf{x}$ sous la forme $\mathbf{x}/t$.

est un espace vectoriel sur K muni d'une topologie telle que les fonctions $\mathbf{x} + \mathbf{y}$ et $\mathbf{x}t$ soient *continues* dans $E \times E$ et dans $E \times K$ respectivement; une telle topologie est en particulier compatible avec la structure de groupe additif de E. Lorsque le groupe topologique E est complet, on dit que l'espace vectoriel topologique E est *complet*. Tout espace vectoriel *normé* sur un *corps valué* K (TG, IX, p. 31)[1] est un espace vectoriel topologique sur K.

Soit E un espace vectoriel (muni ou non d'une topologie) sur le corps **R** des nombres réels; si $\mathbf{x}$, $\mathbf{y}$ sont deux points quelconques de E, on appelle *segment fermé* d'extrémités $\mathbf{x}$, $\mathbf{y}$ l'ensemble des points $\mathbf{x}t + \mathbf{y}(1 - t)$ lorsque t parcourt l'intervalle fermé $[0, 1]$ de **R**. On dit qu'une partie A de E est *convexe* si, quels que soient les points $\mathbf{x}$, $\mathbf{y}$ de A, le segment fermé d'extrémités $\mathbf{x}$ et $\mathbf{y}$ est contenu dans A. Par exemple, une variété linéaire affine est convexe; il en est de même d'un segment fermé; dans $\mathbf{R}^n$, un parallélotope (TG, VI, p. 3) est convexe. Toute intersection d'ensembles convexes est un ensemble convexe.

On dit qu'un espace vectoriel topologique E sur le corps **R** est *localement convexe* si l'origine (et par suite tout point de E) possède un système fondamental de voisinages *convexes*. Tout espace *normé* E sur **R** est localement convexe; en effet, les boules $\|\mathbf{x}\| \leqslant r$ $(r > 0)$ forment un système fondamental de voisinages de 0 dans E, et chacune d'elles est un ensemble convexe, car les relations $\|\mathbf{x}\| \leqslant r$, $\|\mathbf{y}\| \leqslant r$ entraînent

$$\|\mathbf{x}t + \mathbf{y}(1 - t)\| \leqslant \|\mathbf{x}\|t + \|\mathbf{y}\|(1 - t) \leqslant r$$

pour $0 \leqslant t \leqslant 1$. En particulier, les espaces numériques $\mathbf{R}^n$ sont localement convexes.

Enfin, une *algèbre topologique* A sur un *corps topologique* (commutatif) K est une algèbre sur K munie d'une topologie telle que les fonctions $\mathbf{x} + \mathbf{y}$, $\mathbf{xy}$ et $\mathbf{x}t$ soient continues dans $A \times A$, $A \times A$ et $A \times K$ respectivement; lorsqu'on munit seulement A de sa topologie et de sa structure d'espace vectoriel sur K, A est donc un espace vectoriel topologique. Toute *algèbre normée* sur un *corps valué* K (TG, IX, p. 37) est une algèbre topologique sur K.

[1] On rappelle qu'une *norme* sur E est une fonction numérique $\|\mathbf{x}\|$ définie dans E, à valeurs finies et $\geqslant 0$, telle que la relation $\|\mathbf{x}\| = 0$ soit équivalente à $\mathbf{x} = 0$ et qu'on ait

$$\|\mathbf{x} + \mathbf{y}\| < \|\mathbf{x}\| + \|\mathbf{y}\| \text{ et } \|\mathbf{x}t\| = \|\mathbf{x}\|.|t|$$

pour tout $t \in K$ ($|t|$ étant la valeur absolue de t dans K).

CHAPITRE I

Dérivées

§ 1. DÉRIVÉE PREMIÈRE

Ainsi qu'il a été dit dans l'Introduction, nous étudierons dans ce chapitre et le suivant les propriétés infinitésimales des fonctions définies dans une partie du corps **R** des nombres réels, et prenant leurs valeurs dans un *espace vectoriel topologique* E sur le corps **R**; nous dirons pour abréger qu'une telle fonction est une *fonction vectorielle d'une variable réelle*. Le cas le plus important est celui où E = **R** (fonctions numériques finies d'une variable réelle). Lorsque $E = \mathbf{R}^n$, la considération d'une fonction vectorielle à valeurs dans E revient à la considération simultanée de *n* fonctions numériques finies.

Beaucoup des définitions et propriétés énoncées dans le chapitre I s'étendent aux fonctions définies dans une partie du corps **C** des nombres complexes, et prenant leurs valeurs dans un espace vectoriel topologique sur **C** (fonctions vectorielles d'une variable complexe). Certaines de ces définitions et propriété s'étendent même aux fonctions définies sur une partie d'un *corps topologique* commutatif quelconque K, et prenant leurs valeurs dans un espace vectoriel topologique sur K.

Nous signalerons ces généralisations au passage (voir en particulier I, p. 8, *Remarque* 2), en insistant surtout sur le cas des fonctions d'une variable complexe, de beaucoup le plus important avec celui des fonctions d'une variable réelle, et qui sera étudié de manière plus approfondie dans un Livre ultérieur.

1. Dérivée d'une fonction vectorielle

DÉFINITION 1. — *Soit* $\mathbf{f}$ *une fonction vectorielle définie dans un intervalle* $I \subset \mathbf{R}$, *non réduit à un point. On dit que* $\mathbf{f}$ *est dérivable en un point* $x_0 \in I$ *si* $\lim_{x \to x_0,\, x \in I,\, x \neq x_0} \frac{\mathbf{f}(x) - \mathbf{f}(x_0)}{x - x_0}$

existe (dans l'espace vectoriel où **f** *prend ses valeurs); la valeur de cette de limite s'appelle dérivée première* (ou simplement *dérivée*) de **f** *au point* x_0, *et se note* $\mathbf{f}'(x_0)$ *ou* $\mathrm{D}\mathbf{f}(x_0)$.

Si **f** est dérivable au point x_0, il en est de même de la *restriction* de **f** à tout intervalle $\mathrm{J} \subset \mathrm{I}$, non réduit à un point et tel que $x_0 \in \mathrm{J}$, et la dérivée de cette restriction est égale à $\mathbf{f}'(x_0)$. Réciproquement, soit J un intervalle contenu dans I et contenant un voisinage de x_0 par rapport à I; si la restriction de **f** à J admet une dérivée au point x_0, il en est de même de **f**.

On exprime ces propriétés en disant que la notion de dérivée est une notion *locale.*

Remarques. — * 1) En Cinématique, si le point $\mathbf{f}(t)$ est la position d'un point mobile dans l'espace $\mathbf{R}^3$ à l'instant t, $\dfrac{\mathbf{f}(t) - \mathbf{f}(t_0)}{t - t_0}$ est ce qu'on appelle la *vitesse moyenne* du mobile entre les instants t_0 et t, et sa limite $\mathbf{f}'(t_0)$ la *vitesse instantanée* (ou simplement *vitesse*) à l'instant t_0 (lorsque cette limite existe).*

2) Si une fonction **f**, définie dans I, est dérivable en un point $x_0 \in \mathrm{I}$, elle est nécessairement *continue par rapport à* I en ce point.

DÉFINITION 2. — *Soit* **f** *une fonction vectorielle définie dans un intervalle* $\mathrm{I} \subset \mathbf{R}$, *et soit* x_0 *un point de* I *tel que l'intervalle* $\mathrm{I} \cap [x_0, +\infty[$ (resp. $\mathrm{I} \cap]-\infty, x_0]$) *ne soit pas réduit à un point. On dit que* **f** *est dérivable à droite* (resp. *à gauche*) *au point* x_0 *si la restriction de* **f** *à l'intervalle* $\mathrm{I} \cap [x_0, +\infty[$ (resp. $\mathrm{I} \cap]-\infty, x_0]$) *est dérivable au point* x_0; *la valeur de la dérivée de cette restriction au point* x_0, *s'appelle dérivée à droite* (resp. *à gauche*) *de* **f** *au point* x_0, *et se note* $\mathbf{f}'_d(x_0)$ (resp. $\mathbf{f}'_g(x_0)$).

Soit **f** une fonction vectorielle définie dans I, x_0 un point *intérieur* à I et tel que **f** soit continue en ce point; il résulte des déf. 1 et 2 que, pour que **f** soit dérivable au point x_0, il faut et il suffit que **f** admette en ce point une dérivée à droite et une dérivée à gauche, et que ces dérivées soient *égales*; on a alors

$$\mathbf{f}'(x_0) = \mathbf{f}'_d(x_0) = \mathbf{f}'_g(x_0).$$

Exemples. — 1) Une fonction *constante* a en tout point une dérivée nulle.

2) Une fonction linéaire affine $x \mapsto \mathbf{a}x + \mathbf{b}$ a en tout point une dérivée égale à **a**, donc *constante.*

3) La fonction numérique $1/x$ (définie pour $x \neq 0$) est dérivable en tout point $x_0 \neq 0$, car on a $\left(\dfrac{1}{x} - \dfrac{1}{x_0}\right)\Big/(x - x_0) = -\dfrac{1}{xx_0}$, et comme $1/x$ est continue au point x_0, la limite de l'expression précédente est $-1/x_0^2$.

4) La fonction numérique $|x|$, définie dans **R**, admet au point $x = 0$ une dérivée à droite égale à $+1$ et une dérivée à gauche égale à -1; elle n'est donc pas dérivable en ce point.

* 5) La fonction numérique égale à 0 pour $x = 0$, à $x \sin 1/x$ pour $x \neq 0$, est définie et continue dans **R**, mais elle n'admet ni dérivée à droite ni dérivée à gauche au point $x = 0$.* On peut donner des exemples de fonctions continues dans un intervalle et n'ayant de dérivée en *aucun* point de l'intervalle (I, p. 42, exerc. 2 et 3).

DÉFINITION 3. — *On dit qu'une fonction vectorielle* **f** *définie dans un intervalle* $\mathrm{I} \subset \mathbf{R}$ *est dérivable* (resp. *dérivable à droite, dérivable à gauche*) *dans* I *si elle est dérivable* (resp.

dérivable à droite, dérivable à gauche) en tout point de I; *la fonction* $x \mapsto \mathbf{f}'(x)$ (resp. $x \mapsto \mathbf{f}'_d(x)$, $x \mapsto \mathbf{f}'_g(x)$) *définie dans* I, *est appelée fonction dérivée ou* (par abus de langage) dérivée (resp. *dérivée à droite, dérivée à gauche*) *de* $\mathbf{f}$, *et se note* $\mathbf{f}'$ *ou* $\mathrm{D}\mathbf{f}$ *ou* $d\mathbf{f}/dx$ (resp. $\mathbf{f}'_d$, $\mathbf{f}'_g$).

Remarque. — Une fonction peut être dérivable dans un intervalle, sans que sa dérivée soit continue en tout point de cet intervalle (cf. I, p. 43, exerc. 5); * c'est ce que montre l'exemple de la fonction égale à 0 pour $x = 0$, à $x^2 \sin 1/x$ pour $x \neq 0$; elle a partout une dérivée, mais cette dérivée est discontinue au point $x = 0$.*

2. Linéarité de la dérivation

Proposition 1. — *L'ensemble des fonctions vectorielles définies dans un intervalle* $\mathrm{I} \subset \mathbf{R}$, *prenant leurs valeurs dans un même espace vectoriel topologique* E, *et dérivables au point* x_0, *est un espace vectoriel sur* $\mathbf{R}$, *et* $\mathbf{f} \mapsto \mathrm{D}\mathbf{f}(x_0)$ *est une application linéaire de cet espace dans* E.

En d'autres termes, si $\mathbf{f}$ et $\mathbf{g}$ sont définies dans I et dérivables au point x_0, $\mathbf{f} + \mathbf{g}$ et $\mathbf{f}a$ (a scalaire quelconque) sont dérivables au point x_0, et ont respectivement pour dérivées en ce point $\mathbf{f}'(x_0) + \mathbf{g}'(x_0)$ et $\mathbf{f}'(x_0)a$. Cela résulte aussitôt de la continuité de $\mathbf{x} + \mathbf{y}$ et de $\mathbf{x}a$ dans $\mathrm{E} \times \mathrm{E}$ et dans E respectivement.

Corollaire. — *L'ensemble des fonctions vectorielles définies dans un intervalle* I, *prenant leurs valeurs dans un même espace vectoriel topologique* E, *et dérivables dans* I, *est un espace vectoriel sur* $\mathbf{R}$, *et* $\mathbf{f} \mapsto \mathrm{D}\mathbf{f}$ *est une application linéaire de cet espace dans l'espace vectoriel des applications de* I *dans* E.

Remarque. — Si on munit de la topologie de la convergence simple (ou de la topologie de la convergence uniforme) l'espace vectoriel des applications de I dans E et le sous-espace des applications dérivables (cf. TG, X, p. 4), l'application linéaire $\mathbf{f} \mapsto \mathrm{D}\mathbf{f}$ *n'est pas continue* en général); * par exemple, la suite des fonctions $\mathbf{f}_n(x) = \sin n^2x/n$ converge uniformément vers 0 dans $\mathbf{R}$, mais la suite des dérivées $\mathbf{f}'_n(x) = n \cos n^2x$ ne converge pas simplement vers 0.*

Proposition 2. — *Soient* E *et* F *deux espaces vectoriels topologiques sur* $\mathbf{R}$, $\mathbf{u}$ *une application linéaire continue de* E *dans* F. *Si* $\mathbf{f}$ *est une fonction vectorielle définie dans un intervalle* $\mathrm{I} \subset \mathbf{R}$, *prenant ses valeurs dans* E *et dérivable au point* $x_0 \in \mathrm{I}$, *la fonction composée* $\mathbf{u} \circ \mathbf{f}$ *admet au point* x_0 *une dérivée égale à* $\mathbf{u}(\mathbf{f}'(x_0))$.

En effet, comme $\dfrac{\mathbf{u}(\mathbf{f}(x)) - \mathbf{u}(\mathbf{f}(x_0))}{x - x_0} = \mathbf{u}\left(\dfrac{\mathbf{f}(x) - \mathbf{f}(x_0)}{x - x_0}\right)$, cela résulte de la continuité de $\mathbf{u}$.

Corollaire. — *Si* φ *est une forme linéaire continue dans* E, *la fonction numérique* $\varphi \circ \mathbf{f}$ *admet au point* x_0 *une dérivée égale à* $\varphi(\mathbf{f}'(x_0))$.

Exemples. — 1) Soit $\mathbf{f} = (f_i)_{1 \leqslant i \leqslant n}$ une fonction à valeurs dans $\mathbf{R}^n$, définie dans un intervalle $\mathrm{I} \subset \mathbf{R}$; chacune des fonctions numériques f_i n'est autre que la fonction composée $\mathrm{pr}_i \circ \mathbf{f}$, donc est dérivable au point x_0 si $\mathbf{f}$ l'est, et on a alors $\mathbf{f}'(x_0) = (\mathbf{f}'_i(x_0))_{1 \leqslant i \leqslant n}$.

* 2) En Cinématique, si $\mathbf{f}(t)$ est la position d'un mobile M à l'instant t, $\mathbf{g}(t)$ la position au même instant de la projection M' de M sur un plan P (resp. une droite D) parallèlement à une droite (resp. un plan) non parallèle à P (resp. à D), $\mathbf{g}$ est composée de la projection $\mathbf{u}$ de $\mathbf{R}^3$ sur P (resp. D) et de $\mathbf{f}$; comme $\mathbf{u}$ est une application linéaire (continue), on voit que la projection de la vitesse d'un mobile sur un plan (resp. une droite) est égale à la vitesse de la projection du mobile sur le plan (resp. la droite).*

3) Soit f une fonction à valeurs complexes, définie dans un intervalle $I \subset \mathbf{R}$, et soit a un nombre complexe quelconque; la prop. 2 montre que si f est dérivable en un point $x_0 \in I$, il en est de même de af, et la dérivée de cette fonction au point x_0 est égale à $af'(x_0)$.

3. Dérivée d'un produit

Considérons maintenant p espaces vectoriels topologiques E_i $(1 \leqslant i \leqslant p)$ sur $\mathbf{R}$, et une application *multilinéaire*[1] *continue* (que nous noterons

$$(\mathbf{x}_1, \mathbf{x}_2 \ldots, \mathbf{x}_p) \mapsto [\mathbf{x}_1 . \mathbf{x}_2 \ldots \mathbf{x}_p])$$

de $E_1 \times E_2 \ldots \times E_p$ dans un espace vectoriel topologique F sur $\mathbf{R}$.

Proposition 3. — *Pour chaque indice i $(1 \leqslant i \leqslant p)$, soit $\mathbf{f}_i$ une fonction définie dans un intervalle $I \subset \mathbf{R}$, prenant ses valeurs dans E_i, dérivable au point $x_0 \in I$. Alors la fonction*

$$x \mapsto [\mathbf{f}_1(x) . \mathbf{f}_2(x) \ldots \mathbf{f}_p(x)]$$

définie dans I *et à valeurs dans* F, *admet au point x_0 une dérivée égale à*

$$\sum_{i=1}^{p} [\mathbf{f}_1(x) \ldots \mathbf{f}_{i-1}(x_0) . \mathbf{f}_i'(x_0) . \mathbf{f}_{i+1}(x_0) \ldots \mathbf{f}_p(x_0)]. \tag{1}$$

Posons en effet $\mathbf{h}(x) = [\mathbf{f}_1(x) . \mathbf{f}_2(x) \ldots \mathbf{f}_p(x)]$; en vertu de l'identité

$$[\mathbf{b}_1 . \mathbf{b}_2 \ldots \mathbf{b}_p] - [\mathbf{a}_1 . \mathbf{a}_2 \ldots \mathbf{a}_p] = \sum_{i=1}^{p} [\mathbf{b}_1 \ldots \mathbf{b}_{i-1} . (\mathbf{b}_i - \mathbf{a}_i) . \mathbf{a}_{i+1} \ldots \mathbf{a}_p],$$

on peut écrire

$$\mathbf{h}(x) - \mathbf{h}(x_0) = \sum_{i=1}^{p} [\mathbf{f}_1(x) \ldots \mathbf{f}_{i-1}(x) . (\mathbf{f}_i(x) - \mathbf{f}_i(x_0)) . \mathbf{f}_{i+1}(x_0) \ldots \mathbf{f}_p(x_0)].$$

Multipliant les deux membres $\dfrac{1}{x - x_0}$ et faisant tendre x vers x_0 dans I, on obtient bien l'expression (1), en tenant compte de la continuité de

$$(\mathbf{x}_1, \mathbf{x}_2, \ldots, \mathbf{x}_p) \mapsto [\mathbf{x}_1 . \mathbf{x}_2 \ldots \mathbf{x}_p]$$

et de la continuité de l'addition dans F.

[1] Rappelons (A, II, p. 71) qu'une application $\mathbf{f}$ de $E_1 \times E_2 \times \cdots \times E_p$ dans F est dite *multilinéaire* si toute application partielle

$$\mathbf{x}_i \mapsto \mathbf{f}(\mathbf{a}_1, \ldots, \mathbf{a}_{i-1}, \mathbf{x}_i, \mathbf{a}_{i+1}, \ldots, \mathbf{a}_p)$$

de E_i dans F $(1 \leqslant i \leqslant p)$, les $\mathbf{a}_j$ d'indice $\neq$ étant quelconques dans les E_j, est une application *linéaire*. On notera que si les E_i et F sont des espaces de dimension *finie* sur $\mathbf{R}$, toute application multilinéaire de $E_1 \times E_2 \times \cdots \times E_p$ dans F est nécessairement *continue*; il n'en est pas de même si certains de ces espaces sont des espaces vectoriels topologiques de dimension infinie.

Lorsque certaines des fonctions $\mathbf{f}_i$ sont des *constantes*, les termes de l'expression (1) contenant les dérivées $\mathbf{f}_i'(x_0)$ de ces fonctions sont nuls.

Nous expliciterons le cas particulier $p = 2$, le plus important pour les applications: si $(\mathbf{x}, \mathbf{y}) \mapsto [\mathbf{x}.\mathbf{y}]$ est une application *bilinéaire continue* de $E \times F$ dans G (E, F, G espaces vectoriels topologiques sur $\mathbf{R}$), $\mathbf{f}$ et $\mathbf{g}$ deux fonctions vectorielles dérivables au point x_0, prenant leurs valeurs respectivement dans E et F, la fonction vectorielle $x \mapsto [\mathbf{f}(x).\mathbf{g}(x)]$ (qu'on note encore $[\mathbf{f}.\mathbf{g}]$) admet au point x_0 une dérivée égale à $[\mathbf{f}'(x_0).\mathbf{g}(x_0)] + [\mathbf{f}(x_0).\mathbf{g}'(x_0)]$. En particulier, si $\mathbf{a}$ est un vecteur constant, $[\mathbf{a}.\mathbf{f}]$ (resp. $[\mathbf{f}.\mathbf{a}]$) admet au point x_0 une dérivée égale à $[\mathbf{a}.\mathbf{f}'(x_0)]$ (resp. $[\mathbf{f}'(x_0).\mathbf{a}]$).

Si $\mathbf{f}$ et $\mathbf{g}$ sont toutes deux dérivables dans I, il en est donc de même de $[\mathbf{f}.\mathbf{g}]$, et on a

$$[\mathbf{f}.\mathbf{g}]' = [\mathbf{f}'.\mathbf{g}] + [\mathbf{f}.\mathbf{g}']. \tag{2}$$

Exemples. — 1) Soient f une fonction numérique, $\mathbf{g}$ une fonction vectorielle, toutes deux dérivables en un point x_0; la fonction $\mathbf{g}f$ admet au point x_0 une dérivée égale à $\mathbf{g}'(x_0)f(x_0) + \mathbf{g}(x_0)f'(x_0)$. En particulier, si $\mathbf{a}$ est un vecteur constant, $\mathbf{a}f$ admet une dérivée égale à $\mathbf{a}f'(x_0)$. Cette dernière remarque, jointe à l'exemple 1 de I, p. 13, prouve que si $\mathbf{f} = (f_i)_{1 \leqslant i \leqslant n}$ est une fonction vectorielle à valeurs dans $\mathbf{R}^n$, pour que $\mathbf{f}$ soit dérivable au point x_0, il faut et il suffit que chacune des fonctions numériques $f_i (1 \leqslant i \leqslant n)$ le soit: car, si $(\mathbf{e}_i)_{1 \leqslant i \leqslant n}$ est la base canonique de $\mathbf{R}^n$, on peut écrire $\mathbf{f} = \sum_{i=1}^{n} \mathbf{e}_i f_i$.

2) La fonction numérique x^n provient de la fonction multilinéaire

$$(x_1, x_2, \ldots, x_n) \mapsto x_1 x_2 \ldots x_n$$

définie dans $\mathbf{R}^n$, par substitution de x à chacun des x_i; la prop. 3 montre donc que x^n est dérivable dans $\mathbf{R}$ et a pour dérivée nx^{n-1}. Il en résulte que la fonction polynôme $\mathbf{a}_0 x^n + \mathbf{a}_1 x^{n-1} + \cdots + \mathbf{a}_{n-1} x + \mathbf{a}_n$ ($\mathbf{a}_i$ vecteurs constants) a pour dérivée

$$n\mathbf{a}_0 x^{n-1} + (n-1)\mathbf{a}_1 x^{n-2} + \cdots + \mathbf{a}_{n-1};$$

lorsque les $\mathbf{a}_i$ sont des nombres réels, cette fonction coïncide avec la dérivée d'une fonction polynôme définie en Algèbre (A, IV).

3) Le *produit scalaire* euclidien $(\mathbf{x}'|\mathbf{y})$ (TG, VI, p. 8) est une application bilinéaire (nécessairement continue) de $\mathbf{R}^n \times \mathbf{R}^n$ dans $\mathbf{R}$. Si $\mathbf{f}$ et $\mathbf{g}$ sont deux fonctions vectorielles à valeurs dans $\mathbf{R}^n$, dérivables au point x_0, la fonction numérique $x \mapsto (\mathbf{f}(x) \mid \mathbf{g}(x))$ a au point x_0 une dérivée égale à $(\mathbf{f}'(x_0) \mid \mathbf{g}(x_0)) + (\mathbf{f}(x_0) \mid \mathbf{g}'(x_0))$. On a un résultat analogue pour le produit scalaire hermitien dans $\mathbf{C}^n$, ce dernier espace étant considéré comme espace vectoriel *sur* $\mathbf{R}$.

Considérons en particulier le cas où la norme euclidienne $\|\mathbf{f}(x)\|$ est *constante*, et par suite aussi $(\mathbf{f}(x) \mid \mathbf{f}(x)) = \|\mathbf{f}(x)\|^2$; en écrivant que la dérivée de $(\mathbf{f}(x) \mid \mathbf{f}(x))$ est nulle au point x_0, il vient $(\mathbf{f}(x_0) \mid \mathbf{f}'(x_0)) = 0$, autrement dit, $\mathbf{f}'(x_0)$ est un vecteur *orthogonal* à $\mathbf{f}(x_0)$.

4) Si E est une *algèbre topologique* sur $\mathbf{R}$ (cf. Introduction), le produit $\mathbf{xy}$ de deux éléments de E est fonction bilinéaire continue de $(\mathbf{x}, \mathbf{y})$; si $\mathbf{f}$ et $\mathbf{g}$ prennent leurs valeurs dans E et sont dérivables au point x_0, la fonction $x \mapsto \mathbf{f}(x)\mathbf{g}(x)$ admet au point x_0 une dérivée égale à $\mathbf{f}'(x_0)\mathbf{g}(x_0) + \mathbf{f}(x_0)\mathbf{g}'(x_0)$. En particulier, si $U(x) = (\alpha_{ij}(x))$, $V(x) = (\beta_{ij}(x))$ sont deux *matrices carrées* d'ordre n, dérivables au point x_0, leur produit

UV admet en ce point une dérivée égale à la matrice $U'(x_0)V(x_0) + U(x_0)V'(x_0)$ (avec $U'(x) = (\alpha'_{ij}(x))$ et $V'(x) = (\beta'_{ij}(x))$).

5) Le *déterminant* $\det(\mathbf{x}_1, \mathbf{x}_2, \ldots, \mathbf{x}_n)$ de n vecteurs $\mathbf{x}_i = (x_{ij})_{1 \leqslant j \leqslant n}$ de l'espace $\mathbf{R}^n$ (A, III, p. 90) étant une fonction multilinéaire (continue) des $\mathbf{x}_i$, on voit que si les n^2 fonctions numériques f_{ij} sont dérivables au point x_0, leur déterminant $g(x) = \det(f_{ij}(x))$ admet en ce point une dérivée égale à

$$\sum_{i=1}^{n} [\mathbf{f}_1(x_0), \ldots, \mathbf{f}_{i-1}(x_0), \mathbf{f}'_i(x_0), \mathbf{f}_{i+1}(x_0), \ldots, \mathbf{f}_n(x_0)]$$

où $\mathbf{f}_i(x) = (f_{ij}(x))_{1 \leqslant j \leqslant n}$; en d'autres termes, on obtient la dérivée d'un déterminant d'ordre n en faisant la somme des n déterminants qu'on obtient en remplaçant, pour chaque i, les termes de la colonne d'indice i du déterminant donné par leurs dérivées.

Remarque. — Si $U(x)$ est une matrice carrée dérivable et inversible au point x_0, la dérivée de son déterminant $\Delta(x) = \det(U(x))$ s'exprime encore à l'aide de la dérivée de $U(x)$ par la formule

$$\Delta'(x_0) = \Delta(x_0).\operatorname{Tr}(U'(x_0)U^{-1}(x_0)). \tag{3}$$

En effet, posons $U(x_0 + h) = U(x_0) + hV$; V tend par définition vers $U'(x_0)$ lorsque h tend vers 0. On peut alors écrire

$$\Delta(x_0 + h) = \Delta(x_0).\det(I + hVU^{-1}(x_0)).$$

Or, $\det(I + hX) = 1 + h\operatorname{Tr}(X) + \sum_{k=2}^{n} \lambda_k h^k$, les λ_k $(k \geqslant 2)$ étant des polynômes par rapport aux éléments de la matrice X; comme les éléments de $VU^{-1}(x_0)$ ont une limite lorsque h tend vers 0, on a bien la formule (3).

4. Dérivée de l'inverse d'une fonction

PROPOSITION 4. — *Soit* E *une algèbre normée complète sur* $\mathbf{R}$, *ayant un élément unité et soit* $\mathbf{f}$ *une fonction définie dans un intervalle* $\mathrm{I} \subset \mathbf{R}$, *prenant ses valeurs dans* E, *et dérivable au point* $x_0 \in \mathrm{I}$. *Si* $\mathbf{y}_0 = \mathbf{f}(x_0)$ *est inversible*[1] *dans E, la fonction* $x \mapsto (\mathbf{f}(x))^{-1}$ *est définie dans un voisinage de* x_0 (*par rapport à* I) *et admet au point* x_0 *une dérivée égale à* $-(\mathbf{f}(x_0))^{-1}\mathbf{f}'(x_0)(\mathbf{f}(x_0))^{-1}$.

En effet, l'ensemble des éléments inversibles de E est un ensemble ouvert où la fonction $\mathbf{y} \mapsto \mathbf{y}^{-1}$ est continue (TG, IX, p. 40); comme $\mathbf{f}$ est continue (par rapport à I) au point x_0, $(\mathbf{f}(x))^{-1}$ est définie dans un voisinage de x_0, et on a

$$(\mathbf{f}(x))^{-1} - (\mathbf{f}(x_0))^{-1} = (\mathbf{f}(x))^{-1}(\mathbf{f}(x_0) - \mathbf{f}(x))\,(\mathbf{f}(x_0))^{-1}.$$

La proposition résulte donc de la continuité de $\mathbf{y}^{-1}$ au voisinage de $\mathbf{y}_0$, et de la continuité de $\mathbf{xy}$ dans $\mathrm{E} \times \mathrm{E}$.

Exemples. — 1) Le cas particulier le plus important est celui où E est l'un des corps $\mathbf{R}$ ou $\mathbf{C}$: si f est une fonction à valeurs réelles ou complexes, dérivable au point x_0 et telle que $f(x_0) \neq 0$, $1/f$ admet au point x_0 une dérivée égale à $-f'(x_0)/(f(x_0))^2$.

[1] On rappelle (A, I, p. 15) qu'un élément $\mathbf{z} \in \mathrm{E}$ est dit *inversible* s'il existe un élément de E, noté $\mathbf{z}^{-1}$, tel que l'on ait $\mathbf{z}\mathbf{z}^{-1} = \mathbf{z}^{-1}\mathbf{z} = \mathbf{e}$ ($\mathbf{e}$ élément unité de E).

2) Si $U = (\alpha_{ij}(x))$ est une matrice carrée d'ordre n, dérivable au point x_0 et inversible en ce point, U^{-1} admet au point x_0 une dérivée égale à $-U^{-1}U'U^{-1}$.

5. Dérivée d'une fonction composée

PROPOSITION 5. — *Soient f une fonction numérique définie dans un intervalle $\mathrm{I} \subset \mathbf{R}$, et $\mathbf{g}$ une fonction vectorielle définie dans un intervalle de $\mathbf{R}$ contenant $f(\mathrm{I})$. Si f est dérivable au point x_0 et $\mathbf{g}$ dérivable au point $f(x_0)$, la fonction composée $\mathbf{g} \circ f$ admet au point x_0 une dérivée égale à $\mathbf{g}'(f(x_0))f'(x_0)$.*

En effet, posons $\mathbf{h} = \mathbf{g} \circ f$; on peut écrire, pour $x \neq x_0$,

$$\frac{\mathbf{h}(x) - \mathbf{h}(x_0)}{x - x_0} = \mathbf{u}(x)\frac{f(x) - f(x_0)}{x - x_0}$$

où on pose $\mathbf{u}(x) = \dfrac{\mathbf{g}(f(x)) - \mathbf{g}(f(x_0))}{f(x) - f(x_0)}$ si $f(x) \neq f(x_0)$, et $\mathbf{u}(x) = \mathbf{g}'(f(x_0))$ dans le cas contraire. Lorsque x tend vers x_0, $f(x)$ a pour limite $f(x_0)$, donc $\mathbf{u}(x)$ a pour limite $\mathbf{g}'(f(x_0))$, d'où la proposition en vertu de la continuité de la fonction $\mathbf{y}x$ dans $\mathrm{E} \times \mathbf{R}$.

6. Dérivée d'une fonction réciproque

PROPOSITION 6. — *Soit f un homéomorphisme d'un intervalle $\mathrm{I} \subset \mathbf{R}$ sur un intervalle $\mathrm{J} = f(\mathrm{I}) \subset \mathbf{R}$, et soit g l'homéomorphisme réciproque.*[1] *Si f est dérivable au point $x_0 \in \mathrm{I}$, et si $f'(x_0) \neq 0$, g admet au point $y_0 = f(x_0)$ une dérivée égale à $1/f'(x_0)$.*

En effet, pour tout $y \in \mathrm{J}$, on a $g(y) \in \mathrm{I}$ et $u = f(g(y))$; on peut donc écrire, pour $y \neq y_0$, $\dfrac{g(y) - g(y_0)}{y - y_0} = \dfrac{g(y) - x_0}{f(g(y)) - f(x_0)}$. Lorsque y tend vers y_0 en restant dans J et $\neq y_0$, $g(y)$ tend vers x_0 en restant dans I et $\neq x_0$, et le second membre de la formule précédente a donc une limite égale à $1/f'(x_0)$, puisque par hypothèse $f'(x_0) \neq 0$.

COROLLAIRE. — *Si f est dérivable dans I et si $f'(x) \neq 0$ dans I, g est dérivable dans J et sa dérivée en tout point $y \in \mathrm{J}$ est égale à $1/f'(g(y))$.*

Par exemple, pour tout entier $n > 0$, la fonction $x^{1/n}$, homéomorphisme de $\mathbf{R}_+$ sur lui-même, réciproque de x^n, a pour dérivée en tout point $x > 0$, $\frac{1}{n}x^{\frac{1}{n}-1}$.

On en déduit aisément, d'après la prop. 5, que, pour tout nombre rationnel $r = p/q > 0$, la fonction $x^r = (x^{1/q})^p$ a pour dérivée rx^{r-1} en tout point $x > 0$.

Remarques. — 1) Toutes les propositions qui précèdent, énoncées pour des fonctions dérivables en un point x_0, donnent aussitôt des propositions pour des fonctions dérivables à droite (resp. à gauche) en x_0, en considérant au lieu de ces fonctions,

[1] Pour que f soit un homéomorphisme de I sur une partie de $\mathbf{R}$, on sait qu'il faut et il suffit que f soit continue et strictement monotone dans I (TG, IV, p. 9, th. 5).

leurs restrictions à l'intersection de l'intervalle où sont définies ces fonctions et de l'intervalle $[x_0, +\infty[$ (resp. $]-\infty, x_0]$); nous laissons au lecteur le soin de les énoncer.

2) Les définitions et propositions qui précèdent (à l'exception de ce qui concerne les dérivées à droite et dérivées à gauche) s'étendent aisément au cas où on remplace $\mathbf{R}$ par un *corps topologique commutatif* quelconque K, et les espaces vectoriels topologiques (resp. algèbres topologiques) sur $\mathbf{R}$ par des espaces vectoriels topologiques (resp. algèbres topologiques) sur K. Dans la déf. 1 et les prop. 1, 2 et 3, il suffit de remplacer I par un *voisinage* de x_0 dans K; dans la prop. 4, il faut supposer de plus que l'application $\mathbf{y} \mapsto \mathbf{y}^{-1}$ est définie et continue dans un voisinage de $\mathbf{f}(x_0)$ dans E. La prop. 5 se généralise de la façon suivante: soient K′ un sous-corps du corps topologique K, E un espace vectoriel topologique *sur* K; soit f une fonction définie dans un voisinage $V \subset K'$ de $x_0 \in K'$, à valeurs dans K (considéré comme espace vectoriel topologique sur K′), dérivable au point x_0, et soit $\mathbf{g}$ une fonction définie dans un voisinage de $f(x_0) \in K$, à valeurs dans E, et dérivable au point $f(x_0)$; alors l'application $\mathbf{g} \circ f$ est dérivable au point x_0 et a une dérivée en ce point égale à $\mathbf{g}'(f(x_0))f'(x_0)$ (E étant alors considéré comme espace vectoriel topologique *sur* K′).

Avec les mêmes notations, soit $\mathbf{f}$ une fonction définie dans un voisinage V de $a \in K$, à valeurs dans E, et dérivable au point a; si $a \in K'$ et n'est pas point isolé dans K′, la *restriction* de $\mathbf{f}$ à $V \cap K'$ est dérivable au point a, et a pour dérivée $\mathbf{f}'(a)$ en ce point. Ces considérations s'appliqueront surtout, en pratique, au cas où $K = \mathbf{C}$ et $K' = \mathbf{R}$.

Enfin, la prop. 6 s'étend au cas où on remplace I par un voisinage de $x_0 \in K$, et f par un homéomorphisme de I sur un voisinage $J = f(I)$ de $y_0 = f(x_0)$ dans K.

7. Dérivées des fonctions numériques

Les définitions et propositions qui précèdent se complètent sur quelques points lorsqu'il s'agit de fonctions *numériques* (finies) d'une variable réelle.

Tout d'abord, si f est une telle fonction, définie dans un intervalle $I \subset \mathbf{R}$, et continue par rapport à I en un point $x_0 \in I$, il peut se faire, lorsque x tend vers x_0 en restant dans I et $\neq x_0$, que $\dfrac{f(x) - f(x_0)}{x - x_0}$ ait une limite égale à $+\infty$ ou à $-\infty$; on dit alors encore que f est dérivable au point x_0 et a pour dérivée en ce point $+\infty$ (resp. $-\infty$); si, en tout point x de I, la fonction f a une dérivée (finie ou infinie) $f'(x)$, la fonction f' (à valeurs dans $\overline{\mathbf{R}}$) est encore appelée la fonction dérivée (ou simplement la dérivée) de f. On généralise de même les définitions de la dérivée à droite et de la dérivée à gauche.

Exemple. — Au point $x = 0$, la fonction $x^{1/3}$ (fonction réciproque de x^3, homéomorphisme de $\mathbf{R}$ sur lui-même) admet une dérivée égale à $+\infty$; la fonction $|x|^{1/3}$ admet au point $x = 0$ une dérivée à droite égale à $+\infty$ et une dérivée à gauche égale à $-\infty$.

Les formules donnant la dérivée d'une somme, d'un produit de fonctions numériques dérivables, ou de l'inverse d'une fonction dérivable (prop. 1, 3 et 4) ainsi que la dérivée d'une fonction (numérique) composée (prop. 5) sont encore valables lorsque les dérivées qui y figurent sont infinies, pourvu que toutes les expressions intervenant dans ces formules aient un sens (TG, IV, p. 15–16). Enfin, dans la prop. 6, si on suppose que f est strictement croissante (resp. strictement décroissante) et continue dans I, et si $f'(x_0) = 0$, la fonction réciproque g admet au point $y_0 = f(x_0)$ une dérivée égale à $+\infty$ (resp. $-\infty$); si $f'(x_0) = +\infty$ (resp. $-\infty$), g admet une dérivée égale à 0. On a des résultats analogues pour les dérivées à droite et dérivées à gauche, que nous laissons au lecteur le soin d'énoncer.

Soit C le *graphe* ou *courbe représentative* d'une fonction numérique finie f, partie du plan $\mathbf{R}^2$ formée des points $(x, f(x))$ où x parcourt l'ensemble où f est définie. Si, en un point $x_0 \in \mathrm{I}$, la fonction f a une dérivée à droite finie, la demi-droite ayant comme origine le point $\mathrm{M}_{x_0} = (x_0, f(x_0))$ de C, et pour paramètres directeurs $(1, f'_d(x_0))$ est appelée *demi-tangente à droite* à la courbe C au point M_{x_0}; lorsque $f'_d(x_0) = +\infty$ (resp. $f'_d(x_0) = -\infty$), on appelle encore ainsi la demi-droite d'origine M_{x_0} et de paramètres $(0, 1)$ (resp. $(0, -1)$). On définit de même la *demi-tangente à gauche* au point M_{x_0}, lorsque $f'_g(x_0)$ existe. Avec ces définitions, on vérifie aussitôt que l'angle que fait la demi-tangente à droite (resp. à gauche) avec l'axe des abscisses, est la *limite* de l'angle que fait avec cet axe la demi-droite d'origine M_{x_0} passant par le point $\mathrm{M}_x = (x, f(x))$ de C, lorsque x tend vers x_0 en restant $> x_0$ (resp. $< x_0$).

On peut dire aussi que la demi-tangente à droite (resp. à gauche) est la *limite* de la demi-droite d'origine M_{x_0} passant par M_x, en considérant sur l'ensemble des demi-droites de même origine, la topologie de l'espace quotient $\mathbf{C}^*/\mathbf{R}_+^*$ (TG, VIII, p. 9).

Si les deux demi-tangentes en un point M_{x_0} de C existent, elles ne sont opposées que lorsque f a une *dérivée* (finie ou non) au point x_0 (supposé intérieur à I); elles ne sont identiques que lorsque $f'_d(x_0)$ et $f'_g(x_0)$ sont infinies et de signes contraires. Dans les deux cas, on dit que la droite qui contient les deux demi-tangentes est la *tangente* à C au point M_{x_0}.

Lorsque la tangente en M_{x_0} existe, elle est la *limite* de la droite passant par M_{x_0} et M_x, lorsque x tend vers x_0 en restant $\neq x_0$, la topologie sur l'ensemble des droites passant par un même point étant celle de l'espace quotient $\mathbf{C}^*/\mathbf{R}^*$ (TG, VIII, p. 15).

Les notions de tangente et de demi-tangente à une courbe représentative sont des cas particuliers de notions générales qui seront définies dans la partie de ce Traité consacrée aux variétés différentielles.

DÉFINITION 4. — *On dit qu'une fonction numérique finie f, définie dans une partie* A *d'un espace topologique* E, *admet un maximum relatif* (resp. *maximum relatif strict, minimum relatif, minimum relatif strict*) *en un point $x_0 \in$* A, *par rapport à* A, *s'il existe un voisinage* V *de x_0 dans* E *tel qu'en tout point $x \in \mathrm{V} \cap \mathrm{A}$ différent de x_0, on ait $f(x) \leqslant f(x_0)$* (resp. $f(x) < f(x_0)$, $f(x) \geqslant f(x_0)$, $f(x) > f(x_0)$).

Il est clair que si f atteint sa borne supérieure (resp. inférieure) dans A en un point de A, elle a un maximum relatif (resp. minimum relatif) par rapport à A en ce point; la réciproque est bien entendu inexacte.

On notera que si $B \subset A$, et si f admet (par exemple) un maximum relatif en un point $x_0 \in B$, *par rapport à* B, f n'admet pas nécessairement un maximum relatif *par rapport à* A en ce point.

PROPOSITION 7. — *Soit f une fonction numérique finie, définie dans un intervalle* $I \subset \mathbf{R}$. *Si, en un point x_0, intérieur à* I, *f admet un maximum relatif* (resp. *un minimum relatif*) *et a en ce point une dérivée à droite et une dérivée à gauche, on a* $f'_d(x_0) \leqslant 0$ *et* $f'_g(x_0) \geqslant 0$ (resp. $f'_d(x_0) \geqslant 0$ *et* $f'_g(x_0) \leqslant 0$); *en particulier, si f est dérivable au point x_0, on a* $f'(x_0) = 0$.

La proposition résulte trivialement des définitions.

On peut dire encore que si en un point x_0 intérieur à I la fonction f est dérivable et admet un maximum ou minimum relatif, la tangente à sa courbe représentative est *parallèle à l'axe des abscisses*. La réciproque est inexacte, comme le montre l'exemple de la fonction x^3 qui a une dérivée nulle au point $x = 0$, mais n'a ni maximum ni minimum relatif en ce point.

§ 2. LE THÉORÈME DES ACCROISSEMENTS FINIS

Dans les propositions démontrées au § 1, hypothèses et conclusions ont un caractère *local*: elles ne font intervenir que des propriétés des fonctions considérées dans un voisinage *arbitrairement petit* d'un point fixe. Au contraire, les questions dont nous allons nous occuper dans ce paragraphe font intervenir les propriétés d'une fonction dans *tout un intervalle.*

1. Théorème de Rolle

PROPOSITION 1 (« théorème de Rolle »). — *Soit f une fonction numérique finie et continue dans un intervalle fermé* $I = [a, b]$ (*où* $a < b$), *admettant en tout point de* $]a, b[$ *une dérivée* (finie ou non), *et telle que* $f(a) = f(b)$. *Il existe alors un point c (au moins) de* $]a, b[$ *tel que* $f'(c) = 0$.

La proposition est évidente si f est constante; sinon f prend par exemple des valeurs $> f(a)$, et atteint donc sa borne supérieure en un point c *intérieur* à I (TG, IV, p. 27, th. 1). Comme en ce point f admet un maximum relatif, on a $f'(c) = 0$ (I, p. 20, prop. 7).

COROLLAIRE. — *Soit f une fonction numérique finie et continue dans* $[a, b]$ (*où* $a < b$), *admettant en tout point de* $]a, b[$ *une dérivée* (finie ou non). *Il existe alors un point c (au moins) de* $]a, b[$ *tel que* $f(b) - f(a) = f'(c)(b - a)$.

Il suffit d'appliquer la prop. 1 à $f(x) - \dfrac{f(b) - f(a)}{b - a}(x - a)$.

Ce corollaire signifie qu'il existe un point $M_c = (c, f(c))$ de la courbe représentative C de f tel que $a < c < b$ et qu'en ce point la tangente à C soit *parallèle* à la droite joignant les points $M_a = (a, f(a))$ et $M_b = (b, f(b))$.

2. Le théorème des accroissements finis pour les fonctions numériques

Du corollaire de la prop. 1 résulte en particulier l'importante propriété suivante: si on a $m \leqslant f'(x) \leqslant M$ dans $]a, b[$, on a aussi $m \leqslant \dfrac{f(b) - f(a)}{b - a} \leqslant M$. Autrement dit, d'une *majoration de la dérivée* f' dans tout un intervalle d'extrémités a, b résulte *la même majoration* du rapport $\dfrac{f(b) - f(a)}{b - a}$ (rapport de l' « accroissement » de la fonction à l' « accroissement » de la variable dans l'intervalle). Nous allons dans ce qui suit préciser et généraliser ce résultat fondamental.

PROPOSITION 2. — *Soit f une fonction numérique finie et continue dans un intervalle fermé borné* $I = [a, b]$ *(où $a < b$), et admettant une dérivée à droite* (finie ou non) *en tous les points du complémentaire par rapport à* $[a, b[$ *d'une partie* dénombrable A *de cet intervalle. Si* $f'_d(x) \geqslant 0$ *en tout point x de* $[a, b[$ *n'appartenant pas à* A, *on a* $f(b) \geqslant f(a)$; *si en outre* $f'_d(x) > 0$ *en un point au moins de* $[a, b[$, *on a* $f(b) > f(a)$.

Soit $\varepsilon > 0$ un nombre arbitraire, et désignons par $(a_n)_{n \geqslant 1}$ une suite obtenue en rangeant dans un certain ordre les points de l'ensemble dénombrable A. Soit J l'ensemble des points $y \in I$ tels que, pour tout x tel que $a \leqslant x \leqslant y$, on ait

$$(1) \qquad f(x) - f(a) \geqslant -\varepsilon(x - a) - \varepsilon \sum_{a_n < x} \frac{1}{2^n}$$

la somme du second membre étant étendue à l'ensemble des indices n tels que $a_n < x$. Nous allons démontrer que si $f'_d(x) \geqslant 0$ en tout point de $[a, b[$ distinct des a_n, on a $J = I$.

Il est clair que J n'est pas vide, puisque $a \in J$; d'autre part, la définition de cet ensemble montre que si $y \in J$, on a $x \in J$ pour $a \leqslant x \leqslant y$, donc J est un *intervalle* d'origine a (TG, IV, p. 7, prop. 1); soit c son extrémité. On a $c \in J$; c'est évident si $c = a$; sinon, pour tout $x < c$, on a l'inégalité (1), et *a fortiori*

$$f(x) - f(a) \geqslant -\varepsilon(c - a) - \varepsilon \sum_{a_n < c} \frac{1}{2^n}$$

d'où, en faisant tendre x vers c dans cette inégalité, résulte (en raison de la continuité de f) que c satisfait à (1).

Cela étant, nous allons voir qu'on a nécessairement $c = b$. En effet, si on avait $c < b$, ou bien on aurait $c \notin A$; alors $f'_d(c)$ existerait, et comme $f'_d(c) \geqslant 0$ par hypothèse, il existerait un y tel que $c < y \leqslant b$ et que pour $c \leqslant x \leqslant y$, l'on ait

$$f(x) - f(c) \geqslant -\varepsilon(x - c)$$

d'où, en tenant compte de (1), où x est remplacé par c

$$f(x) - f(a) \geqslant -\varepsilon(x-a) - \varepsilon \sum_{a_n<c} \frac{1}{2^n} \geqslant -\varepsilon(x-a) - \varepsilon \sum_{a_n<x} \frac{1}{2^n}$$

ce qui signifie qu'on aurait $y \in J$, contrairement à la définition de c. Ou bien on aurait $c = a_k$ pour un indice k; comme f est continue au point a_k, il existerait un y tel que $c < y \leqslant b$ et que, pour $c < x \leqslant y$, on ait

$$f(x) - f(c) \geqslant -\frac{\varepsilon}{2^k}$$

d'où, en tenant compte de (1), où x est remplacé par c,

$$f(x) - f(a) \geqslant -\varepsilon(c-a) - \varepsilon \sum_{a_n<x} \frac{1}{2^n} \geqslant -\varepsilon(x-a) - \varepsilon \sum_{a_n<x} \frac{1}{2^n}$$

ce qui entraîne de nouveau contradiction; on a donc bien $c = b$, et par suite

$$(2) \qquad f(b) - f(a) \geqslant -\varepsilon(b-a) - \varepsilon \sum_{a_n<b} \frac{1}{2^n} \geqslant -\varepsilon(b-a) - \varepsilon.$$

Comme $\varepsilon > 0$ est arbitraire, on déduit de (2) qu'on a $f(b) \geqslant f(a)$, ce qui démontre la première partie de la proposition.

Remarquons maintenant que ce résultat appliqué à un intervalle $[x, y]$ où $a \leqslant x < y \leqslant b$, prouve que f est *croissante* dans I; si on avait $f(b) = f(a)$, on en déduirait que f est *constante* dans I, et par suite que $f'_d(x) = 0$ en tout point de $[a, b[$; d'où la seconde partie de l'énoncé.

COROLLAIRE. — *Soit f une fonction numérique finie et continue dans $[a, b]$ (où $a < b$) et admettant une dérivée à droite en tous les points du complémentaire par rapport à $[a, b[$ d'une partie dénombrable* A *de cet intervalle. Pour que f soit croissante dans* I, *il faut et il suffit que $f'_d(x) \geqslant 0$ en tout point de $[a, b[$ n'appartenant pas à* A; *pour que f soit strictement croissante, il faut et il suffit que la condition précédente soit vérifiée, et en outre que l'ensemble des points x où $f'_d(x) > 0$ soit partout dense dans $[a, b]$.*

Remarques. — 1) La prop. 2 reste valable quand on remplace dans son énoncé l'intervalle $[a, b[$ par $]a, b]$ et les mots « dérivée à droite » par « dérivée à gauche ».

2) L'hypothèse de la *continuité* de f dans l'intervalle fermé I (et non seulement sa *continuité à droite*[1] en tout point de $[a, b[$) est essentielle pour la validité de la prop. 2 (cf. I, p. 43, exerc. 8).

3) La conclusion de la prop. 2 devient inexacte si on suppose seulement que l'ensemble A des points « exceptionnels » est *rare* dans I, mais non dénombrable (cf. I, p. 44, exerc. 3).

La prop. 2 entraîne le théorème fondamental suivant (en apparence plus général) :

[1] Une fonction définie dans un intervalle $I \subset \mathbf{R}$ est dite *continue à droite* en un point $x_0 \in I$ si sa restriction à l'intervalle $I \cap [x_0, +\infty[$ est continue au point x_0 par rapport à cet intervalle; il revient au même de dire que la limite à droite de la fonction au point x_0 existe et est égale à la valeur de la fonction en ce point.

THÉORÈME 1 (théorème des accroissements finis). — *Soient f et g deux fonctions numériques finies et continues dans un intervalle fermé borné* $\mathrm{I} = [a, b]$, *et admettant une dérivée à droite* (finie ou non) *en tous les points du complémentaire par rapport à* $[a, b[$ *d'une partie dénombrable de cet intervalle. On suppose en outre que* $f'_d(x)$ *et* $g'_d(x)$ *ne peuvent devenir infinis simultanément qu'aux points d'une partie dénombrable de* I *et qu'il existe deux nombres finis* m, M *tels que*

$$m.g'_d(x) \leqslant f'_d(x) \leqslant \mathrm{M}.g'_d(x) \tag{3}$$

sauf aux points d'une partie dénombrable de I (en remplacant $\mathrm{M}.g'_d(x)$ (resp. $m.g'_d(x)$) par 0 si $\mathrm{M} = 0$ (resp. $m = 0$) et $g'_d(x) = \pm\infty$). *Dans ces conditions, on a*

$$m(g(b) - g(a)) < f(b) - f(a) < \mathrm{M}(g(b) - g(a)) \tag{4}$$

sauf lorsqu'on a $f(x) = \mathrm{M}.g(x) + k$, *ou* $f(x) = m.g(x) + k$ (k *constante*) *pour tout* $x \in \mathrm{I}$.

Il suffit d'appliquer la prop. 2 aux fonctions $\mathrm{M}.g - f$ et $f - m.g$, qui, en vertu des hypothèses faites, ont une dérivée à droite positive sauf aux points d'une partie dénombrable de I.

Remarque. — Le th. 1 est inexact si on suppose dans l'énoncé que f'_d et g'_d peuvent simultanément infinis aux points d'une partie non dénombrable de I (cf. I, p. 44, exerc. 3).

COROLLAIRE. — *Soit f une fonction numérique finie et continue dans* $[a, b]$ (*où* $a < b$) *et admettant une dérivée à droit* (finie ou non) *en tous les points du complémentaire* B *par rapport à* $[a, b[$ *d'une partie dénombrable de cet intervalle. Si* m *et* M *sont les bornes inférieure et supérieure de* f'_d *dans* B, *on a*

$$m(b - a) < f(b) - f(a) - \mathrm{M}(b - a) \tag{5}$$

si f n'est pas une fonction linéaire affine ; si f est linéaire affine, on a

$$m = \mathrm{M} = \frac{f(b) - f(a)}{b - a}.$$

Les inégalités (5) sont des conséquences de (4) lorsque m et M sont finis; le cas où l'un ou l'autre de ces nombres est infini est trivial.

Remarque. — Les inégalités (5) prouvent qu'une fonction continue ne peut avoir une dérivée à droite égale à $+\infty$ en tout point d'un intervalle (cf. I, p. 43, exerc. 6).

3. Le théorème des accroissements finis pour les fonctions vectorielles

THÉORÈME 2. — *Soit* $\mathbf{f}$ *une fonction vectorielle définie et continue dans un intervalle fermé borné* $\mathrm{I} = [a, b]$ *de* $\mathbf{R}$ (*où* $a < b$) *et prenant ses valeurs dans un espace normé* E *sur* $\mathbf{R}$; *soit g une fonction numérique continue et croissante dans* I. *On suppose que* $\mathbf{f}$ *et g admettent une dérivée à droite en tous les points du complémentaire par rapport à* $[a, b[$ *d'une partie* *dénombrable* A *de cet intervalle* ($g'_d(x)$ pouvant être infinie en certains des points $x \notin$ A), *et qu'en chacun de ces points on a*

$$\|\mathbf{f}'_d(x)\| \leqslant g'_d(x). \tag{6}$$

Dans ces conditions, on a

$$\|\mathbf{f}(b) - \mathbf{f}(a)\| \leqslant g(b) - g(a). \tag{7}$$

La démonstration suit une marche tout à fait analogue à celle de la prop. 2. Soient $\varepsilon > 0$ un nombre arbitraire, et (a_n) la suite obtenue en rangeant dans un certain ordre les points de A. Soit J l'ensemble des points $y \in$ I tels que, pour tout x tel que $a \leqslant x \leqslant y$, on ait

$$\|\mathbf{f}(x) - \mathbf{f}(a)\| \leqslant g(x) - g(a) + \varepsilon(x - a) + \varepsilon \sum_{a_n < x} \frac{1}{2^n}; \tag{8}$$

nous allons montrer que J = I. On voit d'abord, comme dans la prop. 2, que J est un intervalle d'origine a; si c est son extrémité, on a $c \in$ J; en effet, pour tout $x < c$, on a la relation (8), et *a fortiori*

$$\|\mathbf{f}(x) - \mathbf{f}(a)\| \leqslant g(c) - g(a) + \varepsilon(c - a) + \varepsilon \sum_{a_n < c} \frac{1}{2^n}$$

d'où, en faisant tendre x vers c dans cette inégalité, résulte, en raison de la continuité de $\mathbf{f}$, que c satisfait à (8).

Montrons qu'on a nécessairement $c = b$. En effet, supposons $c < b$, et d'abord que $c \notin$ A; $\mathbf{f}'_d(c)$ et $g'_d(c)$ existent donc et vérifient (6); supposons en premier lieu que $g'_d(c)$ (qui est nécessairement $\geqslant 0$) soit finie; alors on peut toujours écrire $\mathbf{f}'_d(c) = \mathbf{u}g'_d(c)$, avec $\|\mathbf{u}\| \leqslant 1$; la fonction $\mathbf{f}(x) - \mathbf{u}g(x)$ ayant au point c une dérivée à droite nulle, il existe un y tel que $c < y \leqslant b$ et que, pour $c \leqslant x \leqslant y$, on ait

$$\|\mathbf{f}(x) - \mathbf{f}(c) - \mathbf{u}(g(x) - g(c))\| \leqslant \varepsilon(x - c)$$

d'où

$$\|\mathbf{f}(x) - \mathbf{f}(c)\| \leqslant g(x) - g(c) + \varepsilon(x - c)$$

et, en tenant compte de (8), où x est remplacé par c

$$\|\mathbf{f}(x) - \mathbf{f}(a)\| \leqslant g(x) - g(a) + \varepsilon(x - a) + \varepsilon \sum_{a_n < c} \frac{1}{2^n}$$

$$\leqslant g(x) - g(a) + \varepsilon(x - a) + \varepsilon \sum_{a_n < x} \frac{1}{2^n}.$$

On aurait donc $y \in$ J, ce qui est contradictoire. Supposons ensuite qu'on ait $c \notin$ A et $g'_d(c) = +\infty$; il existe alors un y tel que $c < y \leqslant b$ et que, pour $c \leqslant x \leqslant y$, on ait, d'une part

$$\|\mathbf{f}(x) - \mathbf{f}(c)\| \leqslant (\|\mathbf{f}'_d(c)\| + 1)\,(x - c)$$

et d'autre part

$$g(x) - g(c) \geqslant (\|\mathbf{f}'_d(c)\| + 1)(x - c)$$

d'où

$$\|\mathbf{f}(x) - \mathbf{f}(c)\| \leqslant g(x) - g(c)$$

et on conclut comme précédemment. Enfin, si on a $c = a_k$, il existe un y tel que $c < y \leqslant b$ et que, pour $c < x \leqslant y$, on ait

$$\|\mathbf{f}(x) - \mathbf{f}(c)\| \leqslant \frac{\varepsilon}{2^k}$$

d'où en, tenant compte de (8), où x est remplacé par c,

$$\|\mathbf{f}(x) - \mathbf{f}(a)\| \leqslant g(c) - g(a) + \varepsilon(c - a) + \varepsilon \sum_{a_n < x} \frac{1}{2^n}$$

$$\leqslant g(x) - g(a) + \varepsilon(x - a) + \varepsilon \sum_{a_n < x} \frac{1}{2^n}$$

ce qui entraîne de nouveau contradiction. La démonstration se termine comme celle de la propr. 2.

C.Q.F.D.

Remarques. — 1) Ici encore, on peut remplacer dans l'énoncé du th. 2 l'intervalle $(a, b]$ par $]a, b]$ et « dérivée à droite » par « dérivée à gauche ».

2) Nous montrerons plus tard comment on peut préciser les cas d'égalité dans la relation (7), et aussi comment on peut généraliser le th. 2 au cas où E est un espace localement convexe quelconque, à l'aide d'une autre méthode de démonstration qui permet de déduire le th. 2 du th. 1.

COROLLAIRE. — *Pour qu'une fonction vectorielle continue dans un intervalle* $I \subset \mathbf{R}$, *à valeurs dans un espace normé* E *sur* **R**, *soit constante dans* I, *il suffit qu'elle ait une dérivée à droite nulle en tous les points du complémentaire* (par rapport à I) *d'une partie dénombrable de* I.

Remarque. — Les démonstrations des th. 1 et 2 font intervenir de façon essentielle les propriétés topologiques particulières au corps **R**; on peut en effet donner des exemples de corps valués K pour lesquels il existe des applications continues non constantes de K dans lui-même qui ont en tout point une dérivée nulle (cf. I, p. 44, exerc. 2).

PROPOSITION 3. — *Soit* **f** *une fonction vectorielle à valeurs dans un espace normé* E *sur* **R**, *définie et continue dans un intervalle* $I \subset \mathbf{R}$, *dérivable à droite dans le complémentaire* B (par rapport à I) *d'une partie dénombrable de* I; *quels que soient les points* $x_0 \in B$, $x \in I$, $y \in I$, *on a* (en supposant par exemple $x < y$)

$$(9) \quad \|\mathbf{f}(y) - \mathbf{f}(x) - \mathbf{f}'_d(x_0)(y - x)\| \leqslant (y - x) \sup_{z \in B,\, x < z < y} \|\mathbf{f}'_d(z) - \mathbf{f}'_d(x_0)\|.$$

Il suffit en effet d'appliquer le th. 2 en remplaçant $\mathbf{f}$ par la fonction

$$\mathbf{f}(z) - \mathbf{f}'_d(x_0)z,$$

et g par la fonction linéaire dont la dérivée est $\sup_{z \in B,\, x<z<y} \|\mathbf{f}'_d(z) - \mathbf{f}'_d(x_0)\|$.

Le th. 2 s'étend aux fonctions vectorielles d'une variable *complexe :*

Proposition 4. — *Soit* $\mathbf{f}$ *une fonction vectorielle d'une variable complexe définie, continue et dérivable dans une partie ouverte convexe* A *du corps* $\mathbf{C}$, *à valeurs dans un espace normé* E *sur le corps* $\mathbf{C}$. *Si on a* $\|\mathbf{f}'(z)\| \leqslant m$ *pour tout* $z \in A$, *on a* $\|\mathbf{f}(b) - \mathbf{f}(a)\| \leqslant m\,|b - a|$ *pour tout couple de points* a, b *de* A.

Posons en effet $\mathbf{g}(t) = \dfrac{1}{b-a}\mathbf{f}(a + t(b-a))$ pour $0 \leqslant t \leqslant 1$; comme $\mathbf{g}'(t) = \mathbf{f}'(a + t(b-a))$, l'application du th. 2 à la fonction $\mathbf{g}$ donne aussitôt la proposition.

Corollaire. — *Pour qu'une fonction vectorielle* $\mathbf{f}$ *d'une variable complexe, définie et continue dans un ensemble* $A \subset \mathbf{C}$, *à valeurs dans un espace normé sur* $\mathbf{C}$, *soit constante, il suffit qu'elle ait une dérivée nulle en tout point de* A.

En effet, soit a un point quelconque de A; l'ensemble B des points z de A où $\mathbf{f}(z) = \mathbf{f}(a)$ est *fermé* puisque $\mathbf{f}$ est continue; il est aussi *ouvert* par application de la prop. 4 (avec $m = 0$) à un voisinage ouvert convexe, contenu dans A, d'un point quelconque de B; donc il est identique à A.

Proposition 5. — *Soit* $\mathbf{f}$ *une fonction vectorielle d'une variable complexe, définie, continue et dérivable dans un ensemble ouvert convexe* $A \subset \mathbf{C}$, *à valeurs dans un espace normé sur le corps* $\mathbf{C}$; *quels que soient les points* x_0, x *et* y *dans* A, *on a*

$$\|\mathbf{f}(y) - \mathbf{f}(x) - \mathbf{f}'(x_0)(y-x)\| \leqslant |y-x| \,.\, \sup_{z \in A} \|\mathbf{f}'(z) - \mathbf{f}'(x_0)\|. \tag{10}$$

Il suffit d'appliquer le th. 2 à la fonction

$$\mathbf{g}(t) = \mathbf{f}(x + t(y-x)) - \mathbf{f}'(x_0)(y-x)t$$

dans l'intervalle $(0, 1)$.

4. Continuité des dérivées

Proposition 6. — *Soient* I *un intervalle ouvert de* $\mathbf{R}$, x_0 *une des extrémités de* I, $\mathbf{f}$ *une fonction vectorielle définie et continue dans* I, *prenant ses valeurs dans un espace normé complet* E *sur* $\mathbf{R}$; *on suppose que* $\mathbf{f}$ *admet une dérivée à droite aux points du complémentaire* B, *par rapport à* I, *d'une partie dénombrable de* I. *Pour que* $\mathbf{f}'_d(x)$ *ait une limite lorsque* x *tend vers* x_0 *en restant dans* B *et* $\neq x_0$, *il faut et il suffit que* $\dfrac{\mathbf{f}(y) - \mathbf{f}(x)}{y - x}$ *ait une limite* $\mathbf{c}$ *lorsque* (x, y) *tend vers* (x_0, x_0) *de sorte que* $x \in I$, $y \in I$, $x \neq x_0$, $y \neq x_0$ *et* $x \neq y$. *Dans ces condi-*

tions, $\mathbf{f}$ *se prolonge par continuité au point* x_0, $\mathbf{f}'_d(x)$ *tend vers* $\mathbf{c}$ *lorsque* x *tend vers* x_0 (en restant dans B) *et la fonction* $\mathbf{f}$ *prolongée* (définie dans $\mathrm{I} \subset \{x_0\}$) *admet au point* x_0 *une dérivée égale à* $\mathbf{c}$.

Supposons par exemple que x_0 soit l'extrémité de I. Montrons d'abord que si $\mathbf{f}'_d(x)$ tend vers $\mathbf{c}$ lorsque x tend vers x_0 en restant dans B et $\neq x_0$, $\dfrac{\mathbf{f}(y) - \mathbf{f}(x)}{y - x}$ tend vers $\mathbf{c}$; cela résulte aussitôt du th. 2 appliqué à la fonction $\mathbf{f}(z) - \mathbf{c}z$, qui donne

$$\|\mathbf{f}(y) - \mathbf{f}(x) - \mathbf{c}(y - x)\| \leqslant (y - x) \sup_{z \in \mathrm{B},\, x < z < y} \|\mathbf{f}'_d(z) - \mathbf{c}\|$$

pour $x < y < x_0$. Inversement, si $\dfrac{\mathbf{f}(y) - \mathbf{f}(x)}{y - x}$ tend vers $\mathbf{c}$, pour tout $\varepsilon > 0$, il existe $h > 0$ tel que les conditions $|x - x_0| < h$, $|y - x_0| < h$ ($x \neq x_0, y \neq x_0$) entraînent

$$\|\mathbf{f}(y) - \mathbf{f}(x) - \mathbf{c}(y - x)\| \leqslant \varepsilon\, |y - x|. \tag{11}$$

Mais pour tout $x \in \mathrm{B}$ et $\neq x_0$, tel que $|x - x_0| < h$, il existe $k > 0$ (dépendant de x) tel que la relation $x < y < x + k$ entraîne

$$\|\mathbf{f}(y) - \mathbf{f}(x) - \mathbf{f}'_d(x)\,(y - x)\,\| \leqslant \varepsilon |y - x| \tag{12}$$

d'où, en tenant compte de (11) :

$$\|\mathbf{f}'_d(x) - \mathbf{c}\| \leqslant 2\varepsilon$$

pour $|x - x_0| < h$, $x \in \mathrm{B}$ et $x \neq x_0$, ce qui prouve que $\mathbf{f}'_d(x)$ tend vers $\mathbf{c}$. En outre, de la relation (11) on tire d'abord que

$$\|\mathbf{f}(y) - \mathbf{f}(x)\| \leqslant (\|\mathbf{c}\| + \varepsilon)\, |y - x|,$$

ce qui prouve (critère de Cauchy) que $\mathbf{f}$ a une limite $\mathbf{d}$ au point x_0, lorsque x tend vers ce point en restant dans I et $\neq x_0$; faisant alors tendre x vers x_0 dans (11), il vient, pour $y \in \mathrm{I}$, $y \neq x_0$ et $|y - x_0| \leqslant h$,

$$\left\| \frac{\mathbf{f}(y) - \mathbf{d}}{y - x_0} - \mathbf{c} \right\| \leqslant \varepsilon$$

ce qui prouve que $\mathbf{c}$ est la dérivée au point x_0 de la fonction $\mathbf{f}$ prolongée par continuité à $\mathrm{I} \cap \{x_0\}$.

Remarque. — Un raisonnement analogue, basé sur le th. 1, montre que si f est une fonction numérique telle que $f'_d(x)$ tende vers $+\infty$ au point x_0, le rapport

$$(f(y) - f(x))/(y - x)$$

tend aussi vers $+\infty$, et réciproquement; si en outre f a une limite finie au point x_0 (ce qui ici n'est plus une conséquence de l'hypothèse), la fonction f prolongée au point x_0 par continuité a une dérivée égale à $+\infty$ en ce point.

§ 3. DÉRIVÉES D'ORDRE SUPÉRIEUR

1. Dérivées d'ordre n

Soit $\mathbf{f}$ une fonction vectorielle d'une variable réelle, définie, continue et dérivable dans un intervalle I. Si la dérivée $\mathbf{f}'$ existe dans un voisinage (par rapport à I) d'un point $x_0 \in \mathrm{I}$, et est dérivable au point x_0, sa dérivée est appelée la *dérivée seconde* de $\mathbf{f}$ au point x_0, et se note $\mathbf{f}''(x_0)$ ou $\mathrm{D}^2\mathbf{f}(x_0)$. Si cette dérivée seconde existe en tout point de I (ce qui implique que $\mathbf{f}'$ existe et est continue dans I), $x \mapsto \mathbf{f}''(x)$ est une fonction vectorielle qu'on désigne par la notation $\mathbf{f}''$ ou $\mathrm{D}^2\mathbf{f}$. Par récurrence, on définit de même la *dérivée n-ème* (ou *dérivée d'ordre n*) de $\mathbf{f}$, qu'on note $\mathbf{f}^{(n)}$ ou $\mathrm{D}^n\mathbf{f}$; par définition, elle a pour valeur au point $x_0 \in \mathrm{I}$ la dérivée de la fonction $\mathbf{f}^{(n-1)}$ au point x_0: cette définition suppose donc l'existence de *toutes* les dérivées $\mathbf{f}^{(k)}$ d'ordre $k \leqslant n-1$ dans un *voisinage* de x_0 par rapport à I, et la dérivabilité de $\mathbf{f}^{(n-1)}$ au point x_0.

On dira que $\mathbf{f}$ est *n fois dérivable* au point x_0 (resp. dans un intervalle) si elle admet une dérivée n-ème en ce point (resp. dans cet intervalle). On dit que $\mathbf{f}$ est *indéfiniment dérivable* dans I si, pour tout entier $n > 0$, elle admet une dérivée d'ordre n dans I.

Par récurrence sur m, on voit que

$$\mathrm{D}^m(\mathrm{D}^n\mathbf{f}) = \mathrm{D}^{m+n}\mathbf{f}. \tag{1}$$

De façon précise, lorsque l'un des deux membres de (1) est défini, l'autre est défini et lui est égal.

PROPOSITION 1. — *L'ensemble des fonctions vectorielles définies dans un intervalle* $\mathrm{I} \subset \mathbf{R}$, *prenant leurs valeurs dans un même espace vectoriel topologique* E, *et admettant une dérivée n-ème dans* I, *est un espace vectoriel sur* $\mathbf{R}$, *et* $\mathbf{f} \mapsto \mathrm{D}^n\mathbf{f}$ *est une application linéaire de cet espace dans l'espace vectoriel des applications de* I *dans* E.

On démontre en effet par récurrence sur n les formules

$$\mathrm{D}^n(\mathbf{f} + \mathbf{g}) = \mathrm{D}^n\mathbf{f} + \mathrm{D}^n\mathbf{g} \tag{2}$$

$$\mathrm{D}^n(\mathbf{f}a) = \mathrm{D}^n\mathbf{f} \,.\, a \tag{3}$$

lorsque $\mathbf{f}$ et $\mathbf{g}$ ont une dérivée n-ème dans I (a constante).

PROPOSITION 2 («formule de Leibniz»). — *Soient* E, F, G *trois espaces vectoriels topologiques sur* $\mathbf{R}$, $(\mathbf{x}, \mathbf{y}) \mapsto [\mathbf{x}.\mathbf{y}]$ *une application bilinéaire continue de* E × F *dans* G. *Si* $\mathbf{f}$ (resp. $\mathbf{g}$) *est définie dans un intervalle* $\mathrm{I} \subset \mathbf{R}$, *prend ses valeurs dans* E (resp. F) *et admet une dérivée n-ème dans* I, $[\mathbf{f}.\mathbf{g}]$ *admet dans* I *une dérivée n-ème donnée par la formule*

$$(4)\quad D^n[\mathbf{f}.\mathbf{g}] = [\mathbf{f}^{(n)}.\mathbf{g}] + \binom{n}{1}[\mathbf{f}^{(n-1)}.\mathbf{g}'] + \dots + \binom{n}{p}[\mathbf{f}^{(n-p)}.\mathbf{g}^{(p)}] + \dots + [\mathbf{f}.\mathbf{g}^{(n)}].$$

La formule (4) se démontre encore par récurrence sur n (compte tenu de la relation $\binom{n}{p} = \binom{n-1}{p} + \binom{n-1}{p-1}$ entre coefficients binomiaux).

On vérifie de même la formule suivante (où les hypothèses sont les mêmes que dans la prop. 2) :

$$(5)\quad [\mathbf{f}^{(n)}.\mathbf{g}] + (-1)^{n-1}[\mathbf{f}.\mathbf{g}^{(n)}] = D([\mathbf{f}^{(n-1)}.\mathbf{g}] - [\mathbf{f}^{(n-2)}.\mathbf{g}'] + \dots + (-1)^{n-1}[\mathbf{f}.\mathbf{g}^{(n-1)}]).$$

Les propositions précédentes ont été énoncées pour des fonctions n fois dérivables dans un intervalle; nous laissons au lecteur le soin d'énoncer les propositions analogues pour les fonctions n fois dérivables en un point.

2. Formule de Taylor

Soit $\mathbf{f}$ une fonction vectorielle définie dans un intervalle $I \subset \mathbf{R}$, à valeurs dans un espace *normé* E sur $\mathbf{R}$; dire que $\mathbf{f}$ a une dérivée en un point $a \in I$ signifie que l'on a

$$(6)\quad \lim_{x\to a,\, x\in I,\, x\neq a} \frac{\mathbf{f}(x) - \mathbf{f}(a) - \mathbf{f}'(a)(x-a)}{x-a} = 0$$

autrement dit, que $\mathbf{f}$ est « approximativement égale » à la fonction *linéaire* $\mathbf{f}(a) + \mathbf{f}'(a)(x-a)$ au voisinage de a (cf. chap. V, où cette notion est développée de façon générale). Nous allons voir que l'existence de la dérivée d'ordre n de $\mathbf{f}$ au point a entraîne de la même manière que $\mathbf{f}$ est « approximativement égale » à un *polynôme en x, de degré n*, à coefficients dans E (TG, X, p. 39) au voisinage de **a.** De façon précise :

THÉORÈME 1. — *Si la fonction* $\mathbf{f}$ *admet une dérivée n-ème au point a, on a*

$$(7)\quad \lim_{x\to a,\, x\in I,\, x\neq a} \frac{\mathbf{f}(x) - \mathbf{f}(a) - \mathbf{f}'(a)\dfrac{(x-a)}{1!} - \dots - \mathbf{f}^{(n)}(a)\dfrac{(x-a)^n}{n!}}{(x-a)^n} = 0.$$

Procédons par récurrence sur n. Le théorème est vrai pour $n = 1$. Pour n

quelconque, on peut, d'après l'hypothèse de récurrence, l'appliquer à la dérivée $\mathbf{f}'$ de $\mathbf{f}$: pour tout $\varepsilon > 0$, il existe donc $h > 0$ tel que, si on pose

$$\mathbf{g}(x) = \mathbf{f}(x) - \mathbf{f}(a) - \mathbf{f}'(a)\frac{(x-a)}{1!} - \mathbf{f}''(a)\frac{(x-a)^2}{2!} - \dots - \mathbf{f}^{(n)}(a)\frac{(x-a)^n}{n!}$$

on ait, pour $|y - a| \leqslant h$ et $y \in \mathrm{I}$

$$\|\mathbf{g}'(y)\| = \left\|\mathbf{f}'(y) - \mathbf{f}'(a) - \mathbf{f}''(a)\frac{(y-a)}{1!} - \dots - \mathbf{f}^{(n)}(a)\frac{(y-a)^{n-1}}{(n-1)!}\right\| \leqslant \varepsilon|y-a|^{n-1}.$$

Appliquons le th. des accroissements finis (I, p. 22, th. 2) dans l'intervalle d'extrémités a, x (avec $|x - a| \leqslant h$) à la fonction vectorielle $\mathbf{g}$ et à la fonction numérique croissante égale à $\varepsilon\,|y - a|^n/n$ si $x > a$, à $-\varepsilon\,|y - a|^n/n$ si $x < a$; il vient $\|\mathbf{g}(x)\| \leqslant \varepsilon\,|x - a|^n/n$, ce qui démontre le théorème.

On peut donc écrire

$$(8)\quad \mathbf{f}(x) = \mathbf{f}(a) + \mathbf{f}'(a)\frac{(x-a)}{1!} + \mathbf{f}''(a)\frac{(x-a)^2}{2!} + \dots + \mathbf{f}^{(n)}(a)\frac{(x-a)^n}{n!} + \mathbf{u}(x)\frac{(x-a)^n}{n!}$$

où $\mathbf{u}(x)$ tend vers 0 lorsque x tend vers a en restant dans I; cette formule est dite *formule de Taylor d'ordre n*, relative au point a, et le second membre de (8) est appelé le *développement de Taylor d'ordre n* de la fonction $\mathbf{f}$ au point a. Le dernier terme $\mathbf{r}_n(z) = \mathbf{u}(x)(x - a)^n/n!$ est appelé le *reste* de la formule de Taylor d'ordre n.

Lorsque $\mathbf{f}$ admet une *dérivée d'ordre* $n + 1$ dans I, on peut avoir en fonction de cette dérivée $(n + 1)$-ème une majoration de $\|\mathbf{r}_n(x)\|$ valable dans I tout entier, et non seulement dans un voisinage non précisé de a:

PROPOSITION 3. — *Si* $\|\mathbf{f}^{(n+1)}(x)\| \leqslant \mathrm{M}$ *dans* I, *on a*

$$(9)\qquad \|\mathbf{r}_n(x)\| \leqslant \mathrm{M}\frac{|x-a|^{n+1}}{(n+1)!}$$

dans I.

En effet, la formule est vraie pour $n = 0$, d'après I, p. 23, th. 2. Démontrons-la par récurrence sur n; d'après l'hypothèse de récurrence appliquée à $\mathbf{f}'$, on a

$$\|\mathbf{r}'_n(y)\| \leqslant \mathrm{M}\frac{|y-a|^n}{n!}$$

d'où la formule (9) par application du th. des accroissements finis (I, p. 23, th. 2).

COROLLAIRE. — *Si f est une fonction numérique finie admettant une dérivée $(n+1)$-ème dans* I, *et si* $m \leqslant f^{(n+1)}(x) \leqslant M$ *dans* I, *on a, pour tout* $x \geqslant a$ *dans* I

$$m\frac{(x-a)^{n+1}}{(n+1)!} \leqslant r_n(x) \leqslant M\frac{(x-a)^{n+1}}{(n+1)!} \tag{10}$$

le second membre ne pouvant être égal au premier (resp. *au troisième*) *que si* $f^{(n+1)}$ *est constante et égale à* m (resp. M) *dans l'intervalle* (a, x).

La démonstration se fait de la même manière, mais en appliquant le th. 1 de I, p. 17.

Remarques. — 1) On a déjà noté, au cours de la démonstration du th. 1, que si $\mathbf{f}$ admet une dérivée n-ème dans I, et si

$$\mathbf{f}(x) = \mathbf{a}_0 + \mathbf{a}_1(x-a) + \mathbf{a}_2(x-a)) + \ldots + \mathbf{a}_n(x-a)^n + \mathbf{r}_n(x) \tag{11}$$

est son développement de Taylor d'ordre n au point a, le développement de Taylor d'ordre $n-1$ de $\mathbf{f}'$ au point a est

$$\mathbf{f}'(x) = \mathbf{a}_1 + 2\mathbf{a}_2(x-a) + \ldots + n\mathbf{a}_n(x-a)^{n-1} + \mathbf{r}'_n(x). \tag{12}$$

On dit qu'il s'obtient en *dérivant terme à terme* le développement (11) de $\mathbf{f}$.

2) Dans les mêmes hypothèses, les coefficients $\mathbf{a}_i$ de (11) sont déterminés par récurrence par les relations

$$\mathbf{a}_0 = \mathbf{f}(a)$$

$$\mathbf{a}_1 = \lim_{x\to a}\frac{\mathbf{f}(x)-\mathbf{f}(a)}{x-a}$$

$$\mathbf{a}_2 = \lim_{x\to a}\frac{\mathbf{f}(x)-\mathbf{f}(a)-\mathbf{a}_1(x-a)}{(x-a)^2}$$

$$\cdots\cdots\cdots\cdots$$

$$\mathbf{a}_n = \lim_{x\to a}\frac{\mathbf{f}(x)-\mathbf{f}(a)-\mathbf{a}_1(x-a)-\ldots-\mathbf{a}_{n-1}(x-a)^{n+1}}{(x-a)^n}.$$

Dans le cas où $a = 0$, on conclut de là en particulier que, si $\mathbf{f}(x^p)$ (p entier > 0) admet une dérivée d'ordre pn dans un voisinage de 0, le développement de Taylor d'ordre pn de cette fonction n'est autre que

$$\mathbf{f}(x^p) = \mathbf{a}_0 + \mathbf{a}_1x^p + \mathbf{a}_2x^{2p} + \ldots + \mathbf{a}_nx^{np} + \mathbf{r}_n(x^p) \tag{13}$$

$\mathbf{r}_n(x^p)$ étant le reste du développement (cf. V, p. 11).

3) La définition de la dérivée d'ordre n et les résultats qui précèdent se généralisent de façon immédiate aux fonctions d'une variable complexe; nous n'insistons pas davantage ici sur cette question, qui sera reprise en détail dans un Livre ultérieur de cet ouvrage.

§ 4. FONCTIONS CONVEXES D'UNE VARIABLE RÉELLE

Soient H une partie de $\mathbf{R}$, f une fonction numérique finie définie dans H, G le *graphe* ou ensemble représentatif de la fonction f dans $\mathbf{R} \times \mathbf{R} = \mathbf{R}^2$, ensemble des points $M_x = (x, f(x))$, où x parcourt H. Nous conviendrons de dire qu'un point (a, b) de $\mathbf{R}^2$ tel que $a \in H$ est *au-dessus* (resp. *strictement au-dessus*, *au-dessous*, *strictement au-dessous*) de G si on a $b \geqslant f(a)$ (resp. $b > f(a)$, $b \leqslant f(a)$, $b < f(a)$). Si $A = (a, a')$ et $B = (b, b')$ sont deux points de $\mathbf{R}^2$, nous désignerons par AB le segment fermé d'extrémités A et B; si $a < b$, AB est le graphe de la fonction linéaire $a' + \dfrac{b' - a'}{b - a}(x - a)$ définie dans $[a, b]$; nous désignerons par $p(\mathrm{AB})$ la *pente* $\dfrac{b' - a'}{b - a}$ de ce segment, et ferons usage du lemme suivant, dont la vérification est immédiate:

Lemme. — *Soient* $A = (a, a')$, $B = (b, b')$, $C = (c, c')$ *trois points de* $\mathbf{R}^2$ *tels que* $a < b < c$. *Les propositions suivantes sont équivalentes*:

a) B *est au-dessous de* AC;

b) C *est au-dessus de la droite passant par* A *et* B;

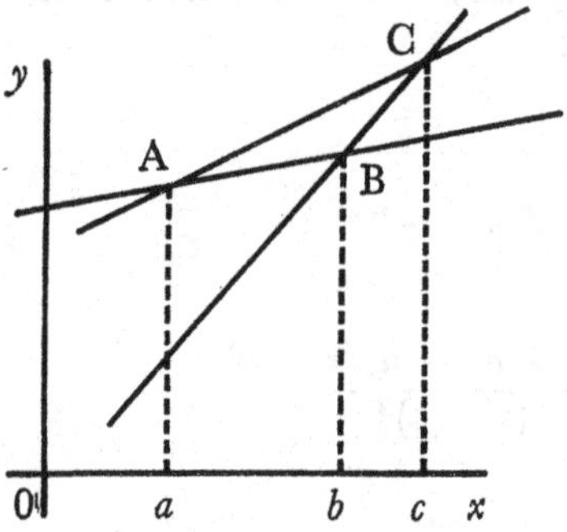

Fig. 1

c) A *est au-dessus de la droite passant par* B *et* C;

d) $p(\mathrm{AB}) \leqslant p(\mathrm{AC})$;

e) $p(\mathrm{AC}) \leqslant p(\mathrm{BC})$.

Le lemme est encore exact quand on y remplace « au-dessus » (resp. « au-dessous ») par « strictement au-dessus » (resp. « strictement au-dessous ») et le signe $\leqslant$ par $<$ (fig. 1).

1. Définition des fonctions convexes

DÉFINITION 1. — *On dit qu'une fonction numérique finie* f, *définie dans un intervalle* (I $\subset$ $\mathbf{R}$, *est convexe dans* I, *si, quels que soient les points* x, x' *de* I $(x < x')$, *tout point* M_z

du graphe G *de* f *tel que* $x \leqslant z \leqslant x'$ *est au-dessous du segment* $M_x M_{x'}$ (ou, ce qui revient au même, si tout point de ce segment est au-dessus de G) (fig. 2).

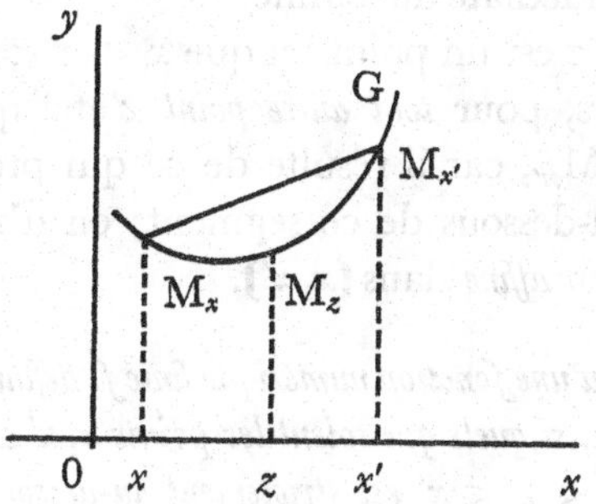

Fig. 2

Tenant compte de la représentation paramétrique d'un segment (TG, VI, p. 5), la condition pour que f soit convexe dans I est que l'on ait l'inégalité

$$(1) \qquad f(\lambda x + (1-\lambda)x') \leqslant \lambda f(x) + (1-\lambda)f(x')$$

pour tout couple (x, x') de points de I et tout $\lambda \in [0, 1]$.

La définition 1 est encore équivalente à la suivante: *l'ensemble des points de* $\mathbf{R}^2$ *situés au-dessus du graphe* G *de* f *est convexe.* En effet, cette condition est évidemment suffisante pour que f soit convexe dans I; elle est aussi nécessaire, car si f est convexe dans I, et si (x, y), (x', y') sont deux points situés au-dessus de G, on a $y \geqslant f(x), y' \geqslant f(x')$, d'où, pour $0 \leqslant \lambda \leqslant 1$,

$$\lambda y + (1-\lambda)y' \geqslant \lambda f(x) + (1-\lambda)f(x') \geqslant f(\lambda x + (1-\lambda)x')$$

d'après (1), ce qui montre que tout point du segment d'extrémités (x, y) et (x', y') est au-dessus de G.

Remarque. — On voit de même que l'ensemble des points situés *strictement au-dessus de* G est convexe. Réciproquement, si cet ensemble est convexe, on a

$$\lambda y + (1-\lambda)y' > f(\lambda x + (1-\lambda)x')$$

pour $0 \leqslant \lambda \leqslant 1$ et $y > f(x)$, $y' > f(x')$; en faisant tendre y vers $f(x)$ et y' vers $f(x')$ dans cette formule, il en résulte que f est convexe.

Exemples. — 1) Toute fonction linéaire affine (numérique) $ax + b$ est convexe dans $\mathbf{R}$.

2) La fonction x^2 est convexe dans $\mathbf{R}$, car on a

$$\lambda x^2 + (1-\lambda)x'^2 - (\lambda x + (1-\lambda)x')^2 = \lambda(1-\lambda)(x-x')^2 \geqslant 0$$

pour $0 \leqslant \lambda \leqslant 1$.

3) La fonction $|x|$ est convexe dans $\mathbf{R}$, car on a

$$|\lambda x + (1-\lambda)x'| \leqslant \lambda|x| + (1-\lambda)|x'|$$

pour $0 \leqslant \lambda \leqslant 1$.

Il est clair que si f est convexe dans I, sa restriction à tout intervalle $J \subset I$ est convexe dans J.

Soient f une fonction convexe dans I, x, x' deux points de I tels que $x < x'$; si $z \in$ I est *extérieur* à $[x, x']$, M_z est *au-dessus* de la droite D joignant M_x et $M_{x'}$; c'est une conséquence immédiate du lemme.

On en déduit que, si z est un point tel que $x < z < x'$, et tel que M_z soit *sur* le segment $M_xM_{x'}$, alors, pour *tout autre point* z' tel que $x < z' < x'$, $M_{z'}$ est aussi *sur* le segment $M_xM_{x'}$, car il résulte de ce qui précède que $M_{z'}$ doit être à la fois au-dessus et au-dessous de ce segment; en d'autres termes, f est alors égale à une fonction *linéaire affine* dans $[x, x']$.

Définition 2. — *On dit qu'une fonction numérique finie f, définie dans un intervalle* $I \subset \mathbf{R}$, *est strictement convexe dans* I, *si quels que soient les points x, x' de* I ($x < x'$), *tout point* M_z *du graphe* G *de f tel que $x < z < x'$ est strictement au-dessous du segment* $M_xM_{x'}$ (ou, ce qui revient au même, si tout point de ce segment, distinct des extrémités, est strictement au-dessus de G).

En d'autres termes, on doit avoir l'inégalité

$$f(\lambda x + (1 - \lambda)x') < \lambda f(x) + (1 - \lambda)f(x') \tag{2}$$

pour tout couple (x, x') de points distincts de I et tout λ tel que $0 < \lambda < 1$.

Les remarques précédant la déf. 2 montrent que, pour qu'une fonction f convexe dans I soit strictement convexe, il faut et il suffit qu'il n'existe aucun intervalle contenu dans I (et non réduit à un point) tel que la restriction de f à cet intervalle soit *linéaire affine*.

Des exemples donnés ci-dessus, le premier et le troisième ne sont pas des fonctions strictement convexes; par contre, on voit que x^2 est une fonction strictement convexe dans $\mathbf{R}$; un calcul analogue montre que $1/x$ est strictement convexe dans $]0, +\infty[$.

Proposition 1. — *Soit f une fonction numérique finie, convexe* (resp. *strictement convexe*) *dans un intervalle* $I \subset \mathbf{R}$. *Pour toute famille* $(x_i)_{1 \leqslant i \leqslant p}$ *de* $p \geqslant 2$ *points distincts de* I, *et toute famille* $(\lambda_i)_{1 \leqslant i \leqslant p}$ *de p nombres réels tels que* $0 < \lambda_i < 1$ *et* $\sum_{i=1}^{p} \lambda_i = 1$, *on a*

$$f\Big(\sum_{i=1}^{p} \lambda_i x_i\Big) \leqslant \sum_{i=1}^{p} \lambda_i f(x_i) \tag{3}$$

(resp.

$$f\Big(\sum_{i=1}^{p} \lambda_i x_i\Big) < \sum_{i=1}^{p} \lambda_i f(x_i)). \tag{4}$$

La proposition (pour les fonctions convexes) se réduisant à l'inégalité (1) pour $p = 2$, nous raisonnerons par récurrence sur $p > 2$. Le nombre $\mu = \sum_{i=1}^{p-1} \lambda_i$ est > 0; il est immédiat que si a et b sont le plus petit et le plus grand des x_i, on a $a \leqslant \sum_{i=1}^{p-1} \lambda_i x_i \Big/ \sum_{i=1}^{p-1} \lambda_i \leqslant b$, autrement dit le point $x = \frac{1}{\mu} \sum_{i=1}^{p-1} \lambda_i x_i$ appartient à I, et l'hypothèse de récurrence entraîne $\mu f(x) \leqslant \sum_{i=1}^{p-1} \lambda_i f(x_i)$; d'autre part, on a, d'après (1)

$$f\left(\sum_{i=1}^{p} \lambda_i x_i\right) = f(\mu x + (1-\mu)x_p) \leqslant \mu f(x) + (1-\mu) f(x_p) \leqslant \sum_{i=1}^{p} \lambda_i f(x_i).$$

On raisonne de même pour les fonctions strictement convexes en partant de l'inégalité (2).

On dit qu'une fonction numérique finie f est *concave* (resp. *strictement concave*) dans I si $-f$ est convexe (resp. strictement convexe) dans I. Il revient au même de dire que, pour tout couple (x, x') de points distincts de I et tout λ tel que $0 < \lambda < 1$, on a

$$f(\lambda x + (1-\lambda)x') \geqslant \lambda f(x) + (1-\lambda) f(x')$$
$$(\text{resp. } f(\lambda x + (1-\lambda)x') > \lambda f(x) + (1-\lambda) f(x')).$$

2. Familles de fonctions convexes

PROPOSITION 2. — *Soient f_i $(1 \leqslant i \leqslant p)$ p fonctions convexes dans un intervalle* $\mathrm{I} \subset \mathbf{R}$, *et c_i $(1 \leqslant i \leqslant p)$ p nombres positifs quelconques; la fonction $f = \sum_{i=1}^{p} c_i f_i$ est convexe dans* I. *En outre, si pour un indice j au moins, f_j est strictement convexe dans* I *et $c_j > 0$, f est strictement convexe dans* I.

Cela résulte aussitôt de l'inégalité (1) (resp. (2)) appliquée à chacune des f_i, en multipliant les deux membres de l'inégalité relative à f_i par c_i, et ajoutant membre à membre.

PROPOSITION 3. — *Soit (f_α) une famille de fonctions convexes dans un intervalle* $\mathrm{I} \subset \mathbf{R}$; *si l'enveloppe supérieure g de cette famille est finie en tout point de* I, *g est convexe dans* I.

En effet, l'ensemble des points $(x, y) \in \mathbf{R}^2$ situés au-dessus du graphe de g est l'intersection des ensembles convexes formés respectivement des points situés au-dessus du graphe de chacune des fonctions f_α; il est donc convexe.

PROPOSITION 4. — *Soit* H *un ensemble de fonctions convexes dans un intervalle* $\mathrm{I} \subset \mathbf{R}$; *si $\mathfrak{F}$ est un filtre sur* H *qui converge simplement dans* I *vers une fonction numérique finie f_0, cette fonction est convexe dans* I.

Il suffit pour le voir de passer à la limite suivant $\mathfrak{F}$ dans l'inégalité (1).

3. Continuité et dérivabilité des fonctions convexes

PROPOSITION 5. — *Pour qu'une fonction numérique finie f soit convexe* (resp. *strictement convexe*) *dans un intervalle* I, *il faut et il suffit que pour tout $a \in$ I, la pente*

$$p(\mathrm{M}_a\mathrm{M}_x) = \frac{f(x) - f(a)}{x - a}$$

soit une fonction croissante (resp. *strictement croissante*) *de x dans* $\mathrm{I} \cap \complement\{a\}$.

Cette proposition est une conséquence immédiate des déf. 1 et 2 et du lemme de I, p. 32.

PROPOSITION 6. — *Soit f une fonction numérique finie, convexe dans un intervalle* $\mathrm{I} \subset \mathbf{R}$. *En tout point a* intérieur *à* I, *f est continue, admet une dérivée à droite et une dérivée à gauche finies, et on a* $f'_g(a) \leqslant f'_d(a)$.

En effet, pour $x \in$ I et $x > a$, la fonction $x \mapsto \dfrac{f(x) - f(a)}{x - a}$ est croissante (prop. 5) et bornée inférieurement, puisque si $y < a$ et $y \in$ I, on a

$$\frac{f(y) - f(a)}{y - a} \leqslant \frac{f(x) - f(a)}{x - a} \tag{5}$$

d'après la prop. 5; cette fonction admet donc une limite à droite finie au point a, autrement dit $f'_d(a)$ existe et est finie; en outre, en faisant tendre x vers a ($x > a$) dans (5), il vient

$$\frac{f(y) - f(a)}{y - a} \leqslant f'_d(a) \tag{6}$$

pour tout $y < a$ appartenant à I. On démontre de même que $f'_g(a)$ existe, et que

$$f'_g(a) \leqslant \frac{f(x) - f(a)}{x - a} \tag{7}$$

pour $x \in$ I et $x > a$. En faisant tendre x vers a ($x > a$) dans cette dernière inégalité, il vient $f'_g(a) \leqslant f'_d(a)$. L'existence des dérivées à droite et à gauche au point a entraîne évidemment la continuité de f en ce point.

COROLLAIRE 1. — *Soit f une fonction convexe* (resp. *strictement convexe*) *dans* I; *si a et b sont deux points intérieurs à* I *tels que $a < b$, on a* (fig. 3)

$$f'_d(a) \leqslant \frac{f(b) - f(a)}{b - a} \leqslant f'_g(b) \tag{8}$$

(resp.

$$f'_d(a) < \frac{f(b) - f(a)}{b - a} < f'_g(b)). \tag{9}$$

La double inégalité (8) provient de (6) et (7) par simple changement de

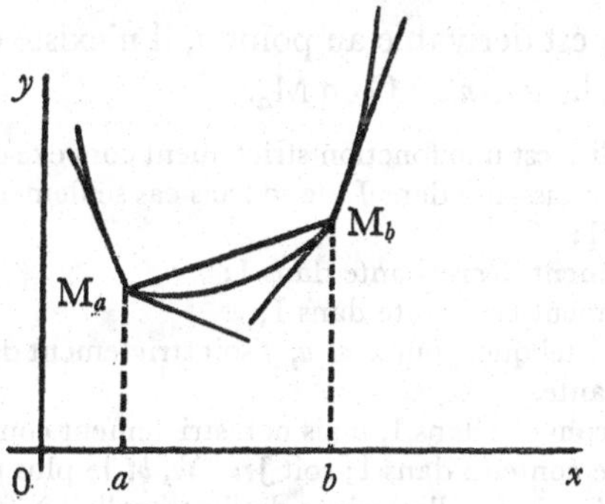

Fig. 3

notation. D'autre part, si f est strictement convexe et c tel que $a < c < b$, on a, d'après (8) et la prop. 5

$$f'_d(a) \leqslant \frac{f(c) - f(a)}{c - a} < \frac{f(b) - f(a)}{b - a} < \frac{f(b) - f(c)}{b - c} \leqslant f'_g(b)$$

d'où (9).

Corollaire 2. — *Si f est convexe* (resp. *strictement convexe*) *dans* I, f'_d *et* f'_g *sont croissantes* (*resp. strictement croissantes*) *dans l'intérieur de* I; *l'ensemble des points de* I *où f n'est pas dérivable est dénombrable, et* f'_d *et* f'_g *sont continues en tout point où f est dérivable.*

La première partie résulte aussitôt de (8) (resp. (9)) et de l'inégalité

$$f'_g(a) \leqslant f'_d(a).$$

Soient d'autre part E l'ensemble des points x intérieurs à I où f n'est pas dérivable (c'est-à-dire $f'_g(x) < f'_d(x)$). Pour tout $x \in E$, soit J_x l'intervalle ouvert $]f'_g(x), f'_d(x)[$; il résulte de (8) que si x et y sont deux points de E tels que $x < y$, on a $u < v$ pour tout $u \in J_x$ et tout $v \in J_y$; autrement dit, lorsque x parcourt E, les intervalles ouverts non vides J_x sont deux à deux sans point commun; l'ensemble de ces intervalles est donc dénombrable, et il en est par suite de même de E. Enfin, f'_d (resp. f'_g) étant croissante, a en tout point x intérieur à I une limite à droite et une limite à gauche; la prop. 6 de I, p. 26 montre alors que la limite à droite de f'_d (resp. f'_g) au point x est égale à $f'_d(x)$, et sa limite à gauche à $f'_g(x)$; d'où la dernière partie du corollaire.

Soient f une fonction convexe dans I, a un point intérieur à I, D une droite passant par le point M_a, d'équation $y - f(a) = \alpha(x - a)$. Il résulte des inégalités (8) que si $f'_g(a) \leqslant \alpha \leqslant f'_d(a)$, tout point du graphe G de f est *au-dessus* de D, et, si f est strictement convexe, M_a est le seul point commun à D et G; on dit que D est une *droite d'appui* de G au point M_a. Inversement, si G est au-dessus de D, on a $f(x) - f(a) \geqslant \alpha(x - a)$ pour tout $x \in I$, d'où $\dfrac{f(x) - f(a)}{x - a} \geqslant \alpha$ pour $x \geqslant a$, et $\dfrac{f(x) - f(a)}{x - a} \leqslant \alpha$ pour $x < a$; faisant tendre x vers a dans ces inégalités, il vient $f'_g(a) \leqslant \alpha \leqslant f'_d(a)$.

En particulier, si f est dérivable au point a, il n'existe qu'*une seule* droite d'appui de G au point M_a, la *tangente* à G en M_a.

Remarque. — Si f est une fonction strictement convexe dans un intervalle ouvert I, f'_d est strictement croissante dans I, donc trois cas seulement sont possibles, d'après la prop. 2 de I, p. 21:

1° f est strictement décroissante dans I;

2° f est strictement croissante dans I;

3° il existe $a \in I$ tel que, pour $x \leqslant a$, f soit strictement décroissante, et, pour $x \geqslant a$, strictement croissante.

Lorsque f est convexe dans I, mais non strictement convexe, f peut être constante dans un intervalle contenu dans I; soit $J =]a, b[$ le plus grand intervalle ouvert où f est constante (c'est-à-dire l'intérieur de l'intervalle où $f'_d(x) = 0$); f est alors strictement décroissante dans l'intervalle formé des points $x \in I$ tels que $x \leqslant a$ (s'il en existe), strictement croissante dans l'intervalle formé des points $x \in I$ tels que $x \geqslant b$ (s'il en existe).

Dans tous les cas, on voit que f possède une *limite à droite* à l'origine de I (dans $\overline{\mathbf{R}}$), une *limite à gauche* à l'extrémité de I; ces limites peuvent être finies ou infinies (cf. I, p. 51, exerc. 5, 6 et 7). Par abus de langage, on dit parfois que la fonction continue (à valeurs dans $\overline{\mathbf{R}}$) égale à f dans l'intérieur de I, et prolongée par continuité aux extrémités de I, est *convexe dans* $\overline{I}$.

4. Critères de convexité

PROPOSITION 7. — *Soit f une fonction numérique finie, définie dans un intervalle* $I \subset \mathbf{R}$. *Pour que f soit convexe dans* I, *il faut et il suffit que, pour tout couple de nombres a, b de* I *tels que $a < b$, et pour tout nombre réel μ, la fonction $f(x) + \mu x$ atteigne sa borne supérieure dans $[a, b]$ en l'un des points a, b.*

La condition est *nécessaire*; en effet, comme μx est convexe dans $\mathbf{R}$, $f(x) + \mu x$ est convexe dans I; on peut donc se borner au cas où $\mu = 0$. Or, pour

$$x = \lambda a + (1 - \lambda)b \; (0 \leqslant \lambda \leqslant 1),$$

on a

$$f(x) \leqslant \lambda f(a) + (1 - \lambda)f(b) \leqslant \operatorname{Max}(f(a), f(b)).$$

La condition est *suffisante*. Prenons en effet $\mu = -\dfrac{f(b) - f(a)}{b - a}$ et soit $g(x) = f(x) + \mu x$; on a $g(a) = g(b)$, donc $g(x) \leqslant g(a)$ pour tout $x \in [a, b]$, et on vérifie aussitôt que cette inégalité équivaut à l'inégalité (1) où on a remplacé z par a et x' par b.

PROPOSITION 8. — *Pour qu'une fonction numérique finie f soit convexe* (resp. *strictement convexe*) *dans un intervalle ouvert* $I \subset \mathbf{R}$, *il faut et il suffit qu'elle soit continue dans* I, *admette une dérivée en tout point du complémentaire* B *par rapport à* I *d'une partie dénombrable de cet intervalle, et que cette dérivée soit croissante* (resp. *strictement croissante*) *dans* B.

La condition est nécessaire d'après la prop. 6 et son corollaire 2 (I, p. 36); montrons qu'elle est suffisante. Supposons donc f' croissante dans B, et supposons que f ne soit pas convexe; il existerait donc (I, p. 36, prop. 5) trois points a, b, c de

I tels que $a < c < b$, et $\frac{f(c) - f(a)}{c - a} > \frac{f(b) - f(c)}{b - c}$; mais d'après le th. des accroissements finis (I, p. 23, th. 1), on a

$$\frac{f(c) - f(a)}{c - a} \leqslant \sup_{x \in \mathrm{B},\, a < x < c} f'(x) \quad \text{et} \quad \frac{f(b) - f(c)}{b - c} \geqslant \inf_{x \in \mathrm{B},\, c < x < b} f'(x).$$

On aurait donc $\sup_{x \in \mathrm{B},\, a < x < c} f'(x) > \inf_{x \in \mathrm{B},\, c < x < b} f'(x)$, contrairement à l'hypothèse que f' est croissante dans B.

Si maintenant f' est supposée strictement croissante dans B, f est convexe et ne peut être égale à une fonction linéaire affine dans aucun intervalle ouvert contenu dans I, car dans cet intervalle f' serait constante, contrairement à l'hypothèse.

Corollaire. — *Soit f une fonction numérique finie, continue et deux fois dérivable dans un intervalle* $\mathrm{I} \subset \mathbf{R}$; *pour que f soit convexe dans* I, *il faut et il suffit que* $f''(x) \geqslant 0$ *pour tout* $x \in \mathrm{I}$; *pour que f soit strictement convexe dans* I, *il faut et il suffit que la condition précédente soit vérifiée et en outre que l'ensemble des points* $x \in \mathrm{I}$ *où* $f''(x) > 0$ *soit partout dense dans* I.

Cela résulte aussitôt de la proposition précédente, et du corollaire de I, p. 22.

Exemple. — * Dans l'intervalle $]0, +\infty[$, la fonction x^r (r réel quelconque) a une dérivée seconde égale à $r(r-1)x^{r-2}$; donc, elle est strictement convexe si $r > 1$ ou $r < 0$, strictement concave si $0 < r < 1$*.

Pour énoncer un autre critère de convexité, nous poserons la définition suivante: étant donné le graphe H d'une fonction numérique finie définie dans un intervalle $\mathrm{I} \subset \mathbf{R}$, et un point a intérieur à I, nous dirons qu'une droite D passant par $\mathrm{M}_a = (a, f(a))$ est *localement au-dessus* (resp. *localement au-dessous*) de G en ce point s'il existe un voisinage $\mathrm{V} \subset \mathrm{I}$ de a tel que tout point de D contenu dans $\mathrm{V} \times \mathbf{R}$ soit au-dessus (resp. au-dessous) de G; nous dirons que D est *localement sur* G au point M_a s'il existe un voisinage $\mathrm{V} \subset \mathrm{I}$ de a tel que l'intersection de D et de $\mathrm{V} \times \mathbf{R}$ soit identique à celle de G et de $\mathrm{B} \times \mathbf{R}$ (autrement dit, si D est à la fois localement au-dessus et localement au-dessous de G).

Proposition 9. — *Soit f une fonction numérique finie, semi-continue supérieurement dans un intervalle ouvert* $\mathrm{I} \subset \mathbf{R}$. *Pour que f soit convexe dans* I, *il faut et il suffit que, pour tout point* M_x *du graphe* G *de f, toute droite localement au-dessus de* G *en ce point soit localement sur* G (au point M_x).

La condition est *nécessaire*; en effet, si f est convexe dans I, en tout point M_a du graphe G de f, il existe une *droite d'appui* Δ de G; Δ est au-dessous de G, et *a fortiori* localement au-dessous de G (I, p. 37); si une droite D est localement au dessus de G au point M_a, elle est localement au-dessus de Δ, donc coincide nécessairement avec Δ, et par suite est localement sur G au point M_a.

La condition est *suffisante*. En effet, supposons-la remplie, et supposons que f

ne soit pas convexe dans I; il existerait alors deux points a, b de I ($a < b$) tels qu'il existe des points M_x de G strictement au-dessus du segment M_aM_b (fig. 4). Autrement dit, la fonction $g(x) = f(x) - f(a) - \frac{f(b) - f(a)}{b - a}(x - a)$ prendrait des valeurs > 0 dans $[a, b]$; comme elle est finie et semi-continue supérieurement dans cet intervalle compact, sa borne supérieure k dans $[a, b]$ est finie et > 0, et

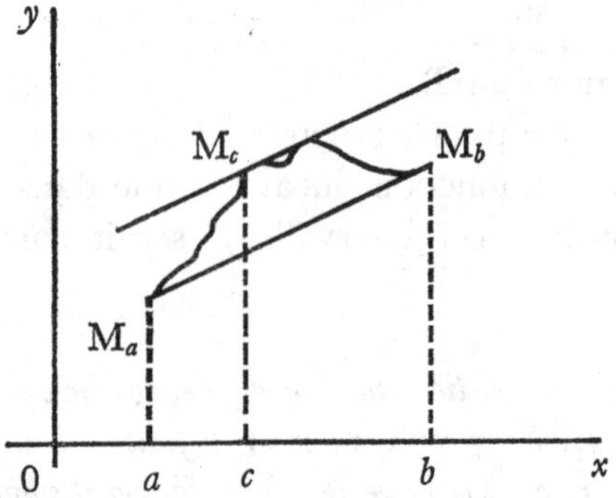

Fig. 4

l'ensemble $\overset{-1}{g}(k)$ est fermé et non vide (TG, IV, p. 30, th. 3 et p. 29, prop. 1). Soit c la borne inférieure de $\overset{-1}{g}(k)$; on a $a < c < b$, et au point M_c la droite D d'équation $y = f(c) + \frac{f(b) - f(a)}{b - a}(x - c)$ est localement au-dessus de G; mais elle ne peut être localement sur G en ce point, puisque, pour $a < x < c$, on a $g(x) < k$, ce qui signifie que M_x est strictement au-dessous de D. Nous aboutissons donc à une contradiction, ce qui établit la proposition.

Corollaire 1. — *Pour qu'une fonction numérique finie f, définie dans un intervalle ouvert $I \subset \mathbf{R}$, et semi-continue supérieurement dans* I, *soit convexe dans* I, *il faut et il suffit que, pour tout $x \in I$, il existe $\varepsilon > 0$ tel que la relation $|h| \leqslant \varepsilon$ entraîne*

$$f(x) \leqslant \tfrac{1}{2}(f(x + h) + f(x - h)).$$

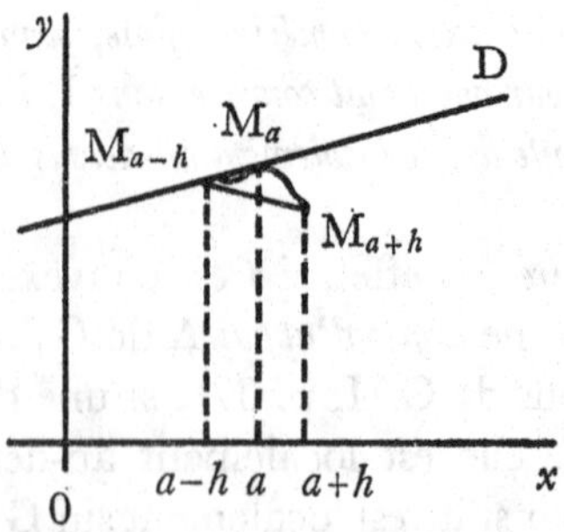

Fig. 5

Nous avons seulement à démontrer que la condition est *suffisante*. En effet, si en un point M_a du graphe G de f, une droite D est localement au-dessus de G, elle est localement sur G en ce point; car, dans le cas contraire, par exemple, un point M_{a+h} serait strictement au-dessous de D, le point M_{a-h} étant au-dessous de D; le milieu du segment $M_{a-h}M_{a+h}$ serait alors strictement au-dessous de D (fig. 5), et en vertu de l'hypothèse M_a serait *a fortiori* strictement au-dessous de D, ce qui est absurde.

Corollaire 2. — *Soit f une fonction numérique finie, définie dans un intervalle ouvert* $I \subset \mathbf{R}$. *Si, pour tout point $x \in I$, il existe un intervalle ouvert $J_x \subset I$ contenant x et tel que la restriction de f à J_x soit convexe dans J_x, alors f est convexe dans* I.

Il est clair en effet que f satisfait au critère de la prop. 8.

Exercices

§ 1

1) Soit f une fonction vectorielle d'une variable réelle, définie dans un intervalle $I \subset \mathbf{R}$, et dérivable en un point x_0 intérieur à I. Montrer que le rapport

$$\frac{(f(x_0 + h) - f(x_0 - k))}{(h + k)}$$

tend vers $f'(x_0)$ lorsque h et k tendent vers 0 *par valeurs* 0. Réciproque.

* Montrer que la fonction f, égale à $x^2 \sin 1/x$ pour $x \neq 0$, à 0 pour $x = 0$, est dérivable en tout point, mais que $(f(y) - f(z))/(y - z)$ ne tend pas vers $f'(0)$ lorsque y et z tendent vers 0 en restant distincts et > 0. *

2) Dans l'intervalle $I = [0, 1]$, on définit par récurrence une suite de fonctions continues numériques (f_n), de la manière suivante: On prend $f_0(x) = x$; pour tout entier $n \geqslant 1$, f_n est linéaire affine dans chacun des 3^n intervalles $\left[\frac{k}{3^n}, \frac{k+1}{3^n}\right]$ pour $0 \leqslant k \leqslant 3^n - 1$; en outre, on prend

$$f_{n+1}\left(\frac{k}{3^n}\right) = f_n\left(\frac{k}{3^n}\right)$$

$$f_{n+1}\left(\frac{k}{3^n} + \frac{1}{3^{n+1}}\right) = f_n\left(\frac{k}{3^n} + \frac{2}{3^{n+1}}\right), \qquad f_{n+1}\left(\frac{k}{3^n} + \frac{2}{3^{n+1}}\right) = f_n\left(\frac{k}{3^n} + \frac{1}{3^{n+1}}\right).$$

Montrer que la suite (f_n) converge uniformément dans I vers une fonction continue, qui n'a de dérivée (finie ou infinie) en aucun point de l'intervalle $]0, 1[$ (utiliser l'exerc. 1).

3) Soit $\mathscr{C}(I)$ l'espace complet des fonctions numériques finies et continues définies dans l'intervalle compact $I = [a, b]$ de $\mathbf{R}$, $\mathscr{R}(I)$ étant muni de la topologie de la convergence uniforme (TG, X, p. 4). Soit A la partie de $\mathscr{C}(I)$ formée des fonctions x telles que, pour *un* point au moins $t \in [a, b[$ (dépendant de la fonction x), x ait au point t une dérivée à droite *finie*. Montrer que dans $\mathscr{C}(I)$, A est un ensemble *maigre* (TG, IX, p. 53), et par suite son complémentaire, c'est-à-dire l'ensemble des fonctions continues dans I, n'ayant de dérivée à droite finie en *aucun point* de $[a, b[$, est un sous-espace de Baire de $\mathscr{C}(I)$ (TG, IX, p. 54). (Soit A_n l'ensemble des fonctions $x \in \mathscr{C}(I)$ telle que, pour une valeur de t au moins satisfaisant à $a \leqslant t \leqslant b - 1/n$ (et dépendant de x) on ait $|x(t') - x(t)| \leqslant n|t' - t|$ pour tout t' tel que $t \leqslant t' \leqslant t + 1/n$. Montrer que chacun des A_n est un ensemble fermé *rare* dans $\mathscr{C}(I)$: on remarquera pour cela que, dans $\mathscr{C}(I)$, toute boule contient une fonction ayant une dérivée à droite bornée dans $[a, b[$; d'autre part, pour tout $\varepsilon > 0$ et tout entier $m > 0$, il existe dans I une fonction continue ayant en tout point de $[a, b[$ une dérivée à droite finie et telle que, pour tout $t \in [a, b[$, on ait $|y(t)| \leqslant \varepsilon$ et $|y'_d(t)| \geqslant m$.)

4) Soient E un espace vectoriel topologique sur $\mathbf{R}$, $\mathbf{f}$ une fonction vectorielle continue, définie dans un intervalle ouvert $I \subset \mathbf{R}$, et admettant en tout point de I une dérivée à droite et une dérivée à gauche.

a) Soient U un ensemble ouvert non vide dans E, A la partie de I formée des points x tels que $\mathbf{f}'_d(x) \in U$. Étant donné un nombre $\alpha > 0$, soit B la partie de I formée des points x tels qu'il existe au moins un $y \in I$ vérifiant les conditions $x - \alpha \leqslant y < x$ et $(\mathbf{f}(x) - \mathbf{f}(y))/(x - y) \in U$; montrer que l'ensemble B est ouvert et que $A \cap \complement B$ est dénombrable (remarquer que ce dernier ensemble est formé d'origines d'intervalles contigus à $\complement B$). En déduire que l'ensemble des points $x \in A$ tels que $\mathbf{f}'_g(x) \notin \overline{U}$ est dénombrable.

b) On suppose que E est un espace *normé*; l'image $\mathbf{f}(I)$ est alors un espace métrique ayant une base dénombrable, et il en est de même du sous-espace vectoriel fermé F de E engendré par $\mathbf{f}(\mathrm{I})$, sous-espace qui contient $\mathbf{f}'_d(\mathrm{I})$ et $\mathbf{f}'_g(\mathrm{I})$. Déduire de *a*) que l'ensemble des points $x \in \mathrm{I}$ tels que $\mathbf{f}'_d(x) \neq \mathbf{f}'_g(x)$ est *dénombrable*. (Si (U_m) est une base dénombrable de la topologie de F, remarquer que pour deux points distincts a, b de F, il existe deux ensembles U_p, U_q sans point commun et tels que $a \in \mathrm{U}_p$ et $b \in \mathrm{U}_q$).

c) On prend pour E l'espace produit $\mathbf{R}^{\mathrm{I}}$ (espace des applications de I dans **R**, muni de la topologie de la convergence simple), et pour tout $x \in \mathrm{I}$, on désigne par $\mathbf{g}(x)$ l'application $t \mapsto |x - t|$ de I dans **R**. Montrer que **g** est continue et que, pour tout $x \in \mathrm{I}$, on a $\mathbf{g}'_d(x) \neq \mathbf{g}'_g(x)$.

5) Soit **f** une fonction vectorielle continue définie dans un intervalle ouvert $\mathrm{I} \subset \mathbf{R}$, à valeurs dans un espace normé E sur **R**, et admettant en tout point de I une dérivée à droite.

a) Montrer que l'ensemble des points $x \in \mathrm{I}$ tels que $\mathbf{f}'_d$ soit bornée dans un voisinage de x est un ensemble ouvert partout dense dans I (utiliser le th. 2 de TG, IX, p. 56).

b) Montrer que l'ensemble des points de I où $\mathbf{f}'_d$ est continue est le complémentaire d'un ensemble *maigre* dans I (cf. TG, IX, p. 114, exerc. 20).

6) Soit (r_n) la suite des nombres rationnels appartenant à $[0, 1]$, rangés dans un certain ordre. Montrer que la fonction $f(x) = \sum_{n=0}^{\infty} 2^{-n}(x - r_n)^{1/3}$ est continue et dérivable en tout point de **R** et admet une dérivée infinie en tout point r_n. (Pour voir que f est dérivable en un point x distinct des r_n, distinguer deux cas suivant que la série de terme général $2^{-n}(x - r_n)^{-2/3}$ a pour somme $+\infty$ ou est convergente; dans le second cas, remarquer que, pour tout $x \neq 0$ et tout $y \neq x$, on a

$$0 \leqslant (y^{1/3} - x^{1/3})/(y - x) \leqslant 4/3x^{2/3}).$$

7) Soit f une fonction numérique définie dans un intervalle $\mathrm{I} \subset \mathbf{R}$, admettant une dérivée à droite $f'_d(x_0) = 0$ en un point de I, et soit **g** une fonction vectorielle définie dans un voisinage de $y_0 = f(x_0)$, et admettant en ce point une dérivée à droite et une dérivée à gauche (non nécessairement identiques). Montrer que $\mathbf{g} \circ f$ admet au point x_0 une dérivée à droite égale à 0.

8) Soit f une application de **R** dans lui-même, telle que l'ensemble C des points de **R** où f est continue soit dense dans **R**, ainsi que son complémentaire A. Montrer que l'ensemble D des points de C où f est dérivable à droite est un ensemble maigre. (Pour tout entier n, soit E_n l'ensemble des points $a \in \mathbf{R}$ tels qu'il existe deux points x, y tels que $0 < x - a < 1/n$, $0 < y - a < 1/n$ et

$$\frac{f(x) - f(a)}{x - a} - \frac{f(y) - f(a)}{y - a} > 1$$

Montrer que l'intérieur de E_n est partout dense dans **R**. Pour cela, noter que pour tout intervalle ouvert non vide I dans **R**, il y a un point $b \in \mathrm{I} \cap \mathrm{A}$; montrer que pour $a < b$ et $b - a$ assez petit, on a $a \in \mathrm{E}_n$.)

9) Soit $\mathscr{B}(\mathbf{N})$ l'espace des suites bornées $\mathbf{x} = (x_n)_{n \in \mathbf{N}}$ de nombres réels, muni de la norme $\|\mathbf{x}\| = \sup |x_n|$; donner un exemple d'une application continue $t \mapsto \mathbf{f}(t) = (f_n(t))_{n \in \mathbf{N}}$ de **R** dans $\mathscr{B}(\mathbf{N})$ telle que chacune des fonctions f_n soit dérivable pour $t = 0$, mais que **f** ne soit pas dérivable en ce point.

§ 2

1) Soit f une fonction numérique définie et continue à gauche dans un intervalle ouvert $\mathrm{I} =]a, b[$ de **R**; on suppose qu'en tous les points du complémentaire B par rapport à I d'une partie dénombrable de I, f soit *croissante à droite*, c'est-à-dire qu'en tout point $x \in \mathrm{B}$, il existe y tel que $x < y \leqslant b$ et que, pour tout z tel que $x \leqslant z < y$, on ait $f(x) \leqslant f(z)$. Montrer que f est croissante dans I (raisonner comme dans la prop. 2).

2) Dans le corps $\mathbf{Q}_p$ des nombres p-adiques (TG, III, p. 84, exerc. 23), tout entier p-adique $x \in \mathbf{Z}_p$ admet un développement et un seul de la forme $x = a_0 + a_1 p + \cdots + a_n p^n + \cdots$, où les a_j sont des entiers rationnels tels que $0 \leqslant a_j \leqslant p - 1$ pour tout j. Pour tout $z \in \mathbf{Z}_p$, on pose

$$f(x) = a_0 + a_1 p^2 + \cdots + a_n p^{2n} + \cdots;$$

montrer que, dans $\mathbf{Z}_p$, f est une fonction continue, qui n'est constante dans le voisinage d'aucun point et admet en tout point une *dérivée nulle*.

3) *a*) Soient K l'ensemble triadique de Cantor (TG, IV, p. 9), $I_{n,p}$ les 2^n intervalles contigues à K et de longueur $1/3^{n+1}$ $(1 \leqslant p \leqslant 2^n)$, $K_{n,p}$ les 2^{n+1} intervalles fermés de longueur $1/3^{n+1}$ dont la réunion est le complémentaire de la réunion des $I_{m,p}$ pour $m \leqslant n$. Soit α un nombre tel que $1 < \alpha < 3/2$; pour tout n, on désigne par f_n la fonction continue croissante dans $[0, 1]$, égale à 0 pour $x = 0$, constante dans chacun des intervalles $I_{m,p}$ tels que $m \leqslant n$, linéaire affine dans chacun des intervalles $K_{n,p}$ $(1 \leqslant p \leqslant 2^{n+1})$ et telle que $f'_d(x) = \alpha^{n+1}$ dans chacun des intérieurs de ces derniers intervalles. Montrer que la série de terme général f_n est uniformément convergente dans $[0, 1]$, a pour somme une fonction f qui admet partout une dérivée à droite (finie ou non) dans $[0, 1[$, et que l'on a $f'_d(x) = +\infty$ en tout point de K distinct des origines des intervalles contigus $I_{n,p}$.

b) Soit g une application continue croissante de $[0, 1]$ sur lui-même, constante dans chacun des intervalles $I_{n,p}$ (TG, IV, p. 63, exerc. 9). Si $h = f + g$, montrer que h admet une dérivée à droite égale à $f'_d(x)$ en tout point x de $[0, 1[$.

4) Soit f une fonction numérique finie et continue dans un intervalle compact $[a, b]$ de $\mathbf{R}$ et admettant en tout point de l'intervalle ouvert $]a, b[$ une dérivée à droite. Soient m et M les bornes inférieure et supérieure (finies ou non) de f'_d dans $]a, b[$.

a) Montrer que, lorsque x et y parcourent $]a, b[$ de sorte que $x \neq y$, l'ensemble des valeurs de $(f(x) - f(y))/(x - y)$ est identique à l'intervalle $]m, M[$ si f n'est pas linéaire affine. (Se ramener à prouver que si f'_d prend deux valeurs de signes contraires en deux points c, d de $]a, b[$ (avec $c < d$), il existe deux points distincts de l'intervalle $]c, d[$ où f prend la même valeur).

b) Si f admet en outre en tout point de $]a, b[$ une dérivée à gauche, les bornes inférieures (resp. supérieures) de f'_d et f'_g dans $]a, b[$ sont égales.

c) En déduire que si f est dérivable dans $]a, b[$, l'image par f' de tout intervalle contenu dans $]a, b[$ est un intervalle, et par suite est *connexe* (utiliser *a*)).

5) Soit $\mathbf{f}$ l'application vectorielle de $I = [0, 1]$ dans $\mathbf{R}^3$ définie comme suit: pour $0 \leqslant t \leqslant \frac{1}{4}$, $\mathbf{f}(t) = (-4t, 0, 0)$; pour $\frac{1}{4} \leqslant t \leqslant \frac{1}{2}$, $\mathbf{f}(t) = (-1, 4t - 1, 0)$; pour $\frac{1}{2} \leqslant t \leqslant \frac{3}{4}$, $\mathbf{f}(t) = (-1, 1, 4t - 2)$; enfin, pour $\frac{3}{4} \leqslant t \leqslant 1$, $\mathbf{f}(t) = (4t - 4, 1, 1)$. Montrer que l'ensemble convexe engendré par l'ensemble $\mathbf{f}'_d(\mathrm{I})$ n'est pas identique à l'adhérence de l'ensemble des valeurs de $\dfrac{\mathbf{f}(y) - \mathbf{f}(x)}{y - x}$ lorsque (x, y) parcourt l'ensemble des couples de points distincts de I (cf. exerc. 4 *a*)).

6) Dans l'intervalle $I = [-1, +1]$, on considère la fonction vectorielle $\mathbf{f}$, à valeurs dans $\mathbf{R}^2$, définie de la manière suivante: $\mathbf{f}(t) = (0, 0)$ pour $-1 \leqslant t \leqslant 0$;

$$\mathbf{f}(t) = \left(t^2 \sin\frac{1}{t}, t^2 \cos\frac{1}{t}\right)$$

pour $0 < t \leqslant 1$. Montrer que $\mathbf{f}$ est dérivable dans $]-1, +1[$, mais que l'image de cet intervalle par $\mathbf{f}'$ n'est pas un ensemble connexe dans $\mathbf{R}^2$ (cf. exerc. 4 *c*)).

7) Soit $\mathbf{f}$ une fonction vectorielle continue définie dans un intervalle ouvert $I \subset \mathbf{R}$, à valeurs dans un espace normé E sur $\mathbf{R}$, et admettant en tout point de I une dérivée à droite. Montrer que l'ensemble des points de I où $\mathbf{f}$ admet une dérivée est le complémentaire d'un ensemble maigre dans I (utiliser l'exerc. 5 *b*) de I, p. 43, et la prop. 6 de I, p. 26).

8) On considère, dans l'intervalle $[0, 1]$, une famille $(I_{n,p})$ d'intervalles ouverts deux à deux sans point commun, définie par récurrence comme suit: l'entier n prend toutes les valeurs $\geqslant 0$; pour chaque valeur de n, l'entier p prend les valeurs $1, 2, \ldots, 2^n$; on a $I_{0,1} =]\frac{1}{3}, \frac{2}{3}[$; si J_n est la réunion des intervalles $I_{m,p}$ correspondant aux nombres $m \leqslant n$, le complémentaire de J_n est réunion de 2^{n+1} intervalles fermés $K_{n,p}$ $(1 \leqslant p \leqslant 2^{n+1})$ deux à deux sans point commun. Si $K_{n,p}$ est un intervalle $[a, b]$, on prend alors pour $I_{n+1,p}$ l'intervalle ouvert d'extrémités $b - \frac{b-a}{3}\left(1 + \frac{1}{2^n}\right)$ et $b - \frac{b-a}{3.2^n}$. Soit E l'ensemble parfait complémentaire de la réunion des $I_{n,p}$ par rapport à $[0, 1]$. Définir dans $[0, 1]$ une fonction numérique continue f qui admette en tout point de $[0, 1[$ une dérivée à droite, mais qui n'ait pas de dérivée à gauche aux points de l'ensemble non dénombrable des points de E distincts des extrémités d'intervalles contigus à E (cf. exerc. 7). (Prendre $f(x) = 0$ dans E, définir convenablement f dans chacun des intervalles $I_{n,p}$ de sorte que, pour tout $x \in E$, il y ait des points $y < x$ n'appartenant pas à E, arbitrairement voisins de x, et tels que $\frac{f(y) - f(x)}{y - x} = -1$).

9) Soient f et g deux fonctions numériques finies et continues dans $[a, b]$ et ayant chacune une dérivée finie dans $]a, b[$; montrer qu'il existe c tel que $a < c < b$, et que

$$\begin{vmatrix} f(b) - f(a) & g(b) - g(a) \\ f'(c) & g'(c) \end{vmatrix} = 0.$$

¶ 10) Soient f et g deux fonctions numériques finies, strictement positives, continues et dérivables dans un intervalle ouvert I. Montrer que, si f' et g' sont strictement positives, et f'/g' strictement croissante dans I, ou bien f/g est strictement croissante dans I, ou bien il existe un nombre $c \in I$, tel que f/g soit strictement décroissante pour $x \leqslant c$, et strictement croissante pour $x \geqslant c$ (remarquer que si on a $f'(x)/g'(x) < f(x)/g(x)$, on a aussi

$$f'(y)/g'(y) < f(y)/g(y)$$

pour tout $y < x$).

11) Soit f une fonction à valeurs complexes, continue dans un intervalle ouvert I, ne s'y annulant pas, et admettant en tout point de I une dérivée à droite. Pour que $|f|$ soit croissant dans I, il faut et il suffit que $\mathscr{R}(f'_d/f) \geqslant 0$ dans I.

¶ 12) Soient f une fonction numérique dérivable dans un intervalle ouvert I, g sa dérivée dans I, $[a, b]$ un intervalle compact contenu dans I; on suppose que g est dérivable dans l'intervalle ouvert $]a, b[$, mais n'est pas nécessairement continue à droite (resp. à gauche) au point a (resp. b); montrer qu'il existe c tel que $a < c < b$, et que

$$g(b) - g(a) = (b - a)g'(c)$$

(utiliser l'exerc. 4 c) de I, p. 43).

13) On appelle *dérivée symétrique* d'une fonction vectorielle $\mathbf{f}$ en un point x_0 intérieur à l'intervalle où est définie $\mathbf{f}$, la limite (lorsqu'elle existe) de $\frac{\mathbf{f}(x_0 + h) - \mathbf{f}(x_0 - h)}{2h}$ lorsque h tend vers 0 en restant > 0.

a) Généraliser à la dérivée symétrique les règles de calcul établies au § 1 pour la dérivée.

b) Montrer que les th. 1 et 2 du § 2 sont encore vrais quand on y remplace les mots « dérivée à droite » par « dérivée symétrique ».

14) Soit $\mathbf{f}$ une fonction vectorielle définie et continue dans un intervalle compact $I = [a, b]$ de $\mathbf{R}$, à valeurs dans un espace normé sur $\mathbf{R}$. On suppose que $\mathbf{f}$ admet une dérivée à droite en tous les points du complémentaire par rapport à $[a, b[$ d'une partie dénombrable A de cet intervalle. Montrer qu'il existe un point $x \in]a, b[\cap \complement A$ tel que

$$\|\mathbf{f}(b) - \mathbf{f}(a)\| \leqslant \|\mathbf{f}'_d(x)\|(b - a).$$

(Raisonner par l'absurde, en décomposant $[a, b[$ en trois intervalles $[a, t[$, $[t, t + h[$ et

$]t + h, b[$ avec $t \notin A$; si $k = \|\mathbf{f}(b) - \mathbf{f}(a)\|/(b - a)$, noter que pour h assez petit, on a $\|\mathbf{f}(t + h) - \mathbf{f}(t)\| < k.h$, et utiliser le th. 2 de I, p. 23, dans les autres intervalles.)

§ 3

1) Avec les mêmes hypothèses que dans la prop. 2 de I, p. 24, démontrer la formule

$$[\mathbf{f}^{(n)}.\mathbf{g}] = \sum_{p=0}^{n} (-1)^p \binom{n}{p} \mathrm{D}^{n-p}[\mathbf{f}.g^{(p)}].$$

2) Avec les notations de la prop. 2 de I. p. 28, on suppose que la relation $[\mathbf{a}.\mathbf{y}] = 0$ pour tout $\mathbf{y} \in \mathrm{F}$ entraîne $\mathbf{a} = 0$ dans E. Dans ces conditions, si $\mathbf{g}_i$ $(0 \leqslant i \leqslant n)$ sont $n + 1$ fonctions vectorielles à valeurs dans E, définies dans un intervalle I de $\mathbf{R}$ et telles que, pour *toute* fonction vectorielle $\mathbf{f}$ à valeurs dans F et n fois dérivable dans I, on ait identiquement

$$[\mathbf{g}_0.\mathbf{f}] + [\mathbf{g}_1.\mathbf{f}'] + \cdots + [\mathbf{g}_n.\mathbf{f}^{(n)}] = 0$$

les fonctions $\mathbf{g}_i$ sont identiquement nulles.

3) Avec les notations de l'exerc. 2 et la même hypothèse sur $[\mathbf{x}.\mathbf{y}]$, on suppose que chacune des fonctions $\mathbf{g}_k$ est n fois dérivable dans I; pour toute fonction $\mathbf{f}$, n fois dérivable dans I, à valeurs dans F, on pose

$$[\mathbf{g}_0.\mathbf{f}] - [\mathbf{g}_1.\mathbf{f}]' + [\mathbf{g}_2.\mathbf{f}]'' + \cdots + (-1)^n[\mathbf{g}_n.\mathbf{f}]^{(n)} = [\mathbf{h}_0.\mathbf{f}] + [\mathbf{h}_1.\mathbf{f}'] + \cdots + [\mathbf{h}_n.\mathbf{f}^{(n)}]$$

ce qui définit les fonctions $\mathbf{h}_i$ $(0 \leqslant i \leqslant n)$ sans ambiguïté (exerc. 2); montrer que l'on a identiquement

$$[\mathbf{h}_0.\mathbf{f}] - [\mathbf{h}.\mathbf{f}]' + [\mathbf{h}_2.\mathbf{f}]'' + \cdots + (-1)^n[\mathbf{h}_n.\mathbf{f}]^{(n)} = [\mathbf{g}_0.\mathbf{f}] + [\mathbf{g}_1.\mathbf{f}'] + \cdots + [\mathbf{g}_n.\mathbf{f}^{(n)}].$$

4) Soit $\mathbf{f}$ une fonction vectorielle n fois dérivable dans un intervalle $\mathrm{I} \subset \mathbf{R}$. Montrer que pour $1/x \in \mathrm{I}$, on a identiquement

$$\frac{1}{x^{n+1}}\mathbf{f}^{(n)}\left(\frac{1}{x}\right) = (-1)^n \mathrm{D}^n\left(x^{n-1}\mathbf{f}\left(\frac{1}{x}\right)\right)$$

(raisonner par récurrence sur n).

5) Soient u et v deux fonctions numériques finies n fois dérivables dans un intervalle $\mathrm{I} \subset \mathbf{R}$. Si l'on pose $\mathrm{D}^n(u/v) = (-1)^n w_n/v^{n+1}$ en tout point x où $v(x) \neq 0$, montrer que l'on a

$$w_n = \begin{vmatrix} u & v & 0 & 0 & \ldots & 0 \\ u' & v' & v & 0 & \ldots & 0 \\ u'' & v'' & 2v' & v & \ldots & 0 \\ \cdot & \cdot & \cdot & \cdot & \cdot & \cdot \\ u^{(n-1)} & v^{(n-1)} & \binom{n-1}{1}v^{(n-2)} & \binom{n-1}{2}v^{(n-3)} & \ldots & v \\ u^{(n)} & v^{(n)} & \binom{n}{1}v^{(n-1)} & \binom{n}{2}v^{(n-2n)} & \ldots & \binom{n}{n-1}v' \end{vmatrix}$$

(posant $w = u/v$, dériver n fois la relation $u = wv$).

6) Soit $\mathbf{f}$ une fonction vectorielle définie dans un intervalle ouvert $\mathrm{I} \subset \mathbf{R}$, prenant ses valeurs dans un espace normé E.

On pose $\Delta\mathbf{f}(x; h_1) = \mathbf{f}(x + h_1) - \mathbf{f}(x)$, puis, par récurrence,

$$\Delta^p\mathbf{f}(x; h_1, h_2, \ldots, h_{p-1}, h_p) = \Delta^{p-1}\mathbf{f}(x + h_p; h_1, \ldots, h_{p-1}) - \Delta^{p-1}\mathbf{f}(x; h_1, \ldots, h_{p-1});$$

ces fonctions sont donc définies, pour chaque $x \in \mathrm{I}$, lorsque les h_i sont assez petits.

a) Si la fonction $\mathbf{f}$ est n fois dérivable *au point* x (et par suite $n-1$ fois dérivable dans un voisinage de x), on a

$$\lim_{\substack{(h_1,\ldots,h_n)\to(0,\ldots,0)\\ h_1h_2\ldots h_n\neq 0}} \frac{\Delta^n\mathbf{f}(x;h_1,\ldots,h_n)}{h_1h_2\ldots h_n} = \mathbf{f}^{(n)}(x)$$

(raisonner par récurrence sur n, en utilisant le th. des accroissements finis).

b) Si $\mathbf{f}$ est n fois dérivable *dans l'intervalle* I, on a

$$\|\Delta^n\mathbf{f}(x;h_1,\ldots,h_n) - \mathbf{f}^{(n)}(x_0)h_1h_2\ldots h_n\| \leqslant |h_1h_2\ldots h_n| \sup \|\mathbf{f}^{(n)}(x+t_1h_1+\cdots+t_nh_n) - \mathbf{f}^{(n)}(x_0)\|$$

la borne supérieure étant prise dans l'ensemble des (t_i) tels que $0 \leqslant t_i \leqslant 1$ pour $1 \leqslant i \leqslant n$ (même méthode).

c) Si f est une fonction numérique n fois dérivable dans I, on a

$$\Delta^n f(x;h_1,h_2,\ldots,h_n) = h_1h_2\ldots h_n f^{(n)}(x+\theta_1h_1+\cdots+\theta_nh_n)$$

les nombres θ_i appartenant à $\left]0, 1\right[$ (même méthode, en utilisant I, p. 31, corollaire).

7) Soient f une fonction numérique finie n fois dérivable au point x_0, $\mathbf{g}$ une fonction vectorielle n fois dérivable au point $y_0 = f(x_0)$. Soient

$$f(x_0+h) = a_0 + a_1h + \cdots + a_nh^n + r_n(h)$$
$$\mathbf{g}(y_0+k) = \mathbf{b}_0 + \mathbf{b}_1k + \cdots + \mathbf{b}_nk^n + \mathbf{s}_n(k)$$

les développements de Taylor d'ordre n de f et $\mathbf{g}$ aux points x_0 et y_0 respectivement. Montrer que la somme des $n+1$ termes du developpement de Taylor d'ordre n de la fonction composée $\mathbf{g}\circ f$ au point x_0 est égal à la somme des termes de degré $\leqslant n$ dans le polynôme

$$\mathbf{b}_0 + \mathbf{b}_1(a_1h+\cdots+a_nh^n) + \mathbf{b}_2(a_1h+\cdots+a_nh^n)^2 + \cdots + \mathbf{b}_n(a_1h+\cdots+a_nh^n)^n.$$

En déduire les deux formules suivantes:

a)
$$\mathrm{D}^n(\mathbf{g}(f(x))) = \sum \frac{n!}{m_1!\,m_2!\ldots m_q!}\,\mathbf{g}^{(p)}(f(x))\left(\frac{f'(x)}{1!}\right)^{m_1}\cdots\left(\frac{f^{(q)}(x)}{q!}\right)^{m_q}$$

la somme étant étendue à tous les systèmes d'entiers positifs $(m_i)_{1\leqslant i\leqslant q}$ tels que

$$m_1 + 2m_2 + \cdots + qm_q = n$$

et p désignant la somme $m_1 + m_2 + \cdots + m_q$.

b)
$$\mathrm{D}^n(\mathbf{g}(f(x))) = \sum_{p=1}^{n} \frac{1}{p!}\,\mathbf{g}^{(p)}(f(x))\left(\sum_{q=1}^{p}\binom{p}{q}(-f(x))^{p-q}\mathrm{D}^n((f(x))^q)\right).$$

8) Soient f une fonction numérique définie et n fois dérivable dans un intervalle I, x_1, $x_2, \ldots, x_p$ des points distincts de I, et n_i $(1 \leqslant i \leqslant p)$ p entiers >0 tels que

$$n_1 + n_2 + \cdots + n_p = n.$$

On suppose qu'au point x_i, f s'annule ainsi que ses $n_i - 1$ premières dérivées pour $1 \leqslant i \leqslant p$: montrer qu'il existe un point ξ intérieur au plus petit intervalle contenant les x_i et tel que $f^{(n-1)}(\xi) = 0$.

9) Avec les mêmes notations que dans l'exerc. 8, on suppose que f est n fois dérivable dans I mais par ailleurs quelconque. Soit g le polynôme de degré $n-1$ (à coefficients réels) tel qu'au point x_i $(1 \leqslant i \leqslant p)$, g et ses $n_i - 1$ premières dérivées soient respectivement égaux à f et ses $n_i - 1$ premières dérivées. Montrer qu'on a

$$f(x) = g(x) + \frac{(x-x_1)^{n_1}(x-x_2)^{n_2}\ldots(x-x_p)^{n_p}}{n!}f^{(n)}(\xi)$$

où ξ est intérieur au plus petit intervalle contenant les points x_i ($1 \leqslant i \leqslant p$) et x. (Appliquer l'exerc. 8 à la fonction de t

$$f(t) - g(t) - a\frac{(t-x_1)^{n_1}(t-x_2)^{n_2}\dots(t-x_p)^{n_p}}{n!}$$

où a est une constante convenablement choisie.)

10) Soit g une fonction numérique *impaire*, définie dans un voisinage de 0, et 5 fois dérivable dans ce voisinage. Montrer qu'on a

$$g(x) = \frac{x}{3}(g'(x) + 2g'(0)) - \frac{x^5}{180}g^{(5)}(\xi) \quad (\xi = \theta x,\ 0 < \theta < 1)$$

(même méthode que dans l'exerc. 9).

En déduire que si f est une fonction numérique définie dans (a, b) et 5 fois dérivable dans cet intervalle, on a

$$f(b) - f(a) = \frac{b-a}{6}\left[f'(a) + f'(b) + 4f'\left(\frac{a+b}{2}\right)\right] - \frac{(b-a)^5}{2\,880}f^{(5)}(\xi)$$

avec $a < \xi < b$ (« formule de Simpson »).

11) Soient $f_1, f_2, \dots, f_n, g_1, g_2, \dots, g_n$ $2n$ fonctions numériques $n-1$ fois dérivables dans un intervalle I. Soit $(x_i)_{1 \leqslant i \leqslant n}$ une suite strictement croissante de n points de I. Montrer que le rapport des deux déterminants

$$\begin{vmatrix} f_1(x_1) & f_1(x_2) & \dots & f_1(x_n) \\ f_2(x_1) & f_2(x_2) & \dots & f_2(x_n) \\ \cdot & \cdot & \cdot & \cdot \\ f_n(x_1) & f_n(x_2) & \dots & f_n(x_n) \end{vmatrix} : \begin{vmatrix} g_1(x_1) & g_1(x_2) & \dots & g_1(x_n) \\ g_2(x_1) & g_2(x_2) & \dots & g_2(x_n) \\ \cdot & \cdot & \cdot & \cdot \\ g_n(x_1) & g_n(x_2) & \dots & g_n(x_n) \end{vmatrix}$$

est égal au rapport de deux déterminants

$$\begin{vmatrix} f_1(\xi_1) & f_1'(\xi_2) & \dots & f_1^{(n-1)}(\xi_n) \\ f_2(\xi_1) & f_2'(\xi_2) & \dots & f_2^{(n-1)}(\xi_n) \\ \cdot & \cdot & \cdot & \cdot \\ f_n(\xi_1) & f_n'(\xi_2) & \dots & f_n^{(n-1)}(\xi_n) \end{vmatrix} : \begin{vmatrix} g_1(\xi_1) & g_1'(\xi_2) & \dots & g_n^{(n-1)}(\xi_n) \\ g_2(\xi_1) & g_2'(\xi_2) & \dots & g_n^{(n-1)}(\xi_n) \\ \cdot & \cdot & \cdot & \cdot \\ g_n(\xi_1) & g_n'(\xi_2) & \dots & g_n^{(n-1)}(\xi_n) \end{vmatrix}$$

où

$$\xi_1 = x_1, \qquad \xi_1 < \xi_2 < x_2. \qquad \xi_2 < \xi_3 < x_3, \dots, \xi_{n-1} < \xi_n < x_n$$

(appliquer l'exerc. 9 de I, p. 45).

Cas particulier où $g_1(x) = 1, g_2(x) = x, \dots, g_n(x) = x^{n-1}$.

¶ 12) *a*) Soit $\mathbf{f}$ une fonction vectorielle définie et continue dans l'intervalle fini $\mathrm{I} = (-a, +a)$, prenant ses valeurs dans un espace normé E sur **R** et deux fois dérivable dans I. Si on pose $\mathrm{M}_0 = \sup_{x \in \mathrm{I}} \|\mathbf{f}(x)\|$, $\mathrm{M}_2 = \sup_{x \in \mathrm{I}} \|\mathbf{f}''(x)\|$, montrer que pour tout $x \in \mathrm{I}$, on a

$$\|\mathbf{f}'(x)\| \leqslant \frac{\mathrm{M}_0}{a} + \frac{x^2 + a^2}{2a}\mathrm{M}_2$$

(exprimer chacune des différences $\mathbf{f}(a) - \mathbf{f}(x)$, $\mathbf{f}(-a) - \mathbf{f}(x)$).

b) Déduire de *a*) que si $\mathbf{f}$ est une fonction deux fois dérivable dans un intervalle I (borné ou non), et si $M_0 = \sup_{x \in I} \|\mathbf{f}(x)\|$ et $M_2 = \sup_{x \in I} \|\mathbf{f}''(x)\|$ sont finis, il en est de même de $M_1 = \sup_{x \in I} \|\mathbf{f}'(x)\|$, et on a:

$$M_1 \leqslant 2\sqrt{M_0 M_2} \quad \text{si I a une longueur} \geqslant 2\sqrt{\frac{M_0}{M_2}}$$

$$M_1 \leqslant \sqrt{2}\,\sqrt{M_0 M_2} \quad \text{si } I = \mathbf{R}.$$

Montrer que, dans ces deux inégalités, les nombres 2 et $\sqrt{2}$ respectivement ne peuvent être remplacés par des nombres plus petits (considérer d'abord le cas où on suppose seulement que $\mathbf{f}$ admet une dérivée seconde à droite, et montrer que dans ce cas les deux membres des inégalités précédentes peuvent devenir égaux, en prenant pour $\mathbf{f}$ une fonction numérique égale « par morceaux » à des polynômes du second degré).

c) Déduire de *b*) que si $\mathbf{f}$ est p fois dérivable dans $\mathbf{R}$, et si $M_p = \sup_{x \in \mathbf{R}} \|\mathbf{f}^{(p)}(x)\|$ et $M_0 = \sup_{x \in \mathbf{R}} \|\mathbf{f}(x)\|$ sont finis, chacun des nombres $M_k = \sup_{x \in \mathbf{R}} \|\mathbf{f}^{(k)}(x)\|$ est fini pour $1 \leqslant k \leqslant p - 1$, et on a

$$M_k \leqslant 2^{k(p-k)/2} M_0^{1-k/p} M_p^{k/p}.$$

¶ 13) *a*) Soit f une fonction numérique deux fois dérivable dans $\mathbf{R}$, et telle que l'on ait $(f(x))^2 \leqslant a$ et $(f'(x))^2 + (f''(x))^2 \leqslant b$ dans $\mathbf{R}$; montrer qu'on a

$$(f(x))^2 + (f'(x))^2 \leqslant \max(a, b)$$

dans $\mathbf{R}$ (raisonner par l'absurde, en remarquant que si la fonction $f^2 + f'^2$ prend une valeur $c > \max(a, b)$ en un point x_0, i. existe deux points x_1, x_2 tels que $x_1 < x_0 < x_2$ et qu'en x_1 et x_2 la fonction f' prenne des valeurs assez petites pour que $f^2 + f'^2$ prenne des valeurs $< c$; considérer alors un point de $[x_1, x_2]$ où $f^2 + f'^2$ atteint sa borne supérieure dans cet intervalle).

b) Soit f une fonction numérique n fois dérivable dans $\mathbf{R}$, et telle que l'on ait $(f(x))^2 \leqslant a$ et $(f^{(n-1)}(x))^2 + (f^{(n)}(x))^2 \leqslant b$ dans $\mathbf{R}$; montrer que l'on a

$$(f^{(k-1)}(x))^2 + (f^{(k)}(x))^2 \leqslant \max(a, b)$$

dans $\mathbf{R}$ pour $1 \leqslant k \leqslant n$. (Raisonner par récurrence sur n; remarquer que, d'après l'exerc. 12, la borne supérieure c de $(f'(x))^2$ dans $\mathbf{R}$ est finie; montrer qu'on a nécessairement $c \leqslant \max(a, b)$ en raisonnant par l'absurde: dans l'hypothèse où $c > \max(a, b)$, choisir les constantes λ et μ de sorte que pour la fonction $g = \lambda f + \mu$, on ait $|g(x)| \leqslant 1, |g'(x)| \leqslant 1$, mais qu'on ne puisse avoir $(g(x))^2 + (g'(x))^2 \leqslant 1$ pour tout x).

¶ 14) Soit $\mathbf{f}$ une fonction $n - 1$ fois dérivable dans un intervalle I contenant 0, et soit $\mathbf{f}_n$ la fonction vectorielle définie pour $x \neq 0$ dans I par la relation

$$\mathbf{f}(x) = \mathbf{f}(0) + \mathbf{f}'(0)\frac{x}{1!} + \mathbf{f}''(0)\frac{x^2}{2!} + \cdots + \mathbf{f}^{(n-1)}(0)\frac{x^{n-1}}{(n-1)!} + \mathbf{f}_n(x)x^n.$$

a) Montrer que si $\mathbf{f}$ admet une dérivée $(n + p)$-ème au point 0, $\mathbf{f}_n$ admet une dérivée p-ème au point 0 et une dérivée $(n + p - 1)$-ème en tout point d'un voisinage de 0 distinct de 0; en outre, on a $\mathbf{f}_n^{(k)}(0) = \dfrac{k!}{(n+k)!}\mathbf{f}^{(n+k)}(0)$ pour $0 \leqslant k \leqslant p$, et $\mathbf{f}_n^{(p+k)}(x) \,.\, x^k$ tend vers 0 avec x, pour $1 \leqslant k \leqslant n - 1$ (exprimer les dérivées de $\mathbf{f}_n$ à l'aide des développements de Taylor des dérivées successives de $\mathbf{f}$, et utiliser la prop. 6 de I, p. 26).

b) Inversement, soit $\mathbf{f}_n$ une fonction vectorielle admettant une dérivée $(n + p - 1)$-ème dans un voisinage de 0 dans I, et telle que $\mathbf{f}_n^{(p+k)}(x) \,.\, x^k$ tende vers une limite pour $0 \leqslant k \leqslant n - 1$. Montrer que la fonction $\mathbf{f}_n(x) \,.\, x^n$ admet une dérivée $(n + p - 1)$-ème dans I; si en outre $\mathbf{f}_n$ admet une dérivée p-ème au point 0, $\mathbf{f}_n(x) \,.\, x^n$ admet une dérivée $(n + p)$-ème au point 0.

c) On suppose I symétrique par rapport à 0, et $\mathbf{f}$ *paire* ($\mathbf{f}(-x) = \mathbf{f}(x)$ dans I). Montrer, à l'aide de *a*) que, si $\mathbf{f}$ est $2n$ fois dérivable dans I, il existe une fonction $\mathbf{g}$ définie et n fois dérivable dans I, telle que $\mathbf{f}(x) = \mathbf{g}(x^2)$ dans I.

¶ 15) Soit I un intervalle ouvert de **R**, **f** une fonction vectorielle définie et continue dans I; on suppose qu'il existe n fonctions vectorielles $\mathbf{g}_i$ $(1 \leqslant i \leqslant n)$ définies dans I, et telles que la fonction de x

$$\frac{1}{h^n}\Big(\mathbf{f}(x+h) - \mathbf{f}(x) - \sum_{p=1}^{n} \frac{h^p}{p!}\mathbf{g}_p(x)\Big)$$

tende *uniformément* vers 0 dans tout intervalle compact contenu dans I, lorsque h tend vers 0.

a) On pose $\mathbf{f}_p(x, h) = \Delta^p\mathbf{f}(x; h, h, \ldots, h)$ (I, p. 46, exerc. 6). Montrer que pour $1 \leqslant p \leqslant n$, $(1/h^p)\mathbf{f}_p(x, h)$ tend *uniformément* vers $\mathbf{g}_p(x)$ dans tout intervalle compact contenu dans I, lorsque h tend vers 0, et que les $\mathbf{g}_p$ sont des fonctions continues dans I (le démontrer successivement pour $p = n$, $p = n - 1$, etc.).

b) En déduire que **f** possède dans I une dérivée n-ème continue et qu'on a $\mathbf{f}^{(p)} = \mathbf{g}_p$ pour $1 \leqslant p \leqslant n$ (tenir compte de la relation $\mathbf{f}_{p+1}(x, h) = \mathbf{f}(x + h, h) - \mathbf{f}_p(x, h)$).

¶ 16) Soit f une fonction numérique n fois dérivable dans $\mathrm{I} = \,]-1, +1[$, et telle que $|f(x)| \leqslant 1$ dans cet intervalle.

a) Montrer que, si $m_k(\lambda)$ désigne le minimum de $|f^{(k)}(x)|$ dans un intervalle de longueur λ contenu dans I, on a

$$m_k(\lambda) \leqslant \frac{2^{k(k+1)/2}k^k}{\lambda^k} \quad (1 \leqslant k \leqslant n).$$

(On remarquera que si l'intervalle de longueur λ est décomposé en trois intervalles de longueurs α, β, γ, on a

$$m_k(\lambda) \leqslant \frac{1}{\beta}(m_{k-1}(\alpha) + m_{k-1}(\gamma)).)$$

b) Déduire de *a*) qu'il existe un nombre μ_n ne dépendant que de l'entier n, tel que, si $|f'(0)| \geqslant \mu_n$, la dérivée $f^{(n)}(x)$ s'annule en au moins $n - 1$ points distincts de I (montrer par récurrence sur k que $f^{(k)}$ s'annule au moins $k - 1$ fois dans I).

17) *a*) Soit **f** une fonction vectorielle ayant des dérivées de tous ordres dans un intervalle ouvert $\mathrm{I} \subset \mathbf{R}$. On suppose que, dans I, on ait $\|\mathbf{f}^{(n)}(x)\| \leqslant a.n!r^n$, où a et r sont deux nombres >0 indépendants de x et de n; montrer qu'en tout point x_0, la « série de Taylor », de terme général $(1/n!)\mathbf{f}^{(n)}(x_0)(x - x_0)^n$ est convergente et a pour somme $\mathbf{f}(x)$ dans un voisinage de x_0.

b) Inversement, si la série de Taylor de **f** en un point x_0 converge dans un voisinage de x_0, il existe deux nombres a et r (dépendant de x_0) tels que $\|\mathbf{f}^{(n)}(x_0)\| \leqslant a.n!r^n$ pour tout entier $n > 0$.

c) Déduire de *a*) et de l'exerc. 16 *b*) que si, dans un intervalle ouvert $\mathrm{I} \subset \mathbf{R}$, une fonction numérique f est indéfiniment dérivable et s'il existe un entier p indépendant de n tel que, pour tout n, $f^{(n)}$ ne s'annule pas en plus de p points distincts de I, alors la série de Taylor de f au voisinage de tout point $x_0 \in \mathrm{I}$ est convergente et a pour somme $f(x)$ en tout point d'un voisinage de x_0.

18) Soit (a_n) une suite quelconque de nombres complexes. On pose, pour tout $n \geqslant 0$, $s_n^{(0)} = a_n$, et on définit par récurrence, pour $k \geqslant 0$,

$$s_n^{(k+1)} = s_0^{(k)} + s_1^{(k)} + \cdots + s_{n-1}^{(k)}.$$

a) Prouver la « formule de Taylor pour les suites »: pour tout entier

$$\left| s_{n+h}^{(k)} - s_n^{(k)} - h.s_n^{(k-1)} - \binom{h}{2}.s_n^{(k-2)} - \cdots - \binom{h}{k-1}.s_n^{(1)} \right| \leqslant \binom{h}{k} \sup_{0 \leqslant j \leqslant h-1} |a_{n+j}|$$

(procéder par récurrence sur k).

b) On suppose qu'il existe un nombre C tel que $|na_n| \leqslant C$ pour tout n, et que la suite $(s^{(2)}/n)$, formée des moyennes arithmétiques $1(s_0 + \cdots + s_{n-1})/n$ des sommes partielles $s_n = a_0 + \cdots + a_{n-1}$, tend vers une limite σ. Montrer que la série de terme général a_n est convergente et a pour somme σ (« théorème taubérien de Hardy-Littlewood »). (Ecrire

$$s_n = \frac{1}{h}\,(s^{(2)}_{n+h} - s^{(2)}) + \frac{h-1}{2}\,r_n$$

où $|r_n|$ est majoré à l'aide de l'inégalité $|na_n| \leqslant C$, et h est choisi convenablement en fonction de n.)

§ 4

1) *a*) Soit H un ensemble de fonctions convexes dans un intervalle compact $[a, b] \subset \mathbf{R}$; on suppose que les ensembles H(a) et H(b) sont majorés dans **R** et qu'il existe un point c tel que $a < c < b$ et que H(c) soit minoré dans **R**; montrer que H est un ensemble *équicontinu* dans $]a, b[$ (TG, X, p. 10).

b) Soit H un ensemble de fonctions convexes dans un intervalle $I \subset \mathbf{R}$, et soit $\mathfrak{F}$ un filtre sur H qui converge simplement dans I vers une fonction f_0; montrer que $\mathfrak{F}$ converge uniformément vers f_0 dans tout intervalle compact contenu dans I.

2) Montrer que toute fonction f convexe dans un intervalle compact $I \subset \mathbf{R}$ est limite d'une suite décroissante uniformément convergente de fonctions convexes dans I admettant une dérivée seconde dans I (considérer d'abord la fonction $(x - a)^+$, et approcher f par la somme d'une fonction linéaire affine et d'une combinaison linéaire $\sum_i c_i(x - a_i)^+$ à coefficients $c_i \geqslant 0$).

3) Soit f une fonction convexe dans un intervalle $I \subset \mathbf{R}$.

a) Montrer que si f n'est pas constante, elle ne peut atteindre sa borne supérieure en un point intérieur à I.

b) Montrer que si I est relativement compact dans **R**, f est minorée dans I.

c) Montrer que si $I = \mathbf{R}$ et si f n'est pas constante, f n'est pas majorée dans I.

4) Pour qu'une fonction f soit convexe dans un intervalle compact $[a, b] \subset \mathbf{R}$, il faut et il suffit qu'elle soit convexe dans $]a, b[$ et que l'on ait $f(a) \geqslant f(a+)$ et $f(b) \geqslant f(b-)$.

5) Soit f une fonction convexe dans l'intervalle ouvert $]a, +\infty[$; s'il existe un point $c > a$ tel que, dans $]c, +\infty[$, f soit strictement croissante, on a $\lim_{x \to +\infty} f(x) = +\infty$.

6) Soit f une fonction convexe dans un intervalle $]a, +\infty[$; montrer que $f(x)/x$ a une limite (finie ou égale à $+\infty$) lorsque x tend vers $+\infty$; cette limite est aussi celle de $f'_d(x)$ et de $f'_g(x)$; elle est >0 si $f(x)$ tend vers $+\infty$ lorsque x tend vers $+\infty$.

7) Soit f une fonction convexe dans l'intervalle $]a, b[$ où $a \geqslant 0$; montrer que dans cet intervalle, la fonction $x \mapsto f(x) - xf'(x)$ (« ordonnée à l'origine » de la demi-tangente à droite au point x au graphe de f) est décroissante (strictement décroissante si f est strictement convexe).
En déduire que:

a) Si f admet une limite à droite finie au point a, $(x - a)f'_d(x)$ a une limite à droite égale à 0 en ce point.

b) Dans $]a, b[$, ou bien $f(x)/x$ est croissante, ou bien $f(x)/x$ est décroissante, ou bien il existe $c \in \,]a, b[$ tel que $f(x)/x$ soit décroissante dans $]a, c[$ et croissante dans $]c, b[$.

c) On suppose que $b = +\infty$; montrer que, si

$$\beta = \lim_{x \to +\infty} (f(x) - xf'_d(x))$$

est finie, il en est de même de $\alpha = \lim_{x \to +\infty} f(x)/x$, que la droite $y = \alpha x + \beta$ est *asymptote*[1] au graphe de f, et est située *au-dessous* de ce graphe (strictement au-dessous si f est strictement convexe).

8) Soit f une fonction numérique finie, semi-continue supérieurement dans un intervalle ouvert $\mathrm{I} \subset \mathbf{R}$. Pour que f soit convexe dans I, il faut et il suffit que, pour tout $x \in \mathrm{I}$, on ait $\limsup_{h \to 0,\, h \neq 0} \dfrac{f(x+h) + f(x-h) - 2f(x)}{h^2} \geqslant 0$. (Démontrer d'abord que, pour tout $\varepsilon > 0$, $f(x) + \varepsilon x^2$ est convexe, en utilisant la prop. 9 de **I**, p. 39).

¶ 9) Soit f une fonction numérique finie, semi-continue inférieurement dans un intervalle $\mathrm{I} \subset \mathbf{R}$. Pour que f soit convexe dans I, il suffit que, pour tout couple de points a, b de I tels que $a < b$, il existe *un* point z tel que $a < z < b$, et que M_z soit au-dessous du segment $\mathrm{M}_a\mathrm{M}_b$ (raisonner par l'absurde, en remarquant que l'ensemble des points x tels que M_x soit strictement au-dessus de $\mathrm{M}_a\mathrm{M}_b$ est ouvert).

¶ 10) Soit f une fonction numérique finie définie dans un intervalle $\mathrm{I} \subset \mathbf{R}$, telle que

$$f\left(\frac{x+y}{2}\right) \leqslant \tfrac{1}{2}(f(x) + f(y))$$

quels que soient x, y dans I. Montrer que, si f est bornée supérieurement dans *un* intervalle ouvert $]a, b[$ contenu dans I, f est convexe dans I (on montrera d'abord que f est bornée supérieurement dans *tout* intervalle compact contenu dans I, puis que f est continue en tout point intérieur à I).

¶ 11) Soit f une fonction continue dans un intervalle ouvert $\mathrm{I} \subset \mathbf{R}$, admettant en tout point de I une dérivée à droite finie. Si, pour tout $x \in \mathrm{I}$ et *tout* $y \in \mathrm{I}$ tel que $y > x$, le point $\mathrm{M}_y = (y, f(y))$ est au-dessus de la demi-tangente à droite au point $\mathrm{M}_x = (x, f(x))$ du graphe de f, montrer que f est convexe dans I (en utilisant le th. des accroissements finis, montrer que l'on a $f'_d(y) \geqslant \dfrac{f(y) - f(x)}{y - x}$ pour $x < y$).

Donner un exemple de fonction non convexe, ayant en tout point une dérivée à droite finie, et telle que pour tout $x \in \mathrm{I}$, il existe un nombre $h_x > 0$ dépendant de x, que M_y soit au-dessus de la demi-tangente à droite au point M_x pour tout y tel que $x \leqslant y \leqslant x + h_x$. Cette dernière condition est toutefois suffisante pour que f soit convexe, si on suppose en outre que f est dérivable dans I (utiliser I, p. 20, corollaire).

¶ 12) Soit f une fonction numérique continue dans un intervalle ouvert $\mathrm{I} \subset \mathbf{R}$; on suppose que, pour tout couple (a, b) de points de I tel que $a < b$, le graphe de f soit tout entier au-dessus *ou* tout entier au-dessous du segment $\mathrm{M}_a\mathrm{M}_b$ dans l'intervalle $[a, b]$. Montrer que f est convexe dans tout I ou concave dans tout I (si, dans $]a, b[$, il existe un point c tel que M_c soit strictement au-dessus du segment $\mathrm{M}_a\mathrm{M}_b$ montrer que pour tout $x \in \mathrm{I}$ tel que $x > a$, le graphe de f est au-dessus du segment $\mathrm{M}_a\mathrm{M}_x$ dans l'intervalle $[a, x]$).

13) Soit f une fonction numérique dérivable dans un intervalle ouvert $\mathrm{I} \subset \mathbf{R}$. On suppose que, pour tout couple (a, b) de points de I tels que $a < b$, il existe *un seul* point $c \in \,]a, b[$ tel que $f(b) - f(a) = (b - a)f'(c)$; montrer que f est strictement convexe dans I ou strictement concave dans I (montrer que f' est strictement monotone dans I).

14) Soit f une fonction numérique convexe et strictement monotone dans un intervalle ouvert $\mathrm{I} \subset \mathbf{R}$; soit g la fonction réciproque de f (définie dans l'intervalle $f(\mathrm{I})$). Montrer que si f est décroissante (resp. croissante) dans I, g est convexe (resp. concave) dans $f(\mathrm{I})$.

15) Soit I un intervalle contenu dans $]0, +\infty[$; montrer que, si $f(1/x)$ est convexe dans **I**, il en est de même de $xf(x)$, et réciproquement.

[1] C'est-à-dire que $\lim_{x \to +\infty} (f(x) - (\alpha x + \beta)) = 0$.

* 16) Soient f une fonction positive convexe dans $]0, +\infty[$, a et b deux nombres réels quelconques. Montrer que la fonction $x^a f(x^{-b})$ est convexe dans $]0, +\infty[$, dans les cas suivants:

1° $a = \frac{1}{2}(b + 1)$, $|b| \geqslant 1$,

2° $x^a f(x^{-b})$ croissante, $a(b - a) \geqslant 0$, $a \geqslant \frac{1}{2}(b + 1)$;

3° $x^a f(x^{-b})$ décroissante, $a(b - a) \geqslant 0$, $a \leqslant \frac{1}{2}(b + 1)$.

Dans les mêmes hypothèses sur f, montrer que $e^{x/2}f(e^{-x})$ est convexe (utiliser l'exerc. 2 de I, p. 51). *

17) Soient f et g deux fonctions positives convexes dans un intervalle $I = [a, b]$; on suppose qu'il existe un nombre $c \in I$ tel que, dans chacun des intervalles $[a, c]$ et $[c, b]$, f et g varient dans le même sens. Montrer que le produit fg est convexe dans I.

18) Soit f une fonction convexe dans un intervalle $I \subset \mathbf{R}$, g une fonction convexe et croissante dans un intervalle contenant $f(I)$; montrer que $g \circ f$ est convexe dans I.

¶ 19) Soient f et g deux fonctions numériques finies, f étant définie et continue dans un intervalle I, g définie et continue dans $\mathbf{R}$. On suppose que, pour tout couple (λ, μ) de nombres réels, $g(f(x) + \lambda x + \mu)$ soit convexe dans I.

a) Montrer que g est convexe et monotone dans $\mathbf{R}$.

b) Si g est croissante (resp. décroissante) dans $\mathbf{R}$, montrer que f est convexe (resp. concave) dans I (utiliser la prop. 7).

20) Montrer que l'ensemble $\mathfrak{K}$ des fonctions convexes dans un intervalle $I \neq \mathbf{R}$ est un ensemble *réticulé* pour la relation d'ordre « quel que soit $x \in I$, $f(x) \leqslant g(x)$ » (E, III, p. 13). Donner un exemple de deux fonctions f, g convexes dans I dont la borne inférieure dans $\mathfrak{K}$ prend en certains points une valeur distincte de $\inf(f(x), g(x))$. Donner un exemple d'une famille infinie (f_α) de fonctions de $\mathfrak{K}$ telle que $\inf_\alpha f_\alpha(x)$ soit fini en tout point $x \in I$, mais telle qu'il n'existe aucune fonction de $\mathfrak{K}$ inférieure à toutes les f_α.

21) Soit f une fonction numérique finie, semi-continue supérieurement dans un intervalle ouvert $I \subset \mathbf{R}$. Pour que f soit strictement convexe dans I, il faut et il suffit qu'il n'existe aucune droite localement au-dessus du graphe G de f en un point de G.

22) Soient $f_1, \ldots, f_n$ des fonctions convexes continues dans un intervalle compact $I \subset \mathbf{R}$; on suppose que pour tout $x \in I$, on ait $\sup (f_j(x)) \geqslant 0$. Montrer qu'il existe n nombres $\alpha_j \geqslant 0$ tels que $\sum_{j=1}^{n} \alpha_j = 1$ et que l'on ait $\sum_{j=1}^{n} \alpha_j f_j(x) \geqslant 0$ dans I. (Traiter d'abord le cas $n = 2$ en considérant un point x_0 où l'enveloppe supérieure $\sup(f_1, f_2)$ atteint son minimum; lorsque x_0 est intérieur à I, déterminer α_1 de façon que la dérivée à gauche de $\alpha_1 f_1 + (1 - \alpha_1) f_2$ au point x_0 soit nulle. Passer de là au cas général en raisonnant par récurrence sur n; utiliser l'hypothèse de récurrence pour les restrictions de $f_1, \ldots, f_{n-1}$ à l'intervalle compact où $f_n(x) \leqslant 0$.)

23) Soit f une fonction numérique continue dans un intervalle compact $I \subset \mathbf{R}$; parmi les fonctions $g \leqslant f$ qui sont convexes dans I, il en existe une plus grande que toutes les autres g_0. Soit $F \subset I$ l'ensemble des $x \in I$ tels que $g_0(x) = f(x)$; montrer que F n'est pas vide, et que dans chacun des intervalles ouverts contigus à F, g_0 est égale à une fonction linéaire affine (raisonner par l'absurde).

24) Soit $P(x)$ un polynôme de degré n à coefficients réels dont toutes les racines sont réelles et contenues dans l'intervalle $[-1, 1]$. Soit k un entier tel que $1 \leqslant k \leqslant n$. Montrer que la fonction rationnelle

$$f(x) = x + \frac{P^{(k-1)}(x)}{P^{(k)}(x)}$$

est croissante dans tout intervalle de $\mathbf{R}$ où elle est définie; si $c_1 < c_2 < \cdots < c_r$ sont ses pôles (contenus dans $[-1, 1]$), f est convexe pour $x < c_1$ et concave pour $x > c_r$. En déduire que lorsque a parcourt $[-1, 1]$, la longueur du plus grand intervalle contenant les zéros de la dérivée k-ème de $(x - a)\mathrm{P}(x)$ atteint sa plus grande valeur lorsque $a = 1$ ou $a = -1$.

25) On dit qu'une fonction numérique f définie dans $[0. +\infty[$ est *suradditive* si l'on a $f(x + y) \geqslant f(x) + f(y)$ pour $x \geqslant 0, y \geqslant 0$, et $f(0) = 0$.
a) Donner des exemples de fonctions suradditives discontinues.
b) Montrer que toute fonction f convexe dans $[0, +\infty[$ et telle que $f(0) = 0$ est suradditive.
c) Si f_1 et f_2 sont suradditives, il en est de même de inf (f_1, f_2); en déduire des exemples de fonctions continues suradditives et non convexes.
d) Si f est continue et $\geqslant 0$ dans un intervalle $[0, a]$ $(a > 0)$, telle que $f(0) = 0$ et $f(x/n) \leqslant f(x)/n$ pour tout entier $n \geqslant 1$, montrer que f admet une dérivée à droite au point 0 (raisonner par l'absurde). En particulier toute fonction continue suradditive et $\geqslant 0$ admet une dérivée à droite au point 0.

CHAPITRE II

Primitives et intégrales

§ 1. PRIMITIVES ET INTÉGRALES

Sauf mention expresse du contraire, nous ne considérerons, dans ce chapitre, que des fonctions vectorielles d'une variable *réelle*, prenant leurs valeurs dans un espace normé *complet* sur **R**. Lorsqu'il s'agit en particulier de fonctions numériques, il est donc toujours sous-entendu que ces fonctions sont *finies* si le contraire n'est pas spécifié.

1. Définition des primitives

Une fonction vectorielle **f**, définie dans un intervalle $I \subset \mathbf{R}$, ne peut être en *tout point* de cet intervalle la *dérivée* d'une fonction vectorielle **g** (définie et continue dans I) que si elle satisfait à des conditions assez restrictives: par exemple, si **f** admet une limite à droite *et* une limite à gauche en un point x_0 intérieur à I, **f** doit être *continue* au point x_0, d'après la prop. 6 de I, p. 26; il en résulte que, si on prend pour I l'intervalle $\left[-1, +1\right]$, pour f la fonction numérique égale à -1 dans $\left[-1, 0\right[$, à $+1$ dans $\left[0, 1\right]$, f n'est pas la dérivée d'une fonction continue dans I; toutefois, la fonction $|x|$ a pour dérivée $f(x)$ en tout point $\neq 0$; on est ainsi conduit à poser la définition suivante:

DÉFINITION 1. — *Etant donnée une fonction vectorielle* **f**, *définie dans un intervalle* $I \subset \mathbf{R}$, *on dit qu'une fonction* **g** *définie dans* I *est une primitive de* **f** *si* **g** *est continue dans* I *et admet une dérivée égale à* $\mathbf{f}(x)$ *en tout point x du complémentaire* (par rapport à I) *d'une partie dénombrable de* I.

Si en outre $\mathbf{g}$ admet en *tout point* x de I une dérivée égale à $\mathbf{f}(x)$, on dira que $\mathbf{g}$ est une primitive *stricte* de $\mathbf{f}$.

Avec cette définition, on voit que la fonction numérique f considérée ci-dessus admet une primitive égale à $|x|$.

Il est clair que, si $\mathbf{f}$ admet une primitive dans I, toute primitive de $\mathbf{f}$ est aussi une primitive de toute fonction égale à $\mathbf{f}$ sauf aux points d'une partie dénombrable de I. Par abus de langage, on peut parler d'une primitive dans I d'une fonction $\mathbf{f}_0$ définie seulement dans le complémentaire (par rapport à I) d'une partie dénombrable de I : il s'agira de la primitive de toute fonction $\mathbf{f}$ définie dans I, et égale à $\mathbf{f}_0$ aux points où $\mathbf{f}_0$ est définie.

PROPOSITION 1. — *Soit* $\mathbf{f}$ *une fonction vectorielle définie dans* I, *à valeurs dans* E ; *si* $\mathbf{f}$ *admet une primitive* $\mathbf{g}$ *dans* I, *l'ensemble des primitives de* $\mathbf{f}$ *dans* I *est identique à l'ensemble des fonctions* $\mathbf{g} + \mathbf{a}$, *où* $\mathbf{a}$ *est une fonction constante, à valeurs dans* E.

En effet, il est clair que $\mathbf{g} + \mathbf{a}$ est une primitive de $\mathbf{f}$ quel que soit $\mathbf{a} \in E$; d'autre part, si $\mathbf{g}_1$ est une primitive de $\mathbf{f}$, $\mathbf{g}_1 - \mathbf{g}$ admet une dérivée égale à 0 sauf aux points d'une partie dénombrable de I, donc est constante (I, p. 24, corollaire).

On dit que les primitives d'une fonction $\mathbf{f}$ (lorsqu'elles existent) sont définies « à une constante additive près ». Pour définir sans ambiguïté une primitive de $\mathbf{f}$, il suffit de se donner (arbitrairement) sa valeur en un point $x_0 \in I$; en particulier, il existe une primitive et une seule $\mathbf{g}$ de $\mathbf{f}$ telle que $\mathbf{g}(x_0) = 0$; pour toute primitive $\mathbf{h}$ de $\mathbf{f}$, on a $\mathbf{g}(x) = \mathbf{h}(x) - \mathbf{h}(x_0)$.

2. Existence des primitives

Soit $\mathbf{f}$ une fonction définie dans un intervalle quelconque $I \subset \mathbf{R}$; pour qu'une fonction $\mathbf{g}$ définie dans I soit une primitive de $\mathbf{f}$, il faut et il suffit que la restriction de $\mathbf{g}$ à tout intervalle compact $J \subset I$ soit une primitive de la restriction de $\mathbf{f}$ à J.

THÉORÈME 1. — *Soient* A *un ensemble filtré par un filtre* $\mathfrak{F}$, $(\mathbf{f}_\alpha)_{\alpha \in A}$ *une famille de fonctions vectorielles à valeurs dans un espace normé complet* E *sur* $\mathbf{R}$, *définies dans un intervalle* $I \subset \mathbf{R}$; *pour tout* $\alpha \in A$, *soit* $\mathbf{g}_\alpha$ *une primitive de* $\mathbf{f}_\alpha$. *On suppose que :*

1° *suivant le filtre* $\mathfrak{F}$, *les fonctions* $\mathbf{f}_\alpha$ *convergent uniformément dans tout partie compacte de* I *vers une fonction* $\mathbf{f}$;

2° *il existe un point* $a \in I$ *tel que, suivant le filtre* $\mathfrak{F}$, *la famille* $(\mathbf{g}_\alpha(a))$ *a une limite dans* E.

Dans ces conditions, les fonctions $\mathbf{g}_\alpha$ *convergent uniformément* (*suivant* $\mathfrak{F}$) *dans toute partie compacte de* I, *vers une primitive* $\mathbf{g}$ *de* $\mathbf{f}$.

D'après la remarque du début de ce n°, nous pouvons nous borner au cas où I est un intervalle *compact*.

Montrons d'abord que les $\mathbf{g}_\alpha$ convergent uniformément dans I vers une fonction continue $\mathbf{g}$. Par hypothèse, pour tout $\varepsilon > 0$, il existe un ensemble $M \in \mathfrak{F}$ tel que, pour deux indices quelconques α, β appartenant à M, on ait $\|\mathbf{f}_\alpha(x) - \mathbf{f}_\beta(x)\| \leqslant \varepsilon$ pour tout $x \in I$; on a par suite (I, p. 23, th. 2)

$$\|\mathbf{g}_\alpha(x) - \mathbf{g}_\beta(x) - (\mathbf{g}_\alpha(a) - \mathbf{g}_\beta(a))\| \leqslant \varepsilon|x - a| \leqslant \varepsilon l$$

en désignant par l la longueur de I; comme par hypothèse $\mathbf{g}_\alpha(a)$ tend vers une limite suivant $\mathfrak{F}$, il résulte du critère de Cauchy que les $\mathbf{g}_\alpha$ convergent uniformément dans I. Reste à voir que la limite $\mathbf{g}$ des $\mathbf{g}_\alpha$ est une primitive de $\mathbf{f}$.

Pour tout entier $n > 0$, soit α_n un indice tel que $\|\mathbf{f}(x) - \mathbf{f}_{\alpha_n}(x)\| \leqslant 1/n$ dans I; il est clair que la suite $(\mathbf{f}_{\alpha_n})$ converge uniformément vers $\mathbf{f}$ et que la suite $(\mathbf{g}_{\alpha_n})$ converge uniformément vers $\mathbf{g}$ dans I. Soit H_n la partie dénombrable de I où $\mathbf{f}_{\alpha_n}$ n'est pas la dérivée de $\mathbf{g}_{\alpha_n}$, et soit H la réunion des H_n, qui est donc une partie dénombrable de I; nous allons voir qu'en tout point $x \in I$ n'appartenant pas à H, $\mathbf{g}$ admet une dérivée égale à $\mathbf{f}(x)$. En effet, on voit comme ci-dessus que pour tout $m \geqslant n$ et tout $y \in I$, on a

$$\|\mathbf{g}_{\alpha_m}(y) - \mathbf{g}_{\alpha_m}(x) - (\mathbf{g}_{\alpha_n}(y) - \mathbf{g}_{\alpha_n}(x))\| \leqslant \frac{2}{n}|y - x|.$$

En faisant croître m indéfiniment, on a aussi

$$\|\mathbf{g}(y) - \mathbf{g}(x) - (\mathbf{g}_{\alpha_n}(y) - \mathbf{g}_{\alpha_n}(x))\| \leqslant \frac{2}{n}|y - x|$$

pour tout $y \in I$; or, il existe $h > 0$ tel que, pour $|y - x| \leqslant h$ et $y \in I$, on ait $\|\mathbf{g}_{\alpha_n}(y) - \mathbf{g}_{\alpha_n}(x) - \mathbf{f}_{\alpha_n}(x)(y - x)\| \leqslant |y - x|/n$; comme d'autre part, on a $\|\mathbf{f}(x) - \mathbf{f}_{\alpha_n}(x)\| \leqslant 1/n$, on obtient finalement

$$\|\mathbf{g}(y) - \mathbf{g}(x) - \mathbf{f}(x)(y - x)\| \leqslant \frac{4}{n}|y - x|$$

pour $y \in I$ et $|y - x| \leqslant h$, ce qui achève la démonstration.

Corollaire 1. — *L'ensemble $\mathscr{H}$ des applications de* I *dans* E *qui admettent une primitive dans un intervalle* I *est un sous-espace vectoriel fermé* (*donc complet*) *de l'espace vectoriel complet* $\mathscr{F}_c(\mathrm{I}; \mathrm{E})$ *des applications de* I *dans* E, *muni de la tolopogie de la convergence uniforme dans toute partie compacte de* I (TG, X, p. 4).

Corollaire 2. — *Soit x_0 un point de* I, *et pour chaque fonction* $\mathbf{f} \in \mathscr{H}$, *soit* $\mathrm{P}(\mathbf{f})$ *la primitive de* $\mathbf{f}$ *qui s'annule au point* x_0; *l'application* $\mathbf{f} \mapsto \mathrm{P}(\mathbf{f})$ *de* $\mathscr{H}$ *dans* $\mathscr{F}_c(\mathrm{I}; \mathrm{E})$ *est une application linéaire continue.*

Le cor. 1 du th. 1 permet d'établir l'existence de primitives de certaines catégories de fonctions par le procédé suivant: si on sait que les fonctions appartenant à une partie $\mathscr{A}$ de $\mathscr{F}_c(\mathrm{I}; \mathrm{E})$ admettent une primitive, il en sera de même des fonctions appartenant à l'*adhérence* dans $\mathscr{F}_c(\mathrm{I}; \mathrm{E})$ du sous-espace vectoriel engendre par $\mathscr{A}$. Nous allons appliquer cette méthode au n° suivant.

3. Fonctions réglées

DÉFINITION 2. — *On dit qu'une application f d'un intervalle* $\mathrm{I} \subset \mathbf{R}$ *dans un ensemble* E *est une fonction en escalier s'il existe une partition de* I *en un nombre fini d'intervalles* J_k *telle que f soit constante dans chacun des* J_k.

Soit $(a_i)_{0 \leqslant i \leqslant n}$ la suite strictement croissante formée des extrémités distinctes des J_k; comme les J_k sont deux à deux sans point commun. chacun d'eux est, soit réduit à un point a_i, soit un intervalle ayant pour extrémités deux points consécutifs a_i, a_{i+1}; en outre, comme I est réunion des J_k, a_0 est l'origine, et a_n l'extrémité de I. Toute fonction en escalier dans I peut donc être caractérisée comme une fonction constante dans chacun des intervalles ouverts $]a_i, a_{i+1}[$ $(0 \leqslant i \leqslant n-1)$, $(a_i)_{0 \leqslant i \leqslant n}$ étant une suite strictement croissante de points de I telle que a_0 soit l'origine et a_n l'extrémtié de I.

PROPOSITION 2. — *L'ensemble des fonctions en escalier définies dans* I, *à valeurs dans un espace vectoriel* E *sur* $\mathbf{R}$, *est un sous-espace vectoriel* $\mathscr{E}$ *de l'espace vectoriel* $\mathscr{F}(\mathrm{I}; \mathrm{E})$ *de toutes les applications de* I *dans* E.

En effet, soient f et g deux fonctions en escalier, (A_i) et (B_j) deux partitions de I en un nombre fini d'intervalles telles que f (resp. g) soit constante dans chacun des A_i (resp. B_j) ; quels que soient les nombres réels λ, μ, il est clair que $\lambda f + \mu g$ est constante dans chacun des intervalles non vides $\mathrm{A}_i \cap \mathrm{B}_j$, et ces intervalles forment une partition de I.

COROLLAIRE. — *Le sous-espace vectoriel* $\mathscr{E}$ *est engendré par les fonctions caractéristiques d'intervalles.*

Considérons maintenant le cas où E est un espace normé sur $\mathbf{R}$; alors, il est immédiat que la fonction caractéristique d'un intervalle J d'extrémités a, b $(a < b)$ admet une primitive, savoir la fonction égale à a pour $x \leqslant a$, à x pour $a \leqslant x \leqslant b$, et à b pour $x \geqslant b$. Le cor. de la prop. 2 montre donc que *toute fonction en escalier à valeurs dans* E *admet une primitive.*

Nous pouvons maintenant appliquer la méthode exposée au n° 2.

DÉFINITION 3. — *On dit qu'une fonction vectorielle, définie dans un intervalle* I, *à valeurs dans un espace normé complet* E *sur* $\mathbf{R}$, *est une fonction réglée si, dans toute partie compacte de* I, *elle est limite uniforme de fonctions en escalier.*

En d'autres termes, les fonctions réglées sont les éléments de l'adhérence dans $\mathscr{F}_c(\mathrm{I}; \mathrm{E})$ du sous-espace vectoriel $\mathscr{E}$, des fonctions en escalier; $\overline{\mathscr{E}}$ est un sous-espace vectoriel de $\mathscr{F}_c(\mathrm{I}; \mathrm{E})$ et comme $\mathscr{F}_c(\mathrm{I}: \mathrm{E})$ est complet, il en est de même de $\bar{\mathscr{E}}$; autrement dit, si une fonction est dans toute partie compacte de I limite uniforme de fonctions réglées, elle est réglée dans I. Pour que $\mathbf{f}$ soit réglée dans un intervalle I, il faut et il suffit que sa restriction à tout intervalle compact contenu dans I soit réglée.

Le cor. 1 de II, p. 3 montre que:

THÉORÈME 2. — *Toute fonction réglée dans un intervalle* I *admet une primitive dans* I.

Nous allons transformer la déf. 3 de II, p. 4 en une autre équivalente:

THÉORÈME 3. — *Pour qu'une fonction vectorielle* $\mathbf{f}$ *définie dans un intervalle* I, *à valeurs dans un espace normé complet* E *sur* $\mathbf{R}$, *soit réglée, il faut et il suffit qu'elle ait une limite à droite et une limite à gauche en tout point intérieur à* I, *une limite à droite à l'origine de* I *et une limite à gauche à l'extrémité de* I, *lorsque ces points appartiennent à* I. *L'ensemble des points de discontinuité de* $\mathbf{f}$ *dans* I *est alors dénombrable.*

Comme tout intervalle I est réunion dénombrable d'intervalles compacts, on peut se borner à démontrer le th. 3 lorsque I est *compact*, soit $\mathrm{I} = [a, b]$.

1° La condition est *nécessaire*. Supposons en effet que $\mathbf{f}$ soit réglée, et soit x un point de I distinct de b. Par hypothèse, pour tout $\varepsilon > 0$, il existe une fonction en escalier $\mathbf{g}$ telle que $\|\mathbf{f}(z) - \mathbf{g}(z)\| \leqslant \varepsilon$ pour tout $z \in \mathrm{I}$; comme $\mathbf{g}$ admet une limite à droite au point x, il existe y tel que $x < y \leqslant b$ et tel que, pour tout couple de points z, z' de l'intervalle $]x, y]$, on ait $\|\mathbf{g}(z) - \mathbf{g}(z')\| \leqslant \varepsilon$ et par suite $\|\mathbf{f}(z) - f(z')\| \leqslant 3\varepsilon$; cela prouve (critère de Cauchy) que $\mathbf{f}$ a une limite à droite au point x. On montre de méme que $\mathbf{f}$ a une limite à gauche en tout point de I distinct de a.

2° La condition est *suffisante*. Supposons-la remplie; pour tout $x \in \mathrm{I}$, il existe un intervalle ouvert $V_x =]c_x, d_x[$ contenant x et tel que dans l'intersection de I et de chacun des intervalles ouverts $]c_x, x[$, $]x, d_x[$ (lorsque cette intersection n'est pas vide), l'oscillation de $\mathbf{f}$ soit $\leqslant \varepsilon$. Comme I est compact, il existe un nombre fini de points x_i de I tels que les V_{x_i} forment un recouvrement de I; soit $(a_k)_{0 \leqslant k \leqslant n}$ la suite obtenue en rangeant dans l'ordre croissant les points de l'ensemble fini formé de a, b et des points x_i, c_{x_i} et d_{x_i} qui appartiennent à I; chacun des intervalles $]a_k, a_{k+1}[$ $(0 \leqslant k \leqslant n-1)$ égant contenu dans un intervalle $]c_{x_i}, x_i[$ ou $]x_i, d_{xi}[$, l'oscillation de $\mathbf{f}$ y est $\leqslant \varepsilon$; soit $\mathbf{c}_k$ une des valeurs de $\mathbf{f}$ dans $]a_k, a_{k+1}[$; en posant $\mathbf{g}(a_k) = \mathbf{f}(a_k)$ pour $0 \leqslant k \leqslant n$, et $\mathbf{g}(x) = \mathbf{c}_k$ pour tout $x \in]a_k, a_{k+1}[$ $(0 \leqslant k \leqslant n-1)$, on définit une fonction en escalier $\mathbf{g}$ telle que $\|\mathbf{f}(z) - \mathbf{g}(z)\| \leqslant \varepsilon$ dans I; donc $\mathbf{f}$ est réglée dans I.

Montrons enfin que si $\mathbf{f}$ est réglée dans I, l'ensemble de ses points de discontinuité est dénombrable. Pour tout $n > 0$, il existe une fonction en escalier $\mathbf{g}_n$ telle que $\|\mathbf{f}(x) - \mathbf{g}_n(x)\| \leqslant 1/n$ dans I; comme la suite $(\mathbf{g}_n)$ converge uniformément vers $\mathbf{f}$ dans I, $\mathbf{f}$ est continue en tout point où les $\mathbf{g}_n$ sont toutes continues

(TG, X, p. 8, cor. 1); mais comme $\mathbf{g}_n$ est continue sauf aux points d'un ensemble fini H_n, $\mathbf{f}$ est continue aux points du complémentaire de l'ensemble $H = \bigcup_n H_n$, qui est dénombrable.

Corollaire 1. — *Soit* $\mathbf{f}$ *une fonction réglée dans* I; *en tout point de* I, *sauf l'extrémité* (resp. *l'origine*) *de* I, *toute primitive de* $\mathbf{f}$ *a une dérivée à droite égale à* $\mathbf{f}(x+)$ (resp. *une dérivée à gauche égale à* $\mathbf{f}(x-)$); *en particulier, en tout point* x *où* $\mathbf{f}$ *est continue,* $\mathbf{f}(x)$ *est la dérivée d'une quelconque de ses primitives.*

C'est une conséquence immédiate du th. 3 et de la prop. 6 de I, p. 22 de II, p. 5.

Corollaire 2. — *Soient* $\mathbf{f}_i$ $(1 \leqslant i \leqslant n)$ *n fonctions réglées dans un intervalle* I, $\mathbf{f}_i$ *prenant ses valeurs dans un espace normé complet* E_i *sur* $\mathbf{R}$ $(1 \leqslant i \leqslant n)$. *Si* $\mathbf{g}$ *est une application continue du sous-espace* $\prod_{i=1}^{n} \overline{\mathbf{f}_i(I)}$ *de* $\prod_{i=1}^{n} E_i$ *dans un espace normé complet* F *sur* $\mathbf{R}$, *la fonction composée* $x \mapsto \mathbf{g}(\mathbf{f}_1(x), \mathbf{f}_2(x), \ldots, \mathbf{f}_n(x))$ *est réglée dans* I.

En effet, elle satisfait de façon évidente aux conditions du th. 3 de II, p. 5.

On voit ainsi que si $\mathbf{f}$ est une fonction vectorielle réglée dans I, la fonction numérique $x \mapsto \|\mathbf{f}(x)\|$ est aussi réglée. De même, les fonctions numériques réglées dans I forment un *anneau*; en outre, si f et g sont deux fonctions numériques réglées, $\sup(f, g)$ et $\inf(f, g)$ sont réglées.

Remarque — 1.) Si f est une fonction numérique réglée dans I, $\mathbf{g}$ une fonction vectorielle réglée dans un intervalle contenant $f(I)$, la fonction composée $\mathbf{g} \circ f$ n'est pas nécessairement réglée (cf. II, p. 29, exerc. 4).

Deux cas particuliers du th. 3 de II, p. 5 sont spécialement importants:

Proposition 3. — *Toute fonction vectorielle continue dans un intervalle* $I \subset \mathbf{R}$, *prenant ses valeurs dans un espace normé complet* E *sur* $\mathbf{R}$, *est réglée et admet dans* I *une primitive, dont elle est la dérivée en tout point.*

Remarques — 2.) Pour démontrer qu'une fonction continue admet une primitive, on peut utiliser le fait que tout *polynôme* (à coefficients dans E) d'une variable réelle admet une primitive; comme d'après le th. de Weierstrass (TG, X, p. 37, prop. 3) toute fonction continue est limite uniforme de polynômes dans tout intervalle compact, le th. 1 de II, p. 2 montre que toute fonction continue admet une primitive.

3) Le principe de la remarque précédente s'étend sans modification importante aux fonctions vectorielles d'une variable *complexe*, à valeurs dans un espace normé complet sur $\mathbf{C}$. Si U est un ensemble ouvert dans $\mathbf{C}$, homéomorphe à $\mathbf{C}$, une *primitive* d'une telle fonction vectorielle $\mathbf{f}$ définie dans U est par définition une fonction continue dans U, ayant une dérivée égale à $\mathbf{f}$ en tout point de U. Avec cette définition, le th. 1 de II, p. 2 s'étend sans modification (on démontre en effet, en tenant compte de ce que U est connexe, que $(\mathbf{g}_\alpha)$ est uniformément convergente suivant $\mathfrak{F}$ dans un voisinage de tout point de U, d'où résulte que $(\mathbf{g}_\alpha)$ est uniformément convergente suivant $\mathfrak{F}$ dans toute partie compacte de U; la fin de la démonstration se fait en utilisant la prop. 4 de I, p. 26). Par suite, toute fonction qui est *limite uniforme de polynômes*

dans toute partie compacte de U, admet une primitive dans U; ces fonctions ne sont autres que les fonctions dites *holomorphes* dans U, que nous étudierons plus en détail dans un Livre ultérieur.

PROPOSITION 4. — *Toute fonction numérique f monotone dans un intervalle* $I \subset \mathbf{R}$ *est réglée, et toute primitive de f est convexe dans* I.

En effet, f satisfait au critère du th. 3 de TG, IV, p. 19, prop 4; la seconde partie de la proposition résulte cor. 1 , de II, p. 6, et de la prop. 5 de I, p. 36.

Remarque — 4.) Il ne faudrait pas croire que les fonctions réglées dans un intervalle I soient les seules fonctions ayant une primitive dans I (cf. II, p. 29, exerc. 7 et 8).

4. Intégrales

Nous avons obtenu (II, p. 5, th. 2) une primitive d'une fonction réglée dans un intervalle I comme limite uniforme de primitives de fonctions en escalier. Ce procédé peut s'exprimer de façon légèrement différente: soient x_0, x deux points quelconques de I tels que $x_0 < x$; appelons *subdivision* de l'intervalle $[x_0, x]$ toute suite d'intervalles $[x_i, x_{i+1}]$ de réunion $[x_0, x]$, où $(x_i)_{0 \leqslant i \leqslant n}$ est une suite strictement croissante de points de $[x_0, x]$ telle que $x_n = x$. Nous appellerons *somme de Riemann* relative à une fonction vectorielle $\mathbf{f}$ définie dans I, et à la subdivision formée des $[x_i, x_{i+1}]$ toute expression de la forme $\sum_{i=0}^{n-1} f(t_i)(x_{i+1} - x)$ où t_i appartient à $[x_i, x_{i+1}]$ pour $0 \leqslant i \leqslant n-1$. On a alors la proposition suivante:

PROPOSITION 5. — *Soient* $\mathbf{f}$ *une fonction réglée dans un intervalle* I, $\mathbf{g}$ *une primitive de* $\mathbf{f}$ *dans* I, $[x_0, x]$ *un intervalle compact contenu dans* I. *Pour tout* $\varepsilon > 0$, *il existe un nombre* $\rho > 0$ *tel que, pour toute subdivision de* $[x_0, x]$ *en intervalles de longueur* $\leqslant \rho$, *on ait*

$$\left\| \mathbf{g}(x) - \mathbf{g}(x_0) - \sum_{i=0}^{n-1} \mathbf{f}(t_i)(x_{i+1} - x_i) \right\| \leqslant \varepsilon \tag{1}$$

pour toute somme de Riemann relative à cette subdivision.

En effet, soit $\mathbf{f}$ une fonction en escalier telle que $\|\mathbf{f}(y) - \mathbf{f}_1(y)\| \leqslant \varepsilon$ pour tout $y \in [x_0, x]$; on a, en désignant par $\mathbf{g}_1$ une primitive de $\mathbf{f}_1$ dans I,

$$\|\mathbf{g}(x) - \mathbf{g}(x)_0 - (\mathbf{g}_1(x) - \mathbf{g}_1(x_0))\| \leqslant \varepsilon(x - x_0)$$

d'après le th. des accroissements finis, et d'autre part

$$\left\| \sum_{i=0}^{n-1} \mathbf{f}(t_i)(x_{i+1} - x_i) - \sum_{i=0}^{n-1} \mathbf{f}_1(t_i)(x_{i+1} - x_i) \right\| \leqslant \varepsilon(x - x_0).$$

Il suffit donc de démontrer la proposition lorsque $\mathbf{f}$ est une *fonction en escalier*. Soit $(y_k)_{1 \leqslant k \leqslant m}$ la suite finie strictement croissante des points de discontinuité de $\mathbf{f}$ dans $[x_0, x]$. Pour toute subdivision de $[x_0, x]$ en intervalles de longueur $\leqslant \rho$, chacun des points y_k appartient à deux intervalles au plus; il ne peut donc y avoir que $2m$ intervalles au plus dans lesquels $\mathbf{f}$ ne soit pas constante; or, dans un tel intervalle $[x_i, x_{i+1}]$, on a

$$\|\mathbf{g}(x_{i+1}) - \mathbf{g}(x_i) - \mathbf{f}(t_i)(x_{i+1} - x_i)\| \leqslant 2\mathrm{M}(x_{i+1} - x_i)$$

en désignant par M la borne supérieure de $\|\mathbf{f}\|$ dans $[x_0, x]$; au contraire, lorsque $\mathbf{f}$ est constante dans $[x_i, x_{i+1}]$, on a

$$\mathbf{g}(x_{i+1}) - \mathbf{g}(x_i) - \mathbf{f}(t_i)(x_{i+1} - x_i) = 0.$$

On voit donc que la différence $\|\mathbf{g}(x) - \mathbf{g}(x_0) - \sum_{i=0}^{n-1} \mathbf{f}(t_i)(x_{i+1} - x_i)\|$ ne peut excéder $4\mathrm{M}m\rho$; il suffit donc de prendre $\rho \leqslant \varepsilon/4\mathrm{M}m$ pour obtenir (1).

Remarque — 1.) Lorsque $\mathbf{f}$ est *continue*, la prop. 5 se démontre plus simplement: comme $\mathbf{f}$ est uniformément continue dans $[x_0, x]$, il existe $\rho > 0$ tel que dans tout intervalle de longueur $\leqslant \rho$ contenu dans $[x_0, x]$, l'oscillation de $\mathbf{f}$ soit $\leqslant \dfrac{\varepsilon}{x - x_0}$; pour toute subdivision de $[x_0, x]$ en intervalles $[x_i, x_{i+1}]$ de longueur $\leqslant \rho$, et tout choix de t_i dans $[x_i, x_{i+1}]$ pour $0 \leqslant i \leqslant n - 1$, la fonction en escalier $\mathbf{f}_1$ égale à $\mathbf{f}(t_i)$ dans $[x_i, x_{i+1}[$ $(0 \leqslant i \leqslant n - 1)$, à $\mathbf{f}(x)$ au point x, est telle que $\|\mathbf{f}(y) - \mathbf{f}_1(y)\| \leqslant \dfrac{\varepsilon}{x - x_0}$ dans $[x_0, x]$; si $\mathbf{g}_1$ est une primitive de $\mathbf{f}_1$, on a $\mathbf{g}_1(x) - \mathbf{g}_1(x_0) = \sum_{i=0}^{n-1} \mathbf{f}(t_i)(x_{i+1} - x_i)$, donc la relation (1) résulte aussitôt de l'application du th. des accroissements finis.

Dans tout le reste de ce chapitre, nous allons nous borner à l'étude des primitives des fonctions *réglées* dans un intervalle I. Pour une telle fonction $\mathbf{f}$, à valeurs dans E, une primitive $\mathbf{g}$ de $\mathbf{f}$, et deux points quelconques x_0, x de I, l'élément $\mathbf{g}(x) - \mathbf{g}(x_0)$ de E (qui évidemment est le même, quelle que soit la primitive $\mathbf{g}$ de $\mathbf{f}$ que l'on considère) est appelé *intégrale de la fonction* $\mathbf{f}$ *de* x_0 *à* x (ou *dans l'intervalle compact* $[x_0, x]$) et noté $\int_{x_0}^{x} \mathbf{f}(t)\,dt$ ou $\int_{x_0}^{x} \mathbf{f}$. Ce nom et cette notation ont leur origine dans la prop. 5 de II, p. 7, qui montre qu'une intégrale peut être approchée arbitrairement par une somme de Riemann; plus particulièrement, on peut, en prenant des subdivisions de $[x_0, x]$ en intervalles égaux, écrire

$$(2) \qquad \frac{1}{x - x_0} \int_{x_0}^{x} \mathbf{f}(t)\,dt = \lim_{n \to \infty} \frac{1}{n} \sum_{k=0}^{n-1} \mathbf{f}\left(x_0 + k\frac{x - x_0}{n}\right).$$

Autrement dit, l'élément $\dfrac{1}{x - x_0} \int_{x_0}^{x} \mathbf{f}(t)\,dt$ est limite de la *moyenne arithmétique* des valeurs de $\mathbf{f}$ aux origines des intervalles d'une subdivision de $[x_0, x]$ en intervalles égaux; aussi l'appelle-t-on encore la *moyenne* (ou *valeur moyenne*) de la fonction $\mathbf{f}$ dans l'intervalle $[x_0, x]$.

Par définition, la fonction $x \mapsto \int_{x_0}^{x} \mathbf{f}(t)\,dt$ n'est autre que la primitive de $\mathbf{f}$ qui s'annule au point $x_0 \in \mathrm{I}$; aussi la note-t-on encore $\int_{x_0} \mathbf{f}(t)\,dt$ ou $\int_{x_0} \mathbf{f}$.

Remarques. — 2) Pour une fonction quelconque $\mathbf{h}$ définie dans I, à valeurs dans E, l'élément $\mathbf{h}(x) - \mathbf{h}(x_0)$ s'écrit aussi $\mathbf{h}(t)|_{x_0}^{x}$; avec cette notation, on voit que, si $\mathbf{g}$ est une primitive quelconque de la fonction réglée $\mathbf{f}$ dans I, on a

$$\int_{x_0}^{x} \mathbf{f}(t)\, dt = \mathbf{g}(t)|_{x_0}^{x}. \tag{3}$$

3) Les expressions $\int_{x_0}^{x} \mathbf{f}(t)\, dt$, $\mathbf{g}(t)|_{x_0}^{x}$ sont des « symboles abréviateurs » représentant des assemblages dans lesquels figurent les lettres x, x_0, $\mathbf{f}$, $\mathbf{g}$, mais *non* la lettre t (cf. E, I, p. 14); on dit que dans ces symboles, t est une « variable *muette* »; on peut donc y remplacer t par tout autre argument distinct de x, x_0, $\mathbf{f}$ et $\mathbf{g}$ (et des arguments qui entrent éventuellement dans la démonstration où figurent de tels symboles) sans changer le sens du symbole obtenu (le lecteur comparera ces symboles à des symboles tels que $\sum_{i=1}^{n} x_i$, $\bigcup_i X_i$, où i est de même une variable muette).

4) L'approximation d'une intégrale par des sommes de Riemann se rattache étroitement à l'une des origines historiques de la notion d'intégrale, le problème de la *mesure* des aires. Nous reviendrons sur ce point au Livre d'Intégration qui est consacré aux généralisations de la notion d'intégrale auxquelles a conduit ce problème; dans ces généralisations, les fonctions « intégrées » ne sont plus nécessairement définies dans une partie de $\mathbf{R}$; d'autre part, même lorsqu'il s'agit de fonctions numériques f d'une variable réelle (non nécessairement réglées) pour lesquelles on peut définir une intégrale $\int_{x_0}^{x} f(t)\, dt$, la fonction $x \mapsto \int_{x_0}^{x} f(t)\, dt$ n'est pas toujours une primitive de f, et il existe des fonctions ayant une primitive, mais non « intégrables » au sens auquel nous faisons allusion.

5. Propriétés des intégrales

Les propriétés des intégrales des fonctions réglées ne sont autres que la *traduction*, dans la notation qui leur est propre, des propriétés des dérivées démontrées au chap. I.

En premier lieu, la formule (3) montre que, quels que soient les points x, y, z de I, on a

$$\int_{x}^{x} \mathbf{f}(t)\, dt = 0 \tag{4}$$

$$\int_{x}^{y} \mathbf{f}(t)\, dt + \int_{y}^{x} \mathbf{f}(t)\, dt = 0 \tag{5}$$

$$\int_{x}^{y} \mathbf{f}(t)\, dt + \int_{y}^{z} \mathbf{f}(t)\, dt + \int_{z}^{x} \mathbf{f}(t)\, dt = 0 \tag{6}$$

D'après la prop. 1 de II, p. 2, on a

$$\int_{x_0} (\mathbf{f} + \mathbf{g}) = \int_{x_0} \mathbf{f} + \int_{x_0} \mathbf{g} \tag{7}$$

et pour tout scalaire k

$$\int_{x_0} k\mathbf{f} = k \int_{x_0} \mathbf{f}. \tag{8}$$

Soient E, F deux espaces normés complets sur **R**, **u** une application linéaire continue de E dans F. Si **f** est une fonction réglée dans I, à valeurs dans E, **u** ∘ **f** est une fonction réglée dans I, à valeurs dans F (II, p. 6, cor. 2), et on a (I, p. 13, prop. 2)

$$\int_a^b \mathbf{u}(\mathbf{f}(t))\,dt = \mathbf{u}\left(\int_a^b \mathbf{f}(t)\,dt\right). \tag{9}$$

Soient maintenant E, F, G trois espaces normés complets sur **R**, $(\mathbf{x}, \mathbf{y}) \mapsto [\mathbf{x}.\mathbf{y}]$ une application bilinéaire continue de E × F dans G. Soient **f** et **g** deux fonctions vectorielles définies et continues dans I, prenant leurs valeurs dans E et F respectivement; supposons en outre que **f** et **g** soient toutes deux primitives de fonctions *réglées*, que nous désignerons par $\mathbf{f}'$ et $\mathbf{g}'$ par abus de langage (ces fonctions ne sont en effet égales respectivement aux dérivées de **f** et **g** qu'aux points du complémentaire d'un ensemble dénombrable). D'après la prop. 3 de I, p. 14, la fonction $\mathbf{h}(x) = [\mathbf{f}(x).\mathbf{g}(x)]$ admet en tout point du complémentaire d'une partie dénombrable de I, une dérivée égale à $[\mathbf{f}(x).\mathbf{g}'(x)] + [\mathbf{f}'(x).\mathbf{g}(x)]$. Or, d'après la continuité de $[x.\mathbf{y}]$ et le cor. 2 de II, p. 7, chacune des fonctions $[\mathbf{f}.\mathbf{g}']$ et $[\mathbf{f}'.\mathbf{g}]$ est une fonction réglée dans; I on a donc la formule

$$\int_a^b [\mathbf{f}'(t).\mathbf{g}(t)]\,dt = [\mathbf{f}(t).\mathbf{g}(t)]\Big|_a^b - \int_a^b [\mathbf{f}(t).\mathbf{g}'(t)]\,dt \tag{10}$$

dite *formule d'integration par parties*, qui permet de calculer de nombreuses primitives

Par exemple, la formule d'intégration par parties donne la formule suivante

$$\int_{x_0}^x t\mathbf{f}'(t)\,dt = t\mathbf{f}(t)\Big|_{x_0}^x - \int_{x_0}^x \mathbf{f}(t)\,dt$$

et ramène donc l'un à l'autre le calcul des primitives des deux fonctions $\mathbf{f}(x)$ et $x\mathbf{f}'(x)$.

De même, si **f** et **g** sont *n* fois dérivables dans un intervalle I, et si $\mathbf{f}^{(n)}$ et $\mathbf{g}^{(n)}$ sont des fonctions réglées dans I, la formule (5) de I, p. 29 équivaut à la suivante:

$$\int_a^b [\mathbf{f}^{(n)}(t).\mathbf{g}(t)]\,dt = \left(\sum_{p=0}^{n-1} (-1)^p [\mathbf{f}^{(n-p-1)}(t).\mathbf{g}^{(p)}(t)]\right)\Big|_a^b + (-1)^n \int_a^b [\mathbf{f}(t).\mathbf{g}^{(n)}(t)]\,dt \tag{11}$$

qu'on appelle *formule d'intégration par parties d'ordre n.*

Traduisons maintenant la formule de dérivation des fonctions composées (I, p. 17, prop. 5). Soit f une fonction numérique définie et continue dans I, et qui soit primitive d'une fonction *réglée* dans I (que nous écrirons encore f' par abus de langage); soit d'autre part **g** une fonction vectorielle (à valeurs dans un espace normé complet) *continue* dans un intervalle ouvert J contenant $f(\mathrm{I})$; si **h** désigne une primitive quelconque de $\mathbf{g}$ dans J, $\mathbf{h}$ admet en tout point de J une dérivée égale à $\mathbf{g}$ (II, p. 6, prop. 3); donc la fonction composée $\mathbf{h} \circ f$ admet une dérivée égale à $\mathbf{g}(f(x))f'(x)$ en tous les points du complémentaire (par rapport à I) d'une partie dénombrable de I (I, p. 17, prop. 5); comme la fonction $\mathbf{g}(f(x))f'(x)$ est réglée (II, p. 7, cor 2), on peut écrire la formule

$$\int_a^b \mathbf{g}(f(t))f'(t)\,dt = \int_{f(b)}^{f(a)} \mathbf{g}(u)\,du \tag{12}$$

dite *formule du changement de variables*, qui facilite également le calcul des primitives.

Si on prend par exemple $f(x) = x^2$, on voit que la formule (13) ramène l'un à l'autre le calcul des primitives des fonctions $\mathbf{g}(x)$ et $x\mathbf{g}(x^2)$.

Pour traduire le th. des accroissements finis (I, p. 23, th. 1) pour les primitives de fonctions numériques réglées, remarquons d'abord qu'une fonction numérique réglée f dans un intervalle compact I est bornée dans I; soit J l'ensemble des points de I où f est *continue*, et posons $m = \inf_{x \in J} f(x)$, $M = \sup_{x \in J} f(x)$; on sait (II, p. 5, th. 3) que $I \cap \complement J$ est dénombrable; en outre, si B est le complémentaire, par rapport à I, d'une partie dénombrable quelconque de I, et $m' = \inf_{x \in B} f(x)$, $M' = \sup_{x \in B} f(x)$, on a $m' \leqslant m \leqslant M \leqslant M'$: en effet, en tout point $x \in J$, il existe des points y de B arbitrairement voisins de x, où on a donc $m' \leqslant f(y) \leqslant M'$; f étant continue au point x, on voit, en faisant tendre y vers x (y restant dans B) que $m' \leqslant f(x) \leqslant M'$, ce qui démontre notre assertion. Cela étant, la traduction du th. des accroissements finis donne la proposition suivante:

Proposition 6 (théorème de la moyenne). — *Soit f une fonction numérique réglée dans un intervalle compact* $I = [a, b]$; *si* J *est l'ensemble des points de* I *où f est continue, et* $m = \inf_{x \in J} f(x)$, $M = \sup_{x \in J} f(x)$, *on a*

$$m < \frac{1}{b-a}\int_a^b f(t)\,dt < M \tag{13}$$

sauf lorsque f est constante dans J, *auquel cas les trois membres de* (14) *sont égaux.*

En d'autres termes, la *moyenne* de la fonction réglée f dans I est comprise entre les bornes de f dans la partie de I où f est continue.

Corollaire 1. — *Si une fonction numérique f réglée dans* I *est telle que* $f(x) \geqslant 0$ *aux points où f est continue, on a* $\frac{1}{b-a}\int_a^b g(t)\,dt > 0$ *sauf si* $f(x) = 0$ *aux points ou f est continue.*

COROLLAIRE 2. — *Soient f et g deux fonctions numériques réglées dans* I, *telles que $g(x) \geqslant 0$ aux points où g est continue; si m et* M *sont les bornes inférieure et supérieure de f dans l'ensemble des points de* I *où f est continue, on a*

$$(14)\qquad \frac{m}{b-a}\int_a^b g(t)\,dt \leqslant \frac{1}{b-a}\int_a^b f(t)\,g(t)\,dt \leqslant \frac{M}{b-a}\int_a^b g(t)\,dt.$$

Les deux premiers membres (resp. *les deux derniers*) *ne sont égaux que si* $g(x)(f(x)-m) = 0$ (resp. $g(x)\,(f(x) - M) = 0$) *en tout point où f et g sont continues.*

Pour les fonctions vectorielles, le th. des accroissements finis (I, p. 23, th. 2) donne de même la proposition suivante:

PROPOSITION 7. — *Soit* $\mathbf{f}$ *une fonction vectorielle réglée dans un intervalle compact* $I = [a, b]$, *à valeurs dans un espace normé complet* E, *et soit g une fonction numérique réglée dans* I, *telle que $g(x) \geqslant 0$ aux points où g est continue; dans ces conditions, on a*

$$(15)\qquad \left\| \int_a^b \mathbf{f}(t)\,g(t)\,dt \right\| \leqslant \int_a^b \|\mathbf{f}(t)\|\,g(t)\,dt.$$

En particulier, on a

$$(16)\qquad \left\| \int_a^b \mathbf{f}(t)\,dt \right\| \leqslant \int_a^b \|\mathbf{f}(t)\|\,dt.$$

6. Forme intégrale du reste de la formule de Taylor; primitives d'ordre supérieur

La formule d'intégration par parties d'ordre n (II, p. 10, formule (11)) permet d'exprimer sous forme d'une intégrale le *reste* $\mathbf{r}_n(x)$ du développement de Taylor d'ordre n d'une fonction $\mathbf{f}$ admettant une dérivée $(n+1)$-ème *réglée* dans un intervalle I (I, p. 30); en effet, en remplaçant, dans (12), $\mathbf{f}$ par $\mathbf{f}'$, b par x et $g(t)$ par la fonction $(t - x)^n/n!$, il vient

$$(17)\qquad \mathbf{f}(x) = \mathbf{f}(a) + \mathbf{f}'(a)\frac{(x-a)}{1!} + \mathbf{f}''(a)\frac{(x-a)^2}{2!} + \dots + \mathbf{f}^{(n)}(a)\frac{(x-a)^n}{n!} + \int_a^x \mathbf{f}^{(n+1)}(t)\frac{(x-t)^n}{n!}\,dt$$

autrement dit

$$(18)\qquad \mathbf{r}_n(x) = \int_a^x \mathbf{f}^{(n+1)}(t)\,\frac{(x-t)^n}{n!}\,dt$$

formule qui permet souvent d'obtenir des majorations simples du reste.

Étant donnée une fonction $\mathbf{f}$ réglée dans un intervalle I, une primitive quelconque $\mathbf{g}$ de $\mathbf{f}$, étant continue dans I, admet à son tour une primitive; une quelconque des primitives d'une primitive quelconque de $\mathbf{f}$ est appelée *primitive seconde* de $\mathbf{f}$. Plus généralement, on appelle *primitive d'ordre n* de $\mathbf{f}$ une primitive d'une primitive d'ordre $n-1$ de $\mathbf{f}$. On voit aussitôt, par récurrence sur n, que la différence de deux primitives d'ordre n de $\mathbf{f}$ est un *polynôme de degré au plus égal à* $n-1$ (à coefficients dans E). Une primitive d'ordre n de $\mathbf{f}$ est entièrement déterminée si on se donne, en un point $a \in I$, sa valeur et celles de ses $n-1$ premières dérivées.

On désignera en particulier par la notation $\int_a^{(n)} \mathbf{f}$ celle des primitives d'ordre n de $\mathbf{f}$ qui est nulle au point a ainsi que ses $n-1$ premières dérivées. La formule de Taylor d'ordre $n-1$, appliquée à cette primitive, montre que si $\mathbf{g} = \int_a^{(n)} \mathbf{f}$, on a

$$\mathbf{g}(x) = \int_a^x \mathbf{f}(t) \frac{(x-t)^{n-1}}{(n-1)!}\, dt \tag{19}$$

et ramène la détermination des primitives d'ordre n au calcul d'une seule intégrale.

§ 2. INTÉGRALES DANS LES INTERVALLES NON COMPACTS

1. Définition d'une intégrale dans un intervalle non compact

Soit I un intervalle compact $[a, b]$ de la *droite achevée* $\overline{\mathbf{R}}$ (a et b pouvant donc être infinis) ; soit $\mathbf{f}$ une fonction définie dans $]a, b[$, prenant ses valeurs dans un espace normé complet E sur $\mathbf{R}$. Généralisant la déf. 1 de II, p. 1, nous dirons qu'une fonction $\mathbf{g}$, définie dans $[a, b]$, à valeurs dans E, est une *primitive* de $\mathbf{f}$ si elle est *continue* dans $[a, b]$ (et en particulier aux extrémités a, b) et admet une dérivée égale à $\mathbf{f}(x)$ en tous les points du complémentaire par rapport à $]a, b[$ d'une partie dénombrable de cet intervalle.

Nous allons nous borner à considérer le cas suivant : il existe une suite finie strictement croissante $(c_i)_{0 \leqslant i \leqslant n}$ de points de $I = [a, b]$, telle que $c_0 = a$, $c_n = b$, et que $\mathbf{f}$ soit *réglée* dans chacun des intervalles ouverts $]c_i, c_{i+1}[$, mais non réglée dans tout intervalle ouvert contenant au moins un point c_i intérieur à I ; une telle fonction sera dite *réglée par morceaux* dans $]a, b[$. On notera qu'une fonction réglée dans $]a, b[$ est réglée par morceaux (en prenant $n = 1$ dans la définition précédente).

Si $\mathbf{f}$ admet une primitive $\mathbf{g}$ dans I (au sens précisé ci-dessus), et si a est un point de l'intervalle $]c_i, c_{i+1}[$ $(0 \leqslant i \leqslant n-1)$, on a, par hypothèse, pour tout x appartenant à cet intervalle, $\mathbf{g}(x) - \mathbf{g}(a) = \int_a^x \mathbf{f}(t)dt$; $\mathbf{g}$ étant continue dans I par hypothèse, on voit que $\int_a^x \mathbf{f}(t)dt$ doit tendre vers une limite dans E lorsque x tend vers c_i à droite et lorsque x tend vers c_{i+1} à gauche. Inversement, supposons que ces conditions soient vérifiées pour tout t, et soit $\mathbf{g}_i$ une primitive de $\mathbf{f}$ dans l'intervalle $]c_i, c_{i+1}[$ $(0 \leqslant i \leqslant n-1)$; on constate aussitôt que la fonction $\mathbf{g}$, définie dans le complémentaire par rapport à I de l'ensemble des c_i, par la condition d'être à égale à $\mathbf{g}_i(x) + \sum_{k=1}^{i} (\mathbf{g}_{k-1}(c_k -) - \mathbf{g}_k(c_k +))$ dans $]c_i, c_{i+1}[$

pour $0 \leqslant i \leqslant n-1$, est continue en tout point de I distinct des c_i et admet une limite en chacun de ces points; elle peut donc être prolongée par continuité en chacun des c_i, et la fonction prolongée est évidemment une primitive de $\mathbf{f}$ dans I. Il est clair en outre que toute autre primitive de $\mathbf{f}$ est de la forme $\mathbf{g} + \mathbf{a}$ ($\mathbf{a}$ élément de E).

Définition 1. — *On dit qu'une fonction vectorielle* $\mathbf{f}$ *réglée par morceaux dans un intervalle* $[a, b[$ *de* $\overline{\mathbf{R}}$ *admet une intégrale dans cet intervalle si* $\mathbf{f}$ *admet une primitive dans* $[a, b]$; *si* $\mathbf{g}$ *est une quelconque des primitives de* $\mathbf{f}$ *dans* $[a, b]$, x_0 *et* x *deux points quelconques de* $[a, b]$, *on appelle intégrale de* $\mathbf{f}$ *de* x_0 *à* x, *et on note* $\int_{x_0}^{x} \mathbf{f}(t)\,dt$ *l'élément* $\mathbf{g}(x) - \mathbf{g}(x_0)$.

Cette notion coïncide évidemment avec celle définie lorsque l'intervalle $[x_0, x]$ ne contient aucun des points c_i.

Les remarques qui précèdent la déf. 1 montrent que, pour que $\mathbf{f}$ ait une intégrale dans $]a, b[$, il faut et il suffit que sa restriction à chacun des intervalles $]c_i, c_{i+1}[$ admette une intégrale dans cet intervalle. Autrement dit, on est ramené au cas où $\mathbf{f}$ est réglée dans un intervalle *non compact* $\mathrm{I} \subset \mathbf{R}$, d'extrémités a, b ($a < b$), et où: 1° ou bien un des nombres a, b (au moins) est infini; 2° ou bien $\mathbf{f}$ n'est pas réglée dans un intervalle compact contenant au moins un des points a, b (les deux hypothèses ne s'excluant pas mutuellement). Pour que $\mathbf{f}$ ait une intégrale dans I, il faut et il suffit alors que l'intégrale $\int_x^y \mathbf{f}(t)dt$ tende vers une limite lorsque le point (x, y) tend vers $(a, b) \in \overline{\mathbf{R}}^2$ en restant dans $\mathrm{I} \times \mathrm{I}$, et cette limite n'est autre que $\int_a^b \mathbf{f}(t)dt$ d'après la déf. 1. Par abus de langage, au lieu de dire que $\mathbf{f}$ a une intégrale dans I, on dit encore que l'intégrale $\int_a^b \mathbf{f}(t)dt$ est *convergente*.

Exemples. — 1) L'intégrale $\int_1^{+\infty} dt/t^2$ est convergente et égale à 1, car

$$\int_1^x \frac{dt}{t^2} = 1 - \frac{1}{x}.$$

2) L'intégrale $\int_0^1 dt/\sqrt{t}$ est convergente et égale à 2, car

$$\int_x^1 \frac{dt}{\sqrt{t}} = 2(1 - \sqrt{x}) \quad \text{pour} \quad x > 0.$$

3) Soit $(\mathbf{u}_n)_{n \leqslant 1}$ une suite infinie de points de E, et soit $\mathbf{f}$ la fonction en escalier définie dans l'intervalle $[1, +\infty[$ par les conditions: $\mathbf{f}(x) = \mathbf{u}_n$ pour $n \leqslant x < n+1$. Pour que l'intégrale $\int_1^{+\infty} \mathbf{f}(t)dt$ soit convergente, il faut et il suffit que la série de terme général $\mathbf{u}_n$ soit *convergente* dans E; en effet, on a

$$\int_1^n \mathbf{f}(t)\,dt = \sum_{p=1}^{n-1} \mathbf{u}_p,$$

donc la condition est nécessaire; réciproquement, si la série de terme général $\mathbf{u}_n$

converge dans E, on a $\lim_{n\to\infty} \mathbf{u}_n = 0$; or, si $n \leqslant x \leqslant n+1$, on a $\int_1^n \mathbf{f}(t)\,dt = \sum_{p=1}^{n-1} \mathbf{u}_p + \mathbf{u}_n(x-n)$, donc cette intégrale a pour limite $\sum_{n=1}^{\infty} \mathbf{u}_n$ lorsque x tend vers $+\infty$.

Il est immédiat que si une fonction **f** réglée par morceaux admet une intégrale dans I, les formules (4) à (9) de II, p. 9 sont encore valables. De même, la formule (10) de II, p. 10 s'étend de la façon suivante: **f** et **g** sont supposées être des primitives de fonctions **f**′, **g**′ réglées dans $]a, b[$, et on désigne par $[\mathbf{f}.\mathbf{g}]|_a^b$ la limite (si elle existe) de $[\mathbf{f}.\mathbf{g}]|_x^y$, lorsque (x, y) tend vers (a, b) (avec $a < x \leqslant y < b$); alors, si deux des expressions $[\mathbf{f}.\mathbf{g}]|_a^b$, $\int_a^b [\mathbf{f}(t).\mathbf{g}'(t)]\,dt$, $\int_a^b [\mathbf{f}'(t).\mathbf{g}(t)]\,dt$ ont un sens, il en est de même de la troisième, et la formule (10) de II, p. 10 subsiste.

Enfin, soit f une fonction numérique définie et continue dans $\mathrm{I} =]a, b[$, primitive d'une fonction f' réglée dans $]a, b[$; soit d'autre part **g** une fonction vectorielle continue dans un intervalle ouvert J contenant $f(\mathrm{I})$; si la fonction $\mathbf{g}(f(x))f'(x)$ admet une intégrale dans I, et si f tend vers une limite (finie ou non) aux points a et b, **g** admet une intégrale de $f(a+)$ à $f(b-)$, et on a la formule

$$\int_a^b \mathbf{g}(f(t))f'(t)\,dt = \int_{f(a+)}^{f(b-)} \mathbf{g}(u)\,du. \tag{1}$$

En effet, si (x, y) tend vers (a, b), $(f(x), f(y))$ tend vers $(f(a+), f(b-))$ par hypothèse; il suffit donc d'appliquer la formule (12) de II, p. 11 entre x et y et de passer à la limite pour avoir (1).

Étant donnée une fonction **f** réglée dans un intervalle non compact $\mathrm{I} \subset \mathbf{R}$, d'extrémités a et b ($a < b$), la condition pour que **f** ait une intégrale dans I peut se présenter de la manière suivante. Les intervalles compacts $\mathrm{J} \subset \mathrm{I}$ forment un *ensemble ordonné filtrant* $\mathfrak{K}(\mathrm{I})$ pour la relation $\subset$ [1], car si $[\alpha, \beta]$ et $[\gamma, \delta]$ sont deux intervalles compacts contenus dans I, et si on pose $\lambda = \min(\alpha, \gamma)$, $\mu = \max(\beta, \delta)$, l'intervalle $[\lambda, \mu]$ est contenu dans I et contient les deux intervalles considérés. Pour tout intervalle compact $\mathrm{J} = [\alpha, \beta]$ contenu dans I, posons alors

$$\int_{\mathrm{J}} \mathbf{f}(t)\,dt = \int_\alpha^\beta \mathbf{f}(t)\,dt;$$

pour que **f** admette une intégrale dans I, il faut et il suffit que l'application $\mathrm{J} \mapsto \int_{\mathrm{J}} \mathbf{f}(t)\,dt$ ait une *limite dans* E *suivant l'ensemble ordonné filtrant* $\mathfrak{K}(\mathrm{I})$; cette limite est alors l'intégrale $\int_a^b \mathbf{f}(t)\,dt$, que nous noterons encore $\int_{\mathrm{I}} \mathbf{f}(t)\,dt$.

[1] Rappelons (E, III, p. 12) qu'un ensemble $\mathfrak{F}$ de parties de I est *filtrant pour la relation* $\subset$ si, quels que soient $X \in \mathfrak{F}$, $Y \in \mathfrak{F}$ il existe $Z \in \mathfrak{F}$ tel que $X \subset Z$ et $Y \subset Z$. Si S(X) désigne la partie de $\mathfrak{F}$ formée des $Y \in \mathfrak{F}$ tels que $U \supset X$, les S(X) forment la base d'un filtre sur $\mathfrak{F}$, dit *filtre des sections* de $\mathfrak{F}$; la limite (si elle existe) d'une application f de $\mathfrak{F}$ dans un espace topologique, suivant le filtre des sections de $\mathfrak{F}$, est encore dite *limite de f suivant l'ordonné filtrant* $\mathfrak{F}$ (cf. TG, I, p. 49 et TG, IV, p. 18).

PROPOSITION 1 (Critère de Cauchy pour les intégrales). — *Soit* $\mathbf{f}$ *une fonction réglée dans un intervalle* $I \subset \mathbf{R}$, *de bornes* a *et* b $(a < b)$. *Pour que l'intégrale* $\int_a^b \mathbf{f}(t)\,dt$ *existe, il faut et il suffit que pour tout* $\varepsilon > 0$, *il existe un intervalle compact* $J_0 = [\alpha, \beta]$ *contenu dans* I, *tel que pour tout intervalle compact* $K = [x, y]$ *contenu dans* I, *et n'ayant aucun point intérieur commun avec* J_0, *on ait* $\|\int_K \mathbf{f}(t)\,dt\| \leqslant \varepsilon$.

En effet, comme E est complet, le critère de Cauchy montre que, pour que l'intégrale $\int_I \mathbf{f}(t)\,dt$ soit convergente, il faut et il suffit que, pour tout $\varepsilon > 0$, il existe un intervalle compact $J_0 = [\alpha, \beta]$ tel que, pour tout intervalle compact J tel que $J_0 \subset J \subset I$, on ait $\|\int_J \mathbf{f}(t)\,dt - \int_{J_0} \mathbf{f}(t)\,dt\| \leqslant \varepsilon$. La proposition résultera donc du lemme suivant:

Lemme. — *Soit* $J_0 = [\alpha, \beta]$ *un intervalle compact contenu dans* I. *Pour qu'on ait* $\|\int_J \mathbf{f}(t)\,dt - \int_{J'} \mathbf{f}(t)\,dt\| \leqslant \varepsilon$, *pour tout couple d'intervalles compacts* J, J′ *contenus dans* I *et contenant* J_0, *il faut que* $\|\int_K \mathbf{f}(t)\,dt\| \leqslant \varepsilon$, *et il suffit que* $\|\int_K \mathbf{f}(t)\,dt\| \leqslant \varepsilon/2$, *pour tout intervalle compact* K *contenu dans* I *et n'ayant aucun point intérieur commun avec* J_0.

En effet, si pour $J_0 \subset J \subset I$ et $J_0 \subset J' \subset I$, on a

$$\left\| \int_J \mathbf{f}(t)\,dt - \int_{J'} \mathbf{f}(t)\,dt \right\| \leqslant \varepsilon,$$

on voit en particulier que, pour $x \leqslant y \leqslant \alpha$, ou pour $\beta \leqslant x \leqslant y$ (x et y dans I), on a $\|\int_x^y \mathbf{f}(t)\,dt\| \leqslant \varepsilon$. Inversement, si $\|\int_K \mathbf{f}(t)\,dt\| \leqslant \varepsilon/2$ pour tout intervalle compact $K \subset I$ tel que $K \cap J_0 = \varnothing$, et si $J = [x, y]$, $J' = [z, t]$ sont deux intervalles compacts contenus dans I et contenant J_0, on a

$$\left\| \int_J \mathbf{f}(t)\,dt - \int_{J'} \mathbf{f}(t)\,dt \right\| = \left\| \int_x^z f(t)\,dt + \int_t^y \mathbf{f}(t)\,dt \right\| \leqslant \varepsilon,$$

puisque

$$x \leqslant \alpha \leqslant \beta \leqslant y \quad \text{et} \quad z \leqslant a \leqslant \beta \leqslant t.$$

Exemple. — Si l'intervalle I est *borné*, et si $\mathbf{f}$ est *bornée* dans I, l'intégrale $\int_I \mathbf{f}(t)\,dt$ existe toujours, car d'après le th. de la moyenne, on a pour $y \leqslant \alpha \leqslant \beta \leqslant z$

$$\left\| \int_y^\alpha \mathbf{f}(t)\,dt \right\| \leqslant (\alpha - a) \sup_{x \in I} \|\mathbf{f}(x)\|, \qquad \left\| \int_\beta^z \mathbf{f}(t)\,dt \right\| \leqslant (b - \beta) \sup_{x \in I} \|\mathbf{f}(x)\|$$

et il suffit de prendre $\alpha - a$ et $b - \beta$ assez petits pour que le critère de Cauchy soit satisfait.

On notera que, dans ce cas, une primitive de $\mathbf{f}$ dans I n'a pas nécessairement de dérivée à droite (resp. à gauche) à l'origine (resp. l'extrémité) de I (lorsque ce nombre est fini) contrairement à ce qui a lieu lorsque I est compact et $\mathbf{f}$ réglée dans I (cf. II, p. 33, exerc. 1).

2. Intégrales de fonctions positives dans un intervalle non compact

PROPOSITION 2. — *Soit* f *une fonction numérique réglée et* $\geqslant 0$ *dans un intervalle* $I \subset \mathbf{R}$, *de bornes* a *et* b $(a < b)$. *Pour que l'intégrale* $\int_a^b f(t)\,dt$ *existe, il faut et il suffit que l'ensemble des nombres* $\int_J f(t)\,dt$ *soit majoré, lorsque* J *parcourt l'ensemble des intervalles compacts contenus dans* I*; l'intégrale* $\int_a^b f(t)\,dt$ *est alors la borne supérieure de l'ensemble des* $\int_J f(t)\,dt$.

En effet, comme $f \geqslant 0$, la relation $J \subset J'$ entraîne

$$\int_J f(t)\,dt \leqslant \int_{J'} f(t)\,dt;$$

l'application $J \mapsto \int_J f(t)\,dt$ est donc croissante, et la proposition est une conséquence du théorème de la limite monotone (TG, IV, p. 18, th. 2).

Lorsque l'application $J \mapsto \int_J f(t)\,dt$ n'est pas bornée, elle a pour limite $+\infty$ suivant l'ordonné filtrant $\mathfrak{K}(I)$; on dit alors, par abuse de langage, que l'intégrale $\int_a^b f(t)\,dt$ est égale à $+\infty$. Les propriétés des intégrales établies au n° 1 s'étendent (lorsqu'il s'agit de fonctions $\geqslant 0$) au cas où certaines des intégrales qui interviennent dans ces propriétés sont infinies, pourvu que les relations où elles figurent gardent un sens.

PROPOSITION 3 (principe de comparaison). — *Soient f et g deux fonctions numériques réglées dans un intervalle* $I \subset \mathbf{R}$, *telles que* $0 \leqslant f(x) \leqslant g(x)$ *en tout point où f et g sont continues* (cf. II, p. 11, prop. 6). *Si l'intégrale de g dans* I *est convergente, il en est de même de l'intégrale de f et on a* $\int_I f(t)\,dt \leqslant \int_I g(t)\,dt$. *En outre les deux intégrales ne peuvent être égales que si* $f(x) = g(x)$ *en tout point de* I *où f et g sont continues.*

En effet, pour tout intervalle compact $J \subset I$, on a

$$\int_J f(t)\,dt \leqslant \int_J g(t)\,dt;$$

comme $\int_J g(t)\,dt \leqslant \int_I g(t)\,dt$, l'intégrale $\int_J f(t)\,dt$ est majorée, donc l'intégrale $\int_I f(t)\,dt$ est convergente; en outre, en passant à la limite, on a $\int_I f(t)\,dt \leqslant \int_I g(t)dt$. Supposons en outre que $f(x) < g(x)$ en un point $x \in I$ où f et g sont continues; il existe un intervalle compact $[c, d]$ contenu dans I, non réduit à un point et tel que $x \in [c, d]$; on a $\int_c^d f(t)\,dt < \int_c^d g(t)\,dt$ (II, p. 11, cor. 1), et comme d'autre part $\int_a^c f(t)\,dt \leqslant \int_a^c g(t)\,dt$ et $\int_d^b f(t)dt \leqslant \int_d^b g(t)\,dt$ d'après ce qui précède, on voit, en ajoutant membre à membre, qu'on a $\int_a^b f(t)\,dt < \int_a^b g(t)\,dt$.

Cette proposition fournit le moyen le plus fréquemment employé pour décider si une intégrale d'une fonction $f \geqslant 0$ est ou non convergente, en *comparant* f à une fonction plus simple $g \geqslant 0$, dont on sait déjà si son intégrale est ou non convergente; nous verrons au chap. V comment peut se faire, dans les cas les plus usuels, la recherche de ces fonctions de comparaison, et nous en déduirons les critères d'application courante pour la convergence des intégrales et des séries.

3. Intégrales absolument convergentes

Définition 2. — *On dit que l'intégrale d'une fonction* $\mathbf{f}$ *réglée dans un intervalle* $\mathrm{I} \subset \mathbf{R}$ *est absolument convergente, si l'intégrale de la fonction positive* $\|\mathbf{f}(x)\|$ *est convergente.*

Proposition 4. — *Si l'intégrale de* $\mathbf{f}$ *dans* I *est absolument convergente, elle est convergente, et on a*

$$\left\| \int_{\mathrm{I}} \mathbf{f}(t)\, dt \right\| \leqslant \int_{\mathrm{I}} \|\mathbf{f}(t)\|\, dt. \tag{2}$$

En effet, pour tout intervalle compact $\mathrm{J} \subset \mathrm{I}$, on a (II, p. 12, formule (16))

$$\left\| \int_{\mathrm{J}} \mathbf{f}(t)\, dt \right\| \leqslant \int_{\mathrm{J}} \|\mathbf{f}(t)\|\, dt. \tag{3}$$

Si l'intégrale de la fonction positive $\|\mathbf{f}(x)\|$ est convergente, pour tout $\varepsilon > 0$, il existe un intervalle compact $[\alpha, \beta]$ contenu dans I, tel que, pour tout intervalle compact $[x, y]$ contenu dans I et n'ayant aucun point intérieur commun avec $[\alpha, \beta]$, on ait $\int_x^y \|\mathbf{f}(t)\, dt\| \leqslant \varepsilon$ (II, p. 16, prop. 1); on en tire $\left\|\int_x^y \mathbf{f}(t)\, dt\right\| \leqslant \varepsilon$, ce qui démontre la convergence de l'intégrale dans I (II, p. 16, prop. 1); en passant à la limite dans (3), on en déduit alors l'intégalité (2).

Corollaire. — *Soient* E, F, G *trois espaces normés complets sur* $\mathbf{R}$, $(\mathbf{x}, \mathbf{y}) \mapsto [\mathbf{x}.\mathbf{y}]$ *une application bilinéaire continue de* $\mathrm{E} \times \mathrm{F}$ *dans* G. *Soient* $\mathbf{f}$, $\mathbf{g}$ *deux fonctions réglées dans* I, *à valeurs dans* E *et dans* F *respectivement. Si* $\mathbf{f}$ *est bornée dans* I *et si l'intégrale de* $\mathbf{g}$ *dans* I *est absolument convergente, l'intégrale de* $[\mathbf{f}.\mathbf{g}]$ *dans* I *est absolument convergente.*

En effet, il existe un nombre $h > 0$ tel que l'on ait identiquement $\|[\mathbf{x}.\mathbf{y}]\| \leqslant h\|\mathbf{x}\| . \|\mathbf{y}\|$ (TG, IX, p. 35, th. 1); si on pose $= \sup_{x \in \mathrm{I}} \|\mathbf{f}(x)\|$, on a donc $\|[\mathbf{f}(x).\mathbf{g}(x)]\| \leqslant hk\|\mathbf{g}(x)\|$ dans I; le principe de comparaison montre donc que l'intégrale de $[\mathbf{f}.\mathbf{g}]$ dans I est absolument convergente, et on a, d'après (2),

$$\left\| \int_{\mathrm{I}} [\mathbf{f}(t).\mathbf{g}(t)]\, dt \right\| \leqslant hk \int_{\mathrm{I}} \|\mathbf{g}(t)\|\, dt.$$

Remarque. — Une intégrale peut être convergente sans l'être absolument; c'est ce que montre l'*Exemple* 3 de II, p. 14, lorsque la série de terme général $\mathbf{u}_n$ est convergente sans être absolument convergente.

§ 3. DÉRIVÉES ET INTÉGRALES DE FONCTIONS DÉPENDANT D'UN PARAMÈTRE

1. Intégrale d'une limite de fonctions dans un intervalle compact

Le th. 1 de II, p. 2, appliqué au cas particulier des primitives de fonctions réglées dans un intervalle compact, se traduit de la manière suivante dans la notation propre aux intégrales:

PROPOSITION 1. — *Soient* A *un ensemble filtré par un filtre* $\mathfrak{F}$, $(f_\alpha)_{\alpha \in A}$ *une famille de fonctions réglées dans un intervalle compact* $I = (a, b)$; *si les fonctions* $\mathbf{f}_\alpha$ *convergent uniformément dans* I *vers une fonction (réglée)* $\mathbf{f}$ *suivant le filtre* $\mathfrak{F}$, *on a*

$$\lim_{\mathfrak{F}} \int_a^b \mathbf{f}_\alpha(t)\, dt = \int_a^b \mathbf{f}(t)\, dt. \tag{1}$$

Deux corollaires de cette proposition sont importants dans les applications:

COROLLAIRE 1. — *Soit* $(\mathbf{f}_n)$ *une suite de fonctions réglées dans un intervalle compact* $I = (a, b)$. *Si la suite* $(\mathbf{f}_n)$ *converge uniformément dans* I *vers une fonction (réglée)* $\mathbf{f}$, *on a*

$$\lim_{n\to\infty} \int_a^b \mathbf{f}_n(t)\, dt = \int_a^b \mathbf{f}(t)\, dt. \tag{2}$$

En particulier, si une *série* dont le terme général $\mathbf{u}_n$ est une fonction réglée dans I, *converge uniformément* vers $\mathbf{f}$ dans I, la série de terme général $\int_a^b \mathbf{u}_n(t)dt$ est convergente et a pour somme $\int_a^b \mathbf{f}(t)dt$ (« intégration terme à terme d'une série uniformément convergente »).

COROLLAIRE 2. — *Soient* A *une partie d'un espace topologique* F, $\mathbf{f}$ *une application de* $I \times A$ *dans un espace normé complet* E *sur* $\mathbf{R}$, *telle que, pour tout* $\alpha \in A$, *la fonction* $x \mapsto \mathbf{f}(x, \alpha)$ *soit réglée dans* I. *Si les fonctions* $x \mapsto \mathbf{f}(x, \alpha)$ *convergent uniformément dans* I *vers une fonction (réglée)* $x \mapsto \mathbf{f}(x)$, *lorsque* α *tend vers un point* $\alpha_0 \in \overline{A}$ *en restant dans* A, *on a*

$$\lim_{\alpha\to\alpha_0,\, \alpha\in A} \int_a^b \mathbf{f}(x, \alpha)\, dx = \int_a^b \mathbf{g}(x)\, dx. \tag{3}$$

En particulier:

PROPOSITION 2 (« continuité d'une intégrale par rapport au paramètre »). — *Soient* F *un espace compact*, $I = (a, b)$ *un intervalle compact de* $\mathbf{R}$, $\mathbf{f}$ *une application continue de* $I \times F$ *dans un espace normé complet* E *sur* $\mathbf{R}$; *la fonction* $\mathbf{h}(\alpha) = \int_a^b \mathbf{f}(\alpha, x)\, dx$ *est continue dans* F.

En effet, comme $\mathbf{f}$ est *uniformément continue* dans l'espace compact $I \times F$, les fonctions $\mathbf{f}(\alpha, x)$ convergent uniformément vers $\mathbf{f}(x, \alpha_0)$ dans I, lorsque α tend vers un point quelconque $\alpha_0 \in F$.

Voici une application de cette proposition: la fonction $(x, \alpha) \mapsto x^\alpha$ est continue dans le produit $I \times J$, où $I = (a, b)$ est un intervalle compact tel que $0 < a < b$, J un intervalle compact quelconque dans $\mathbf{R}$; on en conclut que $\int_a^b x^\alpha\, dx$ est une fonction continue de α dans $\mathbf{R}$; or, pour α *rationnel* et $\neq -1$, cette fonction est égale à $\dfrac{b^{\alpha+1} - a^{\alpha+1}}{\alpha + 1}$, et la fonction $\alpha \mapsto \dfrac{b^{\alpha+1} - a^{\alpha+1}}{\alpha + 1}$ est continue dans tout intervalle de $\mathbf{R}$ ne contenant pas -1; on a donc (prolongement des identités) $\int_a^b x^\alpha\, dx = \dfrac{b^{\alpha+1} - a^{\alpha+1}}{\alpha + 1}$ pour *tout* α réel et $\neq -1$; cela signifie encore que, pour tout α réel, la dérivée de x^α est $\alpha x^{\alpha-1}$ (cf. III, p. 4).

2. Intégrale d'une limite de fonctions dans un intervalle non compact

Le th. 1 de II, p. 2 s'applique à des fonctions plus générales que les fonctions réglées, puisqu'il suppose seulement que ces fonctions admettent des primitives. On voit donc en particulier que la prop. 1 de II, p. 19 s'applique encore lorsque, dans un intervalle $I \subset \mathbf{R}$, les fonctions $\mathbf{f}_\alpha$ sont seulement supposées *réglées par morceaux* et admettant une *intégrale* dans I; toutefois, ce résultat suppose que soient vérifiées les deux autres hypothèses de la prop. 1, savoir: 1° I est un intervalle *borné*; 2° les $\mathbf{f}_\alpha$ convergent *uniformément dans* I vers **f**. La formule (1) de II, p. 19 peut être *inexacte* lorsque l'une de ces conditions cesse d'être remplie: il peut se faire alors que l'un ou l'autre des deux membres n'existe pas, ou qu'ils existent tous deux mais aient des valeurs distinctes.

Par exemple, si f_n est la fonction réglée dans $]0, 1]$, définie par $f_n(x) = n$ pour $0 < x < 1/n$, $f_n(x) = 0$ pour $1/n \leqslant x \leqslant 1$, la suite (f_n) converge vers 0 *uniformément dans tout intervalle compact* contenue dans $]0, 1]$, mais non uniformément dans $]0, 1]$, et on a $\int_0^1 f_n(t)\,dt = 1$ pour tout n. On aurait un exemple où $\int_0^1 f_n(t)\,f$ ne tend vers aucune limite en remplaçant la suite (f_n) précédente par la suite $((-1)^n f_n)$ qui converge encore uniformément vers 0 dans tout intervalle compact contenu dans $]0, 1]$.

D'autre part, dans l'intervalle *non borné* $I = [0, +\infty[$, soit f_n la fonction réglée telle que $f_n(x) = 1/n$ pour $n^2 \leqslant x \leqslant (n+1)^2$ et $f_n(x) = 0$ pour toute autre valeur de x dans I ($n \geqslant 1$); la suite (f_n) converge uniformément vers 0 dans I, mais l'intégrale $\int_0^{+\infty} f_n(t)\,dt = (2n+1)/n$ tend vers 2 lorsque n croît indéfiniment.

En d'autres termes, lorsque I est non borné, si on désigne par $\mathscr{I}$ l'espace vectoriel formé des fonctions **f** réglées dans I, à valeurs dans E, et admettant une intégrale dans I, l'application $\mathbf{f} \mapsto \int_I \mathbf{f}(t)\,dt$ *n'est pas continue* lorsqu'on munit $\mathscr{I}$ de la topologie de la convergence uniforme dans I (cf. II, p. 4, cor. 2).

Nous allons chercher des conditions *suffisantes* pour assurer la validité de la prop. 1, sous les hypothèses suivantes:

1° I est un intervalle quelconque de $\mathbf{R}$, $\mathbf{f}_\alpha$ est réglée dans I, et admet dans I une intégrale;

2° suivant le filtre $\mathfrak{F}$, la famille $(\mathbf{f}_\alpha)$ converge uniformément vers **f** dans tout intervalle compact contenu dans I.

Désignant alors par $\mathfrak{K}(I)$ l'ensemble ordonné filtrant des intervalles compacts contenus dans I (II, p. 15), le premier membre de la formule (1) de II, p. 19 peut s'écrire $\lim_{\mathfrak{F}} (\lim_{J \in \mathfrak{K}(I)} \int_J \mathbf{f}_\alpha(t)\,dt)$; d'autre part compte tenu de la prop. 1 (II, p. 19) et du fait que la famille $(\mathbf{f}_\alpha)$ est uniformément convergente dans tout intervalle compact $J \subset I$, le second membre de (1) (II, p. 19) peut s'écrire $\lim_{J \in \mathfrak{K}(I)} (\lim_{\mathfrak{F}} \int_J \mathbf{f}_\alpha(t)\,dt)$. On voit donc que la prop. 1 de II, p. 19 s'étendra lorsqu'on pourra *intervertir les limites* de l'application $(J, \alpha) \mapsto \int_J \mathbf{f}_\alpha(t)\,dt$ suivant le filtre $\mathfrak{F}$, et suivant le filtre des sections Φ de l'ordonné filtrant $\mathfrak{K}(I)$. Or, nous connaissons une condition *suffisante* pour que cette interversion soit licite, savoir l'existence de la limite de l'application $(J, \alpha) \mapsto \int_J \mathbf{f}_\alpha(t)\, dt$ suivant le *filtre produit* $\Phi \times \mathfrak{F}$ (TG, I, p. 58, cor. du th. 1). Nous allons transformer cette condition en une condition équivalente plus maniable.

En premier lieu, comme E est complet, pour que $(J, \alpha) \mapsto \int_J \mathbf{f}_\alpha(t)\, dt$ ait une limite suivant $\Phi \times \mathfrak{F}$, il faut et il suffit que, pour tout $\varepsilon > 0$, il existe un intervalle compact $J_0 \subset I$ et un ensemble $M \in \mathfrak{F}$ tels que, quels que soient les éléments α, β de M et l'intervalle compact $J \supset J_0$ contenu dans I, on ait

$$\left\| \int_{J_0} \mathbf{f}_\alpha(t)\, dt - \int_J \mathbf{f}_\beta(t)\, dt \right\| \leqslant \varepsilon. \tag{4}$$

Nous allons montrer d'autre part que cette condition est elle-même équivalente à la condition suivante: pour tout $\varepsilon > 0$, il existe un intervalle compact $J_0 \subset I$ et un ensemble $M \in \mathfrak{F}$ tels que, quels que soient $\alpha \in M$ et l'intervalle compact $J \supset J_0$ contenu dans I, on ait

$$\left\| \int_{J_0} \mathbf{f}_\alpha(t)\, dt - \int_J \mathbf{f}_\alpha(t)\, dt \right\| \leqslant \varepsilon. \tag{5}$$

Il est évident en effet que cette dernière condition est nécessaire; inversement, si elle est satisfaite, il existe (en vertu de la convergence uniforme de $(\mathbf{f}_\alpha)$ dans tout intervalle compact) un ensemble $N \in \mathfrak{F}$ tel que, quels que soient α, β dans N, on ait

$$\left\| \int_{J_0} \mathbf{f}_\alpha(t)\, dt - \int_{J_0} \mathbf{f}_\beta(t)\, dt \right\| \leqslant \varepsilon; \tag{6}$$

et par suite, on a $\|\int_{J_0} \mathbf{f}_\alpha(t)\, dt - \int_J \mathbf{f}_\beta(t)\, dt\| \leqslant 2\varepsilon$ quels que soient α et β dans $M \cap N \in \mathfrak{F}$ et quel que soit l'intervalle compact $J \supset J_0$.

Enfin, le lemme de II, p. 16 nous permet de mettre la dernière condition trouvée sous la forme équivalente suivante: *pour tout* $\varepsilon > 0$, *il existe un intervalle compact* $J_0 \subset I$ *et un ensemble* $M \in \mathfrak{F}$ (*dépendant de* ε) *tels que, pour tout intervalle compact* $K \subset I$ *n'ayant aucun point intérieur commun avec* J_0, *et tout* $\alpha \in M$, *on ait* $\|\int_K \mathbf{f}_\alpha(t)\, dt\| \leqslant \varepsilon$.

Le plus souvent, on utilise une condition plus restrictive, obtenue en supposant, dans l'énoncé précédent, que l'ensemble M *ne dépende pas de* ε:

DÉFINITION 1. — *On dit que l'intégrale* $\int_I \mathbf{f}_\alpha(t)\, dt$ *est uniformément convergente pour* $\alpha \in A$ (*ou uniformément convergente dans* A) *si, pour tout* $\varepsilon > 0$, *il existe un intervalle compact* $J_0 \subset I$ *tel que, pour tout intervalle compact* $K \subset I$ *sans point intérieur commun avec* J_0, *et tout* $\alpha \in A$, *on ait*

$$\left\| \int_K \mathbf{f}_\alpha(t)\, dt \right\| \leqslant \varepsilon. \tag{7}$$

Cette définition équivaut à dire que la famille des applications $\alpha \mapsto \int_J \mathbf{f}_\alpha(t)\, dt$ *est uniformément convergente dans* A (vers l'application $\alpha \mapsto \int_I \mathbf{f}_\alpha(t)\, dt$) suivant le filtre des sections Φ de $\mathfrak{K}(I)$; chacune des intégrales $\int_I \mathbf{f}_\alpha(t)$ est *a fortiori* convergente (la réciproque étant inexacte). En outre, d'après ce que nous venons de voir (ou d'après TG, X, p. 8, cor. 2) :

PROPOSITION 3. — *Soit* $(\mathbf{f}_\alpha)$ *une famille de fonctions réglées dans un intervalle* I, *telles que*: 1° *suivant le filtre* $\mathfrak{F}$, *la famille* $(\mathbf{f}_\alpha)$ *converge uniformément vers une fonction* $\mathbf{f}$ (réglée dans I) *dans tout intervalle compact contenu dans* I; 2° *l'intégrale* $\int_I \mathbf{f}_\alpha(t)\, dt$ *soit uniformément convergente pour tout* $\alpha \in A$. *Dans ces conditions, l'intégrale* $\int_I \mathbf{f}(t)\, dt$ *est convergente, et on a*

$$\lim_{\mathfrak{F}} \int_I \mathbf{f}_\alpha(t)\, dt = \int_I \mathbf{f}(t)\, dt. \tag{8}$$

Les conditions de la prop. 3 sont remplies par exemple lorsque I est un intervalle *borné*, que les $\mathbf{f}_\alpha$ sont *uniformément bornées* dans I, et convergent uniformément vers $\mathbf{f}$ dans tout intervalle compact contenu dans I; en effet, si $\|\mathbf{f}_\alpha(x)\| \leqslant h$ pour tout $x \in I$ et tout α, et si J_0 est tel que la différence entre les longueurs de I et de J_0 soit $\leqslant \varepsilon/h$, la condition (7) est vérifiée pour tout intervalle $K \subset I$ sans point intérieur commun avec J_0.

Comme pour la prop. 1 de II, p. 19, deux corollaires de la prop. 3 sont importants dans les applications :

COROLLAIRE 1. — *Soit* $(\mathbf{f}_n)$ *une suite de fonctions réglées dans un intervalle quelconque* I, *uniformément convergente vers une fonction* $\mathbf{f}$ *dans tout intervalle compact contenu dans* I; *si l'intégrale* $\int_I \mathbf{f}_n(t)\, dt$ *est uniformément convergente, l'intégrale* $\int_I \mathbf{f}(t)\, dt$ *est convergente, et on a*

$$\lim_{n\to\infty} \int_I \mathbf{f}_n(t)\, dt = \int_I \mathbf{f}(t)\, dt. \tag{9}$$

Remarque. — Les hypothèses faites dans ce corollaire sont suffisantes, mais non nécessaires pour la validité de la formule (9); nous généraliserons plus tard cette formule en même temps que la notion d'intégrale (voir INT, IV), et obtiendrons des conditions beaucoup moins restrictives.

COROLLAIRE 2. — *Soient* A *une partie d'un espace topologique* F, $\mathbf{f}$ *une application de* $I \times A$ *dans un espace normé complet* E *sur* $\mathbf{R}$, *telle que, pour tout* $\alpha \in A$, *la fonction* $x \mapsto \mathbf{f}(x, \alpha)$ *soit réglée dans* I. *Si, d'une part, les fonctions* $x \mapsto \mathbf{f}(x, \alpha)$ *convergent uniformément, dans tout intervalle compact contenu dans* I, *vers une fonction* $x \mapsto \mathbf{f}(x)$, *lorsque* α *tend vers* $\alpha_0 \in \overline{A}$ *en restant dans* A; *si, d'autre part, l'intégrale* $\int_I \mathbf{f}(x, \alpha)\, dx$ *est uniformément convergente dans* A, *alors l'intégrale* $\int_I \mathbf{f}(x)\, dx$ *est convergente, et on a*

$$\lim_{\alpha\to\alpha_0,\, \alpha\in A} \int_I \mathbf{f}(x, \alpha)\, dx = \int_I \mathbf{f}(x)\, dx. \tag{10}$$

En particulier:

PROPOSITION 4 (« continuité d'une intégrale impropre par rapport au paramètre »). — *Soient* F *un espace compact,* I *un intervalle quelconque de* $\mathbf{R}$, $\mathbf{f}$ *une application continue de* $I \times F$ *dans un espace normé complet* E *sur* $\mathbf{R}$; *si l'integrale* $\mathbf{h}(\alpha) = \int_I \mathbf{f}(x, \alpha)\, dx$ *est uniformément convergente dans* F, *elle est fonction continue de* α *dans* F.

Compte tenu de la prop. 2 de II, p. 19, cette proposition résulte aussi de la continuité d'une limite uniforme de fonctions continues (TG, X, p. 9, th. 2).

3. Intégrales normalement convergentes

Soit $(\mathbf{f}_\alpha)_{\alpha \in A}$ une famille de fonctions réglées dans un intervalle quelconque $I \subset \mathbf{R}$, à valeurs dans un espace normé complet E sur $\mathbf{R}$. Supposons qu'il existe une fonction numérique finie g réglée dans I, telle, que, pour tout $x \in I$ et tout $\alpha \in A$, on ait $\|\mathbf{f}_\alpha(x)\| \leqslant g(x)$ et que l'intégrale $\int_I g(t)\, dt$ soit convergente. Dans ces conditions, l'intégrale $\int_I \mathbf{f}_\alpha(t)\, dt$ est *absolument et uniformément convergente* dans A; en effet, pour tout intervalle compact K contenu dans I, on a

$$\left\| \int_K \mathbf{f}_\alpha(t)\, dt \right\| \leqslant \int_K g(t)\, dt$$

et la convergence de l'intégrale $\int_I g(t)\, dt$ entraîne que, pour tout $\varepsilon > 0$, il existe un intervalle compact $J \subset I$ tel que, pour tout intervalle compact $K \subset I$ ne rencontrant pas J, on ait $\int_K g(t)\, dt \leqslant \varepsilon$. Lorsqu'il existe une fonction numérique g ayant les propriétés précédentes, on dit que l'intégrale $\int_I \mathbf{f}_\alpha(t)\, dt$ est *normalement convergente* dans A (cf. TG ,X, p. 22).

Une intégrale peut être uniformément convergente dans A sans être normalement convergente. * C'est ce qui se passe pour la suite (f_n) de fonctions numériques définies par les conditions $f_n(x) = 1/x$ pour $n \leqslant x \leqslant n + 1$, $f_n(x) = 0$ pour les autres valeurs de x dans $I = [1, +\infty[$. Il est immédiat que l'intégrale $\int_1^\infty f_n(t)\, dt$ est uniformément convergente, mais elle n'est pas normalement convergente, car la relation $g(x) \geqslant f_n(x)$ pour tout $x \in I$ et tout n entraîne $g(x) \geqslant 1/x$, et par suite l'intégrale de g dans I n'est pas convergente.*

En particulier, considérons une *série* dont le terme général $\mathbf{u}_n$ est une fonction réglée dans l'intervalle I, et supposons que la série de terme général $\|\mathbf{u}_n(x)\|$ (qui est une fonction réglée dans I) converge uniformément dans tout intervalle compact contenu dans I, et soit telle que la série de terme général $\int_I \|\mathbf{u}_n(t)\|\, dt$ soit convergente; alors (II, p. 16, prop. 2) la fonction (réglée) $g(x)$, somme de la série de terme général $\|\mathbf{u}_n(x)\|$, est telle que l'intégrale $\int_I g(t)\, dt$ soit convergente. Si on pose $\mathbf{f}_n = \sum_{p=1}^{n} \mathbf{u}_p$, l'intégrale $\int_I \mathbf{f}_n(t)\, dt$ est *normalement convergente*, car on a

$$\|\mathbf{f}_n(x)\| \leqslant \sum_{p=1}^{n} \|\mathbf{u}_p(x)\| \leqslant g(x)$$

pour tout $x \in \mathrm{I}$ et tout n; par suite, la somme $\mathbf{f}$ de la série de terme général $\mathbf{u}_n$ est une fonction réglée dans I telle que l'intégrale $\int_{\mathrm{I}} \mathbf{f}(t)\, dt$ soit convergente, et on a

$$(11) \qquad \int_{\mathrm{I}} \mathbf{f}(t)\, dt = \sum_{n=1}^{\infty} \int_{\mathrm{I}} \mathbf{u}_n(t)\, dt$$

(« intégration terme à terme d'une série dans un intervalle non compact »).

4. Dérivée par rapport à un paramètre d'une intégrale dans un intervalle compact

Soient A un voisinage compact d'un point α_0 dans le corps $\mathbf{R}$ (resp. le corps $\mathbf{C}$), $\mathrm{I} = [a, b]$ un intervalle *compact* dans $\mathbf{R}$, $\mathbf{f}$ une application *continue* de $\mathrm{I} \times \mathrm{A}$ dans un espace normé complet E sur $\mathbf{R}$ (resp. $\mathbf{C}$). On a vu (II, p. 19, prop. 2) que, dans ces conditions, $\mathbf{g}(\alpha) = \int_a^b \mathbf{f}(t, \alpha)\, dt$ est une fonction *continue* dans A. Cherchons des conditions *suffisantes* pour que $\mathbf{g}$ admette une *dérivée* au point α_0. On a, pour $\alpha \neq \alpha_0$

$$\frac{\mathbf{g}(\alpha) - \mathbf{g}(a_0)}{\alpha - \alpha_0} = \int_a^b \frac{\mathbf{f}(t, \alpha) - \mathbf{f}(t, \alpha_0)}{\alpha - \alpha_0}\, dt$$

donc (II, p. 19, cor. 2), si les fonctions $x \mapsto \dfrac{\mathbf{f}(x, \alpha) - \mathbf{f}(x, \alpha_0)}{\alpha - \alpha_0}$ *convergent uniformément dans* I vers une fonction (nécessairement continue) $x \mapsto \mathbf{h}(x)$ lorsque α tend vers α_0 (en restant $\neq \alpha_0$), $\mathbf{g}$ admet une dérivée égale à $\int_a^b \mathbf{h}(t)\, dt$ au point α_0; d'ailleurs, pour chaque $x \in \mathrm{I}$, $\dfrac{\mathbf{f}(x, \alpha) - \mathbf{f}(x, \alpha_0)}{\alpha - \alpha_0}$ tend vers $\mathbf{h}(x)$, donc $\mathbf{h}(x)$ est la dérivée au point α_0 de l'application $\alpha \mapsto \mathbf{f}(x, \alpha)$; nous désignerons cette dérivée (dite *dérivée partielle de* $\mathbf{f}$ *par rapport à* α) par la notation $\mathbf{f}'_\alpha(x, \alpha_0)$; les hypothèses faites entraînent donc que

$$(12) \qquad \mathbf{g}'(\alpha_0) = \int_a^b \mathbf{f}'_\alpha(t, \alpha_0)\, dt.$$

La proposition suivant donne une condition suffisante plus simple pour la validité de la formule (12) :

PROPOSITION 5. — *On suppose que la dérivée partielle* $\mathbf{f}'_\alpha(\alpha, x)$ *existe pour tout* $x \in \mathrm{I}$ *et tout* α *appartenant à un voisinage ouvert* V *de* α_0, *et que, pour tout* $\alpha \in \mathrm{V}$, *l'application* $x \mapsto \mathbf{f}'_\alpha(x, \alpha)$ *soit réglée dans* I. *Dans ces conditions, si* $x \mapsto \mathbf{f}'_\alpha(x, \alpha)$ *converge uniformément dans* I *vers* $x \mapsto \mathbf{f}'_\alpha(x, \alpha_0)$ *lorsque* α *tend vers* α_0, *la fonction* $\mathbf{g}(\alpha) = \int_a^b \mathbf{f}(t, \alpha)\, dt$ *admet au point* α_0 *une dérivée donnée par la formule* (12).

En effet, pour tout $\varepsilon > 0$, il existe par hypothèse $r > 0$ tel que $|\alpha - \alpha_0| \leqslant r$

entraîne $\|\mathbf{f}'_\alpha(x, \alpha) - \mathbf{f}'_\alpha(x, \alpha_0)\| \leqslant \varepsilon$ *quel que soit* $x \in \mathrm{I}$. D'après les prop. 3 et 5 de I, p. 25, on a, pour $|\alpha - \alpha_0| \leqslant r$ $(\alpha \neq \alpha_0)$ et pour tout $x \in \mathrm{I}$

$$\left\| \frac{\mathbf{f}(x, \alpha) - \mathbf{f}(x, \alpha_0)}{\alpha - \alpha_0} - \mathbf{f}'_\alpha(x, \alpha_0) \right\| \leqslant \varepsilon$$

ce qui prouve la convergence uniforme de $\dfrac{\mathbf{f}(x, \alpha) - \mathbf{f}(x, \alpha_0)}{\alpha - \alpha_0}$ vers $\mathbf{f}'_\alpha(x, \alpha_0)$ dans I lorsque α tend vers α_0 (en restant $\neq \alpha_0$), et établit donc la formule (12).

COROLLAIRE. — *Si la dérivée partielle* $\mathbf{f}'_\alpha(x, \alpha)$ *existe dans* $\mathrm{I} \times \mathrm{V}$ *et est fonction continue de* (x, α) *dans cet ensemble, la fonction* $\mathbf{g}$ *admet au point* α_0 *une dérivée donnée par la formule* (12).

En effet, si W est un voisinage compact de α_0 contenu dans V, l'application $(x, \alpha) \mapsto \mathbf{f}'_\alpha(x, \alpha)$ est *uniformément continue* dans l'ensemble compact $\mathrm{I} \times \mathrm{W}$, donc $\mathbf{f}'_\alpha(x, \alpha)$ tend uniformément vers $\mathbf{f}'_\alpha(x, \alpha_0)$ dans I lorsque α tend vers α_0.

De la prop. 5, on déduit une proposition plus générale permettant de calculer la dérivée d' une intégrale lorsque, non seulement la fonction intégrée $\mathbf{f}$, mais aussi les limites d'intégration, dépendent du paramètre α :

PROPOSITION 6. — *Les conditions de la prop.* 5 *étant supposées vérifiées, soient* $a(\alpha)$, $b(\alpha)$ *deux fonctions définies dans* V, *à valeurs dans* I; *si les dérivées* $a'(\alpha_0)$, $b'(\alpha_0)$ *existent et sont finies, la fonction* $\mathbf{g}(\alpha) = \int_{a(\alpha)}^{b(\alpha)} \mathbf{f}(t, \alpha)\,dt$ *admet au point* α_0 *une dérivée donnée par la formule*

$$\mathbf{g}'(\alpha_0) = \int_{a(\alpha_0)}^{b(\alpha_0)} \mathbf{f}'_\alpha(t, \alpha_0)\,dt + b'(\alpha_0)\,\mathbf{f}(b(\alpha_0), \alpha_0) - a'(\alpha_0)\,\mathbf{f}(a(\alpha_0), \alpha_0). \tag{13}$$

En effet, pour tout $\alpha \in \mathrm{V}$ distinct de α_0, on peut écrire

$$\frac{\mathbf{g}(\alpha) - \mathbf{g}(\alpha_0)}{\alpha - \alpha_0} = \int_{a(\alpha_0)}^{b(\alpha_0)} \frac{\mathbf{f}(t, \alpha) - \mathbf{f}(t, \alpha_0)}{\alpha - \alpha_0}\,dt + \frac{1}{\alpha - \alpha_0}\int_{b(\alpha_0)}^{b(\alpha)} \mathbf{f}(t, \alpha)\,dt - \frac{1}{\alpha - \alpha_0}\int_{a(\alpha_0)}^{a(\alpha)} \mathbf{f}(t, \alpha)\,dt.$$

D'après la prop. 5 de II, p. 24, la première intégrale du second membre tend vers $\int_{a(\alpha_0)}^{b(\alpha_0)} \mathbf{f}'_\alpha(t, \alpha_0)\,dt$ lorsque α tend vers α_0. Dans la seconde, nous allons remplacer $\mathbf{f}(t, \alpha)$ par $\mathbf{f}(b(\alpha_0), \alpha_0)$, et montrer que la différence tend vers 0. Posons $\mathrm{M} = \mathrm{Max}(\|\mathbf{f}(b(\alpha_0), \alpha_0)\|, |b'(\alpha_0)| + 1)$; la fonction $b(\alpha)$ étant continue au point α_0, et la fonction $\mathbf{f}$ continue au point $(b(\alpha_0), a_0)$, pour tout ε tel que $0 < \varepsilon < 1$, il existe $r > 0$ tel que la relation $|\alpha - \alpha_0| \leqslant r$ entraîne $\|\mathbf{f}(t, \alpha) - \mathbf{f}(b(\alpha_0), \alpha_0)\| \leqslant \varepsilon$ pour tout t appartenant à l'intervalle d'extrémités $b(\alpha_0)$ et $b(\alpha)$; on peut aussi supposer que la relation $|\alpha - \alpha_0| \leqslant r$ entraîne $\left|\dfrac{b(\alpha) - b(\alpha_0)}{\alpha - \alpha_0} - b'(\alpha_0)\right| \leqslant \varepsilon.$

D'après la formule de la moyenne (II, p. 12, formule (17)), on a donc

$$\left\| \frac{1}{\alpha - \alpha_0} \int_{b(\alpha_0)}^{b(\alpha)} \mathbf{f}(t, \alpha)\, dt - \frac{b(\alpha) - b(\alpha_0)}{\alpha - \alpha_0} \mathbf{f}(b(a_0), \alpha_0) \right\| \leqslant \left| \frac{b(\alpha) - b(\alpha_0)}{\alpha - \alpha_0} \right| \varepsilon$$

et par suite

$$\left\| \frac{1}{\alpha - \alpha_0} \int_{b(\alpha_0)}^{b(\alpha)} \mathbf{f}(t, \alpha)\, dt - b'(\alpha_0)\mathbf{f}(b(\alpha_0), \alpha_0) \right\| \leqslant 2\mathrm{M}\varepsilon$$

ce qui montre que $\dfrac{1}{\alpha - \alpha_0} \int_{b(\alpha_0)}^{b(\alpha)} \mathbf{f}(t, \alpha)\, dt$ tend vers $b'(\alpha_0)\mathbf{f}(b(\alpha_0), \alpha_0)$. De la même manière, on montre que $\dfrac{1}{\alpha - \alpha_0} \int_{a(\alpha_0)}^{a(\alpha)} \mathbf{f}(t, \alpha)\, dt$ tend vers $a'(\alpha_0)\mathbf{f}(a(\alpha_0), \alpha_0)$.

5. Dérivée par rapport à un paramètre d'une intégrale dans un intervalle non compact

L'ensemble V ayant la même signification que dans la prop. 5 de II, p. 24, supposons maintenant que I soit un intervalle *quelconque* de $\mathbf{R}$, $\mathbf{f}$ une application *continue* de $\mathrm{I} \times \mathrm{V}$ dans E; si l'intégrale $\mathbf{g}(\alpha) = \int_{\mathrm{I}} \mathbf{f}(t, \alpha)\, dt$ existe pour tout $\alpha \in \mathrm{V}$ et est fonction continue de α, la fonction $\mathbf{g}$ *n'a pas nécessairement au point* α_0 *une dérivée égale à* $\int_{\mathrm{I}} \mathbf{f}'_\alpha(t, \alpha_0)\, dt$, même si $\mathbf{f}'_\alpha(x, \alpha)$ converge uniformément vers $\mathbf{f}'_\alpha(x, \alpha_0)$ dans tout intervalle compact contenu dans I, et si l'intégrale $\int_{\mathrm{I}} \mathbf{f}'_\alpha(t, \alpha)\, dt$ existe pour tout $\alpha \in \mathrm{V}$ (cf. II, p. 35, exerc. 3).

Une condition suffisante pour que la formule (12) (II, p. 24) soit encore valable dans ce cas est donnée par la proposition suivante:

PROPOSITION 7. — *Soit* I *un intervalle quelconque de* $\mathbf{R}$, $\mathbf{f}$ *une fonction continue dans* $\mathrm{I} \times \mathrm{V}$. *On suppose que:*

1° *la dérivée partielle* $\mathbf{f}'_\alpha(x, \alpha)$ *existe pour tout* $x \in \mathrm{I}$ *et tout* $\alpha \in \mathrm{V}$, *et, pour tout* $\alpha \in \mathrm{V}$, *l'application* $x \mapsto \mathbf{f}'_\alpha(x, \alpha)$ *est réglée dans* I;

2° *pour tout* $\alpha \in \mathrm{V}$, $\mathbf{f}'_\alpha(x, \beta)$ *converge uniformément vers* $\mathbf{f}'_\alpha(x, \alpha)$ *dans tout intervalle compact contenu dans* I, *lorsque* β *tend vers* α;

3° *l'intégrale* $\int_{\mathrm{I}} \mathbf{f}'_\alpha(t, \alpha)\, dt$ *est uniformément convergente dans* V;

4° *l'integrale* $\int_{\mathrm{I}} \mathbf{f}(t, \alpha_0)\, dt$ *est convergente.*

Dans ces conditions, l'intégrale $\mathbf{g}(\alpha) = \int_{\mathrm{I}} \mathbf{f}(t, \alpha)\, dt$ *est uniformément convergente dans* V, *et la fonction* $\mathbf{g}$ *admet en tout point de* V *une dérivée donnée par la formule*

$$\mathbf{g}'(\alpha) = \int_{\mathrm{I}} \mathbf{f}'_\alpha(t, \alpha)\, dt. \tag{14}$$

La convergence uniforme dans V de l'intégrale $\int_{\mathrm{I}} \mathbf{f}'_\alpha(t, \alpha)\, dt$ signifie que la fonction $\alpha \mapsto \int_J \mathbf{f}'_\alpha(t, \alpha)\, dt$ converge uniformément dans V suivant le filtre des sections Φ de l'ordonné filtrant $\mathfrak{K}(\mathrm{I})$ des intervalles compacts J contenus dans I. Posons $\mathbf{u}_J(\alpha) = \int_J \mathbf{f}(t, \alpha) dt$; les hypothèses montrent d'une part que $\mathbf{u}_J(\alpha_0)$ a une limite suivant Φ, et d'autre part, en vertu de la prop. 5 de II, p. 24, que $\mathbf{u}'_J(\alpha) = \int_J \mathbf{f}'_\alpha(t, \alpha)\, dt$ pour tout $\alpha \in$ V. Nous pouvons donc appliquer le th. 1 de II, p. 2, aux fonctions $\mathbf{u}_J$, le rôle de l'ensemble d'indices étant tenu ici par $\mathfrak{K}(\mathrm{I})$, celui du filtre sur cet ensemble par le filtre Φ; la proposition en résulte aussitôt.

Remarques. — 1) Les conditions 1° et 2° de la prop. 7 sont remplies *a fortiori* lorsque $\mathbf{f}'_\alpha(x, \alpha)$ est fonction *continue* de (x, α) dans I × V.

2) Lorsque, dans une intégrale $\int_{a(\alpha)}^{b(\alpha)} \mathbf{f}(t, \alpha)\, dt$, les extrémités de l'intervalle d'intégration sont des fonctions *finies* du paramètre, l'étude de cette intégrale en fonction de α peut se rattacher à celle d'une intégrale dans $[0, 1]$; en effet, par le changement de variable $t = a(\alpha)(1 - u) + b(\alpha)u$, on a

$$\int_{a(\alpha)}^{b(\alpha)} \mathbf{f}(t, \alpha)\, dt = \int_0^1 \mathbf{f}(a(\alpha)(1 - u) + b(\alpha)u, \alpha)(b(\alpha) - a(\alpha))\, du.$$

6. Interversion des intégrations

Soient $\mathrm{I} = [a, b]$ et $\mathrm{A} = [c, d]$ deux intervalles *compacts* de $\mathbf{R}$; soit $\mathbf{f}$ une fonction *continue* dans I × A, à valeurs dans un espace normé complet E sur $\mathbf{R}$; d'après la prop. 2 de II, p. 19, $\int_a^b \mathbf{f}(x, \alpha)\, dx$ est fonction continue de α dans A; son intégrale $\int_c^d\left(\int_a^b \mathbf{f}(x, \alpha)\, dx\right) d\alpha$ se note aussi, pour simplifier $\int_c^d d\alpha \int_a^b \mathbf{f}(x, \alpha)\, dx$.

PROPOSITION 8. — *Si* $\mathbf{f}$ *est continue dans* I × A, *on a*

$$\int_c^d d\alpha \int_a^b \mathbf{f}(x, \alpha)\, dx = \int_a^b dx \int_c^d \mathbf{f}(x, \alpha)\, d\alpha \tag{15}$$

(« formule d'interversion des intégrations »).

Nous allons montrer que, pour tout $y \in$ A, on a

$$\int_c^y d\alpha \int_a^b \mathbf{f}(x, \alpha)\, dx = \int_a^b dx \int_c^y \mathbf{f}(x, \alpha)\, d\alpha. \tag{16}$$

Comme les deux membres de (16) sont des fonctions de y égales pour $y = c$, il suffira de prouver qu'elles sont dérivables dans $]c, d[$ et que leurs dérivées sont égales en tout point de cet intervalle. Si on pose $\mathbf{g}(\alpha) = \int_a^b \mathbf{f}(x, \alpha)\, dx$, $\mathbf{h}(x, y) = \int_c^y \mathbf{f}(x, \alpha)\, dx$, la relation (16) s'écrit

$$\int_c^y \mathbf{g}(\alpha)\, d\alpha = \int_a^b \mathbf{h}(x, y)\, dx.$$

Or, la dérivée du premier membre par rapport à y est $\mathbf{g}(y)$, celle du second est $\int_a^b \mathbf{h}'_y(x, y)\, dx$ d'après II, p. 25, corollaire, puisque $\mathbf{h}'_y(x, y) = \mathbf{f}(x, y)$ est continue dans I × A; les deux expressions ainsi obtenues sont bien identiques.

Supposons maintenant que $A = (c, d)$ soit un intervalle *compact* dans $\mathbf{R}$, I un intervalle *quelconque* dans $\mathbf{R}$; soit $\mathbf{f}$ une fonction continue dans $I \times A$, à valeurs dans E, telle que l'intégrale $\mathbf{f}(\alpha) = \int_I \mathbf{f}(t, \alpha)\, dt$ soit convergente pour tout $\alpha \in A$; même si $\mathbf{g}(\alpha)$ est continue dans A, on ne peut pas toujours intervertir les intégrations dans l'intégrale $\int_c^d d\alpha \int_I \mathbf{f}(t, \alpha)\, dt$, car l'intégrale $\int_I dt \int_c^d \mathbf{f}(t, \alpha)\, d\alpha$ peut ne pas exister, ou être distincte de l'intégrale $\int_c^d d\alpha \int_I \mathbf{f}(t, \alpha)\, dt$ (cf. II, p. 36, exerc. 7). On a toutefois le résultat suivant:

Proposition 9. — *Si la fonction* $\mathbf{f}$ *est continue dans* $I \times A$, *et si l'intégrale* $\int_I \mathbf{f}(t, \alpha)\, dt$ *est uniformément convergente dans* A, *l'intégrale* $\int_I dt \int_c^d \mathbf{f}(t, \alpha)\, d\alpha$ *est convergente, et on a*

$$\int_c^d d\alpha \int_I \mathbf{f}(t, \alpha)\, dt = \int_I dt \int_c^d \mathbf{f}(t, \alpha)\, d\alpha. \tag{17}$$

Pour tout intervalle compact J contenu dans I, posons $\mathbf{u}_J(\alpha) = \int_J \mathbf{f}(t, \alpha)\, dt$. L'hypothèse entraîne que suivant le filtre des sections Φ de l'ordonné filtrant $\mathfrak{K}(I)$, la fonction continue $\mathbf{u}_J$ converge uniformément dans A vers $\int_I \mathbf{f}(t, \alpha)\, dt$; donc (II, p. 19, prop. 1), $\int_c^d d\alpha \int_J \mathbf{f}(t, \alpha)\, dt$ a pour limite $\int_c^d d\alpha \int_I \mathbf{f}(t, \alpha)\, dt$ suivant Φ; mais, d'après la prop. 8 (II, p. 27), on a

$$\int_c^d d\alpha \int_J \mathbf{f}(t, \alpha)\, dt = \int_J dt \int_c^d \mathbf{f}(t, \alpha)\, d\alpha. \tag{18}$$

Le résultat précédent signifie donc que l'intégrale $\int_I dt \int_c^d \mathbf{f}(t, \alpha)\, d\alpha$ est convergente, et en passant à la limite suivant Φ dans la relation (18), on obtient (17).

Exercices

§ 1

1) Soit (f_α) un ensemble de fonctions numériques, définies dans un intervalle $I \subset \mathbf{R}$, admettant chacune une primitive stricte dans I, et formant un ensemble ordonné filtrant pour la relation $\leqslant$. Soit f l'enveloppe supérieure de la famille (f_α); on suppose que f admet une primitive stricte dans I. Montrer que, si g_α (resp. g) est la primitive de f_α (resp. f) qui s'annule en un point $x_0 \in I$, g est l'enveloppe supérieure de la famille (g_α) dans l'intersection $I \cap [x_0, +\infty[$ et son enveloppe inférieure dans l'intersection $I \cap]-\infty, x_0]$. (En se bornant au premier de ces intervalles, montrer que si u est l'enveloppe supérieure de (g_α) dans $I \cap [x_0, +\infty[$, on a $u(x+h) - u(x) \leqslant g(x+h) - g(x)$ pour $h > 0$; prouver ensuite que, pour tout α, on a $u(x+h) - u(x) \geqslant g_\alpha(x+h) - g_\alpha(x)$, et conclure de cette dernière inégalité que $\liminf_{h \to 0} (u(x+h) - u(x))/h \geqslant f(x)$; en déduire la proposition.)

Donner en exemple de suite croissante (f_n) de fonctions continues dans un intervalle I, uniformément bornées, mais dont l'enveloppe supérieure n'admet pas de primitive stricte dans I.

2) Montrer que pour qu'une fonction $\mathbf{f}$ soit une fonction en escalier dans un intervalle I, il faut et il suffit qu'elle n'ait qu'un nombre fini de points de discontinuité, et soit constante dans tout intervalle où elle est continue.

3) Soit $\mathbf{f}$ une fonction réglée dans un intervalle $I \subset \mathbf{R}$, prenant ses valeurs dans un espace normé complet E sur $\mathbf{R}$; montrer que pour toute partie compacte H de I, $\mathbf{f}(H)$ est relativement compact dans E; donner un exemple où $\mathbf{f}(H)$ n'est pas fermé dans E.

4) Donner un exemple de fonction numérique continue $\mathbf{f}$ dans un intervalle compact $I \subset \mathbf{R}$, telle que la fonction composée $x \mapsto \operatorname{sgn}(f(x))$ ne soit pas réglée dans I (bien que sgn soit réglée dans $\mathbf{R}$).

5) Soit $\mathbf{f}$ une fonction vectorielle définie dans un intervalle compact $I = [a, b] \subset \mathbf{R}$, prenant ses valeurs dans un espace normé complet E; on dit que $\mathbf{f}$ est *à variation bornée* dans I s'il existe un nombre $m > 0$ tel que, pour toute suite finie strictement croissante $(x_i)_{0 \leqslant i \leqslant n}$ de points de I telle que $x_0 = a$ et $x_n = b$, on ait $\sum_{i=0}^{n-1} \|\mathbf{f}(x_{i+1}) - f(x_i)\| \leqslant m$.

a) Montrer que $\mathbf{f}(I)$ est relativement compact dans E (raisonner par l'absurde).

b) Montrer que $\mathbf{f}$ est réglée dans I (prouver que lorsque x tend vers un point $x_0 \in I$ en restant $> x_0$, $\mathbf{f}$ ne peut avoir deux valeurs d'adhérence distinctes, et utiliser *a*)).

6) Pour qu'une fonction $\mathbf{f}$, à valeurs dans un espace normé complet E, et définie dans un intervalle ouvert $I \subset \mathbf{R}$, soit égale à une fonction réglée dans I, en tous les points du complémentaire d'une partie dénombrable de I, il faut et il suffit qu'elle satisfasse à la condition suivante: pour tout $x \in I$ et tout $\varepsilon > 0$, il existe un nombre $h > 0$ et deux éléments a, b de E tels que l'on ait $\|\mathbf{f}(y) - a\| \leqslant \varepsilon$ pour tout $y \in]x, x+h]$, sauf au plus une infinité dénombrable de points de cet intervalle, et $\|\mathbf{f}(z) - b\| \leqslant \varepsilon$ pour tout $z \in [x-h, x[$ sauf au plus une infinité dénombrable de points de cet intervalle.

* 7) Montrer que la fonction égale à $\sin(1/x)$ pour $x \neq 0$, à 0 pour $x = 0$, admet une primitive stricte dans $\mathbf{R}$ (remarquer que $x^2 \sin(1/x)$ admet une dérivée en tout point).

En déduire que, si $g(x, u, v)$ est un polynôme en u, v, à coefficients fonctions continues de x dans un intervalle I contenant 0, la fonction égale à $g(x, \sin 1/x, \cos 1/x)$ pour $x \neq 0$, à une valeur convenable α (que l'on déterminera) pour $x = 0$, admet une primitive stricte dans I; donner un exemple où $\alpha \neq g(0, 0, 0)$. *

* 8) Montrer qu'il existe une fonction continue dans $(-1, +1)$ admettant une dérivée finie en tout point de cet intervalle, cette dérivée étant égale à $\sin\left(\frac{1}{\sin 1/x}\right)$ aux points x distincts de $1/n\pi$ (n entier $\neq 0$) et de 0. (Au voisinage de $x = 1/n\pi$, faire le changement de variable $x = \frac{1}{n\pi + \operatorname{Arc}\sin u}$ et utiliser l'exerc. 7; à l'aide du même changement de variable, montrer qu'il existe une constante $a > 0$ indépendante de n, telle que

$$\left| \int_{2/(2n+1)\pi}^{2/(2n-1)\pi} \sin\left(\frac{1}{\sin \frac{1}{x}}\right) dx \right| \leqslant \frac{a}{n^3};$$

en déduire que si on pose

$$g(x) = \lim_{\varepsilon \to 0} \int_\varepsilon^x \sin\left(\frac{1}{\sin \frac{1}{t}}\right) dt,$$

g admet au point $x = 0$ une dérivée nulle.) *

9) Soit $\mathbf{f}$ une fonction réglée dans un intervalle compact $I = (a, b)$. Montrer que, pour tout $\varepsilon > 0$, il existe une fonction $\mathbf{g}$ continue dans I et telle que $\int_a^b \|\mathbf{f}(t) - \mathbf{g}(t)\| \, dt \leqslant \varepsilon$ (se ramener au cas où $\mathbf{f}$ est une fonction en escalier). En déduire qu'il existe un polynôme $\mathbf{h}$ (à coefficients dans E) tel que $\int_a^b \|\mathbf{f}(t) - \mathbf{h}(t)\| \, dt \leqslant \varepsilon$.

10) Soit $\mathbf{f}$ une fonction réglée dans (a, b), prenant ses valeurs dans E, $\mathbf{g}$ une fonction réglée dans (a, c) $(c > b)$, prenant ses valeurs dans F, et soit $(\mathbf{x}, \mathbf{y}) \mapsto [\mathbf{x} . \mathbf{y}]$ une application bilinéaire continue de $E \times F$ dans G (E, F, G espaces normés complets). Montrer que

$$\lim_{h \to 0,\, h > 0} \int_a^b [\mathbf{f}(t) . \mathbf{g}(t+h)] \, dt = \int_a^b [\mathbf{f}(t) . \mathbf{g}(t)] \, dt$$

(se ramener au cas où $\mathbf{f}$ est une fonction en escalier).

11) Les hypothèses étant les mêmes que dans l'exerc. 10, montrer que, pour tout $\varepsilon > 0$, il existe un nombre $\rho > 0$ tel que pour toute subdivision de (a, b) en intervalles (x_i, x_{i+1}) de longueur $\leqslant \rho$ $(0 \leqslant i \leqslant n-1)$, on a

$$\left\| \int_a^b [\mathbf{f}(t) . \mathbf{g}(t)] \, dt - \sum_{i=0}^{n-1} [\mathbf{f}(u_i) . \mathbf{g}(v_i)](x_{i+1} - x_i) \right\| \leqslant \varepsilon$$

quels que soient, pour chaque indice i, les points u_i, v_i dans (x_i, x_{i+1}) (se ramener au cas où $\mathbf{f}$ et $\mathbf{g}$ sont des fonctions en escalier).

¶ 12) On dit qu'une suite (x_n) de nombres réels appartenant à l'intervalle $(0, 1)$ est *également répartie* dans cet intervalle si, pour tout couple de nombres α, β tels que $0 \leqslant \alpha \leqslant \beta \leqslant 1$ on a, en désignant par $\nu_n(\alpha, \beta)$ le nombre des indices i tels que $1 \leqslant i \leqslant n$ et $\alpha \leqslant x_i \leqslant \beta$

$$\lim_{n \to \infty} \frac{\nu_n(\alpha, \beta)}{n} = \beta - \alpha. \tag{1}$$

Montrer que, si la suite (x_n) est également répartie, et si $\mathbf{f}$ est une fonction réglée dans $(0, 1)$, on a

$$\lim_{n \to \infty} \frac{1}{n} \sum_{i=1}^{n} \mathbf{f}(x_i) = \int_0^1 \mathbf{f}(t) \, dt \tag{2}$$

(se ramener au cas où $\mathbf{f}$ est une fonction en escalier). Réciproque.

Montrer que, pour que la suite (x_n) soit également répartie, il suffit que la relation (2) ait lieu pour toute fonction numérique f appartenant à un ensemble *partout dense* dans l'espace des fonctions numériques continues dans $[0, 1]$, muni de la topologie de la convergence uniforme.

¶ 13) Soit f une fonction numérique réglée dans un intervalle compact $[a, b]$. On pose

$$r(n) = \frac{b-a}{n}\sum_{k=1}^{n} f\left(a + k\frac{b-a}{n}\right) - \int_a^b f(t)\,dt.$$

a) Montrer que, si f est croissante dans $[a, b]$, on a

$$0 \leqslant r(n) \leqslant \frac{b-a}{n}(f(b) - f(a)).$$

b) Si f est continue et admet dans $[a, b[$ une dérivée à droite réglée et bornée, montrer qu'on a $\lim_{n\to\infty} nr(n) = \frac{b-a}{2}(f(b) - f(a))$ (en posant $x_k = a + k\frac{b-a}{n}$, remarquer qu'on a

$$r(n) = \sum_{k=0}^{n-1}\int_{x_k}^{x_{k+1}} (f(x_{k+1}) - f(t))\,dt,$$

et appliquer la prop. 5 de II, p. 7).
c) Donner un exemple de fonction f croissante et continue dans $[a, b]$ telle que $nr(n)$ ne tende pas vers $\frac{b-a}{2}(f(b) - f(a))$ lorsque n croît indéfiniment [prendre pour f la limite d'une suite décroissante (f_n) de fonctions croissantes dont les courbes représentatives sont des lignes brisées, telles que

$$f_n\left(a + k\frac{b-a}{2^n}\right) = f\left(a + k\frac{b-a}{2^n}\right) \quad \text{pour } 0 \leqslant k \leqslant 2^n$$

et

$$(b-a)\sum_{k=1}^{2^n} f_n\left(a + k\frac{b-a}{2^n}\right) - 2^n\int_a^b f_n(t)\,dt \geqslant \tfrac{3}{4}(b-a)(f_n(b) - f_n(a))].$$

14) Soit $\mathbf{f}$ une fonction vectorielle primitive d'une fonction réglée $\mathbf{f}'$ dans $[a, b]$, et telle que $\mathbf{f}(a) = \mathbf{f}(b) = 0$. Montrer que si M est la borne supérieure de $\|\mathbf{f}'(x)\|$ dans l'ensemble des points de $[a, b]$ où $\mathbf{f}'$ est continue, on a

$$\left\|\int_a^b \mathbf{f}(t)\,dt\right\| \leqslant \mathrm{M}\frac{(b-a)^2}{4}.$$

15) Soit f une fonction numérique continue, strictement croissante dans un intervalle $[0, a]$, et telle que $f(0) = 0$; soit g sa fonction récriproque, définie et strictement croissante dans $[0, f(a)]$; montrer que, pour $0 \leqslant x \leqslant a$ et $0 \leqslant y \leqslant f(a)$, on a

$$xy \leqslant \int_0^x f(t)\,dt + \int_0^y g(u)\,du,$$

l'égalité n'ayant lieu que si $y = f(x)$ (étudier les variations en fonction de x (y restant fixe) de $xy - \int_0^x f(t)\,dt$). En déduire que, pour $x \geqslant 0$, $y \geqslant 0$, $p > 1$, $p' = p/(p-1)$, on a $xy \leqslant ax^p + by^{p'}$ pour $a > 0$, $b > 0$ et $(pa)^{p'}(p'b)^p \geqslant 1$.

16) Soient $\mathbf{f}$ une fonction vectorielle réglée dans $\mathrm{I} = [a, b] \subset \mathbf{R}$, $\mathbf{u}$ une primitive de $\mathbf{f}$ dans I, D un ensemble convexe fermé contenant $\mathbf{u}(\mathrm{I})$. Montrer que si g est une fonction numérique *monotone* dans I, on a

$$\int_a^b \mathbf{f}(t)g(t)\,dt = (\mathbf{u}(b) - \mathbf{c})g(b) + (\mathbf{c} - \mathbf{u}(a))g(a)$$

où **c** appartient à D (se ramener au cas où g est une fonction en escalier monotone). En déduire que si f est une fonction numérique réglée dans I, il existe $c \in \mathrm{I}$ tel que

$$\int_a^b f(t)g(t)\,dt = g(a)\int_a^c f(t)\,dt + g(b)\int_c^b f(t)\,dt$$

(« deuxième théorème de la moyenne »).

17) Soit g une fonction numérique admettant une dérivée continue et $\neq 0$ dans $[a, x]$; si f est une fonction numérique ayant une dérivée $(n + 1)$-ème réglée dans $[a, x]$, montrer que le reste $r_n(x)$ du développement de Taylor d'ordre n de f au point a, peut s'écrire

$$r_n(x) = (g(x) - g(a))\,\frac{(x - \xi)^n}{n!}\,\frac{f^{(n+1)}(\xi)}{g'(\xi)}$$

où $a < \xi < x$ (utiliser la forme intégrale de $r_n(x)$).

18) Soit f une fonction numérique finie et continue dans un intervalle ouvert I. Pour que f soit convexe dans I, il faut et il suffit que, pour tout $x \in \mathrm{I}$, on ait

$$\limsup_{h\to\infty}\left(\frac{1}{2h}\int_{x-h}^{x+h} f(t)\,dt - f(x)\right) \geqslant 0$$

(raisonner comme dans l'exerc. 9 de I, p. 52).

19) Soient f une fonction convexe dans un intervalle I, h un nombre >0, et I_h l'intersection de I et des intervalles $\mathrm{I} + h$ et $\mathrm{I} - h$; montrer que, si I_h n'est pas vide, la fonction

$$g_h(x) = \frac{1}{2h}\int_{x-h}^{x+h} f(t)\,dt$$

est convexe dans I_h; si $h < k$, on a $g_h \leqslant g_k$. Lorsque h tend vers 0, montrer que g_h tend uniformément vers f dans tout intervalle compact *contenu dans l'intérieur* de I.

20) Montrer que, lorsque n croît indéfiniment, le polynôme

$$f_n(x) = \frac{\int_0^x (1 - t^2)^n\,dt}{\int_0^1 (1 - t^2)^n\,dt}$$

tend uniformément vers -1 dans tout intervalle $[-1, -\varepsilon]$, et tend uniformément vers $+1$ dans tout intervalle $[\varepsilon, +1]$, où $\varepsilon > 0$ (remarquer que $\int_0^1 (1 - t^2)^n\,dt \geqslant \int_0^1 (1 - t)^n\,dt$). En déduire que le polynôme $g_n(x) = \int_0^x f_n(t)\,dt$ tend uniformément vers $|x|$ dans $[-1, +1]$, ce qui donne une nouvelle démonstration du th. de Weierstrass (TG, X, p. 37, prop. 3).

21) Soit f une fonction numérique croissante convexe et continue dans un intervalle $[0, a]$ et telle que $f(0) = 0$. Si $a_1 \geqslant a_2 \geqslant \cdots \geqslant a_n \geqslant 0$ est une suite finie décroissante de points de $[0, a]$, montrer que l'on a

$$f(a_1) - f(a_2) + \cdots + (-1)^{n-1}f(a_n) \geqslant f(a_1 - a_2 + \cdots + (-1)^{n-1}a_n).$$

(On peut se borner au cas où $n = 2m$ est pair; remarquer que pour $1 \leqslant j \leqslant m$, on a

$$\int_\alpha^\beta f'(t)\,dt \leqslant \int_{a_{2j}}^{a_{2j-1}} f'(t)\,dt$$

où $\alpha = a_{2j+1} - a_{2j+2} + \cdots + a_{2m-1} - a_{2m}$ et $\beta = \alpha + (a_{2j-1} - a_{2j})$.)

22) Soit f une fonction numérique continue croissante et $\geqslant 0$ dans l'intervalle $[0, 1]$.
a) Montrer qu'il existe une fonction convexe $g \geqslant 0$ dans $[0, 1]$ telle que $g \leqslant f$ et $\int_0^1 g(t)\,dt \geqslant \frac{1}{2}\int_0^1 f(t)\,dt$ (cf. I, p. 53, exerc. 23).
b) Montrer qu'il existe une fonction convexe h dans $[0, 1]$ telle que $h \geqslant f$ et que

$$\int_0^1 h(t)\,dt \leqslant 2\int_0^1 f(t)\,dt.$$

(Pour tout a tel que $0 < a \leqslant 1$, soit f_a la fonction égale à f pour $0 \leqslant t \leqslant a$ et à $f(a)$ pour $a \leqslant t \leqslant 1$; soit A l'ensemble des $a \in]0, 1]$ pour lesquels il existe une fonction convexe h_a dans $[0, 1]$ telle que $h_a \geqslant f_a$ et $\int_0^1 h_a(t)\,dt \leqslant 2\int_0^1 f_a(t)\,dt$. Montrer que la borne supérieure b de A appartient encore à A, en utilisant l'exerc. 1 de I, p. 52. Prouver ensuite que $f_b = f$ en raisonnant par l'absurde. Pour cela, on se ramène à prouver le résultat suivant: si φ est continue et croissante dans $[0, 1]$, non constante et telle que $\varphi(0) = 0$, il y a un point $c \in]0, 1[$ tel que $\varphi(c) > 0$ et que la fonction linéaire ψ telle que $\psi(c) = \varphi(c)$ et

$$\psi(2c - 1) = 0$$

vérifie la relation $\psi(t) \geqslant \varphi(t)$ pour $\max(0, 2c - 1) \leqslant t \leqslant c$.)

23) Soit $\mathbf{f}$ une fonction vectorielle continûment dérivable dans un intervalle $[a, b] \subset \mathbf{R}$, à valeurs dans un espace normé complet.

a) Montrer que pour $a \leqslant t \leqslant b$, on a

$$f(t) = \frac{1}{b-a}\int_a^b \mathbf{f}(x)\,dx + \int_a^b \frac{x-a}{b-a}\mathbf{f}'(x)\,dx + \int_t^b \frac{x-b}{b-a}\mathbf{f}'(x)\,dx.$$

b) En déduire les inégalités

$$\|\mathbf{f}(t)\| \leqslant \frac{1}{b-a}\int_a^b \|\mathbf{f}(x)\|dx + \int_a^b \|\mathbf{f}'(x)\|dx$$

et

$$\|\mathbf{f}(\tfrac{1}{2}(a+b))\| \leqslant \frac{1}{b-a}\int_a^b \|\mathbf{f}(x)\|dx + \frac{1}{2}\int_a^b \|\mathbf{f}'(x)\|dx.$$

§ 2

1) Soient α et β deux nombres réels finis tels que $\alpha < \beta$. Montrer que si γ et δ sont deux nombres tels que $\alpha < \gamma \leqslant \delta < \beta$, il existe une fonction numérique f, définie dans un intervalle $[0, a]$, ne prenant que les valeurs α et β, telle que dans tout intervalle $[\varepsilon, a]$ (pour $\varepsilon > 0$), f soit une fonction en escalier et que, si on pose $g(x) = \int_0^x f(t)\,dt$, on ait

$$(*)\qquad \liminf_{x\to 0,\, x>0} \frac{g(x)}{x} = \gamma, \qquad \limsup_{x\to 0,\, x>0} \frac{g(x)}{x} = \delta$$

(prendre pour g une fonction dont le graphe est une ligne brisée dont les côtés consécutifs ont pour pentes α et β et dont les sommets se trouvent alternativement, soit sur les droites $y = \gamma x$, $y = \delta x$ pour $y \neq \delta$, soit sur la droite $y = \gamma x$ et la parabole $y = \gamma x + x^2$ pour $\gamma = \delta$).

Par la même méthode, montrer que si γ et δ sont finis ou non ($\gamma < \delta$) il existe une fonction numérique f définie dans $]0, a]$ telle que, dans tout intervalle $[\varepsilon, a]$ (pour $\varepsilon > 0$), f soit une fonction en escalier, que l'intégrale $g(x) = \int_0^x f(t)\,dt$ existe et que l'on ait encore les relations (*).

2) *a*) Soit $\mathbf{f}$ une fonction réglée dans un intervalle $]0, a]$ telle que l'intégrale $\int_0^a \frac{\mathbf{f}(t)}{t}\,dt$ soit convergente. Montrer que l'intégrale $g(x) = \int_0^x \mathbf{f}(t)\,dt$ est convergente et que $\mathbf{g}$ admet au point $x = 0$ une dérivée à droite (intégrer convenablement par parties).

b) Donner un exemple de fonction numérique f telle que l'intégrale $g(x) = \int_0^x f(t)\,dt$ soit convergente et admette au point 0 une dérivée à droite, mais que $f(t)/t$ n'admette pas d'intégrale dans $]0, a]$ (prendre pour $f(x)/x$ la dérivée d'une fonction de la forme $\cos\varphi(x)$, où φ tend vers $+\infty$ lorsque x tend vers 0).

3) Soit f une fonction numérique $\geqslant 0$, définie dans un intervalle $]0, a]$ et réglée dans cet

intervalle, telle que l'intégrale $g(x) = \int_0^x f(t)\,dt$ soit convergente mais que g n'ait pas de dérivée à droite au point 0. Montrer qu'il existe une fonction f_1 réglée dans $]0, a]$, telle que $(f_1(x))^2 = f(x)$ pour tout x, que l'intégrale $g_1(x) = \int_0^x f_1(t)\,dt$ soit convergente et que g_1 ait une dérivée à droite au point 0. (Considérer d'abord le cas où f est identique à une fonction en escalier dans tout intervalle $[\varepsilon, a]$ (pour $\varepsilon > 0$). Dans ce cas, diviser chaque intervalle où f est constante en un assez grand nombre de parties égales, et prendre f_1 constante dans chacun de ces intervalles, le signe de f_1 étant différent dans deux intervalles consécutifs. Procéder de même dans le cas général.)

4) Définir dans l'intervalle $[0, 1]$ deux fonctions numériques f, g telles que f et g admettent des primitives *strictes*, mais que fg soit en tout point de $[0, 1[$ la dérivée à droite d'une fonction continue qui n'admet pas de dérivée à gauche en un ensemble de points ayant la puissance du continu (utiliser des constructions analogues à celles de l'exerc. 8 de I, p. 45 et de l'exerc. 3 ci-dessus).

5) *a*) Soit $\mathbf{f}$ une fonction réglée dans un intervalle ouvert *borné* $]a, b[$; on suppose qu'il existe une fonction numérique g, décroissante dans $]a, b[$, telle que $\|\mathbf{f}(x)\| \leqslant g(x)$ dans $]a, b[$ et que l'intégrale $\int_a^b g(t)\,dt$ soit convergente. Montrer que, si (ε_n) est une suite de nombres >0, tendant vers 0 et telle que $\inf_n n\varepsilon_n > 0$, on a

$$(*) \qquad \lim_{n\to\infty} \frac{1}{n}\sum_{k=0}^{n-1} \mathbf{f}\left(a + \varepsilon_n + k\frac{b-a}{n}\right) = \int_a^b \mathbf{f}(t)\,dt.$$

b) Donner un exemple de fonction numérique f réglée et >0 dans $]0, 1]$ telle que l'intégrale $\int_0^1 f(t)\,dt$ soit convergente, mais que la relation (*) n'ait pas lieu pour $\varepsilon_n = 1/n$ (prendre f de sorte que sa valeur pour $x = 2^{-p}$ soit 2^{2p}).

c) Avec les mêmes hypothèses que dans *a*), montrer que

$$\lim_{n\to\infty} \frac{1}{n}\sum_{k=1}^{n} (-1)^k \mathbf{f}\left(a + k\frac{b-a}{n}\right) = 0.$$

6) Soit $\mathbf{f}$ une fonction réglée dans l'intervalle $]a, +\infty[$; on suppose qu'il existe une fonction numérique g décroissante dans $]a, +\infty[$, telle que $\|\mathbf{f}(x)\| \leqslant g(x)$ dans cet intervalle et que l'intégrale $\int_a^{+\infty} g(t)\,dt$ soit convergente. Montrer que la série $\sum_{n=1}^{\infty} \mathbf{f}(a + nh)$ est absolument convergente pour tout $h > 0$, et que l'on a

$$\lim_{h\to\infty} h \sum_{n=1}^{\infty} \mathbf{f}(a + nh) = \int_a^{+\infty} \mathbf{f}(t)\,dt.$$

7) Soient f et g deux fonctions réglées et >0 dans un intervalle ouvert $]a, b[$. Montrer que les intégrales des fonctions $f/(1 + fg)$ et $\inf(f, 1/g)$ dans $]a, b[$ sont à la fois convergentes ou infinies.

8) Soit f une fonction réglée et $\geqslant 0$ dans un intervalle $[a, +\infty[$, et soit g une fonction dérivable croissante définie dans $[a, +\infty[$, et telle que $g(x) - x \geqslant \lambda > 0$ pour tout $x \geqslant a$. Montrer que si l'on a $f(g(x))g'(x) \leqslant k.f(x)$ avec $k < 1$ (resp. $f(g(x))g'(x) \geqslant k.f(x)$ avec $k > 1$), l'intégrale $\int_a^{+\infty} f(t)\,dt$ est convergente (resp. égale à $+\infty$) (critère d'Ermakoff: en désignant par g^n la n-ème itérée de g, considérer l'intégrale $\int_0^{g^n(a)} f(t)\,dt$ et faire croître n indéfiniment).

9) Soit α un nombre >0, f une fonction $\geqslant 0$ et décroissante, définie dans l'intervalle $]0, +\infty[$ et telle que l'intégrale $\int_0^{+\infty} t^\alpha f(t)\,dt$ soit convergente. Montrer que pour tout $x > 0$, on a

$$\int_x^{+\infty} f(t)\,dt \leqslant \left(\frac{\alpha}{(\alpha+1)x}\right)^\alpha \int_0^{+\infty} t^\alpha f(t)\,dt.$$

(Le démontrer d'abord lorsque f est constante dans un intervalle $]0, a]$ et nulle pour $x > a$, puis pour une somme de telles fonctions, et passer à la limite dans le cas général.)

§ 3

1) Soient I un intervalle quelconque de $\mathbf{R}$, A un ensemble, g une fonction numérique finie, définie dans $I \times A$, telle que pour tout $\alpha \in A$, $t \mapsto g(t, \alpha)$ soit décroissante et $\geqslant 0$ dans I; on suppose en outre qu'il existe un nombre M indépendant de α tel que $g(t, \alpha) \leqslant M$ dans $I \times A$.

a) Montrer que si $\mathbf{f}$ est une fonction réglée dans I, telle que l'intégrale $\int_I \mathbf{f}(t)\, dt$ soit convergente, l'intégrale $\int_I \mathbf{f}(t) g(t, \alpha) dt$ est uniformément convergente pour $\alpha \in A$ (utiliser le second théorème de la moyenne; cf. II, p. 31, exerc. 16).

b) On suppose que $I = [a, +\infty[$ et en outre que $g(t, \alpha)$ tende uniformément vers 0 (pour $\alpha \in A$) lorsque t tend vers $+\infty$. Montrer que si $\mathbf{f}$ est une fonction réglée dans I, et s'il existe un nombre $k > 0$ tel que $\| \int_J \mathbf{f}(t)\, dt \| \leqslant k$ pour tout intervalle compact J contenu dans I, l'intégrale $\int_I \mathbf{f}(t) g(t, \alpha)\, dt$ est uniformément convergente pour $\alpha \in A$ (même méthode).

c) On suppose que $I = [a, +\infty[$ avec $a > 0$, $A = [0, +\infty[$, et $g(t, \alpha) = \varphi(\alpha t)$, où φ est une fonction convexe décroissante et $\geqslant 0$ dans A, tendant vers 0 lorsque x tend vers $+\infty$ et telle que $\varphi(0) = 1$. On suppose en outre que $\mathbf{f} = \mathbf{h}''$, où $\mathbf{h}$ est une fonction deux fois dérivable dans $[a, +\infty[$, bornée ainsi que $\mathbf{h}'$ dans cet intervalle. L'intégrale $\int_a^{+\infty} \mathbf{f}(t) \varphi(\alpha t)\, dt$ est alors convergente pour $\alpha > 0$; montrer que lorsque α tend vers 0, elle tend vers $-\mathbf{h}'(a)$ (intégrer par parties et utiliser le second théorème de la moyenne).

* *d*) On prend $\varphi(x) = e^{-cx}$ où $c > 0$, $a = 1$ et pour f la fonction complexe $t \mapsto e^{i \log t}/t$ qui est la dérivée d'une fonction bornée dans I; montrer que pour un choix convenable de c l'intégrale $\int_1^{+\infty} e^{-\alpha ct} \frac{e^{i \log t}}{t}\, dt$, qui est absolument convergente pour $\alpha > 0$, ne tend vers aucune limite lorsque α tend vers 0 (après avoir intégré par parties, faire le changement de variables $\alpha t = u$; pour voir que $\int_0^{+\infty} e^{-cu + i \log u}\, du$ n'est pas nulle pour certains $c > 0$, utiliser la théorie de la transformation de Laplace.) *

2) Soient f et g deux fonctions numériques réglées dans un intervalle compact $[a, b]$, telles que f soit décroissante dans $[a, b]$, et $0 \leqslant g(t) \leqslant 1$. Si on pose $\lambda = \int_a^b g(t)\, dt$, montrer que l'on a

$$\int_{b-\lambda}^{b} f(t)\, dt < \int_a^b f(t) g(t)\, dt < \int_a^{a+\lambda} f(t)\, dt$$

sauf lorsque f est constante, ou que g est égale à 0 (resp. 1) en tous les points où elle est continue (auxquels cas les trois membres sont égaux). (Dans l'intégrale $\int_x^y f(t) g(t)\, dt$, faire varier l'une des limites d'intégration.)

3) Soit $f(x, \alpha) = 1/\sqrt{1 - 2\alpha x + \alpha^2}$ pour $-1 < x < 1$ et $\alpha \in \mathbf{R}$; montrer que la fonction $g(\alpha) = \int_{-1}^{+1} dx/\sqrt{1 - 2\alpha x + \alpha^2}$ est continue dans $\mathbf{R}$, mais n'admet pas de dérivée pour $\alpha = 1$ et $\alpha = -1$; montrer que $f'_\alpha(x, \alpha)$ existe pour tout $\alpha \in \mathbf{R}$ et pour $x \in I =]-1, +1[$, et est continue dans $I \times \mathbf{R}$, que l'intégrale $\int_{-1}^{+1} f'_\alpha(x, \alpha)\, dx$ existe pour tout $\alpha \in \mathbf{R}$, mais vérifier que cette intégrale n'est pas uniformément convergente dans un voisinage du point $\alpha = 1$ ou du point $\alpha = -1$.

¶ 4) Soit I un intervalle dans $\mathbf{R}$, A un voisinage d'un point α_0 dans le corps $\mathbf{R}$ (resp. le corps $\mathbf{C}$), $\mathbf{f}$ une application continue de $I \times A$ dans un espace normé complet E sur $\mathbf{R}$, telle que $\mathbf{f}'_\alpha(x, \alpha)$ existe et soit continue dans $I \times A$. Soient $a(\alpha)$, $b(\alpha)$ deux fonctions définies et continues dans A, à valeurs dans I, telles qu'on ait identiquement $\mathbf{f}(a(\alpha), \alpha) = \mathbf{f}(b(\alpha), \alpha) = 0$ dans A. Montrer que la fonction $\mathbf{g}(\alpha) = \int_{a(\alpha)}^{b(\alpha)} \mathbf{f}(t, \alpha)\, dt$ admet au point α_0 une dérivée égale à $\int_{a(\alpha_0)}^{b(\alpha_0)} \mathbf{f}'_\alpha(t, \alpha_0)\, dt$, même si a et b ne sont pas dérivables au point α_0 (soit M la borne supérieure de $\|\mathbf{f}'_\alpha(x, \alpha)\|$ dans un voisinage compact de $(b(\alpha_0), \alpha_0)$; remarquer, à l'aide du th. de Bolzano appliqué à $b(\alpha)$, que pour tout point x appartenant à l'intervalle d'extrémités $b(\alpha_0)$ et $b(\alpha)$, on a, lorsque α est assez voisin de α_0, $\|\mathbf{f}(x, \alpha)\| \leqslant M|\alpha - \alpha_0|$).

5) Soit $\mathbf{f}$ une fonction vectorielle continue dans l'intervalle compact $I = [0, a]$. Montrer que si, au point $\alpha_0 \in I$, il existe $\varepsilon > 0$ tel que $(\mathbf{f}(x) - \mathbf{f}(\alpha_0))/|x - \alpha_0|^{½+\varepsilon}$ reste borné lorsque x tend vers α_0, la fonction $\mathbf{g}(\alpha) = \int_0^\alpha \mathbf{f}(x)\, dx/\sqrt{\alpha - x}$ admet au point α_0 une dérivée égale à

$$\frac{1}{\sqrt{\alpha_0}}\mathbf{f}(\alpha_0) - \frac{1}{2}\int_0^{\alpha_0} \frac{\mathbf{f}(x) - \mathbf{f}(\alpha_0)}{(\alpha_0 - x)^{3/2}}\, dx$$

pour $\alpha_0 > 0$, à 0 pour $\alpha_0 = 0$.

Lorsque $\mathbf{f}$ est la fonction numérique $\sqrt{\alpha_0 - x}$, montrer que la fonction $\mathbf{g}$ admet une dérivée infinie au point α_0.

¶ 6) Soient $I = [a, b]$, $A = [c, d]$ deux intervalles compacts dans $\mathbf{R}$; soit $\mathbf{f}$ une fonction définie dans $I \times A$, à valeurs dans un espace normé complet E sur $\mathbf{R}$, telle que pour tout $\alpha \in A$, $t \mapsto \mathbf{f}(t, \alpha)$ soit réglée dans I, que $\mathbf{f}$ soit bornée dans $I \times A$, et que l'ensemble D des points de discontinuité de $\mathbf{f}$ dans $I \times A$ soit rencontré en un nombre *fini* de points par toute droite $x = x_0$ et toute droite $\alpha = \alpha_0$ ($x_0 \in I$, $\alpha_0 \in A$).

a) Montrer que la fonction $\mathbf{g}(\alpha) = \int_a^b \mathbf{f}(t, \alpha)\, dt$ est continue dans A (étant donnés $\alpha_0 \in A$ et $\varepsilon > 0$, montrer qu'il existe un voisinage V de α_0 et un nombre fini d'intervalles J_k contenus dans I et dont la somme des longueurs est $\leqslant \varepsilon$, tels que, si J désigne le complémentaire par rapport à I de $\bigcup_k J_k$, $\mathbf{f}$ soit continue dans $J \times V$).

b) Montrer que la formule d'interversion des intégrations (II, p. 27, formule (15)) est encore valable (même méthode que dans *a*)).

7) Soit f une fonction numérique définie et ayant une dérivée continue dans l'intervalle $]0, +\infty[$, et telle que

$$\lim_{x \to 0} f(x) = \lim_{x \to +\infty} f(x) = 0.$$

L'intégrale $\int_0^{+\infty} f'(\alpha t)\, dt$ est définie et continue dans tout intervalle $]0, a]$ borné; montrer que l'intégrale $\int_0^{+\infty} dt \int_0^a f'(\alpha t)\, d\alpha$ peut ne pas exister ou être distincte de

$$\int_0^a d\alpha \int_0^{+\infty} f'(\alpha t)\, dt.$$

¶ 8) Soient I et J deux intervalles quelconques dans $\mathbf{R}$, $\mathbf{f}$ une fonction définie et continue dans $I \times J$, à valeurs dans un espace normé complet E sur $\mathbf{R}$. On suppose que:

1° l'intégrale $\int_I \mathbf{f}(x, y)\, dx$ est uniformément convergente lorsque y décrit un intervalle compact quelconque contenu dans J;

2° l'intégrale $\int_J \mathbf{f}(x, y)\, dy$ est uniformément convergente lorsque x décrit un intervalle compact quelconque contenu dans I;

3° si, pour tout intervalle compact H contenu dans I, on pose $\mathbf{u}_H(y) = \int_H \mathbf{f}(x, y)\, dx$, l'intégrale $\int_J \mathbf{u}_H(y)\, dy$ est uniformément convergente pour $H \in \mathfrak{K}(I)$ (ordonné filtrant des intervalles compacts contenus dans I).

Dans ces conditions, montrer que les intégrales $\int_I dx \int_J \mathbf{f}(x, y)\, dy$ et $\int_J dy \int_I \mathbf{f}(x, y)\, dx$ existent et sont égales.

* 9) Déduire de l'exerc. 8 que les intégrales

$$\int_0^\infty dx \int_0^\infty e^{-yx^2} \sin y\, dy \quad \text{et} \quad \int_0^\infty dy \int_0^\infty e^{-yx^2} \sin y\, dx$$

existent et sont égales. *

10) *a*) Si h, u, v' sont des primitives de fonctions réglées numériques dans un intervalle ouvert $]a, b[$ de $\mathbf{R}$, v une primitive de v', et si $v(x) > 0$ dans cet intervalle, on a *l'identité de Redheffer*

$$hu'^2 = -h\mathrm{D}\left(\frac{hv'}{v}\right) + hv^2\left(\mathrm{D}\left(\frac{u}{v}\right)\right)^2 + \mathrm{D}\left(\frac{u^2hv'}{v}\right)$$

aux points de $]a, b[$ où les dérivées sont définies.

* *b*) Soient v, w deux fonctions >0 dans $]a, b[$, primitives de fonctions réglées $v' > 0$, $w' \leqslant 0$. Déduire de *a*) que pour toute fonction u primitive d'une fonction réglée u' dans $]a, b[$ et telle que $\liminf_{x\to a,\, x>a} u(x) = 0$, l'hypothèse que l'intégrale $\int_a^b \frac{w(x)}{v'(x)} u'^2(x)\, dx$ est convergente entraîne que l'intégrale $\int_a^b \frac{w'(x)}{v(x)} u^2(x) dx$ est convergente et que

$$\limsup_{x\to b,\, x<b} u^2(x)w(x)/v(x)$$

est finie, ainsi que l'inégalité

$$(*) \qquad \int_a^b \frac{w(x)}{v'(x)} u'^2(x)\, dx \geqslant -\int_a^b \frac{w'(x)}{v(x)} u^2(x)\, dx + \limsup_{x\to b,\, x<b} \frac{u^2(x)w(x)}{v(x)}.$$

(Posant $h = w/v'$, observer d'abord que $\int_c^x dt/h(t) \leqslant v(x)/w(x)$ pour $a < c < x < b$ et remarquer que l'on a par l'inégalité de Cauchy-Schwarz

$$(**) \qquad (u(x) - u(c))^2 \leqslant \left(\int_c^x h(t)u'^2(t)\, dt\right)\left(\int_c^x \frac{dt}{h(t)}\right),$$

en déduire que l'on a

$$\liminf_{x\to a,\, x>a} u^2(x)w(x)/v(x) = 0,$$

puis intégrer l'identité de Redheffer.)

c) Déduire de (*) que si u est primitive d'une fonction réglée dans $]0, 1]$, si

$$\liminf_{x\to 0,\, x>0} u(x) = 0$$

et si l'intégrale $\int_0^1 u'^2(t)\, dt$ est convergente, il en est de même de $\int_0^1 (u(t)/t)^2\, dt$ et on a l'inégalité, pour tout $\alpha > 0$

$$\int_0^1 u'^2(t)\, dt \geqslant \alpha(1-\alpha)\int_0^1 \left(\frac{u(t)}{t}\right)^2 dt + \alpha u^2(1).$$

d) Soient α un nombre >0, K une fonction >0, dérivable et décroissante dans $]0, +\infty[$ et telle que $\lim_{x\to+\infty} \mathrm{K}(x) = 0$. Si u est la primitive d'une fonction réglée dans $]0, +\infty[$, telle que $\liminf_{x\to 0,\, x>0} u(x) = 0$, et si l'intégrale $\int_0^{+\infty} x^{1-\alpha}\mathrm{K}(x)u'^2(x)\, dx$ est convergente, la fonction $x^{-\alpha}\mathrm{K}(x)u^2(x)$ tend vers 0 lorsque x tend vers 0 ou vers $+\infty$, l'intégrale

$$\int_0^{+\infty} x^{-\alpha}\mathrm{K}'(x)u^2(x)\, dx$$

est convergente et l'on a

$$\int_0^{+\infty} x^{1-\alpha}\mathrm{K}(x)u'^2(x)\, dx \geqslant -\alpha\int_0^{+\infty} x^{-\alpha}\mathrm{K}'(x)u^2(x)\, dx$$

(prendre $v(x) = x^\alpha$, $h(x) = x^{1-\alpha}\mathrm{K}(x)$ dans l'identité de Redheffer).

En particulier, pour $\alpha = \frac{1}{2}$ et $K(x) = x^{-1/2}$, on a

$$4\int_0^{+\infty} u'^2(x)\,dx \geqslant \int_0^{+\infty} \left(\frac{u(x)}{x}\right)^2 dx$$

(*inégalité de Hardy-Littlewood*).

e) Soient $\alpha \geqslant -1$, K une fonction $\geqslant 0$, dérivable et croissante dans $[0, +\infty[$. Supposons que les intégrales

$$\int_0^{+\infty} x^{-\alpha}K(x)u'^2(x)\,dx \quad \text{et} \quad \int_0^{+\infty} x^{\alpha}K(x)u^2(x)\,dx$$

soient convergentes. Alors $K(x)u^2(x)$ tend vers 0 lorsque x tend vers $+\infty$, et l'on a

$$\int_0^{+\infty} K'(x)u^2(x)\,dx \leqslant 2\left(\int_0^{+\infty} x^{-\alpha}K(x)u'^2(x)\,dx\right)^{1/2}\left(\int_0^{+\infty} x^{\alpha}K(x)u^2(x)\,dx\right)^{1/2}$$

(prendre $v(x) = \exp(-cx^{\alpha})$ dans l'identité de Redheffer, avec une constante c convenable). En particulier, si a et b sont des constantes telles que $b + 1 \geqslant a$ et $a + b \geqslant 0$, on a

$$(a+b)\int_0^{+\infty} x^{a+b-1}u^2(x)\,dx \leqslant 2\left(\int_0^{+\infty} x^{2a}u'^2(x)\,dx\right)^{1/2}\left(\int_0^{+\infty} x^{2b}u^2(x)\,dx\right)^{1/2}$$

si les intégrales du second membre convergent (*inégalité de H. Weyl* généralisée).

f) Si $0 < \alpha < 2$ et u est primitive d'une fonction réglée dans $[0, \alpha]$ et $u(0) = 0$, on a

$$\int_0^{\alpha} (\alpha - x)^{\alpha-1}x^{1-\alpha}u'(x)(u'(x) - 2u(x))\,dx \geqslant 0$$

(*inégalité d'Opial* généralisée). (Appliquer convenablement (*) en remplaçant $u(x)$ par $e^{-x}u(x)$.)

g) Si u est primitive d'une fonction réglée dans $[0, b]$ et $u(0) = 0$,

$$\int_0^{b} e^{-2x}u'^2(x)\,dx \geqslant \int_0^{b} e^{-2x}u(x)u'(x)\,dx + \tfrac{1}{2}u^2(b)e^{-2b}$$

(*inégalité de Hlawka*) (même méthode que dans *f*)).

h) Si u est la primitive d'une fonction réglée dans $\mathbf{R}$, on a, pour tout $t \in \mathbf{R}$

$$|u(t)| \leqslant \left(\int_{-\infty}^{+\infty} u'^2(x)\,dx\right)^{1/4}\left(\int_{-\infty}^{+\infty} u^2(x)\,dx\right)^{1/4}$$

si les deux intégrales du second membre sont convergentes (considérer les deux intervalles $]-\infty, t]$ et $[t, +\infty[$; prendre $v(x) = e^{\alpha x}$ dans les deux intervalles, $h(x) = 1/\alpha$ dans le premier intervalle et $h(x) = -1/\alpha$ dans le second, puis choisir $\alpha > 0$ convenablement).*

CHAPITRE III

Fonctions élémentaires

§ 1. DÉRIVÉES DES FONCTIONS EXPONENTIELLES ET CIRCULAIRES

1. Dérivées des fonctions exponentielles; nombre *e*

On sait que tout homomorphisme continu du groupe additif **R** dans le groupe multiplicatif $\mathbf{R}^*$ des nombres réels $\neq 0$ est une fonction de la forme $x \mapsto a^x$ (dite *fonction exponentielle*) où a est un nombre >0 (TG, V, p. 11); c'est un isomorphisme de **R** sur le groupe multiplicatif $\mathbf{R}_+^*$ des nombres >0 si $a \neq 1$, et l'isomorphisme réciproque de $\mathbf{R}_+^*$ sur **R** se note $\log_a x$ et est appelé *logarithme de base a.*

Nous allons voir que la fonction $f(x) = a^x$ a pour tout $x \in \mathbf{R}$ une dérivée de la forme $c.a^x$ (où on a évidemment $c = f'(0)$). Cela résulte du théorème général suivant:

Théorème 1. — *Soit* E *une algèbre normée complète sur le corps* **R**, *ayant un élément unité* **e**, *et soit* **f** *un homomorphisme continu du groupe additif* **R** *dans le groupe multiplicatif* G *des éléments inversibles de* E. *L'application* **f** *est dérivable en tout point* $x \in \mathbf{R}$, *et on a*

$$\mathbf{f}'(x) = \mathbf{f}(x)\mathbf{f}'(0). \tag{1}$$

Remarquons d'abord que, E étant une algèbre complète, G est *ouvert* dans E (TG, IX, p. 40, prop. 14). Considérons la fonction $\mathbf{g}(x) = \int_0^a \mathbf{f}(x+t)\,dt$, où $a > 0$ est un nombre que nous préciserons plus loin; comme $\mathbf{f}(x+t) = \mathbf{f}(x)\mathbf{f}(t)$ par hypothèse, on a $\mathbf{g}(x) = \int_0^a \mathbf{f}(x)\mathbf{f}(t)\,dt = \mathbf{f}(x)\int_0^a \mathbf{f}(t)\,dt$ (I, p. 14, prop. 3). Soit $\alpha > 0$ tel que la boule $\|\mathbf{x} - \mathbf{e}\| \leqslant \alpha$ soit contenue dans G; comme $\mathbf{f}(0) = \mathbf{e}$ et que **f** est continue par hypothèse, on peut supposer que a est pris assez petit pour que $\|\mathbf{f}(t) - \mathbf{e}\| \leqslant \alpha$ dans $(0, a)$; par suite (II, p. 12, formule (16)), on a

$$\left\| \frac{1}{a}\int_0^a \mathbf{f}(t)\,dt - \mathbf{e} \right\| \leqslant \alpha,$$

et $\frac{1}{a}\int_0^a \mathbf{f}(t)\,dt$ appartient à G, autrement dit est inversible; il en est de même de $\mathbf{b} = \int_0^a \mathbf{f}(t)\,dt$, et on peut écrire $\mathbf{f}(x) = \mathbf{g}(x)\mathbf{b}^{-1}$; il suffit donc de prouver que $\mathbf{g}(x)$ est dérivable; or, par le changement de variable $x + t = u$, on a $\mathbf{g}(x) = \int_x^{x+a} \mathbf{f}(u)\,du$; comme $\mathbf{f}$ est continue, $\mathbf{g}$ est dérivable pour tout $x \in \mathbf{R}$ (II, p. 6, prop. 3), et on a

$$\mathbf{g}'(x) = \mathbf{f}(x + a) - \mathbf{f}(x) = \mathbf{f}(x)(\mathbf{f}(a) - \mathbf{e}).$$

D'où $\mathbf{f}'(x) = \mathbf{g}'(x)\mathbf{b}^{-1} = \mathbf{f}(x)\mathbf{c}$, où $\mathbf{c} = (\mathbf{f}(a) - \mathbf{e})\mathbf{b}^{-1}$, et on a évidemment $\mathbf{f}'(0) = \mathbf{c}$.

Réciproquement, on peut démontrer, soit directement (III, p. 24, exerc. 1), soit à l'aide de la théorie des équations différentielles linéaires (IV, p. 29) que toute application dérivable $\mathbf{f}$ de $\mathbf{R}$ dans une algèbre normée complète E, telle que $\mathbf{f}'(x) = \mathbf{f}(x)\mathbf{c}$ et $\mathbf{f}(0) = \mathbf{e}$, est un homomorphisme du groupe additif $\mathbf{R}$ dans le groupe multiplicatif G.

Proposition 1. — *Pour tout nombre* $a > 0$ et $\neq 1$, *la fonction exponentielle* a^x *admet en tout point* $x \in \mathbf{R}$ *une dérivée égale à* $(\log_e a)a^x$ *où* e *est un nombre* > 1 (indépendant de a).

L'application du th. 1 au cas où E est le corps $\mathbf{R}$ lui-même montre en effet que a^x admet en tout point une dérivée égale à $\varphi(a).a^x$, où $\varphi(a)$ est un nombre réel $\neq 0$ ne dépendant que de a. Soit b un second nombre >0 et $\neq 1$; la fonction b^x a une dérivée égale à $\varphi(b).b^x$ d'après ce qui précède; d'autre part, on a $b^x = a^{x.\log_a b}$ donc (I, p. 17, prop. 5), la dérivée de b^x est égale à $\log_a b.\varphi(a)b^x$; par comparaison des deux expressions obtenues, il vient

$$\varphi(b) = \varphi(a).\log_a b. \tag{2}$$

On en déduit qu'il existe un nombre b et un seul tel que $\varphi(b) = 1$; en effet, cette relation équivaut, d'après (2), à $b = a^{1/\varphi(a)}$. Il est d'usage de désigner par e le nombre réel ainsi déterminé; d'après (2), on a $\varphi(a) = \log_e a$, ce qui achève de démontrer la prop. 1.

On écrira souvent $\exp x$ au lieu de e^x.

La définition du nombre e montre qu'on a

$$D(e^x) = e^x \tag{3}$$

ce qui prouve que e^x est strictement croissante, et par suite que $e > 1$.

Au § 2 (III, p. 15), nous verrons comment on peut calculer des valeurs aussi approchées qu'on veut du nombre e.

Définition 1. — *Les logarithmes de base* e *sont appelés logarithmes népériens* (ou *logarithmes naturels*).

On convient d'ordinaire d'omettre la base dans la notation d'un logarithme népérien. Sauf mention expresse du contraire, la notation $\log x$ $(x > 0)$ désignera donc le *logarithme népérien* de x. Avec cette notation, la prop. 1 s'exprime par l'identité

$$D(a^x) = (\log a)a^x \tag{4}$$

valable pour a quelconque > 0 (puisque pour $a = 1$, $\log a = 0$).

Cette relation montre que a^x a des dérivées *de tout ordre*, et qu'on a

$$D^n(a^x) = (\log a)^n a^x. \tag{5}$$

En particulier, pour tout $a > 0$ et $\neq 1$, on a $D^2(a^x) > 0$ pour tout $x \in \mathbf{R}$, et par suite a^x est *strictement convexe* dans $\mathbf{R}$ (I, p. 39, corollaire). On en déduit la proposition suivante:

Proposition 2 («inégalité de la moyenne géométrique»). — *Quels que soient les nombres* $z_i > 0$ $(1 \leqslant i \leqslant n)$ *et les nombres* $p_i > 0$ *tels que* $\sum_{i=1}^{n} p_i = 1$, *on a*

$$z_1^{p_1} z_2^{p_2} \dots z_n^{p_n} \leqslant p_1 z_1 + p_2 z_2 + \cdots + p_n z_n. \tag{6}$$

En outre les deux membres de (6) *ne sont égaux que si tous les* z_i *sont égaux.*

En effet, posons $z_i = e^{x_i}$; l'inégalité (6) s'écrit

$$\exp(p_1 x_1 + p_2 x_2 + \cdots + p_n x_n) \leqslant p_1 e^{x_1} + p_2 e^{x_2} + \cdots + p_n e^{x_n}. \tag{7}$$

La proposition résulte alors de la prop. 1 de I, p. 34, appliquée à la fonction e^x, strictement convexe dans $\mathbf{R}$.

On dit que le premier membre (resp. le second membre) de (6) est la *moyenne géométrique pondérée* (resp. la *moyenne arithmétique pondérée*) des n nombres z_i, relatives aux *poids* p_i $(1 \leqslant i \leqslant n)$. Si $p_i = 1/n$ pour $1 \leqslant i \leqslant n$, on dit que les moyennes arithmétique et géométrique correspondantes sont les moyennes arithmétique et géométrique *ordinaires* des z_i. L'inégalité (6) s'écrit alors

$$(z_1 z_2 \dots z_n)^{1/n} \leqslant \frac{1}{n}(z_1 + z_2 + \cdots + z_n). \tag{8}$$

2. Dérivée de $\log_a x$

Comme a^x est strictement monotone dans $\mathbf{R}$ pour $a \neq 1$, l'application de la formule de dérivation des fonctions réciproques (I, p. 17, prop. 6) donne, pour tout $x > 0$

$$D(\log_a x) = \frac{1}{x \log a} \tag{9}$$

et en particulier

$$D(\log x) = \frac{1}{x}. \tag{10}$$

Si u est une fonction numérique admettant une dérivée au point x_0, et telle que $u(x_0) > 0$, la fonction $\log u$ admet au point x_0 une dérivée égale à $u'(x_0)/u(x_0)$. En particulier, on a $D(\log |x|) = 1/|x| = 1/x$ si $x > 0$, et

$$D(\log |x|) = -\frac{1}{|x|} = \frac{1}{x}$$

si $x < 0$; autrement dit, on a $D(\log |x|) = 1/x$ quel que soit $x \neq 0$. On en conclut que si, dans un intervalle I, la fonction numérique u n'est pas nulle et admet une dérivée finie, $\log |u(x)|$ admet dans I une dérivée égale à u'/u; cette dérivée est dite *dérivée logarithmique* de u. Il est clair que la dérivée logarithmique de $|u|^\alpha$ est $\alpha u'/u$, et que la dérivée logarithmique d'un produit est égale à la somme des dérivées logarithmiques des facteurs; l'application de ces règles permet souvent de calculer plus rapidement la dérivée d'une fonction. Elles redonnent en particulier la formule

(11) $$D(x^\alpha) = \alpha x^{\alpha - 1} \qquad (\alpha \text{ réel quelconque, } x > 0)$$

déjà démontrée par une autre voie (II, p. 19).

Exemple. — Si u est une fonction $\neq 0$ dans un intervalle I, v une fonction numérique quelconque, on a $\log(|u|^v) = v . \log |u|$, donc si u et v sont dérivables

$$\frac{1}{|u|^v} D(|u|^v) = v' \log |u| + v\frac{u'}{u}\cdot$$

3. Dérivées des fonctions circulaires; nombre π

On a défini, en Topologie générale (TG, VIII, p. 8) l'homomorphisme continu $x \mapsto \mathbf{e}(x)$ du groupe additif $\mathbf{R}$ sur le groupe multiplicatif $\mathbf{U}$ des nombres complexes de valeur absolue 1; c'est une fonction périodique de période principale 1, et on a $\mathbf{e}(\frac{1}{4}) = i$. On sait (*loc. cit.*) que tout homomorphisme continu de $\mathbf{R}$ sur $\mathbf{U}$ est de la forme $x \mapsto \mathbf{e}(x/a)$, et qu'on pose $\cos_a x = \mathscr{R}(\mathbf{e}(x/a))$, $\sin_a x = \mathscr{I}(\mathbf{e}(x/a))$ (*fonctions trigonométriques*, ou *fonctions circulaires*, de base a); ces dernières fonctions sont des applications continues de $\mathbf{R}$ dans $[-1, +1]$, admettant a pour période principale. On a $\sin_a(x + a/4) = \cos_a x$, $\cos_a(x + a/4) = -\sin_a x$, et la fonction $\sin_a x$ est croissante dans l'intervalle $[-a/4, a/4]$.

PROPOSITION 3. — *La fonction* $\mathbf{e}(x)$ *admet en tout point de* $\mathbf{R}$ *une dérivée égale à* $2\pi i\mathbf{e}(x)$, *où* π *est une constante* > 0.

En effet, le th. 1 de III, p. 1, appliqué au cas où E est le corps $\mathbf{C}$ des nombres complexes, donne la relation $\mathbf{e}'(x) = \mathbf{e}'(0)\mathbf{e}(x)$; en outre, comme $\mathbf{e}(x)$ a une norme euclidienne constante, $\mathbf{e}'(x)$ est orthogonal à $\mathbf{e}(x)$ (I, p. 15, *Exemple* 3); on a donc $\mathbf{e}'(0) = \alpha i$, avec α réel. Comme $\sin_1 x$ est croissante dans $[-\frac{1}{4}, \frac{1}{4}]$, sa dérivée pour $x = 0$ est $\geqslant 0$, donc $\alpha \geqslant 0$, et comme $\mathbf{e}(x)$ n'est pas constante, $\alpha > 0$; il est d'usage de désigner le nombre α ainsi défini par la notation 2π.

Nous montrerons au § 2 (III, p. 23) comment on peut calculer des valeurs aussi approchées qu'on veut du nombre π.

On a donc la formule

$$\mathrm{D}\left(\mathbf{e}\left(\frac{x}{a}\right)\right) = \frac{2\pi i}{a}\,\mathbf{e}\left(\frac{x}{a}\right). \tag{12}$$

On voit que cette formule se simplifie lorsque $a = 2\pi$; c'est pourquoi on utilise exclusivement en Analyse les fonctions circulaires relatives à la base 2π; on convient d'omettre la base dans la notation de ces fonctions; sauf mention expresse du contraire, les notations $\cos x$, $\sin x$ et $\operatorname{tg} x$ désigneront donc respectivement $\cos_{2\pi} x$, $\sin_{2\pi} x$ et $\operatorname{tg}_{2\pi} x$. Avec ces conventions, la formule (12), où on fait $a = 2\pi$, s'écrit

$$\mathrm{D}(\cos x + i\sin x) = \cos\left(x + \frac{\pi}{2}\right) + i\sin\left(x + \frac{\pi}{2}\right), \tag{13}$$

ce qui équivaut à

$$\mathrm{D}(\cos x) = -\sin x, \qquad \mathrm{D}(\sin x) = \cos x, \tag{14}$$

d'où l'on tire

$$\mathrm{D}(\operatorname{tg} x) = 1 + \operatorname{tg}^2 x = \frac{1}{\cos^2 x}. \tag{15}$$

A côté des trois fonctions circulaires $\cos x$, $\sin x$ et $\operatorname{tg} x$, on emploie encore, dans la pratique du calcul numérique, les trois fonctions auxiliaires: *cotangente*, *sécante* et *cosécante*, définies par les formules

$$\operatorname{cotg} x = \frac{1}{\operatorname{tg} x}, \quad \sec x = \frac{1}{\cos x}, \quad \operatorname{cosec} x = \frac{1}{\sin x}.$$

Rappelons (TG, VIII, p. 10) que l'unité d'angle correspondant à la base 2π est appelée *radian*.

4. Fonctions circulaires réciproques

La restriction de la fonction $\sin x$ à l'intervalle $[-\pi/2, +\pi/2]$ est strictement croissante; on désigne par $\operatorname{Arc}\sin x$ sa fonction réciproque, qui est donc une application strictement croissante et continue de l'intervalle $[-1, +1]$ sur $[-\pi/2, +\pi/2]$ (fig. 6). La formule de dérivation des fonctions réciproques (I, p. 17, prop. 6) donne la dérivée de cette fonction

$$\mathrm{D}(\operatorname{Arc}\sin x) = \frac{1}{\cos(\operatorname{Arc}\sin x)}.$$

Comme $-\pi/2 \leqslant \operatorname{Arc}\sin x \leqslant \pi/2$, on a $\cos(\operatorname{Arc}\sin x) \geqslant 0$, et comme

$$\sin(\operatorname{Arc}\sin x) = x,$$

on a $\cos(\text{Arc} \sin x) = \sqrt{1 - x^2}$, d'où

$$\text{(16)} \qquad \text{D}(\text{Arc} \sin x) = \frac{1}{\sqrt{1 - x^2}}.$$

De même, la restriction de $\cos x$ à l'intervalle $[0, \pi]$ est strictement décroissante; on désigne par $\text{Arc} \cos x$ sa fonction réciproque, qui est une application strictement décroissante de $[-1, +-]$ sur $[0, \pi]$ (fig. 6). On a d'ailleurs

$$\sin\left(\frac{\pi}{2} - \text{Arc} \cos x\right) = \cos(\text{Arc} \cos x) = x$$

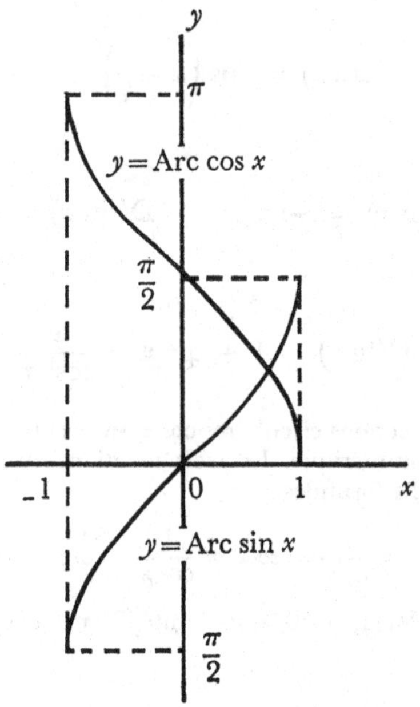

Fig. 6

et comme $-\pi/2 \leqslant \pi/2 - \text{Arc} \cos x \leqslant \pi/2$, on a

$$\text{(17)} \qquad \text{Arc} \cos x = \frac{\pi}{2} - \text{Arc} \sin x$$

d'où résulte en particulier que

$$\text{(18)} \qquad \text{D}(\text{Arc} \cos x) = -\frac{1}{\sqrt{1 - x^2}}.$$

Enfin, la restriction de $\text{tg}\, x$ à l'intervalle $]-\pi/2, +\pi/2[$ est strictement croissante; on désigne par Arc tg x sa fonction réciproque, qui est une application strictement croissante de **R** sur $]-\pi/2, +\pi/2[$ (fig. 7); on a

$$\lim_{x\to-\infty} \text{Arc tg } x = -\frac{\pi}{2}, \qquad \lim_{x\to+\infty} \text{Arc tg } x = \frac{\pi}{2}$$

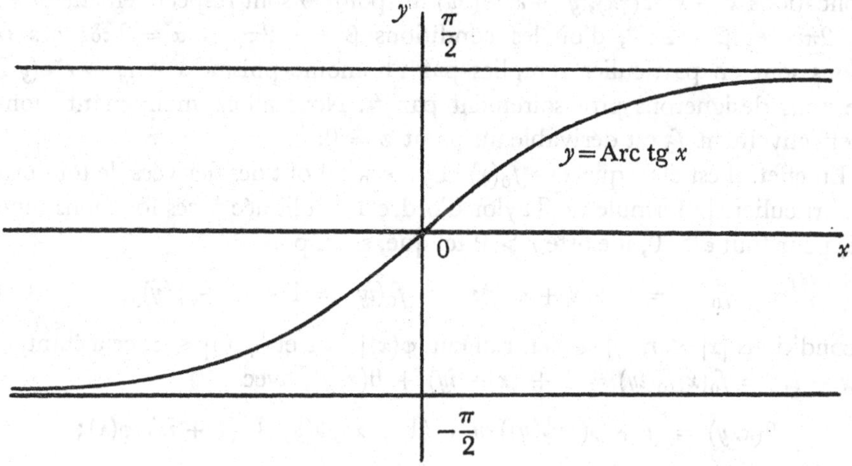

Fig. 7

et par application de la formule de dérivation des fonctions réciproques et de la formule (15) de III, p. 5, on a

(19) $$\text{D}(\text{Arc tg } x) = \frac{1}{1+x^2}.$$

5. L'exponentielle complexe

On a déterminé (TG, VIII, p. 8) tous les homomorphismes continus du groupe topologique (additif) **C** des nombres complexes sur le groupe topologique (multiplicatif) **C*** des nombres complexes $\neq 0$; ce sont les applications

(20) $$x + iy \mapsto e^{\alpha x + \beta y}\mathbf{e}(\gamma x + \delta y)$$

où α, β, γ, δ sont quatre nombres réels assujettis à la seule condition $\alpha\delta - \beta\gamma \neq 0$. Proposons-nous de déterminer ceux de ces homomorphismes $z \mapsto f(z)$ qui sont *dérivables* dans **C**. Remarquons d'abord qu'il suffit que f soit dérivable au point $z = 0$; en effet pour tout point $z \in \mathbf{C}$, on a $\dfrac{f(z+h) - f(z)}{f} = f(z)\dfrac{f(h) - 1}{h}$; si $f'(0)$ existe, il en est donc de même de $f'(z)$, et on a $f'(z) = af(z)$, avec $a = f'(0)$. D'autre part, si g est un second homomorphisme dérivable, tel que $g'(z) = bg(z)$, on a $g(az/b) = f(z)$, car on constate aussitôt que le quotient $g(az/b)/f(z)$ admet partout une dérivée nulle et est égal à 1 pour $z = 0$; tous les homomorphismes dérivables sont donc de la forme $z \mapsto f(\lambda z)$, où f est l'un d'entre eux (supposé exister), et λ une constante (complexe) quelconque.

Cela étant, si f est dérivable au point $z = 0$, chacune des applications $x \mapsto f(x)$, $y \mapsto f(iy)$ de $\mathbf{R}$ dans $\mathbf{C}$ est nécessairement dérivable au point 0, la première ayant comme dérivée $f'(0)$, la seconde $if'(0)$. Or les dérivées des applications $x \mapsto e^{\alpha x}\mathbf{e}(\gamma x)$, $y \mapsto e^{\beta y}\mathbf{e}(\delta y)$ au point 0 sont respectivement égales à $\alpha + 2\pi i\gamma$ et $\beta + 2\pi i\delta$, d'où les conditions $\beta = -2\pi\gamma$ et $\alpha = 2\pi\delta$; ces conditions sont en particulier remplies par l'homomorphisme $x + iy \mapsto e^x\mathbf{e}(y/2\pi)$, que nous désignerons provisoirement par f_0. Nous allons maintenant montrer qu'effectivement f_0 est dérivable au point $z = 0$.

En effet, il est clair que $x \mapsto f_0(x)$ et $y \mapsto f_0(iy)$ ont des dérivées de tout ordre; en particulier, la formule de Taylor d'ordre 1 appliquée à ces fonctions montre que, pour tout $\varepsilon > 0$, il existe $r > 0$ tel que, si on pose

$$f_0(x) = 1 + x + \varphi(x)x, \qquad f_0(iy) = 1 + iy + \psi(y)y,$$

les conditions $|x| \leqslant r$, $|y| \leqslant r$ entraînent $|\varphi(x)| \leqslant \varepsilon$ et $|\psi(y)| \leqslant \varepsilon$; cela étant, on a $f_0(x + iy) = f_0(x)f_0(iy) = 1 + (x + iy) + \theta(x, y)$, avec

$$\theta(x, y) = (i + \varphi(x)\psi(y))xy + (1 + x)y\psi(y) + (1 + iy)x\varphi(x);$$

pour $|z| \leqslant r$, on a $|x| \leqslant r$ et $|y| \leqslant r$, d'où

$$|\theta(x, y)| \leqslant (1 + \varepsilon^2)|z|^2 + 2\varepsilon|z|(1 + |z|)$$

ce qui prouve que le quotient $\dfrac{f_0(z) - 1 - z}{z}$ tend vers 0 avec z, c'est-à-dire que f_0 admet au point $z = 0$ une dérivée égale à 1. Alors, ce qui précède prouve que, pour tout $z \in \mathbf{C}$, on a

$$\text{(21)} \qquad \mathrm{D}(f_0(z)) = f_0(z).$$

Cette propriété rapproche encore f_0 de la fonction e^x, qui est d'ailleurs la restriction de f_0 à l'axe réel; pour cette raison, on pose la définition suivante:

DÉFINITION 2. — *On appelle exponentielle complexe l'homomorphisme* $x + iy \mapsto e^x\mathbf{e}(y/2\pi)$ *de* $\mathbf{C}$ *sur* $\mathbf{C}^*$*; sa valeur pour un nombre complexe quelconque* z *se note* e^z *ou* $\exp z$.

6. Propriétés de la fonction e^z

Le fait que $z \mapsto e^z$ est un homomorphisme de $\mathbf{C}$ dans $\mathbf{C}^*$ se traduit par les identités

$$\text{(22)} \qquad e^{z+z'} = e^z e^{z'}, \qquad e^0 = 1, \qquad e^{-z} = 1/e^z.$$

On a par définition, pour tout $z = x + iy$

$$\text{(23)} \qquad e^{x+iy} = e^x(\cos y + i \sin y)$$

et comme $e^x > 0$, on voit que e^z a pour *valeur absolue* e^x, pour *amplitude* y (modulo 2π).

La déf. 2 (III, p. 8) donne en particulier

$$\mathbf{e}(x) = e^{2\pi i x} \tag{24}$$

ce qui permet d'écrire les formules qui définissent $\cos x$ et $\sin x$ sous la forme

$$\cos x = \frac{1}{2}(e^{ix} + e^{-ix}), \qquad \sin x = \frac{1}{2i}(e^{ix} - e^{-ix}) \tag{25}$$

(*formules d'Euler*).

Comme 2π est période principale de $\mathbf{e}(y/2\pi)$, $2\pi i$ est *période principale* de e^z; autrement dit, le groupe des périodes de e^z est l'ensemble des nombres $2n\pi i$, où n parcourt $\mathbf{Z}$.

Enfin, la formule (21) de III, p. 8 s'écrit

$$\mathrm{D}(e^z) = e^z \tag{26}$$

d'où, pour tout nombre complexe a

$$\mathrm{D}(e^{az}) = ae^{az}. \tag{27}$$

Remarque. — Si, dans la formule (27), on restreint la fonction e^{az} (a complexe) à l'axe réel, on obtient encore, pour x réel

$$\mathrm{D}(e^{ax}) = ae^{ax}. \tag{28}$$

Cette formule permet de calculer une primitive de chacune des fonctions $e^{\alpha x}\cos\beta x$, $e^{\alpha x}\sin\beta x$ (α et β réels); en effet, on a $e^{(\alpha+i\beta)x} = e^{\alpha x}\cos\beta x + ie^{\alpha x}\sin\beta x$, donc, d'après (28)

$$\mathrm{D}\left(\mathscr{R}\left(\frac{1}{\alpha+i\beta}e^{(\alpha+i\beta)x}\right)\right) = e^{\alpha x}\cos\beta x$$

$$\mathrm{D}\left(\mathscr{I}\left(\frac{1}{\alpha+i\beta}e^{(\alpha+i\beta)x}\right)\right) = e^{\alpha x}\sin\beta x.$$

De la même manière, on ramène le calcul d'une primitive de $x^n e^{\alpha x}\cos\beta x$, ou de $x^n e^{\alpha x}\sin\beta x$ (n *entier* > 0) à celui d'une primitive de $x^n e^{(\alpha+i\beta)x}$; or, la formule d'intégration par parties d'ordre $n+1$ (II, p. 10, formule (11)) montre qu'une primitive de cette dernière fonction est

$$e^{(\alpha+i\beta)x}\left[\frac{x^n}{a+i\beta} - \frac{nx^{n-1}}{(\alpha+i\beta)^2} + \frac{n(n-1)x^{n-2}}{(\alpha+i\beta)^3} + \ldots + (-1)^n\frac{n!}{(\alpha+i\beta)^{n+1}}\right].$$

En vertu des formules d'Euler, on peut d'autre part exprimer toute puissance entière positive de $\cos x$ ou de $\sin x$ comme combinaison linéaire d'exponentielles e^{ipx} (p entier positif ou négatif). D'après la formule (28), on pourra donc exprimer par une combinaison linéaire de fonctions de la forme $x^p e^{\alpha x}\cos\lambda x$ et $x^p e^{\alpha x}\sin\mu x$, une primitive d'une fonction de la forme $x^n e^{\alpha x}(\cos\beta x)^r(\sin\gamma x)^s$ (n, p, r, s entiers, $\alpha, \beta, \gamma, \lambda, \mu$ réels).

Exemple. — On a

$$\sin^{2n}x = \frac{(-1)^n}{2^{2n}}(e^{ix} - e^{-ix})^{2n} = \frac{(-1)^n}{2^{2n}}\left(e^{2nix} - \binom{2n}{1}e^{(2n-2)ix} + \ldots + e^{-2nix}\right)$$

d'où

$$\int_0^x \sin^{2n} t\,dt = \frac{(-1)^n}{2^{2n}}\left(\frac{1}{n}\sin 2nx - \binom{2n}{1}\frac{1}{n-1}\sin(2n-2)x + \dots \right.$$
$$\left. + (-1)^{n-1}\binom{2n}{n-1}\sin 2x + (-1)^n\binom{2n}{n}x\right)$$

et en particulier

$$\int_0^{\pi/2} \sin^{2n} t\,dt = \binom{2n}{n}\frac{1}{2^{2n}}\frac{\pi}{2} = \frac{1.3.5\ldots(2n-1)}{2.4.6\ldots 2n}\frac{\pi}{2}. \tag{29}$$

7. Le logarithme complexe

Soit B la « bande » formée des points $z = x + iy$ tels que $-\pi \leqslant y < \pi$; la fonction e^z prend chacune de ses valeurs une fois et une seule dans B; autrement dit, $z \mapsto e^z$ est une application *bijective* et continue de B sur $\mathbf{C}^*$; l'image par cette application du segment (semi-ouvert) $x = x_0$, $-\pi \leqslant y < \pi$ est le cercle $|z| = e^{x_0}$; l'image de la droite $y = y_0$ est la demi-droite (ouverte) définie par $\mathrm{Am}(z) = y_0$ (mod. 2π). L'image par $z \mapsto e^z$ de l'*intérieur* $\mathring{B}$ de B, c'est-à-dire de l'ensemble des $z \in \mathbf{C}$ tels que $|\mathscr{I}(z)| < \pi$, est le complémentaire F du demi-axe réel négatif (fermé) dans $\mathbf{C}$; si on convient de désigner par $\mathrm{Am}(z)$ la mesure de l'amplitude de z qui appartient à $]-\pi, +\pi[$, l'ensemble F peut encore être défini par les relations $-\pi < \mathrm{Am}(z) < \pi$. Comme $z \mapsto e^z$ est un *homomorphisme strict* de $\mathbf{C}$ sur $\mathbf{C}^*$, l'image par cette application de tout ensemble ouvert dans $\mathring{B}$ (donc dans $\mathbf{C}$) est un ensemble ouvert dans $\mathbf{C}^*$ (donc dans F); autrement dit, la restriction de $z \mapsto e^z$ à $\mathring{B}$ est un *homéomorphisme* de $\mathring{B}$ sur F. On désigne par $z \mapsto \log z$ l'homéomorphisme de F sur $\mathring{B}$, réciproque du précédent; pour un nombre complexe $z \in F$, $\log z$ est appelé la *détermination principale du logarithme de z.* Si $z = x + iy$ et $\log z = u + iv$, on a $x + iy = e^{u+iv}$, d'où $e^u = |z|$, et comme $-\pi < v < \pi$, $v = \mathrm{Am}(z)$. D'ailleurs, on a $\mathrm{tg}\,(v + \pi/2) = -x/y$ si $y \neq 0$; on peut donc écrire

$$\begin{cases} u = \log|z| = \frac{1}{2}\log(x^2 + y^2) \\ v = \dfrac{\pi}{2} - \mathrm{Arc\,tg}\,\dfrac{x}{y} & \text{si } y > 0 \\ v = 0 & \text{si } y = 0 \\ v = -\dfrac{\pi}{2} - \mathrm{Arc\,tg}\,\dfrac{x}{y} & \text{si } y < 0. \end{cases} \tag{30}$$

Il est clair que $\log z$ est un prolongement à F de la fonction $\log x$ définie sur le demi-axe réel positif ouvert $\mathbf{R}_+^*$. Si z, z' sont deux points de F tels que zz' ne soit pas réel négatif, on a $\log(zz') = \log z + \log z' + 2\varepsilon\pi i$, où $\varepsilon = +1$, -1 ou 0 suivant les valeurs de $\mathrm{Am}(z)$ et $\mathrm{Am}(z')$.

On notera qu'aux points du demi-axe réel négatif, la fonction $\log z$ *n'a pas de limite*; de façon précise, si x tend vers $x_0 < 0$ et si y tend vers 0 en restant >0 (resp. <0), $\log z$ tend vers $\log |x_0| + \pi i$ (resp. $\log |x_0| - \pi i$); lorsque z tend vers 0, $|\log z|$ croît indéfiniment.

Nous verrons plus tard comment la théorie des fonctions analytiques permet de prolonger la fonction $\log z$, et de définir le logarithme complexe dans toute sa généralité.

Comme $\log z$ est un homéomorphisme réciproque de e^z, la formule de dérivation des fonctions réciproques (I, p. 17, prop. 6) montre qu'en tout point $z \in F$, $\log z$ est dérivable, et qu'on a

$$D(\log z) = \frac{1}{e^{\log z}} = \frac{1}{z} \tag{31}$$

formule qui généralise la formule (10) de III, p. 3.

8. Primitives des fonctions rationnelles

La formule (31) permet de calculer une primitive d'une fonction rationnelle quelconque $r(x)$ d'une variable *réelle* x, à coefficients réels ou complexes. En effet, on sait (A, VII, §2, N° 2) qu'une telle fonction peut s'écrire (d'une seule manière) comme somme d'un nombre fini de termes, qui sont:

a) soit de la forme ax^p (p entier $\geqslant 0$, a nombre complexe);
b) soit de la forme $a/(x-b)^m$ (m entier >0, a et b nombres complexes).

Or, il est facile d'obtenir une primitive de chacun de ces termes:

a) une primitive de ax^p est $a\dfrac{x^{p+1}}{p+1}$;

b) si $m > 1$, une primitive de $a/(x-b)^m$ est $\dfrac{a}{(1-m)(x-b)^{m-1}}$;

c) enfin, d'après les formules (10) (III, p. 3) et (31) (III, p. 11), une primitive de $\dfrac{a}{x-b}$ est $a.\log|x-b|$ si b est réel, $a.\log(x-b)$ si b est complexe. Dans ce dernier cas, si $b = p + iq$, on a d'ailleurs (III, p. 10, formules (30))

$$\log(x-b) = \log\sqrt{(x-p)^2+q^2} + i\,\text{Arc tg}\,\frac{x-p}{q} \pm i\frac{\pi}{2}.$$

Nous renvoyons à la partie de cet ouvrage consacrée au Calcul numérique, l'examen des méthodes les plus pratiques pour la détermination explicite d'une primitive d'une fonction rationnelle donnée explicitement.

On peut ramener au calcul d'une primitive d'une fonction rationnelle:

1° le calcul d'une primitive d'une fonction de la forme $r(e^{ax})$, r étant une fonction rationnelle, a un nombre réel; en effet, par le changement de variable $u = e^{ax}$, on est ramené à trouver une primitive de $r(u)/u$;

2° le calcul d'une primitive d'une fonction de la forme $f(\sin ax, \cos ax)$, où f est une fonction rationnelle de deux variables et a un nombre réel; par le changement de variable $u = \operatorname{tg} ax/2$, on est ramené à trouver une primitive de

$$\frac{2}{1+u^2} f\left(\frac{2u}{1+u^2}, \frac{1-u^2}{1+u^2}\right).$$

9. Fonctions circulaires complexes; fonctions hyperboliques

Les formules d'Euler (25) (III, p. 9) et la définition de e^z pour tout z complexe, permettent de *prolonger* à $\mathbf{C}$ les fonctions $\cos x$ et $\sin x$ définies dans $\mathbf{R}$, en posant, pour tout $z \in \mathbf{C}$

$$\cos z = \tfrac{1}{2}(e^{iz} + e^{-iz}), \qquad \sin z = \frac{1}{2i}(e^{iz} - e^{-iz}) \tag{32}$$

(cf. III, p. 28, exerc. 19).

Ces fonctions sont périodiques de période principale 2π; on a $\cos(z + \pi/2) = -\sin z$, $\sin(z + \pi/2) = \cos z$; on vérifie également les identités

$$\cos^2 z + \sin^2 z = 1$$
$$\cos(z + z') = \cos z \cos z' - \sin z \sin z'$$
$$\sin(z + z') = \sin z \cos z' + \cos z \sin z'.$$

Plus généralement, toute identité algébrique entre fonctions circulaires de variables *réelles* est encore vraie lorsqu'on donne à ces variables des valeurs *complexes* quelconques (III, p. 27, exerc. 18).

On pose $\operatorname{tg} z = \sin z/\cos z$ si $z \neq (2k + 1)\pi/2$ et $\operatorname{cotg} z = \cos z/\sin z$ si $x \neq k\pi$; ce sont des fonctions périodiques de période principale π.

La formule (27) (III, p. 9) montre que $\cos z$ et $\sin z$ sont dérivables dans $\mathbf{C}$, et que l'on a

$$D(\cos z) = -\sin z, \qquad D(\sin z) = \cos z.$$

Pour $z = ix$ (x réel), les formules (32) donnent

$$\cos ix = \tfrac{1}{2}(e^x + e^{-x}), \qquad \sin ix = \frac{i}{2}(e^x - e^{-x}).$$

Il est commode de désigner par une notation particulière les fonctions réelles qui s'introduisent ainsi; on pose

$$\begin{cases} \operatorname{ch} x = \tfrac{1}{2}(e^x + e^{-x}) & (\textit{cosinus hyperbolique de } x) \\ \operatorname{sh} x = \tfrac{1}{2}(e^x - e^{-x}) & (\textit{sinus hyperbolique de } x) \\ \operatorname{th} x = \dfrac{\operatorname{sh} x}{\operatorname{ch} x} = \dfrac{e^x - e^{-x}}{e^x + e^{-x}} & (\textit{tangente hyperbolique de } x). \end{cases} \tag{33}$$

On a donc, pour tout x réel

$$\cos ix = \operatorname{ch} x, \qquad \sin ix = i \operatorname{sh} x. \tag{34}$$

De toute identité entre fonctions circulaires d'un certain nombre de variables complexes z_k $(1 \leqslant k \leqslant n)$ on déduit une identité entre fonctions hyperboliques, en remplaçant partout z_k par ix_k (x_k réel, $1 \leqslant k \leqslant n$) et utilisant les formules (34); par exemple on a

$$\operatorname{ch}^2 x - \operatorname{sh}^2 x = 1$$
$$\operatorname{ch}(x + x') = \operatorname{ch} x \operatorname{ch} x' + \operatorname{sh} x \operatorname{sh} x'$$
$$\operatorname{sh}(x + x') = \operatorname{sh} x \operatorname{ch} x' + \operatorname{ch} x \operatorname{sh} x'.$$

Les fonctions hyperboliques permettent d'exprimer les parties réelles et imaginaires de $\cos z$ et $\sin z$ pour $z = x + iy$, car

$$\cos(x + iy) = \cos x \cos iy - \sin x \sin iy = \cos x \operatorname{ch} y - i \sin x \operatorname{sh} y$$
$$\sin(x + iy) = \sin x \cos iy + \cos x \sin iy = \sin x \operatorname{ch} y + i \cos \operatorname{sh} y.$$

Enfin, on a

$$\mathrm{D}(\operatorname{ch} x) = \operatorname{sh} x, \qquad \mathrm{D}(\operatorname{sh} x) = \operatorname{ch} x, \qquad \mathrm{D}(\operatorname{th} x) = 1 - \operatorname{th}^2 x = \frac{1}{\operatorname{ch}^2 x}.$$

Comme $\operatorname{ch} x > 0$ pour tout x, on déduit de là que $\operatorname{sh} x$ est strictement croissant dans $\mathbf{R}$; comme $\operatorname{sh} 0 = 0$, $\operatorname{sh} x$ a donc le signe de x. Par suite, $\operatorname{ch} x$ est strictement décroissante pour $x \leqslant 0$, strictement croissante pour $x \geqslant 0$; enfin $\operatorname{th} x$ est strictement croissante dans $\mathbf{R}$. On a en outre

$$\lim_{x \to -\infty} \operatorname{sh} x = -\infty, \qquad \lim_{x \to +\infty} \operatorname{sh} x = +\infty$$
$$\lim_{x \to -\infty} \operatorname{ch} x = \lim_{x \to +\infty} \operatorname{ch} x = +\infty$$
$$\lim_{x \to -\infty} \operatorname{th} x = -1, \qquad \lim_{x \to +\infty} \operatorname{th} x = +1 \qquad \text{(fig. 8 et 9).}$$

On désigne parfois par $\operatorname{Arg} \operatorname{sh} x$ la fonction réciproque de $\operatorname{sh} x$, qui est une application strictement croissante de $\mathbf{R}$ sur $\mathbf{R}$; cette fonction s'exprime d'ailleurs à l'aide du logarithme, car de la relation $x = \operatorname{sh} y = \frac{1}{2}(e^y - e^{-y})$, on tire $e^{2y} - 2xe^y - 1 = 0$, et comme $e^y > 0$, $e^y = x + \sqrt{x^2 + 1}$, c'est-à-dire

$$\operatorname{Arg} \operatorname{sh} x = \log(x + \sqrt{x^2 + 1}).$$

De même, on désigne parfois par $\operatorname{Arg} \operatorname{ch} x$ la fonction réciproque de la restriction de $\operatorname{ch} x$ à $[0, +\infty[$; c'est une application strictement croissante de $[1, +\infty[$ sur $[0, +\infty[$; on montre comme ci-dessus que

$$\operatorname{Arg} \operatorname{ch} x = \log(x + \sqrt{x^2 - 1}).$$

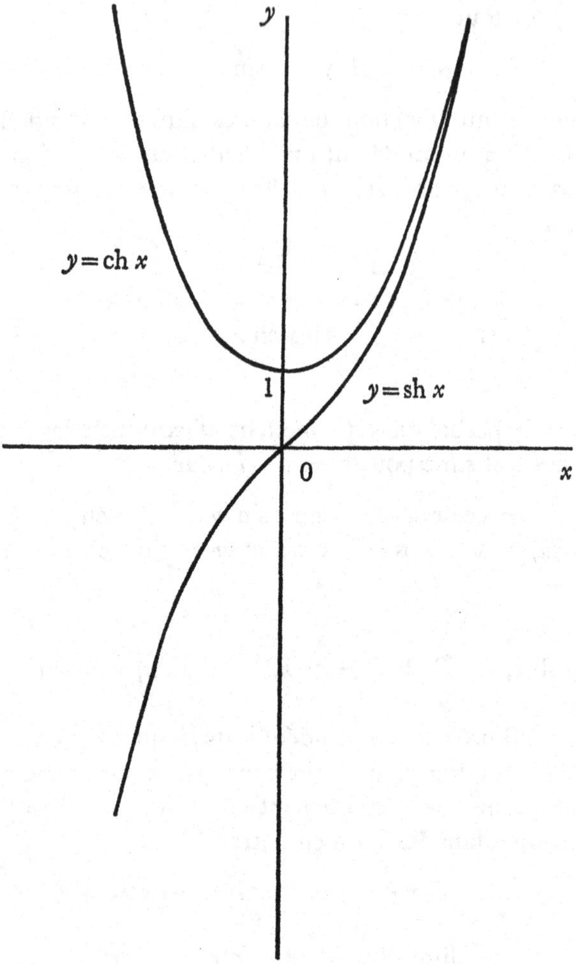

Fig. 8

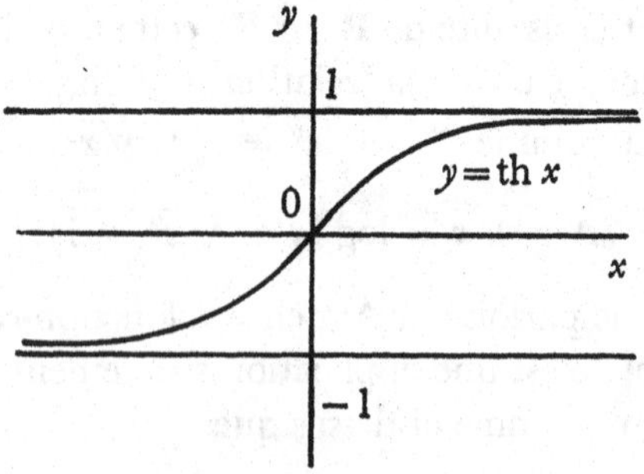

Fig. 9

Enfin, on désigne par Arg th x la fonction réciproque de th x, qui est une application strictement croissante de $]-1, +1[$ sur $\mathbf{R}$; on a d'ailleurs

$$\operatorname{Arg\,th} x = \frac{1}{2}\log\frac{1+x}{1-x}.$$

Remarque.—Pour z complexe, on écrit aussi parfois

$$\operatorname{ch} z = \tfrac{1}{2}(e^z + e^{-z}) = \cos iz$$
$$\operatorname{sh} z = \tfrac{1}{2}(e^z - e^{-z}) = -i \sin iz.$$

Ces fonctions prolongent donc à $\mathbf{C}$ les fonctions hyperboliques définies dans $\mathbf{R}$.

§ 2. DÉVELOPPEMENTS DES FONCTIONS EXPONENTIELLES ET CIRCULAIRES, ET DES FONCTIONS QUI S'Y RATTACHENT

1. Développement de l'exponentielle réelle

Comme $D^n(e^x) = e^x$, le développement de Taylor d'ordre n de e^x est

$$(1) \qquad e^x = 1 + \frac{x}{1!} + \frac{x^2}{2!} + \cdots + \frac{x^n}{n!} + \int_0^x \frac{(x-t)^n}{n!} e^t\,dt.$$

Le reste de cette formule est >0 pour $x > 0$, du signe de $(-1)^{n+1}$ pour $x < 0$; en outre, l'inégalité de la moyenne montre que

$$(2) \qquad \frac{x^{n+1}}{(n+1)!} < \int_0^x \frac{(x-t)^n}{n!} e^t\,dt < \frac{x^{n+1}e^x}{(n+1)!} \quad \text{pour } x > 0$$

$$(3) \qquad \frac{|x|^{n+1}e^x}{(n+1)!} < \left|\int_0^x \frac{(x-t)^n}{n!} e^t\,dt\right| < \frac{|x|^{n+1}}{(n+1)!} \quad \text{pour } x < 0.$$

Or, on sait que la suite $(x^n/n!)$ a pour limite 0 lorsque n croît indéfiniment, pour tout $x \geqslant 0$ (TG, IV, p. 33); donc, en laissant fixe x et faisant croître indéfiniment n dans (1), il vient, d'après (2) et (3)

$$(4) \qquad e^x = \sum_{n=0}^{\infty} \frac{x^n}{n!}$$

et la série du second membre est *absolument et uniformément convergente* dans tout intervalle compact de $\mathbf{R}$. En particulier, on a la formule

$$(5) \qquad e = 1 + \frac{1}{1!} + \frac{1}{2!} + \cdots + \frac{1}{n!} + \cdots$$

Cette formule permet de calculer des valeurs rationnelles aussi approchées que l'on veut du nombre e; on obtient ainsi

$$e = 2{,}718\,281\,828\ldots$$

à $1/10^9$ près par défaut. La formule (5) prouve en outre que e est un nombre *irrationnel*[1] (TG, VI, p. 41).

Remarque. — Comme le reste de la formule (1) est > 0 pour $x > 0$, on a, pour $x > 0$

$$e^x > 1 + \frac{x}{1!} + \frac{x^2}{2!} + \ldots + \frac{x^{n+1}}{(n+1)!}$$

et *a fortiori*

$$e^x > \frac{x^{n+1}}{(n+1)!}$$

pour tout entier n; on en déduit que e^x/x^n *tend vers* $+\infty$ avec x, pour tout entier n; nous retrouverons ce résultat au chap. V par une autre méthode (V, p. 21).

2. Développements de l'exponentielle complexe, de $\cos x$ et $\sin x$

Soit z un nombre complexe quelconque, et considérons la fonction $\varphi(t) = e^{zt}$ de la variable réelle t; on a $D^n\varphi(t) = z^n e^{zt}$ et $e^z = \varphi(1)$; l'expression de $\varphi(1)$ par la formule de Taylor d'ordre n relative au point $t = 0$ (II, p. 12), donne donc

$$e^z = 1 + \frac{1}{1!} + \frac{z^2}{2!} + \cdots + \frac{z^n}{n!} + z^{n+1}\int_0^1 \frac{(1-t)^n}{n!} e^{zt}\,dt \tag{6}$$

formule qui, lorsque z est réel, est équivalente à (1). Le reste

$$r_n(z) = z^{n+1}\int_0^1 \frac{(1-t)^n}{n!} e^{zt}\,dt$$

de cette formule se majore encore, en valeur absolue, à l'aide de l'inégalité de la moyenne; si $z = x + iy$, on a $|e^{zt}| = e^{xt}$, donc $|e^{zt}| \leqslant 1$ si $x \leqslant 0$, $|e^{zt}| \leqslant e^x$ si $x > 0$; il vient donc

$$|r_n(z)| \leqslant \frac{|z|^{n+1}}{(n+1)!} \quad \text{si } x \leqslant 0 \tag{7}$$

$$|r_n(z)| \leqslant \frac{|z|^{n+1}e^x}{(n+1)!} \quad \text{si } x > 0. \tag{8}$$

Comme ci-dessus, on en conclut que

$$e^z = \sum_{n=0}^{\infty} \frac{z^n}{n!} \tag{9}$$

la série étant *absolument et uniformément convergente* dans toute partie compacte de **C**.

De (6) on tire en particulier, pour x réel

$$e^{ix} = 1 + \frac{ix}{1!} + \frac{i^2x^2}{2!} + \cdots + \frac{i^nx^n}{n!} + i^{n+1}\int_0^x \frac{(x-t)^n}{n!} e^{it}\,dt \tag{10}$$

[1] Ch. Hermite a démontré en 1873 que e est un nombre *transcendant* sur le corps **Q** des nombres rationnels (autrement dit, n'est racine d'aucun polynôme à coefficients rationnels) (*Œuvres*, t. III, p. 150, Paris (Gauthier-Villars), 1912).

d'où on déduit les développements de Taylor de $\cos x$ et de $\sin x$: en prenant la partie réelle de (10) pour l'ordre $2n + 1$, on a

$$\text{(11)} \quad \cos x = 1 - \frac{x^2}{2!} + \frac{x^4}{4!} + \cdots + (-1)^n \frac{x^{2n}}{(2n)!} + (-1)^{n+1} \int_0^x \frac{(x-t)^{2n+1}}{(2n+1)!} \cos t \, dt$$

avec la limitation du reste

$$\text{(12)} \quad \left| \int_0^x \frac{(x-t)^{2n+1}}{(2n+1)!} \cos t \, dt \right| \leqslant \frac{|x|^{2n+2}}{(2n+2)!}.$$

De même, en prenant la partie imaginaire de (10) pour l'ordre $2n$, il vient

$$\text{(13)} \quad \sin x = x - \frac{x^3}{3!} + \frac{x^5}{5!} + \cdots + (-1)^{n-1} \frac{x^{2n-1}}{(2n-1)!} + (-1)^n \int_0^x \frac{(x-t)^{2n}}{(2n)!} \cos t \, dt$$

avec la limitation du reste

$$\text{(14)} \quad \left| \int_0^x \frac{(x-t)^{2n}}{(2n)!} \cos t \, dt \right| \leqslant \frac{|x|^{2n+1}}{(2n+1)!}.$$

En outre, en comparant les restes de (11) pour l'ordre $2n + 1$ et l'ordre $2n + 3$, on a

$$\int_0^x \frac{(x-t)^{2n+3}}{(2n+3)!} \cos t \, dt = \frac{x^{2n+2}}{(2n+2)!} - \int_0^x \frac{(x-t)^{2n+1}}{(2n+1)!} \cos t \, dt$$

et, en tenant compte de (12), on voit que le reste de (11) est *du signe de* $(-1)^{n+1}$ quel que soit x; de même manière, on montre que le reste de (13) est *du signe de* $(-1)^n x$. En particulier, pour $n = 0$ et $n = 1$ dans (11), pour $n = 1$ et $n = 2$ dans (13), on obtient les inégalités

$$\text{(15)} \quad 1 - \frac{x^2}{2} \leqslant \cos x \leqslant 1 \quad \text{pour tout } x$$

$$\text{(16)} \quad x - \frac{x^3}{6} \leqslant \sin x \leqslant x \quad \text{pour tout } x \geqslant 0.$$

Enfin, en faisant $z = ix$ dans (9), on a

$$\text{(17)} \quad \cos x = \sum_{n=0}^{\infty} (-1)^n \frac{x^{2n}}{(2n)!}$$

$$\text{(18)} \quad \sin x = \sum_{n=0}^{\infty} (-1)^n \frac{x^{2n+1}}{(2n+1)!}$$

ces séries étant absolument et uniformément convergentes dans tout intervalle compact.

Il est clair d'ailleurs que les formules (17) et (18) sont encore valables pour tout x *complexe*, les séries des seconds membres étant absolument et uniformément convergentes dans toute partie compacte de **C**. En particulier, on a pour tout x (réel ou complexe)

$$\mathrm{ch}\, x = \sum_{n=0}^{\infty} \frac{x^{2n}}{(2n)!}$$

$$\mathrm{sh}\, x = \sum_{n=0}^{\infty} \frac{x^{2n+1}}{(2n+1)!}$$

3. Le développement du binôme

Soit m un nombre réel *quelconque*. Pour $x > 0$, on a

$$\mathrm{D}^n(x^m) = m(m-1)\dots(m-n+1)x^{m-n};$$

en appliquant à la fonction $(1+x)^m$ la formule de Taylor d'ordre n relative au point $x = 0$, on obtient, pour tout $x > -1$, la formule

$$(1+x)^m = 1 + \binom{m}{1} x + \binom{m}{2} x^2 + \dots + \binom{m}{n} x^n + r_n(x) \tag{19}$$

avec

$$r_n(x) = \frac{m(m-1)\dots(m-n)}{n!} \int_0^x \left(\frac{x-t}{1+t}\right)^n (1+t)^{m-1}\, dt$$

où on a posé $\binom{m}{n} = \dfrac{m(m-1)\dots(m-n+1)}{n!}$. La formule (19) se réduit à la formule du binôme (A, I, p. 94) lorsque m est entier > 0 et $n \geqslant m$; par extension, on la nomme encore *formule du binôme*, et les coefficients $\binom{m}{n}$ sont dits *coefficients binomiaux*, lorsque m est un nombre réel *quelconque* et n un entier quelconque > 0.

Le reste de (19) a le signe de $\binom{m}{n+1}$ si $x > 0$, le signe de $(-1)^{n+1}\binom{m}{n+1}$ si $-1 < x < 0$. Comme $\left|\dfrac{x-t}{1+t}\right| \leqslant |x|$ pour tout $t > -1$ appartenant à l'intervalle d'extrémités 0 et x, on a la limitation suivante du reste, pour m et n *quelconques* et $x > -1$

$$\left|\frac{m(m-1)\dots(m-n)}{n!} \int_0^x \left(\frac{x-t}{1+t}\right)^n (1+t)^{m-1}\, dt\right| \leqslant \left|\binom{m-1}{n} x^n((1+x)^m - 1)\right|. \tag{20}$$

Si l'on suppose $x \geqslant 0$, et $n \geqslant m - 1$, on a $(1 + t)^{n-m+1} \geqslant 1$ dans l'intervalle d'intégration, donc

$$0 \leqslant \int_0^x \frac{(x - t)^n}{(1 + t)^{n-m+1}}\, dt \leqslant \int_0^x (x - t)^n\, dt = \frac{x^{n+1}}{n + 1}$$

ce qui donne la majoration du reste

(21) $$|r_n(x)| \leqslant \left|\binom{m}{n + 1}\right| x^{n+1} \quad (x \geqslant 0, n \geqslant m - 1).$$

D'autre part, supposons $-1 \leqslant m < 0$; si dans l'intégrale de (19) on fait le changement de variables $u = \dfrac{x - t}{x(1 + t)}$, on obtient

(22) $$r_n(x) = \frac{m(m - 1)\ldots(m - n)}{n!}(1 + x)^m x^{n+1} \int_0^1 \frac{u^n\, du}{(1 + ux)^{m+1}}.$$

Pour majorer l'intégrale pour $x > -1$, on remarque que, puisque $m + 1 < 1$, l'intégrale $\displaystyle\int_0^1 \frac{u^n\, du}{(1 - u)^{m+1}}$ est convergente et majore l'intégrale du second membre de (22) puisque $1 + ux > 1 - u$. Or, pour $-1 < x < 0$, l'hypothèse sur m entraîne que tous les termes $\binom{m}{1}x, \binom{m}{2}x^2, \ldots, \binom{m}{n}x^n$ figurant au second membre de (19) sont $\geqslant 0$, et par suite $r_n(x) \leqslant (1 + x)^m$, d'où en divisant par $(1 + x)^m$,

$$\frac{m(m - 1)\ldots(m - n)}{n!} x^{n+1} \int_0^1 \frac{u^n\, du}{(1 + ux)^{m+1}} \leqslant 1.$$

D'ailleurs pour $-1 < x < 0$, le facteur devant l'intégrale est $\geqslant 0$, d'où en faisant tendre x vers -1,

$$\left|\frac{m(m - 1)\ldots(m - n)}{n!} \int_0^1 \frac{u^n\, du}{(1 - u)^{m+1}}\right| \leqslant 1$$

et par suite, pour $-1 \leqslant m < 0$ et $x > -1$

(23) $$|r_n(x)| \leqslant (1 + x)^m |x|^{n+1}.$$

De ces inégalités, nous allons déduire d'abord que, pour $|x| < 1$, on a

(24) $$(1 + x)^m = \sum_{n=0}^{\infty} \binom{m}{n} x^n$$

la série du second membre (dite *série du binôme*) étant *absolument et uniformément convergente* dans tout intervalle *compact* contenu dans $]-1, +1[$. En effet on peut écrire

(25) $$\binom{m}{n} = (-1)^n \left(1 - \frac{m + 1}{1}\right)\left(1 - \frac{m + 1}{2}\right)\ldots\left(1 - \frac{m + 1}{n}\right)$$

d'où

$$\left|\binom{m}{n}\right| \leqslant \left(1 + \frac{|m+1|}{1}\right)\left(1 + \frac{|m+1|}{2}\right)\ldots\left(1 + \frac{|m+1|}{n}\right).$$

Si $|x| \leqslant r < 1$, il existe n_0 tel que $1 + \dfrac{|m|}{n_0} < 1/r'$, où $r < r' < 1$, d'où, en posant

$$k = \left(1 + \frac{|m|}{1}\right)\left(1 + \frac{|m|}{2}\right)\ldots\left(1 + \frac{|m|}{n_0}\right) \quad \left|\binom{m-1}{n}x^n\right| \leqslant k|x|^{n_0}\left(\frac{r}{r'}\right)^{n-n_0}$$

ce qui démontre la proposition. Au contraire, pour $x > 1$, la valeur absolue du terme général de la série (24) croît indéfiniment avec n, si m n'est pas un entier $\geqslant 0$; en effet, d'après (25), on a, pour $n > n_1 \geqslant |m+1|$

$$\left|\binom{m}{n}\right| \geqslant \left|\left(1 - \frac{m+1}{1}\right)\left(1 - \frac{m+1}{2}\right)\ldots\left(1 - \frac{m+1}{n_1}\right)\right|$$
$$\left(1 - \frac{|m+1|}{n_1+1}\right)\ldots\left(1 - \frac{|m+1|}{n}\right).$$

Soit $n_0 \geqslant n_1$ tel que, pour $n \geqslant n_0$, on ait $1 - \dfrac{|m+1|}{n} > 1/x'$, où $1 < x' < x$. Si on pose

$$k' = \left|\left(1 - \frac{m+1}{1}\right)\ldots\left(1 - \frac{m+1}{n_1}\right)\right|\left(1 - \frac{|m+1|}{n_1+1}\right)\ldots\left(1 - \frac{|m+1|}{n_0}\right)$$

on aura, pour $n > n_0$,

$$\left|\binom{m}{n}x^n\right| \geqslant k'|x|^{n_0}\left(\frac{x}{x'}\right)^{n-n_0}$$

d'où la proposition.

On notera que, pour $m = -1$, l'identité algébrique

$$(26) \qquad \frac{1}{1+x} = 1 - x + x^2 - \cdots + (-1)^{n-1}x^{n-1} + (-1)^n\frac{x^n}{1+x}$$

donne l'expression du reste de la formule générale (19) sans intégration; la formule (23) se réduit dans ce cas à l'expression de la somme de la *série* (ou *progression*) *géométrique* (TG, IV, p. 32).

En second lieu, étudions la convergence de la série du binôme pour $x = 1$ ou $x = -1$ (le cas trivial $m = 0$ étant exclu):

a) $m \leqslant -1$. Le produit de terme général $1 - \dfrac{m+1}{n}$ converge vers $+\infty$ si $m < -1$, vers 1 si $m = -1$, donc il résulte de (25) que pour $x = \pm 1$, le terme général de la série du binôme ne tend pas vers 0.

b) $-1 < m < 0$. Cette fois, le produit de terme général $1 - \dfrac{m+1}{n}$ converge vers 0, donc l'inégalité (21) montre que $r_n(1)$ tend vers 0. La série du binôme est donc convergente pour $x = 1$ et a pour somme 2^m; en outre, la série du binôme est uniformément convergente dans tout intervalle $]x_0, 1]$ avec $-1 < x_0 \leqslant 1$, en vertu de ce qui a été vu plus haut et de (21). Par contre, pour $x = -1$ tous les termes du second membre de (24) sont $\geqslant 0$; si cette série était convergente, on en déduirait que la série du binôme serait normalement convergente dans $[-1, 1]$ et aurait par suite pour somme une fonction continue dans cet intervalle, ce qui est absurde puisque $(1 + x)^m$ n'est pas bornée dans $]-1, 1]$ pour $m < 0$. On en conclut aussi que pour $x = 1$, la série du binôme n'est pas absolument convergente.

c) $m > 0$. La définition de $r_n(x)$ montre alors que lorsque x tend vers -1, $r_n(x)$ tend vers une limite $r_n(-1)$; en passant à la limite dans (20), on en conclut que $|r_n(-1)| \leqslant \left|\binom{m-1}{n}\right|$, et comme $m - 1 > -1$, on voit que, pour $x = -1$, la série du binôme est convergente. D'ailleurs, pour $n > m + 1$, tous les termes de cette série sont de même signe; donc la série du binôme est *normalement convergente* dans l'intervalle $[-1, 1]$ et a pour somme $(1 + x)^m$ dans cet intervalle.

4. Développements de $\log(1 + x)$, de $\operatorname{Arc\,tg} x$ et de $\operatorname{Arc\,sin} x$

Intégrons les deux membres de (26) entre 0 et x; on obtient le développement de Taylor d'ordre n de $\log(1 + x)$, valable pour $x > -1$

$$(27) \quad \log(1 + x) = \frac{x}{1} - \frac{x^2}{2} + \frac{x^3}{3} + \cdots + (-1)^{n-1}\frac{x^n}{n} + (-1)^n \int_0^x \frac{t^n\,dt}{1+t}.$$

Le reste est du signe de $(-1)^n$ si $x > 0$, et est < 0 si $-1 < x < 0$; en outre, pour $x > 0$, on a $1 + t \geqslant 1$ pour $0 \leqslant t \leqslant x$, et, pour $-1 < x < 0$, $1 + t \geqslant 1 - |x|$ pour $x \leqslant 0$; d'où les limitations du reste

$$(28) \quad \left|\int_0^x \frac{t^n\,dt}{1+t}\right| \leqslant \frac{|x|^{n+1}}{n+1} \qquad \text{pour } x \geqslant 0$$

$$(29) \quad \left|\int_0^x \frac{t^n\,dt}{1+t}\right| \leqslant \frac{|x|^{n+1}}{(n+1)(1-|x|)} \quad \text{pour } -1 < x \leqslant 0.$$

De ces deux dernières formules, on déduit aussitôt que, pour $-1 < x \leqslant 1$, on a

$$(30) \quad \log(1 + x) = \sum_{n=1}^{\infty} (-1)^{n-1}\frac{x^n}{n}$$

la série étant *uniformément convergente* dans tout intervalle compact contenu dans $]-1, +1]$, *absolument convergente* pour $|x| < 1$.

Au contraire, pour $|x| > 1$, le terme général de la série du second membre de (30) croît indéfiniment en valeur absolue avec n (III, p. 16). Pour $x = -1$, la série se réduit à la série harmonique, qui a pour somme $+\infty$ (TG, IV, p. 33).

De même, remplaçons dans (26) x par x^2 et intégrons les deux membres entre 0 et x; on obtient le développement de Taylor d'ordre $2n - 1$ de $\operatorname{Arc\,tg} x$, valable pour tout x réel

$$\text{(31)}\quad \operatorname{Arc\,tg} x = \frac{x}{1} - \frac{x^3}{3} + \frac{x^5}{5} + \cdots + (-1)^{n-1}\frac{x^{2n-1}}{2n-1} + (-1)^n \int_0^x \frac{t^{2n}\,dt}{1+t^2}.$$

Le reste est du signe de $(-1)^n x$, et comme $1 + t^2 \geqslant 1$ pour tout t, on a la limitation

$$\text{(32)}\quad \left| \int_0^x \frac{t^{2n}\,dt}{1+t^2} \right| \leqslant \frac{|x|^{2n+1}}{2n+1}$$

d'où on tire que, pour $|x| \leqslant 1$,

$$\text{(33)}\quad \operatorname{Arc\,tg} x = \sum_{n=1}^{\infty} (-1)^{n-1} \frac{x^{2n-1}}{2n-1}$$

la série étant *uniformément convergente* dans $(-1, +1)$, et *absolument convergente* pour $|x| < 1$.

En particulier, pour $x = 1$, on obtient la formule

$$\text{(34)}\quad \frac{\pi}{4} = 1 - \frac{1}{3} + \frac{1}{5} + \ldots + (-1)^n \frac{1}{2n+1} + \ldots.$$

Pour $|x| > 1$, le terme général de la série du second membre de (33) croît indéfiniment en valeur absolue avec n.

Enfin, pour le développement de Taylor de $\operatorname{Arc\,sin} x$, partons du développement de sa dérivée $(1 - x^2)^{-1/2}$; ce dernier s'obtient en remplaçant x par $-x^2$ dans le développement de $(1 + x)^{-1/2}$ suivant la formule du binôme, ce qui donne pour $|x| < 1$,

$$(1 - x^2)^{-1/2} = 1 + \frac{1}{2}x^2 + \frac{1.3}{2.4}x^4 + \cdots + \frac{1.3.5\ldots(2n-1)}{2.4.6\ldots 2n}x^{2n} + r_n(x)$$

avec la limitation déduite de (23)

$$0 \leqslant r_n(x) \leqslant \frac{x^{2n+2}}{\sqrt{1-x^2}}.$$

En prenant la primitive du développement précédent, il vient

$$\text{(35)}\quad \operatorname{Arc\,sin} x = x + \frac{1}{2}\frac{x^3}{3} + \frac{1.3}{2.4}\frac{x^5}{5} + \cdots$$
$$+ \frac{1.3.5\ldots(2n-1)}{2.4.6\ldots 2n}\frac{x^{2n+1}}{2n+1} + \mathrm{R}_n(x)$$

où $R_n(x)$ est du signe de x et satisfait à l'inégalité

$$|R_n(x)| \leqslant \int_0^x \frac{t^{2n+2}\,dt}{\sqrt{1-t^2}}. \tag{36}$$

D'ailleurs, la relation (35) montre que $R_n(x)$ tend vers une limite lorsque x tend vers 1 ou -1, et on a donc

$$|R_n(1)| \leqslant \int_0^1 \frac{t^{2n+2}\,dt}{\sqrt{1-t^2}}. \tag{37}$$

Mais l'intégrale du second membre de (37) tend vers 0 lorsque n tend vers $+\infty$: en effet, l'intégrale $\int_0^1 dt/\sqrt{1-t^2}$ étant convergente, pour tout $\varepsilon > 0$, il existe a tel que $0 < a < 1$ et $\int_a^1 dt/\sqrt{1-t^2} \leqslant \varepsilon$; d'autre part, on a

$$\int_0^a \frac{t^{2n+2}\,dt}{\sqrt{1-t^2}} \leqslant \frac{1}{\sqrt{1-a^2}} \int_0^a t^{2n+2}\,dt = \frac{a^{2n+3}}{(2n+3)\sqrt{1-a^2}},$$

et il existe donc n_0 tel que pour $n \geqslant n_0$ on ait $\dfrac{a^{2n+3}}{(2n+3)\sqrt{1-a^2}} \leqslant \varepsilon$, d'où finalement $|R_n(x)| \leqslant 2\varepsilon$ pour $|x| \leqslant 1$ et $n \geqslant n_0$. On a donc

$$\text{Arc}\sin x = \sum_{n=0} \frac{1.3.5\ldots(2n-1)}{2.4.6\ldots 2n} \frac{x^{2n+1}}{2n+1} \tag{38}$$

la série du second membre étant *normalement convergente* dans l'intervalle compact $[-1, 1]$.

Au contraire, on montre, comme pour la formule du binôme, que le terme général de la série du second membre de (38) croît indéfiniment en valeur absolue pour $|x| > 1$.

En faisant par exemple $x = \frac{1}{2}$ dans (38), on obtient une nouvelle expression du nombre π:

$$\frac{\pi}{6} = \sum_{n=0}^{\infty} \frac{1.3.5\ldots(2n-1)}{1.4.6\ldots 2n} \frac{1}{(2n+1)2^{2n+1}}$$

qui se prête beaucoup mieux que la formule (34) au calcul de valeurs approchées de π (voir *Calcul numérique*) ; on peut ainsi obtenir

$$\pi = 3{,}141\,592\,653\ldots$$

à $1/10^9$ près par défaut.[1]

[1] Le nombre π est, non seulement *irrationnel* (cf. III, p. 35 exerc. 5), mais même *transcendant* sur le corps $\mathbf{Q}$ des nombres rationnels, comme il a été démontré pour la première fois en 1882 par LINDEMANN (v. par exemple D. HILBERT, *Gesammelte Abhandlungen*, t. I, p. 1, Berlin (Springer), 1932).

Exercices

§ 1

1) Soit $\mathbf{f}$ une application continue et dérivable de $\mathbf{R}$ dans un algèbre normée complète E sur $\mathbf{R}$, ayant un élément unité e; on suppose que $\mathbf{f}(0) = \mathbf{e}$ et qu'on ait identiquement $\mathbf{f}'(x) = \mathbf{f}(x)\mathbf{c}$, où $\mathbf{c}$ est un élément inversible de E. Montrer que $\mathbf{f}$ est un homomorphisme du groupe additif $\mathbf{R}$ dans le groupe multiplicatif G des éléments inversibles de E. (Considérer le plus grand intervalle ouvert I contenant 0 et tel que $\mathbf{f}(x)$ soit inversible pour tout $z \in \mathrm{I}$, et prouver que pour x, y et $x + y$ dans I on a $f(x+y)\,(f(x)f(y))^{-1} = \mathbf{e}$ en laissant x fixe et faisant varier y; en déduire enfin que $\mathrm{I} = \mathbf{R}$.)

2) *a*) Pour que la fonction $(1 + 1/x)^{x+p}$ soit décroissante (resp. croissante) pour $x > 0$, il faut et il suffit que $p \geqslant \frac{1}{2}$ (resp. $\mathrm{p} \leqslant 0$); pour $0 < p < \frac{1}{2}$, la fonction est décroissante dans un intervalle $]0, x_0[$, croissante dans $]x_0, +\infty[$. Dans tous les cas, la fonction tend vers e lorsque x tend vers $+\infty$.

b) Étudier de même les fonctions $(1 - 1/x)^{x-p}$, $(1 + 1/x)^x(1 + p/x)$ et $(1 + p/x)^{x+1}$ pour $x > 0$.

3) *a*) Démontrer que pour $\alpha \geqslant 1$ et $x \geqslant 0$, $(1 + x)^\alpha \geqslant 1 + \alpha x$, et pour $0 \leqslant \alpha \leqslant 1$ et $x \geqslant 0$, $(1 + x)^\alpha \leqslant 1 + \alpha x$.

b) Démontrer que pour $0 \leqslant x \leqslant 1$ et $\alpha \geqslant 0$, on a $(1 - x)^\alpha \leqslant \dfrac{1}{1 + \alpha x}$.

c) Pour $0 \leqslant \alpha \leqslant 1$, montrer que pour $x \geqslant 0$ et $y \geqslant 0$, on a $x^\alpha y^{1-\alpha} \leqslant ax + by$ pour tous les couples de nombres > 0 tels que $a^\alpha b^{1-\alpha} = \alpha(1 - \alpha)^{1-\alpha}$.

d) Déduire de *c*) que si f, g sont deux fonctions réglées $\geqslant 0$ dans un intervalle I tel que les intégrales $\int_\mathrm{I} f(t)\,dt$ et $\int_\mathrm{I} g(t)\,dt$ soient convergentes, l'intégrale $\int_\mathrm{I} (f(t))^\alpha (g(t))^{1-\alpha}\,dt$ est convergente et l'on a

$$\int_\mathrm{I} (f(t))^\alpha (g(t))^{1-\alpha}\,dt \leqslant a\int_\mathrm{I} f(t)\,dt + b\int_\mathrm{I} g(t)\,dt.$$

En déduire l'*inégalité de Hölder*

$$\int_\mathrm{I} (f(t))^\alpha (g(t))^{1-\alpha}\,dt \leqslant \left(\int_\mathrm{I} f(t)\,dt\right)^\alpha \left(\int_\mathrm{I} g(t)\,dt\right)^{1-\alpha}$$

(dite « *inégalité de Cauchy-Buniakowski-Schwarz* » pour $\alpha = \frac{1}{2}$).

4) Déduire de l'inégalité de Cauchy-Schwarz que pour toute fonction u primitive d'une fonction réglée dans $[a, b]$ et toute fonction continue $h > 0$ dans $[a, b]$, on a

$$|u(b)^2 - u(a)^2| \leqslant 2\left(\int_a^b u'^2(t)\,h(t)\,dt\right)^{1/2} \left(\int_a^b \frac{u^2(t)}{h(t)}\,dt\right)^{1/2}$$

si les deux intégrales du second membre sont convergentes.

En prenant $a = 0$, $b = \pi/2$, $h(t) = 1$ et

$$u(t) = c_1 \cos t + c_2 \cos 3t + \ldots + c_n \cos(2n - 1)\,t,$$

où $c_j \geqslant 0$ pour tout j, en déduire l'*inégalité de Carlson*

$$\sum_j c_j \leqslant \sqrt{\pi}\left(\sum_j c_j^2\right)^{1/4} \left(\sum_j (j - \tfrac{1}{2})^2 c_j^2\right)^{1/4}.$$

5) Pour $x > 0$ et y réel quelconque, montrer que l'on a

$$xy \leqslant \log x + e^{y-1}$$

(cf. II, p. 31, exerc. 15); dans quels cas les deux membres sont-ils égaux?

6) On note A_n et G_n les moyennes arithmétique et géométrique ordinaires des n premiers nombres d'une suite (a_k) $(k \geqslant 1)$ de nombres > 0. Montrer que

$$n(A_n - G_n) \leqslant (n+1)(A_{n+1} - G_{n+1})$$

l'égalité n'ayant lieu que si $a_{n+1} = G_n$ (poser $a_{n+1} = x^{n+1}$, $G_n = y^{n+1}$).

7) Avec les notations de l'exerc. 6, montrer que si l'on pose $x_i = a_i/A$ la relation $G_n \geqslant (1-\alpha)A_n$ pour $0 \leqslant \alpha < 1$, entraîne, pour $1 \leqslant i \leqslant n$

$$x_i\left(1 - \frac{x_i - 1}{n-1}\right)^{n-1} \geqslant (1-\alpha)^n.$$

En déduire que, pour tout indice i, on a $1 + x' \leqslant x_i \leqslant 1 + x''$, où x' est la racine $\leqslant 0$, x'' la racine $\geqslant 0$, de l'équation $(1+x)e^{-x} = (1-\alpha)^n$ (cf. III, p. 24, exerc. 2).

8) On considère une suite d'ensembles D_k $(k \geqslant 1)$ et pour chaque k, deux fonctions $(x_1, \ldots, x_k) \mapsto f_k(x_1, \ldots, x_k)$, $(x_1, \ldots, x_k) \mapsto g_k(x_1, \ldots, x_k)$ à valeurs réelles, où $(x_1, \ldots, x_k) \in D_1 \times D_2 \times \ldots \times D_k$. On suppose que pour tout k, il existe une fonction réelle F_k définie dans $\mathbf{R}$ et telle que, pour tout $\mu \in \mathbf{R}$ et pour $a_1 \in D_1, \ldots, a_{k-1} \in D_{k-1}$ arbitraires, on ait

$$\sup_{x_k \in D_k} (\mu f_k(a_1, \ldots, a_{k-1}, x_k) - g_k(a_1, \ldots, a_{k-1}, x_k)) = F_k(\mu) f_{k-1}(a_1, \ldots, a_{k-1}).$$

(On prend par convention $f_0 = 1$). Montrer que si les suites de nombres réels (μ_k) et (δ_k) vérifient les conditions $F_1(\mu_1) = 0$ et $F_k(\mu_k) = \delta_k$, on a les inégalités

$$(\mu_1 - \delta_2) f_1 + (\mu_2 - \delta_3) f_2 + \ldots + (\mu_{n-1} - \delta_n) f_{n-1} + \mu_n f_n \leqslant g_1 + g_2 + \ldots + g_n$$

pour toutes les valeurs de n et des $x_k \in D_k$.

9) Les notations étant celles de l'exerc. 6, montrer que l'on a

$$\mu_1 G_1 + \mu_2 G_2 + \ldots + \mu_n G_n \leqslant \lambda_1 a_1 + \lambda_2 a_2 + \ldots + \lambda_n a_n$$

pourvu que l'on ait $\lambda_k \geqslant 0$ pour tout k et

$$\mu_k = k((\lambda_k \beta_k)^{1/k} - \beta_{k+1}^{1/k}) \quad \text{pour } 1 \leqslant k \leqslant n$$

avec $\beta_k \geqslant 0$ pour tout k, $\beta_1 \leqslant 1$ et $\beta_{n+1} = 0$ (méthode de l'exerc. 8).

En particulier, pour des choix convenables des λ_k et β_k, on a les inégalités

$$G_1 + G_2 + \ldots + G_n + nG_n \leqslant 2a_1 + \left(\frac{3}{2}\right)^2 a_2 + \ldots + \left(\frac{n+1}{n}\right)^n a_n$$

et en particulier (*inégalité de Carleman*)

$$G_1 + G_2 + \ldots + G_n < e(a_1 + a_2 + \ldots + a_n);$$

$$eA_n \geqslant \Gamma_n e^{G_n/\Gamma_n}$$

où $\Gamma_n = (G_1 + G_2 + \ldots + G_n)/n$ (amélioration de l'inégalité de Carleman);

$$\frac{A_n}{G_n} \geqslant \frac{1}{2}\left(\frac{\Gamma_n}{G_n} + \frac{G_n}{\Gamma_n}\right)$$

si la suite (a_k) est croissante;

$$nG_n - mG_m \leqslant a_{m+1} + a_{m+2} + \ldots + a_n.$$

10) La suite $(a_k)_{k\geq 1}$ étant formée de nombres > 0, on pose $s_n = nA_n = a_1 + \dots + a_n$. Pour $p < 1$ et $\lambda_k > 0$, on a

$$\mu_1 s_1^{1/p} + \mu_2 s_2^{1/p} + \dots + \mu_n s_n^{1/p} \leqslant \lambda_1 a_1^{1/p} + \lambda_2 a_2^{1/p} + \dots + \lambda_n a_n^{1/p}$$

pourvu que $\mu_1 \geqslant \lambda_1$ et, pour $k \geqslant 2$, $\mu_k = (\lambda_k^q + \delta_k^q)^{1/\delta} - \delta_{k+1}$, avec $q = p/(1-p)$, $\delta_k \geqslant 0$ pour tout k et $\delta_{n+1} = 0$ (méthode de l'exerc. 8). En particulier, on a les inégalités

$$\sum_{k=1}^{n} ((k-p)^{1/q} - k^{1/q})\, s_k^{1/q} + n^{1/q} s_n^{1/q} \leqslant (1-p)^{1/q} \sum_{k=1}^{n} a_k^{1/q}$$

qui entraîne (avec $A_n = s_n/n$)

$$\sum_{k=1}^{n} A_k^{1/p} + \frac{n}{1-p} A_n^{1/p} \leqslant (1-p)^{-1/p} \sum_{k=1}^{n} a_k^{1/p}$$

(*inégalité de Hardy* améliorée);

$$\frac{1}{q} \sum_{k=1}^{n} (b_k - 1) A_k^{1/p} + n A_n^{1/p} \leqslant \sum_{k=1}^{n} a_k^{1/p} b_k^{1/p}$$

pourvu que $b_k \geqslant 1$ pour tout k;

$$\alpha(a_1^2 + a_2^2 + \dots + a_n^2) \leqslant a_1^2 + (a_2 - a_1)^2 + \dots + (a_n - a_{n-1})^2 + \beta a_n^2$$

si l'on a, pour un θ tel que $0 \leqslant \varphi < \frac{\pi}{n}$, $\alpha = 2(1 - \cos\theta)$ et $\beta = 1 - \dfrac{\sin(n+1)\theta}{\sin n\theta}$.

Cas où $\theta = \dfrac{\pi}{n+1}$; cas où $\theta = \dfrac{\pi}{2n+1}$.

11) Soient a_{ij} $(1 \leqslant i \leqslant n,\ 1 \leqslant j \leqslant n)$ des nombres $\geqslant 0$, tels que pour tout indice i, on ait $\sum_{j=1}^{n} a_{ij} = 1$ et, pour tout indice j, $\sum_{i=1}^{n} a_{ij} = 1$. Soient x_i $(1 \leqslant i \leqslant n)$ n nombres > 0; on pose

$$y_i = a_{i1}x_1 + a_{i2}a_2 + \dots + a_{in}x_n \quad (1 \leqslant i \leqslant n).$$

Montrer que $y_1 y_2 \dots y_n \geqslant x_1 x_2 \dots x_n$ (minorer $\log y_i$ pour chaque indice i).

12) *a*) Soit $\sum_{i,j} c_{ij} x_i \bar{x}_j$, où $c_{ji} = \bar{c}_{ij}$, une forme hermitienne positive non dégénérée, Δ son déterminant; montrer que $\Delta \leqslant c_{11} c_{22} \dots c_{nn}$ (exprimer Δ et les c_{ii} à l'aide des valeurs propres de la forme hermitienne, et utiliser la prop. 2).

b) En déduire que, si (a_{ij}) est une matrice carrée d'ordre n à éléments complexes quelconques, Δ son déterminant, on a (« *inégalité de Hadamard* »)

$$|\Delta|^2 \leqslant \Big(\sum_{j=1}^{n} |a_{1j}|^2\Big)\Big(\sum_{j=1}^{n} |a_{2j}|^2\Big) \dots \Big(\sum_{j=1}^{n} |a_{nj}|^2\Big)$$

l'égalité n'ayant lieu que si un des facteurs du second membre est nul ou si on a, quels que soient les indices distincts h, k

$$a_{h1}\bar{a}_{k1} + a_{h2}\bar{a}_{k2} + \dots + a_{hn}\bar{a}_{kn} = 0$$

(multiplier la matrice (a_{ij}) par la conjuguée de sa transposée).

13) Si x, y, a, b sont > 0, montrer que

$$x \log\frac{x}{a} + y \log\frac{y}{b} \geqslant (x+y) \log\frac{x+y}{a+b}$$

l'égalité n'ayant lieu que si $x/a = y/b$.

14) Soit a un nombre réel tel que $0 < a < \pi/2$. Montrer que la fonction

$$\frac{\dfrac{\operatorname{tg} x}{x} - \dfrac{\operatorname{tg} a}{a}}{x \operatorname{tg} x - a \operatorname{tg} a}$$

est strictement croissante dans l'intervalle $]a, \pi/2[$ (cf. I, p. 45, exerc. 11).

15) Soient u et v deux polynômes en x, à coefficients réels, tels qu'on ait identiquement $\sqrt{1 - u^2} = v\sqrt{1 - x^2}$; montrer que, si n est le degré de u, on a $u' = nv$; en déduire que l'on a $u(x) = \cos(n \operatorname{Arc} \cos x)$.

16) Démontrer (par récurrence sur n) la formule

$$D^n(\operatorname{Arc} \operatorname{tg} x) = (-1)^{n-1} \frac{(n-1)!}{(1 + x^2)^{n/2}} \sin\left(n \operatorname{Arc} \operatorname{tg} \frac{1}{x}\right).$$

¶ 17) Soit f une fonction numérique définie dans un intervalle ouvert $I \subset \mathbf{R}$, telle que pour tout système de trois points x_1, x_2, x_3 de I satisfaisant à $x_1 < x_2 < x_3 < x_1 + \pi$, on ait

(1) $$f(x_1) \sin(x_3 - x_2) + f(x_2) \sin(x_1 - x_3) + f(x_3) \sin(x_2 - x_1) \geqslant 0.$$

Montrer que:

a) f est continue en tout point de I, et admet en tout point de I une dérivée à droite et une dérivée à gauche finies; on a en outre

(2) $$f(x) \cos(x - y) - f'_d(x) \sin(x - y) \leqslant f(y)$$

pour tout couple de points x, y de I tels que $|x - y| \leqslant \pi$; on a aussi l'inégalité analogue à (2) où on remplace f'_d par f'_g; enfin on a $f'_g(x) \leqslant f'_d(x)$ pour tout $x \in$ I. (Pour démontrer (2), faire tendre x_2 vers x_1 dans (1), en laissant x_3 fixe, et obtenir ainsi une majoration de $\limsup_{x_1 \to x_1} \dfrac{f(x_2) - f(x_1)}{x_2 - x_1}$; puis faire tendre x_3 vers x_1 dans l'inégalité trouvée; en déduire l'existence de $f'_d(x)$ et l'inégalité (2) pour $y > x$; procédés analogues pour les autres questions.)

b) Réciproquement, si (2) a lieu pour tout couple de points x, y de I tels que $|x - y| \leqslant \pi$, f vérifie (1) dans I

(considérer la différence $\left(\dfrac{f(x_2)}{\sin(x_3 - x_2)} - \dfrac{f(x_1)}{\sin(x_3 - x_1)}\right)$.

c) Si f admet une dérivée seconde dans I, (1) est équivalente à la condition

(3) $$f(x) + f''(x) \geqslant 0$$

pour tout $x \in$ I.

* Interpréter ces résultats en considérant la courbe plane définie par $x = \dfrac{1}{f(t)} \cos t$, $y = \dfrac{1}{f(t)} \sin t$ (« convexité par rapport à l'origine »).*

18) *a*) Montrer que, dans l'espace vectoriel des applications de $\mathbf{R}$ dans $\mathbf{C}$, les fonctions distinctes de la forme $x^n e^{\alpha x}$ (n entier, α complexe quelconque) forment un système libre (raisonner par l'absurde, en considérant une relation entre ces fonctions ayant le plus petit nombre possible de coefficients $\neq 0$, et dérivant cette relation).

b) Soit $f(X_1, X_2, \ldots, X_m)$ un polynôme par rapport à m indéterminées, à coefficients complexes, tels que lorsqu'on substitue à X_j la fonction $\cos\left(\sum_{k=1}^{n} p_{jk} x_k\right)$ pour $1 \leqslant j \leqslant r$, la fonction $\sin\left(\sum_{k=1}^{n} p_{jk} x_k\right)$ pour $r + 1 \leqslant j \leqslant m$, où les p_{jk} sont réels et les x_k *réels*, on obtienne une fonction des x_k identiquement nulle; montrer que la même identité a lieu lorsqu'on donne aux x_k des valeurs *complexes* arbitraires (utiliser *a*)).

¶ 19) On sait (A, IX, § 10, exerc. 2) que, dans le *plan complexe* $\mathbf{C}^2$, le groupe des angles de droites pointées A est isomorphe au groupe orthogonal $\mathbf{O}_2(\mathbf{C})$, l'isomorphisme canonique faisant correspondre à l'angle θ la rotation d'angle θ; on transporte au groupe A la topologie de $\mathbf{O}_2(\mathbf{C})$ (considéré comme sous-espace de l'espace $\mathbf{M}_2(\mathbf{C})$ des matrices d'ordre 2 sur $\mathbf{C}$) par cet isomorphisme, ce qui fait de A un groupe topologique localement compact; en outre l'application $\theta \mapsto \cos\theta + i\sin\theta$ est un *isomorphisme* du groupe topologique A sur le groupe multiplicatif $\mathbf{C}^*$ des nombres complexes $\neq 0$, l'isomorphisme réciproque étant défini par les formules $\cos\theta = \frac{1}{2}(z + 1/z)$, $\sin\theta = \frac{1}{2i}(z - 1/z)$. Déduire de ces relations que tout homomorphisme continu $z \mapsto \varphi(z)$ du groupe additif $\mathbf{C}$ sur A, tel que les fonctions complexes $\cos\varphi(z)$, $\sin\varphi(z)$ soient dérivables dans $\mathbf{C}$, est défini par les relations $\cos\varphi(z) = \cos az$, $\sin\varphi(z) = \sin az$ (a nombre complexe).

20) Soit D la partie de $\mathbf{C}$ réunion de l'ensemble défini par $-\pi < \mathscr{R}(z) \leqslant \pi$, $\mathscr{I}(z) > 0$, et du segment $\mathscr{I}(z) = 0$, $0 \leqslant \mathscr{R}(z) \leqslant \pi$. Montrer que la restriction de la fonction $\cos z$ à D est une bijection de D sur $\mathbf{C}$; la restriction de $\cos z$ à l'intérieur de D est un homéomorphisme de cet ensemble ouvert sur le complémentaire, dans $\mathbf{C}$, de la demi-droite $y = 0$, $x \leqslant 1$.

21) Soient f et g deux polynômes (à coefficients complexes) premiers entre eux, le degré de f étant strictement inférieur à celui de g. Soient p le p.g.c.d. de g et de sa dérivée g', q le quotient de g par p; montrer qu'il existe deux polynômes u, v uniquement déterminés, de degrés respectifs strictement inférieurs à ceux de p et q, et tels que

$$\frac{f}{g} = \mathrm{D}\left(\frac{u}{p}\right) + \frac{v}{q}.$$

En déduire que les coefficients de u et v appartiennent au plus petit corps (sur $\mathbf{Q}$) contenant les coefficients de f et g et contenu dans $\mathbf{C}$.

22) Soient f et g deux polynômes (à coefficients complexes) premiers entre eux, f étant de degré strictement inférieur à celui de g. Soit K un sous-corps de $\mathbf{C}$ contenant les coefficients de f et de g, et tel que g soit irréductible sur K. Pour qu'il existe une primitive de f/g de la forme $\sum_i a_i \log u_i$, où les a_i sont des constantes appartenant à K, les u_i des polynômes irréductibles sur K, il faut et il suffit qu'on ait $f = cg'$, où c est une constante appartenant à K.

23) Si $f(x, y)$ est une polynôme quelconque en x, y, à coefficients complexes, montrer que le calcul d'une primitive de $f(x, \log x)$ et de $f(x, \operatorname{Arc\,sin} x)$ se ramène au calcul d'une primitive de fonction rationnelle.

24) Montrer qu'on peut ramener le calcul d'une primitive de $(ax + b)^p x^q$ (p et q *rationnels*) au calcul de la primitive d'une fonction rationnelle lorsque l'un des nombres p, q, $p + q$ est entier (positif ou négatif).

* 25) Les fonctions méromorphes dans un disque ouvert Δ de $\mathbf{C}$ forment un *corps* $\mathrm{M}(\Delta)$. Un sous-corps F de $\mathrm{M}(\Delta)$, tel que $u \in \mathrm{F}$ implique $\mathrm{D}u \in \mathrm{F}$, est appelé un sous-corps *différentiel* de $\mathrm{M}(\Delta)$.
a) Pour tout polynôme $\mathrm{P}(\mathrm{X}) = \mathrm{X}^m + a_1\mathrm{X}^{m-1} + \cdots + a_m$ à coefficients dans $\mathrm{M}(\Delta)$, montrer qu'il existe un disque ouvert $\Delta_1 \subset \Delta$ (non de même centre que Δ en général) et une fonction $f \in \mathrm{M}(\Delta_1)$ vérifiant en tous les points $z \in \Delta_1$ où f et les a_j sont holomorphes, la relation

$$(f(z))^m + a_1(z)\,(f_1(z))^{m+1} + \cdots + a_m(z) = 0.$$

Si F est un sous-corps de $\mathrm{M}(\Delta)$ contenant les a_j, on dit que le sous-corps de $\mathrm{M}(\Delta_1)$ engendré par f et les restrictions à Δ_1 des fonctions de F est le corps $\mathrm{F}(f)$ obtenu par *adjonction à* F *de la racine* f *de* P. Cet abus de langage ne cause pas de confusion parce que l'application de restriction $g \mapsto g \mid \Delta_1$ de F sur un sous-corps de $\mathrm{M}(\Delta_1)$ est injective. Si F est différentiel, il en est de même de $\mathrm{F}(f)$.

b) Pour toute fonction $a \in \mathrm{M}(\Delta)$, montrer qu'il existe un disque ouvert $\Delta_2 \subset \Delta$ tel qu'il existe une fonction $g \in \mathrm{M}(\Delta_2)$ vérifiant la relation $g'(z) = a(z)$ en tout point $z \in \Delta_2$ où g et a sont holomorphes. Si F est un sous-corps de $\mathrm{M}(\Delta)$ contenant a, on dit que le sous-corps $\mathrm{F}(g)$ de $\mathrm{M}(\Delta_2)$ engendré par g et les restrictions à Δ_2 des fonctions de F est le corps obtenu par *adjonction à* F *de la primitive* $\int a\,dz$. Si F est différentiel, il en est de même de $\mathrm{F}(g)$.
c) Pour toute fonction $b \in \mathrm{M}(\Delta)$, montrer qu'il existe un disque ouvert $\Delta_3 \subset \Delta$ tel qu'il existe $h \in \mathrm{M}(\Delta_3)$ vérifiant la relation $h'(z) = b(z)h(z)$ en tout point $z \in \Delta_3$ où h et b sont holomorphes et $\neq 0$. Si F est un sous-corps de $\mathrm{M}(\Delta)$ contenant b, on dit que le sous-corps $\mathrm{F}(h)$ de $\mathrm{M}(\Delta_3)$ engendré par h et les restrictions *à* Δ_3 des fonctions de F est le corps obtenu par *adjonction à* F *de l'exponentielle de primitive* $\exp(\int b\,dx)$. Si F est différentiel, il en est de même de $\mathrm{F}(h)$.
d) Pour tout sous-corps F de $\mathrm{M}(\Delta)$ et tout polynôme $\mathrm{P}(\mathrm{X}) = \mathrm{X}^m + a_1\mathrm{X}^{m-1} + \cdots + a_m$ à coefficients dans F, il existe un corps K obtenu par adjonction successive à F de racines de polynômes, tel que K soit une extension galoisienne de F et qu'on ait $\mathrm{P}(\mathrm{X}) = (\mathrm{X} - c_1)\ldots(\mathrm{X} - c_m)$ où les c_j sont des fonctions méromorphes (dans un disque convenable) appartenant à K. Si F est différentiel, on a $(\sigma.g)' = \sigma.g'$ pour tout $g \in \mathrm{K}$ et tout élément σ du groupe de Galois de K sur F.$_*$

* 26) *a*) Soit $\mathrm{F} \subset \mathrm{M}(\Delta)$ un corps différentiel, et soit K une extension galoisienne finie de F, sous-corps d'un $\mathrm{M}(\Delta_1)$. Soit t une primitive ou une exponentielle de primitive d'une fonction de F; montrer que si t est transcendant sur F, il n'existe aucune fonction $u \in \mathrm{K}$ telle que $t' = u'$. (Considérer séparément les deux cas $t' = a \in \mathrm{F}$ ou $t' = bt$ avec $b \in \mathrm{F}$; obtenir une contradiction en considérant les transformés $\sigma.u$ de u par le groupe de Galois de K sur F et leurs dérivées $\sigma.u'$; dans le premier cas, montrer que l'on aurait $t' \in c'$ pour un $c \in \mathrm{F}$ et dans le second cas, en posant $\mathrm{N} = [\mathrm{K}:\mathrm{F}]$, $(t^{\mathrm{N}}/c)' = 0$ pour un $c \in \mathrm{F}$.)
b) Supposons que t soit transcendant sur F et que $t' = bt$ avec $b \in \mathrm{F}$; montrer qu'il n'existe aucun $c \neq 0$ dans K tel que $(ct^m)' = 0$ (même méthode).$_*$

* 27) Soient $\mathrm{F} \subset \mathrm{M}(\Delta)$ un corps différentiel contenant $\mathbf{C}$, t une primitive ou exponentielle de primitive d'une fonction de F, et supposons t transcendant sur F. D'autre part, soient $c_1, \ldots, c_n$ des éléments de F linéairement indépendants sur le corps des nombres rationnels $\mathbf{Q}$; si alors $u_1, \ldots, u_n$ et v sont des éléments du corps $\mathrm{F}(t)$, et si

$$\sum_{j=1}^{n} c_j \frac{u'}{u_j} + v'$$

appartient à l'*anneau* $\mathrm{F}[t]$, on a nécessairement $v \in \mathrm{F}[t]$. En outre, si $t \in \mathrm{F}$, on a nécessairement $u_j \in \mathrm{F}$ pour $1 \leqslant j \leqslant n$; si $t'/t \in \mathrm{F}$, il existe pour chaque j un entier $\nu_j \geqslant 0$ tel que $u_j/t^{\nu_j} \in \mathrm{F}$. (Décomposer les u'_j/u_j et v en éléments simples dans une extension galoisienne convenable de F et utiliser l'exerc. 26.)$_*$

* 28) *a*) Soit $\mathrm{F} \subset \mathrm{M}(\Delta)$ un corps différentiel. On dit qu'un corps $\mathrm{F}' \supset \mathrm{F}$ est une *extension élémentaire* de F s'il existe une suite finie

$$(1) \qquad \mathrm{F} = \mathrm{F}_0 \subset \mathrm{F}_1 \subset \mathrm{F}_2 \subset \cdots \subset \mathrm{F}_{n-1} \subset \mathrm{F}_n = \mathrm{F}'$$

telle que pour tout $j \leqslant n - 1$, on ait $\mathrm{F}_{j+1} = \mathrm{F}_j(t_j)$, où l'on a, ou bien $t'_j = a'_j/a_j$ pour un $a_j \neq 0$ dans F_j (de sorte que l'on peut écrire $t_j = \log a_j$, ou bien $t'_j/t_j = a'_j$ pour un $a_j \in F_j$ (de sorte que $t_j = \exp(a_j)$). Une *fonction élémentaire* est une fonction qui appartient à une extension élémentaire de $\mathbf{C}(z)$ (corps des fonctions rationnelles sur $\mathbf{C}$).
Par exemple, les fonctions

$$\text{Arc sin } z, \qquad (\log z)^{\log z}, \qquad \left(1 - \exp\left(\frac{1}{\exp\left(\frac{1}{z}\right) - 1}\right)\right)^{\alpha} \quad (\alpha \in \mathbf{C})$$

sont des fonctions élémentaires.

b) Soit $a \in \mathrm{F}$ tel qu'il existe des éléments u_j $(1 \leqslant j \leqslant m)$ et v d'une extension élémentaire F' de F, et des constantes $\gamma_j \in \mathbf{C}$ $(1 \leqslant j \leqslant m)$ tels que l'on ait

$$(*) \qquad a = \sum_{j=1}^{m} \gamma_j \frac{u'_j}{u_j} + v'.$$

Montrer alors qu'il existe des éléments f_j $(1 \leqslant j \leqslant p)$ et g de F et des constantes $\beta_j \in \mathbf{C}$ $(1 \leqslant j \leqslant p)$ tels que l'on ait

$$(**) \qquad a = \sum_{j=1}^{p} \beta_j \frac{f'_j}{f_j} f_j + g'.$$

(Se ramener par récurrence sur le nombre n dans la suite (1) au cas où $\mathrm{F}' = \mathrm{F}(t)$. En modifiant les u_j, montrer d'abord qu'on peut supposer les γ_j linéairement indépendants sur $\mathbf{Q}$. Lorsque t est transcendant sur F, utiliser l'exerc. 27: si $t' = s'/s$ avec $s \in \mathrm{F}$, on a nécessairement $u_j \in \mathrm{F}$ et $c \in \mathrm{F}[t]$; en utilisant (*) et raisonnant par l'absurde, montrer qu'on on a nécessairement $v = \alpha t + b$ avec $\alpha \in \mathbf{C}$ et $b \in \mathrm{F}$. Si $t'/t = r'$ avec $r \in \mathrm{F}$, montrer qu'en remplaçant v par $v + k.r$ pour un entier $k \in \mathbf{Z}$ convenable, on peut encore supposer que $u_j \in \mathrm{F}$, $v \in \mathrm{F}[t]$; montrer par l'absurde que v est de degré 0, donc $v \in \mathrm{F}$. Enfin, si t est algébrique sur F, plonger F' dans une extension galoisienne K de F et considérer les transformés de (*) par le groupe de Galois de K sur F.)$_*$

* 29) Soient f et g deux fonctions rationnelles de z (éléments de $\mathbf{C}(z)$). Montrer que, pour que la primitive $\int f(z)e^{g(z)}\,dz$ soit une fonction élémentaire (exerc. 28), il faut et il suffit qu'il existe une fonction rationnelle $r \in \mathbf{C}(z)$ telle que $f = r' + rg'$. (Poser $t = e^g$ et considérer le corps différentiel $\mathrm{F} = \mathbf{C}(z, t)$, extension élémentaire de $\mathbf{C}(z)$, puisque $t'/t = g'$. Montrer d'abord que t est transcendant sur $\mathbf{C}(z)$: en raisonnant par l'absurde, considérer une extension galoisienne K de $\mathbf{C}(z)$ contenant t, et les transformés de l'équation $t'/t = g'$ par le groupe de Galois de K; on obtiendrait une équation $g' = u'/u$ avec $u \in \mathbf{C}(z)$, et il est impossible que g' n'ait que des pôles simples dans $\mathbf{C}$. Appliquant l'exerc. 28, on a $ft = \sum_j \gamma \frac{u'_j}{u_j} + v'$, avec $\gamma_j \in \mathbf{C}$, les u_j et v dans F; on peut se ramener au cas où les γ_j sont linéairement indépendants sur $\mathbf{Q}$. Appliquant ensuite l'exerc. 27 à l'extension $\mathbf{C}(z)(t)$, montrer que l'on a $ft = v' + h$, avec $h \in \mathbf{C}(z)$ et $v \in \mathbf{C}(z)[t]$. En conclure que v est nécessairement de degré 1 en t, et par suite que f est égal au coefficient de t dans v'.)

En déduire que les primitives $\int e^{z^2}\,dx$ et $\int e^z\,dz/z$ ne sont pas des fonctions élémentaires (*théorème de Liouville*), en examinant dans la relation $f = r' - rg'$ l'allure des deux membres au voisinage d'un pôle de r.$_*$

30) *a*) Si m et n sont deux entiers tels que $0 < m < n$, démontrer, la formule

$$\int_0^{+\infty} \frac{x^{m-1}dx}{1 + x^n} = \frac{\pi}{n \sin \dfrac{m\pi}{n}}.$$

b) Montrer que, pour $0 < a < 1$, l'intégrale $\int_0^{+\infty} \frac{x^{a-1}}{1+x}\,dx$ est uniformément convergente, pour a variant dans un intervalle compact, et déduire de *a*) que

$$\int_0^{+\infty} \frac{x^{a-1}dx}{1 + x} = \frac{\pi}{\sin a\pi}.$$

31) Si $\mathrm{I}_{m,n}$ est une primitive de $\sin^m x \cos^n x$ (m et n nombres réels quelconques), montrer que, si $m + n + 2 \neq 0$

$$\mathrm{I}_{m+2,n} = -\frac{\sin^{m+1} x \cos^{n+1} x}{m + n + 2} + \frac{m + 1}{m + n + 2}\,\mathrm{I}_{m,n}$$

est une primitive de $\sin^{m+2} x \cos^n x$.

Retrouver à l'aide de cette formule la formule (29) de III, p. 10 et démontrer la formule

$$\int_0^{\pi/2} \sin^{2n+1} x\, dx = \frac{2.4.6\ldots 2n}{1.3.5\ldots(2n+1)} \quad (n \text{ entier } \geqslant 0).$$

32) Démontrer la *formule de Wallis*

$$\lim_{n\to\infty} \frac{1}{\sqrt{n}} \cdot \frac{2.4.6\ldots 2n}{1.3.5\ldots(2n-1)} = \sqrt{\pi}$$

en utilisant l'exerc. 31 et l'inégalité $\sin^{n+1} x \leqslant \sin^n x$ pour $0 \leqslant x \leqslant \pi/2$.

33) *a*) Calculer les intégrales

$$\int_0^1 (1-x^2)^n\, dx, \qquad \int_0^{+\infty} \frac{dx}{(1+x^2)^n}$$

pour n entier > 0, à l'aide de l'exerc. 31.

b) Montrer que l'on a

$$1 - x^2 \leqslant e^{-x^2} \quad \text{pour } 0 \leqslant x \leqslant 1$$

$$e^{-x^2} \leqslant \frac{1}{1+x^2} \quad \text{pour } x \geqslant 0.$$

c) Déduire de *a*) et *b*) et de la formule de Wallis (exerc. 32) que

$$\int_0^{+\infty} e^{-x^2}\, dx = \frac{\sqrt{\pi}}{2}.$$

34) *a*) Montrer que pour $\alpha > 0$, la dérivée de

$$I(\alpha) = \int_0^{+\infty} e^{-\alpha x} \frac{\sin x}{x}\, dx$$

est égale à $-\int_0^{+\infty} e^{-\alpha x} \sin x\, dx$.

b) En déduire que $\int_0^{+\infty} \frac{\sin x}{x}\, dx = \frac{\pi}{2}$.

35) Démontrer, par dérivation par rapport au paramètre, et utilisation de l'exerc. 33 *c*), les formules

$$\int_0^{+\infty} e^{-x^2} \cos \alpha x\, dx = \frac{\sqrt{\pi}}{2} e^{-\alpha^2}, \qquad \int_0^{+\infty} \frac{1 - e^{-\alpha x^2}}{x^2}\, dx = \sqrt{\pi\alpha},$$

$$\int_0^{+\infty} \exp\left(-x^2 - \frac{\alpha^2}{x^2}\right) dx = \frac{\sqrt{\pi}}{2} e^{-2\alpha} \quad (\alpha > 0).$$

36) Déduire de l'exerc. 33 *c*) ci-dessus et de II, p. 36, exerc. 9, que l'on a

$$\int_0^{+\infty} \sin x^2\, dx = \frac{1}{2}\sqrt{\frac{\pi}{2}}.$$

37) Soit $\mathbf{f}$ une fonction vectorielle réglée dans $]0, 1[$, telle que l'intégrale $\int_0^\pi \mathbf{f}(\sin x)\, dx$ soit convergente. Montrer que l'intégrale $\int_0^\pi x\mathbf{f}(\sin x)\, dx$ est convergente et que l'on a

$$\int_0^\pi x\, \mathbf{f}(\sin x)\, dx = \frac{\pi}{2} \int_0^\pi \mathbf{f}(\sin x)\, dx.$$

38) Soit $\mathbf{f}$ une fonction vectorielle réglée pour $x \geqslant 0$, continue au point $x = 0$ et telle que l'intégrale $\int_a^{+\infty} \mathbf{f}(x)\,dx/x$ soit convergente pour $a > 0$. Montrer que pour $a > 0$ et $b > 0$, l'intégrale $\displaystyle\int_0^{+\infty} \frac{\mathbf{f}(ax) - \mathbf{f}(bx)}{x}\,dx$ est convergente et égale à $\mathbf{f}(0)\log a/b$.

39) Soient m une fonction convexe dans $[0, +\infty[$, telle que $m(0) = 0$, et p un nombre tel que $-1 < p < +\infty$. Montrer que si l'intégrale $\int_0^{+\infty} x^p \exp(-m'_d(x))\,dx$ est convergente, il en est de même de l'intégrale $\int_0^{+\infty} x^p \exp(-m(x)/x)\,dx$, et l'on a

$$\int_0^{+\infty} x^p \exp(-m(x)/x)\,dx \leqslant e^{p+1} \int_0^{+\infty} x^p \exp(-m'_d(x))\,dx.$$

(Pour $k > 1$ et $A > 0$, remarquer que $m(kx) \geqslant m(x) + (k-1)xm'_d(x)$, et en déduire l'inégalité

$$k^{-p-1} \int_0^{kA} x^p \exp(-m(x)/x)\,dx \leqslant \int_0^{A} x^p \exp\left(-\frac{m(x)}{kx} - \frac{k-1}{k}\, m'_d(x)\right) dx.$$

Majorer la seconde intégrale à l'aide de l'inégalité de Hölder (II, p. 24, exerc. 3) puis faire tendre A vers $+\infty$ et k vers 1.)

§ 2

1) Soit $\mathbf{f}$ une fonction vectorielle n fois dérivable dans un intervalle $I \subset \mathbf{R}$. Démontrer la formule

$$D^n\mathbf{f}(e^x) = \sum_{m=1}^{n} \frac{a_m}{m!} e^{mx}\mathbf{f}^{(m)}(e^x)$$

en tout point x tel que $e^x \in I$, le cofficient a_m ayant pour expression

$$a_m = \sum_{p=0}^{m} (-1)^p \binom{m}{p} (m-p)^n$$

(méthode de I, p. 47, exerc. 7, en utilisant le développement de Taylor de e^x).

2) Soient f une fonction numérique n fois dérivable au point x, $\mathbf{g}$ une fonction vectorielle n fois dérivable au point $f(x)$. Si l'on pose $D^n(\mathbf{g}(f(x))) = \sum_{k=1}^{n} \mathbf{g}^{(k)}(f(x))u_k(x)$, u_k ne dépend que de la fonction f; en déduire que $u_k(x)$ est le coefficient de t^k dans le développement (par rapport à t) de $e^{-tf(x)} D^n(e^{tf(x)})$.

3) Pour tout x *réel* > 0 et tout $m = \mu + i\nu$ *complexe*, on pose $x^m = e^{m \log x}$; montrer que la formule (19) de III, p. 18, est encore valable pour m complexe et $x > -1$, et que le reste $r_n(x)$ de cette formule satisfait aux inégalités

$$|r_n(x)| \leqslant \left| \binom{m-1}{n} \frac{m}{\mu} x^n[(1+x)^\mu - 1] \right| \quad \text{si } \mu \neq 0$$

$$|r_n(x)| \leqslant \left| \binom{m-1}{n} m x^n \log(1+x) \right| \quad \text{si } \mu = 0.$$

Généraliser l'étude de la convergence de la série de binôme au cas où m est complexe.

4) Pour tout x réel et tout nombre $p > 1$ démontrer l'inégalité

$$|1+x|^p \leqslant 1 + px + \frac{p(p-1)}{2} x^2 + \cdots + \frac{p(p-1)\ldots(p-m+2)}{(m-1)!} x^{m-1}$$
$$+ \frac{p(p-1)\ldots(p-m+1)}{m!} |x|^m + h_p|x|^p$$

où on a posé $m = [p]$ (partie entière de p) et

$$h_p = \frac{p(p-1)\dots(p-m+1)}{(m-1)!}\int_0^1 z^{p-m}(1-z)^{m-1}\,dz.$$

¶ 5) Montrer que π est irrationnel, de la façon suivante: si on avait $\pi = p/q$ (p et q entiers), en posant $f(x) = (x(\pi - x))^n/n!$ l'intégrale $q^n \int_0^\pi f(x) \sin x\, dx$ serait un entier > 0 (utiliser la formule d'intégration par parties d'ordre $n + 1$); mais montrer d'autre part que $q^n \int_0^\pi f(x) \sin x\, dx$ tend vers 0 lorsque n tend vers $+\infty$.

6) Montrer que dans l'intervalle $(-1, +1)$, la fonction $|x|$ est limite uniforme de polynômes, en remarquant que $|x| = (1-(1-x^2))^{1/2}$ et utilisant la série du binôme. En déduire une nouvelle démonstration du th. de Weierstrass (cf. II, p. 32, exerc. 20).

¶ 7) Soient p un nombre premier, $\mathbf{Q}_p$ le corps des nombres p-adiques (TG, III, p. 84, exerc. 23 à 25), $\mathbf{Z}_p$ l'anneau des entiers p-adiques, $\mathfrak{p}$ l'idéal principal (p) dans $\mathbf{Z}_p$.

a) Soit $a = 1 + pb$, où $b \in \mathbf{Z}_p$ est un un élément du groupe multiplicatif $1 + \mathfrak{p}$; montrer que lorsque l'entier rationnel m augmente indéfiniment, le nombre p-adique $\dfrac{(1+pb)^{p^m} - 1}{p^m}$ tend vers une limite égale à la somme de la série convergente

$$\frac{pb}{1} - \frac{p^2b^2}{2} + \dots + (-1)^{n-1}\frac{p^nb^n}{n} + \dots$$

On désignera cette limite par $\log a$.

b) Montrer que, lorsque le nombre p-adique x tend vers 0 dans $\mathbf{Q}_p$, le nombre $\dfrac{a^x - 1}{x}$ tend vers $\log a$ (utiliser *a*) et la définition de la topologie de $\mathbf{Q}_p$).

c) Montrer que, si $p \neq 2$, on a $\log a \equiv pb \pmod{\mathfrak{p}^2}$, et si $p = 2$, $\log a \equiv 0 \pmod{\mathfrak{p}^2}$, et $\log a \equiv -4b^4 \pmod{\mathfrak{p}^3}$.

d) Montrer que, si $p \neq 2$ (resp. $p = 2$), $x \mapsto \log x$ est un isomorphisme du groupe topologique multiplicatif $1 + \mathfrak{p}$ sur le groupe topologique additif $\mathfrak{p}$ (resp. $\mathfrak{p}^2$); en particulier, si e_p est l'élément de $1 + \mathfrak{p}$ tel que $\log e_p = p$ (resp. $\log e_2 = 4$), l'isomorphisme de $\mathbf{Z}_p$ sur $1 + \mathfrak{p}$, réciproque de $x \mapsto \dfrac{1}{p}\log x$ (resp. $x \mapsto \frac{1}{4}\log x$) est $y \mapsto e_p^y$ (cf. TG, III, p. 84, exerc. 25).

e) Montrer que pour tout $a \in 1 + \mathfrak{p}$, la fonction continue $x \mapsto a^x$, définie dans $\mathbf{Z}_p$, admet en tout point une dérivée égale à $a^x \log a$; en déduire que la fonction $\log x$ admet en tout point de $1 + \mathfrak{p}$ une dérivée égale à $1/x$.

¶ 8) *a*) Avec les notations de l'exerc. 7, montrer que la série de terme général $x^n/n!$ est convergente pour tout $x \in \mathfrak{p}$ si $p \neq 2$, pour tout $x \in \mathfrak{p}^2$ (mais pour aucun $x \notin \mathfrak{p}^2$) si $p = 2$, pour tout $x \in \mathfrak{p}^2$ (mais pour aucun $x \notin \mathfrak{p}^2$) si $p = 2$ (déterminer l'exposant de p dans la décomposition de $n!$ en facteurs premiers). Si $f(x)$ est la somme de cette série, montrer que f est un homomorphisme continu de $\mathfrak{p}$ (resp. $\mathfrak{p}^2$) dans $1 + \mathfrak{p}^2$. En déduire que l'on a, pour tout $z \in \mathbf{Z}_p$, $f(pz) = e_p^z$ (resp. $f(p^2z) = e_p^z$), autrement dit, que

$$e_p = 1 + \frac{p}{1!} + \frac{p^2}{2!} + \dots + \frac{p^n}{n!} + \dots \quad \text{si } p \neq 2$$

$$e_2 = 1 + \frac{4}{1!} + \frac{4^2}{2!} + \dots + \frac{4^n}{n!} + \dots$$

(utiliser l'exerc. 7 *e*)).

b) Pour tout $a \in 1 + \mathfrak{p}$ et tout $x \in \mathbf{Z}_p$, montrer que $\log(a^x) = x \log a$, et déduire de *a*) et de l'exerc. 7 *d*) que l'on a

$$a^x = 1 + \frac{x\log a}{1!} + \frac{x^2(\log a)^2}{2!} + \dots + \frac{x^n(\log a)^n}{n!} + \dots$$

c) Pour tout $m \in \mathbf{Z}_p$, montrer que la fonction continue $x \mapsto x^m$, définie dans $1 + \mathfrak{p}$, admet une dérivée égale à mx^{m-1} (utiliser *b*) et l'exerc. 7 *e*)).

d) Montrer que pour tout $m \in \mathbf{Z}_p$ et tout $x \in \mathfrak{p}$ si $p \neq 2$ ($x \in \mathfrak{p}^2$ si $p = 2$) la série de terme général $\binom{m}{n} x^n$ est convergente et que sa somme est fonction continue de m; en déduire que cette somme est égale à $(1 + x)^m$ en remarquant que $\mathbf{Z}$ est partout dense dans $\mathbf{Z}_p$.

¶ 9) Avec les notations de l'exerc. 7), on désigne par $\mathbf{O}_2^+(\mathbf{Q}_p)$ (groupe des rotations de l'espace $\mathbf{Q}_p^2$) le groupe des matrices de la forme

$$\begin{pmatrix} x & y \\ -y & x \end{pmatrix}$$

à éléments dans $\mathbf{Q}_p$, tels que $x^2 + y^2 = 1$, ce groupe étant muni de la topologie définie dans TG, VIII, p. 27, exerc. 2.

a) On désigne par G_n le sous-groupe de $\mathbf{O}_2^+(\mathbf{Q}_p)$ formé des matrices telles que $t = y/(1 + x) \in \mathfrak{p}^n$. Montrer que G_n est un groupe compact, que G_n/G_{n+1} est isomorphe à $\mathbf{Z}/p\mathbf{Z}$, et que les seuls sous-groupes compacts de G_1 sont les groupes G_n (cf. TG, III, p. 84, exerc. 24).

b) Montrer que G_1 est identique au sous-groupe des matrices

$$\begin{pmatrix} x & y \\ -y & x \end{pmatrix}$$

telles que $x^2 + y^2 = 1$, $x \in 1 + \mathfrak{p}^2$ et $y \in \mathfrak{p}$ si $p \neq 2$, $x \in 1 + \mathfrak{p}^3$ et $y \in \mathfrak{p}^2$ si $p = 2$.

c) Montrer que les séries de terme général $(-1)^n x^{2n}/(2n)!$ et $(-1)^{n-1} x^{2n+1}/(2n + 1)!$ sont convergentes pour tout $x \in \mathfrak{p}$ si $p \neq 2$, pour tout $x \in \mathfrak{p}^2$ si $p = 2$; soient $\cos x$ et $\sin x$ les sommes de ces séries. Montrer que l'application

$$x \mapsto \begin{pmatrix} \cos x & \sin x \\ -\sin x & \cos x \end{pmatrix}$$

est un isomorphisme du groupe topologique additif $\mathfrak{p}$ (resp. $\mathfrak{p}^2$) sur le groupe G_1.

d) Si p est de la forme $4h + 1$ (h entier), il existe dans $\mathbf{Q}_p$ un élément i tel que $i^2 = -1$. Si à tout $z \in \mathbf{Q}_p^*$ on fait correspondre la matrice

$$\begin{pmatrix} \frac{1}{2}\left(z + \frac{1}{z}\right) & \frac{1}{2i}\left(z - \frac{1}{z}\right) \\ -\frac{1}{2i}\left(z - \frac{1}{z}\right) & \frac{1}{2}\left(z + \frac{1}{z}\right) \end{pmatrix}$$

on définit un isomorphisme du groupe multiplicatif $\mathbf{Q}_p^*$ sur le groupe $\mathbf{O}_2^+(\mathbf{Q}_p)$; au groupe $1 + \mathfrak{p}$ correspond par cet isomorphisme le groupe G_1, et on a $\cos px + i \sin px = e_p^{ix}$ (III, p. 33, exerc. 8).

e) Si p est de la forme $4h + 3$ (h entier), les matrices de $\mathbf{O}_2^+(\mathbf{Q}_p)$ ont nécessairement leurs éléments *entiers p-adiques*. Le polynôme $X^2 + 1$ est alors irréductible dans $\mathbf{Q}_p$; soit $\mathbf{Q}_p(i)$ l'extension quadratique de $\mathbf{Q}_p$ obtenu par adjonction d'une racine i de $X^2 + 1$; on munit $\mathbf{Q}_p(i)$ de la topologie définie dans TG, VIII, p. 27, exerc. 2. Le groupe $\mathbf{O}_2^+(\mathbf{Q}_p)$ est isomorphe au groupe multiplicatif N des éléments de $\mathbf{Q}_p(i)$ de norme 1, par l'isomorphisme qui à la matrice $\begin{pmatrix} x & y \\ -y & x \end{pmatrix}$ fait correspondre l'élément $z = x + iy$. Montrer que, dans $\mathbf{Q}_p(i)$, il existe $p + 1$ racines de l'équation $x^{p+1} = 1$, qui forment un sous-groupe cyclique R de N (raisonner comme dans TG, III, p. 84, exerc. 24: montrer d'abord qu'il existe, dans $\mathbf{Q}_p(i)$, $p + 1$ racines distinctes de la congruence $x^{p+1} \equiv 1 \pmod{p}$ et, pour chaque racine a de cette congruence, former la suite $(a^{p^{2n}})$). En déduire que le groupe $\mathbf{O}_2^+(\mathbf{Q}_p)$ est isomorphe au *produit* des groupes R et G_1.

f) Montrer que, pour $p = 2$, le groupe $\mathbf{O}_2^+(\mathbf{Q}_p)$ est isomorphe au produit du groupe G_1 et d'un groupe cyclique d'ordre 4.

NOTE HISTORIQUE

(*Chapitres I, II, et III*)

(N-B. — Les chiffres romains renvoient à la bibliographie placée à la fin de cette note.)

En 1604, à l'apogée de sa carrière scientifique, Galilée croit démontrer que, dans un mouvement rectiligne où la vitesse croît proportionnellement au chemin parcouru, la loi du mouvement sera bien celle ($x = ct^2$) qu'il a découverte dans la chute des graves ((III), t. X, p. 115–116). Entre 1695 et 1700, il n'est pas un volume des *Acta Eruditorum* mensuellement publiés à Leipzig, où ne paraissent des mémoires de Leibniz, des frères Bernoulli, du marquis de l'Hôpital, traitant, à peu de chose près avec les notations dont nous nous servons encore, des problèmes les plus variés du calcul différentiel, du calcul intégral, du calcul des variations. C'est donc presque exactement dans l'intervalle d'un siècle qu'a été forgé le calcul infinitésimal, ou, comme ont fini par dire les Anglais, le Calcul par excellence (« calculus ») ; et près de trois siècles d'usage constant n'ont pas encore complètement émoussé cet instrument incomparable.

Les Grecs n'ont rien possédé ni imaginé de semblable. S'ils ont connu sans doute, ne fût-ce que pour s'en refuser l'emploi, un calcul algébrique, celui des Babyloniens, dont une partie de leur Géométrie n'est peut-être qu'une transcription, c'est strictement dans le domaine de l'invention géométrique que s'inscrit leur création mathématique peut-être la plus géniale, leur méthode pour traiter des problèmes qui pour nous relèvent du calcul intégral. Eudoxe, traitant du volume du cône et de la pyramide, en avait donné les premiers modèles, qu'Euclide nous a plus ou moins fidèlement transmis ((I), livre XII, prop. 7 et 10). Mais surtout, c'est à ces problèmes qu'est consacrée presque toute l'œuvre d'Archimède ((II) et (II bis)) ; et, par une fortune singulière, nous sommes à même de lire encore dans leur texte original, dans le sonore dialecte dorien où il les avait si soigneusement rédigés, la plupart de ses écrits, et jusqu'à celui, retrouvé récemment, où il expose les procédés « heuristiques » par lesquels il a été conduit à quelques-uns de ses plus beaux résultats ((II), t. II, p. 425–507). Car c'est là une des faiblesses de l'« exhaustion » d'Eudoxe: méthode de démonstration irréprochable (certains postulats étant admis), ce n'est pas une méthode de découverte; son application repose nécessairement sur la connaissance préalable du résultat à démontrer; aussi, dit Archimède, « *des résultats dont Eudoxe a trouvé le premier la démonstration, au sujet du cône et de la pyramide…, une part non petite revient à Démocrite, qui fut le premier à les énoncer sans démonstration* » (*loc. cit.*, p. 430). Cette circonstance rend particulièrement difficile l'analyse détaillée de l'œuvre d'Archimède, analyse qui, à vrai dire, ne semble avoir été entreprise par aucun historien moderne; car de ce fait nous ignorons jusqu'à quel point il a pris conscience des liens de parenté qui unissent les divers problèmes dont il traite (liens que nous exprimerions en disant que la même intégrale revient en maints endroits, sous des aspects géométriques variés), et quelle importance il a pu leur attribuer. Par exemple, considérons les problèmes suivants, le premier résolu par Eudoxe, les autres par Archimède : le volume de la pyramide, l'aire du segment de parabole, le centre de gravité du triangle, et l'aire de la spirale dite d'Archimède ($\rho = c\omega$ en coordonnées polaires) ; ils dépendent tous de l'intégrale $\int x^2\, dx$, et, sans s'écarter en rien de l'esprit de la méthode d'exhaustion, on peut tous les ramener au calcul de « sommes de Riemann » de la forme $\sum_n an^2$. C'est ainsi en effet qu'Archimède traite de la spirale ((II), t. II, p. 1–121), au moyen d'un lemme qui revient à écrire

$$N^3 < 3\sum_{n=1}^{N} n^2 = N^3 + N^2 + \sum_{n=1}^{N} n < (N+1)^3.$$

Quant au centre de gravité du triangle, il démontre (par exhaustion, au moyen d'une décomposition en tranches parallèles) qu'il se trouve sur chacune des médianes, donc à leur point de concours ((II), t. II, p. 261–315). Pour la parabole, il donne trois procédés : l'un, heuristique, destiné seulement à «*donner quelque vraisemblance au résultat* », ramène le problème au centre de gravité du triangle, par un raisonnement de statique au cours duquel il n'hésite pas à considérer le segment de parabole comme la somme d'une infinité de segments de droite parallèles à l'axe ((II), t. II, p. 435–439) ; une autre méthode repose sur un principe analogue, mais est rédigée en toute rigueur par exhaustion ((II), t. II, p. 261–315) ; une dernière démonstration, extraordinairement ingénieuse mais de moindre portée, donne l'aire cherchée comme somme d'une série géométrique au moyen des propriétés particulières de la parabole. Rien n'indique une relation entre ces problèmes et le volume de la pyramide ; il est même spécifié ((II), t. II, p. 8) que les problèmes relatifs à la spirale n'ont « rien de commun » avec certains autres relatifs à la sphère et au paraboloïde de révolution, dont Archimède a eu l'occasion de parler dans la même introduction et parmi lesquels il s'en trouve un (le volume du paraboloïde) qui revient à l'intégrale $\int x\, dx$.

Comme on le voit sur ces exemples, et sauf emploi d'artifices particuliers, le principe de l'exhaustion est le suivant : par une décomposition en « sommes de Riemann », on obtient des bornes supérieure et inférieure pour la quantité étudiée, bornes qu'on compare directement à l'expression annoncée pour cette quantité, ou bien aux bornes correspondantes pour un problème analogue déjà résolu. La comparaison (qui, faute de pouvoir employer les nombres négatifs, se fait nécessairement en deux parties) est introduite par les paroles sacramentelles : « sinon, en effet, elle serait, ou plus grande, ou plus petite ; supposons, s'il se peut, qu'elle soit plus grande, etc. ; supposons, s'il se peut, qu'elle soit plus petite, etc. », d'où le nom de méthode « apagogique » ou « par réduction à l'absurde » (« ἀπαγωγὴ εἰς ἀδύνατον ») que lui donnent les savants du XVIIe siècle. C'est sous une forme analogue qu'est rédigée la détermination de la tangente à la spirale par Archimède ((II), t. II, p. 62–76), résultat isolé, et le seul que nous ayons à citer comme source antique du « calcul différentiel » en dehors de la détermination relativement facile des tangentes aux coniques, et quelques problèmes de maxima et minima. Si en effet, en ce qui concerne l'« intégration », un champ de recherches immense était offert aux mathématiciens grecs, non seulement par la théorie des volumes, mais encore par la statique et l'hydrostatique, ils n'ont guère eu, faute d'une cinématique, l'occasion d'aborder sérieusement la différentiation. Il est vrai qu'Archimède donne une définition cinématique de sa spirale; et, faute de savoir comment il a pu être conduit à la connaissance de sa tangente, on a le droit de se demander s'il n'a pas eu quelque idée de la composition des mouvements. Mais en ce cas n'aurait-il pas appliqué une méthode si puissante à d'autres problèmes du même genre? Il est plus vraisemblable qu'il a dû se servir de quelque procédé heuristique de passage à la limite que les résultats connus de lui sur les coniques pouvaient lui suggérer; ceux-ci, bien entendu, sont de nature essentiellement plus simple, puisqu'on peut construire les points d'intersection d'une droite et d'une conique, et par conséquent déterminer la condition de coïncidence de ces points. Quant à la définition de la tangente, celle-ci est conçue comme une droite qui, au voisinage d'un certain point de la courbe laisse la courbe tout entière d'un même côté; l'existence en est admise, et il est admis aussi que toute courbe se compose d'arcs convexes; dans ces conditions, pour démontrer qu'une droite est tangente à une courbe, il faut démontrer certaines inégalités, ce qui est fait bien entendu avec la plus complète précision.

Du point de vue de la rigueur, les méthodes d'Archimède ne laissent rien à désirer; et, au XVIIe siècle encore, lorsque les mathématiciens les plus scrupuleux veulent mettre entièrement hors de doute un résultat jugé particulièrement délicat, c'est une démonstration « apagogique » qu'ils en donnent ((XI *a*) et (XII *a*)). Quant à leur fécondité, l'œuvre d'Archimède en est un suffisant témoignage. Mais pour qu'on ait le droit de voir là un « calcul intégral », il faudrait y mettre en évidence, à travers la multiplicité des apparences géométriques, quelque ébauche de classification des problèmes suivant la nature de l'« intégrale » sous-jacente. Au XVIIe siècle, nous allons le voir, la recherche d'une telle classification devient peu à peu l'un des principaux soucis des géomètres; si l'on n'en trouve pas trace chez Archimède, n'est-ce pas un signe que de telles spéculations lui seraient apparues comme exagérément « abstraites », et qu'il s'est volontairement, au contraire, en chaque occasion, tenu le plus près possible des propriétés spécifiques de la figure dont il poursuivait l'étude? Et ne devons-nous pas conclure que cette œuvre admirable, d'où le calcul intégral, de l'aveu de ses créateurs, est tout entier sorti, est en quelque façon à l'opposé du calcul intégral?

Ce n'est pas impunément, par ailleurs, qu'on peut, en mathématique, laisser se creuser un fossé entre découverte et démonstration. Aux époques favorables, le mathématicien, sans manquer à la rigueur, n'a qu'à mettre par écrit ses idées presque telles qu'il les conçoit; parfois encore il peut espérer faire en sorte qu'il en soit ainsi, au prix d'un changement heureux dans le langage et les notations admises. Mais souvent aussi il doit se résigner à choisir entre des méthodes d'exposition incorrectes et peut-être fécondes, et des méthodes correctes mais qui ne lui permettent plus d'exprimer sa pensée qu'en la déformant et au prix d'un fatigant effort. L'une ni l'autre voie n'est exempte de dangers. Les Grecs ont suivi la seconde, et c'est là peut-être, plus encore que dans l'effet stérilisant de la conquête romaine, qu'il faut chercher la raison du surprenant arrêt de leur mathématique presque aussitôt après sa plus brillante floraison. Il a été suggéré, sans invraisemblance, que l'enseignement oral des successeurs d'Archimède et d'Apollonius a pu contenir maint résultat nouveau sans qu'ils aient cru devoir s'infliger l'extraordinaire effort requis pour une publication conforme aux canons reçus. Ce ne sont plus de tels scrupules en tout cas qui arrêtent les mathématiciens du XVIIe siècle, lorsque, devant les problèmes nouveaux qui se posent en foule, ils cherchent dans l'étude assidue des écrits d'Archimède les moyens de le dépasser.

Tandis que les grands classiques de la littérature et de la philsophie grecque ont tous été imprimés en Italie, par Alde Manuce et ses émules, et presque tous avant 1520, c'est en 1544 seulement, et chez Hervagius à Bâle, que paraît l'édition princeps d'Archimède, grecque et latine,[1] sans qu'aucune publication antérieure en latin soit venue la préparer; et, loin que les mathématiciens de cette époque (absorbés qu'ils étaient par leurs recherches algébriques) en aient ressenti aussitôt l'influence, il faut attendre Galilée et Képler, tous deux astronomes et physiciens bien plus que mathématiciens, pour que cette influence devienne manifeste. A partir de ce moment, et sans cesse jusque vers 1670, il n'est pas de nom, dans les écrits des fondateurs du Calcul infinitésimal, qui revienne plus souvent que celui d'Archimède. Plusieurs le traduisent et le commentent; tous, de Fermat à Barrow, le citent à l'envi; tous déclarent y trouver à la fois un modèle et une source d'inspiration.

Il est vrai que ces déclarations, nous allons le voir, ne doivent pas toutes être prises tout à fait à la lettre; là se trouve l'une des difficultés qui s'opposent à une juste interprétation de ces écrits. L'historien doit tenir compte aussi de l'organisation du monde scientifique de cette époque, fort défectueuse encore au début du XVIIe siècle, tandis que vers la fin du même siècle, par la création des sociétés savantes et des périodiques scientifiques, par la consolidation et le développement des universités, elle finit par ressembler fort à ce que nous connaissons aujourd'hui. Dépourvus de tout périodique jusqu'en 1665, les mathématiciens n'avaient le choix, pour faire connaître leurs travaux, qu'entre la voie épistolaire, et l'impression d'un livre, le plus souvent à leurs propres frais, ou à ceux d'un mécène s'il

[1] *Archimedis Opera quae quidem exstant omnia, nunc primus et gr. et lat. edita . . .* Basileae, Jo. Hervagius, 1544, 1 vol. in-fol.

s'en trouvait. Les éditeurs et imprimeurs capables de travaux de cette sorte étaient rares, parfois peu sûrs. Après les longs délais et les tracas sans nombre qu'impliquait une publication de ce genre, l'auteur avait le plus souvent à faire face à des controverses interminables, provoquées par des adversaires qui n'étaient pas toujours de bonne foi, et poursuivies parfois sur un ton d'aigreur surprenant: car, dans l'incertitude générale où l'on se trouvait au sujet des principes mêmes du calcul infinitésimal, il n'était pas difficile à chacun de trouver des points faibles, ou du moins obscurs et contestables, dans les raisonnements de ses rivaux. On comprend que dans ces conditions beaucoup de savants épris de tranquillité se soient contentés de communiquer à quelques amis choisis leurs méthodes et leurs résultats. Certains, et surtout certains amateurs de science, tels Mersenne à Paris et plus tard Collins à Londres, entretenaient une vaste correspondance en tous pays, dont ils communiquaient des extraits de part et d'autre, non sans qu'à ces extraits ne se mêlassent des sottises de leur propre cru. Possesseurs de « méthodes » que, faute de notions et de définitions générales, ils ne pouvaient rédiger sous forme de théorèmes ni même formuler avec quelque précision, les mathématiciens en étaient réduits à en faire l'essai sur des foules de cas particuliers, et croyaient ne pouvoir mieux faire, pour en mesurer la puissance, que de lancer des défis à leurs confrères, accompagnés parfois de la publication de leurs propres résultats en langage chiffré. La jeunesse studieuse voyageait, et plus peut-être qu'aujourd'hui; et les idées de tel savant se répandaient parfois mieux par l'effet des voyages de tel de ses élèves que par ses propres publications, mais non sans qu'il y eût là une autre cause encore de malentendus. Enfin, les mêmes problèmes se posant nécessairement à une foule de mathématiciens, dont beaucoup fort distingués, qui n'avaient qu'une connaissance imparfaite des résultats les uns des autres, les réclamations de priorité ne pouvaient manquer de s'élever sans cesse, et il n'était pas rare que s'y joignissent des accusations de plagiat.

C'est donc dans les lettres et papiers privés des savants de ce temps, presque autant ou même plus que dans leurs publications proprement dites, que l'historien a à chercher ses documents. Mais, tandis que ceux d'Huygens par exemple nous ont été conservés et ont fait l'objet d'une publication exemplaire (XVI), ceux de Leibniz n'ont été publiés encore que d'une manière défectueuse et fragmentaire, et beaucoup d'autres sont perdus sans remède. Du moins les recherches les plus récentes, fondées sur l'analyse des manuscrits, ont-elles mis en évidence, d'une manière qui semble irréfutable, un point que des querelles partisanes avaient quelque peu obscurci: c'est que, chaque fois que l'un des grands mathématiciens de cette époque a porté témoignage sur ses propres travaux, sur l'évolution de sa pensée, sur les influences qu'il a subies et celles qu'il n'a pas subies, il l'a fait d'une manière honnête et sincère, et en toute bonne foi[1]; ces témoignages précieux, dont nous possédons un assez grand

[1] Ceci s'applique par exemple à Torricelli (voir (XII), t. VIII, p. 181–194) et à Leibniz (D. Mahnke, *Abh. Preuss. Akad. der Wiss.*, 1925, Nr. 1, Berlin, 1926). Ce n'est pas à dire, bien entendu,

nombre, peuvent donc être utilisés en toute confiance, et l'historien n'a pas à se transformer à leur égard en juge d'instruction. Au reste, la plupart des questions de priorité qu'on a soulevées sont tout à fait dépourvues de sens. Il est vrai que Leibniz, lorsqu'il adopta la notation dx pour la « différentielle », ignorait que Newton, depuis une dizaine d'années, se servait de $\dot{x}$ pour la « fluxion »: mais qu'importerait qu'il l'eût su? Pour prendre un exemple plus instructif, quel est l'auteur du théorème $\log x = \int dx/x$, et quelle en est la date? La formule, telle que nous venons de l'écrire, est de Leibniz puisque l'un et l'autre membre sont écrits dans sa notation. Leibniz lui-même, et Wallis, l'attribuent à Grégoire de Saint-Vincent. Ce dernier, dans son *Opus Geometricum* (IX) (paru en 1647, mais rédigé, dit-il, longtemps auparavant), démontre seulement l'équivalent de ce qui suit: si $f(a, b)$ désigne l'aire du segment hyperbolique $a \leqslant x \leqslant b$, $0 \leqslant y \leqslant A/x$, la relation $b'/a' = (b/a)^n$ entraîne $f(a', b') = n.f(a, b)$; à quoi son élève et commentateur Sarasa ajoute presque aussitôt[1] le remarque que les aires $f(a, b)$ peuvent donc « tenir lieu de logarithmes ». S'il n'en dit pas plus, et si Grégoire lui-même n'en avait rien dit, n'est-ce pas parce que, pour la plupart des mathématiciens de cette époque, les logarithmes étaient des « aides au calcul » sans droit de cité en mathématique? Il est vrai que Torricelli, dans une lettre de 1644 (VII bis), parle de ses recherches sur une courbe que nous noterions $y = ae^{-cx}$, $x \geqslant 0$, en ajoutant que là où Neper (que d'ailleurs il couvre d'éloges) « *ne poursuivait que la pratique arithmétique* », lui-même « *en tirait une spéculation de géométrie* »; et il a laissé sur cette courbe un manuscrit évidemment préparé pour la publication, mais resté inédit jusqu'en 1900 ((VII), t. I, p. 335–347). Descartes d'ailleurs avait rencontré la même courbe dès 1639 à propos du « problème de Debeaune » et l'avait décrite sans parler de logarithmes ((X), t. II, p. 514–517). Quoi qu'il en soit, J. Gregory, en 1667, donne, sans citer qui que ce soit ((XVII *a*), reproduit dans (XVI bis), p. 407–462), une règle pour calculer les aires des segments hyperboliques au moyen des logarithmes (décimaux): ce qui implique à la fois la connaissance théorique du lien entre la quadrature de l'hyperbole et les logarithmes, et la connaissance numérique du lien entre logarithmes « naturels » et « décimaux ». Est-ce à ce dernier point seulement que s'applique la revendication de Huygens, qui conteste aussitôt la nouveauté du résultat de Gregory (XVI *a*)? C'est ce qui n'est pas plus clair pour nous que pour les contemporains; ceux-ci en tout cas ont eu l'impression nette que l'existence d'un lien entre logarithmes et quadrature de l'hyperbole était chose connue depuis longtemps, sans qu'ils puissent là-dessus se référer qu'à des allusions épistolaires ou bien au livre de Grégoire de Saint-Vincent. En 1668, lorsque Brouncker donne (avec une démonstration de convergence soignée, par comparaison avec série géométrique) des séries pour log 2 et log (5/4) (XIV), il les présente comme expressions des segments d'hyperbole

qu'un mathématicien ne puisse se faire des illusions sur l'originalité de ses idées; mais ce ne sont pas les plus grands qui sont le plus enclins à se tromper à cet égard.

[1] *Solutio problematis* ... Auctore P. ALFONSO ANTONIO DE SARASA ... Antverpiae, 1649.

correspondants, et ajoute que les valeurs numériques qu'il obtient sont « dans le même rapport que les logarithmes » de 2 et de 5/4. Mais la même année, avec Mercator (XIII) (ou plus exactement avec l'exposé donné aussitôt par Wallis du travail de Mercator (XV bis)), le langage change: puisque les segments d'hyperbole sont proportionnels à des logarithmes, et qu'il est bien connu que les logarithmes ne sont définis par leurs propriétés caractéristiques qu'à un facteur constant près, rien n'empêche de considérer les segments d'hyperbole comme des logarithmes, qualifiés de « naturels » (par opposition aux logarithmes « artificiels » ou « décimaux »), ou hyperboliques; ce dernier pas franchi (à quoi contribue la série pour $\log(1 + x)$, donnée par Mercator), le théorème $\log x = \int dx/x$ est obtenu, à la notation près, ou plutôt il est devenu définition. Que conclure, sinon que c'est par transitions presque insensibles que s'en est faite la découverte, et qu'une dispute de priorité sur ce sujet ressemblerait fort à une querelle entre le violon et le trombone sur le moment exact où tel motif apparaît dans une symphonie? Et à vrai dire, tandis qu'à la même époque d'autres créations mathématiques, l'arithmétique de Fermat, la dynamique de Newton, portent un cachet fortement individuel, c'est bien au déroulement graduel et inévitable d'une symphonie, où le « Zeitgeist », à la fois compositeur et chef d'orchestre, tiendrait le bâton, que fait songer le développement du calcul infinitésimal au XVIIe siècle: chacun y exécute sa partie avec son timbre propre, mais nul n'est maître des thèmes qu'il fait entendre, thèmes qu'un contrepoint savant a presque inextricablement enchevêtrés. C'est donc sous forme d'une analyse thématique que l'histoire en doit être écrite; nous nous contenterons ici d'une esquisse sommaire, et qui ne saurait prétendre à une exactitude minutieuse.[1] Voici en tout cas les principaux thèmes qu'un examen superficiel fait apparaître:

A) Le thème de la *rigueur mathématique,* contrastant avec celui des *infiniments petit, indivisibles* ou *différentielles.* On a vu que tous deux tiennent une place importante chez Archimède, le premier dans toute son œuvre, le second dans le seul traité de la Méthode, que le XVIIe siècle n'a pas connu, de sorte que, s'il a été transmis et non réinventé, il n'a pu l'être que par la tradition philosophique. Le principe des infiniment petits apparaît d'ailleurs sous deux formes distinctes suivant qu'il s'agit de « différentiation » ou d'« intégration ». Quant à celle-ci, soit d'abord à calculer une aire plane: on la divisera en une infinité de tranches parallèles infiniment petites, au moyen d'une infinité de parallèles équidistantes; et chacune de ces tranches est un rectangle (bien qu'aucune des tranches finies qu'on obtiendrait au moyen de deux parallèles à distance finie ne soit un rectangle). De même, un solide de révolution sera décomposé en une infinité de cylindres de même hauteur infiniment petite, par des plans perpendiculaires à

[1] Dans ce qui suit, l'attribution d'un résultat à tel auteur, à telle date, indique seulement que ce résultat lui était connu à cette date (ce qui a été le plus souvent possible vérifié sur les textes originaux); nous n'entendons pas affirmer absolument que cet auteur n'en ait pas eu connaissance plus tôt, ou qu'il ne l'ait pas reçu d'autrui; encore bien moins voulons-nous dire que le même résultat n'a pu être obtenu indépendamment par d'autres, soit plus tôt, soit plus tard.

l'axe[1]; des façons de parler analogues pourront être employées lorsqu'il s'agit de décomposer une aire en triangles par des droites concourantes, ou de raisonner sur la longueur d'un arc de courbe comme s'il s'agissait d'un polygone à une infinité de côtés, etc. Il est certain que les rares mathématiciens qui possédaient à fond le maniement des méthodes d'Archimède, tels Fermat, Pascal, Huygens, Barrow, ne pouvaient, dans chaque cas particulier, trouver aucune difficulté à remplacer l'emploi de ce langage par des démonstrations rigoureuses; aussi font-ils fréquemment remarquer que ce langage n'est là que pour abréger. «*Il serait aisé*», dit Fermat, «*de donner des démonstrations à la manière d'Archimède;..., ce dont il suffira d'avoir averti une fois pour toutes afin d'éviter des répétitions continuelles...*» ((XI), t. I, p. 257); de même Pascal: «*ainsi l'une de ces méthodes ne diffère de l'autre qu'en la manière de parler*» ((XII *b*), p. 352)[2]; et Barrow, avec sa concision narquoise: «*longior discursus apagogicus adhiberi possit, sed quorsum?*» (on pourrait allonger par un discours apagogique, mais à quoi bon?) ((XVIII), p. 251). Fermat se garde même bien, semble-t-il, d'avancer quoi que ce soit qu'il ne puisse justifier ainsi, et se condamne par là à n'énoncer aucun résultat général que par allusion ou sous forme de «méthode»; Barrow, pourtant si soigneux, est quelque peu moins scrupuleux. Quant à la plupart de leurs contemporains, on peut dire à tout le moins que la rigueur n'est pas leur principal souci, et que le nom d'Archimède n'est le plus souvent qu'un pavillon destiné à couvrir une marchandise de grand prix sans doute, mais dont Archimède n'eût certes pas assumé la responsabilité. A plus forte raison en est-il ainsi lorsqu'il s'agit de différentiation. Si la courbe, lorsqu'il s'agit de sa rectification, est assimilée à un polygone à une infinité de côtés, c'est ici un arc «infiniment petit» de la courbe qui est assimilé à un segment de droite «infiniment petit», soit la corde, soit un segment de la tangente dont l'existence est admise; ou bien encore c'est un intervalle de temps «infiniment petit» qu'on considère, durant lequel (tant qu'il ne s'agit que de vitesse) le mouvement «est» uniforme; plus hardi encore, Descartes, voulant déterminer la tangente à la cycloïde qui ne se prête pas à sa règle générale, assimile des courbes roulant l'une sur l'autre à des polygones, pour en déduire que «dans l'infiniment petit» le mouvement peut être assimilé à une rotation autour du point de contact ((X), t. II, p. 307–338). Ici encore, un Fermat, qui fait reposer sur de telles considérations infinitésimales ses règles pour les tangentes et pour les maxima et minima, est en état de les justifier dans chaque cas particulier ((XI *b*); cf. aussi (XI), t. II, *passim*, en particulier p. 154–162, et *Supplément aux Œuvres* (Gauthier-Villars, 1922), p. 72–86); Barrow donne pour une grande partie de ses théorèmes

[1] V. p. ex. l'exposé de Pascal dans la «lettre à M. de Carcavy» (XII *b*). On notera que, grâce au prestige d'une langue incomparable, Pascal arrive à créer l'illusion de la parfaite clarté, au point que l'un de ses éditeurs modernes s'extasie sur «la minutie et la précision dans l'exactitude de la démonstration»!

[2] Mais, dans la Lettre à Monsieur A. D. D. S.: «... *sans m'arrêter, ni aux méthodes des mouvements, ni à celles des indivisibles, mais en suivant celles des anciens, afin que la chose pût être désormais ferme et sans dispute*» ((XII *a*), p. 256).

des démonstrations précises, à la manière des anciens, à partir d'hypothèses simples de monotonie et de convexité. Mais le moment n'était déjà plus à verser le vin nouveau dans de vieilles outres. Dans tout cela, nous le savons aujourd'hui, c'est la notion de limite qui s'élaborait; et, si l'on peut extraire de Pascal, de Newton, d'autres encore, des énoncés qui semblent bien proches de nos definitions modernes, il n'est que de les replacer dans leur contexte pour apercevoir les obstacles invincibles qui s'opposaient à un exposé rigoureux. Lorsqu'à partir du XVIIIe siècle des mathématiciens épris de clarté voulurent mettre quelque ordre dans l'amas confus de leurs richesses, de telles indications, rencontrées dans les écrits de leurs prédécesseurs, leur ont été précieuses; quand d'Alembert par exemple explique qu'il n'y a rien d'autre dans la différentiation que la notion de limite, et définit celle-ci avec précision (XXVI), on peut croire qu'il a été guidé par les considérations de Newton sur les « premières et dernières raisons de quantités évanouissantes » (XX). Mais, tant qu'il ne s'agit que du XVIIe siècle, il faut bien constater que la voie n'est ouverte à l'analyse moderne que lorsque Newton et Leibniz, tournant le dos au passé, acceptent de chercher provisoirement la justification des nouvelles méthodes, non dans des démonstrations rigoureuses, mais dans la fécondité et la cohérence des résultats.

B) La *cinématique*. Déjà Archimède, on l'a vu, donnait une définition cinématique de sa spirale; et au moyen-âge se développe (mais sauf preuve du contraire, sans considérations infinitésimales) une théorie rudimentaire de la variation des grandeurs en fonction du temps, et de leur représentation graphique, dont on doit peut-être faire remonter l'origine à l'astronomie babylonienne. Mais il est de la plus grande importance pour la mathématique du XVIIe siècle que, dès l'abord, les problèmes de différentiation se soient présentés, non seulement à propos de tangentes, mais à propos de vitesses. Galilée pourtant ((III) et (III bis)), recherchant la loi des vitesses dans la chute des graves (après avoir obtenu la loi des espaces $x = at^2$, par l'expérience du plan incliné), ne procède pas par différentiation: il fait diverses hypothèses sur la vitesse, d'abord $v = dx/dt = cx$ ((III), t. VIII, p. 203), puis plus tard $v = ct$ (*id.*, p. 208), et cherche à retrouver la loi des espaces en raisonnant, d'une manière assez obscure, sur le graphe de la vitesse en fonction du temps; Descartes (en 1618) raisonne de même, sur la loi $v = ct$, mais en vrai mathématicien et avec autant de clarté que le comporte le langage des indivisibles[1] ((X), t. X, p. 75–78); chez tous deux, le graphe de la vitesse (en l'espèce une droite) joue le principal rôle et il y a lieu de se demander jusqu'à quel point ils ont eu conscience de la proportionnalité entre les espaces parcourus et les aires comprises entre l'axe des temps et la courbe des vitesses; mais il est difficile de rien affirmer sur ce point, bien que le langage de Descartes

[1] Descartes ajoute même un intéressant raisonnement géométrique par lequel il déduit la loi $x = at^2$ de l'hypothèse $dv/dt = ct$. En revanche, il est piquant, dix ans plus tard, de le voir s'embrouiller dans ses notes, et recopier à l'usage de Mersenne un raisonnement inexact sur la même question, où le graphe de la vitesse en fonction du temps est confondu avec le graphe en fonction de l'espace parcouru ((X), t. I, p. 71).

semble impliquer la connaissance du fait en question (que certains historiens veulent faire remonter au moyen-âge[1]), tandis que Galilée n'y fait pas d'allusion nette. Barrow l'énonce explicitement en 1670 ((XVIII), p. 171); peut-être n'était-ce plus à cette époque une nouveauté pour personne, et Barrow ne la donne pas pour telle; mais, pas plus pour ce résultat que pour aucun autre, il ne convient de vouloir marquer une date avec trop de précision. Quant à l'hypothèse $v = cx$, envisagée aussi par Galilée, il se contente (*loc. cit.*) de démontrer qu'elle est insoutenable (ou, en langage moderne, que l'équation $dx/dt = cx$ n'a pas de solution $\neq 0$ qui s'annule pour $t = 0$), par un raisonnement obscur que Fermat plus tard ((XI), t. II, p. 267–276) prend la peine de développer (et qui revient à peu près à dire que, $2x$ étant solution en même temps que x, $x \neq 0$ serait contraire à l'unicité physiquement évidente de la solution). Mais c'est cette même loi $dx/dt = cx$ qui, en 1614, sert à Neper à introduire ses logarithmes, dont il donne une définition cinématique (IV) qui, dans notre notation, s'écrirait comme suit: si, sur deux droites, deux mobiles se déplacent suivant les lois $dx/dt = a$, $dy/dt = -ay/r$, $x_0 = 0$, $y_0 = r$, alors on dit que x est le « logarithme » de y (en notation moderne, on a $x = r \log (r/y)$). On a vu que la courbe solution de $dy/dx = c/x$ apparaît en 1639 chez Descartes, qui la décrit cinématiquement ((X), t. II, p. 514–517); il est vrai qu'il qualifiait assez dédaigneusement de « mécaniques » toutes les courbes non algébriques, et prétendait les exclure de la géométrie; mais heureusement ce tabou, contre lequel Leibniz, beaucoup plus tard, croit encore devoir protester vigoureusement, n'a pas été observé par les contemporains, ni par Descartes lui-même. La cycloïde, la spirale logarithmique apparaissent et sont étudiées avec ardeur, et leur étude aide puissamment à la compénétration des méthodes géométrique et cinématique. Le principe de composition des mouvements, et plus précisément de composition des vitesses, était à la base de la théorie du mouvement des projectiles exposée par Galilée dans le chef-d'œuvre de sa vieillesse, les *Discorsi* de 1638 ((III), t. VIII, p. 268–313), théorie qui contient donc implicitement une nouvelle détermination de la tangente à la parabole; si Galilée n'en fait pas expressément la remarque, Torricelli au contraire ((VII) t. III, p. 103–159) insiste sur ce point, et fonde sur le même principe une méthode générale de détermination des tangentes pour les courbes susceptibles d'une définition cinématique. Il est vrai qu'il avait été devancé en cela, de plusieurs années, par Roberval (VIII *a*), qui dit avoir été conduit à cette méthode par l'étude de la cycloïde; ce même problème de la tangente à la cycloïde donne d'ailleurs à Fermat l'occasion de démontrer la puissance de sa méthode de différentiation ((XI *b*), p. 162–165), tandis que Descartes, incapable d'y appliquer sa méthode algébrique, invente pour la circonstance le centre instantané de rotation ((X), t. II, p. 307–338).

Mais, à mesure que le calcul infinitésimal se développe, la cinématique cesse

[1] H. WIELEITNER, Der « Tractatus de latitudinibus formarum » des Oresme, *Bibl. Mat.* (III), t. 13 (1912), p. 115–145.

d'être une science à part. On s'aperçoit de plus en plus qu'en dépit de Descartes, les courbes et fonctions algébriques n'ont, du point de vue « local » qui est celui du calcul infinitésimal, rien qui les distingue d'autres beaucoup plus générales; les fonctions et courbes à définition cinématique sont des fonctions et courbes comme les autres, accessibles aux mêmes méthodes; et la variable « temps » n'est plus qu'un paramètre, dont l'aspect temporel est pure affaire de langage. Ainsi chez Huygens, même lorsqu'il s'agit de mécanique, c'est la géométrie qui domine (XVI *b*); et Leibniz ne donne au temps dans son calcul aucun rôle privilégié. Au contraire Barrow imagina de faire, de la variation simultanée de diverses grandeurs en fonction d'une variable indépendante universelle conçue comme un « temps », le fondement d'un calcul infinitésimal à tendance géométrique. Cette idée, qui a dû lui venir lorsqu'il cherchait à retrouver la méthode de composition des mouvements dont il ne connaissait l'existence que par ouï-dire, est exposée en détail, en termes fort clairs et fort généraux, dans les trois premières de ses *Lectiones Geometricae* (XVIII); il y démontre par exemple avec soin que, si un point mobile a pour projections, sur deux axes rectangulaires AY, AZ, des points mobiles dont l'un se meut avec une vitesse constante a et l'autre avec une vitesse v qui croît avec le temps, la trajectoire a une tangente de pente égale à v/a, et est concave vers la direction des Z croissants. Dans la suite des *Lectiones*, il poursuit ces idées fort loin, et, bien qu'il mette une sorte de coquetterie à les rédiger presque de bout en bout sous une forme aussi géométrique et aussi peu algébrique que possible, il est permis de voir là, avec Jakob Bernoulli ((XXIII), t. I, p. 431 et 453), l'équivalent d'une bonne partie du calcul infinitésimal de Newton et Leibniz. Les mêmes idées exactement servent de point de départ à Newton ((XIX *c*) et (XX)): ses « fluentes » sont les diverses grandeurs, fonctions d'un « temps » qui n'est qu'un paramètre universel, et les « fluxions » en sont les dérivées par rapport au « temps »; la possibilité que s'accorde Newton de changer au besoin de paramètre est présente également dans la méthode de Barrow, quoiqu'utilisée par celui-ci avec moins de souplesse.[1] Le langage des fluxions, adopté par Newton et imposé par son autorité aux mathématiciens anglais du siècle suivant, représente ainsi le dernier aboutissement, pour la période qui nous occupe, des méthodes cinématiques dont le rôle véritable était déjà terminé.

C) La *Géométrie algébrique*. C'est là un thème parasite, étranger à notre sujet, qui s'introduit du fait que Descartes, par esprit de système, prétendit faire des

[1] Sur les rapports de Barrow et de Newton, voir Osmond, *Isaac Barrow. His life and time,* London, 1944. Dans une lettre de 1663 (cf. St. P. Rigaud, *Correspondence of scientific men...*, Oxford, 1841, vol. II, p. 32–33), Barrow parle de ses réflexions déjà anciennes sur la composition des mouvements, qui l'ont amené à un théorème très général sur les tangentes (si c'est celui des *Lect. Geom.*, Lect. X((XVIII), p. 247), il est si général en effet qu'il comprend comme cas particulier tout ce qui avait été fait jusque-là sur ce sujet). D'autre part Newton a été l'élève de Barrow en 1664 et 1665, mais dit avoir obtenu indépendamment sa règle pour déduire, d'une relation entre « fluentes », une relation entre leurs « fluxions ». Il est vraisemblable que Newton a pris dans l'enseignement de Barrow l'idée générale de grandeurs variant en fonction de temps, et de leurs vitesses de variation, notions que ses réflexions sur la dynamique (auxquelles Barrow a dû rester tout à fait étranger) ont bientôt contribué à préciser.

courbes algébriques l'objet exclusif de la géométrie ((X), t. VI, p. 390); aussi est-ce une méthode de géométrie algébrique, et non comme Fermat une méthode de calcul différentiel, qu'il donne pour la détermination des tangentes. Les résultats légués par les anciens sur l'intersection d'une droite et d'une conique, les réflexions de Descartes lui-même sur l'intersection de deux coniques et les problèmes qui s'y ramènent, devaient tout naturellement le conduire à l'idée de prendre pour critère de contact la coïncidence de deux intersections: nous savons aujourd'hui qu'en géométrie algébrique c'est là le critère correct, et d'une si grande généralité qu'il est indépendant du concept de limite et de la nature du « corps de base ». Descartes l'applique d'abord d'une manière peu commode, en cherchant à faire coïncider en un point donné deux intersections de la courbe étudiée et d'un cercle ayant son centre sur Ox ((X), t. VI, p. 413–424); ses disciples, van Schooten, Hudde, substituent au cercle une droite, et obtiennent sous la forme $-F'_x/F'_y$ la pente de la tangente à la courbe

$$F(x, y) = 0,$$

les « polynômes dérivés » F'_x, F'_y étant définis par leur règle formelle de formation ((X bis), t. I, p. 147–344 et (XXII), p. 234–237); de Sluse arrive aussi à ce résultat vers la même époque ((XXII), p. 232–234). Bien entendu les distinctions tranchées que nous marquons ici, et qui seules donnent un sens à la controverse entre Descartes et Fermat, ne pouvaient en aucune façon exister dans l'esprit des mathématiciens du XVIIe siècle: nous ne les avons mentionnées que pour éclairer un des plus curieux épisodes de l'histoire qui nous occupe, et pour constater presque aussitôt après la complète éclipse des méthodes algébriques, provisoirement absorbées par les méthodes différentielles.

D) *Classification des problèmes.* Ce thème, nous l'avons vu, semble absent de l'œuvre d'Archimède, à qui il est assez indifférent de résoudre un problème directement ou de le ramener à un problème déjà traité. Au XVIIe siècle, les problèmes de différentiation apparaissent d'abord sous trois aspects distincts: vitesses, tangentes, maxima et minima. Quant à ces derniers, Képler (V) fait l'observation (qu'on trouve déjà chez Oresme[1], et qui n'avait pas échappé même aux astronomes babyloniens) que la variation d'une fonction est particulièrement lente au voisinage d'un maximum. Fermat, dès avant 1630 ((XI *b*); cf. (XI), t. II, p. 71), inaugure à propos de tels problèmes sa méthode infinitésimale, qui en langage moderne revient en somme à rechercher les deux premiers termes (le terme constant et le terme du premier ordre) du développement de Taylor, et à écrire qu'en un extremum le second s'annule; il part de là pour étendre sa méthode à la détermination des tangentes, et l'applique même à la recherche des points d'inflexion. Si on tient compte de ce qui a été dit plus haut à propos de cinématique, on voit que l'unification des trois types de problèmes relatifs à la dérivée

[1] H. WIELEITNER, Der « Tractatus de latitudinibus formarum » des Oresme, *Bibl. Mat.* (III), t. 13 (1912), p. 115–145, en particulier p. 141.

première a été réalisée d'assez bonne heure. Quant aux problèmes relatifs à la dérivée seconde, ils n'apparaissent que fort tard, et surtout avec les travaux de Huygens sur la développée d'une courbe (publiés en 1673 dans son *Horologium Oscillatorium* (XVI *b*)); à ce moment, Newton, avec ses fluxions, était déjà en possession de tous les moyens analytiques nécessaires pour résoudre de tels problèmes; et, malgré tout le talent géométrique qu'y dépense Huygens (et dont plus tard la géométrie différentielle à ses débuts devait profiter), ils n'ont guère servi à autre chose, pour la période qui nous occupe, qu'à permettre à la nouvelle analyse de constater la puissance de ses moyens.

Pour l'intégration, elle était apparue aux Grecs comme calcul d'aires, de volumes, de moments, comme calcul de la longueur du cercle et d'aires de segments sphériques; à quoi le XVIIe siècle ajoute la rectification des courbes, le calcul de l'aire des surfaces de révolution, et (avec les travaux de Huygens sur le pendule composé (XVI *b*)) le calcul des moments d'inertie. Il s'agissait d'abord de reconnaître le lien entre tous ces problèmes. Pour les aires et les volumes, ce premier et immense pas en avant est fait par Cavalieri, dans sa Géométrie des indivisibles (VI *a*). Il y énonce, et prétend démontrer, à peu près le principe suivant: si deux aires planes sont telles que toute parallèle à une direction donnée les coupe suivant des segments dont les longueurs sont dans un rapport constant, alors ces aires sont dans le même rapport; un principe analogue est posé pour les volumes coupés par les plans parallèles à un plan fixe suivant des aires dont les mesures soient dans un rapport constant. Il est vraisemblable que ces principes ont été suggérés à Cavalieri par des théorèmes tels que celui d'Euclide (ou plutôt d'Eudoxe) sur le rapport des volumes des pyramides de même hauteur, et qu'avant de les poser d'une manière générale, il en a d'abord vérifié la validité sur un grand nombre d'exemples pris dans Archimède. Ils les « justifie » par l'emploi d'un langage, sur la légitimité duquel on le voit interroger Galilée dans une lettre de 1621, alors qu'en 1622 déjà il l'emploie sans hésitation ((III), t. XIII, p. 81 et 86) et dont voici l'essentiel. Soient par exemple deux aires,

$$\text{l'une } 0 \leqslant x \leqslant a,\ 0 \leqslant y \leqslant f(x), \qquad \text{l'autre } 0 \leqslant x \leqslant a,\ 0 \leqslant y \leqslant g(x);$$

les sommes d'ordonnées $\sum_{k=0}^{n-1} f(ka/n)$, $\sum_{k=0}^{n-1} g(ka/n)$ sont l'une à l'autre dans un rapport qui, pour n assez grand, est aussi voisin qu'on veut du rapport des deux aires, et il ne serait même pas difficile de le démontrer par exhaustion pour f et g monotones; Cavalieri passe à la limite, fait $n = \infty$, et parle de « la somme de toutes les ordonnées » de la première courbe, qui est à la somme analogue pour la deuxième courbe dans un rapport rigoureusement égal au rapport des aires; de même pour les volumes; et ce langage est ensuite universellement adopté, même par les auteurs, comme Fermat, qui ont le plus nettement conscience des faits précis qu'il recouvre. Il est vrai que par la suite beaucoup de mathématiciens, tels Roberval (VIII *a*) et Pascal (XII *b*), préfèrent voir, dans ces ordonnées de la courbe dont on fait la « somme », non des segments de droite comme Cavalieri, mais des rectangles de même hauteur infiniment petite, ce qui n'est pas un grand progrès du point de vue de la rigueur (quoi qu'en dise Roberval), mais empêche peut-être l'imagination de dérailler trop facilement. En tout cas, et comme il ne s'agit que de rapports, l'expression « la somme de toutes les ordonnées » de la courbe $y = f(x)$, ou en abrégé « toutes les ordonnées » de la courbe, est en définitive, comme il apparaît bien par exemple dans les écrits de Pascal, l'équivalent exact du $\int y\, dx$ leibnizien.

Du langage adopté par Cavalieri, les principes énoncés plus haut s'ensuivent inévitablement, et entraînent aussitôt des conséquences que nous allons énoncer en notation moderne, étant entendu que $\int f\, dx$ y signifiera seulement l'aire comprise entre Ox et la courbe $y = f(x)$. Tout d'abord, toute aire plane, coupée par chaque droite x = constante suivant des segments dont la somme des longueurs est $f(x)$, est égale à $\int f\, dx$; et il en est de même de tout volume coupé par chaque plan x = constante suivant une aire de mesure $f(x)$. De plus, $\int f\, dx$ dépend linéairement de f; on a $\int (f + g)\, dx = \int f\, dx + \int g\, dx$, $\int cf\, dx = c \int f\, dx$. En particulier, tous les problèmes d'aires et de volumes sont ramenés aux quadratures, c'est-à-dire à des calculs d'aires de la forme $\int f\, dx$; et, ce qui est peut-être encore plus nouveau et important, on doit considérer comme équivalents deux problèmes dépendant de la même quadrature, et on a le moyen dans chaque cas de décider s'il en est ainsi. Les mathématiciens grecs n'ont jamais atteint (ou peut-être n'ont jamais consenti à atteindre) un tel degré d'« abstraction ». Ainsi ((VI), p. 133) Cavalieri « démontre » sans aucune peine que deux volumes semblables sont entre eux dans un rapport égal au cube du rapport de similitude, alors qu'Archimède n'énonce cette conclusion, pour les quadriques de révolution et leurs segments, qu'au terme de sa théorie de ces solides ((II), t. I, p. 258). Mais pour en arriver là il a fallu jeter la rigueur archimédienne par-dessus bord.

On avait donc là le moyen de classifier les problèmes, provisoirement du moins, suivant le degré de difficulté réel ou apparent que présentaient les quadratures dont ils relevaient. C'est à quoi l'algèbre de l'époque a servi de modèle: car en algèbre aussi, et dans les problèmes algébriques qui se posent en géométrie, alors que les Grecs ne s'étaient intéressés qu'aux solutions, les algébristes du XVIe et du XVIIe siècle ont commencé à porter principalement leur attention sur la classification des problèmes suivant la nature des moyens qui peuvent servir à les résoudre, préludant ainsi à la théorie moderne des extensions algébriques; et ils n'avaient pas seulement procédé à une première classification des problèmes suivant le degré de l'équation dont ils dépendent, mais ils s'étaient déjà posé de difficiles questions de possibilité: possibilité de résoudre toute équation par radicaux (à laquelle beaucoup ne croyaient plus), etc. (voir Note historique du Livre II, chap. V); ils s'étaient préoccupés aussi de ramener à une forme géométrique type tous les problèmes d'un degré donné. De même en Calcul intégral, les principes de Cavalieri le mettent à même de reconnaître aussitôt que beaucoup des problèmes résolus par Archimède se ramènent à des quadratures $\int x^n\,dx$ pour $n = 1, 2, 3$; et il imagine une ingénieuse méthode pour effectuer cette quadrature pour autant de valeurs de n qu'on veut (la méthode revient à observer qu'on a $\int_0^{2a} x^n\,dx = c_n a^{n+1}$ par homogénéité, et à écrire

$$\int_0^{2a} x^n\,dx = \int_{-a}^{a} (a + x)^n\,dx = \int_0^{a} ((a + x)^n + (a - x)^n)\,dx,$$

d'où, en développant, une relation de récurrence pour les c_n) ((VI *a*), p. 159 et (VI *b*), p. 269–273). Mais déjà Fermat était parvenu beaucoup plus loin, en démontrant d'abord (avant 1636) que $\int_0^a x^n\,dx = \frac{a^{n+1}}{n+1}$ pour n entier positif ((XI), t. II, p. 83), au moyen d'une formule pour les sommes de puissances des N premiers entiers (procédé imité de la quadrature de la spirale par Archimède), puis en étendant la même formule à tout n rationnel $\neq -1$ ((XI), t. I, p. 195–198); de ce dernier résultat (communiqué à Cavalieri en 1644) il ne rédige une démonstration que fort tard, à la suite de la lecture des écrits de Pascal sur l'intégration[1] (XI *c*).

Ces résultats, joints à des considérations géométriques qui tiennent lieu du changement de variables et de l'intégration par parties, permettent déjà de résoudre un grand nombre de problèmes qui se ramènent aux quadratures élémentaires. Au delà, on rencontre d'abord la quadrature du cercle et celle de l'hyperbole: comme c'est surtout d'« intégrales indéfinies » qu'il s'agit à cette époque, la solution de ces problèmes, en termes modernes, est fournie respectivement par les fonctions circulaires réciproques et par la logarithme; celles-là étaient données géométriquement, et nous avons vu comment celui-ci s'est peu à peu introduit en analyse. Ces quadratures font l'objet de nombreux travaux, de Grégoire de St.-Vincent (IX), Huygens ((XVI *c*) et (XVI *d*)), Wallis (XV *a*), Gregory (XVII *a*); le premier croit effectuer la quadrature du cercle, le dernier croit démontrer la transcendance de π; chez les uns et les autres se développent des procédés d'approximation indéfinie des fonctions circulaires et logarithmiques, les uns de tendance théorique, d'autres orientés vers le calcul numérique, qui vont aboutir bientôt, avec Newton ((XIX *a*) et (XIX *b*)), Mercator (XIII), J. Gregory (XVII bis), puis Leibniz (XXII), à des méthodes générales de développement en série. En tout cas, la conviction se fait jour peu à peu de l'« impossibilité » des quadratures en question, c'est-à-dire du caractère non algébrique des fonctions qu'elles définissent; et en même temps, on s'accoutume à considérer qu'un problème est résolu pour autant que sa nature le comporte, lorsqu'il a été ramené

[1] Il est remarquable que Fermat, si scrupuleux, utilise l'additivité de l'intégrale, sans un mot pour la justifier, dans les applications qu'il donne de ses résultats généraux: se base-t-il sur la monotonie par morceaux, implicitement admise, des fonctions qu'il étudie, moyennant laquelle il n'est pas difficile en effet de justifier l'additivité par exhaustion? ou bien est-il déjà, en dépit de lui-même entraîné par le langage dont il se sert?

à l'une de ces quadratures « impossibles ». C'est le cas par exemple des problèmes sur la cycloïde, résolus par les fonctions circulaires, et de la rectification de la parabole, ramenée à la quadrature de l'hyperbole.

Les problèmes de rectification, dont nous venons de citer deux des plus fameux, ont eu une importance particulière, comme formant une transition géométrique naturelle entre la différentiation, qu'ils présupposent, et l'intégration dont ils relèvent; on peut leur associer les problèmes sur l'aire des surfaces de révolution. Les anciens n'avaient traité que le cas du cercle et de la sphère. Au XVIIe siècle, ces questions n'apparaissent que fort tard; il semble que la difficulté, insurmontable pour l'époque, de la rectification de l'ellipse (considérée comme la courbe la plus simple après le cercle) ait découragé les efforts. Les méthodes cinématiques donnent quelque accès à ces problèmes, ce qui permet à Roberval (VIII *b*) et Torricelli ((VII), t. III, p. 103–159), entre 1640 et 1645, d'obtenir des résultats sur l'arc des spirales; mais c'est seulement dans les années qui précèdent 1660 qu'ils passent à l'ordre du jour; la cycloïde est rectifiée par Wren en 1658 ((XV), t. I, p. 533–541); peu après la courbe $y^3 = ax^2$ l'est par divers auteurs ((XV), t. I, p. 551–553; (X bis), p. 517–520; (XI *d*)), et plusieurs auteurs aussi ((XI), t. I, p. 199; (XVI), t. II, p. 224) ramènent la rectification de la parabole à la quadrature de l'hyperbole (c'est-à-dire à une fonction algébrico-logarithmique). Ce dernier exemple est le plus important, car c'est un cas particulier du principe général d'après lequel la rectification d'une courbe $y = f(x)$ n'est pas autre chose que la quadrature de $y = \sqrt{1 + (f'(x))^2}$; et c'est bien de ce principe que Heurat le déduit. Il n'est pas moins intéressant de suivre les tâtonnements de Fermat vieillissant, dans son travail sur la courbe $y^3 = ax^2$ (XI *d*); à la courbe $y = f(x)$ d'arc $s = g(x)$, il associe la courbe $y = g(x)$, et détermine la tangente à celle-ci à partir de la tangente à la première (en langage moderne, il démontre que leurs pentes $f'(x)$, $g'(x)$ sont liées par la relation

$$(g'(x))^2 = 1 + (f'(x))^2);$$

on se croit tout près de Barrow, et il n'y aurait qu'à combiner ce résultat avec celui de Heurat (ce que fait à peu près Gregory en 1668 ((XVII bis), p. 488–491)) pour obtenir la relation entre tangentes et quadratures; mais Fermat énonce seulement que si, pour deux courbes rapportées chacune à un système d'axes rectangulaires, les tangentes aux points de même abscisse ont toujours même pente, les courbes sont égales, ou autrement dit que la connaissance de $f'(x)$ détermine $f(x)$ (à une constante près); et il ne justifie cette assertion que par un raisonnement obscur sans aucune valeur probante.

Moins de dix ans plus tard, les *Lectiones Geometricae* de Barrow (XVIII) avaient paru. Dès le début (Lect. I), il pose en principe que, dans un mouvement rectiligne, les espaces sont proportionnels aux aires $\int_0^t v\,dt$ comprises entre l'axe des temps et la courbe des vitesses. On croirait qu'il va déduire de là, et de sa méthode cinématique déjà citée sur la détermination des tangentes, le lien entre la dérivée conçue comme pente de la tangente, et l'intégrale conçue comme aire; mais il n'en est rien, et il démontre plus loin, d'une manière purement géométrique ((XVIII), Lect. X, § 11, p. 243) que, si deux courbes $y = f(x)$, $Y = F(x)$ sont telles que les ordonnées Y soient proportionnelles aux aires $\int_a^x y\,dx$ (c'est-à-dire si $c.F(x) = \int_a^x f(x)\,dx$), alors la tangente à $Y = F(x)$ coupe Ox au point d'abscisse $x - T$ déterminée par $y/Y = c/T$; la démonstration est d'ailleurs parfaitement précise, à partir de l'hypothèse explicite que $f(x)$ est monotone, et il est dit que le sens de variation de $f(x)$ détermine le sens de la concavité de $Y = F(x)$. Mais on notera que ce théorème se perd quelque peu parmi une foule d'autres, dont beaucoup fort intéressants; le lecteur non prévenu est tenté de n'y voir qu'un moyen de résoudre par quadrature le problème $Y/T = f(x)/c$, c'est-à-dire un certain problème de détermination d'une courbe à partir de données sur sa tangente (ou, comme nous dirions, une équation différentielle d'un genre particulier); et cela d'autant plus que les applications qu'en donne Barrow concernent avant tout des problèmes du même genre (c'est-à-dire des équations différentielles intégrables par « séparation des variables »). Le langage géométrique que s'impose Barrow est ici cause que le lien entre différentiation et intégration, si clair tant qu'il s'agissait de cinématique, est quelque peu obscurci.

D'autre part, diverses méthodes avaient pris forme, pour ramener les problèmes d'intégration les uns aux autres, et les « résoudre » ou bien les réduire à des problèmes « impossibles » déjà classés. Sous sa forme géométrique la plus simple, l'intégration par parties consiste à écrire l'aire comprise entre Ox, Oy, et un arc de courbe monotone $y = f(x)$ joignant un point $(a, 0)$ de Ox à un point $(0, b)$ de Oy comme $\int_0^a y\,dx = \int_b^0 x\,dy$; et elle est fréquemment utilisée d'une manière implicite. Chez Pascal ((XII c), p. 287–288) apparaît la généralisation suivante, déjà beaucoup plus cachée: $f(x)$ étant comme ci-dessus, soit $g(x)$ une fonction $\geqslant 0$, et soit $G(x) = \int_0^x g(x)\,dx$; alors on a $\int_0^a yg(x)\,dx = \int_0^b G(x)\,dy$, ce qu'il démontre ingénieusement en évaluant de deux manières le volume du solide $0 \leqslant x \leqslant a$, $0 \leqslant y \leqslant f(x)$, $0 \leqslant z \leqslant g(x)$; le cas particulier $g(x) = x^n$, $G(x) = \dfrac{x^{n+1}}{n+1}$ joue un rôle important, à la fois chez Pascal (*loc. cit.*, p. 289–291) et chez Fermat ((XI), t. I, p. 271); ce dernier (dont le travail porte le titre significatif de « *Transmutation et émendation des équations des courbes, et ses applications variées à la comparaison des espaces curvilignes entre eux et avec les espaces rectilignes*... ») ne le démontre pas, sans doute parce qu'il juge inutile de répéter ce que Pascal venait de publier. Ces théorèmes de « transmutation », où nous verrions une combinaison d'intégration par parties et de changement de variables, tiennent lieu en quelque mesure de celui-ci, qui ne s'introduit que fort tard; il est en effet contraire au mode de pensée, encore trop géométrique et trop peu analytique, de l'époque, de se permettre l'usage de variables autres que celles qu'impose la figure, c'est-à-dire l'une ou l'autre des coordonnées (ou parfois des coordonnées polaires), puis l'arc de la courbe. C'est ainsi que nous trouvons chez Pascal (XII *d*) des résultats qui, en notation moderne, s'écrivent, en posant $x = \cos t$, $y = \sin t$, et pour des fonctions $f(x)$ particulières:

$$\int_0^1 f(x)\,dx = \int_0^{\pi/2} f(x)y\,dt,$$

et, chez J. Gregory ((XVII bis), p. 489), pour une courbe $y = f(x)$ et son arc s, $\int y\,ds = \int z\,dx$, avec $z = y\sqrt{1 + y'^2}$. C'est seulement en 1669 que nous voyons Barrow en possession du théorème général de changement de variables ((XVIII), p. 298–299); son énoncé, géométrique comme toujours, revient à ce qui suit: soient x et y reliés par une relation monotone, et soit p la pente du graphe de cette relation au point (x, y); alors, si les fonctions $f(x)$, $g(y)$ sont telles qu'on ait $f(x)/g(y) = p$ pour tout couple de valeurs (x, y) correspondantes, les aires $\int f(x)\,dx$, $\int g(y)\,dy$, prises entre limites correspondantes, sont égales; et réciproquement, si ces aires sont toujours égales (f et g étant implicitement supposées de signe constant), on a $p = f(x)/g(y)$; la réciproque sert naturellement à appliquer le théorème à la résolution d'équations différentielles (par « séparation des variables »). Mais le théorème n'est inséré par Barrow que dans un appendice (Lect. XII, app. III, theor. IV), où, en faisant observer que beaucoup de ses résultats précédents n'en sont que des cas particuliers, il s'excuse de l'avoir découvert trop tard pour en faire plus d'usage.

Donc, vers 1670, la situation est la suivante. On sait traiter, par des procédés uniformes, les problèmes qui relèvent de la dérivée première, et Huygens a abordé des questions géométriques qui relèvent de la dérivée seconde. On sait ramener tous les problèmes d'intégration aux quadratures; on est en possession de techniques variées, d'aspect géométrique, pour ramener des quadratures les unes aux autres, dans des cas mal classifiés, et on s'est habitué, de ce point de vue, au maniement des fonctions circulaires et logarithmique; on a pris conscience du lien entre différentiation et intégration; on a commencé à aborder la « méthode inverse des tangentes », nom donné à cette époque aux problèmes qui se ramènent aux équations différentielles du premier ordre. La découverte sensationnelle de la série $\log(1 + x) = -\sum_1^\infty (-x)^n/n$ par Mercator vient d'ouvrir des perspectives toutes nouvelles sur l'application des séries, et principalement des séries de puissances, aux problèmes dits « impossibles ». En revanche les rangs des mathématiciens se sont singulièrement éclaircis: Barrow a quitté la chaire du professeur pour celle du prédicateur; Huygens mis à part (qui a presque toute son œuvre mathématique derrière lui, ayant obtenu déjà tous les principaux résultats de l'*Horologium Oscillatorium* qu'il se dispose à rédiger définitivement), ne sont actifs que Newton à Cambridge, et J. Gregory isolé à Aberdeen, auxquels Leibniz s'adjoindra bientôt avec une ardeur de néophyte. Tous trois, Newton à partir de 1665 déjà, J. Gregory à partir de la publication de Mercator en 1668,

Leibniz à partir de 1673 environ, se consacrent principalement au sujet d'actualité, l'étude des séries de puissances. Mais, du point de vue de la classification des problèmes, le principal effet des nouvelles méthodes semble être d'oblitérer entre eux toute distinction; et en effet Newton, plus analyste qu'algébriste, n'hésite pas à annoncer à Leibniz en 1676 ((XXII), p. 224) qu'il sait résoudre toutes les équations différentielles[1]; à quoi Leibniz répond ((XXII), p. 248–249) qu'il s'agit au contraire d'obtenir la solution en termes finis chaque fois qu'il se peut « en supposant les quadratures », et aussi de savoir si toute quadrature peut se ramener à celles du cercle et de l'hyperbole comme cela a été constaté dans la plupart des cas déjà étudiés; il rappelle à ce propos que Gregory croyait (avec raison, nous le savons aujourd'hui) la rectification de l'ellipse et de l'hyperbole irréductibles aux quadratures du cercle et de l'hyperbole; et Leibniz demande jusqu'à quel point la méthode des séries, telle que Newton l'emploie, peut donner la réponse à ces questions. Newton, de son côté ((XXII), p. 209–211), se déclare en possession de critères, qu'il n'indique pas, pour décider, apparemment par l'examen des séries, de la « possibilité » de certaines quadratures (en termes finis), et donne en exemple une série (fort intéressante) pour l'intégrale $\int x^{\alpha}(1+x)^{\beta}\,dx$.

On voit l'immense progrès réalisé en moins de dix ans: les questions de classification se posent déjà dans ces lettres en termes tout modernes; si l'une de celles que soulève Leibniz a été résolue au XIXe siècle par la théorie des intégrales abéliennes, l'autre, sur la possibilité de ramener aux quadratures une équation différentielle donnée, est encore ouverte malgré d'importants travaux récents. S'il en est ainsi, c'est que déjà Newton et Leibniz, chacun pour son propre compte, ont réduit à un algorithme les opérations fondamentales du calcul infinitésimal; il suffit d'écrire, dans les notations dont se sert l'un ou l'autre, un problème de quadrature ou d'équation différentielle, pour que sa structure algébrique apparaisse aussitôt, dégagée de sa gangue géométrique; les méthodes de « transmutation » aussi s'écrivent en termes analytiques simples; les problèmes de classification se posent de façon précise. Mathématiquement parlant, le XVIIe siècle a pris fin.

E) *Interpolation* et *calcul des différences*. Ce thème (dont nous ne séparons pas l'étude des *coefficients du binôme*) apparaît de bonne heure et se continue à travers tout le siècle, pour des raisons à la fois théoriques et pratiques. L'une des grandes tâches de l'époque est en effet le calcul des tables trigonométriques, logarithmiques, nautiques, rendues nécessaires par les rapides progrès de la géographie, de la navigation, de l'astronomie théorique et pratique, de la physique, de la mécanique céleste; et beaucoup de mathématiciens les plus éminents, de Képler à Huygens et Newton, y participent, soit directement, soit par la recherche théorique des procédés d'approximation les plus efficaces.

[1] Au cours de cet échange de lettres, qui ne se fait pas directement entre les intéressés mais officiellement par l'intermédiaire du secrétaire de la Royal Society, Newton « prend date » en énonçant sa méthode comme suit: *5accdae 10effh 12i... rrrssssstuu*, anagramme où se trouve renfermée la méthode de résolution par une série de puissances à coefficients indéterminés ((XXII), p. 224).

L'un des premiers problèmes, dans l'usage et même la confection des tables, est celui de l'interpolation; et, à mesure que s'accroît la précision des calculs, on s'aperçoit au XVIIe siècle que l'antique procédé de l'interpolation linéaire perd sa validité dès que les différences premières (différences entre les valeurs successives figurant dans la table) cessent d'être sensiblement constantes; aussi voit-on Briggs par exemple[1] faire usage de différences d'ordre supérieur, et même d'ordre assez élevé, dans le calcul des logarithmes. Plus tard, nous voyons Newton ((XIX *d*) et (XX), livre III, lemme 5)[2] et J. Gregory ((XVII bis), p. 119–120), chacun de son côté, poursuivre parallèlement des recherches sur l'interpolation et sur les séries de puissances; l'un et l'autre aboutit, par des méthodes d'ailleurs différentes, d'une part à la formule d'interpolation par polynômes, dite « de Newton », et de l'autre à la série du binôme ((XVII bis), p. 131; (XXII), p. 180) et aux principaux développements en séries de puissances de l'analyse classique ((XVII bis); (XIX *a* et *d*) et (XXII), p. 179–192 et 203–225); il n'est guère douteux que ces deux ordres de recherches n'aient réagi l'un sur l'autre, et n'aient été intimement liés aussi dans l'esprit de Newton à la découverte des principes du calcul infinitésimal. Chez Gregory comme chez Newton se fait jour un grand souci de la pratique numérique, de la construction et de l'usage des tables, du calcul numérique des séries et des intégrales; en particulier, bien qu'on ne trouve chez eux aucune démonstration soignée de convergence, dans le genre de celle de Lord Brouncker citée plus haut, tous deux font constamment mention de la convergence de leurs séries du point de vue pratique de leur aptitude au calcul. C'est ainsi encore que nous voyons Newton, en réponse à une question posée par Collins pour des fins pratiques[3], appliquer au calcul approché de $\sum_{p=1}^{N} \frac{1}{n+p}$, pour de grandes valeurs de N, la méthode de sommation dite d'Euler–Maclaurin.

On recontre aussi de bonne heure le calcul des valeurs d'une fonction à partir de leurs différences, employé comme procédé pratique d'intégration, et même, peut-on dire, d'intégration d'équation différentielle. Ainsi Wright, en 1599, ayant à résoudre en vue de tables nautiques un problème que nous noterions

$$\frac{dx}{dt} = \sec t = \frac{1}{\cos t},$$

procède par addition des valeurs de $\sec t$, par intervalles successifs d'une seconde d'arc[4], obtenant naturellement à peu de chose près une table des valeurs de $\log \operatorname{tg} (\pi/4 + t/2)$; et cette coïncidence, observée dès le calcul des premières tables de $\log \operatorname{tg} t$, demeura inexpliquée jusqu'à l'intégration de $\sec t$ par Gregory en 1668 ((XVII *c*) et (XVII bis) p. 7 et 463).

[1] H. Briggs, *Arithmetica logarithmica*, London, 1624, chap. XIII.

[2] Voir aussi D. C. Fraser, Newton's Interpolation Formulas, *Journ. Inst. Actuaries*, t. 51 (1918), p. 77–106 et p. 211–232, et t .58 (1927), p. 53–95 (articles réimprimés en plaquette, London (sans date)).

[3] Cf. St. P. Rigaud, *Correspondence of scientific men...* Oxford, 1841, t. II, p. 309–310.

[4] Ed. Wright, *Table of Latitudes*, 1599 (cf. *Napier Memorial Volume*, 1914, p. 97).

Mais ces questions ont aussi un aspect purement théorique et même arithmétique. Convenons de noter par $\Delta^r x_n$ les suites de différences successives d'une suite $(x_n)_{n\in\mathbf{N}}$, définies par récurrence au moyen de $\Delta x_n = x_{n+1} - x_n$,

$$\Delta^r x_n = \Delta(\Delta^{r-1} x_n),$$

et de noter par S^r l'opération inverse de Δ et ses itérées, en posant donc $y_n = Sx_n$ si $y_0 = 0$, $\Delta y_n = x_n$, et $S^r x_n = S(S^{r-1}x_n)$; on a $S^r x_n = \sum_{p=0}^{n-r} \binom{n-p-1}{r-1} x_p$ en particulier, si $x_n = 1$ pour tout n, on a $Sx_n = n$, les suites $S^2 x_n$ et $S^3 x_n$ sont celles des nombres « triangulaires » et « pyramidaux » étudiés déjà par les arithméticiens grecs, et on a en général $S^r x_n = \binom{n}{r}$ pour $n \geqslant r$ (et $S^r x_n = 0$ pour $n < r$); ces suites s'étaient introduites, de ce point de vue, en tout cas dès le XVIe siècle; elles apparaissent d'elles-mêmes aussi dans les problèmes combinatoires, qui, soit par eux-mêmes, soit à propos de probabilités, ont joué un assez grand rôle dans les mathématiques du XVIIe siècle, par exemple chez Fermat et Pascal, puis chez Leibniz. Elles se présentent aussi dans l'expression de la somme des m-èmes puissances des N premiers entiers, dont le calcul, comme nous l'avons vu, est à la base de l'intégration de $\int x^m\,dx$ pour m entier, par la première méthode de Fermat ((XI), t. II, p. 83). C'est ainsi que procède aussi Wallis en 1655 dans son *Arithmetica Infinitorum* (XV *a*) sans connaître les travaux (non publiés) de Fermat, et sans connaître non plus, dit-il, la méthode des indivisibles autrement que par la lecture de Torricelli; il est vrai que Wallis, pressé d'aboutir, ne s'attarde pas à une recherche minutieuse: une fois le résultat atteint pour les premières valeurs entières de m, il le pose vrai « par induction » pour tout m entier, passe correctement de là à $m = 1/n$ pour n entier, puis, par une « induction » encore plus sommaire que la première, à m rationnel quelconque. Mais ce qui fait l'intérêt et l'originalité de son travail, c'est qu'il s'élève progressivement de là à l'étude de l'intégrale « eulérienne » $\mathrm{I}(m, n) = \int_0^1 (1 - x^{1/m})^n\,dx$ (dont la valeur, pour m et $n > 0$ est $\Gamma(m+1)\Gamma(n+1)/\Gamma(m+n+1)$) et autres semblables, dresse, pour m et n entiers, le tableau des valeurs de $1/\mathrm{I}(m, n)$ qui n'est autre que celui des entiers $\binom{m+n}{n}$, et, par des méthodes presque identiques à celles qu'on emploie aujourd'hui pour exposer la théorie de la fonction Γ, aboutit au produit infini pour $\mathrm{I}(\frac{1}{2}, \frac{1}{2}) = \pi/4 = (\Gamma(\frac{3}{2}))^2$; il n'est pas difficile d'ailleurs de rendre sa méthode correcte au moyen d'intégrations par parties et de changements de variables très simples, et de la considération de $\mathrm{I}(m, n)$ pour toutes les valeurs réelles de m et n, ce à quoi il ne pouvait guère songer, mais que l'analyse newtonienne allait bientôt rendre possible. C'est en tout cas l'« interpolation » effectuée par Wallis des entiers $\binom{m+n}{n}$ à des valeurs non entières de m (plus précisément aux valeurs de la forme $n = p/2$, avec p entier impair) qui sert de point de départ à Newton débutant ((XXII), p. 204–206), l'amenant, d'abord par l'étude du cas particulier $(1 - x^2)^{p/2}$, à la série du binôme, puis de là à l'introduction de x^a (ainsi noté) pour tout a réel, et à la différentiation de x^a au moyen de la série du binôme; tout cela sans grand effort pour obtenir des démonstrations ni même des définitions rigoureuses; de plus, innovation remarquable, c'est de la connaissance de la dérivée de x^a qu'il déduit $\int x^a\,dx$ pour $a \neq -1$ ((XIX a) et (XXII), p. 225). Du reste, et bien qu'il ait été bientôt en possession de méthodes beaucoup plus générales de développement en série de puissances, telles la méthode dite du polygone de Newton (pour les fonctions algébriques) ((XXII), p. 221) et celle des coefficients indéterminés, il revient maintes fois par la suite, avec une sorte de prédilection, à la série du binôme et à ses généralisations; et c'est de là, par exemple, qu'il semble avoir tiré le développement de $\int x^\alpha(1 + x)^\beta\,dx$ dont il a été question plus haut ((XXII), p. 209).

L'évolution des idées sur le continent, cependant, est fort différente, et beaucoup plus abstraite. Pascal s'était rencontré avec Fermat dans l'étude des coefficients du binôme (dont il forme ce qu'il nomme le « triangle arithmétique ») et leur emploi en calcul des probabilités et en calcul des différences; lorsqu'il aborde l'intégration, il y introduit les mêmes idées. Comme ses prédécesseurs, quand il emploie le langage des indivisibles, il conçoit l'intégrale $F(x) = \int_0^x f(x)\,dx$ comme valeur du rapport de la « somme de toutes les ordonnées de la courbe »

$$S\left(f\left(\frac{n}{N}\right)\right) = \sum_{0 \leqslant p < Nx} f\left(\frac{p}{N}\right),$$

à l'« unité » $N = \sum_{0 \leqslant p < N} 1$ pour $N = \infty$ ((XII b), p. 352–355) (ou, lorsqu'il abandonne ce langage pour le langage correct par exhaustion, comme limite de ce rapport pour N augmentant indéfiniment). Mais, ayant en vue des problèmes de moments, il observe que, lorsqu'il s'agit de masses discrètes y_i réparties à intervalles équidistants, le calcul de la masse totale revient à l'opération Sy_n définie plus haut, et le calcul du moment à l'opération S^2y_n; et, par analogie, il itère l'opération $\int$ pour former ce qu'il nomme les « sommes triangulaires des ordonnées », donc, dans notre langage, les limites des sommes $N^{-2}S^2(f(n/N))$, c'est-à-dire les intégrales $F_2(x) = \int_0^x F(x)\,dx$; une nouvelle itération lui donne les « sommes pyramidales » $F_3(x) = \int_0^x F_2(x)\,dx$, limites de $N^{-3}S^3(f(n/N))$; le contexte marque d'ailleurs suffisamment que, s'il s'arrête là, ce n'est pas par défaut de généralité dans sa pensée ni dans son langage, mais seulement parce qu'il ne compte se servir que de celles-là, dont l'emploi systématique est à la base d'une bonne partie de ses résultats, et dont il démontre aussitôt les propriétés que nous écririons $F_2(x) = \int_0^x (x - u)f(u)\,du$, $F_3(x) = \frac{1}{2}\int_0^x (x - u)^2 f(u)\,du$ ((XII b), p. 361–367); tout cela sans écrire une seule formule, mais dans un langage si transparent et si précis qu'on peut immédiatement le transcrire en formules comme il vient d'être fait. Chez Pascal comme chez ses prédécesseurs, mais d'une manière beaucoup plus nette et systématique, le choix de la variable indépendante (qui est toujours l'une des coordonnées, ou bien l'arc sur la courbe) est implicite dans la convention qui fixe les points de subdivision équidistants (bien qu'« infiniment voisins ») de l'intervalle d'intégration; ces points, suivant le cas, sont, soit sur Ox, soit sur Oy, soit sur l'arc de courbe, et Pascal prend soin de ne jamais laisser subsister aucune ambiguïté à ce sujet ((XII *b*), p. 368–369). Lorsqu'il a à changer de variable, il le fait au moyen d'un principe qui revient à dire que l'aire $\int f(x)\,dx$ peut s'écrire $\mathrm{S}(f(x_i)\,\Delta x_i)$ pour toute subdivision de l'intervalle d'intégration en intervalles « infiniment petits » Δx_i, égaux ou non ((XII *d*), p. 61–68).

Comme on voit, on est déjà tout près de Leibniz; et c'est, peut-on dire, un hasard heureux que celui-ci, lorsqu'il voulut s'initier aux mathématiques modernes, ait rencontré Huygens, qui lui mit aussitôt les écrits de Pascal entre les mains ((XXII), p. 407–408); il y était particulièrement préparé par ses réflexions sur l'analyse combinatoire, et nous savons qu'il en fit une étude approfondie, qui se reflète dans son œuvre. En 1675, nous le voyons transcrire le théorème de Pascal cité ci-dessus, sous la forme $\mathrm{omn}(x\omega) = x.\mathrm{omn}\,\omega - \mathrm{omn}(\mathrm{omn}\,\omega)$, où omn ω est une abréviation pour l'intégrale de ω prise de 0 à x, à laquelle Leibniz, quelques jours plus tard, substitue $\int\omega$ (initiale de « summa omnium ω ») en même temps qu'il introduit d pour la « différence » infiniment petite, ou, comme il dira bientôt, la différentielle ((XXII), p. 147–167). Concevant ces « différences » comme des grandeurs comparables entre elles mais non aux grandeurs finies, il prend d'ailleurs le plus souvent, explicitement ou non, la différentielle dx de la variable indépendante x comme unité, $dx = 1$ (ce qui revient à identifier la différentielle dy avec la dérivée dy/dx), et au début l'omet de sa notation de l'intégrale, qui apparaît donc comme $\int y$ plutôt que comme $\int y\,dx$; mais il ne tarde guère à introduire celle-ci, et s'y tient systématiquement une fois qu'il en aperçoit le caractère invariant par rapport au choix de la variable indépendante, qui dispense d'avoir ce choix constamment présent à l'esprit[1]; et il ne marque pas peu de satisfaction, lorsqu'il revient à l'étude de Barrow qu'il avait jusque-là négligé, en constantant que le théorème général de changement de variable, dont Barrow faisait si grand cas, découle immédiatement de sa propre notation ((XXII), p. 412). En tout ceci du reste, il se tient très près du calcul des différences, dont son calcul différentiel se déduit par un passage à la limite que bien entendu il serait fort en peine de justifier rigoureusement; et par la suite il insiste volontiers sur le fait que ses principes s'appliquent indifféremment à l'un et à l'autre. Il cite

[1] « *J'avertis qu'on prenne garde de ne pas omettre dx... faute fréquemment commise, et qui empêche d'aller de l'avant, du fait qu'on ôte par là à ces indivisibles, comme ici dx, leur généralité... de laquelle naissent d'innombrables transfigurations et équipollences de figures.* » ((XXI *b*), p. 233).

expressément Pascal, par exemple, lorsque dans sa correspondance avec Johann Bernoulli ((XXI), t. III, p. 156), se référant à ses premières recherches, il donne une formule de calcul des différences qui est un cas particulier de celle de Newton, et en déduit par « passage à la limite » la formule $y = \sum_{1}^{\infty} (-1)^n \frac{d^ny}{dx^n} \cdot \frac{x^n}{n!}$ (où y est une fonction s'annulant pour $x = 0$, et les d^ny/dx^n sont ses dérivées pour la valeur x de la variable), formule équivalente à une semblable que vient de lui communiquer Bernoulli ((XXI), t. III, p. 150) et (XXIV), t. I, p. 125–128), et que celui-ci démontre par intégrations par parties successives. Cette formule, comme on voit, est très voisine de la série de Taylor; et c'est le raisonnement même de Leibniz, par passage à la limite à partir du calcul des différences, que Taylor retrouve en 1715 pour obtenir « sa » série[1], sans d'ailleurs faire de celle-ci grand usage.

F) On aura déjà aperçu, implicite dans l'évolution décrite plus haut, *l'algébrisation* progressive de l'analyse infinitésimale, c'est-à-dire sa réduction à un *calcul opérationnel* muni d'un système de notations uniforme de caractère algébrique. Comme Leibniz l'a maintes fois indiqué avec une parfaite netteté ((XXI *b*) p. 230–233), il s'agissait de faire pour la nouvelle analyse ce que Viète avait fait pour la théorie des équations, et Descartes pour la géométrie. Pour en comprendre la nécessité, il n'est que de lire quelques pages de Barrow; à aucun moment on ne peut se passer d'avoir sous les yeux une figure parfois compliquée, décrite au préalable avec un soin minutieux; il ne faut pas moins de 180 figures pour les 100 pages (Lect. V-XII) qui forment l'essentiel de l'ouvrage.

Il ne pouvait guère être question d'algébrisation, il est vrai, avant que quelque unité ne fût apparue à travers la multiplicité des apparences géométriques. Cependant Grégoire de St. Vincent (IX) déjà introduit (sous le nom de « *ductus plani in planum* ») une sorte de loi de composition qui revient à l'emploi systématique d'intégrales $\int_a^b f(x)g(x)\,dx$ considérées comme volumes de solides $a \leqslant x \leqslant b$, $0 \leqslant y \leqslant f(x)$, $0 \leqslant z \leqslant g(x)$; mais il est loin d'en tirer les conséquences que plus tard Pascal déduit, comme on a vu, de l'étude du même solide. Wallis en 1655, et Pascal en 1658, se forgent, chacun à son usage, des langages de caractère algébrique, dans lesquels, sans écrire aucune formule, ils rédigent des énoncés qu'on peut immédiatement transcrire en formules de calcul intégral dès qu'on en a compris le mécanisme. Le langage de Pascal est particulièrement clair et précis; et, si l'on ne comprend pas pourquoi il s'est refusé l'usage des

[1] B. TAYLOR, *Methodus Incrementorum directa et inversa*, Lond., 1715. Pour le calcul des différences, Taylor pouvait naturellement s'appuyer sur les résultats de Newton, contenus dans un lemme fameux des *Principia* ((XX), Livre III, lemme 5) et publiés plus amplement en 1711 (XIX *d*). Quant à l'idée de passer à la limite, elle semble typiquement leibnizienne; et l'on aurait peine à croire à l'originalité de Taylor sur ce point si on ne connaissait de tout temps maints exemples de disciples ignorants de tout hormis des écrits de leur maître et patron. Taylor ne cite ni Leibniz ni Bernoulli; mais la controverse Newton-Leibniz faisait rage, Taylor était secrétaire de la Royal Society et Sir Isaac en était le tout-puissant président.

notations algébriques, non seulement de Descartes, mais même de Viète, on ne peut qu'admirer le tour de force qu'il accomplit, et dont sa maîtrise de la langue l'a seule rendu capable.

Mais qu'on laisse passer quelques années, et tout change de face. Newton le premier conçoit l'idée décisive de remplacer toutes les opérations, de caractère géométrique, de l'analyse infinitésimale contemporaine, par une opération analytique unique, la différentiation, et par la résolution du problème inverse; opération que bien entendu la méthode des séries de puissances lui permettait d'exécuter avec une extrême facilité. Empruntant son langage, nous l'avons vu, à la fiction d'un paramètre « temporel » universel, il qualifie de « fluentes » les quantités variables en fonction de ce paramètre, et de « fluxions » leurs dérivées. Il ne paraît pas avoir attaché une importance particulière aux notations, et ses séides plus tard vantent même comme un avantage l'absence d'une notation systématique; il prend néanmoins de bonne heure, pour son usage personnel, l'habitude de noter la fluxion par un point, donc dx/dt par $\dot{x}$, d^2x/dt^2 par $\ddot{x}$, etc. Quant à l'intégration, il semble bien que Newton, tout comme Barrow, ne l'ait jamais envisagée que comme problème (trouver la fluente connaissant la fluxion, donc résoudre $\dot{x} = f(t)$), et non comme opération; aussi n'a-t-il pas de nom pour l'intégrale, ni, semble-t-il, de notation habituelle (sauf quelquefois un carré, $\boxed{f(t)}$ ou $\Box f(t)$ pour $\int f(t)\, dt$). Est-ce parce qu'il répugne à donner un nom et un signe à un être qui n'est pas défini d'une manière unique, mais seulement à une constante additive près? Faute d'un texte, on ne peut que poser la question.

Autant Newton est empirique, concret, circonspect en ses plus grandes hardiesses, autant Leibniz est systématique, généralisateur, novateur aventureux et parfois téméraire. Dès sa jeunesse, il eut en tête l'idée d'une « caractéristique » ou langue symbolique universelle, qui devait être à l'ensemble de la pensée humaine ce que la notation algébrique est à l'algèbre, où tout nom ou signe eût été la clef de toutes les qualités de la chose signifiée, et qu'on n'eût pu employer correctement sans du même coup raisonner correctement. Il est aisé de traiter un tel projet de chimérique; ce n'est pas un hasard pourtant que son auteur ait été l'homme même qui devait bientôt reconnaître et isoler les concepts fondamentaux du calcul infinitésimal, et douer celui-ci de notations à peu près définitives. Nous avons déjà assisté plus haut à la naissance de celles-ci, et observé le soin avec lequel Leibniz, qui semble conscient de sa mission, les modifie progressivement jusqu'à leur assurer la simplicité et surtout l'invariance qu'il recherche (XXI *a* et *b*). Ce qu'il importe de marquer ici, c'est, dès qu'il les introduit (sans rien connaître encore des idées de Newton), la claire conception de $\int$ et de d, de l'intégrale et de la différentielle, comme opérateurs inverses l'un de l'autre. Il est vrai qu'en procédant ainsi il ne peut éviter l'ambiguïté inhérente à l'intégrale indéfinie, qui est le point faible de son système, sur lequel il glisse adroitement, de même que ses successeurs. Mais ce qui frappe, dès la première apparition des nouveaux symboles, c'est de voir Leibniz occupé aussitôt à en formuler les règles d'emploi, se demander si $d(xy) = dx\,dy$ ((XXII), p. 16–166), et se répondre à lui-même par la négative, pour en venir progressivement à la règle correcte (XXI *a*), qu'il devait plus tard généraliser par sa fameuse formule pour $d^n(xy)$ ((XXI), t. III, p. 175). Bien entendu, au moment où Leibniz tâtonne ainsi, Newton sait depuis dix ans déjà que $z = xy$ entraîne $\dot{z} = \dot{x}y + x\dot{y}$; mais il ne prend jamais la peine de le dire, n'y voyant qu'un cas particulier, indigne d'être nommé, de sa règle pour différentier une relation $F(x, y, z) = 0$ entre fluentes. Au contraire, le principal souci de Leibniz n'est pas de faire servir ses méthodes à la résolution de tels problèmes concrets, ni non plus de les déduire de principes rigoureux et inattaquables, mais avant tout de mettre sur pied un algorithme reposant sur le maniement formel de quelques règles simples. C'est dans cet esprit qu'il améliore la notation algébrique par l'emploi des parenthèses, qu'il adopte progressivement $\log x$ ou lx pour le logarithme[1], et qu'il insiste sur le « calcul exponentiel », c'est-à-dire la considération systématique d'exponentielles, a^x, x^x, x^y, où l'exposant est une variable. Surtout, tandis que Newton n'introduit les fluxions d'ordre supérieur que strictement dans la mesure où elles sont nécessaires dans chaque cas concret, Leibniz s'oriente de bonne heure vers la création d'un « calcul opérationnel » par l'itération de d et de $\int$; prenant peu à peu claire conscience de l'analogie entre la multiplication des nombres et la composition des opérateurs de son calcul, il adopte, par une hardiesse heureuse, la notation par exposants pour écrire les itérés de d, écrivant donc d^n pour le n-ème itéré ((XXII), p. 595 et 601[2], et (XXI), t. V, p. 221 et 378) et même d^{-1}, d^{-n} pour $\int$ et ses itérés ((XXI), t. III, p. 167); et il cherche même à donner un sens à d^α pour α réel quelconque ((XXI), t. II, p. 301–302, et t. III, p. 228).

Ce n'est pas à dire que Leibniz ne s'intéresse aussi aux applications de son calcul, sachant bien (comme Huygens le lui répète souvent ((XXII), p. 599)) qu'elles en sont la pierre de touche; mais il manque de patience pour les approfondir, et y cherche surtout l'occasion de formuler de nouvelles règles générales. C'est ainsi qu'en 1686 (XXI *c*) il traite de la courbure des courbes, et du cercle osculateur, pour aboutir en 1692 (XXI *d*) aux principes généraux sur le contact des courbes planes[3]; en 1692 (XXI *e*) et 1694 (XXI *f*) il pose les bases de la

[1] Mais il n'a pas de signe pour les fonctions trigonométriques, ni (faute d'un symbole pour *e*) pour le « nombre dont le logarithme est *x* ».

[2] « ...*c'est à peu pres comme si, au lieu des racines et puissances, on vouloit toujours substituer des lettres, et au lieu de xx, ou* x^3, *prendre m, ou n, après avoir déclaré que ce doivent estre les puissances de la grandeur x. Jugés, Mons., combien cela embarasseroit. Il en est de mesme de dx ou de ddx, et les differences ne sont pas moins des affections des grandeurs indeterminées dans leurs lieux, que les puissances sont des affections d'une grandeur prise à part. Il me semble donc qu'il est plus naturel de les designer en sorte qu'elles fassent connoistre immediatement la grandeur dont elles sont les affections.* »

[3] Il commet d'abord là-dessus une erreur singulière, croyant que le « cercle qui baise » (le cercle osculateur) a au point de contact quatre points communs avec la courbe; et il ne se rend qu'avec peine, par la suite, aux objections des frères Bernoulli à ce sujet ((XXI), t. III, p. 187–188, 201–202 et 207).

théorie des enveloppes; concurremment avec Johann Bernoulli, il effectue en 1702 et 1703 l'intégration des fractions rationnelles par décomposition en éléments simples, mais d'abord d'une manière formelle et sans bien se rendre compte des circonstances qui accompagnent la présence de facteurs linéaires complexes au dénominateur (XXI g et h). C'est ainsi encore qu'un jour d'août 1697, méditant en voiture sur des questions de calcul des variations, il a l'idée de la règle de différentiation par rapport à un paramètre sous le signe $\int$, et, enthousiasmé, la mande aussitôt à Bernoulli ((XXI), t. III, p. 449–454). Mais lorsqu'il en est là, les principes fondamentaux de son calcul sont acquis depuis longtemps, et l'usage a commencé à s'en répandre: l'algébrisation de l'analyse infinitésimale est un fait accompli.

G) La notion de *fonction* s'introduit et se précise d'une foule de manières au cours du XVIIe siècle. Toute cinématique repose sur une idée intuitive, et en quelque sorte expérimentale, de quantités variables avec le temps, c'est-à-dire de fonctions du temps, et nous avons vu déjà comment on aboutit ainsi à la fonction d'un paramètre, telle qu'elle apparaît chez Barrow, et, sous le nom de fluente, chez Newton. La notion de « courbe quelconque » apparaît souvent, mais est rarement précisée; il se peut que souvent elle ait été conçue sous forme cinématique ou en tout cas expérimentale, et sans qu'on jugeât nécessaire qu'une courbe soit susceptible d'une caractérisation géométrique ou analytique pour pouvoir servir d'objet aux raisonnements; il en est ainsi, en particulier (pour des raisons que nous sommes mieux à même de comprendre aujourd'hui) lorsqu'il s'agit d'intégration, par exemple chez Cavalieri, Pascal et Barrow; ce dernier, raisonnant sur la courbe définie par $x = ct$, $y = f(t)$, avec l'hypothèse que dy/dt soit croissante, dit même expressément qu' « *il n'importe en rien* » que dy/dt croisse « *régulièrement suivant une loi quelconque, ou bien irrégulièrement* » ((XVIII), p. 191) c'est-à-dire, comme nous dirions, soit susceptible ou non d'une définition analytique. Malheureusement cette idée claire et féconde, qui devait, convenablement précisée, reparaître au XIXe siècle, ne pouvait alors lutter contre la confusion créée par Descartes, lorsque celui-ci avait, en premier lieu, banni de la « géométrie » toutes les courbes non susceptibles d'une définition analytique précise, et en second lieu restreint aux seules opérations algébriques les procédés de formation admissibles dans une telle définition. Il est vrai que, sur ce dernier point, il n'est pas suivi par la majorité de ses contemporains; peu à peu, et souvent par des détours fort subtils, diverses opérations transcendantes, le logarithme, l'exponentielle, les fonctions trigonométriques, les quadratures, la résolution d'équations différentielles, le passage à la limite, la sommation des séries, acquièrent droit de cité, sans qu'il soit facile sur chaque point de marquer le moment précis où se fait le pas en avant; et d'ailleurs le premier pas en avant est souvent suivi d'un pas en arrière. Pour le logarithme, par exemple, on doit considérer comme des étapes importantes l'apparition de la courbe logarithmique ($y = a^x$ ou $y = \log x$ suivant le choix des axes), de la spirale logarithmique, la quadrature de l'hyperbole, le développement en série de log $(1 + x)$, et même l'adoption du symbole log x ou lx. En ce qui concerne les fonctions trigonométriques, et bien qu'en un certain sens elles remontent à l'antiquité, il est intéressant d'observer que la sinusoïde n'apparaît pas d'abord comme définie par une équation $y = \sin x$, mais bien, chez Roberval ((VIII *a*), p. 63–65), comme « compagne de la roulette » (en l'espèce, il s'agit de la courbe

$$y = R\left(1 - \cos\frac{x}{R}\right)),$$

c'est-à-dire comme courbe auxiliaire dont la définition est déduite de celle de la cycloïde. Pour rencontrer la notion générale d'expression analytique, il faut en venir à J. Gregory, qui la définit en 1667 ((XVI bis), p. 413), comme une quantité qui s'obtient à partir d'autres quantités par une succession d'opérations algébriques « *ou de toute autre opération imaginable* »; et il essaie de préciser cette notion dans sa préface ((XVI bis), p. 408–409), en expliquant la nécessité d'adjoindre aux cinq opérations de l'algèbre[1] une sixième opération, qui en définitive n'est autre que le passage à la limite. Mais ces intéressantes réflexions sont bientôt oubliées, submergées par le torrent des développements en série découverts par Gregory lui-même, Newton, et d'autres; et le prodigieux succès de cette dernière méthode crée une confusion durable entre fonctions susceptibles de définition analytique, et fonctions développables en série de puissances.

Quant à Leibniz, il semble s'en tenir au point de vue cartésien, élargi par l'adjonction explicite des quadratures, et par l'adjonction implicite des autres opérations familières à l'analyse de son époque, sommation de séries de puissances, résolution d'équations différentielles. De même, Johann Bernoulli, lorsqu'il veut considérer une fonction arbitraire de x, l'introduit comme « *une quantité formée d'une manière quelconque à partir de x et de constantes* » ((XXI), t. II, p. 150), en précisant parfois qu'il s'agit d'une quantité formée « *d'une manière algébrique ou transcendante* » ((XXI), t. II, p. 324); et, en 1698, il se met d'accord avec Leibniz pour donner à une telle quantité le nom de « fonction de x » ((XXI), t. III, p. 507–510 et p. 525–526)[2]. Déjà Leibniz avait introduit les mots de « constante », « variable », « paramètre », et précisé à propos d'enveloppes la notion de famille de courbes dépendant d'un ou plusieurs paramètres (XXI *e*). Les questions de notation se précisent aussi dans la correspondance avec Johann Bernoulli: celui-ci écrit

[1] Il s'agit des quatre opérations rationnelles, et de l'extraction de racines d'ordre quelconque: J. Gregory n'a jamais cessé de croire à la possibilité de résoudre par radicaux les équations de tous les degrés.

[2] Jusque-là, et déjà dans un manuscrit de 1673, Leibniz avait employé ce mot comme abréviation pour désigner une grandeur « remplissant telle ou telle fonction » auprès d'une courbe, par exemple la longueur de la tangente ou de la normale (limitées à la courbe et à Ox), ou bien la sous-normale, la sous-tangente, etc., donc en somme une fonction d'un point variable sur une courbe, à définition géométrico-différentielle. Dans le même manuscrit de 1673, la courbe est supposée définie par une relation entre x et y, « *donnée par une équation* », mais Leibniz ajoute qu' « *il n'importe pas que la courbe soit ou non géométrique* » (c'est-à-dire, en notre langage, algébrique) (cf. D. Mahnke, *Abh. Preuss. Akad. der Wiss.*, 1925, Nr. 1, Berlin, 1926).

volontiers X, ou ξ, pour une fonction arbitraire de x ((XXI), t. III, p. 531); Leibniz approuve, mais propose aussi $\overline{x}^{|1|}$, $\overline{x}^{|2|}$ là où nous écririons $f_1(x), f_2(x)$; et il propose, pour la dérivée dz/dx d'une fonction z de x, la notation dx (par opposition à dz qui est la différentielle) alors que Bernoulli écrit Δz ((XXI), t. III, p. 537 et 526).

*
* *

Ainsi, avec le siècle, l'époque héroïque a pris fin. Le nouveau calcul, avec ses notions et ses notations, est constitué, sous la forme que Leibniz lui a donnée. Les premiers disciples, Jakob et Johann Bernoulli, rivalisent de découvertes avec le maître, explorant à l'envi les riches contrées dont il leur a montré le chemin. Le premier traité de calcul différentiel et intégral a été écrit en 1691 et 1692 par Johann Bernoulli[1], à l'usage d'un marquis qui se montre bon élève. Peu importe d'ailleurs que Newton se soit décidé enfin, en 1693, à publier parcimonieusement un bref aperçu de ses fluxions ((XV), t. II, p. 391–396); si ses *Principia* ont de quoi fournir aux méditations de plus d'un siècle, sur le terrain du calcul infinitésimal il est rejoint, et sur bien des points dépassé.

Les faiblesses du nouveau système sont d'ailleurs visibles, du moins à nos yeux. Newton et Leibniz, abolissant d'un coup une tradition deux fois millénaire, ont accordé à la différentiation le rôle primordial, et réduit l'intégration à n'en être que l'inverse; il faudra tout le XIXᵉ siècle, et une partie du XXᵉ, pour rétablir un juste équilibre, en mettant l'intégration à la base de la théorie générale des fonctions de variable réelle, et de ses généralisations modernes (voir les Notes historiques du Livre sur l'Intégration). C'est de ce renversement de point de vue aussi que découle le rôle excessif, et presque exclusif, que prend déjà chez Barrow, et surtout à partir de Newton et Leibniz, l'intégrale indéfinie aux dépens de l'intégrale définie: là aussi le XIXᵉ siècle eut à remettre les choses au point. Enfin la tendance proprement leibnizienne au maniement formel des symboles devait aller en s'accentuant à travers tout le XVIIIᵉ siècle, bien au delà de ce que pouvaient autoriser les ressources de l'analyse de ce temps. En particulier, il faut bien reconnaître que la notion leibnizienne de différentielle n'a à vrai dire aucun sens; au début du XIXᵉ siècle, elle tomba dans un discrédit dont elle ne s'est relevée que peu à peu; et, si l'emploi des différentielles premières a fini par être complètement légitimé, les différentielles d'ordre supérieur, d'un usage pourtant si commode, n'ont pas encore été vraiment réhabilitées jusqu'à ce jour.

Quoi qu'il en soit, l'histoire du calcul différentiel et intégral, à partir de la fin du XVIIᵉ siècle, se divise en deux parties. L'une se rapporte aux applications de ce calcul, toujours plus riches, nombreuses et variées. A la géométrie différentielle

[1] La partie de ce traité qui se rapporte au calcul intégral fut publiée en 1742 seulement ((XXIV), t. III, p. 385–558); celle qui a trait au calcul différentiel n'a été retrouvée et publiée que récemment (XXIV *bis*); il est vrai que le marquis de l'Hôpital l'avait publiée en français, légèrement remaniée, sous son propre nom, ce dont Bernoulli marque quelque amertume dans ses lettres à Leibniz.

des courbes planes, aux équations différentielles, aux séries de puissances, au calcul des variations, dont il a déjà été question plus haut, viennent s'ajouter la géométrie différentielle des courbes gauches, puis des surfaces, les intégrales multiples, les équations aux dérivées partielles, les séries trigonométriques, l'étude de nombreuses fonctions spéciales, et bien d'autres types de problèmes, dont l'histoire sera exposée dans les Livres qui leur seront consacrés. Nous n'avons à nous occuper ici que des travaux qui ont contribué à mettre au point, approfondir et consolider les principes mêmes du calcul infinitésimal, en ce qui concerne les fonctions d'une variable réelle.

De ce point de vue, les grands traités du milieu du XVIIIe siècle n'offrent que peu de nouveautés. Maclaurin en Angleterre[1], Euler sur le continent (XXV *a* et *b*), restent fidèles aux traditions dont chacun d'eux est l'héritier. Il est vrai que le premier s'efforce de clarifier quelque peu les conceptions newtoniennes[2] tandis que le second, poussant le formalisme leibnizien à l'extrême, se contente, comme Leibniz et Taylor, de faire reposer le calcul différentiel sur un passage à la limite fort obscur à partir du calcul des différences, calcul dont il donne du reste un exposé fort soigné. Mais surtout Euler achève l'œuvre de Leibniz en introduisant et faisant adopter les notations encore aujourd'hui en usage pour e, i, et les fonctions trigonométriques, et répandant la notation π. D'autre part, et si le plus souvent il ne fait pas de distinction entre fonctions et expressions analytiques, il insiste, à propos de séries trigonométriques et du problème des cordes vibrantes, sur la nécessité de ne pas se borner aux fonctions ainsi définies (et qu'il qualifie de « continues »), mais de considérer aussi, le cas échéant, des fonctions arbitraires, ou « discontinues », données expérimentalement par un ou plusieurs arcs de courbe ((XXV *c*), p. 74–91). Enfin, bien que cela sorte quelque peu de notre cadre, il n'est pas possible de ne pas mentionner ici son extension de la fonction exponentielle au domaine complexe, d'où il tire les célèbres formules liant l'exponentielle aux fonctions trigonométriques, ainsi que la définition du logarithme d'un nombre complexe; par là se trouve élucidée définitivement la fameuse analogie entre logarithme et fonctions circulaires réciproques, ou, dans le langage du XVIIe siècle, entre les quadratures du cercle et de l'hyperbole, observée déjà par Grégoire de St. Vincent, précisée par Huygens et surtout par J. Gregory, et qui, chez Leibniz et Bernoulli, était apparue dans l'intégration formelle de $\frac{1}{1+x^2} = \frac{i}{2(x+i)} - \frac{i}{2(x-i)}$.

D'Alembert cependant, ennemi de toute mystique en mathématique comme ailleurs, avait, dans de remarquables articles (XXVI), défini avec la plus grande clarté les notions de limite et de dérivée, et soutenu avec force qu'au fond c'est

[1] C. Maclaurin, *A complete treatise of fluxions*, Edimburgh, 1742.

[2] Elles avaient fort besoin, en effet, d'être défendues contre les attaques philosophico-théologico-humoristiques du fameux évêque Berkeley. D'après celui-ci, qui croit aux fluxions ne doit pas trouver fort difficile de prêter foi aux mystères de la religion: argument *ad hominem*, qui ne manquait ni de logique ni de piquant.

là toute la « métaphysique » du calcul infinitésimal. Mais ces sages avis n'ont pas eu de suite immédiate. Le monumental ouvrage de Lagrange (XXVII) représente une tentative de fonder l'analyse sur l'une des plus discutables conceptions newtoniennes, celle qui confond les notions de fonction arbitraire et de fonction développable en série de puissances, et de tirer de là (par la considération du coefficient du terme du premier ordre dans la série) la notion de différentiation. Bien entendu, un mathématicien de la valeur de Lagrange ne pouvait manquer d'obtenir à cette occasion des résultats importants et utiles, comme par exemple (et d'une manière en réalité indépendante du point de départ que nous venons d'indiquer) la démonstration générale de la formule de Taylor avec l'expression du reste par une intégrale, et son évaluation par le théorème de la moyenne; du reste l'œuvre de Lagrange est à l'origine de la méthode de Weierstrass en théorie des fonctions d'une variable complexe, ainsi que de la théorie algébrique moderne des séries formelles. Mais, du point de vue de son objet immédiat, elle représente un recul plutôt qu'un progrès.

Avec les ouvrages d'enseignement de Cauchy, au contraire (XXVIII), on se retrouve enfin sur un terrain solide. Il définit une fonction essentiellement comme nous le faisons aujourd'hui, bien que dans un langage encore un peu vague. La notion de limite, fixée une fois pour toutes, est prise pour point de départ; celles de fonction continue (au sens moderne) et de dérivée s'en déduisent immédiatement, ainsi que leurs principales propriétés élémentaires; et l'existence de la dérivée, au lieu d'être un article de foi, devient une question à étudier par les moyens ordinaires de l'analyse. Cauchy, à vrai dire, ne s'y intéresse guère; et d'autre part, si Bolzano, parvenu de son côté aux mêmes principes, construisit un exemple de fonction continue n'ayant de dérivée finie en aucun point (XXIX), cet exemple ne fut pas publié, et la question ne fut publiquement tranchée que par Weierstrass, dans un travail de 1872 (et, dans ses cours dès 1861) (XXXII).

En ce qui concerne l'intégration, l'œuvre de Cauchy représente un retour aux saines traditions de l'antiquité et de la première partie du XVIIe siècle, mais appuyé sur des moyens techniques encore insuffisants. L'intégrale définie, passée trop longtemps au second plan, redevient la notion primordiale, pour laquelle Cauchy fait adopter définitivement la notation $\int_a^b f(x)\,dx$ proposée par Fourier (au lieu de l'incommode $\int f(x)\,dx \begin{bmatrix} x = b \\ x = a \end{bmatrix}$ parfois employé par Euler); et, pour la définir, Cauchy revient à la méthode d'exhaustion, ou comme nous dirions, aux « sommes de Riemann » (qu'il vaudrait mieux nommer sommes d'Archimède, ou sommes d'Eudoxe). Il est vrai que le XVIIe siècle n'avait pas jugé à propos de soumettre à un examen critique la notion d'aire, qui lui avait paru au moins aussi claire que celle de nombre réel incommensurable; mais la convergence des sommes « de Riemann » vers l'aire sous la courbe, tant qu'il s'agit d'une courbe monotone ou monotone par morceaux, était une notion familière à tous les auteurs soucieux de rigueur au XVIIe siècle, Fermat, Pascal, Barrow; et J. Gregory, particulièrement bien préparé par ses réflexions sur le passage à la limite et sa familiarité avec une forme déjà fort abstraite du principe des « intervalles emboîtés », en avait même rédigé, paraît-il, une démonstration soignée, restée inédite ((XVII bis), p. 445–446), qui eût pu servir à Cauchy presque sans changement s'il l'avait connue[1]. Malheureusement pour lui, Cauchy prétendit démontrer l'existence de l'intégrale, c'est-à-dire la convergence des « sommes de Riemann », pour une fonction continue quelconque; et sa démonstration, qui deviendrait correcte si elle s'appuyait sur le théorème de continuité uniforme des fonctions continues dans un intervalle fermé, est dénuée de toute valeur probante faute de cette notion. Dirichlet ne semble pas s'être aperçu non plus de la difficulté au moment où il rédigeait ses célèbres mémoires sur les séries trigonométriques, puisqu'il y cite le théorème en question comme « facile à démontrer » ((XXX), p. 136); il est vrai qu'il ne l'applique en définitive qu'aux fonctions bornées, monotones par morceaux; Riemann, plus circonspect, ne mentionne que ces dernières lorsqu'il s'agit de faire usage de sa condition nécessaire et suffisante pour la convergence des « sommes de Riemann » ((XXXI), p. 227–271). Une fois le théorème sur la continuité uniforme établi par Heine (cf. TG, II, Note historique p. 42), la question n'offrit bien entendu plus aucune difficulté; et elle est aisément tranchée par Darboux en 1875 dans son mémoire sur l'intégration des fonctions discontinues (XXXIII), mémoire où il se rencontre du reste sur bien des points avec les importantes recherches de P. du Bois-Reymond, parues vers la même époque. Du même coup se trouve démontrée pour la première fois, mais cette fois définitivement, la linéarité de l'intégrale des fonctions continues. D'autre part, la notion de convergence uniforme d'une suite ou d'une série, introduite entre autres par Seidel en 1848, et mise en valeur en particulier par Weierstrass (cf TG, X, Note historique p. 62), avait permis de donner une base solide, sous des conditions un peu trop restrictives il est vrai, à l'intégration des séries terme à terme et à la différentiation sous le signe $\int$, en attendant les théories modernes dont nous n'avons pas à parler ici, et qui devaient éclaircir ces questions d'une manière provisoirement définitive.

Nous avons ainsi atteint à l'étape finale du calcul infinitésimal classique, celle qui est représentée par les grands Traités d'Analyse de la fin du XIXᵉ siècle; du point de vue qui nous occupe, celui de Jordan (XXXIV) occupe parmi eux une place éminente, pour des raisons esthétiques d'une part, mais aussi parce que, s'il constitue une admirable mise au point des résultats de l'analyse classique, il annonce à bien des égards l'analyse moderne et lui prépare la voie. Après Jordan vient Lebesgue, et l'on entre dans le sujet d'un autre Livre du présent ouvrage.

[1] C'est du moins ce qu'indique le résumé donné par Turnbull d'après le manuscrit.

BIBLIOGRAPHIE

(*Chapitres I, II et III*)

(I) *Euclidis Elementa*, 5 vol., éd. J. L. Heiberg, Lipsiae (Teubner), 1883–88.

(I *bis*) T. L. HEATH, *The thirteen books of Euclid's Elements...*, 3 vol., Cambridge, 1908.

(II) *Archimedis Opera Omnia*, 3 vol., éd. J. L. Heiberg, 2e éd., Leipzig (Teubner), 1913–15.

(II *bis*) *Les Œuvres complètes d'Archimède*, trad. P. Ver Eecke, Paris-Bruxelles (Desclée-de Brouwer), 1921.

(III) GALILEO GALILEI, *Opere*, Ristampa della Edizione Nazionale, 20 vol., Firenze (Barbera), 1929–39.

(III *bis*) *Discorsi e Dimonstrazioni Matematiche intorno à due nuoue scienze Attenenti alla mecanica & i movimenti locali, del Signor Galileo Galilei Linceo, Filosofo e Matematico primario del Serenissimo Grand Duca di Toscana.* In Leida, appresso gli Elsevirii, MDCXXXVIII.

(IV) J. NEPER, *Mirifici logarithmorum canonis constructio*, Lyon, 1620.

(V) J. KEPLER, *Stereometria Doliorum*, 1615.

(V *bis*) J. KEPLER, *Neue Stereometrie der Fäser*, Ostwald's Klassiker, n° 165, Leipzig (Engelmann), 1908

(VI) B. CAVALIERI: *a*) *Geometria indivisibilibus continuorum quadam ratione promota*, Bononiae, 1635 (2e éd., 1653); *b*) *Exercitationes geometricae sex*, Bononiae, 1647.

(VII) E. TORRICELLI, *Opere*, 4 vol., éd. G. Loria et G. Vassura, Faenza (Montanari), 1919.

(VII *bis*) E. TORRICELLI, in G. LORIA, *Bibl. Mat.* (III), t. I, 1900, p. 78–79.

(VIII) G. de ROBERVAL, *Ouvrages de Mathématique* (*Mémoires de l'Académie Royale des Sciences*, t. III), Amsterdam, 1736: *a*) Observations sur la composition des mouvements, et sur le moyen de trouver les touchantes des lignes courbes, p. 3–67; *b*) Epistola ad Torricellium, p. 363–399.

(IX) P. GREGORII a SANCTO VINCENTIO, *Opus Geometricum Quadraturae Circuli et Sectionum Coni...*, 2 vol. Antverpiae, 1647.

(X) R. DESCARTES, *Œuvres*, éd. Ch. Adam et P. Tannery, 11 vol., Paris (L. Cerf), 1897–1909.

(X *bis*) R. DESCARTES, *Geometria*, trad. latine de Fr. van Schooten, 2e éd., 2 vol., Amsterdam (Elzevir), 1659–61.

(XI) P. FERMAT, *Œuvres*, Paris (Gauthier-Villars), 1891–1912: *a*) De linearum curvarum cum lineis rectis comparatione... Auctore M. P. E. A. S., t. I, p. 211–254 (trad. française, *ibid.*, t. III, p. 181–215); *b*) Methodus ad disquirendam maximam et minimam, t. I, p. 133–179 (trad. française, *ibid.*, t. III, p. 121–156); *c*) De aequationum localium transmutatione et emendatione ad multimodam curvilineorum inter se vel cum rectilineis comparationem, cui annectitur proportionis geometricae in quadrandis infinitis parabolis et hyperbolis usus, t. I, p. 255–288 (trad. française, *ibid.*, t. III, p. 216–240).

(XII) B. PASCAL, *Œuvres*, 14 vol., éd. Brunschvicg, Paris (Hachette), 1904–14: *a*) Lettre de A. Dettonville à Monsieur A. D. D. S. en lui envoyant la démonstration à la manière des anciens de l'égalité des lignes spirale et parabolique, t. VIII, p. 249–282; *b*) Lettre de Monsieur Dettonville à Monsieur de Carcavy, t. VIII, p. 334–384; *c*) Traité des trilignes rectangles et de leurs onglets, t. IX, p. 3–45; *d*) Traité des sinus du quart de cercle, t. IX, p. 60–76.

(XIII) N. MERCATOR, *Logarithmotechnia... cui nunc accedit vera quadratura hyperbolae...*, Londini, 1668 (reproduit dans F. MASÈRES, *Scriptores Logarithmici...*, vol. I, London, 1791, p. 167–196).

(XIV) LORD BROUNCKER, *The Squaring of the* Hyperbola *by an infinite series of* Rational *Numbers, together with its Demonstration by the Right Honourable the Lord Viscount* Brouncker, *Phil. Trans.*, t. 3 (1668), p. 645–649 (reproduit dans F. MASÈRES, *Scriptores Logarithmici...*, vol. I, London, 1791, p. 213–218).

(XV) J. WALLIS, *Opera Mathematica*, 3 vol., Oxoniae, 1693–95: *a*) Arithmetica Infinitorum, t. I, p. 355–478.

(XV *bis*) J. WALLIS, LOGARITHMOTECHNIA NICOLAI MERCATORIS: *discoursed in a letter written by Dr.* J. Wallis *to the Lord Viscount Brouncker, Phil. Trans.*, t. 3 (1668), p. 753–759 (reproduit dans F. MASÈRES, *Scriptores Logarithmici...*, vol. I, London, 1791, p. 219–226).

(XVI) Ch. HUYGENS, *Œuvres complètes*, publiées par la Société Hollandaise des Sciences, 19 vol., La Haye (Martinus Nijhoff), 1888–1937: *a*) Examen de « Vera Circuli et Hyperboles Quadratura... », t. VI, p. 228–230 (= *Journal des Sçavans*, juillet 1668); *b*) Horologium Oscillatorium, t. XVIII; *c*) Theoremata de Quadratura Hyperboles, Ellipsis et Circuli..., t. XI, p. 271–337; *d*) De Circuli Magnitudine Inventa,... t. XII, p. 91–180.

(XVI *bis*) *Christiani Hugenii, Zulichemii Philosophi, vere magni, Dum viveret Zelemii Toparchae, Opera Mechanica, Geometrica, Astronomica et Miscellanea*, 4 tomes en 1 vol., Lugd. Batav., 1751.

(XVII) J. GREGORY: *a*) *Vera Circuli et Hyperbolae Quadratura...*, Pataviae, 1667; *b*) *Geometriae Pars Universalis*, Pataviae, 1668; *c*) *Exercitationes Geometricae*, London, 1668.

(XVII *bis*) *James Gregory Tercentenary Memorial Volume, containing his correspondence with John Collins and his hitherto unpublished mathematical manuscripts...*, ed. H. W. Turnbull, London (Bell and Sons), 1939.

(XVIII) I. BARROW, *Mathematical Works*, ed. W. Whevell, Cambridge, 1860.

(XVIII *bis*) LECTIONES Geometricae: In quibus (praesertim) GENERALIA *Curvarum Linearum* SYMPTOMATA *DECLARANTUR*. Auctore ISAAC BARROW... Londini... M.DC. LXX (= *Mathematical Works*, p. 156–320).

(XIX) I. NEWTON, *Opuscula*, t. I, Lausanne-Genève (M. M. Bousquet), 1744: *a*) De Analysi per aequationes numero terminorum infinitas, p. 3–26; *b*) Methodus fluxionum et serierum infinitarum, p. 29–199 (1re publication en 1736); *c*) De Quadratura curvarum, p. 201–244 (1re publication en 1706); *d*) Methodus differentialis, p. 271–282 (1re publication en 1711); *e*) Commercium Epistolicum, p. 295–420 (1re publication en 1712, 2e éd. en 1722).

(XX) I. NEWTON, *Philosophiae Naturalis Principia Mathematica*, London, 1687 (nouvelle éd., Glasgow, 1871).

(XX *bis*) I. NEWTON, *Mathematical principles of natural philosophy, and his System of the world*, transl. into English by A. Motte in 1729, Univ. of California, 1946.

(XXI) G. W. LEIBNIZ, *Mathematische Schriften*, éd. C. I. Gerhardt, 7 vol., Berlin-Halle (Asher-Schmidt), 1849–63: *a*) Nova Methodus pro Maximis et Minimis..., t, V, p. 220–226 (= *Acta Erud. Lips.*, 1684); *b*) De Geometria recondita..., t. V, p. 226–233 (= *Acta Erud. Lips.*, 1686); *c*) Meditatio nova de natura Anguli contactus..., t. VII, 326–328 (= *Acta Erud. Lips.*, 1686); *d*) Generalia de Natura linearum..., t. VII, p. 331–337 (= *Acta Erud. Lips.*, 1692); *e*) De linea ex lineis numero infinitis..., t. V, p. 266–269 (= *Acta Erud. Lips.*, 1692); *f*) Nova Calculi differentialis applicatio..., t. V, p. 301–306 (= *Acta Erud. Lips.*, 1694); *g*) Specimen novum Analyseos..., t. V, p. 350–361 (= *Acta Erud. Lips.*, 1702); *h*) Continuatio Analyseos Quadraturarum Rationalium, t. V, p. 361–366 (= *Acta Erud. Lips.*, 1703).

(XXII) *Der Briefwechsel von Gottfried Wilhelm Leibniz mit Mathematikern*, herausg. von C. I. Gerhardt, t. I, Berlin (Mayer and Müller), 1899.

(XXIII) JAKOB BERNOULLI, *Opera*, 2 vol., Genève (Cramer-Philibert), 1744.

(XXIV) JOHANN BERNOULLI, *Opera Omnia*, 4 vol., Lausanne-Genève (M. M. Bousquet), 1742.

(XXIV *bis*) JOHANN BERNOULLI: *Die erste Integralrechnung*, Ostwald's Klassiker, n° 194, Leipzig–Berlin, 1914; *Die Differentialrechnung*, Ostwald's Klassiker, n° 211, Leipzig, 1924.

(XXV) L. EULER, *Opera Omnia*: *a*) *Institutiones calculi differentialis*, (1), t. X, Berlin (Teubner), 1913; *b*) *Institutiones calculi integralis*, (1), t. XI–XIII, Berlin (Teubner), t. 1, 1913–14; *c*) *Commentationes analyticae*... (1), t. XXIII, Berlin-Zürich (Teubner-O. Füssli), 1938.

(XXVI) J. d'ALEMBERT: *a*) Sur les principes métaphysiques du Calcul infinitésimal (*Mélanges de littérature, d'histoire et de philosophie*, nouv. éd., t. V, Amsterdam, 1768, p. 207–219); *b*) *Encyclopédie*, Paris, 1751–65, articles « Différentiel » et « Limite ».

(XXVII) J.-L. LAGRANGE, *Œuvres*, Paris (Gauthier-Villars), 1867–1892: *a*) *Théorie des fonctions analytiques*, 2e éd., t. IX; *b*) *Leçons sur le calcul des fonctions*, 2e éd., t. X.

(XXVIII) A.-L. CAUCHY, *Résumé des leçons données à l'École Royale Polytechnique sur le calcul infinitésimal*, Paris, 1823 (= *Œuvres complètes*, (2), t. IV, Paris (Gauthier-Villars), 1899).

(XXIX) B. BOLZANO, *Schriften, Bd.* I: *Funktionenlehre*, Prag, 1930.

(XXX) P. G. LEJEUNE-DIRICHLET, *Werke*, t. I, Berlin (G. Reimer), 1889.

(XXXI) R. RIEMANN, *Gesammelte Mathematische Werke*, 2e éd., Leipzig (Teubner), 1892.

(XXXII) K. WEIERSTRASS, *Mathematische Werke*, t. II, Berlin (Mayer und Müller), 1895.

(XXXIII) G. DARBOUX, Mémoire sur les fonctions discontinues, *Ann. E. N. S.*, (2) t. IV (1875), p. 57–112.

(XXXIV) C. JORDAN, *Traité d'Analyse*, 3e éd., 3 vol., Paris (Gauthier-Villars), 1909–15.

CHAPITRE IV

Équations différentielles

§ 1. THÉORÈMES D'EXISTENCE

1. La notion d'équation différentielle

Soient I un intervalle contenu dans **R** et non réduit à un point, E un *espace vectoriel topologique* sur **R**, A et B deux parties ouvertes de E. Soit $(\mathbf{x}, \mathbf{y}, t) \mapsto \mathbf{g}(\mathbf{x}, \mathbf{y}, t)$ une application de A × B × I dans E; à toute application *dérivable* **u** de I dans A, dont la dérivée prend ses valeurs dans B, faisons correspondre l'application $t \mapsto \mathbf{g}(\mathbf{u}(t), \mathbf{u}'(t), t)$ de I dans E, que nous désignerons par $\tilde{\mathbf{g}}(\mathbf{u})$; $\tilde{\mathbf{g}}$ est donc définie dans l'ensemble $\mathscr{D}(A, B)$ des applications dérivables de I dans A, dont la dérivée prend ses valeurs dans B. Nous dirons que l'équation $\tilde{\mathbf{g}}(\mathbf{u}) = 0$ est une *équation différentielle* en **u** (relativement à la variable *réelle t*); une *solution* de cette équation est encore appelée *intégrale* de l'équation différentielle (dans l'intervalle I); c'est donc une application dérivable de I dans A, dont la dérivée prend ses valeurs dans B, et qui est telle que $\mathbf{g}(\mathbf{u}(t), \mathbf{u}'(t), t) = 0$ pour *tout* $t \in I$. Par abus de langage, nous écrirons l'équation différentielle $\tilde{\mathbf{g}}(\mathbf{u}) = 0$ sous la forme

$$\mathbf{g}(\mathbf{x}, \mathbf{x}', t) = 0,$$

étant sous-entendu que **x** est un élément de l'ensemble $\mathscr{D}(A, B)$.

Par exemple, pour I = E = **R**, les relations

$$x' = 2t, \qquad tx' - 2x = 0, \qquad x'^2 - 4x = 0, \qquad x - t^2 = 0$$

sont des équations differentielles, qui admettent toutes quatre pour solution la fonction $x(t) = t^2$.

Dans ce chapitre, nous ne considérerons en principe que le cas où E est un *espace normé complet* sur **R**, et où les équations différentielles sont de la forme particulière

$$\text{(1)} \qquad \mathbf{x}' = \mathbf{f}(t, \mathbf{x})$$

(« équations résolues par rapport à $\mathbf{x}'$ »), $\mathbf{f}$ désignant une fonction à valeurs dans E, définie dans I × H, où H est une partie *ouverte* non vide de E. Nous élargirons d'autre part un peu la notion de *solution* (ou *intégrale*) d'une telle équation (dans l'intervalle I) : nous dirons qu'une fonction $\mathbf{u}$ définie et continue dans I, à valeurs dans H, est une solution (ou intégrale) de l'équation (1) s'il existe une partie *dénombrable* A de I telle qu'en tout point t du complémentaire de A par rapport à I, $\mathbf{u}$ admette une dérivée $\mathbf{u}'(t)$ telle que $\mathbf{u}'(t) = \mathbf{f}(t, \mathbf{u}(t))$. Si $\mathbf{u}$ est dérivable et vérifie la relation précédente en *tout* point $t \in$ I, nous dirons que c'est une solution *stricte* de l'équation (1) dans I.

Dans le cas particulier d'une équation différentielle de la forme $\mathbf{x}' = \mathbf{f}(t)$, $\mathbf{f}$ étant une application de I dans E, les solutions au sens précédent sont les *primitives* de la fonction $\mathbf{f}$ (II, p. 1), et les solutions strictes sont les *primitives strictes*.

Lorsque E est un *produit* d'espaces normés complets E_i $(1 \leqslant i \leqslant n)$, on peut écrire $\mathbf{x} = (\mathbf{x}_i)_{1 \leqslant i \leqslant n}$ et $\mathbf{f} = (\mathbf{f}_i)_{1 \leqslant i \leqslant n}$ où $\mathbf{x}_i$ est une application de I dans E_i, et $\mathbf{f}_i$ une application de I × H dans E_i; l'équation (1) est alors équivalente au *système d'équations différentielles*

$$\mathbf{x}_i' = \mathbf{f}_i(t, \mathbf{x}_1, \mathbf{x}_2, \ldots, \mathbf{x}_n) \qquad (1 \leqslant i \leqslant n). \tag{2}$$

Le cas le plus important est celui où tous les E_i sont égaux à $\mathbf{R}$ ou à $\mathbf{C}$; on dit alors que (2) est un système d'équations différentielles *scalaires*.

A l'étude des systèmes (2) se ramène celle des relations de la forme

$$\mathbf{x}^{(n)} = \mathbf{f}(t, \mathbf{x}, \mathbf{x}', \ldots, \mathbf{x}^{(n-1)}) \tag{3}$$

où $\mathbf{x}$ est une fonction vectorielle n fois dérivable dans I: en posant en effet $\mathbf{x}_1 = \mathbf{x}$, $\mathbf{x}_p = \mathbf{x}^{(p-1)}$ pour $2 \leqslant p \leqslant n$, la relation (3) est équivalente au système

$$\begin{cases} \mathbf{x}_i' = \mathbf{x}_{i+1} & (1 \leqslant i \leqslant n-1) \\ \mathbf{x}_n' = \mathbf{f}(t, \mathbf{x}_1, \mathbf{x}_2, \ldots, \mathbf{x}_n). \end{cases} \tag{4}$$

Une relation de la forme (3) est appelée *équation différentielle d'ordre n* (résolue par rapport à $\mathbf{x}^{(n)}$); par opposition, les équations de la forme (1) sont dites équations différentielles *du premier ordre*.

On ramène de même à un système de la forme (2) tout « système d'équations differentielles » de la forme

$$\mathrm{D}^{n_i}\mathbf{x}_i = \mathbf{f}_i(t, \mathbf{x}_1, \mathrm{D}\mathbf{x}_1, \ldots, \mathrm{D}^{n_1-1}\mathbf{x}_1, \ldots, \mathbf{x}_p, \mathrm{D}\mathbf{x}_p, \ldots, \mathrm{D}^{n_p-1}\mathbf{x}_p) \tag{5}$$

$(1 \leqslant i \leqslant p)$, où $\mathbf{x}_i$ est une fonction n_i fois dérivable dans I (pour $1 \leqslant i \leqslant p$).

2. Équations différentielles admettant pour solutions des primitives de fonctions réglées

Rappelons (II, p. 4, déf. 3) qu'une fonction vectorielle $\mathbf{u}$ définie dans un intervalle I ⊂ $\mathbf{R}$ est dite *réglée* si, dans toute partie compacte de I, elle est limite uniforme de fonctions en escalier; une condition équivalente est qu'en tout point intérieur à I, $\mathbf{u}$ ait une limite à droite et une limite à gauche, ainsi qu'une limite à droite à l'origine de I et une limite à gauche à l'extrémité de I, lorsque ces points appartiennent à I (II, p. 5, th. 3). Nous allons dans ce chapitre nous restreindre aux équations différentielles (1) dont toute solution est une *primitive d'une fonction réglée* dans I. Cette condition est évidemment satisfaite si, pour toute application *continue* $\mathbf{u}$ de I dans H, la fonction $\mathbf{f}(t, \mathbf{u}(t))$ est *réglée* dans I; le lemme suivant donne une condition suffisante pour qu'il en soit ainsi:

Lemme 1. — *Soit* $\mathbf{f}$ *une application de* I × H *dans* E *telle que, en désignant par* $\mathbf{f}_{\mathbf{x}}$ (*pour tout* $\mathbf{x} \in$ H) *l'application* $t \mapsto \mathbf{f}(t, \mathbf{x})$ *de* I *dans* E, *les conditions suivantes soient réalisées:* 1° $\mathbf{f}_{\mathbf{x}}$ *est réglée dans* I *pour tout* $\mathbf{x} \in$ H; 2° *l'application* $\mathbf{x} \mapsto \mathbf{f}_{\mathbf{x}}$ *de* H *dans l'ensemble* $\mathscr{F}$(I, E) *des applications de* I *dans* E *est continue quand on munit* $\mathscr{F}$(I, E) *de la topologie de la convergence compacte* (TG, X, p. 04). *Dans ces conditions*:

1° *Pour toute application continue* $\mathbf{u}$ *de* I *dans* H, *la fonction* $t \mapsto \mathbf{f}(t, \mathbf{u}(t))$ *est réglée dans* I; *de façon précise, la limite à droite* (resp. *à gauche*) *de cette fonction en un point* $t_0 \in$ I *est égale à la limite à droite* (resp. *à gauche*) *de la fonction* $t \mapsto \mathbf{f}(t, \mathbf{u}(t_0))$ *au point* t_0.

2° *Si* $(\mathbf{u}_n)$ *est une suite d'applications de* I *dans* H, *qui converge uniformément vers une application continue* $\mathbf{u}$ *de* I *dans* H, *dans toute partie compacte de* I, *la suite des fonctions* $\mathbf{f}(t, \mathbf{u}_n(t))$ *converge uniformément vers* $\mathbf{f}(t, \mathbf{u}(t))$ *dans toute partie compacte de* I.

1° Soit $\mathbf{c}$ la limite à droite de $\mathbf{f}(t, \mathbf{u}(t_0))$ au point t_0; pour tout $\varepsilon > 0$, il existe un voisinage compact V de t_0 dans I tel que l'on ait $\|\mathbf{f}(t, \mathbf{u}(t_0)) - \mathbf{c}\| \leqslant \varepsilon$ pour $t \in$ V et $t > t_0$. D'autre part, il existe $\delta > 0$ tel que les relations

$$\mathbf{x} \in \mathrm{H}, \quad \|\mathbf{x} - \mathbf{u}(t_0)\| \leqslant \delta$$

entraînent $\|\mathbf{f}(s, \mathbf{x}) - \mathbf{f}(s, \mathbf{u}(t_0))\| \leqslant \varepsilon$ pour tout $s \in$ V; si W ⊂ V est un voisinage de t_0 dans I tel que l'on ait $\|\mathbf{u}(t) - \mathbf{u}(t_0)\| \leqslant \delta$ pour tout $t \in$ W, on aura donc $\|\mathbf{f}(t, \mathbf{u}(t)) - \mathbf{c}\| \leqslant 2\varepsilon$ pour $t \in$ W et $t > t_0$, ce qui prouve que $\mathbf{c}$ est limite à droite de $\mathbf{f}(t, \mathbf{u}(t))$ au point t_0.

2° Soit K une partie compacte de I; comme $\mathbf{u}$ est continue dans I, $\mathbf{u}$(K) est une partie compacte de H; pour tout $\varepsilon > 0$ et tout $\mathbf{x} \in \mathbf{u}$(K) il existe un nombre $\delta_{\mathbf{x}}$ tel que, pour $\mathbf{y} \in$ H, $\|\mathbf{y} - \mathbf{x}\| \leqslant \delta_{\mathbf{x}}$ et pour tout $t \in$ K, on ait $\|\mathbf{f}(t, \mathbf{y}) - \mathbf{f}(t, \mathbf{x})\| \leqslant \varepsilon$. Il existe un nombre fini de points $\mathbf{x}_i \in \mathbf{u}$(K) tels que les boules fermées de centre $\mathbf{x}_i$ et de rayon $\frac{1}{2}\delta_{\mathbf{x}_i}$ forment un recouvrement de $\mathbf{u}$(K); soit $\delta = \mathrm{Min}\,(\delta_{\mathbf{x}_i})$. Par hypothèse, il existe un entier n_0 tel que pour $n \geqslant n_0$, on ait $\|\mathbf{u}_n(t) - \mathbf{u}(t)\| \leqslant \frac{1}{2}\delta$ pour tout $t \in$ K. Or, pour tout $t \in$ K, il existe un indice i tel que

$$\|\mathbf{u}(t) - \mathbf{x}_i\| \leqslant \tfrac{1}{2}\,\delta_{\mathbf{x}_i};$$

par suite, on a $\|\mathbf{u}_n(t) - \mathbf{x}_i\| \leqslant \delta_{\mathbf{x}_i}$, d'où $\|\mathbf{f}(t, \mathbf{u}_n(t)) - \mathbf{f}(t, \mathbf{u}(t))\| \leqslant 2\varepsilon$ pour tout $t \in$ K et tout $n \geqslant n_0$.

Dans toute la suite de ce paragraphe, I *désignera un intervalle contenu dans* **R** *et non réduit à un point,* H *un ensemble ouvert non vide contenu dans l'espace normé* E, **f** *une application de* I × H *dans* E *satisfaisant aux conditions du lemme* 1.

PROPOSITION 1. — *Soient* t_0 *un point de* I, $\mathbf{x}_0$ *un point de* H; *pour qu'une fonction continue* **u** *soit une solution de l'équation* (1) *dans* I *et prenne la valeur* $\mathbf{x}_0$ *au point* t_0, *il faut et il suffit qu'elle vérifie la relation*

$$\mathbf{u}(t) = \mathbf{x}_0 + \int_{t_0}^{t} \mathbf{f}(s, \mathbf{u}(s))\, ds \tag{6}$$

pour tout $t \in$ I.

En effet, d'après le lemme 1, si **u** est solution de (1) dans I, $\mathbf{f}(t, \mathbf{u}(t))$ est réglée, donc le second membre de (6) est défini et égal à $\mathbf{u}(t)$ pour tout $t \in$ I. Réciproquement, si **u** est une fonction continue satisfaisant à (6), $\mathbf{f}(t, \mathbf{u}(t))$ est réglée d'après le lemme 1, donc **u** a pour dérivée $\mathbf{f}(t, \mathbf{u}(t))$ sauf aux points d'une partie dénombrable de I.

COROLLAIRE. — *En tout point de* I *distinct de l'origine* (resp. *de l'extrémité*) *de cet intervalle, toute solution* **u** *de* (1) *dans* I *admet une dérivée à gauche* (resp. *à droite*) *égale à la limite à gauche* (resp. *à droite*) *de* $\mathbf{f}(t, \mathbf{u}(t))$ *en ce point.*

PROPOSITION 2. — *Si* **f** *est une application continue de* I × H *dans* E, *toute solution de l'équation* (1) *dans* I *est une solution stricte.*

En effet, une telle solution **u** est primitive de la fonction continue $\mathbf{f}(t, \mathbf{u}(t))$ (II, p. 16, prop. 3).

On notera d'ailleurs qu'une fonction **f** continue dans I × H vérifie les conditions du lemme 1 (TG, X, p. 13, cor. 3).

Dans ce qui suit, nous allons nous donner arbitrairement $t_0 \in$ I et $\mathbf{x}_0 \in$ H, et chercher s'il existe dans I (ou dans un voisinage de t_0 par rapport à I) des solutions de (1) prenant la valeur $\mathbf{x}_0$ au point t_0 (ou, ce qui revient au même, des solutions de (6)).

3. Existence de solutions approchées

Étant donné un nombre $\varepsilon > 0$, nous dirons qu'une application continue **u** de I dans H est une *solution approchée à* ε *près* de l'équation différentielle

$$\mathbf{x}' = \mathbf{f}(t, \mathbf{x}) \tag{1}$$

si, en tous les points du complémentaire par rapport à I d'un ensemble *dénombrable*, **u** admet une dérivée qui satisfait à la condition

$$\|\mathbf{u}'(t) - \mathbf{f}(t, \mathbf{u}(t))\| \leqslant \varepsilon. \tag{7}$$

Soit $(t_0, \mathbf{x}_0)$ un point de $I \times H$; $\mathbf{f}$ satisfaisant par hypothèse aux conditions du lemme 1 (IV, p. 3), il existe un voisinage compact J de t_0 dans I tel que $\mathbf{f}(t, \mathbf{x}_0)$ soit bornée dans J, et une boule ouverte S de centre $\mathbf{x}_0$, contenue dans H, telle que $\mathbf{f}(t, \mathbf{x}) - \mathbf{f}(t, \mathbf{x}_0)$ soit bornée dans $J \times S$; il en résulte que $\mathbf{f}(t, \mathbf{x})$ est *bornée* dans $J \times S$. *Dans tout ce n°*, J *désignera un intervalle compact, voisinage de* t_0 *dans* I, S *une boule ouverte de centre* $\mathbf{x}_0$ *et de rayon r, contenue dans* H, J *et* S *étant tels que* $\mathbf{f}$ *soit bornée dans* $J \times S$; M *désignera la borne supérieure de* $\|\mathbf{f}(t, \mathbf{x})\|$ *dans* $J \times S$.

PROPOSITION 3. — *Dans tout intervalle compact d'origine* (*ou d'extrémité*) t_0, *contenu dans* J *et de longueur* $< r/(M + \varepsilon)$, *il existe une solution approchée à* ε *près de l'équation* (1), *à valeurs dans* S, *et égale à* $\mathbf{x}_0$ *au point* t_0.

Nous allons supposer que t_0 n'est pas l'extrémité de J, et démontrer la proposition pour les intervalles d'origine t_0. Soit $\mathfrak{M}$ l'ensemble des solutions approchées de (1) à ε près, dont chacune prend ses valeurs dans S, est égale à $\mathbf{x}_0$ au point t_0, et est définie dans un intervalle semi-ouvert $[t_0, b[$ contenu dans J (intervalle dépendant de la solution approchée que l'on considère). Montrons d'abord que $\mathfrak{M}$ n'est pas vide. Soit $\mathbf{c}$ la limite à droite de $\mathbf{f}(t, \mathbf{x}_0)$ au point t_0; d'après le lemme 1 (IV, p. 3), la fonction $\mathbf{f}(t, \mathbf{x}_0 + \mathbf{c}(t - t_0))$ a une limite à droite égale à $\mathbf{c}$ au point t_0, donc la restriction de la fonction $\mathbf{x}_0 + \mathbf{c}(t - t_0)$ à un intervalle semi-ouvert $[t_0, b[$ assez petit appartient à $\mathfrak{M}$.

Ordonnons l'ensemble $\mathfrak{M}$ par la relation « $\mathbf{u}$ est une restriction de $\mathbf{v}$ », et montrons que $\mathfrak{M}$ est *inductif* (E, III, p. 20). Soit $(\mathbf{u}_\alpha)$ une partie totalement ordonnée de $\mathfrak{M}$, et soit $[t_0, b_\alpha[$ l'intervalle où $\mathbf{u}_\alpha$ est définie: pour $b_\alpha \leqslant b_\beta$, $\mathbf{u}_\beta$ est donc un prolongement de $\mathbf{u}_\alpha$. La réunion des intervalles $[t_0, b_\alpha[$ est un intervalle $[t_0, b[$ contenu dans J, et il existe une fonction et une seule $\mathbf{u}$ définie dans $[t_0, b[$ et coïncidant avec $\mathbf{u}_\alpha$ dans $[t_0, b_\alpha[$ pour tout α; parmi les b_α, il existe une suite croissante (b_{α_n}) tendant vers b; comme $\mathbf{u}$ coïncide avec $\mathbf{u}_{\alpha_n}$ dans $[t_0, b_{\alpha_n}[$, $\mathbf{u}$ admet, en tous les points du complémentaire par rapport à $[t_0, b[$ d'un ensemble *dénombrable*, une dérivée vérifiant la relation (7), et est donc la borne supérieure de l'ensemble $(\mathbf{u}_\alpha)$ dans $\mathfrak{M}$.

D'après le th. de Zorn (E, III, p. 20, th. 2), $\mathfrak{M}$ admet un élément *maximal* $\mathbf{u}_0$; nous allons montrer que si $[t_0, t_1[$ est l'intervalle où est définie $\mathbf{u}_0$, ou bien t_1 est l'extrémité de J, ou bien $t_1 - t_0 \geqslant r/(M + \varepsilon)$. Raisonnons par l'absurde, en supposant qu'aucune de ces deux hypothèses ne soit vérifiée; montrons d'abord qu'on peut prolonger $\mathbf{u}_0$ par continuité au point t_1: en effet, quels que soient s et t dans $[t_0, t_1[$, on a

$$\|\mathbf{u}_0(s) - \mathbf{u}_0(t)\| \leqslant (M + \varepsilon)|s - t|$$

d'après le th. des accroissements finis; le critère de Cauchy montre donc que $\mathbf{u}_0$ admet une limite à gauche $\mathbf{x}_1 \in S$ au point t_1. Soit alors $\mathbf{c}_1$ la limite à droite au point t_1 de la fonction $\mathbf{f}(t, \mathbf{x}_1)$; on a $\|\mathbf{c}_1\| \leqslant M$; le même raisonnement qu'au début de la démonstration montre qu'on peut prolonger $\mathbf{u}_0$ dans un intervalle semi-ouvert d'origine t_1, par la fonction $\mathbf{x}_1 + \mathbf{c}_1(t - t_1)$, de sorte que la fonction prolongée appartienne encore à $\mathfrak{M}$, ce qui est absurde. La proposition est donc démontrée.

Lorsque $\mathbf{f}$ est *uniformément continue* dans $J \times S$, on peut démontrer la prop. 3 sans faire usage du th. de Zorn (IV, p. 37, exerc. 1 *a*)).

Proposition 4. — *L'ensemble des solutions approchées de* (1) *à* ε *près définies dans un même intervalle* $K \subset J$, *et prenant leurs valeurs dans* S, *est uniformément équicontinu.*

En effet, si $\mathbf{u}$ est une fonction quelconque appartenant à cet ensemble, s et t deux points de K, on a, d'après le th. des accroissements finis,

$$\|\mathbf{u}(s) - \mathbf{u}(t)\| \leqslant (M + \varepsilon)|s - t|.$$

Corollaire (théorème de Peano). — *Si* E *est de dimension finie sur* $\mathbf{R}$, *dans tout intervalle compact* K *d'origine (ou d'extrémité)* t_0, *contenu dans* J *et de longueur* $< r/M$, *il existe une solution de* (1) *à valeurs dans* S, *égale à* $\mathbf{x}_0$ *au point* t_0.

En effet, d'après la prop. 3, dès que n est assez grand, il existe une solution approchée $\mathbf{u}_n$ de l'équation (1) à $1/n$ près, définie dans K, à valeurs dans S, et égale à $\mathbf{x}_0$ au point t_0. En outre, à partir d'une certaine valeur de n, $\mathbf{u}_n(K)$ est contenu dans une boule *fermée* de centre x_0 et de rayon $< r$, indépendant de n. L'ensemble des $\mathbf{u}_n$ est équicontinu (prop. 4), et comme E est de dimension finie, S est relativement compacte dans E, donc pour tout $t \in K$, l'ensemble des $\mathbf{u}_n(t)$ est relativement compact dans E. D'après le th. d'Ascoli (TG, X, p. 17, th. 2), l'ensemble des $\mathbf{u}_n$ est relativement compact dans l'espace $\mathscr{F}(K; E)$ des applications de K dans E, muni de la topologie de la convergence uniforme. Il existe donc une suite $(\mathbf{u}_{n_k})$ extraite de $(\mathbf{u}_n)$, qui converge uniformément dans K vers une fonction continue $\mathbf{u}$. On a $\mathbf{u}(K) \subset S$ et par suite $t \mapsto \mathbf{f}(t, \mathbf{u}(t))$ est définie dans K; en vertu du lemme 1 (IV, p. 3), $\mathbf{f}(t, \mathbf{u}_{n_k}(t))$ converge uniformément vers $\mathbf{f}(t, \mathbf{u}(t))$ dans K; d'après (IV, p. 4, formule (7)), $\mathbf{u}_{n_k}$ est primitive d'une fonction qui tend uniformément vers $\mathbf{f}(t, \mathbf{u}(t))$ dans K, donc (II, p. 2, th. 1) $\mathbf{u}$ est solution de (1) dans K, égale à $\mathbf{x}_0$ au point t_0.

Remarques. — 1) Il peut exister *une infinité* d'intégrales d'une équation différentielle (1), prenant la même valeur en un point donné. Par exemple, l'équation différentielle scalaire $x' = 2\sqrt{|x|}$ admet pour intégrales prenant la valeur 0 au point $t = 0$ toutes les fonctions définies par

$$\begin{aligned} u(t) &= 0 && \text{pour } -\beta \leqslant t \leqslant \alpha \\ u(t) &= -(t + \beta)^2 && \text{pour } t \leqslant -\beta \\ u(t) &= (t - \alpha)^2 && \text{pour } t \geqslant \alpha \end{aligned}$$

quels que soient les nombres positifs α et β.

2) Le th. de Peano n'est plus exact lorsque E est un espace normé complet quelconque de dimension *infinie* (IV, p. 41, exerc. 18).

4. Comparaison des solutions approchées

Dans ce qui suit, I et H désignent, comme ci-dessus, un intervalle contenu dans **R** et un ensemble ouvert dans l'espace normé E, respectivement; t_0 est un point de I.

DÉFINITION 1. — *Etant donnée une fonction numérique positive* $t \mapsto k(t)$ *définie dans* I, *on dit qu'une application* $\mathbf{f}$ *de* I × H *dans* E *est lipschitzienne pour la fonction* $k(t)$ *si, pour tout* $\mathbf{x} \in$ H, *la fonction* $t \mapsto \mathbf{f}(t, \mathbf{x})$ *est reglée dans* I, *et si, pour tout* $t \in$ I *et tout couple de points* $\mathbf{x}_1$, $\mathbf{x}_2$ *de* H, *on a* (« condition de Lipschitz »)

$$\|\mathbf{f}(t, \mathbf{x}_1) - \mathbf{f}(t, \mathbf{x}_2)\| \leqslant k(t)\|\mathbf{x}_1 - \mathbf{x}_2\|. \tag{8}$$

On dira que $\mathbf{f}$ est *lipschitzienne* (sans préciser) dans I × H si elle est lipschitzienne dans cet ensemble pour une certaine *constante* $k \geqslant 0$. Il est immédiat qu'une fonction lipschitzienne dans I × H satisfait aux conditions du lemme 1 de IV, p. 3 (la réciproque étant inexacte); lorsque $\mathbf{f}$ est lipschitzienne (dans I × H), on dit que l'équation différentielle

$$\mathbf{x}' = \mathbf{f}(t, \mathbf{x}) \tag{1}$$

est *lipschitzienne* (dans I × H).

Exemple. — Lorsque E = **R**, et que H est un intervalle dans **R**, si en tout point (t, x) de I × H la fonction $f(t, x)$ admet une *dérivée partielle* f'_x (II, p. 24) telle que $|f'_x(t, x)| \leqslant k(t)$ dans I × H, la condition (8) est vérifiée en vertu du th. des accroissements finis; nous verrons plus tard comment cet exemple se généralise au cas où E est un espace normé quelconque.

Si $\mathbf{f}$ est lipschitzienne dans I × H, pour tout intervalle compact J ⊂ I et toute boule ouverte S ⊂ H, $\mathbf{f}$ est *bornée* dans J × S. La prop. 3 (IV, p. 5) est donc applicable, et démontre l'existence de solutions approchées de l'équation (1). Mais on a en outre la proposition suivante, qui permet de *comparer* deux solutions approchées:

PROPOSITION 5. — *Soient* $k(t)$ *une fonction numérique réglée et* >0 *dans* I, $\mathbf{f}(t, \mathbf{x})$ *une fonction définie et lipschitzienne pour la fonction* $k(t)$ *dans* I × H. *Si* $\mathbf{u}$ *et* $\mathbf{v}$ *sont deux solutions approchées de l'équation* (1) *à* ε_1 *et* ε_2 *près respectivement, définies dans* I *et prenant leurs valeurs dans* H, *on a, pour tout* $t \in$ I *tel que* $t \geqslant t_0$,

$$\|\mathbf{u}(t) - \mathbf{v}(t)\| \leqslant \|\mathbf{u}(t_0) - \mathbf{v}(t_0)\|\Phi(t) + (\varepsilon_1 + \varepsilon_2)\Psi(t) \tag{9}$$

où

$$\begin{cases} \Phi(t) = 1 + \displaystyle\int_{t_0}^{t} k(s) \exp\left(\int_{s}^{t} k(\tau)\, d\tau\right) ds \\ \Psi(t) = t - t_0 + \displaystyle\int_{t_0}^{t} (s - t_0)k(s) \exp\left(\int_{s}^{t} k(\tau)\, d\tau\right) ds. \end{cases} \tag{10}$$

De la relation $\|\mathbf{u}'(t) - \mathbf{f}(t, \mathbf{u}(t))\| \leqslant \varepsilon_1$, valable dans le complémentaire d'un ensemble dénombrable, on déduit, par application du th. des accroissements finis

$$\|\mathbf{u}(t) - \mathbf{u}(t_0) - \int_{t_0}^{t} \mathbf{f}(s, \mathbf{u}(s))\, ds\| \leqslant \varepsilon_1(t - t_0)$$

et de même

$$\|\mathbf{v}(t) - \mathbf{v}(t_0) - \int_{t_0}^{t} \mathbf{f}(s, \mathbf{v}(s))\, ds\| \leqslant \varepsilon_2(t - t_0)$$

d'où

$$\|\mathbf{u}(t) - \mathbf{v}(t)\| \leqslant \|\mathbf{u}(t_0) - \mathbf{v}(t_0)\| + \left\| \int_{t_0}^{t} (\mathbf{f}(s, \mathbf{u}(s)) - \mathbf{f}(s, \mathbf{v}(s)))\, ds \right\| + (\varepsilon_1 + \varepsilon_2)(t - t_0).$$

D'après la condition de Lipschitz (8), on a

$$\left\| \int_{t_0}^{t} (\mathbf{f}(s, \mathbf{u}(s)) - \mathbf{f}(s, \mathbf{v}(s)))\, ds \right\| \leqslant \int_{t_0}^{t} \|\mathbf{f}(s, \mathbf{u}(s)) - \mathbf{f}(s, \mathbf{v}(s))\|\, ds \leqslant \int_{t_0}^{t} k(s)\|\mathbf{u}(s) - \mathbf{v}(s)\|\, ds$$

d'où, en posant $w(t) = \|\mathbf{u}(t) - \mathbf{v}(t)\|$,

(11) $$w(t) \leqslant w(t_0) + (\varepsilon_1 + \varepsilon_2)(t - t_0) + \int_{t_0}^{t} k(s)w(s)\, ds.$$

La proposition est alors conséquence du lemme suivant:

Lemme 2. — *Si, dans l'intervalle* $[t_0, t_1]$, *w est une fonction numérique continue satisfaisant à l'inégalité*

(12) $$w(t) \leqslant \varphi(t) + \int_{t_0}^{t} k(s)w(s)\, ds$$

où φ *est une fonction réglée* $\geqslant 0$ *dans* $[t_0, t_1]$, *on a, pour* $t_0 \leqslant t \leqslant t_1$

(13) $$w(t) \leqslant \varphi(t) + \int_{t_0}^{t} \varphi(s)k(s) \exp\left(\int_{s}^{t} k(\tau)\, d\tau\right) ds.$$

Posons en effet $y(t) = \int_{t_0}^{t} k(s)w(s)\, ds$; la relation (12) entraîne que, dans le complémentaire d'un ensemble dénombrable, on a

(14) $$y'(t) - k(t)y(t) \leqslant \varphi(t)k(t).$$

En posant $z(t) = y(t)\exp(-\int_{t_0}^{t} k(s)\, ds)$, la relation (14) équivaut à

$$z'(t) \leqslant \varphi(t)k(t) \exp\left(-\int_{t_0}^{t} k(s)\, ds\right).$$

Appliquant le th. des accroissements finis (I, p. 23, th. 2) à cette inégalité, il vient, puisque $z(t_0) = 0$

$$z(t) \leqslant \int_{t_0}^{t} \varphi(s)k(s) \exp\left(-\int_{t_0}^{s} k(\tau)\, d\tau\right) ds$$

d'où

$$y(t) \leqslant \int_{t_0}^{t} \varphi(s)k(s) \exp\left(\int_{s}^{t} k(\tau)\, d\tau\right) ds$$

et comme $w(t) \leqslant \varphi(t) + y(t)$, on obtient ainsi (13).

COROLLAIRE. — *Soit* $\mathbf{f}$ *une fonction lipschitzienne pour la constante* $k > 0$, *définie dans* $I \times H$. *Si* $\mathbf{u}$ *et* $\mathbf{v}$ *sont deux solutions approchées de* (1) *à* ε_1 *et* ε_2 *près respectivement, définies dans* I *et prenant leurs valeurs dans* H, *on a, pour tout* $t \in I$,

$$(15) \qquad \|\mathbf{u}(t) - \mathbf{v}(t)\| \leqslant \|\mathbf{u}(t_0) - \mathbf{v}(t_0)\|\, e^{k|t-t_0|} + (\varepsilon_1 + \varepsilon_2)\frac{e^{k|t-t_0|} - 1}{k}.$$

Cette inégalité est en effet une conséquence immédiate de (9) lorsque $t \geqslant t_0$; pour la démontrer lorsque $t \leqslant t_0$, il suffit de l'appliquer à l'équation

$$\frac{d\mathbf{x}}{ds} = -\mathbf{f}(-s, \mathbf{x})$$

déduite de (1) par le changement de variable $t = -s$.

Remarques. — 1) Lorsque $k = 0$, l'inégalité (15) est remplacée par l'inégalité

$$\|\mathbf{u}(t) - \mathbf{v}(t)\| \leqslant \|\mathbf{u}(t_0) - \mathbf{v}(t_0)\| + (\varepsilon_1 + \varepsilon_2)\,|t - t_0|$$

dont la démonstration est immédiate.

2) Lorsque E est de dimension *finie*, et que $\mathbf{f}$ est lipschitzienne dans $I \times H$, on peut démontrer l'existence de solutions approchées de l'équation (1) (IV, p. 5, prop. 3) sans utiliser l'axiome de choix (IV, p. 37, exerc. 1*b*)).

PROPOSITION 6. — *Soient* $\mathbf{f}$ *et* $\mathbf{g}$ *deux fonctions définies dans* $I \times H$, *satisfaisant aux conditions du lemme* 1 *de* IV, p. 3, *et telles que, dans* $I \times H$,

$$(16) \qquad \|\mathbf{f}(t, \mathbf{x}) - \mathbf{g}(t, \mathbf{x})\| \leqslant \alpha.$$

On suppose en outre que $\mathbf{g}$ *soit lipschitzienne pour la constante* $k > 0$ *dans* $I \times H$. *Dans ces conditions, si* $\mathbf{u}$ *est une solution approchée de* $\mathbf{x}' = \mathbf{f}(t, \mathbf{x})$ *à* ε_1 *près, définie dans* I, *à valeurs dans* H, *et* $\mathbf{v}$ *une solution approchée de* $\mathbf{x}' = \mathbf{g}(t, \mathbf{x})$ *à* ε_2 *près, définie dans* I, *à valeurs dans* H, *on a, pour tout* $t \in I$

$$(17) \qquad \|\mathbf{u}(t) - \mathbf{v}(t)\| \leqslant \|\mathbf{u}(t_0) - \mathbf{v}(t_0)\|\, e^{k|t-t_0|} + (\alpha + \varepsilon_1 + \varepsilon_2)\frac{e^{k|t-t_0|} - 1}{k}.$$

En effet, on a, pour tout t dans le complémentaire par rapport à I d'une partie dénombrable de I,

$$\|\mathbf{u}'(t) - \mathbf{g}(t, \mathbf{u}(t))\| \leqslant \alpha + \varepsilon_1$$

autrement dit, $\mathbf{u}$ est solution approchée de $\mathbf{x}' = \mathbf{g}(t, \mathbf{x})$ à $\alpha + \varepsilon_1$ près, d'où l'inégalité (17) par application de la prop. 5 de IV, p. 7.

5. Existence et unicité des solutions des équations lipschitziennes et localement lipschitziennes

THÉORÈME 1 (Cauchy). — *Soient* $\mathbf{f}$ *une fonction lipschitzienne dans* $\mathrm{I} \times \mathrm{H}$, J *un intervalle compact contenu dans* I *et non réduit à un point,* t_0 *un point de* J, S *une boule ouverte de centre* $\mathbf{x}_0$ *et de rayon* r, *contenue dans* H, M *la borne supérieure de* $\|\mathbf{f}(t, \mathbf{x})\|$ *dans* $\mathrm{J} \times \mathrm{S}$. *Dans ces conditions, pour tout intervalle compact* K *non réduit à un point, contenu dans l'intersection de* J *et de* $]t_0 - r/\mathrm{M}, t_0 + r/\mathrm{M}[$ *et contenant* t_0, *il existe une solution et une seule de l'équation différentielle* $\mathbf{x}' = \mathbf{f}(t, \mathbf{x})$, *définie dans* K, *à valeurs dans* S *et égale à* $\mathbf{x}_0$ *au point* t_0.

En effet, pour tout $\varepsilon > 0$ assez petit, l'ensemble F_ε des solutions approchées de (1) à ε près, définies dans K, à valeurs dans S et égales à $\mathbf{x}_0$ au point t_0, n'est pas vide (IV, p. 5, prop. 3); en outre, si $\mathbf{u}$ et $\mathbf{v}$ appartiennent à F_ε, on a, d'après (15) (IV, p. 9)

$$\|\mathbf{u}(t) - \mathbf{v}(t)\| \leqslant 2\varepsilon \frac{e^{k|t-t_0|} - 1}{k}$$

pour tout $t \in \mathrm{K}$, donc les ensembles F_ε forment une base de filtre $\mathfrak{G}$ qui converge *uniformément* dans K vers une fonction continue $\mathbf{w}$, égale à $\mathbf{x}_0$ au point t_0; $\mathbf{w}$ prend ses valeurs dans S, parce que, dès que ε est assez petit, les fonctions $\mathbf{u} \in \mathrm{F}_\varepsilon$ prennent leurs valeurs dans une boule fermée contenue dans S. Comme $\mathbf{f}(t, \mathbf{u}(t))$ tend uniformément dans K vers $\mathbf{f}(t, \mathbf{w}(t))$ suivant $\mathfrak{G}$, $\mathbf{w}$ satisfait à l'équation (6) de IV, p. 4, donc est solution de (1). L'unicité de la solution découle aussitôt de l'inégalité (15) de IV, p. 9, où on fait $\varepsilon_1 = \varepsilon_2 = 0$ et $\mathbf{u}(t_0) = \mathbf{v}(t_0)$.

Nous dirons qu'une fonction $\mathbf{f}$ définie dans $\mathrm{I} \times \mathrm{H}$ est *localement lipschitzienne* dans cet ensemble si, pour tout point $(t, \mathbf{x})$ de $\mathrm{I} \times \mathrm{H}$, il existe un voisinage V de t (par rapport à I) et un voisinage S de $\mathbf{x}$ tels que $\mathbf{f}$ soit lipschitzienne dans $\mathrm{V} \times \mathrm{S}$ (pour une constante k *dépendant de* V *et de* S). En vertu du th. de Borel-Lebesgue, pour tout intervalle compact $\mathrm{J} \subset \mathrm{I}$ et tout point $\mathbf{x}_0 \in \mathrm{H}$, il existe une boule ouverte S de centre $\mathbf{x}_0$, contenue dans H, telle que $\mathbf{f}$ soit lipschitzienne dans $\mathrm{J} \times \mathrm{S}$; $\mathbf{f}$ satisfait donc aux conditions du lemme 1 de IV, p. 3. Lorsque $\mathbf{f}$ est localement lipschitzienne dans $\mathrm{I} \times \mathrm{H}$, nous dirons que l'équation $\mathbf{x}' = \mathbf{f}(t, \mathbf{x})$ est *localement lipschitzienne* dans $\mathrm{I} \times \mathrm{H}$.

Nous allons généraliser et préciser le th. 1 de IV, p. 10 pour les équations localement lipschitziennes; nous nous bornerons au cas où t_0 est l'*origine* de l'intervalle I; on passe aisément de là au cas où t_0 est un point quelconque de I (cf. IV, IV, p. 9, corollaire).

THÉORÈME 2. — *Soient* $I \subset \mathbf{R}$ *un intervalle (non réduit à un point) d'origine* $t_0 \in I$, H *une partie ouverte non vide de* E, $\mathbf{f}$ *une fonction localement lipschitzienne dans* $I \times H$.

1° *Pour tout* $\mathbf{x}_0 \in H$, *il existe un plus grand intervalle* $J \subset I$, *d'origine* $t_0 \in J$, *dans lequel il existe une intégrale* $\mathbf{u}$ *de l'équation* $\mathbf{x}' = \mathbf{f}(t, \mathbf{x})$, *prenant ses valeurs dans* H *et égale à* $\mathbf{x}_0$ *au point* t_0; *cette intégrale est unique.*

2° *Si* $J \neq I$, J *est un intervalle semi-ouvert* $[t_0, \beta[$ *de longueur finie; en outre, pour toute partie compacte* $K \subset H$, $\overset{-1}{\mathbf{u}}(K)$ *est alors une partie compacte de* $\mathbf{R}$.

3° *Si* J *est borné, et si* $\mathbf{f}(t, \mathbf{u}(t))$ *est bornée dans* J, $\mathbf{u}(t)$ *a une limite à gauche* $\mathbf{c}$ *à l'extrémité de* J; *en outre, si* $J \neq I$, $\mathbf{c}$ *est un point frontière de* H *dans* E.

1° Soit $\mathfrak{M}$ l'ensemble des intervalles L (non réduits à un point) d'origine $t_0 \in L$, contenus dans I et tels que, dans L, il existe une solution de (1) (IV, p. 2) à valeurs dans H et égale à $\mathbf{x}_0$ au point t_0; d'après le th. 1 (IV, p. 10), l'ensemble $\mathfrak{M}$ n'est pas vide. Soient L, L' deux intervalles appartenant à $\mathfrak{M}$, et supposons par exemple que $L \subset L'$; si $\mathbf{u}$ et $\mathbf{v}$ sont deux intégrales de (1), définies respectivement dans L et L', à valeurs dans H et égales à $\mathbf{x}_0$ au point t_0, nous allons voir que $\mathbf{v}$ est un *prolongement* de $\mathbf{u}$. En effet, soit t_1 la borne supérieure de l'ensemble des $t \in L$ tels que $\mathbf{u}(s) = \mathbf{v}(s)$ pour $t_0 \leqslant s \leqslant t$; nous allons prouver que t_1 est l'extrémité de L. Dans le cas contraire, on aurait $\mathbf{u}(t_1) = \mathbf{v}(t_1)$ par continuité, et $\mathbf{x}_1 = \mathbf{u}(t_1)$ appartiendrait à H; comme $\mathbf{f}$ est localement lipschitzienne, le th. 1 prouve qu'il ne peut exister qu'une seule intégrale de (1) définie dans un voisinage de t_1, à valeurs dans H et égale à $\mathbf{x}_1$ au point t_1; il y a donc contradiction à supposer que t_1 ne soit pas l'extrémité de L. Nous voyons donc que, si J est la *réunion* des intervalles $L \in \mathfrak{M}$, il existe une intégrale $\mathbf{u}$ et une seule de (1), définie dans J, à valeurs dans H et égale à $\mathbf{x}_0$ au point t_0.

2° Supposons $J \neq I$, et soit β l'extrémité de J; si β est l'extrémité de I, on a $\beta \in I$ (donc β est fini) et $J = [t_0, \beta[$ en vertu de l'hypothèse. Supposons donc que β ne soit pas l'extrémité de I; si $\beta \in J$, $\mathbf{u}(\beta) = \mathbf{c}$ appartient à H; d'après le th. 1, il existe une intégrale de (1) à valeurs dans H, définie dans un intervalle

$$[\beta, \beta_1[\subset I$$

et égale à $\mathbf{c}$ au point β; J ne serait donc pas le plus grand des intervalles de $\mathfrak{M}$, ce qui est absurde; on a donc bien $J = [t_0, \beta[$.

Si K est une partie compacte de H, $\overset{-1}{\mathbf{u}}(K)$ est fermé dans J; nous allons voir qu'il existe $\gamma \in J$ tel que $\overset{-1}{\mathbf{u}}(K)$ soit contenu dans $[t_0, \gamma]$, ce qui prouvera que $\overset{-1}{\mathbf{u}}(K)$ est compact. Dans le cas contraire, il existerait un point $\mathbf{c} \in K$ tel que $(\beta, \mathbf{c})$ soit adhérent à l'ensemble des points $(t, \mathbf{u}(t))$ tels que $t < \beta$ et $\mathbf{u}(t) \in K$. Comme $\beta \in I$ et $\mathbf{c} \in H$, il existerait un voisinage V de β dans I et une boule ouverte S de centre $\mathbf{c}$ et de rayon r, contenue dans H, tels que $\mathbf{f}$ soit lipschitzienne et bornée dans $V \times S$; soit M la borne supérieure de $\|\mathbf{f}(t, \mathbf{x})\|$ dans cet ensemble. Par hypothèse, il existe $t_1 \in J$ tel que $\beta - t_1 < r/2M$, $t_1 \in V$ et $\|\mathbf{u}(t_1) - \mathbf{c}\| \leqslant r/2$; le th. 1 montre qu'il existe une intégrale et une seule de (1), à valeurs dans H, définie dans un intervalle $[t_1, t_2]$ *contenant* β, et égale à $\mathbf{u}(t_1)$ au point t_1; comme cette intégrale coïncide avec $\mathbf{u}$ dans l'intervalle $[t_1, \beta[$, $J = [t_0, \beta[$ ne serait pas le plus grand des intervalles de $\mathfrak{M}$, ce qui est absurde.

3° Supposons que J soit borné et que $\|\mathbf{f}(t, \mathbf{u}(t))\| \leqslant M$ dans J; on a donc $\|\mathbf{u}'(t)\| \leqslant M$ dans le complémentaire d'une partie dénombrable de J; par suite $\|\mathbf{u}(s) - \mathbf{u}(t)\| \leqslant M|s - t|$ quels que soient s et t dans J, en vertu du th. des accroissements finis; d'après le critère de Cauchy, $\mathbf{u}$ a donc une limite à gauche $\mathbf{c}$ à l'extrémité β de J. Si $J \neq I$, $\mathbf{c}$ ne peut appartenir à H, car en prolongeant $\mathbf{u}$ par continuité au point β, $\mathbf{u}$ serait une intégrale de (1) *à valeurs dans* H, définie dans l'intervalle $[t_0, \beta]$ et égale à $\mathbf{x}_0$ au point t_0; on aurait donc $J = [t_0, \beta]$, contrairement à ce qu'on a vu au 2°.

Corollaire 1. — *Si* $H = E$ *et* $J \neq I$, $\mathbf{f}(t, \mathbf{u}(t))$ *n'est pas bornée dans* J; *si de plus* E *est de dimension finie,* $\|\mathbf{u}(t)\|$ *a pour limite à gauche* $+\infty$ *à l'extrémité de* J.

La première partie est une conséquence immédiate de la troisième partie du th. 2. Si E est de dimension finie, toute boule fermée $S \subset E$ est compacte, donc la seconde partie du th. 2 montre qu'il existe $\gamma \in J$ tel que $\mathbf{u}(t) \notin S$ pour $t > \gamma$.

Si E est de dimension infinie, il peut se faire que $J \neq I$, mais que $\|\mathbf{u}(t)\|$ reste *bornée* lorsque t tend vers l'extrémité de J (IV, p. 37, exerc. 5).

Corollaire 2. — *Si, dans* $I \times H$, $\mathbf{f}$ *est lipschitzienne pour une fonction réglée* $k(t)$, *et si l'extrémité* β *de* J *appartient à* I, $\mathbf{u}$ *a une limite à gauche au point* β; *si* $H = E$ *et si* $\mathbf{f}$ *est lipschitzienne pour une fonction réglée* $k(t)$ *dans* $I \times E$, *on a* $J = I$.

En effet, si $\beta \in I$, il existe un voisinage compact V de β dans I, tel que $\mathbf{f}(t, \mathbf{x}_0)$ et $k(t)$ soient bornées dans V; on a donc $\|\mathbf{f}(t, \mathbf{x})\| \leqslant m\|\mathbf{x}\| + h$ (m et h constantes) dans $V \times H$, d'où $\|\mathbf{u}'(t)\| \leqslant m\|\mathbf{u}(t)\| + h$ dans le complémentaire d'une partie dénombrable de $V \cap J$, et par suite $\|\mathbf{u}(t)\| \leqslant m \int_{t_0}^{t} \|\mathbf{u}(s)\|\, ds + q$ (q constante) dans $V \cap J$; le lemme 2 (IV, p. 8) montre que $\|\mathbf{u}(t)\| \leqslant ce^{mt} + d$ (c et d constantes) dans $V \cap J$, donc $\mathbf{f}(t, \mathbf{u}(t))$ reste *bornée* dans J, et le corollaire résulte alors du th. 2 de IV, p. 11.

Exemples. — 1) Pour une équation différentielle de la forme $\mathbf{x}' = \mathbf{g}(t)$, où $\mathbf{g}$ est réglée dans I, toute intégrale $\mathbf{u}$ est évidemment définie dans I tout entier. On notera que $\mathbf{u}$ peut être bornée dans I sans que $\mathbf{g}(t)$ le soit.

2) Pour l'équation scalaire $x' = \sqrt{1 - x^2}$, on a $I = \mathbf{R}$, $H =]-1, 1[$. Si on prend $t_0 = x_0 = 0$, l'intégrale correspondante est $\sin t$ *dans le plus grand intervalle contenant* 0, *où la dérivée de* $\sin t$ *soit positive*, c'est-à-dire dans $]-\pi/2, +\pi/2[$; aux extrémités de cet intervalle, l'intégrale tend vers une extrémité de H.

3) Pour l'équation scalaire $x' = 1 + x^2$, on a $I = H = \mathbf{R}$; l'intégrale nulle pour $t = 0$ est $\operatorname{tg} t$, et le plus grand intervalle contenant 0, où cette fonction est continue, est $J =]-\pi/2, +\pi/2[$; aux extrémités de J, $|\operatorname{tg} t|$ tend vers $+\infty$ (cf. IV, p. 12, cor. 1).

4) Pour l'équation scalaire $x' = \sin tx$, on a $I = H = \mathbf{R}$ et le second membre est borné dans $I \times H$, donc (IV, p. 12, cor. 1) toute intégrale est définie dans $\mathbf{R}$ tout entier.

6. Continuité des intégrales en fonction d'un paramètre

La prop. 6 (IV, p. 9) montre que lorsqu'une équation différentielle

$$\mathbf{x}' = \mathbf{f}(t, \mathbf{x})$$

est « voisine » d'une équation lipschitzienne $\mathbf{x}' = \mathbf{g}(t, \mathbf{x})$ et qu'on suppose que les *deux* équations admettent chacune une solution approchée dans un même intervalle, ces deux solutions approchées sont « voisines »; nous allons préciser ce résultat en montrant que l'existence de solutions de l'équation lipschitzienne $\mathbf{x}' = \mathbf{g}(t, \mathbf{x})$ dans un intervalle *entraîne* celle de solutions approchées de l'équation $\mathbf{x}' = \mathbf{f}(t, \mathbf{x})$ dans le même intervalle pourvu que, dans ce dernier, les valeurs de la solution de $\mathbf{x}' = \mathbf{g}(t, \mathbf{x})$ ne soient pas « trop voisines » de la *frontière* de H.

PROPOSITION 7. — *Soient* $\mathbf{f}$ *et* $\mathbf{g}$ *deux fonctions définies dans* $I \times H$, *satisfaisant aux conditions du lemme* 1 *de* IV, p. 3, *et telles que, dans* $I \times H$

$$\|\mathbf{f}(t, \mathbf{x}) - \mathbf{g}(t, \mathbf{x})\| \leqslant \alpha. \tag{16}$$

On suppose en outre que $\mathbf{g}$ *soit lipschitzienne pour la constante* $k > 0$ *dans* $I \times H$, *et que* $\mathbf{f}$ *soit localement lipschitzienne dans* $I \times H$, *ou que* E *soit de dimension finie. Soient* $(t_0, \mathbf{x}_0)$ *un point de* $I \times H$, μ *un nombre* >0, *et*

$$\varphi(t) = \mu\, e^{k(t-t_0)} + \alpha \frac{e^{k(t-t_0)} - 1}{k}.$$

Soit $\mathbf{u}$ *une intégrale de l'équation* $\mathbf{x}' = \mathbf{g}(t, \mathbf{x})$, *définie dans un intervalle* $K = [t_0, b[$ *contenu dans* I, *égale à* $\mathbf{x}_0$ *au point* t_0 *et telle que, pour tout* $t \in K$, *la boule fermée de centre* $\mathbf{u}(t)$ *et de rayon* $\varphi(t)$ *soit contenue dans* H. *Dans ces conditions, pour tout* $\mathbf{y} \in H$ *tel que* $\|\mathbf{y} - \mathbf{x}_0\| \leqslant \mu$, *il existe une intégrale* $\mathbf{v}$ *de* $\mathbf{x}' = \mathbf{f}(t, \mathbf{x})$, *définie dans* K, *à valeurs dans* H, *et égale à* $\mathbf{y}$ *au point* t_0*; en outre, on a* $\|\mathbf{u}(t) - \mathbf{v}(t)\| \leqslant \varphi(t)$ *dans* K.

Soit $\mathfrak{M}$ l'ensemble des intégrales de $\mathbf{x}' = \mathbf{f}(t, \mathbf{x})$, dont chacune prend ses valeurs dans H, est égale à $\mathbf{y}$ au point t_0 et est définie dans un intervalle semi-ouvert $[t_0, \tau[$ contenu dans I (dépendant de l'intégrale que l'on considère). D'après le th. 1 de IV, p. 10 (lorsque $\mathbf{f}$ est localement lipschitzienne) ou IV, p. 6, corollaire (lorsque E est de dimension finie), $\mathfrak{M}$ n'est pas vide, et le même raisonnement que dans la prop. 3 de IV, p. 5, montre que $\mathfrak{M}$ est *inductif* quand on l'ordonne par la relation « $\mathbf{v}$ est une restriction de $\mathbf{w}$ ». Soit $\mathbf{v}_0$ un élément maximal de $\mathfrak{M}$, $[t_0, t_1[$ l'intervalle où est définie $\mathbf{v}_0$; d'après la prop. 6 de IV, p. 9, tout revient à prouver que $t_1 \geqslant b$. Dans le cas contraire, on aurait

$$\|\mathbf{u}(t) - \mathbf{v}_0(t)\| \leqslant \varphi(t)$$

dans l'intervalle $[t_0, t_1[$ en vertu de la prop. 6; dans l'intervalle compact $[t_0, t_1]$, la fonction réglée $\mathbf{g}(t, \mathbf{u}(t))$ est bornée, donc, dans l'intervalle $[t_0, t_1[$, $\mathbf{g}(t, \mathbf{v}_0(t))$ est bornée, puisque l'on a $\|\mathbf{g}(t, \mathbf{v}_0(t))\| \leqslant \|\mathbf{g}(t, \mathbf{u}(t))\| + k\varphi(t)$ dans cet intervalle.

Comme $\mathbf{v}_0$ est solution approchée de $\mathbf{x}' = \mathbf{g}(t, \mathbf{x})$ à α près dans $\left[t_0, t_1\right[$, il existe un nombre $M > 0$ tel que $\|\mathbf{v}'_0(t)\| \leqslant M$ dans cet intervalle, sauf aux points d'un ensemble dénombrable; le th. des accroissements finis montre alors que $\|\mathbf{v}_0(s) - \mathbf{v}_0(t)\| \leqslant M|s - t|$ pour tout couple de points s, t de $\left[t_0, t_1\right[$, donc (critère de Cauchy) $\mathbf{v}_0(t)$ a une limite à gauche $\mathbf{c}$ au point t_1, et, par continuité, on a $\|\mathbf{c} - \mathbf{u}(t_1)\| \leqslant \varphi(t_1)$, donc $\mathbf{c} \in H$. On voit alors par IV, p. 10, th. 1 ou IV, p. 6, corollaire, qu'il existe une intégrale de $\mathbf{x}' = \mathbf{f}(t, \mathbf{x})$ définie dans un intervalle $\left[t_1, t_2\right[$ et égale à $\mathbf{c}$ au point t_1, ce qui contredit la définition de $\mathbf{v}_0$.

THÉORÈME 3. — *Soient* F *un espace topologique,* $\mathbf{f}$ *une application de* $I \times H \times F$ *dans* E *telle que, pour tout* $\xi \in F$, $(t, \mathbf{x}) \mapsto \mathbf{f}(t, \mathbf{x}, \xi)$ *soit lipschitzienne dans* $I \times H$, *et que, lorsque* ξ *tend vers* ξ_0, $\mathbf{f}(t, \mathbf{x}, \xi)$ *tende uniformément vers* $\mathbf{f}(t, \mathbf{x}, \xi_0)$ *dans* $I \times H$. *Soit* $\mathbf{u}_0(t)$ *une intégrale de* $\mathbf{x}' = \mathbf{f}(t, \mathbf{x}, \xi_0)$, *définie dans un intervalle* $J = \left[t_0, b\right[$ *contenu dans* I, *à valeurs dans* H *et égale à* $\mathbf{x}_0$ *au point* t_0. *Pour tout intervalle compact* $[t_0, t_1]$ *contenu dans* J, *il existe un voisinage* V *de* ξ_0 *dans* F *tel que, pour tout* $\xi \in V$, *l'équation* $\mathbf{x}' = \mathbf{f}(t, \mathbf{x}, \xi)$ *ait une intégrale (et une seule)* $\mathbf{u}(t, \xi)$ *définie dans* $[t_0, t_1]$, *à valeurs dans* H *et égale à* $\mathbf{x}_0$ *au point* t_0; *en outre, lorsque* ξ *tend vers* ξ_0, $\mathbf{u}(t, \xi)$ *tend uniformément vers* $\mathbf{u}_0(t)$ *dans* $[t_0, t_1]$.

En effet, soit $r > 0$ tel que, pour $t_0 \leqslant t \leqslant t_1$, la boule fermée de centre $\mathbf{u}_0(t)$ et de rayon r soit contenue dans H; si $\mathbf{f}(t, \mathbf{x}, \xi_0)$ est lipschitzienne pour la constante $k > 0$ dans $I \times H$, prenons α assez petit pour que $\alpha \dfrac{e^{k(t_1 - t_0)} - 1}{k} < r$; en prenant V tel que, pour tout $\xi \in V$, on ait $\|\mathbf{f}(t, \mathbf{x}, \xi) - \mathbf{f}(t, \mathbf{x}, \xi_0)\| \leqslant \alpha$ dans $I \times H$, on répondra à la question en vertu de la prop. 7 de IV, p. 13; en outre, on a

$$\|\mathbf{u}(t, \xi) - \mathbf{u}_0(t)\| \leqslant \alpha \frac{e^{k(t_1 - t_0)} - 1}{k}$$

dans $[t_0, t_1]$, ce qui achève de démontrer le théorème.

Remarque. — Lorsque $H = E$ et que la condition (16) de IV, p. 13, est vérifiée dans $I \times E$, la prop. 7 de IV, p. 13, s'applique à *toute* solution $\mathbf{u}$ de $\mathbf{x}' = \mathbf{g}(t, \mathbf{x})$, dans un intervalle *quelconque* où cette solution est définie; on peut même supposer que $\mathbf{g}(t, \mathbf{x})$ est lipschitzienne pour une fonction $k(t)$ réglée dans K, mais non nécessairement bornée dans cet intervalle.

7. Dépendance des conditions initiales

Soit $\mathbf{x}' = \mathbf{f}(t, \mathbf{x})$ une équation localement lipschitzienne dans $I \times H$; d'après le th. 2 (IV, p. 11), pour tout point $(t_0, \mathbf{x}_0)$ de $I \times H$, il existe un *plus grand* intervalle $J(t_0, \mathbf{x}_0) \subset I$, non réduit à un point, contenant t_0, et dans lequel il existe une intégrale (et une seule) de l'équation, égale à $\mathbf{x}_0$ au point t_0; nous allons préciser la manière dont cette intégrale, et l'intervalle $J(t_0, \mathbf{x}_0)$ où elle est définie, dépendent du point $(t_0, \mathbf{x}_0)$.

THÉORÈME 4. — *Soient* $\mathbf{f}$ *une fonction localement lipschitzienne dans* $I \times H$, $(a, \mathbf{b})$ *un point quelconque de* $I \times H$.

1° *Il existe un intervalle* $K \subset I$, *voisinage de* a *dans* I, *et un voisinage* V *de* $\mathbf{b}$ *dans* H *tels que, pour tout point* $(t_0, \mathbf{x}_0)$ *de* $K \times V$, *il existe une intégrale et une seule* $\mathbf{u}(t, t_0, \mathbf{x}_0)$ définie dans K, *à valeurs dans* H *et égale à* $\mathbf{x}_0$ *au point* t_0 (autrement dit, on a $J(t_0, \mathbf{x}_0) \supset K$ quel que soit $(t_0, \mathbf{x}_0) \in K \times V$).

2° *L'application* $(t, t_0, \mathbf{x}_0) \mapsto \mathbf{u}(t, t_0, \mathbf{x}_0)$ *de* $K \times K \times V$ *dans* H *est uniformément continue.*

3° *Il existe un voisinage* $W \subset V$ *de* $\mathbf{b}$ *dans* H *tel que, pour tout point*

$$(t, t_0, \mathbf{x}_0) \in K \times K \times W,$$

l'équation $\mathbf{x}_0 = \mathbf{u}(t_0, t, \mathbf{x})$ *ait dans* V *une solution unique* $\mathbf{x}$ *égale à* $\mathbf{u}(t, t_0, \mathbf{x}_0)$ (« résolution de l'intégrale par rapport à la constante d'intégration »).

1° Soient S une boule de centre $\mathbf{b}$ et de rayon r contenue dans H, J_0 un intervalle contenu dans I et voisinage de a dans I, tels que $\mathbf{f}$ soit bornée et lipschitzienne (pour une certaine constante k) dans $J_0 \times S$; nous désignerons par M la borne supérieure de $\|\mathbf{f}(t, \mathbf{x})\|$ dans $J_0 \times S$. Il existe alors (IV, p. 10, th. 1) un intervalle $J \subset J_0$, voisinage de a dans I, et une intégrale $\mathbf{v}$ de $\mathbf{x}' = \mathbf{f}(t, \mathbf{x})$ définie dans J, à valeurs dans S et égale à $\mathbf{b}$ au point a. Nous allons voir que la boule ouverte V de centre $\mathbf{b}$ et de rayon $r/2$, et l'intersection K de J et d'un intervalle $]a - l, a + l[$, où l est *assez petit*, répondent à la question. En effet, la prop. 7 de IV, p. 13 (appliquée à l'ensemble $J_0 \times S$ et au cas où $\alpha = 0$) montre qu'il existe une intégrale de $\mathbf{x}' = \mathbf{f}(t, \mathbf{x})$ *définie dans* K, à valeurs dans S, et égale à $\mathbf{x}_0$ en un point $t_0 \in K$, pourvu que l'on ait

$$\|\mathbf{v}(t) - \mathbf{b}\| + \|\mathbf{v}(t_0) - \mathbf{x}_0\| \, e^{k|t - t_0|} < r \tag{18}$$

pour tout $t \in K$. Or, d'après le th. des accroissements finis, on a

$$\|\mathbf{v}(t) - \mathbf{b}\| \leqslant M|t - a| \leqslant Ml$$

pour tout $t \in K$; comme $\|\mathbf{x}_0 - \mathbf{b}\| < r/2$, on voit qu'il suffit de prendre l tel que

$$Ml + (Ml + r/2)\, e^{2kl} < r \tag{19}$$

pour que la relation (18) soit vérifiée pour tout point $(t, t_0, \mathbf{x}_0)$ de $K \times K \times V$.

2° D'après le th. des accroissements finis, on a

$$\|\mathbf{u}(t_1, t_0, \mathbf{x}_0) - \mathbf{u}(t_2, t_0, \mathbf{x}_0)\| \leqslant M|t_2 - t_1| \tag{20}$$

quels que soient t_0, t_1, t_2 dans K et $\mathbf{x}_0$ dans V. La prop. 5 (IV, p. 7) montre que

$$\|\mathbf{u}(t, t_0, \mathbf{x}_1) - \mathbf{u}(t, t_0, \mathbf{x}_2)\| \leqslant e^{2kl}\, \|\mathbf{x}_2 - \mathbf{x}_1\| \tag{21}$$

quels que soient t et t_0 dans K, $\mathbf{x}_1$ et $\mathbf{x}_2$ dans V. Enfin, si t_1 et t_2 sont deux points quelconques de K, on a

$$\|\mathbf{u}(t_1, t_2, \mathbf{x}_0) - \mathbf{u}(t_2, t_2, \mathbf{x}_0)\| \leqslant M|t_2 - t_1|$$

d'après le th. des accroissements finis, c'est-à-dire

$$\|\mathbf{u}(t_1, t_2, \mathbf{x}_0) - \mathbf{x}_0\| \leqslant \mathrm{M}|t_2 - t_1|;$$

comme $\mathbf{u}(t, t_2, \mathbf{x}_0)$ est identique à l'intégrale qui, au point t_1, prend la valeur $\mathbf{u}(t_1, t_2, \mathbf{x}_0)$, la prop. 5 (IV, p. 7) montre que l'on a

$$\|\mathbf{u}(t, t_1, \mathbf{x}_0) - \mathbf{u}(t, t_2, \mathbf{x}_0)\| \leqslant \mathrm{M}\, e^{2kl}|t_2 - t_1| \tag{22}$$

quels que soient t, t_1, t_2 dans K et $\mathbf{x}_0$ dans V. Les trois inégalités (20), (21) et (22) démontrent donc la continuité uniforme de l'application $(t, t_0, \mathbf{x}_0) \mapsto \mathbf{u}(t, t_0, \mathbf{x}_0)$ dans $\mathrm{K} \times \mathrm{K} \times \mathrm{V}$.

3° D'après (20), on a $\|\mathbf{u}(t, t_0, \mathbf{x}_0) - \mathbf{x}_0\| \leqslant \mathrm{M}|t - t_0| \leqslant 2\mathrm{M}l$ dans

$$\mathrm{K} \times \mathrm{K} \times \mathrm{V}.$$

Si l a été pris assez petit pour que $2\mathrm{M}l < r/4$, on voit donc que si $\mathbf{x}_0$ est un point quelconque de la boule ouverte W de centre $\mathbf{b}$ et de rayon $r/4$, on a $\mathbf{u}(t, t_0, \mathbf{x}_0) \in \mathrm{V}$ quels que soient t et t_0 dans K. Si $\mathbf{x} = \mathbf{u}(t, t_0, \mathbf{x}_0)$, la fonction $s \mapsto \mathbf{u}(s, t, \mathbf{x})$ est donc définie dans K et égale à l'intégrale de (1) qui prend la valeur $\mathbf{x}$ au point t, c'est-à-dire à $\mathbf{u}(s, t_0, \mathbf{x}_0)$; en particulier

$$\mathbf{x}_0 = \mathbf{u}(t_0, t_0, \mathbf{x}_0) = \mathbf{u}(t_0, t, \mathbf{x}).$$

D'ailleurs, si $\mathbf{y} \in \mathrm{V}$ est tel que $\mathbf{x}_0 = \mathbf{u}(t_0, t, \mathbf{y})$, l'intégrale $s \mapsto \mathbf{u}(s, t, \mathbf{y})$ prend la valeur $\mathbf{x}_0$ au point t_0, donc est identique à $s \mapsto \mathbf{u}(s, t_0, \mathbf{x}_0)$, et par suite prend la valeur $\mathbf{x}$ au point t, ce qui montre que $\mathbf{y} = \mathbf{x}$ et achève la démonstration.

§ 2. ÉQUATIONS DIFFÉRENTIELLES LINÉAIRES

1. Existence des intégrales d'une équation différentielle linéaire

Soient E un espace normé complet sur le corps **R**, J un intervalle dans **R**, non réduit à un point. On dit qu'une équation différentielle

$$\frac{d\mathbf{x}}{dt} = \mathbf{f}(t, \mathbf{x}) \tag{1}$$

où $\mathbf{f}$ est définie dans $\mathrm{J} \times \mathrm{E}$, est une équation *linéaire* si, pour tout $t \in \mathrm{J}$, l'application $\mathbf{x} \mapsto \mathbf{f}(t, \mathbf{x})$ est une *application linéaire affine continue*[1] de E dans lui-même; si on pose $\mathbf{b}(t) = \mathbf{f}(t, 0)$, l'application $\mathbf{x} \mapsto \mathbf{f}(t, \mathbf{x}) - \mathbf{f}(t, 0) = \mathbf{f}(t, \mathbf{x}) - \mathbf{b}(t)$ est donc une application linéaire continue de E dans lui-même; nous désignerons désormais cette application par $A(t)$, et nous noterons $A(t).\mathbf{x}$ (ou simplement $A(t)\mathbf{x}$) sa valeur en un point $\mathbf{x} \in \mathrm{E}$; l'équation différentielle linéaire (1) s'écrit donc

[1] Rappelons que si E est de dimension finie, toute application linéaire affine de E dans lui-même est continue (TG, VI, p. 3 et 6).

$$\frac{d\mathbf{x}}{dt} = A(t).\mathbf{x} + \mathbf{b}(t) \tag{2}$$

où $\mathbf{b}$ est une application de J dans E; lorsque $\mathbf{b} = 0$, on dit que l'équation différentielle linéaire (2) est *homogène.*

Exemples. — 1) Lorsque E est de dimension finie n sur $\mathbf{R}$, on peut identifier l'endomorphisme $A(t)$ à sa *matrice* $(a_{ij}(t))$ *par rapport à une base* (quelconque) *de* E (A, II, p. 144); lorsqu'on identifie un vecteur $\mathbf{x} \in$ E à la matrice à une colonne (x_j) de ses composantes par rapport à la base de E considérée, l'écriture $A(t).\mathbf{x}$ de la valeur de l'application linéaire homogène $A(t)$ au point $\mathbf{x}$ est bien conforme aux conventions générales d'Algèbre (A, II, p. 144, prop. 2). Dans ce cas, l'équation (2) est équivalente au système d'équations différentielles scalaires

$$\frac{dx_i}{dt} = \sum_{j=1}^{n} a_{ij}(t)x_j + b_i(t) \quad (1 \leqslant i \leqslant n). \tag{3}$$

2) Soient G une *algèbre normée complète* sur $\mathbf{R}$, $\mathbf{a}(t)$, $\mathbf{b}(t)$ et $\mathbf{c}(t)$, trois applications de J dans G; l'équation

$$\frac{d\mathbf{x}}{dt} = \mathbf{a}(t)\mathbf{x} + \mathbf{x}\mathbf{b}(t) + \mathbf{c}(t)$$

est une équation différentielle linéaire; $A(t)$ est ici l'application linéaire $\mathbf{x} \mapsto \mathbf{a}(t)\mathbf{x} + \mathbf{x}\mathbf{b}(t)$ de G dans elle-même.

Pour tout $t \in$ J, $A(t)$ est un élément de l'ensemble $\mathscr{L}$(E) des applications linéaires continues de E dans lui-même (endomorphismes continus de E); on sait (TG, X, p. 24) que $\mathscr{L}$(E), muni de la *norme* $\|U\| = \sup_{\|\mathbf{x}\| \leqslant 1} \|U.\mathbf{x}\|$ est une *algèbre normée complète* sur le corps $\mathbf{R}$ et que l'on a $\|UV\| \leqslant \|U\|.\|V\|$.

Dans tout ce paragraphe, nous supposerons que les conditions suivantes sont satisfaites:

a) *L'application* $t \mapsto A(t)$ *de* J *dans* $\mathscr{L}$(E) *est réglée.*

b) *L'application* $t \mapsto \mathbf{b}(t)$ *de* J *dans* E *est réglée.*

Lorsque E est de dimension n, $\mathscr{L}$(E) est isomorphe à $\mathbf{R}^{n^2}$ (en tant qu'espace vectoriel topologique) et la condition *a*) signifie que chacun des éléments $a_{ij}(t)$ de la matrice $A(t)$ est une fonction *réglée* dans J.

Comme on a $\|A(t')\mathbf{x} - A(t)\mathbf{x}\| \leqslant \|A(t') - A(t)\|.\|\mathbf{x}\|$, l'application

$$t \mapsto A(t).\mathbf{x} + \mathbf{b}(t)$$

est *réglée* pour tout $\mathbf{x} \in$ E; en outre, on a

$$\|A(t)\mathbf{x}_1 - A(t)\mathbf{x}_2\| = \|A(t)(\mathbf{x}_1 - \mathbf{x}_2)\| \leqslant \|A(t)\|.\|\mathbf{x}_1 - \mathbf{x}_2\|$$

quels que soient $t \in$ J, $\mathbf{x}_1$ et $\mathbf{x}_2$ dans E; en d'autres termes, le second membre de (2) satisfait aux conditions du lemme 1 de IV, p. 3, et est *lipschitzien* pour la fonction *réglée* $\|A(t)\|$ dans J $\times$ E. Par suite (IV, p. 12, cor. 2):

THÉORÈME 1. — *Soient* $t \mapsto A(t)$ *une application réglée de* J *dans* $\mathscr{L}$(E), $t \mapsto \mathbf{b}(t)$ *une application réglée de* J *dans* E. *Pour tout point* $(t_0, \mathbf{x}_0)$ *de* J $\times$ E, *l'équation linéaire* (2) *admet une solution et une seule, définie dans* J *tout entier et égale à* $\mathbf{x}_0$ *au point* t_0.

2. Linéarité des intégrales d'une équation différentielle linéaire

La résolution d'une équation différentielle linéaire (2) est un problème linéaire (A, II, p. 48); l'équation linéaire homogène

$$\frac{d\mathbf{x}}{dt} = A(t)\,.\,\mathbf{x} \tag{4}$$

est dite *associée* à l'équation non homogène (2); on sait alors (A, II, p. 48, prop. 14) que si $\mathbf{u}_1$ est une intégrale de l'équation non homogène (2), toute intégrale de cette équation est de la forme $\mathbf{u} + \mathbf{u}_1$ où $\mathbf{u}$ est une intégrale de l'équation homogène associée (4), et réciproquement. Nous allons d'abord étudier dans ce n° les intégrales d'une équation *homogène* (4).

PROPOSITION 1. — *L'ensemble* $\mathscr{I}$ *des intégrales de l'équation linéaire homogène* (4), *définies dans* J, *est un sous-espace vectoriel de l'espace* $\mathscr{C}$(J; E) *des applications continues de* J *dans* E.

La démonstration est immédiate.

THÉORÈME 2. — *Pour tout point* $(t_0, \mathbf{x}_0)$ *de* J × E, *soit* $\mathbf{u}(t, t_0, \mathbf{x}_0)$ *l'intégrale de l'équation homogène* (4), *définie dans* J *et égale à* $\mathbf{x}_0$ *au point* t_0.

1° *Pour tout point* $t \in$ J, *l'application* $\mathbf{x}_0 \mapsto \mathbf{u}(t, t_0, \mathbf{x}_0)$ *est une application linéaire bijective et bicontinue* $C(t, t_0)$ *de* E *sur lui-même.*

2° *L'application* $t \mapsto C(t, t_0)$ *de* J *dans* $\mathscr{L}$(E) *est identique à l'intégrale de l'équation différentielle linéaire homogène*

$$\frac{dU}{dt} = A(t)U \tag{5}$$

qui prend la valeur I (application identique de E sur lui-même) *au point* t_0.

3° *Quels que soient les points* s, t, u *de* J, *on a*

$$C(s, u) = C(s, t)C(t, u), \qquad C(s, t) = (C(t, s))^{-1}. \tag{6}$$

D'après la prop. 1, $\mathbf{u}(t, t_0, \mathbf{x}_1) + \mathbf{u}(t, t_0, \mathbf{x}_2)$ (resp. $\lambda\mathbf{u}(t, t_0, \mathbf{x}_0)$) est une intégrale de (4) et prend au point t_0 la valeur $\mathbf{x}_1 + \mathbf{x}_2$ (resp. $\lambda\mathbf{x}_0$), donc, en vertu du th. 1 de IV, p. 17 elle est identique à $\mathbf{u}(t, t_0, \mathbf{x}_1 + \mathbf{x}_2)$ (resp. $\mathbf{u}(t, t_0, \lambda\mathbf{x}_0)$); l'application $\mathbf{x}_0 \mapsto \mathbf{u}(t, t_0, \mathbf{x}_0)$ est donc une application linéaire $C(t, t_0)$ de E dans lui-même, et on peut écrire $\mathbf{u}(t, t_0, \mathbf{x}_0) = C(t, t_0)\,.\,\mathbf{x}_0$.

Comme l'application $(X, Y) \mapsto XY$ de $\mathscr{L}$(E) × $\mathscr{L}$(E) dans $\mathscr{L}$(E) est *continue* (TG, X, p. 23, prop. 8), l'application $t \mapsto A(t)U$ de J dans $\mathscr{L}$(E) est réglée pour tout $U \in \mathscr{L}$(E); on a en outre (TG, X, p. 21)

$$\|A(t)X - A(t)Y\| = \|A(t)(X - Y)\| \leqslant \|A(t)\|\,.\,\|X - Y\|,$$

donc on peut appliquer à l'équation linéaire homogène (5) le th. 1 de IV,

p. 17; soit $V(t)$ l'intégrale de cette équation définie dans J et égale à I au point t_0. On a (I, p. 14, prop. 3)

$$\frac{d}{dt}(V(t).\mathbf{x}_0) = \frac{dV(t)}{dt}.\mathbf{x}_0 = A(t).(V(t).\mathbf{x}_0)$$

et pour $t = t_0$, $V(t).\mathbf{x}_0 = I.\mathbf{x}_0 = \mathbf{x}_0$; d'après le th. 1 de IV, p. 17), on a nécessairement $V(t).\mathbf{x}_0 = C(t, t_0).\mathbf{x}_0$ pour tout $\mathbf{x}_0 \in$ E, c'est-à-dire $V(t) = C(t, t_0)$; ceci démontre que $C(t, t_0)$ appartient à $\mathscr{L}(\mathrm{E})$, autrement dit, que $\mathbf{x}_0 \mapsto C(t, t_0).\mathbf{x}_0$ est continue dans E, et que l'application $t \mapsto C(t, t_0)$ est l'intégrale de (5) égale à I au point t_0.

Enfin, l'intégrale $s \mapsto C(s, u).\mathbf{x}_0$ de (4) est égale à $C(t, u).\mathbf{x}_0$ au point t, donc on a, par définition

$$C(s, u).\mathbf{x}_0 = C(s, t).(C(t, u).\mathbf{x}_0) = (C(s, t)C(t, u)).\mathbf{x}_0$$

quel que soit $\mathbf{x}_0 \in$ E, d'où la première relation (6); comme $C(s, s) = I$, on a $C(s, t)C(t, s) = I$ quels que soient s et t dans J; ceci prouve (E, II, p, 18, corollaire) que $C(t, t_0)$ est une application bijective de E sur lui-même, dont l'application réciproque est $C(t_0, t)$. Le théorème est ainsi complètement démontré.

On dit que $C(t, t_0)$ est la *résolvante* de l'équation (2) de IV, p. 17.

Corollaire 1. — *L'application qui, à tout point* $\mathbf{x}_0 \in$ E, *fait correspondre la fonction continue* $t \mapsto C(t, t_0).\mathbf{x}_0$, *définie dans* J, *est un isomorphisme de l'espace normé* E *sur l'espace vectoriel* $\mathscr{I}$ *des intégrales de* (4), *muni de la topologie de la convergence compacte.*

C'est en effet une application linéaire bijective de E sur $\mathscr{I}$; dans un ensemble compact K $\subset$ J, $C(t, t_0)$ est bornée, donc on a $\|C(t, t_0).\mathbf{x}_0\| \leqslant \mathrm{M}\|\mathbf{x}_0\|$ quels que soient $t \in$ K et $\mathbf{x}_0 \in$ E, ce qui prouve la continuité de l'application considérée; comme

$$C(t_0, t_0).\mathbf{x}_0 = \mathbf{x}_0,$$

il est évident que son application réciproque est aussi continue.

Corollaire 2. — *L'application* $(s, t) \mapsto C(s, t)$ *de* J $\times$ J *dans* $\mathscr{L}(\mathrm{E})$ *est continue.*

En effet, on a, d'après (6), $C(s, t) = C(s, t_0)(C(t, t_0))^{-1}$; or, l'application $(X, Y) \mapsto XY$ de $\mathscr{L}(\mathrm{E}) \times \mathscr{L}(\mathrm{E})$ dans $\mathscr{L}(\mathrm{E})$ est continue, et il en est de même de l'application $X \mapsto X^{-1}$ du groupe (ouvert) des éléments inversibles de $\mathscr{L}(\mathrm{E})$ sur lui-même (TG, IX, p. 40, prop. 14).

On notera que l'application

$$t \mapsto C(t_0, t) = (C(t, t_0))^{-1}$$

admet (dans le complémentaire d'un ensemble dénombrable) une dérivée égale à $-(C(t, t_0))^{-1}(dC(t, t_0)/dt)(C(t, t_0))^{-1}$ (I, p. 16, prop. 4), c'est-à-dire (d'après IV, p. 18, la formule (5)) à $-C(t_0, t)A(t)$.

Corollaire 3. — *Soit* K *un intervalle compact contenu dans* J, *et soit* $k = \sup_{t \in \mathrm{K}} \|A(t)\|$. *Quels que soient* t *et* t_0 *dans* K, *on a*

(7) $$\|C(t, t_0) - I\| \leqslant e^{k|t-t_0|} - 1.$$

En effet, on a $\|A(t)\mathbf{x}_0\| \leqslant k\|\mathbf{x}_0\|$ pour tout $t \in \mathrm{K}$; dans K, la fonction constante égale à $\mathbf{x}_0$ est donc une intégrale approchée à $k\|\mathbf{x}_0\|$ près de l'équation (4) de IV, p. 18; d'après la formule (15) de IV, p. 9, on a donc

$$\|C(t, t_0)\mathbf{x}_0 - \mathbf{x}_0\| \leqslant \|\mathbf{x}_0\| \, (e^{k|t-t_0|} - 1)$$

quels que soient t et t_0 dans K, et $\mathbf{x}_0$ dans E, ce qui équivaut à l'inégalité (7) d'après la définition de la norme dans $\mathscr{L}(\mathrm{E})$.

Proposition 2. — *Soit B un endomorphisme continu de* E, *indépendant de t, et permutable avec $A(t)$ pour tout $t \in \mathrm{J}$; alors B est permutable avec $C(t, t_0)$ quels que soient t et t_0 dans* J.

En effet, on a, d'après (5)

$$\frac{d}{dt}(BC) = BAC = ABC \quad \text{et} \quad \frac{d}{dt}(CB) = ACB,$$

donc $\frac{d}{dt}(BC - CB) = A(BC - CB)$; mais $BC(t_0, t_0) - C(t_0, t_0)\,B = 0$, donc (IV, p. 17, th. 1) $BC(t, t_0) - C(t, t_0)\,B = 0$ pour tout $t \in \mathrm{J}$.

Un cas particulier important de la prop. 2 est celui où E est muni d'une structure d'espace vectoriel normé par rapport au *corps des nombres complexes* **C**, et où, pour tout $t \in \mathrm{J}$, $A(t)$ est un endomorphisme de E pour cette structure d'espace vectoriel; cela signifie que $A(t)$ est permutable avec l'endomorphisme continu $\mathbf{x} \mapsto i\mathbf{x}$ de E (pour la structure d'espace vectoriel *sur* **R**); donc $C(t, t_0)$ est permutable avec cet endomorphisme, ce qui signifie que, quels que soient t et t_0 dans J, $C(t, t_0)$ est un endomorphisme continu de la structure d'espace vectoriel normé de E sur **C**.

3. Intégration de l'équation linéaire non homogène

L'intégration de l'équation linéaire non homogène

$$\frac{d\mathbf{x}}{dt} = A(t)\,.\,\mathbf{x} + \mathbf{b}(t) \tag{2}$$

se ramène à l'intégration de l'équation homogène associée

$$\frac{d\mathbf{x}}{dt} = A(t)\,.\,\mathbf{x} \tag{4}$$

et au calcul d'une primitive. Avec les notations du th. 2 de IV, p. 18, posons en effet $\mathbf{x} = C(t, t_0)\,.\,\mathbf{z}$, d'où on tire, d'après la seconde formule (6) de IV, p. 18, $\mathbf{z} = C(t_0, t)\,.\,\mathbf{x}$; si $\mathbf{x}$ est une intégrale de (2), $\mathbf{z}$ est une intégrale de l'équation $\frac{d}{dt}(C(t, t_0)\,.\,\mathbf{z}) = A(t)C(t, t_0)\,.\,\mathbf{z} + \mathbf{b}(t)$; comme l'application bilinéaire

$$(U, \mathbf{y}) \mapsto U.\mathbf{y}$$

de $\mathscr{L}(\mathrm{E}) \times \mathrm{E}$ dans E est continue (TG, X, p. 23, prop. 6), $\mathbf{z}$ admet une dérivée (sauf en un ensemble dénombrable de points de J) et on a, par la formule de dérivation d'une fonction bilinéaire (I, p. 5, prop. 3)

$$\frac{d}{dt}(C(t, t_0).\mathbf{z}) = \frac{dC(t, t_0)}{dt}.\mathbf{z} + C(t, t_0).\frac{d\mathbf{z}}{dt} = A(t)C(t, t_0).\mathbf{z} + C(t, t_0).\frac{d\mathbf{z}}{dt}$$

(en remplaçant $dC(t, t_0)/dt$ par $A(t)C(t, t_0)$, en vertu de (5) (IV, p. 18)). L'équation en $\mathbf{z}$ se réduit donc à $C(t, t_0).d\mathbf{z}/dt = \mathbf{b}(t)$, ou encore à

$$\frac{d\mathbf{z}}{dt} = C(t_0, t).\mathbf{b}(t) \tag{8}$$

d'après la seconde formule (6) de IV, p. 18. Or, le second membre de l'équation (8) est une fonction réglée dans J, étant obtenue en substituant des fonctions réglées à U et $\mathbf{y}$ dans la fonction bilinéaire continue $U.\mathbf{y}$ (cf. II, p. 6, cor. 2); l'équation (8) a donc une intégrale et une seule prenant la valeur $\mathbf{x}_0$ au point t_0, donnée par la formule

$$\mathbf{z}(t) = \mathbf{x}_0 + \int_{t_0}^{t} C(t_0, s).\mathbf{b}(s)\, ds. \tag{9}$$

Comme on a $C(t, t_0).\int_{t_0}^{t} C(t_0, s).\mathbf{b}(s)\, ds = \int_{t_0}^{t} C(t, t_0)C(t_0, s).\mathbf{b}(s)\, ds$ (II, p. 10, formule (9)), on obtient (en tenant compte de la première formule (6) de IV, p. 18) le résultat suivant:

PROPOSITION 3. — *Avec les notations du th.* 2 (IV, p. 18), *pour tout point* $(t_0, \mathbf{x}_0)$ *de* J × E, *l'intégrale de l'équation linéaire* (2) *définie dans* J *et égale à* $\mathbf{x}_0$ *au point* t_0, *est donnée par la formule*

$$\mathbf{u}(t) = C(t, t_0).\mathbf{x}_0 + \int_{t_0}^{t} C(t, s).\mathbf{b}(s)\, ds. \tag{10}$$

La méthode qui conduit à la formule (10), et qui consiste à prendre la fonction $\mathbf{z}$ comme nouvelle fonction inconnue, est souvent appelée « méthode de variation des constantes ».

4. Systèmes fondamentaux d'intégrales d'un système linéaire d'équations différentielles scalaires

Nous allons considérer dans ce n° et le suivant le cas où E est un espace vectoriel *de dimension finie n par rapport au corps* **C** des nombres complexes (donc de dimension $2n$ par rapport à **R**), et où pour tout $t \in$ J, $A(t)$ est un endomorphisme de E *pour la structure d'espace vectoriel sur* **C**. On peut alors identifier $A(t)$ à sa matrice $(a_{ij}(t))$ par rapport à une base de E (sur le corps **C**), les a_{ij} étant cette fois n^2 fonctions *complexes* définies et réglées dans J; x_j $(1 \leqslant j \leqslant n)$ désignant les composantes (complexes) d'un vecteur $\mathbf{x} \in$ E par rapport à la base considérée, l'équation linéaire

$$\frac{d\mathbf{x}}{dt} = A(t).\mathbf{x} + \mathbf{b}(t) \tag{2}$$

est encore équivalente au système

$$\frac{dx_i}{dt} = \sum_{j=1}^{n} a_{ij}(t)x_j + b_i(t) \qquad (1 \leqslant i \leqslant n). \tag{3}$$

Les th. 1 (IV, p. 17) et 2 (IV, p. 18) et la prop. 2 (IV, p. 20) montrent alors que, pour tout $\mathbf{x}_0 = (x_{k0})_{1 \leqslant k \leqslant n}$ dans E, il existe une intégrale et une seule $\mathbf{u} = (u_k)_{1 \leqslant k \leqslant n}$ de l'équation

$$\frac{d\mathbf{x}}{dt} = A(t) . \mathbf{x} \tag{4}$$

définie dans E et égale à $\mathbf{x}_0$ au point t_0; cette intégrale peut s'écrire

$$\mathbf{u}(t, t_0, \mathbf{x}_0) = C(t, t_0) . \mathbf{x}_0,$$

$C(t, t_0)$ étant une matrice carrée *inversible* $(c_{ij}(t, t_0))$ d'ordre n, dont les coefficients sont des fonctions complexes continues dans J × J et telles que $t \mapsto c_{ij}(t, t_0)$ soit une primitive de fonction réglée dans J.

Dans le cas particulier où $n = 1$, le système (3) se réduit à une seule équation scalaire

$$\frac{dx}{dt} = a(t)x + b(t) \tag{11}$$

($a(t)$ et $b(t)$ fonctions complexes réglées dans J); on vérifie aussitôt que la matrice (à un élément) $C(t, t_0)$ est égale à $\exp\left(\int_{t_0}^{t} a(s)\, ds\right)$; l'intégrale de (11) égale à x_0 au point t_0 est donc donnée explicitement par la formule

$$u(t) = x_0 \exp\left(\int_{t_0}^{t} a(s)\, ds\right) + \int_{t_0}^{t} b(s) \exp\left(\int_{t_0}^{t} a(\tau)\, d\tau\right) ds. \tag{12}$$

Dans l'espace $\mathscr{C}$(J; E) des applications continues de J dans E, muni de la topologie de la convergence compacte, l'ensemble $\mathscr{I}$ des intégrales de l'équation (4) est un sous-espace vectoriel (sur **C**) *isomorphe* à E, donc à $\mathbf{C}^n$ (IV, p. 19, cor. 1, et IV, p. 20, prop. 2). On appelle *système fondamental* d'intégrales de (4) une *base* $(\mathbf{u}_j)_{1 \leqslant j \leqslant n}$ de cet espace (sur le corps **C**).

PROPOSITION 4. — *Pour que n intégrales* $\mathbf{u}_j$ $(1 \leqslant j \leqslant n)$ *de l'équation* (4) *forment un système fondamental, il faut et il suffit que leurs valeurs* $\mathbf{u}_j(t_0)$ *en un point* $t_0 \in$ J *soient des vecteurs linéairement indépendants dans* E.

En effet, l'application qui, à tout $\mathbf{x}_0 \in$ E, fait correspondre l'intégrale $t \mapsto C(t, t_0) . \mathbf{x}_0$, est un isomorphisme de E sur $\mathscr{I}$ (IV, p. 19, cor. 1 et IV, p. 20, prop. 2).

Si $(\mathbf{e}_j)_{1 \leqslant j \leqslant n}$ est une base quelconque de E sur **C**, les n intégrales

$$\mathbf{u}_j(t) = C(t, t_0) . \mathbf{e}_j \quad (1 \leqslant j \leqslant n)$$

forment donc un système fondamental; si on identifie $C(t, t_0)$ à sa matrice par rapport à la base $(\mathbf{e}_j)$, les intégrales $\mathbf{u}_j$ ne sont autres que les *colonnes* de la matrice $C(t, t_0)$. L'intégrale de (4) prenant au point t_0 la valeur $\mathbf{x}_0 = \sum_{j=1}^{n} \lambda_j \mathbf{e}_j$ est alors $C(t, t_0).\mathbf{x}_0 = \sum_{k=1}^{n} \lambda_k \mathbf{u}_k(t)$.

Étant données n intégrales *quelconques* $\mathbf{u}_j$ $(1 \leqslant j \leqslant n)$ de (4), on appelle *déterminant* de ces n intégrales en un point $t \in \mathrm{J}$, par rapport à une base $(\mathbf{e}_j)_{1 \leqslant j \leqslant n}$ de E, le déterminant

$$\Delta(t) = (\mathbf{u}_1(t), \mathbf{u}_2(t), \ldots, \mathbf{u}_n(t)) \tag{13}$$

des n vecteurs $\mathbf{u}_j(t)$ par rapport à la base $(\mathbf{e}_j)$ (A, III, p. 90). On a (A, III, p. 91, prop. 2)

$$\Delta(t) = \Delta(t_0) \det (C(t, t_0)). \tag{14}$$

D'après la prop. 4 de IV, p. 22, pour que $(\mathbf{u}_j)_{1 \leqslant j \leqslant n}$ soit un système fondamental d'intégrales de (4), il faut et il suffit que le déterminant $\Delta(t)$ des $\mathbf{u}_j$ soit $\neq 0$ en un point t_0 de J; la formule (14) montre alors de nouveau que $\Delta(t) \neq 0$ en tout point de J, autrement dit que les vecteurs $\mathbf{u}_j(t)$ $(1 \leqslant j \leqslant n)$ sont toujours linéairement indépendants.

PROPOSITION 5. — *Le déterminant de la matrice $C(t, t_0)$ est donné par la formule*

$$\det (C(t, t_0)) = \exp \left(\int_{t_0}^{t} \operatorname{Tr}(A(s))\, ds \right). \tag{15}$$

En effet, si on pose $\delta(t) = \det (C(t, t_0))$, on a, d'après la formule donnant la dérivée d'un déterminant (I, p. 8, formule (3))

$$\frac{d\delta}{dt} = \operatorname{Tr} \left(\frac{dC(t, t_0)}{dt} (C(t, t_0))^{-1} \right) \delta(t)$$

c'est-à-dire, en vertu de l'équation différentielle (5) de IV, p. 18 à laquelle satisfait $C(t, t_0)$

$$\frac{d\delta}{dt} = \operatorname{Tr}(A(t))\, \delta(t).$$

Comme $\delta(t_0) = 1$, la formule (15) se déduit de l'expression (12) (IV, p. 22) de l'intégrale d'une équation linéaire scalaire.

La donnée de n intégrales linéairement indépendantes de (4) détermine *toutes* les intégrales de cette équation, comme nous venons de le voir. Nous allons maintenant montrer que pour, $1 \leqslant p \leqslant n$, la donnée de p *intégrales linéairement indépendantes* $\mathbf{u}_j$ $(1 \leqslant j \leqslant p)$ de l'équation (4) ramène l'intégration de cette équation à celle d'un *système linéaire homogène de* $n - p$ *équations scalaires*. Supposons que, dans un intervalle $K \subset J$, il existe $n - p$ applications

$$\mathbf{u}_{p+k} \quad (1 \leqslant k \leqslant n - p)$$

de K dans E, primitives de fonctions réglées dans K, et telles que, pour tout $t \in K$, les n vecteurs $\mathbf{u}_j(t)$ $(1 \leqslant j \leqslant n)$ forment une *base* de E.

Pour tout point $t_1 \in J$, il existe toujours un intervalle K, voisinage de t_1 dans J, dans lequel sont définies $n - p$ fonctions $\mathbf{u}_{p+k}$ $(1 \leqslant k \leqslant n - p)$ ayant les propriétés précédentes. En effet, soit $(\mathbf{e}_i)_{1 \leqslant i \leqslant n}$ une base de E; il existe $n - p$ vecteurs de cette base qui forment avec les $\mathbf{u}_j(t_1)$ $(1 \leqslant j \leqslant p)$ une base de E (A, II, p. 95, th. 2); supposons par exemple que ce soient $\mathbf{e}_{p+1}, \ldots, \mathbf{e}_n$; comme le déterminant $\det(\mathbf{u}_1(t), \ldots, \mathbf{u}_p(t), \mathbf{e}_{p+1}, \ldots, \mathbf{e}_n)$ (par rapport à la base $(\mathbf{e}_i)$) est fonction continue de t et n'est pas nul pour $t = t_1$, il existe un voisinage K de t_1 dans lequel il n'est pas nul; on peut donc prendre $\mathbf{u}_{p+k}(t) = \mathbf{e}_{p+k}$ $(1 \leqslant k \leqslant n - p)$ pour $t \in K$.

Il existe une matrice inversible $B(t)$ d'ordre n, dont les éléments sont des primitives de fonctions réglées dans K, telle que $B(t).\mathbf{e}_j = \mathbf{u}_j(t)$ pour $1 \leqslant j \leqslant n$. Posons $\mathbf{x} = B(t).\mathbf{y}$; $\mathbf{y}$ satisfait à l'équation $\dfrac{dB}{dt}.\mathbf{y} + B(t).\dfrac{d\mathbf{y}}{dt} = A(t)B(t).\mathbf{y}$, qui s'écrit aussi

$$\frac{d\mathbf{y}}{dt} = (B(t))^{-1}\left(A(t)B(t) - \frac{dB}{dt}\right).\mathbf{y} = H(t).\mathbf{y},$$

où $H(t) = (h_{jk}(t))$ est une matrice à coefficients réglés dans K. D'après la définition de $B(t)$, cette équation linéaire admet les p vecteurs constants $\mathbf{e}_j$ $(1 \leqslant j \leqslant p)$ comme intégrales; on en conclut aussitôt qu'on a nécessairement $h_{jk}(t) = 0$ pour $1 \leqslant k \leqslant p$; les composantes y_k de $\mathbf{y}$ (par rapport à la base $(\mathbf{e}_i)$) d'indice $k \geqslant p + 1$ satisfont donc à un système linéaire homogène de $n - p$ équations; une fois déterminées les solutions de ce système, les dy_j/dt d'indice $j \leqslant p$ sont fonctions linéaires des y_k d'indice $k \geqslant p + 1$, donc sont connues, et les primitives de ces fonctions donneront les y_j d'indice $j \leqslant p$.

En particulier, lorsqu'on connaît $n - 1$ intégrales linéairement indépendantes de l'équation (4) de IV, p. 22, l'intégration de cette équation est ramenée à celle d'une seule équation scalaire homogène, et par suite au calcul de n primitives.

Remarques. — 1) Tout ce qui précède s'applique encore au cas où E est de dimension *n sur le corps* $\mathbf{R}$ et $A(t)$ un endomorphisme de E pour tout $t \in J$: il suffit de remplacer partout $\mathbf{C}$ par $\mathbf{R}$.

2) Soit $A(t) = (a_{ij}(t))$ une matrice carrée d'ordre n dont les éléments sont des fonctions réglées réelles (resp. complexes) de t dans J, et soit $C(t, t_0) = (c_{ij}(t, t_0))$ la matrice résolvante du système linéaire (3) (IV, p. 22) correspondant. Soit F un espace normé complet quelconque sur $\mathbf{R}$ (resp. $\mathbf{C}$) et considérons le système d'équations différentielles linéaires

$$\frac{d\mathbf{y}_i}{dt} = \sum_{j=1}^{n} a_{ij}(t)\mathbf{y}_j$$

où les fonctions inconnues $\mathbf{y}_j$ *prennent leurs valeurs dans* F. Il est immédiat que la solution

$(\mathbf{u}_j)_{1 \leqslant j \leqslant n}$ de ce système telle que $\mathbf{u}_j(t_0) = \mathbf{d}_j$ pour $1 \leqslant j \leqslant n$ ($\mathbf{d}_j$ arbitraires dans F) est donnée par les formules

$$\mathbf{u}_i(t) = \sum_{j=1}^{n} c_{ij}(t, t_0)\mathbf{d}_j \quad (1 \leqslant i \leqslant n).$$

Considérons en particulier le cas où $A(t)$ est un endomorphisme d'un espace vectoriel E de dimension finie n *sur* **C**, tel qu'il existe une base de E par rapport à laquelle la matrice de $A(t)$ ait ses éléments *réels* pour tout $t \in$ J. Alors ce qui précède montre (en vertu du th. 1 de IV, p. 17) que la matrice résolvante $C(t, t_0)$ par rapport à la même base a aussi ses éléments *réels*: il suffit en effet de considérer l'espace vectoriel E_0 *sur* **R** engendré par la base de E considérée, et de remarquer que la restriction de $A(t)$ à E_0 est un endomorphisme de cet espace vectoriel.

5. Équation adjointe

L'espace E étant toujours supposé être de dimension *finie n* sur le corps **C**, soit E* son *dual* (A, II, p. 40), qui est un espace de dimension n sur **C** (A, II, p. 102, th. 4); la forme bilinéaire canonique $\langle \mathbf{x}, \mathbf{x}^* \rangle$ définie dans E × E* (A, II, p. 41) est *continue* dans ce produit (étant un polynôme par rapport aux composantes de $\mathbf{x} \in$ E et de $\mathbf{x}^* \in$ E*).

Étant donnée une équation linéaire homogène (4) (IV, p. 22), où $t \mapsto A(t)$ est une application réglée de J dans $\mathscr{L}$(E), cherchons s'il existe une application $t \mapsto \mathbf{v}(t)$ de J dans E*, primitive d'une fonction réglée dans J, et telle que la fonction numérique $t \mapsto \langle \mathbf{u}(t), \mathbf{v}(t) \rangle$ soit *constante* dans J lorsque $\mathbf{u}$ est une solution *quelconque* de (4); il revient au même d'écrire que la dérivée de cette fonction doit être nulle en tout point où $\mathbf{u}$ et $\mathbf{v}$ sont dérivables, c'est-à-dire qu'on doit avoir en ces points

$$\left\langle \frac{d\mathbf{u}}{dt}, \mathbf{v}(t) \right\rangle + \left\langle \mathbf{u}(t), \frac{d\mathbf{v}}{dt} \right\rangle = 0.$$

Or, d'après (4), on a $\left\langle \frac{d\mathbf{u}}{dt}, \mathbf{v}(t) \right\rangle = \langle A(t).\mathbf{u}(t), \mathbf{v}(t) \rangle = -\langle \mathbf{u}(t), B(t).\mathbf{v}(t) \rangle$ où $-B(t)$ est la *transposée* de $A(t)$ (A, II, p. 42). La relation à laquelle doit satisfaire $\mathbf{v}$ s'écrit donc

$$\left\langle \mathbf{u}(t), \frac{d\mathbf{v}}{dt} - B(t).\mathbf{v}(t) \right\rangle = 0$$

en tous les points où $A(t)$ est continue et $\mathbf{v}(t)$ dérivable. Or, pour un tel point t et un point $\mathbf{x}_0 \in$ E *arbitraire*, il existe d'après le th. 1 de IV, p. 17, une solution $\mathbf{u}$ de (4) telle que $\mathbf{u}(t) = \mathbf{x}_0$; on doit donc avoir $\left\langle \mathbf{x}_0, \frac{d\mathbf{v}}{dt} - B(t).\mathbf{v}(t) \right\rangle = 0$ pour *tout* $\mathbf{x}_0 \in$ E, ce qui signifie que $\frac{d\mathbf{v}}{dt} - B(t).\mathbf{v}(t) = 0$. Par suite:

Proposition 6. — *Pour qu'une application $t \mapsto \mathbf{v}(t)$ de J dans E*, primitive d'une fonction réglée dans J, soit telle que $\langle \mathbf{u}(t), \mathbf{v}(t) \rangle$ soit constante dans J pour toute solution $\mathbf{u}$ de* *l'équation* (4) *de* IV, p. 22, *il faut et il suffit que* $\mathbf{v}$ *soit solution de l'équation linéaire homogène*

$$\frac{d\mathbf{x}}{dt} = B(t).\mathbf{x} \tag{16}$$

où $-B(t)$ *est la transposée de* $A(t)$.

L'équation (16) est dite *adjointe* de (4); il est clair qu'inversement (4) est adjointe de (16). Les éléments de la matrice $B(t)$ étant fonctions réglées de t dans J, les résultats obtenus ci-dessus sur les équations linéaires sont applicables à l'équation (16). En particulier, l'intégrale de (16) prenant la valeur $\mathbf{x}_0^*$ au point t_0 peut s'écrire $H(t, t_0).\mathbf{x}_0^*$, où $H(t, t_0)$ est une application linéaire bijective de E* sur lui-même, identique à l'intégrale de l'équation

$$\frac{dV}{dt} = B(t)V \tag{17}$$

qui prend la valeur I au point t_0. Il en résulte qu'on a (avec les notations de IV, p. 18)

$$\langle C(t, t_0).\mathbf{x}_0, H(t, t_0).\mathbf{x}_0^* \rangle = \langle \mathbf{x}_0, \mathbf{x}_0^* \rangle$$

quels que soient $\mathbf{x}_0 \in$ E et $\mathbf{x}_0^* \in$ E*, ce qui montre que

$$H(t, t_0) = \check{C}(t, t_0) \tag{18}$$

(*contragrédiente* de $C(t, t_0)$). En particulier, si on connaît un système fondamental d'intégrales de l'équation adjointe (16), la matrice $H(t, t_0)$ est déterminée, donc aussi $C(t, t_0)$, et par suite *toutes* les intégrales de l'équation (4).

Remarque. — Soient E et F deux espaces normés complets sur $\mathbf{R}$ (ou sur $\mathbf{C}$), $(\mathbf{x}, \mathbf{y}) \mapsto \langle \mathbf{x}, \mathbf{y} \rangle$ une forme bilinéaire *continue* dans E × F, telle que la relation « $\langle \mathbf{x}, \mathbf{y} \rangle = 0$ pour tout $\mathbf{y} \in$ F » (resp. « $\langle \mathbf{x}, \mathbf{y} \rangle = 0$ pour tout $\mathbf{x} \in$ E ») entraîne $\mathbf{x} = 0$ (resp. $\mathbf{y} = 0$). Supposons en outre que, pour tout $t \in$ J, il existe une application linéaire continue $B(t)$ de F dans lui-même, telle que l'on ait $\langle A(t).\mathbf{x}, \mathbf{y} \rangle + \langle \mathbf{x}, B(t).\mathbf{y} \rangle = 0$ pour tout $(\mathbf{x}, \mathbf{y}) \in$ E × F. Dans ces conditions, on voit comme ci-dessus que, pour qu'une application $t \mapsto \mathbf{v}(t)$ de J dans F, primitive d'une fonction réglée, soit telle que $\langle \mathbf{u}(t), \mathbf{v}(t) \rangle$ soit *constante* pour *toute* intégrale $\mathbf{u}$ de (4), il faut et il suffit que $\mathbf{v}$ soit intégrale de l'équation (16), qu'on appelle encore l'*adjointe* de (4).

6. Équations différentielles linéaires à coefficients constants

Nous supposons de nouveau que E est un espace normé complet *quelconque* sur $\mathbf{R}$; soit A un endomorphisme continu de E, *indépendant de* t, et considérons l'équation linéaire homogène

$$\frac{d\mathbf{x}}{dt} = A.\mathbf{x}. \tag{19}$$

Lorsque E est de dimension *finie*, l'équation (19) est équivalente à un système homogène (3) (IV, p. 22) d'équations différentielles scalaires, où les coefficients a_{ij} sont des *constantes*.

D'après le th. 1 (IV, p. 17), toute intégrale de (19) est définie *dans* $\mathbf{R}$ *tout entier*; d'après le th. 2 (IV, p. 18), l'intégrale de (19) prenant la valeur $\mathbf{x}_0$ en un point $t_0 \in \mathbf{R}$ peut s'écrire $C(t, t_0)\mathbf{x}_0$, où $C(t, t_0)$ est une application linéaire bijective et bicontinue de E sur lui-même, satisfaisant à l'équation

$$\frac{dU}{dt} = AU \tag{20}$$

et telle que $C(t_0, t_0) = I$. On a en outre ici l'identité

$$C(t + \tau, t_0 + \tau) = C(t, t_0) \tag{21}$$

quel que soit $\tau \in \mathbf{R}$: en effet, on a $dC(s, t_0 + \tau)/ds = AC(s, t_0 + \tau)$ d'après (20), et, comme A est constant, il en résulte qu'on a aussi

$$\frac{dC(t + \tau, t_0 + \tau)}{dt} = AC(t + \tau, t_0 + \tau);$$

d'autre part

$$C(t_0 + \tau, t_0 + \tau) = I = C(t_0, t_0),$$

d'où l'identité (21), puisque l'intégrale de (20) égale à I au point t_0 est unique.

Si on pose $C_0(t) = C(t, 0)$, on a donc $C(t, t_0) = C_0(t - t_0)$; d'autre part, pour tout $\lambda \in \mathbf{R}$, $C_0(\lambda t)$ est identique à l'intégrale de l'équation

$$\frac{dU}{dt} = \lambda AU \tag{22}$$

qui prend la valeur I au point 0. Nous poserons la définition suivante:

DÉFINITION 1. — *Étant donné un endomorphisme continu A de* E, *on désigne par e^A ou* exp *A l'automorphisme de* E *égal à la valeur au point $t = 1$ de l'intégrale de l'équation* (20) *qui prend la valeur I au point $t = 0$.*

Avec cette notation, les remarques qui précèdent la déf. 1 montrent que

$$C(t, t_0) = \exp(A(t - t_0)). \tag{23}$$

La notation exponentielle ainsi introduite et justifiée par les propriétés suivantes, qui sont tout à fait analogues à celles de la fonction exp z, pour z réel ou complexe (cf. III, p. 8 et 16):

PROPOSITION 7. — 1° *L'application $X \mapsto e^X$ est une application continue de $\mathscr{L}$*(E) *dans le groupe des automorphismes de* E (éléments inversibles de $\mathscr{L}$(E)).

2° *L'application $t \mapsto e^{Xt}$ de* $\mathbf{R}$ *dans $\mathscr{L}$*(E) *est dérivable et on a*

$$\frac{d}{dt}(e^{Xt}) = Xe^{Xt} = e^{Xt}X. \tag{24}$$

3° *Quel que soit* $X \in \mathscr{L}(\mathrm{E})$, *on a*

$$(25) \qquad e^X = \sum_{n=0}^{\infty} \frac{X^n}{n!}$$

la série du second membre étant absolument et uniformément convergente dans toute partie bornée de $\mathscr{L}(\mathrm{E})$; *en particulier,* $e^{It} = e^t I$ *pour* $t \in \mathbf{R}$.

4° *Si* X *et* Y *sont permutables,* Y *et* e^Y *sont tous deux permutables avec* e^X, *et on a*

$$(26) \qquad e^{X+Y} = e^X e^Y.$$

La relation (24) résulte de l'expression (23) de $C(t, 0)$ et du fait que cette fonction est intégrale de (20) ; de (24) on déduit par récurrence sur n que $t \mapsto e^{Xt}$ est indéfiniment dérivable dans $\mathbf{R}$ et que l'on a

$$\mathrm{D}^n(e^{Xt}) = X^n e^{Xt}.$$

D'après la formule de Taylor, on peut donc écrire

$$(27) \qquad e^X = I + \frac{X}{1!} + \frac{X^2}{2!} + \cdots + \frac{X^n}{n!} + X^{n+1} \int_0^1 \frac{(1-t)^n}{n!} e^{Xt}\, dt.$$

D'autre part, le cor. 3 de IV, p. 19, montre que $\|e^{Xt}\| \leqslant \exp(\|X\| . |t|)$. Donc le reste $r_n(X) = X^{n+1} \int_0^1 \frac{(1-t)^n}{n!} e^{Xt}\, dt$ de la formule (27) satisfait à l'inégalité

$$\|r_n(X)\| \leqslant \frac{\|X\|^{n+1}}{(n+1)!} e^{\|X\|}$$

d'où on déduit la formule (25), la série du second membre étant absolument et uniformément convergente dans toute partie bornée de $\mathscr{L}(\mathrm{E})$. Pour tout couple d'éléments X, T de $\mathscr{L}(\mathrm{E})$, on a donc

$$e^{X+T} - e^X = \sum_{n=1}^{\infty} \frac{1}{n!} ((X+T)^n - X^n).$$

Or, on peut écrire $(X+T)^n - X^n = \sum_{(V_i)} V_1 V_2 \ldots V_n$, la somme étant étendue aux $2^n - 1$ suites (V_i) d'éléments de $\mathscr{L}(\mathrm{E})$ telles que $V_i = X$ ou $V_i = T$ pour $1 \leqslant i \leqslant n$, un au moins des V_i étant égal à T; on en conclut aussitôt l'inégalité

$$\|(X+T)^n - X^n\| \leqslant (\|X\| + \|T\|)^n - \|X\|^n,$$

d'où

$$(28) \qquad \|\exp(X+T) - \exp X\| \leqslant \exp(\|X\| + \|T\|) - \exp\|X\|$$

ce qui établit la continuité de l'application $X \mapsto \exp X$.

Enfin, si X et Y sont permutables, Y est permutable avec e^{Xt} (IV, p. 20, prop. 2), donc on a

$$\frac{d}{dt}(e^{Xt}e^{Yt}) = Xe^{Xt}e^{Yt} + e^{Xt}(Ye^{Yt}) = (X+Y)e^{Xt}e^{Yt}.$$

Comme d'autre part $e^{Xt}e^{Yt}$ est égal à I pour $t = 0$, on a $e^{Xt}e^{Yt} = e^{(X+Y)t}$, d'où la formule (26). De cette dernière, on déduit en particulier que, pour s et t réels quelconques, on a

$$e^{X(s+t)} = e^{Xs}e^{Xt} \tag{29}$$

et aussi que

$$e^{-X} = (e^X)^{-1}. \tag{30}$$

On notera par contre que la formule (26) n'est plus exacte lorsqu'on ne suppose pas X et Y permutables: elle entraînerait en effet que $\exp X$ et $\exp Y$ sont toujours permutables, ce qui n'est pas le cas, comme le montrent des exemples simples (IV, p. 41, exerc. 3).

Supposons maintenant que E soit un espace vectoriel *de dimension finie sur le corps* **C**, et A un endomorphisme de E (pour la structure d'espace vectoriel sur **C**) qu'on peut identifier à sa matrice par rapport à une base de E; pour tout $t \in \mathbf{R}$, e^{At} est alors un automorphisme de E pour cette même structure (IV, p. 20, prop. 2). Soient r_k $(1 \leqslant k \leqslant q)$ les racines distinctes (dans **C**) du *polynôme caractéristique* $\varphi(r) = \det(A - rI)$ de l'endomorphisme A (« racines caractéristiques » de A); si n_k est l'ordre de multiplicité de r_k, on a $\sum_{k=1}^{q} n_k = n$. On sait (A, VII, § 5, n° 3) qu'à chaque racine r_k correspond un sous-espace E_k de E, de dimension n_k, tel que E_k soit *stable* par A, et que E soit *somme directe* des E_k: E_k peut être défini comme le sous-espace des vecteurs $\mathbf{x}$ tels que

$$(A - r_k I)^{n_k}.\mathbf{x} = 0.$$

Soit $\mathbf{a}$ un vecteur quelconque de E; on peut écrire $\mathbf{a} = \sum_{k=1}^{q} \mathbf{a}_k$, où $\mathbf{a}_k \in E_k$; l'intégrale de l'équation (19) de IV, p. 26, prenant la valeur $\mathbf{a}$ au point $t = 0$ est donc donnée par

$$\mathbf{u}(t) = e^{At}.\mathbf{a} = \sum_{k=1}^{q} e^{At}.\mathbf{a}_k = \sum_{k=1}^{q} e^{r_k t}\, e^{(A - r_k I)t}.\mathbf{a}_k.$$

Mais comme $\mathbf{a}_k \in E_k$, on a

$$e^{(A-r_kI)t}.\mathbf{a}_k = \mathbf{a}_k + \frac{t}{1!}(A - r_kI).\mathbf{a}_k + \frac{t^2}{2!}(A - r_kI)^2.\mathbf{a}_k + \cdots + \frac{t^{n_k-1}}{(n_k-1)!}(A - r_kI)^{n_k-1}.\mathbf{a}_k. \tag{31}$$

Toute intégrale de l'équation (19) de IV, p. 26, peut donc s'écrire

$$\mathbf{u}(t) = \sum_{k=1}^{q} e^{r_k t}\,\mathbf{p}_k(t) \tag{32}$$

où $\mathbf{p}_k(t)$ est un polynôme par rapport à t, à coefficients dans l'espace vectoriel E_k, et de degré $\leqslant n_k - 1$. En particulier, si toutes les racines de l'équation caractéristique de A sont *simples*, les espaces E_k ($1 \leqslant k \leqslant n$) sont tous de dimension 1 sur le corps **C**, et il existe donc n vecteurs $\mathbf{c}_k$ tels que les n fonctions $e^{r_k t}\mathbf{c}_k$ ($1 \leqslant k \leqslant n$) forment un système fondamental d'intégrales de l'équation (19) de IV, p. 26.

Les racines caractéristiques de l'endomorphisme A sont encore appelées les *racines caractéristiques de l'équation linéaire* (19) de IV, p. 26. On observera qu'on obtient l'équation caractéristique de A en exprimant que la fonction $\mathbf{c}e^{rt}$ est intégrale de (19) pour un vecteur $\mathbf{c} \neq 0$.

Lorsque l'on a déterminé explicitement les racines r_k ($1 \leqslant k \leqslant q$), ainsi que l'ordre de multiplicité n_k de r_k, on obtient en pratique les intégrales de (19) en écrivant que cette équation est vérifiée par l'expression (32) de IV, p. 29, où $\mathbf{p}_k$ est un polynôme arbitraire de degré $\leqslant n_k - 1$, à coefficients *dans* E; en identifiant, dans les deux membres de l'équation obtenue, les coefficients de $e^{r_k t}$ (pour $1 \leqslant k \leqslant q$), on obtient des équations linéaires par rapport aux coefficients des polynômes $\mathbf{p}_k$: on constate aisément que ces équations déterminent les coefficients des termes de degré > 0 de $\mathbf{p}_k$ en fonction du terme constant, et que ce dernier est solution de l'équation $(A - r_k I)^{n_k}.\mathbf{x} = 0$, qui définit le sous-espace E_k (« méthode des coefficients indéterminés »).

Remarque. — Lorsqu'il existe une base de E telle que la matrice de A par rapport à cette base ait ses éléments *réels* (cf. IV, p. 24, *Remarque* 2), l'équation caractéristique de A a ses coefficients réels. Pour tout vecteur $\mathbf{x} = (\xi_k)_{1 \leqslant k \leqslant n}$ de E, rapporté à la base considérée, soit $\bar{\mathbf{x}} = (\bar{\xi}_k)_{1 \leqslant k \leqslant n}$; l'application $\mathbf{x} \mapsto \bar{\mathbf{x}}$ est une involution antilinéaire de E. On sait (A, VII) que, si r_k est une racine non réelle de l'équation caractéristique de A, E_k le sous-espace stable correspondant, alors $\bar{r}_k$ est une racine caractéristique ayant même ordre de multiplicité n_k que r_k, et l'image E'_k de E_k par l'application $\mathbf{x} \mapsto \bar{\mathbf{x}}$ est le sous-espace stable correspondant à $\bar{r}_k$. On en déduit que si $\mathbf{u}_j$ ($1 \leqslant j \leqslant n_k$) sont n_k intégrales linéairement indépendantes à valeurs dans E_k, les $2n_k$ intégrales $\mathbf{u}_j + \bar{\mathbf{u}}_j$, $i(\mathbf{u}_j - \bar{\mathbf{u}}_j)$ sont linéairement indépendantes et ont, par rapport à la base choisie dans E, des composantes qui sont des fonctions *réelles* de E. Si r_k est une racine caractéristique réelle, la *Remarque* 2 de IV, p. 24, montre (avec les mêmes notations) qu'il existe n_k intégrales linéairement indépendantes $\mathbf{v}_j$ ($1 \leqslant j \leqslant n_k$) à valeurs dans E_k et qui ont leurs composantes réelles. On obtient de la sorte un système fondamental d'intégrales de (19) dont les composantes sont toutes *réelles*.

7. Équations linéaires d'ordre n

On appelle *équation différentielle linéaire d'ordre n* toute équation de la forme

$$\text{(33)} \qquad D^n x - a_1(t)D^{n-1}x - \cdots - a_{n-1}(t)Dx - a_n(t)x = b(t)$$

où les a_k ($1 \leqslant k \leqslant n$) et b sont des fonctions scalaires (complexes) de la variable réelle t, définies dans un intervalle J de **R**. Le procédé général de IV, p. 2, montre que cette équation équivaut au système linéaire de n équations du premier ordre

$$\text{(34)} \qquad \begin{cases} \dfrac{dx_k}{dt} = x_{k+1} \\[2ex] \dfrac{dx_n}{dt} = a_1(t)x_n + a_2(t)x_{n-1} + \cdots + a_n(t)x_1 + b(t) \qquad (1 \leqslant k \leqslant n-1) \end{cases}$$

c'est-à-dire à l'équation linéaire

$$\frac{d\mathbf{x}}{dt} = A(t).\mathbf{x} + \mathbf{b}(t) \tag{35}$$

où on a posé $\mathbf{x} = (x_1, x_2, \dots, x_n) \in \mathbf{C}^n$, $\mathbf{b}(t) = (0, 0, \dots, 0, b(t))$, et où la matrice $A(t)$ est définie par

$$A(t) = \begin{pmatrix} 0 & 1 & 0 & \dots & 0 \\ 0 & 0 & 1 & \dots & 0 \\ . & . & . & . & . \\ 0 & 0 & 0 & \dots & 1 \\ a_n(t) & a_{n-1}(t) & a_{n-2}(t) & \dots & a_1(t) \end{pmatrix}.$$

L'étude de l'équation linéaire d'ordre n consiste donc à appliquer à l'équation linéaire particulière (35) les résultats généraux qui précèdent. Pour tout intervalle J où les fonctions a_j $(1 \leqslant j \leqslant n)$ et b sont *réglées*, il existe une fonction et une seule u, définie dans J, admettant dans cet intervalle une dérivée $(n-1)$-ème continue et une dérivée n-ème réglée (sauf aux points d'un ensemble dénombrable), satisfaisant à l'équation (33) dans le complémentaire d'une partie dénombrable de J, et telle que

$$u(t_0) = x_0, \quad \mathrm{D}u(t_0) = x'_0, \dots, \mathrm{D}^{n-1}u(t_0) = x_0^{(n-1)} \tag{36}$$

où t_0 est un point quelconque de J, $x_0, x'_0, \dots, x_0^{(n-1)}$, n nombres complexes arbitraires.

Pour que p intégrales u_j $(1 \leqslant j \leqslant p)$ de l'équation homogène

$$\mathrm{D}^n x - a_1(t)\mathrm{D}^{n-1}x - \dots - a_{n-1}(t)\mathrm{D}x - a_n(t)x = 0 \tag{37}$$

associée à (33), soient linéairement indépendantes (dans l'espace $\mathscr{C}(\mathrm{J}, \mathbf{C})$ des applications continues de J dans $\mathbf{C}$, considéré comme espace vectoriel sur $\mathbf{C}$), il faut et il suffit que les p intégrales correspondantes $\mathbf{u}_j = (u_j, \mathrm{D}u_j, \dots, \mathrm{D}^{n-1}u_j)$ de l'équation homogène $d\mathbf{x}/dt = A(t).\mathbf{x}$ soient linéairement indépendantes (dans l'espace $\mathscr{C}(\mathrm{J}; \mathbf{C}^n)$ des applications continues de J dans $\mathbf{C}^n$). Il est évident en effet que la condition est nécessaire. Inversement, s'il existe n constantes complexes λ_j non toutes nulles telles qu'on ait identiquement $\sum_{j=1}^{n} \lambda_j u_j(t) = 0$ dans J, on en déduit $\sum_{j=1}^{n} \lambda_j \mathrm{D}^k u_j(t) = 0$ dans J pour tout entier k tel que $1 \leqslant k \leqslant n-1$, ce qui signifie que l'on a $\sum_{j=1}^{n} \lambda_j \mathbf{u}_j(t) = 0$ dans J.

Par suite (IV, p. 19, cor. 1) :

Proposition 8. — *L'ensemble des intégrales de l'équation linéaire homogène* (37), *définies dans* J, *est un espace vectoriel de dimension* n *sur le corps* $\mathbf{C}$.

Étant données n intégrales quelconques u_j $(1 \leqslant j \leqslant n)$ de l'équation (37), on appelle *wronskien* de ce système d'intégrales le déterminant (par rapport à la base canonique de $\mathbf{C}^n$) du système des n intégrales correspondantes $\mathbf{u}_j$ de l'équation $d\mathbf{x}/dt = A(t).\mathbf{x}$, c'est-à-dire la fonction

$$W(t) = \begin{vmatrix} u_1(t) & u_2(t) & \dots & u_n(t) \\ Du_1(t) & Du_2(t) & \dots & Du_n(t) \\ \cdot & \cdot & \cdot & \cdot \\ D^{n-1}u_1(t) & D^{n-1}u_2(t) & \dots & D^{n-1}u_n(t) \end{vmatrix}.$$

Pour que les n intégrales u_j soient linéairement indépendantes, il faut et il suffit que $W(t) \neq 0$ dans J; d'ailleurs, il suffit pour cela que $W(t_0) \neq 0$ en *un point* t_0 de J (IV, p. 22, prop. 4); en outre, on a (IV, p. 23, prop. 5)

$$(38) \qquad W(t) = W(t_0) \exp\left(\int_{t_0}^{t} a_1(s)\, ds\right).$$

Identifions la résolvante $C(t, t_0)$ de l'équation (35) à sa matrice par rapport à la base canonique de $\mathbf{C}^n$; les colonnes $\mathbf{v}_j(t, t_0)$ $(1 \leqslant j \leqslant n)$ de cette matrice sont alors n intégrales linéairement indépendantes

$$\mathbf{v}_j(t, t_0) = (v_j(t, t_0), Dv_j(t, t_0), \dots, D^{n-1}v_j(t, t_0))$$

de l'équation homogène $d\mathbf{x}/dt = A(t).\mathbf{x}$, qui correspondent aux n intégrales linéairement indépendantes $v_j(t, t_0)$ de l'équation (37), telles que

$$D^{k-1}v_j(t_0, t_0) = \delta_{jk}$$

(indice de Kronecker) pour $1 \leqslant j \leqslant n$, $1 \leqslant k \leqslant n$ (en convenant de poser $D^0 v_j = v_j$). Il en résulte en particulier que la méthode de variation des constantes (IV, p. 21) appliquée à l'équation (35) donne ici comme intégrale particulière de (33), égale à 0 ainsi que ses $n - 1$ premières dérivées au point t_0, la fonction

$$(39) \qquad w(t) = \int_{t_0}^{t} v_n(t, s) b(s)\, ds.$$

Dans le cas particulier de l'équation $D^n x = b(t)$, la formule (39) redonne la formule exprimant la primitive n-ème de la fonction réglée $b(t)$ qui s'annule ainsi que ses $n - 1$ premières dérivées au point t_0

$$w(t) = \int_{t_0}^{t} b(s) \frac{(t-s)^{n-1}}{(n-1)!}\, ds$$

(II, p. 13, formule (19)): l'intégrale de $D^n x = 0$ qui est nulle ainsi que ses $n - 2$ premières dérivées au point t_0, et dont la dérivée $(n - 1)$–ème est égale à 1 en ce point, est en effet le polynôme $(t - t_0)^{n-1}/(n - 1)!$.

8. Equations linéaires d'ordre n à coefficients constants

Si, dans l'équation (33), les coefficients a_i sont *constants*, la matrice correspondante A est constante; l'équation caractéristique correspondante s'obtient en écrivant que e^{rt} est solution, ce qui donne

$$r^n - a_1 r^{n-1} - \cdots - a_{n-1} r - a_n = 0. \tag{40}$$

Soient r_j $(1 \leqslant j \leqslant q)$ les racines distinctes de cette équation, n_j $(1 \leqslant j \leqslant q)$ l'ordre de multiplicité de la racine r_j $(\sum_{j=1}^{q} n_j = n)$. D'après les résultats de IV, p. 26 à 32, à chaque racine r_j correspond, pour l'équation homogène

$$\mathrm{D}^n x - a_1 \mathrm{D}^{n-1} x - \cdots - a_{n-1} \mathrm{D} x - a_n x = 0 \tag{41}$$

un système de n_j intégrales *linéairement indépendantes*

$$u_{jk}(t) = e^{r_j t} p_{jk}(t),$$

où p_{jk} est un polynôme (à coefficients complexes) de degré $\leqslant n_j - 1$ $(1 \leqslant k \leqslant n_j)$; en outre, les n intégrales u_{jk} $(1 \leqslant j \leqslant q,\ 1 \leqslant k \leqslant n_j)$ ainsi obtenues sont *linéairement indépendantes*. Il en résulte que les n_j polynômes p_{jk} $(1 \leqslant k \leqslant n_j)$ sont linéairement indépendants dans l'espace des polynômes en t de degré $\leqslant n_j - 1$, donc forment une *base* (sur $\mathbf{C}$) de cet espace, puisque ce dernier est de dimension n_j. Autrement dit:

PROPOSITION 9. — *Soient r_j $(1 \leqslant j \leqslant q)$ les racines distinctes de l'équation caractéristique* (40), *et soit n_j l'ordre de multiplicité de la racine r_j* $(1 \leqslant j \leqslant q)$. *Les n fonctions $t^k e^{r_j t}$ $(1 \leqslant k \leqslant n_j,\ 1 \leqslant j \leqslant q)$ sont des intégrales linéairement indépendantes de l'équation homogène* (41).

On peut démontrer ce résultat directement de la façon suivante. Il résulte de l'équation (41) que la dérivée n-ème de toute intégrale de cette équation est dérivable dans $\mathbf{R}$, d'où on déduit aussitôt, par récurrence sur l'entier $m > n$, que toute intégrale de (41) admet une dérivée d'ordre m, autrement dit, est *indéfiniment dérivable* dans $\mathbf{R}$. Soit $\mathscr{D}$ l'espace vectoriel sur $\mathbf{C}$ (non topologique) des fonctions complexes indéfiniment dérivables dans $\mathbf{R}$; l'application $x \mapsto \mathrm{D}x$ est un endomorphisme de cet espace, et l'équation (41) peut s'écrire

$$f(\mathrm{D})x = 0 \tag{42}$$

où $f(\mathrm{D}) = \mathrm{D}^n - a_1 \mathrm{D}^{n-1} - \cdots - a_{n-1}\mathrm{D} - a_n$ (A, IV, § 2, n° 1).

PROPOSITION 10. — *Soient g et h deux polynômes premiers entre eux tels que $f = gh$. Le sous-espace des solutions de* (42) *est somme directe des sous-espaces des solutions des deux équations*

$$g(\mathrm{D})x = 0, \qquad h(\mathrm{D})x = 0.$$

En effet, en vertu de l'identité de Bezout (A, VII, § 1, n° 2, th. 1), il existe deux polynômes $p(D)$ et $q(D)$ tels que $p(D)g(D) + q(D)h(D) = 1$. Pour toute solution x de (42), on peut donc écrire $x = y + z$, où $y = p(D)g(D)x$ et $z = q(D)h(D)x$, et on a $h(D)y = p(D)(f(D)x) = 0$, et $g(D)z = q(D)(f(D)x) = 0$. D'autre part, si on a à la fois $g(D)x = 0$ et $h(D)x = 0$, on en tire

$$x = p(D)(g(D)x) + q(D)(h(D)x) = 0,$$

ce qui achève la démonstration.

Avec les notations précédentes, on peut alors écrire

$$f(D) = \prod_{j=1}^{q} (D - r_j)^{n_j}$$

et la prop. 10, appliquée par récurrence sur q, montre que le sous-espace des solutions de (42) est somme directe des sous-espaces des solutions des q équations

$$(43) \qquad (D - r_j)^{n_j}x = 0 \qquad (1 \leqslant j \leqslant q).$$

Or, pour tout nombre complexe r, on a

$$(44) \qquad D(e^{rt}x) = e^{rt}(D + r)x$$

et par suite l'équation (43) équivaut à

$$D^{n_j}(e^{-r_jt}\, x) = 0$$

et a donc pour solutions les fonctions $e^{r_jt}\, p_j(t)$, où p_j parcourt l'ensemble des polynômes de degré $\leqslant n_j - 1$; on retrouve ainsi la prop. 9 de IV, p. 33.

L'équation homogène (41) étant supposée résolue (c'est-à-dire que les racines caractéristiques sont supposées déterminées), on sait que la méthode de variation des constantes permet de trouver les solutions de l'équation non homogène

$$(45) \qquad D^n x - a_1 D^{n-1} x - \cdots - a_{n-1} Dx - a_n x = b(t)$$

où $b(t)$ est une fonction réglée *quelconque* (IV, p. 21) ; on notera que si $b(t)$ est *indéfiniment dérivable* dans un intervalle J, toutes les intégrales de (45) sont indéfiniment dérivables dans J. Dans le cas particulier $b(t) = e^{\alpha t}\, p(t)$, où p est un *polynôme* (à coefficients complexes) et α un nombre complexe quelconque, on obtient plus simplement une intégrale de (45) de la façon suivante. Posons $x = e^{\alpha t}\, y$; l'équation

$$f(D)x = e^{\alpha t}\, p(t)$$

s'écrit d'après (44)

$$f(\alpha + D)y = p(t)$$

ou encore, en vertu de la formule de Taylor appliquée au polynôme $f(D)$,

$$(46)\qquad \frac{f^{(n)}(\alpha)}{n!}\mathrm{D}^n y + \frac{f^{(n-1)}(\alpha)}{(n-1)!}\mathrm{D}^{n-1}y + \cdots + \frac{f'(\alpha)}{1!}\mathrm{D}y + f(\alpha)y = p(t).$$

Soit m le degré du polynôme $p(t) = \sum_{k=0}^{m} \lambda_k t^{m-k}$; si $f(\alpha) \neq 0$ (c'est-à-dire si α n'est pas racine caractéristique), il existe un polynôme et un seul $u(t) = \sum_{k=0}^{m} c_k t^{m-k}$ *de degré m*, solution de l'équation (46), car les coefficients c_k sont déterminés par le système d'équations linéaires

$$f(\alpha)c_k + \binom{m-k+1}{1}f'(\alpha)c_{k-1} + \binom{m-k+2}{2}f''(\alpha)c_{k-2} + \cdots$$
$$+ \binom{m}{k}f^{(k)}(\alpha)c_0 = \lambda_k \qquad (0 \leqslant k \leqslant m)$$

qui admet évidemment une solution et une seule. Si au contraire α est une racine caractéristique, et si h est son ordre de multiplicité, le calcul précédent montre qu'il existe un polynôme et un seul $v(t)$ de degré m, tel que toute solution de $\mathrm{D}^h y = v(t)$ soit une intégrale; autrement dit, tout polynôme solution de (46) est alors de degré $m + h$ (« résonance »).

9. Systèmes d'équations linéaires à coefficients constants

Avec les notations du n° 8, considérons plus généralement un système de m équations différentielles de la forme

$$(47)\qquad \sum_{k=1}^{n} p_{jk}(\mathrm{D})x_k = b_j(t) \qquad (1 \leqslant j \leqslant m)$$

où les inconnues x_k $(1 \leqslant k \leqslant n)$ et les seconds membres b_j $(1 \leqslant j \leqslant m)$ sont des fonctions complexes de la variable réelle t, et où les $p_{jk}(\mathrm{D})$ sont des polynômes (de degré quelconque) à coefficients *constants* (complexes) par rapport à l'opérateur de dérivation D $(1 \leqslant j \leqslant m,\ 1 \leqslant k \leqslant n)$.

De tels systèmes ne sont pas du même type que ceux considérés dans IV, p. 2, (formule (5)), comme le montre l'exemple suivant:

$$(48)\qquad \begin{cases} \mathrm{D}x_1 = a(t) \\ \mathrm{D}^2x_1 + \mathrm{D}x_2 + x_2 = b(t). \end{cases}$$

Nous nous bornerons au cas où les $b_j(t)$ sont les fonctions *indéfiniment dérivables* dans un intervalle J, et nous chercherons seulement les solutions $(x_k)_{1 \leqslant k \leqslant n}$ indéfiniment dérivables dans J. En posant $\mathbf{b}(t) = (b_1(t), \ldots, b_m(t))$ (application de J dans $\mathbf{C}^m$), et $\mathbf{x} = (x_1, x_2, \ldots, x_n)$, le système (47) peut s'écrire

$$(49)\qquad P(\mathrm{D})\mathbf{x} = \mathbf{b}(t)$$

où $P(\mathrm{D})$ est la matrice $(p_{jk}(\mathrm{D}))$ à m lignes et n colonnes, dont les coefficients appartiennent à l'anneau $\mathbf{C}[\mathrm{D}]$ des polynômes en D, à coefficients dans $\mathbf{C}$. Soient $f_j(\mathrm{D})$ $(1 \leqslant j \leqslant r \leqslant \mathrm{Min}(m, n))$ les *invariants de similitude* non nuls de la matrice $P(\mathrm{D})$; on sait (A, VII, § 5, n° 1) que ce sont des polynômes unitaires bien déterminés, tels que f_j divise f_{j+1} pour $1 \leqslant j \leqslant r - 1$ (r étant le *rang* de $P(\mathrm{D})$) ; en outre, il existe deux matrices carrées $U(\mathrm{D})$ et $V(\mathrm{D})$, d'ordres respectifs m et n, *inversibles* (dans les anneaux de matrices carrées d'ordre m et n respectivement, *à coefficients dans l'anneau* $\mathbf{C}[\mathrm{D}]$ *des polynômes en* D *à coefficients complexes*), et telles que la matrice $Q(\mathrm{D}) = (q_{jk}(\mathrm{D})) = U(\mathrm{D})P(\mathrm{D})V(\mathrm{D})$ ait tous ses termes nuls, à l'exception des termes diagonaux $q_{jj}(\mathrm{D}) = f_j(\mathrm{D})$ pour $1 \leqslant j \leqslant r$. Posons alors $\mathbf{y} = V^{-1}(\mathrm{D})\mathbf{x}$; l'équation (49) est équivalente à l'équation

$$U(\mathrm{D})(P(\mathrm{D})(V(\mathrm{D})\mathbf{y})) = U(\mathrm{D})\mathbf{b},$$

c'est-à-dire à

$$Q(\mathrm{D})\mathbf{y} = U(\mathrm{D})\mathbf{b} \tag{50}$$

puisque $U(\mathrm{D})$ est inversible. Or, si $\mathbf{y} = (y_1, y_2, \ldots, y_n)$, et si

$$U(\mathrm{D})\mathbf{b}(t) = (c_1(t), \ldots, c_m(t)),$$

l'équation (50) s'écrit

$$f_j(\mathrm{D})y_j = c_j(t) \qquad \text{pour } 1 \leqslant j \leqslant r \tag{51}$$

$$0 = c_j(t) \qquad \text{pour } r + 1 \leqslant j \leqslant m. \tag{52}$$

Le système n'admet donc de solutions indéfiniment dérivables que si les conditions (52) sont vérifiées; la détermination des y_j d'indice $j \leqslant r$ se ramène alors à l'intégration de r équations différentielles linéaires à coefficients constants (51); les y_j d'indice $> r$ sont des fonctions indéfiniment dérivables arbitraires. Une fois les solutions $\mathbf{y}$ de l'équation (50) ainsi déterminées, on en déduit les solutions de (47) par la formule $\mathbf{x} = V(\mathrm{D})\mathbf{y}$.

Remarques. — 1) Certains des polynômes $f_j(\mathrm{D})$ peuvent se réduire à des constantes non nulles; les y_j correspondants sont alors entièrement déterminés.

2) Lorsque les b_j sont tous nuls, c'est-à-dire que le système (47) est *homogène*, les conditions (52) sont toujours vérifiées; si en outre $r = n$, on voit que l'ensemble des solutions de (47) est un espace vectoriel sur $\mathbf{C}$, de dimension égale à la *somme des degrés* des $f_j(\mathrm{D})$, c'est-à-dire au *degré* de $\det(P(\mathrm{D}))$.

3) Les polynômes $p_{jk}(\mathrm{D})$ étant donnés, un système (47) qui admet des solutions lorsque les seconds membres sont indéfiniment dérivables (ou dérivables jusqu'à un certain ordre) peut ne pas en admettre lorsque les seconds membres sont des fonctions réglées quelconques: c'est ce que montre l'exemple (48), qui n'admet pas de solution lorsque $a(t)$ n'est pas une primitive. Nous n'entreprendrons pas ici de rechercher les conditions supplémentaires de possibilité qui s'introduisent ainsi lorsque les seconds membres sont des fonctions réglées quelconques.

Exercices

§ 1

1) *a*) Avec les notations de IV, p. 4, on suppose que $\mathbf{f}$ est uniformément continue dans $J \times S$. Démontrer alors la prop. 3 de IV, p. 5, sans faire usage de l'axiome de choix. (Soit δ tel que les relations $|t_2 - t_1| \leqslant \delta$, $\|\mathbf{x}_2 - \mathbf{x}_1\| \leqslant \delta$ entraînent $\|\mathbf{f}(t_2, \mathbf{x}_2) - \mathbf{f}(t_1, \mathbf{x}_1)\| \leqslant \varepsilon$; considérer une subdivision de J en intervalles de longueur $\leqslant \inf(\delta, \delta/M)$ et définir par récurrence la solution approchée.)

b) Lorsque E est de dimension finie, et que $\mathbf{f}$ est lipschitzienne dans $I \times H$, démontrer la prop. 3 de IV, p. 5, sans faire usage de l'axiome de choix. (Remarquer que, pour tout $\delta > 0$, il existe un nombre fini de points $\mathbf{x}_i$ de S tels que tout point de S soit à une distance $\leqslant \delta$ d'un des $\mathbf{x}_i$; procéder ensuite comme dans *a*) en considérant les fonctions réglées $t \mapsto \mathbf{f}(t, \mathbf{x}_i)$, en nombre fini.)

2) Étant donnés deux nombres $b > 0$, $M > 0$ et un nombre arbitraire $\varepsilon > 0$, donner un exemple d'une équation différentielle scalaire $x' = g(x)$ telle que $|g(x)| \leqslant M$ pour $|x| \leqslant b$ et qui admet une intégrale $x = u(t)$ continue dans l'intervalle $]-b/M - \varepsilon, b/M + \varepsilon[$, mais qui n'a pas de limite finie au point $x = \dfrac{b}{M} + \varepsilon$ (définir g de sorte que l'intégrale considérée ait une dérivée continue dans $\left] -\dfrac{b}{M} - \varepsilon, \dfrac{b}{M} + \varepsilon\right[$, cette dérivée étant égale à la constante M dans $[-b/M, b/M]$).

3) Soient $S \subset H$ une boule ouverte de centre x_0 et de rayon r, $\mathbf{f}$ une fonction lipschitzienne pour la constante $k > 0$ dans $I \times S$; on suppose en outre que $t \mapsto \mathbf{f}(t, \mathbf{x}_0)$ est bornée dans I et on désigne par M_0 la borne supérieure de $\|\mathbf{f}(t, \mathbf{x}_0)\|$ pour $t \in I$. Montrer que pour tout $t_0 \in I$, il existe une intégrale $\mathbf{u}$ de $\mathbf{x}' = f(t, \mathbf{x})$, à valeurs dans S, égale à $\mathbf{x}_0$ au point t_0, et définie dans l'intersection de I et de l'intervalle $]t_0 - \lambda, t_0 + \lambda[$, où

$$\lambda = \frac{1}{k} \log\left(1 + \frac{kz}{M_0}\right)$$

(remarquer que l'on a $\|\mathbf{u}(t) - \mathbf{x}_0\| \leqslant M(t - t_0) + k\displaystyle\int_{t_0}^{t} \|\mathbf{u}(s) - \mathbf{x}_0\|\, ds$ pour $t > t_0$).

¶ 4) Soient $I =]t_0 - a, t_0 + a[$ un intervalle ouvert dans R, S une boule ouverte de centre $\mathbf{x}_0$ et de rayon r dans E, $\mathbf{f}$ une fonction localement lipschitzienne dans $I \times S$. Soit $(s, z) \mapsto h(s, z)$ une fonction $\geqslant 0$ définie et continue pour $0 \leqslant s \leqslant a$ et $0 \leqslant z \leqslant r$, telle que, pour tout $s \in [0, a]$ l'application $z \mapsto h(s, z)$ soit croissante; on suppose que dans $I \times S$, on ait $\|\mathbf{f}(t, \mathbf{x})\| \leqslant h(|t - t_0|, \|\mathbf{x} - \mathbf{x}_0\|)$. Soit φ une primitive d'une fonction réglée dans un intervalle $[0, \alpha]$ (avec $\alpha < a$), à valeurs dans $[0, r[$, telle que $\varphi(0) = 0$ et $\varphi'(s) > h(s, \varphi(s))$ dans $[0, \alpha]$, sauf aux points d'un ensemble dénombrable. Montrer que l'intégrale $\mathbf{u}$ de $\mathbf{x}' = \mathbf{f}(t, \mathbf{x})$, égale à $\mathbf{x}_0$ au point t_0, est définie dans $]t_0 - \alpha, t_0 + \alpha[$, et que, dans cet intervalle, on a $\|\mathbf{u}(t) - \mathbf{x}_0\| \leqslant \varphi(|t - t_0|)$.

b) Déduire de *a*) que, si $\mathbf{f}$ est définie dans $I \times E$, et s'il existe une fonction h définie, continue croissante et > 0 dans $[0, +\infty[$, telle que $\int_0^{+\infty} dz/h(z) = +\infty$ et que $\|\mathbf{f}(t, \mathbf{x})\| \leqslant \mathrm{h}(\|\mathbf{x}\|)$, toute intégrale de $\mathbf{x}' = \mathbf{f}(t, \mathbf{x})$ est définie dans I tout entier.

¶ 5) Soit E l'espace normé complet formé des suites $\mathbf{x} = (x_n)$ de nombres réels telles que $\lim_{n \to \infty} x_n = 0$, normé par $\|\mathbf{x}\| = \sup_n |x_n|$. Pour tout entier $n \geqslant 0$, soit $\mathbf{e}_n$ la suite dont tous les termes sont nuls, à l'exception du terme d'indice n, égal à 1; l'espace E est somme directe du sous-espace V_n de dimension 2 engendré par $\mathbf{e}_n$ et $\mathbf{e}_{n+1}$, et sous-espace fermé W_n engendré par les $\mathbf{e}_k$ d'indice k distinct de n et de $n + 1$. Soit $\mathbf{f}_n$ une fonction continue et lipschitzienne dans E, à valeurs dans E, constante sur toute classe modulo W_n, égale à $\mathbf{e}_{n+1} - \mathbf{e}_n$ sur la droite joignant $\mathbf{e}_n$ et $\mathbf{e}_{n+1}$, et égale à 0 dans l'intersection de V_n et de la boule $\|\mathbf{x}\| \leqslant \frac{1}{4}$. D'autre part, pour tout entier $n > 0$, soit φ_n une fonction numérique définie et continue dans l'intervalle $\left[\frac{1}{n+1}, \frac{1}{n}\right]$, égale à 0 aux extrémités de cet intervalle, et telle que $\int_{1/n+1}^{1/n} \varphi_n(t)\,dt = 1$. Soit I l'intervalle $[0, 1]$ dans $\mathbf{R}$; on considère dans $\mathrm{I} \times \mathrm{E}$ la fonction $\mathbf{f}$, à valeurs dans E, définie comme suit: $\mathbf{f}(0, \mathbf{x}) = 0$ quel que soit $\mathbf{x} \in \mathrm{E}$; pour $\frac{1}{n+1} \leqslant t \leqslant \frac{1}{n}$, $\mathbf{f}(t, \mathbf{x}) = \varphi_n(t)\mathbf{f}_n(\mathbf{x})$. Montrer que $\mathbf{f}$ est continue et localement lipschitzienne dans $\mathrm{I} \times \mathrm{E}$, mais qu'il existe une intégrale $\mathbf{u}$ de l'équation $\mathbf{x}' = \mathbf{f}(t, \mathbf{x})$, définie et bornée dans $]0, 1]$, égale à $\mathbf{e}_n$ pour $t = 1/n$, et par suite ne tendant vers aucune limite lorsque t tend vers 0.

¶ 6) *a*) Soit $\mathrm{I} = [0, +\infty[$; si $\mathbf{f}$ est lipschitzienne dans $\mathrm{I} \times \mathrm{E}$ pour une fonction réglée $k(t) > 0$ telle que l'intégrale $\int_0^{+\infty} k(t)\,dt$ soit convergente, montrer que toute intégrale de l'équation $\mathbf{x}' = \mathbf{f}(t, \mathbf{x})$ est définie dans I tout entier.
b) Si en outre l'intégrale $\int_0^{+\infty} \|\mathbf{f}(t, \mathbf{x}_0)\|\,dt$ est convergente (pour un certain point $\mathbf{x}_0 \in \mathrm{E}$), montrer que toute intégrale de $\mathbf{x}' = \mathbf{f}(t, \mathbf{x})$ tend vers une limite finie lorsque t tend vers $+\infty$ (montrer d'abord que toute intégrale est bornée lorsque t tend vers $+\infty$).

7) On considère le système d'équations différentielles scalaires

$$\frac{dx_i}{dt} = \sum_{j,k=1}^{n} c_{ijk} x_j x_k \quad (1 \leqslant i \leqslant n)$$

où les c_{ijk} sont des constantes telles que $c_{kji} = -c_{ijk}$. Montrer que les intégrales de ce système sont définies pour toutes les valeurs de t (remarquer que $\sum_{i=1}^{n} x_i^2$ est constante pour toute intégrale $\mathbf{x} = (x_i)$).

8) Soit $\mathbf{f}$ une fonction définie dans $\mathrm{I} \times \mathrm{H}$, satisfaisant aux conditions du lemme 1 de IV, p. 3, et telle que, pour une constante k telle que $0 < k < 1$, et pour un point $t_0 \in \mathrm{I}$, on ait, quels que soient $t \in \mathrm{I}$ et $\mathbf{x}_1$, $\mathbf{x}_2$ dans H

$$\|\mathbf{f}(t, \mathbf{x}_1) - \mathbf{f}(t, \mathbf{x}_2)\| \leqslant \frac{k}{|t - t_0|} \|\mathbf{x}_1 - \mathbf{x}_2\|.$$

Montrer que, si $\mathbf{u}$ et $\mathbf{v}$ sont deux solutions approchées de l'équation $\mathbf{x}' = \mathbf{f}(t, \mathbf{x})$ à ε_1 et ε_2 près respectivement, définies dans I, à valeurs dans H et prenant la même valeur au point t_0, on a, pour tout $t \in \mathrm{I}$

$$\|\mathbf{u}(t) - \mathbf{v}(t)\| \leqslant \frac{\varepsilon_1 - \varepsilon_2}{1 - k} |t - t_0|.$$

En déduire que les th. 1 (IV, p. 10), 2 (IV, p. 11) sont encore valables pour l'équation $\mathbf{x}' = \mathbf{f}(t, \mathbf{x})$ dans les conditions indiquées.

¶ 9) Soient I un intervalle dans $\mathbf{R}$, t_0 un point de I, S une boule de rayon r et de centre $\mathbf{x}_0$ dans E, G l'espace normé des applications bornées de $\mathrm{I} \times \mathrm{S}$ dans E, la norme d'une telle application $\mathbf{f}$ étant la borne supérieure $\|\mathbf{f}\|$ de $\|\mathbf{f}(t, \mathbf{x})\|$ dans $\mathrm{I} \times \mathrm{S}$. Pour tout $\mathrm{M} > 0$, soit G_M la boule $\|\mathbf{f}\| \leqslant \mathrm{M}$ dans G. Soit L la partie de G formée des applications lipschitziennes de $\mathrm{I} \times \mathrm{S}$ dans E; pour toute fonction $\mathbf{f} \in \mathrm{L} \cap \mathrm{G}_\mathrm{M}$, soit $\mathbf{u} = \mathrm{U}(\mathbf{f})$ l'intégrale de $\mathbf{x}' = \mathbf{f}(t, \mathbf{x})$, telle que $\mathbf{u}(t_0) = \mathbf{x}_0$, à valeurs dans S et définie dans l'intersection J_M de I et de l'intervalle $]t_0 - \frac{r}{\mathrm{M}}, t_0 + \frac{r}{\mathrm{M}}[$ (th. 1).

a) Soit $(\mathbf{f}_n)$ une suite de fonctions appartenant à $\mathrm{L} \cap \mathrm{G}_\mathrm{M}$; si $\mathbf{f}_n$ converge uniformément dans $\mathrm{I} \times \mathrm{S}$ vers une fonction $\mathbf{f}$, toute valeur d'adhérence (pour la topologie de la convergence compacte) de la suite des $\mathbf{u}_n = \mathrm{U}(\mathbf{f}_n)$ dans l'espace F des applications bornées de J_M dans E, est une intégrale de $\mathbf{x}' = \mathbf{f}(t, \mathbf{x})$ prenant la valeur $\mathbf{x}_0$ au point t_0. Réciproquement, toute intégrale $\mathbf{v}$ de $\mathbf{x}' = \mathbf{f}(t, \mathbf{x})$ définie dans J_M et telle que $\mathbf{v}(t_0) = \mathbf{x}_0$, est aussi intégrale d'une équation $\mathbf{x}' = \mathbf{g}(t, \mathbf{x})$, où $\mathbf{g}$ est lipschitzienne et arbitrairement voisine de $\mathbf{f}$ dans G (considérer l'équation

$$\mathbf{x}' = \mathbf{f}_n(t, \mathbf{x}) + \mathbf{v}'(t) - \mathbf{f}_n(t, \mathbf{v}(t))).$$

b) On suppose en outre que E soit de dimension *finie*. Montrer que si $\mathbf{f} \in G_M$ satisfait aux conditions du lemme 1, pour tout $t \in J_M$, l'ensemble $H(t)$ des valeurs au point t des intégrales de $\mathbf{x}' = \mathbf{f}(t, \mathbf{x})$ qui prennent la valeur $\mathbf{x}_0$ au point t_0, est un ensemble *compact* et *connexe* (pour voir que $H(t)$ est fermé, utiliser le th. d'Ascoli; pour voir qu'il est connexe, utiliser *a*) : si $\mathbf{x}_1$, $\mathbf{x}_2$ sont deux points de $H(t)$, et $\varepsilon > 0$ un nombre arbitraire, montrer qu'il existe un ensemble connexe Φ de fonctions $\mathbf{g}$ appartenant à $L \cap G_M$ telles que $\|\mathbf{f} - \mathbf{g}\| \leqslant \varepsilon$ pour toute fonction $\mathbf{g} \in \Phi$, et que l'ensemble des valeurs des fonctions $U(\mathbf{g})$ au point t soit connexe et contienne $\mathbf{x}_1$ et $\mathbf{x}_2$. Conclure en passant à la limite suivant un ultrafiltre plus fin que le filtre des voisinages de 0 dans $\mathbf{R}_+$).

10) Soit f une fonction numérique continue et bornée définie dans le pavé P: $|t - t_0| < a$, $|x - x_0| < b$ de $\mathbf{R}^2$. Soit M la borne supérieure de $|f(t, x)|$ dans P, et $I =]t_0 - \alpha, t_0 + \alpha[$, où $\alpha = \inf(a, b/M)$. Montrer que l'enveloppe supérieure et l'enveloppe inférieure de l'ensemble Φ des intégrales de $x' = f(t, x)$ définies dans I et prenant la valeur x_0 au point t_0, sont encore des intégrales de $x' = f(t, x)$, qu'on appelle respectivement intégrale *maximale* et intégrale *minimale* de cette équation, correspondant au point (t_0, x_0) (remarquer que l'ensemble Φ est équicontinu et fermé pour la topologie de la convergence uniforme dans I).

Pour tout $\tau \in I$, soit ξ la valeur de l'intégrale minimale (correspondant à (t_0, x_0)) au point τ. Montrer que l'intégrale minimale correspondant au point (τ, ξ) est identique à l'intégrale minimale correspondant au point (t_0, x_0) dans un intervalle de la forme $[\tau, \tau + h[$ si $\tau > t_0$, de la forme $]\tau - h, \tau]$ si $\tau < t_0$.

En déduire qu'il existe un plus grand intervalle ouvert $]t_1, t_2[$ contenant t_0 et contenu dans $]t_0 - a, t_0 + a[$, tel que l'intégrale minimale u correspondant au point (t_0, x_0) puisse être prolongée par continuité à $]t_1, t_2[$ de sorte qu'en tout point t de $]t_1, t_2[$, $u(t)$ appartienne à $]x_0 - b, x_0 + b[$ et que u soit identique à l'intégrale minimale correspondant au point $(t, u(t))$ dans un intervalle de la forme $[t, t + h[$ si $t > t_0$, de la forme $]t - h, t]$ si $t < t_0$; montrer en outre qu'on a, soit $t_1 = t_0 - a$ (resp. $t_2 = t_0 + a$) soit $\lim_{t \to t_1} u(t) = x_0 \pm b$ (resp. $\lim_{t \to t_2} u(t) = x_0 \pm b$).

11) *a*) Dans le pavé P: $|t - t_0| < a$, $|x - x_0| < b$, soient g et h deux fonctions numériques continues telles que $g(t, x) < h(t, x)$ dans P. Soit u (resp. v) une intégrale de $x' = g(t, x)$ (resp. $x' = h(t, x)$) telle que $u(t_0) = x_0$ (resp. $v(t_0) = x_0$) définie dans un intervalle $[t_0, t_0 + c[$; montrer que, pour $t_0 < t < t_0 + c$, on a $u(t) < v(t)$ (considérer la borne supérieure τ des t pour lesquels cette inégalité a lieu).

b) Soit u l'intégrale maximale de $x' = g(t, x)$ correspondant au point (t_0, x_0) (exerc. 10), définie dans un intervalle $[t_0, t_0 + c[$, à valeurs dans $|x - x_0| < b$. Montrer que, dans tout intervalle compact $[t_0, t_0 + d]$ contenu dans $[t_0, t_0 + c[$, l'intégrale minimale et l'intégrale maximale de l'équation $x' = g(t, x) + \varepsilon$ correspondant au point (t_0, x_0) sont définies dès que $\varepsilon > 0$ est assez petit, et convergent uniformément vers u lorsque ε tend vers 0 par valeurs > 0.

c) Soient g et h deux fonctions numériques définies et continues dans P et telles que $g(t, x) \leqslant h(t, x)$ dans P. Soit $[t_0, t_0 + c[$ un intervalle dans lequel sont définies une intégrale u de $x' = g(t, x)$ telle que $u(t_0) = x_0$, et l'intégrale maximale v de $x' = h(t, x)$ correspondant au point (t_0, x_0). Montrer que, dans cet intervalle, on a $u(t) \leqslant v(t)$ (se ramener au cas *a*) à l'aide de *b*)).

12) Soit u l'intégrale de l'équation $x' = \lambda + \dfrac{x^2}{1 + t^2}$, égale à 0 pour $t = 0$, et soit J le plus grand intervalle d'origine 0 dans lequel u est continue.

a) Montrer que, si $\lambda \leqslant \frac{1}{4}$, on a $J = [0, +\infty[$ (utiliser l'exerc. 4 de IV, p. 37).

b) Montrer que, si $\lambda > \frac{1}{4}$, on a $J = [0, a[$, avec

$$\operatorname{sh} \frac{\pi}{2\sqrt{\lambda}} < a < \operatorname{sh} \frac{\pi}{\sqrt{4\lambda - 1}}$$

(poser $x = y\sqrt{1 + t^2}$, et utiliser l'exerc. 11).

¶ 13) *a*) Soit $I = [t_0, t_0 + c]$, et soit ω une fonction numérique continue et $\geqslant 0$ définie dans $I \times \mathbf{R}$. Soit S une boule de centre $\mathbf{x}_0$ dans un espace normé complet E, et soit $\mathbf{f}$ une application continue de $I \times S$ dans E telle que, quels que soient $t \in I$, $\mathbf{x}_1 \in S$ et $\mathbf{x}_2 \in S$, on ait $\|\mathbf{f}(t, \mathbf{x}_1) - \mathbf{f}(t, \mathbf{x}_2)\| \leqslant \omega(t, \|\mathbf{x}_1 - \mathbf{x}_2\|)$. Soient $\mathbf{u}$ et $\mathbf{v}$ deux intégrales de $\mathbf{x}' = \mathbf{f}(t, \mathbf{x})$ définies dans I, à valeurs dans S, telles que $\mathbf{u}(t_0) = \mathbf{x}_1$, $\mathbf{v}(t_0) = \mathbf{x}_2$; soit w l'intégrale *maximale* exerc. 10) de $z' = \omega(t, z)$ correspondant au point $(t_0, \|\mathbf{x}_1 - \mathbf{x}_2\|)$, et supposée définie dans I; montrer que, dans I, on a $\|\mathbf{u}(t) - \mathbf{v}(t)\| \leqslant w(t)$. (Soit $w(t, \varepsilon)$ l'intégrale maximale de $z' = \omega(t, z) + \varepsilon$ correspondant au point $(t_0, \|\mathbf{x}_1 - \mathbf{x}_2\|)$, où $\varepsilon > 0$ est assez petit. Montrer que $\|\mathbf{u}(t) - \mathbf{v}(t)\| \leqslant w(t, \varepsilon)$ pour tout $\varepsilon > 0$, en raisonnant par l'absurde.)
b) Dans l'énoncé des hypothèses de *a*), on remplace I par l'intervalle $I' =]t_0 - c, t_0]$. Montrer que, si w est, dans cet intervalle, l'intégrale *minimale* de $z' = \omega(t, z)$ correspondant au point $(t_0, \|\mathbf{x}_1 - \mathbf{x}_2\|)$, on a, dans I', $\|\mathbf{u}(t) - \mathbf{v}(t)\| \geqslant w(t)$ (même méthode).

¶ 14) *a*) Soit $\omega(t, z)$ une fonction numérique continue et $\geqslant 0$ définie pour $0 < t \leqslant a$ et $z \geqslant 0$. On suppose que $z = 0$ soit la seule intégrale de $z' = \omega(t, z)$ définie pour $0 < t \leqslant a$ et telle que $\lim_{t \to 0} z(t) = 0$ et $\lim_{t \to 0} z(t)/t = 0$. Soient $I = [t_0, t_0 + a[$, S une boule de centre $\mathbf{x}_0$ dans E, $\mathbf{f}$ une application continue de $I \times S$ dans E telle que, quels que soient $t \in I$, $\mathbf{x}_1 \in S$ et $\mathbf{x}_2 \in S$, on ait $\|\mathbf{f}(t, \mathbf{x}_1) - \mathbf{f}(t, \mathbf{x}_2)\| \leqslant \omega(|t - t_0|, \|\mathbf{x}_1 - \mathbf{x}_2\|)$. Montrer que, dans un intervalle d'origine t_0 contenu dans I, l'équation $\mathbf{x}' = \mathbf{f}(t, \mathbf{x})$ ne peut avoir qu'une seule solution $\mathbf{u}$ telle que $\mathbf{u}(t_0) = \mathbf{x}_0$. (Raisonner par l'absurde: si $\mathbf{v}$ est une seconde intégrale de $\mathbf{x}' = \mathbf{f}(t, \mathbf{x})$, minorer $\|\mathbf{u}(t) - \mathbf{v}(t)\|$ dans un intervalle d'origine t_0, à l'aide de l'exerc. 13 *b*), et obtenir ainsi une contradiction.)

Appliquer au cas où $\omega(t, z) = k(z/t)$ avec $0 \leqslant k < 1$ (cf. IV, p. 38, exerc. 8).
b) Le résultat de *a*) s'applique pour $\omega(t, z) = z/t$; mais montrer dans ce cas par un exemple que si $\mathbf{u}$, $\mathbf{v}$ sont deux intégrales approchées à ε près de $\mathbf{x}' = \mathbf{f}(t, \mathbf{x})$, égales à $\mathbf{x}_0$ au point t_0, il n'est pas possible de majorer $\|\mathbf{u}(t) - \mathbf{v}(t)\|$ par un nombre ne dépendant que de t (et *non* de la fonction $\mathbf{f}$). (Prendre pour $\mathbf{f}$ une application continue de $\mathbf{R}_+ \times \mathbf{R}$ dans $\mathbf{R}$, égale à x/t pour $t \geqslant \alpha$ et pour $0 < t < \alpha$ et $|x| \leqslant t^2/(\alpha - t)$, et indépendante de x pour les autres points (t, x).)
c) Soit θ une fonction numérique continue et $\geqslant 0$ dans l'intervalle $[0, a]$. Montrer que si l'intégrale $\int_0^a \frac{\theta(t)}{t}\, dt$ est convergente, le résultat de *a*) s'applique pour $\omega(t, z) = \frac{1 + \theta(t)}{t} z$; au contraire, si $\int_0^a \frac{\theta(t)}{t}\, dt$ est infinie, donner un exemple de fonction continue f, telle que l'on ait $\|\mathbf{f}(t, \mathbf{x}_1) - \mathbf{f}(t, \mathbf{x}_2)\| \leqslant \frac{1 + \theta(|t - t_0|)}{|t - t_0|} \|\mathbf{x}_1 - \mathbf{x}_2\|$, mais telle que l'équation $\mathbf{x}' = \mathbf{f}(t, \mathbf{x})$ ait une infinité d'intégrales égales à $\mathbf{x}_0$ au point t_0 (méthode analogue à celle de *b*)).

15) Soit f une fonction numérique définie et continue pour $|t| \leqslant a$, $|x| \leqslant b$, telle que $f(t, x) < 0$ pour $tx > 0$ et $f(t, x) > 0$ pour $tx < 0$; montrer que $x = 0$ est la seule intégrale de l'équation $x' = f(t, x)$ qui prenne la valeur 0 au point $t = 0$ (raisonner par l'absurde).

16) Soient E un espace vectoriel de dimension *finie*, $\mathbf{f}$ une fonction bornée dans $I \times H$ et satisfaisant aux conditions de IV, p. 3, lemme 1, telle que l'équation $\mathbf{x}' = \mathbf{f}(t, \mathbf{x})$ admette *une seule* solution $\mathbf{u}$ définie dans I, à valeurs dans H, égale à $\mathbf{x}_0$ au point t_0. On suppose en outre que, pour tout entier n assez grand, il existe une intégrale approchée $\mathbf{u}_n$ de $\mathbf{x}' = \mathbf{f}(t, \mathbf{x})$ à $1/n$ près, définie dans I, à valeurs dans H, et égale à $\mathbf{x}_0$ au point t_0. Montrer que la

suite $(\mathbf{u}_n)$ converge uniformément vers $\mathbf{u}$ dans tout intervalle compact contenu dans I (utiliser le fait que la suite $(\mathbf{u}_n)$ est équicontinue dans I).

17) Pour étudier l'équation $x' = \sin tx$ (IV, p. 12, *Exemple* 4). on pose $u = xy$, et on considère les solutions de l'équation correspondante $u' = \frac{u}{t} + t \sin u = F(t, u)$ qui sont > 0 pour $t > 0$ (pour toute solution de cette nature, on a $u(0) = 0$). On désigne par Γ_k la courbe définie par les relations $(2k - 1)\pi < u < 2k\pi$, $t \sin u + \frac{u}{t} = 0$ pour chaque entier $k \geqslant 1$, par D_k l'ouvert défini par $(2k - 1)\pi < u < 2k\pi$, $t \sin u + \frac{u}{t} < 0$, par E le complémentaire dans l'ensemble des (t, u) tels que $t > 0$ et $u > 0$, de la réunion des $\overline{D}_k$.

a) Montrer que toute courbe intégrale qui coupe une droite $u = 2k\pi$ coupe aussi la droite $u = (2k + 1)\pi$.

b) Si une courbe intégrale C coupe une courbe Γ_k en un point (t_0, u_0), la fonction u est croissante pour $0 < t < t_0$, décroissante pour $t > t_0$, et lorsque t tend vers $+\infty$, $u(t)$ tend vers $(2k - 1)\pi$, la courbe C restant dans D_k pour $t > t_0$.

c) Montrer qu'il n'y a aucune courbe intégrale C contenue dans E et telle que $u(t)$ tende vers $+\infty$ lorsque t tend vers $+\infty$. (Former l'équation différentielle $dx/du = G(u, x)$ entre x et u le long de C. Si C est tout entière dans E, on a $x^2 > u$ pour $u = (2k - \frac{1}{2})\pi$; majorer d'autre part $x^2(u)$ en utilisant l'équation différentielle précédente, et obtenir une contradiction.)

d) Montrer que pour chaque entier k, il existe une courbe intégrale et une seule C contenue dans E et telle que $u(t)$ tende vers $2k\pi$ lorsque t tend vers $+\infty$. (En posant $v = 2k\pi - u$, on a une équation $v' = \frac{v - 2k\pi}{t} + t \sin v$; comparer cette équation à $v' = \frac{v - 2k\pi}{t} + tv$, t tendant vers $+\infty$ et v vers 0.)

18) Soit E l'espace des suites $\mathbf{x} = (x_n)_{n\in\mathbf{N}}$ de nombres réels telles que $\lim_{n\to\infty} x_n = 0$, muni de la norme $\|\mathbf{x}\| = \sup_n |x_n|$, qui en fait un espace normé complet. Pour tout $\mathbf{x} = (x_n) \in E$, soit $\mathbf{y} = \mathbf{f}(\mathbf{x})$ l'élément (y_n) de E défini par $y_n = |x_n|^{1/2} + \frac{1}{n+1}$; la fonction $\mathbf{f}$ est continue dans E. Montrer qu'il n'existe aucune solution de l'équation différentielle $\mathbf{x}' = \mathbf{f}(\mathbf{x})$ définie dans un voisinage de 0 dans $\mathbf{R}$, à valeurs dans E et égale à 0 pour $t = 0$ (cf. IV, p. 39, exerc. 11).

§ 2

1) Soient E un espace normé complet sur $\mathbf{R}$, F un espace topologique, J un intervalle de $\mathbf{R}$ non réduit à un point; soit $(t, \xi) \mapsto A(t, \xi)$ une application de $J \times F$ dans $\mathscr{L}(E)$, telle que lorsque ξ tend vers ξ_0, $A(t, \xi)$ tende uniformément vers $A(t, \xi_0)$ dans J. Si $C(t, t_0, \xi)$ est la résolvante de l'équation linéaire $d\mathbf{x}/dt = A(t, \xi).\mathbf{x}$, montrer que, pour tout intervalle compact $K \subset J$, $C(t, t_0, \xi)$ tend uniformément vers $C(t, t_0, \xi_0)$ dans $K \times K$, lorsque ξ tend vers ξ_0.

2) Soit $t \mapsto A(t)$ une application réglée de J dans $\mathscr{L}(E)$ telle que, pour deux points quelconques s, t de J, $A(s)$ et $A(t)$ soient *permutables*. On pose $B(t) = \int_{t_0}^t A(s)\, ds$. Montrer que la résolvante $C(t, t_0)$ de l'équation $d\mathbf{x}/dt = A(t).\mathbf{x}$ est égale à $\exp(B(t))$.

Si $t \mapsto A_1(t)$, $t \mapsto A_2(t)$ sont deux applications réglées de J dans $\mathscr{L}(E)$ telles que, pour deux points quelconques s, t de J, $A_1(s)$, $A_1(t)$, $A_2(s)$, $A_2(t)$ soient deux à deux permutables, montrer que l'on a

$$\exp\left(\int_{t_0}^t (A_1(s) + A_2(s))\, ds\right) = \exp\left(\int_{t_0}^t A_1(s)\, ds\right) \exp\left(\int_{t_0}^t A_2(s)\, ds\right).$$

3) Étant données les deux matrices

$$A = \begin{pmatrix} 0 & 1 \\ 0 & 0 \end{pmatrix}, \qquad B = \begin{pmatrix} 0 & 0 \\ 1 & 0 \end{pmatrix}$$

montrer que $\exp(A + B) \neq \exp(A)\exp(B)$.

4) Si P est un automorphisme quelconque appartenant à $\mathscr{L}(\mathrm{E})$, montrer que $\exp(PAP^{-1}) = P.\exp(A).P^{-1}$ pour tout $A \in \mathscr{L}(\mathrm{E})$.

5) Montrer par un exemple qu'une équation linéaire $d\mathbf{x}/dt = A.\mathbf{x} + e^{\alpha t}\mathbf{p}(t)$, où $A \in \mathscr{L}(\mathrm{E})$ est indépendant de t et $\mathbf{p}$ est un polynôme (à coefficients dans E) peut avoir une intégrale égale à un polynôme de *même degré* que $\mathbf{p}$, même lorsque α est racine caractéristique de A.

6) Soit $f(\mathrm{X})$ un polynôme de degré n à coefficients complexes, et soit

$$\frac{1}{f(\mathrm{X})} = \sum_{j=1}^{q} \sum_{h=1}^{n_j} \frac{\lambda_{jh}}{(\mathrm{X} - r_j)^h}$$

la décomposition de la fraction rationnelle $1/f(\mathrm{X})$ en éléments simples (A, VII, § 2, n° 2). Montrer que, pour toute fonction réglée b, la fonction

$$t \mapsto \sum_{j=1}^{q} \sum_{h=1}^{n_j} \lambda_{jh} \int_{t_0}^{t} \frac{(t-s)^{h-1}}{(h-1)!} e^{r_j(t-s)} b(s)\, ds$$

est une intégrale de l'équation $f(\mathrm{D})\, x = b(t)$.

7) *a*) Soit $t \mapsto A(t)$ une application d'un intervalle $\mathrm{J} \subset \mathbf{R}$ dans $\mathscr{L}(\mathrm{E})$, telle que, pour tout $\mathbf{x} \in \mathrm{E}$, l'application $t \mapsto A(t).\mathbf{x}$ de J dans E soit continue. Montrer que, dans tout intervalle compact $\mathrm{K} \subset \mathrm{J}$, $t \mapsto \|A(t)\|$ est *bornée* (utiliser TG, IX, p. 56, th. 2). Dans ces conditions, montrer que, pour tout point $(t_0, \mathbf{x}_0) \in \mathrm{J} \times \mathrm{E}$, l'équation $d\mathbf{x}/dt = A(t).\mathbf{x} + \mathbf{b}(t)$ admet une solution et une seule, définie dans J, et égale à $\mathbf{x}_0$ au point t_0. En outre, si on désigne par $\mathbf{u}(t, t_0, \mathbf{x}_0)$ cette solution, l'application $\mathbf{x}_0 \mapsto \mathbf{u}(t, t_0, \mathbf{x}_0)$ est une application linéaire bijective et bicontinue $C(t, t_0)$ de E sur lui-même, qui satisfait aux relations (6) (IV, p. 18) et (7) (IV, p. 19); de plus, l'application $(s, t) \mapsto C(s, t)$ de $\mathrm{J} \times \mathrm{J}$ dans $\mathscr{L}(\mathrm{E})$ est continue.

b) On prend pour E l'espace des suites $\mathbf{x} = (x_n)_{n\in\mathbf{N}}$ de nombres réels, telles que $\lim_{n\to\infty} x_n = 0$, muni de la norme $\|\mathbf{x}\| = \sup_n |x_n|$, pour laquelle E est complet. Pour tout $t \in \mathrm{J} = (0, 1)$, soit $A(t)$ l'application linéaire de E dans lui-même telle que

$$A(t).\mathbf{x} = \left(\frac{1}{1+nt} x_n\right)_{n\in\mathbf{N}}.$$

Montrer que $A(t)$ satisfait aux conditions de *a*), mais que l'application $t \mapsto A(t)$ de J dans $\mathscr{L}(\mathrm{E})$ n'est pas continue au point $t = 0$, et que la résolvante $C(t, t_0)$ de l'équation $d\mathbf{x}/dt = A(t).\mathbf{x}$ est telle que l'application $t \mapsto C(t, t_0)$ de J dans $\mathscr{L}(\mathrm{E})$ ne soit pas dérivable au point $t = 0$.

¶ 8) Soit G une algèbre normée complète sur le corps $\mathbf{R}$, admettant un élément unité $\mathbf{e}$.

a) Soit $t \mapsto \mathbf{a}(t)$ une fonction réglée dans un intervalle $\mathrm{J} \subset \mathbf{R}$, à valeurs dans G. Montrer que l'intégrale $\mathbf{u}$ de l'équation linéaire $d\mathbf{x}/dt = \mathbf{a}(t)\mathbf{x}$ qui prend la valeur $\mathbf{e}$ en un point $t_0 \in \mathrm{J}$ est inversible dans J, et que son inverse est solution de l'équation $d\mathbf{x}/dt = -\mathbf{x}\mathbf{a}(t)$ (si $\mathbf{v}$ est l'intégrale de cette dernière équation qui prend la valeur $\mathbf{e}$ au point t_0, considérer les équations linéaires vérifiées par $\mathbf{uv}$ et $\mathbf{vu}$). En déduire que, pour tout $\mathbf{x}_0 \in \mathrm{G}$, l'intégrale de $d\mathbf{x}/dt = \mathbf{a}(t)\mathbf{x}$ qui prend la valeur $\mathbf{x}_0$ au point t_0 est égale à $\mathbf{u}(t)\mathbf{x}_0$.

b) Soient $\mathbf{a}(t)$, $\mathbf{b}(t)$ deux fonctions réglées dans J, $\mathbf{u}$ et $\mathbf{v}$ les intégrales des équations $d\mathbf{x}/dt = \mathbf{a}(t)\mathbf{x}$, $d\mathbf{x}/dt = \mathbf{x}\mathbf{b}(t)$, qui prennent la valeur $\mathbf{e}$ au point t_0. Montrer que l'intégrale de l'équation $d\mathbf{x}/dt = \mathbf{a}(t)\mathbf{x} + \mathbf{x}\mathbf{b}(t)$ qui prend la valeur $\mathbf{x}_0$ au point t_0 est égale à $\mathbf{u}(t)\mathbf{x}_0\mathbf{v}(t)$.

c) Soient $\mathbf{a}(t)$, $\mathbf{b}(t)$, $\mathbf{c}(t)$, $\mathbf{d}(t)$ quatre fonctions réglées dans J, $(\mathbf{u}, \mathbf{v})$ une solution du système de deux équations linéaires

$$\frac{d\mathbf{x}}{dt} = \mathbf{a}(t)\mathbf{x} + \mathbf{b}(t)\mathbf{y}, \qquad \frac{d\mathbf{y}}{dt} = \mathbf{c}(t)\mathbf{x} + \mathbf{d}(t)\mathbf{y}.$$

Montrer que si, dans J, $\mathbf{v}$ est inversible, $\mathbf{w} = \mathbf{u}\mathbf{v}^{-1}$ est intégrale de l'équation $d\mathbf{z}/dt = \mathbf{b}(t) + \mathbf{a}(t)\mathbf{z} - \mathbf{z}\mathbf{d}(t) - \mathbf{z}\mathbf{c}(t)\mathbf{z}$ (« équation de Riccati »); réciproque. En déduire que toute intégrale de cette derniére équation dans J, prenant la valeur $\mathbf{x}_0$ au point t_0, est de la forme $(A(t)\mathbf{x}_0 + B(t)\mathbf{e})(C(t)\mathbf{x}_0 + D(t)\mathbf{e})^{-1}$, où $A(t)$, $B(t)$, $C(t)$ et $D(t)$ sont des applications continues de J dans $\mathscr{L}(\mathrm{G})$ vérifiant l'identité $U.(\mathbf{x}\mathbf{y}) = (U.\mathbf{x})\mathbf{y}$.

d) Soit $\mathbf{w}_1$ une intégrale de $d\mathbf{z}/dt = \mathbf{b}(t) + \mathbf{a}(t)\mathbf{z} - \mathbf{z}\mathbf{d}(t) - \mathbf{z}\mathbf{c}(t)\mathbf{z}$ dans J; montrer que, si $\mathbf{w}$ est une autre intégrale de cette équation telle que $\mathbf{w} - \mathbf{w}_1$ soit inversible dans J, $\mathbf{w} - \mathbf{w}_1$ s'exprime à l'aide des intégrales des équations $d\mathbf{x}/dt = -(\mathbf{d} + \mathbf{c}\mathbf{w}_1)\mathbf{x}$ et $d\mathbf{x}/dt = \mathbf{x}(\mathbf{a} - \mathbf{w}_1\mathbf{c})$ (considérer l'équation à laquelle satisfait $(\mathbf{w} - \mathbf{w}_1)^{-1}$, et utiliser *b*)).

9) Soient y_k $(1 \leqslant k \leqslant n)$ n fonctions numériques définies dans un intervalle $\mathrm{I} \subset \mathbf{R}$ et admettant dans I une dérivée $(n-1)$-ème continue.

a) Montrer que si les n fonctions y_k sont linéairement dépendantes, la matrice $(y_k^{(h)}(t))_{0 \leqslant h \leqslant n-1, 1 \leqslant k \leqslant n}$ est de rang $< n$ en tout point $t \in \mathrm{I}$.

b) Inversement, si pour tout $t \in \mathrm{I}$, la matrice $(y_k^{(h)}(t))$ est de rang $< n$, montrer que dans tout intervalle ouvert non vide $\mathrm{J} \subset \mathrm{I}$, il existe un intervalle ouvert non vide $\mathrm{U} \subset \mathrm{J}$ tel que les restrictions des y_k à U soient linéairement dépendantes (si p est le plus petit des nombres $q < n$ tels que les wronskiens de q quelconques des fonctions y_k soient identiquement nuls dans J, considérer un point $a \in \mathrm{J}$ où le wronskien de $p - 1$ des fonctions y_k n'est pas nul, et montrer que p des fonctions y_k sont intégrales d'une équation linéaire d'ordre $p - 1$ dans un voisinage de a).

c) On pose $y_1(t) = t^2$ pour $t \in \mathbf{R}$, $y_2(t) = t^2$ pour $t \geqslant 0$, $y_2(t) = -t^2$ pour $t < 0$; montrer que y_1 et y_2 admettent une dérivée continue dans $\mathbf{R}$ et que $y_1y_2' - y_2y_1' = 0$, mais que y_1 et y_2 ne sont pas linéairement dépendantes dans $\mathbf{R}$.

* 10) Soit $t \mapsto X(t)$ une application d'une intervalle $\mathrm{J} \subset \mathbf{R}$ dans l'espace des matrices complexes d'ordre n. On suppose que la dérivée $t \mapsto X'(t)$ existe et est continue dans J, et est telle que $X(t)X'(t) = X'(t)X(t)$ pour tout $t \in \mathrm{J}$.

a) On suppose en outre que, pour tout $t \in \mathrm{J}$, les valeurs propres de $X(t)$ sont distinctes. Montrer qu'il existe alors une matrice inversible *constante* P_0 tel que $P_0X(t)P_0^{-1} = D(t)$, où $D(t)$ est une matrice diagonale, de sorte que $X(t_1)$ et $X(t_2)$ sont permutables pour tout couple de valeurs t_1, t_2 de t dans J. (Écrire $X(t) = P(t)\,D(t)\,P(t)^{-1}$ au voisinage de chaque point de J et former l'équation différentielle satisfaite par $P(t)$.)

b) La matrice

$$X(t) = \begin{pmatrix} t^2 & t^3 & t^4 \\ -2t & -2t^2 & -2t^3 \\ 1 & t & t^2 \end{pmatrix}$$

est permutable à sa dérivée, mais la conclusion de *a*) n'est pas valable.*

NOTE HISTORIQUE

(N.-B. — Les chiffres romains renvoient à la bibliographie placée à la fin de cette note.)

Comme on l'a vu (Note historique des chap. I-II-III), les problèmes conduisant à l'intégration d'équations différentielles ont été parmi les premiers de ceux qu'ont considérés les fondateurs du Calcul infinitésimal au XVIIe siècle (notamment Descartes et Barrow). La théorie des équations différentielles n'a cessé depuis lors d'exercer la sagacité des mathématiciens, et d'être un terrain de prédilection pour l'application des méthodes les plus variées de l'Analyse; les questions qu'elle soulève sont très loin d'être toutes résolues, et l'intérêt qui s'y attache est d'autant plus soutenu qu'elle constitue un des points de contact les plus permanents et les plus fructueux entre les mathématiques et les sciences expérimentales: ces dernières y trouvent souvent une aide précieuse, et en échange lui fournissent constamment de nouveaux problèmes.

Des nombreux chapitres que devrait comporter une étude moderne et complète des équations différentielles, nous n'avons voulu exposer ici que deux des plus élémentaires, traitant des théorèmes d'existence et des équations linéaires, la variable étant supposée *réelle*. C'est donc aussi à ces deux aspects que nous limiterons notre bref exposé historique. Dès le début du XVIIIe siècle, les mathématiciens s'étaient convaincus que l'intégrale « générale » d'une équation différentielle d'ordre n dépend de n constantes arbitraires, et qu' « en général », il existe une intégrale et une seule prenant des valeurs données ainsi que ses $n - 1$ premières dérivées pour une valeur donnée x_0 de la variable: conviction qu'ils justifiaient par le procédé (remontant à Newton) qui consiste à calculer de proche en proche les coefficients du développement de Taylor de la solution au point x_0, à l'aide de l'équation différentielle elle-même et des n premiers coefficients. Mais jusqu'à Cauchy, personne n'avait étudié la convergence de la série ainsi obtenue, ni démontré que sa somme était solution de l'équation différentielle; et bien entendu, il n'était question que d'équations différentielles analytiques. Parmi les diverses méthodes imaginées par Cauchy pour démontrer l'existence des intégrales des équations différentielles, celle que nous avons suivie ((IV) et (IV *bis*)), généralisée un peu plus tard par Lipschitz, est particulièrement intéressante pour le cas des équations non analytiques et pour l'approximation des intégrales.

Les équations différentielles linéaires ont été parmi les premières à attirer l'attention. Leibniz et Jakob Bernoulli intègrent l'équation linéaire du premier ordre par deux quadratures ((I), t. II, p. 731); l'intégrale générale de l'équation linéaire d'ordre quelconque à coefficients constants et second membre arbitraire est obtenue par Euler ((II), p. 296–354) ; d'Alembert résout de la même manière les systèmes linéaires à coefficients constants. Un peu plus tard, Lagrange (III) aborde la théorie générale des équations linéaires d'ordre *n*, reconnaît que l'intégrale de l'équation homogène est fonction linéaire des *n* constantes d'intégration, introduit l'équation adjointe, découvre l'abaissement de l'ordre de l'équation homogène lorsqu'on en connaît des solutions particulières, et la méthode de variation des constantes pour l'intégration de l'équation non homogène. Les points obscurs de la théorie de Lagrange (notamment en ce qui concerne l'indépendance linéaire des intégrales) furent éclaircis par Cauchy, dont l'exposé (IV *bis*) est resté quasi définitif, aux améliorations de détail près apportées par la notation matricielle et la théorie des diviseurs élémentaires.

BIBLIOGRAPHIE

(I) Jakob Bernoulli, *Opera*, 2 vol., Genève (Cramer-Philibert), 1744.

(II) L. Euler, *Opera Omnia: Institutiones calculi integralis*, (1) t. XII, Leipzig-Berlin (Teubner), 1914.

(III) J.-L. Lagrange, *Œuvres*, Paris (Gauthier-Villars), 1867–1890: *a*) Solution de différents problèmes de calcul intégral, t. I, p. 471; *b*) Sur le mouvement des nœuds des orbites planétaires, t. IV, p. 111.

(IV) A.-L. Cauchy, *Œuvres complètes*, (2), t. XI, Paris (Gauthier-Villars), 1913, p. 399 (= *Exercices d'Analyse*, Paris, 1840, t. I, p. 327).

(IV *bis*) A.-L. Cauchy, in *Leçons de calcul différentiel et de calcul intégral, rédigées principalement d'après les méthodes de M. A.-L. Cauchy*, par l'abbé Moigno, t. II, Paris, 1844.

CHAPITRE V

Etude locale des fonctions

§ 1. COMPARAISON DES FONCTIONS DANS UN ENSEMBLE FILTRÉ

Soit E un ensemble, filtré par un filtre de base $\mathfrak{F}$ (TG, I, p. 36); dans ce chapitre, nous considérerons des fonctions dont l'ensemble de définition est une partie de E appartenant à la base de filtre $\mathfrak{F}$ (partie dépendant de la fonction considérée) et qui prennent leurs valeurs, soit dans le corps **R** des nombres réels, soit plus généralement dans un espace vectoriel normé sur un corps valué (TG, IX, p. 32).

Dans les applications, E sera le plus souvent une partie d'un espace numérique $\mathbf{R}^n$, ou de la droite achevée $\overline{\mathbf{R}}$, et $\mathfrak{F}$ la trace sur E du filtre des voisinages d'un point adhérent à E, ou encore le filtre des complémentaires des ensembles relativement compacts dans E (« voisinages du point à l'infini »).

Il ne suffira pas en général de savoir qu'une telle fonction tend vers une limite donnée suivant $\mathfrak{F}$ pour pouvoir traiter tous les problèmes de « passage à la limite suivant $\mathfrak{F}$ » où interviennent des expressions formées avec cette fonction.

Par exemple, lorsque la variable réelle x tend vers $+\infty$, les trois fonctions x, x^2 et $\sqrt{x}$ tendant toutes trois vers $+\infty$, mais, des expressions.

$$(x+1)^2 - x^2, \qquad (x+1) - x, \qquad \sqrt{x+1} - \sqrt{x}$$

la première tend vers $+\infty$, la seconde vers 1, la troisième vers 0.

Il importe donc de connaître, non seulement la valeur limite d'une fonction suivant $\mathfrak{F}$ (lorsque cette limite existe), mais encore la « manière » dont la fonction tend vers sa limite; en d'autres termes, on est amené à opérer une classification dans l'ensemble des fonctions qui tendent vers une même limite.

1. Relations de comparaison: I. Relations faibles

Nous désignerons dans ce qui suit par V un espace vectoriel normé sur un corps valué K, par $\mathscr{H}(\mathfrak{F}, V)$ l'ensemble des fonctions à valeurs dans V, dont chacune est définie dans une partie de E appartenant à la base de filtre $\mathfrak{F}$. Les relations que nous allons définir entre de telles fonctions ont un caractère *local* relatif au filtre de base $\mathfrak{F}$: nous allons préciser ce qu'il faut entendre par là. Si $\mathbf{f}$ et $\mathbf{g}$ sont deux fonctions de $\mathscr{H}(\mathfrak{F}, V)$, rappelons que la relation « il existe un ensemble $Z \in \mathfrak{F}$ tel que $\mathbf{f}$ et $\mathbf{g}$ soient définies et égales dans Z » est une *relation d'équivalence* R_∞ dans $\mathscr{H}(\mathfrak{F}, V)$ (TG, I, p. 44). Cela étant, nous dirons qu'une relation S où figure une fonction $\mathbf{f}$ de $\mathscr{H}(\mathfrak{F}, V)$ est de caractère *local* (suivant $\mathfrak{F}$) relativement à $\mathbf{f}$, si elle est *compatible* (en $\mathbf{f}$) avec la relation d'équivalence R_∞ (E, II, p. 42); on sait que, si $\tilde{\mathbf{f}}$ est le *germe* de f suivant $\mathfrak{F}$, classe de $\mathbf{f}$ modulo R_∞ (élément de l'ensemble quotient $\mathscr{H}_\infty(\mathfrak{F}, V) = \mathscr{H}(\mathfrak{F}, V)/R_\infty$), on déduit de S, par passage au quotient, une relation entre $\tilde{\mathbf{f}}$ et les autres arguments de S, et que réciproquement, toute relation de cette nature définit une relation de caractère local relativement à $\mathbf{f}$.

Exemple. — Si f et g sont deux fonctions de $\mathscr{H}(\mathfrak{F}, \mathbf{R})$, la relation « il existe un ensemble $X \in \mathfrak{F}$ tel que f et g soient définies dans X, et que $f(t) \leqslant g(t)$ pour tout $t \in X$ » est de caractère local relativement à f et g. On note $\tilde{f} \leqslant \tilde{g}$ la relation obtenue en passant au quotient (pour f et g); on remarquera que si $\tilde{f} \leqslant \tilde{g}$, il existe une fonction $f_1 \in \tilde{f}$ et une fonction $g_1 \in \tilde{g}$, définies dans E *tout entier*, et telles que $f_1(t) \leqslant g_1(t)$ pour tout $t \in E$.

Remarques. — 1) Soient V_i $(1 \leqslant i \leqslant n)$ n espaces vectoriels normés sur K, φ une fonction définie dans $V_1 \times V_2 \times \cdots \times V_n$, à valeurs dans V par passage aux quotients suivant R_∞, la fonction φ définit donc une application de

$$\mathscr{H}_\infty(\mathfrak{F}, V_1) \times \cdots \times \mathscr{H}_\infty(\mathfrak{F}, V_n)$$

dans $\mathscr{H}_\infty(\mathfrak{F}, V)$, que l'on notera le plus souvent $\varphi(\tilde{\mathbf{f}}_1, \ldots, \tilde{\mathbf{f}}_n)$ (TG, I **x**λ, p. 45). Par exemple en prenant pour φ les applications $(\mathbf{x}, \mathbf{y}) \mapsto \mathbf{x} + \mathbf{y}$ et $\mathbf{x} \mapsto \mathbf{x}\lambda$ $(\lambda \in K)$, on définit ainsi, pour deux germes quelconques $\tilde{\mathbf{f}}, \tilde{\mathbf{g}}$ de $\mathscr{H}_\infty(\mathfrak{F}, V)$, les éléments $\tilde{\mathbf{f}} + \tilde{\mathbf{g}}$ et $\tilde{\mathbf{f}}\lambda$ et on vérifie aussitôt que les lois de composition $(\tilde{\mathbf{f}}, \tilde{\mathbf{g}}) \mapsto \tilde{\mathbf{f}} + \tilde{\mathbf{g}}$ et $(\lambda, \tilde{\mathbf{f}}) \mapsto \tilde{\mathbf{f}}\lambda$ définissent sur $\mathscr{H}_\infty(\mathfrak{F}, V)$ une structure d'*espace vectoriel* sur le corps K; dans cet espace, $\tilde{0}$ est la classe formée des fonctions égales à 0 dans un ensemble de $\mathfrak{F}$, et $-\tilde{\mathbf{f}}$ est la classe formée des fonctions égales à $-\mathbf{f}$ dans un ensemble de $\mathfrak{F}$. De même, si V est une *algèbre* sur K, on définit sur $\mathscr{H}_\infty(\mathfrak{F}, V)$ une seconde loi de composition interne $(\tilde{\mathbf{f}}, \tilde{\mathbf{g}}) \mapsto \tilde{\mathbf{f}}\tilde{\mathbf{g}}$ en prenant $\varphi(\mathbf{x}, \mathbf{y}) = \mathbf{xy}$; avec les deux lois précédentes, elle définit sur $\mathscr{H}_\infty(\mathfrak{F}, V)$ une structure d'*algèbre* sur le corps K; si V admet un élément unité $\mathbf{e}$, $\mathscr{H}_\infty(\mathfrak{F}, V)$ admettra pour élément unité la classe $\tilde{\mathbf{e}}$, formée des fonctions égales à $\mathbf{e}$ dans un ensemble de $\mathfrak{F}$; pour que $\tilde{\mathbf{f}}$ soit *inversible* dans $\mathscr{H}_\infty(\mathfrak{F}, V)$, il faut et il suffit que, pour une fonction $\mathbf{f} \in \tilde{\mathbf{f}}$, il existe $Z \in \mathfrak{F}$ tel que $\mathbf{f}(t)$ soit inversible dans V pour tout $t \in Z$ (auquel cas cette condition est vérifiée pour toute fonction de la classe $\tilde{\mathbf{f}}$).

2) Avec les mêmes notations, soit ψ une application d'une partie de $\prod_{i=1}^{n} V_i$ dans V; nous désignerons par $\psi(\mathbf{f}_1, \mathbf{f}_2, \ldots, \mathbf{f}_n)$ la fonction égale à $\psi(\mathbf{f}_1(t), \ldots, \mathbf{f}_n(t))$ en tout point $t \in E$ où les $\mathbf{f}_i(t)$ sont définis et où le point $(\mathbf{f}_i(t))$ appartient à l'ensemble où est

définie ψ^1. Par exemple, $\mathbf{f} + \mathbf{g}$ est la fonction égale à $\mathbf{f}(t) + \mathbf{g}(t)$ en tout point $t \in E$ où $\mathbf{f}$ et $\mathbf{g}$ sont toutes deux définies. On observera que l'application $(\mathbf{f}, \mathbf{g}) \mapsto \mathbf{f} + \mathbf{g}$ *n'est pas une loi de groupe* dans $\mathscr{H}(\mathfrak{F}, V)$, car si $\mathbf{f}$ n'est pas définie dans E tout entier, il n'existe pas de fonction $\mathbf{g} \in \mathscr{H}(\mathfrak{F}, V)$ telle que $\mathbf{f} + \mathbf{g} = 0$.

DÉFINITION 1. — *Etant données deux fonctions numériques f, g appartenant à $\mathscr{H}(\mathfrak{F}, \mathbf{R})$ et qui sont $\geqslant 0$ dans un ensemble de $\mathfrak{F}$, on dit que f est dominée par g, ou que g domine f (suivant $\mathfrak{F}$), et on écrit $f \preccurlyeq g$ ou $g \succcurlyeq f$, s'il existe un ensemble $X \in \mathfrak{F}$ et un nombre $k > 0$ tels que $f(t) \leqslant k.g(t)$ pour tout $t \in X$* (autrement dit, s'il existe $k > 0$ tel que $\tilde{f} \leqslant k.\tilde{g}$).

Étant données deux espaces normés V_1, V_2, et deux fonctions $\mathbf{f}_1$, $\mathbf{f}_2$ appartenant respectivement à $\mathscr{H}(\mathfrak{F}, V_1)$ et $\mathscr{H}(\mathfrak{F}, V_2)$ on dit que $\mathbf{f}_1$ est dominée par $\mathbf{f}_2$ (suivant $\mathfrak{F}$) et on écrit $\mathbf{f}_1 \preccurlyeq \mathbf{f}_2$ ou $\mathbf{f}_2 \succcurlyeq \mathbf{f}_1$ si on a $\|\mathbf{f}_1\| \preccurlyeq \|\mathbf{f}_2\|$.

La relation $\mathbf{f}_1 \preccurlyeq \mathbf{f}_2$ est évidemment de caractère local en $\mathbf{f}_1$ et $\mathbf{f}_2$; elle est donc équivalente à la relation $\tilde{\mathbf{f}}_1 \preccurlyeq \tilde{\mathbf{f}}_2$ qui s'en déduit par passage aux quotients. Lorsque f et g sont deux fonctions numériques, on aura soin de ne pas confondre les relations $\tilde{f} \preccurlyeq \tilde{g}$ et $\tilde{f} \leqslant \tilde{g}$.

On notera que pour tout scalaire $\lambda \neq 0$, la relation $\mathbf{f}_1 \preccurlyeq \mathbf{f}_2\lambda$ est *équivalente* à $\mathbf{f}_1 \preccurlyeq \mathbf{f}_2$. Si $\mathbf{f}_1 \preccurlyeq \mathbf{f}_2$, il existe un ensemble $X \in \mathfrak{F}$ tel que, pour tout point $x \in X$ où $\mathbf{f}_2(x) = 0$, on ait $\mathbf{f}_1(x) = 0$.

Exemples. — 1) La relation $\mathbf{f} \preccurlyeq 1$ signifie que $\mathbf{f}$ est *bornée* dans un ensemble de $\mathfrak{F}$.

2) Pour toute fonction $\mathbf{f}$ de $\mathscr{H}(\mathfrak{F}, V)$ et tout scalaire $\lambda \neq 0$, on a $\mathbf{f} \preccurlyeq \mathbf{f}\lambda$.
3) Lorsque x tend vers $+\infty$, on a $\sin^2 x \preccurlyeq \sin x$.
4) Lorsque (x, y) tend vers $(0, 0)$ dans $\mathbf{R}^2$, on a

$$xy \preccurlyeq x^2 + y^2.$$

Les propositions suivantes sont des conséquences immédiates de la déf. 1:

PROPOSITION 1. — *Si f, g, h sont trois fonctions de $\mathscr{H}(\mathfrak{F}, \mathbf{R})$, les relations $f \preccurlyeq g$ et $g \preccurlyeq h$ entraînent $f \preccurlyeq h$.*

PROPOSITION 2. — *Soient $\mathbf{f}_1$, $\mathbf{f}_2$ deux fonctions de $\mathscr{H}(\mathfrak{F}, V)$ et g une fonction de $\mathscr{H}(\mathfrak{F}, \mathbf{R})$. Les relations $\mathbf{f}_1 \preccurlyeq g$ et $\mathbf{f}_2 \preccurlyeq g$ entraînent $\mathbf{f}_1 + \mathbf{f}_2 \preccurlyeq g$.*

En outre:

PROPOSITION 3. — *Soient V_1, V_2, V trois espaces normés sur un même corps valué, $(\mathbf{x}, \mathbf{y}) \mapsto [\mathbf{x}.\mathbf{y}]$ une application bilinéaire continue de $V_1 \times V_2$ dans V. Si $\mathbf{f}_1$ et $\mathbf{f}_2$ sont des fonctions de $\mathscr{H}(\mathfrak{F}, V_1)$ et $\mathscr{H}(\mathfrak{F}, V_2)$ respectivement, g_1, g_2 deux fonctions de $\mathscr{H}(\mathfrak{F}, \mathbf{R})$ telles que $\mathbf{f}_1 \preccurlyeq g_1$ et $\mathbf{f}_2 \preccurlyeq g_2$, on a $[\mathbf{f}_1.\mathbf{f}_2] \preccurlyeq g_1 g_2$.*

En effet (TG, IX, p. 35, th.1), il existe un nombre $a > 0$ tel que $\|[\mathbf{f}_1.\mathbf{f}_2]\| \leqslant a\,\|\mathbf{f}_1\|.\|\mathbf{f}_2\|$.

[1] En particulier, dans toute la suite, pour une fonction $\mathbf{f}$ de $\mathscr{H}(\mathfrak{F}, V)$, nous désignerons par $\|\mathbf{f}\|$ la fonction $t \mapsto \|\mathbf{f}(t)\|$, appartenant à $\mathscr{H}(\mathfrak{F}, \mathbf{R})$ et définie dans le même ensemble que $\mathbf{f}$: nous signalons expressément que, dans ce chapitre, $\|\mathbf{f}\|$ est une *fonction* et non un *nombre*.

COROLLAIRE. — *Si* V *est une algèbre normée,* $\mathbf{f}_1$, $\mathbf{f}_2$ *deux fonctions de* $\mathscr{H}(\mathfrak{F}, \mathrm{V})$, g_1, g_2 *deux fonctions de* $\mathscr{H}(\mathfrak{F}, \mathbf{R})$, *les relations* $\mathbf{f}_1 \preccurlyeq g_1$, $\mathbf{f}_2 \preccurlyeq g_2$ *entraînent* $\mathbf{f}_1\mathbf{f}_2 \preccurlyeq g_1 g_2$.

La relation $\mathbf{f} \preccurlyeq \mathbf{g}$ entre fonctions de $\mathscr{H}(\mathfrak{F}, \mathrm{V})$ est *transitive* d'après la prop 1; comme elle est *réflexive*, la relation « $\mathbf{f} \preccurlyeq \mathbf{g}$ et $\mathbf{g} \preccurlyeq \mathbf{f}$ » est une *relation d'équivalence* dans $\mathscr{H}(\mathfrak{F}, \mathrm{V})$ (E, II, p. 40).

DÉFINITION 2. — *Étant données deux fonctions* $\mathbf{f}$, $\mathbf{g}$ *de* $\mathscr{H}(\mathfrak{F}, \mathrm{V})$, *on dit que* $\mathbf{f}$ *et* $\mathbf{g}$ *sont semblables* (*suivant* $\mathfrak{F}$) *et on écrit* $\mathbf{f} \asymp \mathbf{g}$ *si on a* $\mathbf{f} \preccurlyeq \mathbf{g}$ *et* $\mathbf{g} \preccurlyeq \mathbf{f}$.

Pour tout scalaire $\lambda \neq 0$, la relation $\mathbf{f} \asymp \mathbf{g}$ est équivalente à $\mathbf{f} \asymp \mathbf{g}\lambda$. Elle entraîne l'existence d'un ensemble $\mathrm{X} \in \mathfrak{F}$ tel que la partie de X formée des points où $\mathbf{f}(x) = 0$ soit identique à la partie de X formée des points où $\mathbf{g}(x) = 0$.

Exemples. — 1) Pour une fonction numérique $f \in \mathscr{H}(\mathfrak{F}, \mathbf{R})$, la relation $f \asymp 1$ signifie qu'il existe deux nombres $a > 0$, $b > 0$ tels que $a \leqslant |f(x)| \leqslant b$ dans un ensemble de $\mathfrak{F}$, ou encore que la fonction $\log |f|$ est bornée dans un ensemble de $\mathfrak{F}$: on dit alors que f est *logarithmiquement bornée* dans un ensemble de $\mathfrak{F}$.

2) Soit V un espace normé sur un corps valué non discret K, et soit $\mathbf{f}(x) = \mathbf{a}_0 x^n + \mathbf{a}_1 x^{n-1} + \cdots + \mathbf{a}_n$ un polynôme par rapport à $x \in \mathrm{K}$, à coefficients dans V, tel que $\mathbf{a}_0 \neq 0$. Pour tout vecteur $\mathbf{b} \neq 0$, on a $\mathbf{f}(x) \asymp \mathbf{b}x^n$ lorsque $|x|$ tend vers $+\infty$.

3) Nous avons vu qu'on a $\sin^2 x \preccurlyeq \sin x$ lorsque x tend vers $+\infty$, mais *on n'a pas* $\sin^2 x \asymp \sin x$, bien que ces deux fonctions s'annulent aux mêmes points.

4) On a $x^2 + xy + y^2 \asymp x^2 + y^2$ lorsque (x, y) tend vers $(0, 0)$ dans $\mathbf{R}^2$, mais *non* $xy \asymp x^2 + y^2$.

Il résulte aussitôt de la prop. 3 de V, p. 3, que si f_1, f_2, g_1, g_2 sont des fonctions de $\mathscr{H}(\mathfrak{F}, \mathrm{K})$ (K corps valué quelconque), les relations $f_1 \asymp g_1$ et $f_2 \asymp g_2$ entraînent $f_1 f_2 \asymp g_1 g_2$.

☡ On notera par contre que les relations $f_1 \asymp g_1$, $f_2 \asymp g_2$ *n'entraînent pas* $f_1 + f_2 \asymp g_1 + g_2$, comme le montre l'exemple où $f_1(x) = g_1(x) = x^2$, $f_2(x) = -(x^2 + x)$, $g_2(x) = -(x^2 - 1)$, x réel tendant vers $+\infty$.

Les relations de comparaison $\mathbf{f} \preccurlyeq \mathbf{g}$, $\mathbf{f} \asymp \mathbf{g}$ sont dites relations *faibles*. On dit que deux fonctions $\mathbf{f}$, $\mathbf{g}$ de $\mathscr{H}(\mathfrak{F}, \mathrm{V})$ sont *faiblement comparables* si elles vérifient l'une (au moins) des deux relations $\mathbf{f} \preccurlyeq \mathbf{g}$, $\mathbf{g} \preccurlyeq \mathbf{f}$.

Remarques. — 1) Deux fonctions de $\mathscr{H}(\mathfrak{F}, \mathbf{R})$ ne sont pas nécessairement faiblement comparables, comme le montre l'exemple des fonctions 1 et $x \sin x$ lorsque x tend vers $+\infty$.

2) Désignons par R_0 la relation $\mathbf{f} \asymp \mathbf{g}$ dans $(\mathscr{H}\mathfrak{F}, \mathrm{V})$, et par $\mathscr{H}_0(\mathfrak{F}, \mathrm{V})$ l'ensemble quotient $\mathscr{H}(\mathfrak{F}, \mathrm{V})/\mathrm{R}_0$; on notera que la relation R_∞ *entraîne* R_0. Par passage au quotient, la relation $\mathbf{f} \preccurlyeq \mathbf{g}$ donne, d'après la prop. 1 de V, p. 3, une *relation d'ordre* dans $\mathscr{H}_0(\mathfrak{F}, \mathrm{V})$ (E, III, p. 3); l'exemple qui précède prouve que $\mathscr{H}_0(\mathfrak{F}, \mathrm{V})$ *n'est pas totalement ordonné* par cette relation.

2. Relations de comparaison: II. Relations fortes

DÉFINITION 3. — *Étant données deux fonctions numériques f, g appartenant à $\mathscr{H}(\mathfrak{F}, \mathbf{R})$ et qui sont $\geqslant 0$ dans un ensemble de $\mathfrak{F}$, on dit que f est négligeable devant g, ou que g est prépondérante sur f (suivant $\mathfrak{F}$), et on écrit $f \lll g$ ou $g \ggg f$ si, pour tout $\varepsilon > 0$, il existe un ensemble $X \in \mathfrak{F}$ tel que $f(t) \leqslant \varepsilon g(t)$ pour tout $t \in X$.*

Étant donnés deux espaces normés V_1, V_2, et deux fonctions $\mathbf{f}_1$, $\mathbf{f}_2$ appartenant respectivement à $\mathscr{H}(\mathfrak{F}, V_1)$ et $\mathscr{H}(\mathfrak{F}, V_2)$, on dit que $\mathbf{f}_1$ est négligeable devant $\mathbf{f}_2$ (suivant $\mathfrak{F}$) et on écrit $\mathbf{f}_1 \lll \mathbf{f}_2$ ou $\mathbf{f}_2 \ggg \mathbf{f}_1$ si on a $\|\mathbf{f}_1\| \lll \|\mathbf{f}_2\|$.

Pour tout scalaire $\lambda \neq 0$, la relation $\mathbf{f}_1 \lll \mathbf{f}_2\lambda$ est *équivalente* à $\mathbf{f}_1 \lll \mathbf{f}_2$. La relation $\mathbf{f}_1 \lll \mathbf{f}_2$ entraîne $\mathbf{f}_1 \preccurlyeq \mathbf{f}_2$, mais ne lui est pas équivalente.

On notera que la relation $\mathbf{f}_1 \preccurlyeq \mathbf{f}_2$ n'entraîne nullement la relation « $\mathbf{f}_1 \lll \mathbf{f}_2$ ou $\mathbf{f}_1 \asymp \mathbf{f}_2$ »: on a $\sin x \preccurlyeq 1$ lorsque x tend vers $+\infty$, mais aucune des relations $\sin x \lll 1$, $\sin x \asymp 1$ n'est vraie.

Exemples. — 1) La relation $\mathbf{f} \lll 1$ signifie que $\mathbf{f}$ *tend vers* 0 *suivant* $\mathfrak{F}$.

2) Lorsque α et β sont deux nombres réels tels que $\alpha < \beta$, on a $x^\alpha \lll x^\beta$ lorsque x tend vers $+\infty$. De même, lorsque m et n sont deux entiers rationnels tels que $m < n$, on a $z^m \lll z^n$ lorsque le nombre complexe z tend vers ∞.

3) Lorsque x tend vers $+\infty$, on a $x^n \lll e^x$ pour tout entier n (III, p. 16).

4) Dans $\mathbf{R}^2$, on a, lorsque (x, y) tend vers $(0, 0)$

$$x^2 + y^2 \lll |x| + |y|.$$

Les propositions suivantes se déduisent immédiatement de la déf. 3:

PROPOSITION 4. — *Si f, g, h sont trois fonctions de $\mathscr{H}(\mathfrak{F}, \mathbf{R})$, les relations $f \preccurlyeq g$ et $g \lll h$ (resp. $f \lll g$ et $g \preccurlyeq h$) entraînent $f \lll h$.*

PROPOSITION 5. — *Soient $\mathbf{f}_1$, $\mathbf{f}_2$ deux fonctions de $\mathscr{H}(\mathfrak{F}, V)$, g une fonction de $\mathscr{H}(\mathfrak{F}, \mathbf{R})$. Les relations $\mathbf{f}_1 \lll g$ et $\mathbf{f}_2 \lll g$ entraînent $\mathbf{f}_1 + \mathbf{f}_2 \lll g$.*

D'autre part, le même raisonnement que pour la prop. 3 de V, p. 3, montre que:

PROPOSITION 6. — *Avec les notations de la prop.* 3, *les relations $\mathbf{f}_1 \lll g_1$ et $\mathbf{f}_2 \preccurlyeq g_2$ (resp. $\mathbf{f}_1 \preccurlyeq g_1$ et $\mathbf{f}_2 \lll g_2$) entraînent $[\mathbf{f}_1 . \mathbf{f}_2] \lll g_1 g_2$.*

La prop. 4 montre que la relation $\mathbf{f} \lll \mathbf{g}$ entre fonctions de $\mathscr{H}(\mathfrak{F}, V)$ est *transitive*; mais *elle n'est pas réflexive*: de façon précise, la relation $\mathbf{f} \lll \mathbf{f}$ entraîne que $\mathbf{f}$ est *nulle dans un ensemble de* $\mathfrak{F}$ (autrement dit, $\mathbf{f}$ est équivalente à 0 modulo R_∞); en effet, pour un ε tel que $0 < \varepsilon < 1$ il existe $X \in \mathfrak{F}$ tel que $\|\mathbf{f}(x)\| \leqslant \varepsilon \|\mathbf{f}(x)\|$ pour tout $x \in X$, ce qui n'est possible que si $\mathbf{f}(x) = 0$ pour tout $x \in X$. Il en résulte que la relation « $\mathbf{f} \lll \mathbf{g}$ et $\mathbf{g} \lll \mathbf{f}$ » est transitive et symétrique, mais non réflexive: ce n'est donc pas une relation d'équivalence (elle signifie qu'il existe un ensemble $X \in \mathfrak{F}$ tel que $\mathbf{f}(x) = \mathbf{g}(x) = 0$ pour tout $x \in X$).

PROPOSITION 7. — *Si* $\mathbf{f}$ *et* $\mathbf{g}$ *sont deux fonctions de* $\mathscr{H}(\mathfrak{F}, \mathrm{V})$, *la relation* $\mathbf{f} - \mathbf{g} \ll \mathbf{f}$ *est équivalente à* $\mathbf{f} - \mathbf{g} \ll \mathbf{g}$.

En effet, $\mathbf{f} - \mathbf{g} \ll \mathbf{f}$ signifie que, pour tout $\varepsilon > 0$, il existe $\mathrm{X} \in \mathfrak{F}$ tel que $\|\mathbf{f}(x) - \mathbf{g}(x)\| \leqslant \varepsilon\|\mathbf{f}(x)\|$ pour tout $x \in \mathrm{X}$. On en tire $(1 - \varepsilon)\,\|\mathbf{f}(x)\| \leqslant \|\mathbf{g}(x)\|$, et par suite $\mathbf{f} \preccurlyeq \mathbf{g}$, d'où (p. 5, prop. 4) $\mathbf{f} - \mathbf{g} \ll \mathbf{g}$.

COROLLAIRE. — *La relation* $\mathbf{f} - \mathbf{g} \ll \mathbf{f}$ *est une relation d'équivalence dans* $\mathscr{H}(\mathfrak{F}, \mathrm{V})$.

En effet, si $\mathbf{f} - \mathbf{g} \ll \mathbf{f}$ et $\mathbf{g} - \mathbf{h} \ll \mathbf{g}$, on a $\mathbf{f} - \mathbf{g} \ll \mathbf{g}$, d'où (V, p. 5, prop. 5) $\mathbf{f} - \mathbf{h} \ll \mathbf{g}$, et par suite, comme $\mathbf{g} \preccurlyeq \mathbf{f}$, $\mathbf{f} - \mathbf{h} \ll \mathbf{f}$, ce qui montre que la relation considérée est transitive; elle est symétrique d'après la prop. 7 et est évidemment réflexive, d'où le corollaire.

DÉFINITION 4. — *Étant données deux fonctions* $\mathbf{f}$, $\mathbf{g}$ *de* $\mathscr{H}(\mathfrak{F}, \mathrm{V})$, *on dit que* $\mathbf{f}$ *et* $\mathbf{g}$ *sont équivalentes (suivant* $\mathfrak{F}$*) et on écrit* $\mathbf{f} \sim \mathbf{g}$ *si on a* $\mathbf{f} - \mathbf{g} \ll \mathbf{f}$.

La relation $\mathbf{f} \sim \mathbf{g}$ entraîne $\mathbf{f} \asymp \mathbf{g}$, mais ne lui est pas équivalente.

Exemples. — 1) Si $\mathbf{a}$ est une fonction constante et $\neq 0$ dans E, la relation $\mathbf{f} \sim \mathbf{a}$ signifie que $\mathbf{f}$ *tend vers* $\mathbf{a}$ *suivant* $\mathfrak{F}$.

2) Soit V un espace normé sur un corps valué non discret K, et soit $\mathbf{f}(x) = \mathbf{a}_0 x^n + \mathbf{a}_1 x^{n-1} + \cdots + \mathbf{a}_n$ un polynôme par rapport à $x \in \mathrm{K}$, à coefficients dans V, tel que $\mathbf{a}_0 \neq 0$. On a $\mathbf{f}(x) \sim \mathbf{a}_0 x^n$ lorsque $|x|$ tend vers $+\infty$.

3) Lorsque x réel tend vers $+\infty$, on a $\left(1 + \dfrac{1}{x}\right)\sin x \sim \sin x$.

4) Lorsque la variable complexe z tend vers 0, on a $e^z - 1 \sim z$. Plus généralement, si V est un espace normé sur un corps valué K, $\mathbf{f}$ une fonction définie dans un voisinage de $x_0 \in \mathrm{K}$, à valeurs dans V, et admettant au point x_0 une dérivée $\mathbf{f}'(x_0) \neq 0$, on a, lorsque x tend vers x_0, $\mathbf{f}(x) - \mathbf{f}(x_0) \sim \mathbf{f}'(x_0)(x - x_0)$ (I, p. 2, déf. 1).

5) Lorsque (x, y) tend vers $(0, 0)$ dans $\mathbf{R}^2$, on a

$$\sqrt{\sin^2 x + \sin^2 y} \sim \sqrt{x^2 + y^2}.$$

6) Soit $f(x, y)$ un polynôme à coefficients réels par rapport à deux variables réelles x, y, n'ayant pas de terme constant. Si, lorsque x tend vers 0 en restant > 0, il existe une fonction $\varphi(x)$ continue dans un intervalle $(0, a)$ et telle que $\varphi(0) = 0$ et $f(x, \varphi(x)) = 0$ pour $0 \leqslant x \leqslant a$, on peut montrer qu'il existe un nombre rationnel r et un nombre réel $\lambda \neq 0$ tels que $\varphi(x) \sim \lambda x^r$ (V, p. 48, exerc. 3).

7) Pour tout $x > 0$, soit $\pi(x)$ le nombre des nombres premiers qui sont $\leqslant x$; on a démontré que, lorsque x tend vers $+\infty$, on a $\pi(x) \sim x/\log x$[1].

Remarque. — On notera que la relation $\mathbf{f} \sim \mathbf{g}$ ne signifie nullement que la différence $\mathbf{f} - \mathbf{g}$ tende vers 0 suivant $\mathfrak{F}$; cette différence peut même être *non bornée*, comme le montre l'exemple $x^2 + x \sim x^2$, x tendant vers $+\infty$.

PROPOSITION 8. — *Soient* K *un corps valué,* f_1, f_2, g_1, g_2 *quatre fonctions de* $\mathscr{H}(\mathfrak{F}, \mathrm{K})$; *les relations* $f_1 \sim g_1$ *et* $f_2 \sim g_2$ *entraînent* $f_1 f_2 \sim g_1 g_2$.

[1] Voir par exemple A. E. INGHAM, *The distribution of prime numbers* (Cambridge tracts, n° 30), Cambridge University Press, 1932.

En effet, on a $f_1 f_2 - g_1 g_2 = f_1(f_2 - g_2) + (f_1 - g_1)g_2$; comme $f_1 \preccurlyeq g_1$, $f_1 - g_1 \ll g_1$ et $f_2 - g_2 \ll g_2$, on a bien $f_1 f_2 - g_1 g_2 \ll g_1 g_2$ (V, p. 5, prop. 4 et 5).

Par contre, nous avons donné dans V, p. 4, un exemple où on avait $f_1 = g_1$, $f_2 \sim g_2$, mais où la relation $f_1 + f_2 \asymp g_1 + g_2$ n'était pas vraie (ni *a fortiori*

$$f_1 + f_2 \sim g_1 + g_2).$$

Les relations de comparaison $\mathbf{f} \ll \mathbf{g}$, $\mathbf{f} \sim \mathbf{g}$ sont dites relations *fortes*. Deux fonctions $\mathbf{f}$, $\mathbf{g}$ de $\mathscr{H}(\mathfrak{F}, V)$ sont dites *comparables* (ou *fortement comparables* lorsqu'on veut éviter des confusions possibles) si elles vérifient l'une des trois relations: $\mathbf{f} \ll \mathbf{g}$, $\mathbf{f} \gg \mathbf{g}$, ou « il existe $\lambda \neq 0$ tel que $\mathbf{f} \sim \mathbf{g}\lambda$ ».

Remarques. — 1) Deux fonctions peuvent être faiblement comparables sans être fortement comparables, par exemple les fonctions 1 et $\sin x$ lorsque x tend vers $+\infty$. 2) La définition des relations de comparaison $\mathbf{f}_1 \preccurlyeq \mathbf{f}_2$ et $\mathbf{f}_1 \ll \mathbf{f}_2$ ne fait intervenir qu'en apparence les *normes* sur les espaces V_1, V_2 où $\mathbf{f}_1$ et $\mathbf{f}_2$ prennent respectivement leurs valeurs; elle ne dépend en réalité que des *topologies* de V_1 et V_2, car les relations $\mathbf{f}_1 \preccurlyeq \mathbf{f}^2$ et $\mathbf{f}_1 \ll \mathbf{f}_2$ sont remplacées par des relations équivalentes lorsqu'on remplace la norme sur V_1 ou V_2 par une norme *équivalente* (TG, IX, p. 32, déf. 7).

3. Changement de variables

Soit φ une application d'un ensemble E' dans E, telle que $\overset{-1}{\varphi}(\mathfrak{F})$ soit une base de filtre sur E'. Il est clair que si $\mathbf{f}_1$, $\mathbf{f}_2$ sont des fonctions de $\mathscr{H}(\mathfrak{F}, V_1)$ et $\mathscr{H}(\mathfrak{F}, V_2)$ respectivement, les fonctions $\mathbf{f}_1 \circ \varphi$, $\mathbf{f}_2 \circ \varphi$ appartiennent respectivement à $\mathscr{H}(\overset{-1}{\varphi}(\mathfrak{F}), V_1)$ et $\mathscr{H}(\overset{-1}{\varphi}(\mathfrak{F}), V_2)$, et que la relation $\mathbf{f}_1 \preccurlyeq \mathbf{f}_2$ (resp. $\mathbf{f}_1 \ll \mathbf{f}_2$) est équivalente à $\mathbf{f}_1 \circ \varphi \preccurlyeq \mathbf{f}_2 \circ \varphi$ (resp. $\mathbf{f}_1 \circ \varphi \ll \mathbf{f}_2 \circ \varphi$).

4. Relations de comparaison entre fonctions strictement positives

Soit g une fonction de $\mathscr{H}(\mathfrak{F}, \mathbf{R})$, *strictement positive dans un ensemble de* $\mathfrak{F}$. Les relations de comparaison où figure g peuvent alors se formuler d'une autre manière: la relation $\mathbf{f} \preccurlyeq g$ équivaut à dire que la fonction $\|\mathbf{f}\|/g$ (qui est définie dans un ensemble de $\mathfrak{F}$) est *bornée* dans un ensemble de $\mathfrak{F}$; la relation $\mathbf{f} \ll g$ équivaut à dire que $\|\mathbf{f}\|/g$ *tend vers* 0 suivant $\mathfrak{F}$. Si f est une fonction de $\mathscr{H}(\mathfrak{F}, \mathbf{R})$, la relation $f \asymp g$ signifie que f/g est *logarithmiquement bornée* dans un ensemble de $\mathfrak{F}$, et la relation $f \sim g$, que f/g *tend vers* 1 suivant $\mathfrak{F}$. Si f est une fonction de $\mathscr{H}(\mathfrak{F}, \mathbf{R})$ *positive* dans un ensemble de $\mathfrak{F}$, dire que f et g sont *comparables* signifie donc que f/g *tend vers une limite* (*finie ou égale à* $+\infty$) suivant $\mathfrak{F}$.

PROPOSITION 9. — *Soient f et g deux fonctions de* $\mathscr{H}(\mathfrak{F}, \mathbf{R})$ *strictement positives dans un ensemble de* $\mathfrak{F}$. *Pour que f et g soient comparables, il faut et il suffit que pour tout nombre* $t \geqslant 0$, *sauf un au plus, la fonction* $f - tg$ *garde un signe constant*[1] *dans un ensemble de* $\mathfrak{F}$.

La condition est nécessaire. En effet, si $f \lll g$, on a $f - tg \sim -tg$ sauf pour $t = 0$, donc $f - tg$ est strictement négative dans un ensemble de $\mathfrak{F}$, sauf pour $t = 0$; si $f \ggg g$, $f - tg$ est strictement positive dans un ensemble de $\mathfrak{F}$ pour tout t; enfin, si $f \sim k.g$ (k constante > 0), $f - tg \sim (k - t)g$ sauf pour $t = k$, donc, sauf peut-être pour $t = k$, $f - tg$ a le signe de $k - t$ dans un ensemble de $\mathfrak{F}$.

La condition est suffisante. En effet, supposons que le rapport f/g ait deux valeurs d'adhérence distinctes $\alpha < \beta$ suivant $\mathfrak{F}$. Pour *tout* nombre t tel que $\alpha < t < \beta$, il existe alors dans *tout* ensemble $X \in \mathfrak{F}$, deux points x_1, x_2 tels que $f(x_1)/g(x_1) < t$ et $f(x_2)/g(x_2) > t$; donc $f(x) - tg(x)$ ne garde pas un signe constant dans X; nous arrivons à une conclusion incompatible avec l'hypothèse. Il s'ensuit que f/g n'a qu'*une seule* valeur d'adhérence (finie ou infinie) suivant le filtre de base $\mathfrak{F}$, et par suite (TG, I, p. 60, corollaire) a pour *limite* cette valeur suivant $\mathfrak{F}$.

PROPOSITION 10. — *Soient f et g deux fonctions de* $\mathscr{H}(\mathfrak{F}, \mathbf{R})$ *strictement positives dans un ensemble de* $\mathfrak{F}$; *pour tout* α *réel et* $\neq 0$, *la relation* $f \asymp g$ (resp. $f \sim g$) *est équivalente à* $f^\alpha \asymp g^\alpha$ (resp. $f^\alpha \sim g^\alpha$); *si* $\alpha > 0$, *la relation* $f \preccurlyeq g$ (resp. $f \lll g$) *est équivalente à* $f^\alpha \preccurlyeq g^\alpha$ (resp. $f^\alpha \lll g^\alpha$); *si* $\alpha < 0$, *elle est équivalente à* $f^\alpha \succcurlyeq g^\alpha$ (resp. $f^\alpha \ggg g^\alpha$).

Les démonstrations sont immédiates.

On notera que dans $\mathscr{H}(\mathfrak{F}, \mathbf{R})$, l'ensemble Γ des fonctions strictement positives dans un ensemble de $\mathfrak{F}$ est tel que Γ/R_∞ soit un *groupe multiplicatif* Γ_∞ dans $\mathscr{H}_\infty(\mathfrak{F}, \mathbf{R})$; Γ/R_0 est identique au groupe quotient de Γ_∞ par le sous-groupe des classes (mod. R_∞) des fonctions de Γ logarithmiquement bornées; sur Γ/R_0, la relation d'ordre déduite de la relation $f \preccurlyeq g$ par passage aux quotients est *compatible* avec la structure de groupe de Γ/R_0, et en fait donc un groupe ordonné.

PROPOSITION 11. — *Soit g une fonction de* $\mathscr{H}(\mathfrak{F}, \mathbf{R})$ *telle que* $\lim_{\mathfrak{F}} g = +\infty$; *la relation* $f \lll g$ *entraîne* $e^f \lll e^g$; *la relation* $f \sim g$ *entraîne* $\log f \sim \log g$.

En effet, si $f \lll g$, $f - g = g\left(\dfrac{f}{g} - 1\right)$ tend vers $-\infty$ suivant $\mathfrak{F}$. De même, si $f \sim g$, on a $\log f = \log g + \log\dfrac{f}{g}$, donc $\log f - \log g$ tend vers 0, et il en est de même de $\dfrac{\log f}{\log g} - 1 = \dfrac{\log f - \log g}{\log g}$.

Par contre, on notera que la relation $f \sim g$ *n'entraîne pas* $e^f \sim e^g$, ni même $e^f \asymp e^g$, comme le montre l'exemple où $f(x) = x^2$, $g(x) = x^2 + x$, x tendant vers $+\infty$; de même, la relation $f \lll g$ *n'entraîne pas* $\log f \lll \log g$, comme le montre l'exemple où $f(x) = x$, $g(x) = x^2$, x tendant vers $+\infty$.

[1] On rappelle qu'on a défini le *signe* sgn x d'un nombre réel x comme égal à $+1$ si $x > 0$, à -1 si $x < 0$, à 0 si $x = 0$ (TG, IV, p. 12). Dire qu'une fonction numérique *garde un signe constant* dans un ensemble signifie donc, soit qu'elle est > 0 en tout point de cet ensemble, soit qu'elle est < 0 en tout point de l'ensemble, soit enfin qu'elle est identiquement nulle dans l'ensemble.

DÉFINITION 5. — *Soit g une fonction de $\mathscr{H}(\mathfrak{F}, \mathbf{R})$, strictement positive dans un ensemble de $\mathfrak{F}$, et telle que* $\lim_{\mathfrak{F}} g = 0$ *ou* $\lim_{\mathfrak{F}} g = +\infty$. *On dit qu'une fonction $f \in \mathscr{H}(\mathfrak{F}, \mathbf{R})$ est d'ordre ρ (fini ou infini) par rapport à g si on a* $\lim_{\mathfrak{F}} \log(|f|/\log g) = \rho$.

On notera que si f est d'ordre ρ par rapport à g, f est d'ordre $-\rho$ par rapport à $1/g$; on peut donc considérer uniquement le cas où $g(x)$ tend vers $+\infty$ suivant $\mathfrak{F}$.

PROPOSITION 12. — *Soit g une fonction de $\mathscr{H}(\mathfrak{F}, \mathbf{R})$ telle que* $\lim_{\mathfrak{F}} g = +\infty$; *soit f une fonction de $\mathscr{H}(\mathfrak{F}, \mathbf{R})$.*

a) *Pour que f soit d'ordre $+\infty$ par rapport à g, il faut et il suffit que $f \gg g^{\alpha}$ pour tout* $\alpha \geqslant 0$.

b) *Pour que f soit d'ordre $-\infty$ par rapport à g, il faut et il suffit que $f \ll g^{-\alpha}$ pour tout* $\alpha > 0$.

c) *Pour que f soit d'ordre fini et égal à ρ par rapport à g, il faut et il suffit que, pour tout $\varepsilon > 0$, on ait $g^{\rho-\varepsilon} \ll f \ll g^{\rho+\varepsilon}$.*

Démontrons par exemple c). Si l'ordre de f par rapport à g est ρ, pour tout $\varepsilon > 0$, il existe un ensemble $M \in \mathfrak{F}$, tel que, pour tout $x \in M$, on ait

$$\left(\rho - \frac{\varepsilon}{2}\right) \log g(x) \leqslant \log |f(x)| \leqslant \left(\rho + \frac{\varepsilon}{2}\right) \log g(x),$$

ou encore $(g(x)|^{\rho-\frac{\varepsilon}{2}} \leqslant |f(x) \leqslant (g(x))^{\rho+\frac{\varepsilon}{2}}$; comme $\lim_{\mathfrak{F}} g = +\infty$, on a donc $g^{\rho-\varepsilon} \ll f \ll g^{\rho+\varepsilon}$ pour tout $\varepsilon > 0$; la réciproque est immédiate. Les démonstrations de a) et b) sont analogues.

On notera que si f est d'ordre *fini* ρ par rapport à g, $fg^{-\rho}$ est d'ordre 0 par rapport à g, et réciproquement; si f_1 (resp. f_2) est d'ordre ρ_1 (resp. ρ_2) par rapport à g, et si $\rho_1 + \rho_2$ est défini, $f_1 f_2$ est d'ordre $\rho_1 + \rho_2$ par rapport à g.

Remarques. — 1) On observera que lorsque f est d'ordre fini ρ par rapport à g, le rapport f/g^{ρ} ne tend pas nécessairement vers une limite; par exemple, toute fonction *logarithmiquement bornée* est d'ordre 0 par rapport à g, mais n'a pas nécessairement de limite suivant $\mathfrak{F}$.

2) Une fonction f définie dans un ensemble de $\mathfrak{F}$ n'a pas nécessairement un ordre déterminé (fini ou non) par rapport à g, car les fonctions ayant un ordre déterminé par rapport à g sont comparables à toutes les puissances de g, sauf une au plus. Or, f n'a pas nécessairement cette propriété, comme on le voit sur l'exemple $g(x) = x$, $f(x) = 1 + x^2 \sin^2 x$ (x tendant vers $+\infty$). Dans cet exemple, f est comparable à g^{α} pour $\alpha < 0$ et $\alpha > 2$; si on prenait $f(x) = e^x \sin^2 x + e^{-x} \cos^2 x$, f ne serait comparable à aucune puissance (positive ou négative) de g.

5. Notations

Étant donnée une fonction numérique $f \in \mathscr{H}(\mathfrak{F}, \mathbf{R})$, il est souvent commode, dans une formule, de noter $O(f)$ une fonction *dominée* par f, et $o(f)$ une fonction *négligeable* devant f. Lorsque, dans une démonstration, interviennent *plusieurs* fonctions dominées par une même fonction f (resp. négligeables devant f), on les notera $O_1(f)$, $O_2(f)$, etc. (resp. $o_1(f)$, $o_2(f)$, etc.).

Beaucoup d'auteurs notent indistinctement $O(f)$ (resp. $o(f)$) *toutes* les fonctions intervenant dans une démonstration et dominées par f (resp. négligeables devant f), par un abus de langage qui n'est pas sans créer des risques de confusion.

Avec ces notations, les prop. 1, 2, 3 (V, p. 3) se traduisent comme suit: si $g = O_1(f)$ et $h = O(g)$, alors $h = O_2(f)$; on peut écrire

$$\sum_{i=1}^{n} \lambda_i O_i(f) = O_{n+1}(f) \quad (\lambda_i \text{ scalaires}) \tag{1}$$

$$O(f)O(g) = O(fg). \tag{2}$$

De même, la prop. 4 (V, p. 5) montre que si $g = O_1(f)$ et $h = o(g)$ (resp. $g = o_1(f)$ et $h = O(g)$), on a $h = o_2(f)$, et les prop. 5 et 6 (V, p. 5) s'expriment sous la forme

$$\sum_{i=1}^{n} \lambda_i o_i(f) = o_{n+1}(f) \quad (\lambda_i \text{ scalaires}) \tag{3}$$

$$o(f)o(g) = o(fg). \tag{4}$$

La relation $f \sim g$ équivaut à $f = g + o(g)$. La notation $O(1)$ (resp. $o(1)$) désigne une fonction bornée dans un ensemble de $\mathfrak{F}$ (resp. une fonction tendant vers 0 suivant $\mathfrak{F}$).

§ 2. DÉVELOPPEMENTS ASYMPTOTIQUES

1. Échelles de comparaison

Soient E un ensemble filtré par un filtre de base $\mathfrak{F}$, et K un corps valué non discret (le plus souvent $K = \mathbf{R}$ ou $K = \mathbf{C}$). Dans l'ensemble des fonctions de $\mathscr{H}(\mathfrak{F}, K)$ non équivalentes à 0 modulo R_∞ (c'est-à-dire telles que dans tout ensemble de $\mathfrak{F}$, il existe un point au moins où la fonction ne s'annule pas), la relation « $f \lll g$ ou $f = g$ » est une *relation d'ordre*.

DÉFINITION 1. — *On dit qu'une partie $\mathscr{E}$ de $\mathscr{H}(\mathfrak{F}, K)$ formée de fonctions non équivalentes à 0 modulo R_∞ est une échelle de comparaison lorsque $\mathscr{E}$ est totalement ordonnée par la relation « $f \lll g$ ou $f = g$ ».*

En d'autres termes, si f et g sont deux fonctions de $\mathscr{E}$, on a toujours entre f et g une (et une seule) des trois relations $f \lll g$, $g \lll f$, $f = g$. Il s'ensuit que dans $\mathscr{E}$, *la relation* $f \asymp g$ (et *a fortiori* $|f| \sim a\,|g|$, où a est un nombre > 0) *entraîne* $f = g$.

Toute partie d'une échelle de comparaison est évidemment une échelle de comparaison.

Exemples. — 1) Pour x réel tendant vers $+\infty$, l'ensemble des fonctions x^α (α nombre réel arbitraire) est une échelle de comparaison. Il en est de même des fonctions $(x - a)^\alpha$ lorsque $\mathfrak{F}$ est l'ensemble des intervalles ouverts d'origine a.

2) Pour z complexe tendant vers ∞, l'ensemble des fonctions z^n (n entier rationnel) est une échelle de comparaison; il en est de même des fonctions $(z - a)^n$ lorsque $\mathfrak{F}$ est la trace sur le complémentaire du point $a \in \mathbf{C}$ du filtre des voisinages de ce point.

3) Soit F un espace normé; l'ensemble des fonctions $\|\mathbf{x} - \mathbf{a}\|^\alpha$ (α nombre réel arbitraire) est une échelle de comparaison lorsque $\mathfrak{F}$ est la trace sur le complémentaire de $\mathbf{a}$ du filtre des voisinages de ce point. On notera que si p et q sont deux normes distinctes sur F, la réunion des deux échelles de comparaison formées des fonctions $(p(\mathbf{x} - \mathbf{a}))^\alpha$ et $(q(\mathbf{x} - \mathbf{a}))^\alpha$ n'est plus en général une échelle de comparaison.

4) Pour x réel tendant vers $+\infty$, l'ensemble $\mathscr{E}$ des fonctions de la forme $\exp(p(x))$, où $p(x)$ parcourt l'ensemble des *polynômes sans terme constant* (à coefficients réels), est une échelle de comparaison: il suffit de remarquer que le quotient de deux fonctions de $\mathscr{E}$ appartient encore à $\mathscr{E}$, et qu'une fonction $\exp(p(x))$ tend nécessairement vers 0 ou $+\infty$ si $p \neq 0$; en effet, on a alors $p(x) \sim \alpha x^n$, où $n > 0$ et $\alpha \neq 0$; si $\alpha > 0$, $p(x) > \frac{1}{2}\alpha x^n$ pour x assez grand; si $\alpha < 0$, $p(x) < \frac{1}{2}\alpha x^n$ pour x assez grand; dans le premier cas, $\exp(p(x))$ tend vers $+\infty$, et dans le second cas vers 0.

5) Pour x réel tendant vers $+\infty$, l'ensemble $\mathscr{E}$ des fonctions de la forme $x^\alpha(\log x)^\beta$ (définies pour $x > 1$), où α et β sont des nombres réels arbitraires, est une échelle de comparaison. En effet, ici encore le quotient de deux fonctions de $\mathscr{E}$ est une fonction de $\mathscr{E}$; il suffit donc de montrer que si α et β ne sont pas tous deux nuls, $x^\alpha(\log x)^\beta$ tend vers 0 ou vers $+\infty$; c'est évident si $\alpha = 0$, $\beta \neq 0$; si $\alpha > 0$, on a $(\log x)^{-\beta} \ll x^\alpha$, et si $\alpha < 0$, $(\log x)^\beta \ll x^{-\alpha}$ quel que soit β, d'où la proposition.

On observa que cette dernière échelle de comparaison est un ensemble totalement ordonné (pour la relation « $f \ll g$ ou $f = g$ ») dont la structure d'ordre est isomorphe à la structure d'ordre *lexicographique* de $\mathbf{R}^2$ (E, III, p. 23); on rappelle que dans cette structure, la relation $(\alpha, \beta) < (\gamma, \delta)$ signifie « $\alpha < \gamma$, ou $\alpha = \gamma$ et $\beta < \delta$ ».

De même, l'échelle formée des fonctions $\exp(p(x))$, où p parcourt l'ensemble P_0 des polynômes sans terme constant, a une structure d'ordre isomorphe à la structure d'ordre de P_0, dans laquelle la relation $p < q$ signifie que le terme dominant du polynôme $q - p$ a un coefficient > 0 (cf. A, VI, § 2, n° 1, *Exemple* 2).

Soit φ une application d'un ensemble F dans E, telle que $\overset{-1}{\varphi}(\mathfrak{F})$ soit une base de filtre sur F. Si $\mathscr{E}$ est une échelle de comparaison sur E (pour la base de filtre $\mathfrak{F}$), les fonctions $f \circ \varphi$, où f parcourt $\mathscr{E}$, forment une échelle de comparaison sur F (pour la base de filtre $\overset{-1}{\varphi}(\mathfrak{F})$).

2. Parties principales et développements asymptotiques

Soit $\mathscr{E}$ une échelle de comparaison formée de fonctions à valeurs dans un corps valué non discret K. Soit V un espace normé sur K, et soit $\mathbf{f}$ une fonction de $\mathscr{H}(\mathfrak{F}, V)$; s'il existe une fonction $g \in \mathscr{E}$, et un élément $\mathbf{a} \neq 0$ de V tels que $\mathbf{f} \sim \mathbf{a}g$, on dit que $\mathbf{a}g$ est une *partie principale* de $\mathbf{f}$ relativement à l'échelle $\mathscr{E}$. D'après la déf. 1 de V, p. 10, $\mathbf{f}$ ne peut avoir qu'*une seule* partie principale relative à $\mathscr{E}$, car si g_1, g_2 sont deux fonctions de $\mathscr{E}$, $\mathbf{a}_1$, $\mathbf{a}_2$ deux éléments $\neq 0$ de V, la relation

$\mathbf{a}_1 g_1 \sim \mathbf{a}_2 g_2$ entraîne $|g_1| \asymp |g_2|$, et par suite $g_1 = g_2$, d'où $(\mathbf{a}_2 - \mathbf{a}_1)g_1 \ll g_1$, et comme g_1 n'est identiquement nulle dans aucun ensemble de $\mathscr{E}$, cela entraîne $\mathbf{a}_2 = \mathbf{a}_1$.

Si $\mathbf{f}$ admet une partie principale relativement à une échelle de comparaison $\mathscr{E}$, elle admet *la même* partie principale relativement à toute échelle de comparaison $\mathscr{E}' \supset \mathscr{E}$.

Exemples. — 1) Pour x réel (resp. complexe) tendant vers $+\infty$ (resp. vers ∞), tout polynôme $\mathbf{a}_0 x^n + \mathbf{a}_1 x^{n-1} + \cdots + \mathbf{a}_n$ à coefficients dans V, tels que $\mathbf{a}_0 \neq 0$, a pour partie principale $\mathbf{a}_0 x^n$ par rapport à l'échelle des x^n (ou de toute échelle contenant les x^n). On en déduit que toute fraction rationnelle $\dfrac{a_0 x^m + \cdots + a_m}{b_0 x^n + \cdots + b_n}$ à coefficients réels ou complexes tels que $a_0 b_0 \neq 0$, a pour partie principale $\dfrac{a_0}{b_0} x^{m-n}$ par rapport à la même échelle.

2) Une fonction peut être comparable à toutes les fonctions d'une échelle de comparaison sans admettre de partie principale par rapport à cette échelle. Par exemple, pour x réel tendant vers $+\infty$, $\sqrt{x}$ n'a pas de partie principale par rapport à l'échelle des x^n, où n est entier rationnel; $\log x$ n'a pas de partie principale par rapport à l'échelle des x^α (α réel quelconque); $\exp(\sqrt{\log x})$ et $x^x = e^{x \log x}$ n'ont pas de partie principale par rapport à l'échelle des $x^\alpha (\log x)^\beta$, ni par rapport à l'échelle des $\exp(p(x))$ (p polynôme sans terme constant).

La notion de partie principale est susceptible d'une généralisation étendue. Supposons en effet qu'une fonction $\mathbf{f} \in \mathscr{H}(\mathfrak{F}, \mathrm{V})$ ait une partie principale $\mathbf{a}_1 g_1$ par rapport à une échelle $\mathscr{E}$; la relation $\mathbf{f} \sim \mathbf{a}_1 g_1$ équivaut à $\mathbf{f} - \mathbf{a}_1 g_1 \ll g_1$ (V, p. 6, déf. 4); pour étudier de façon plus précise la fonction $\mathbf{f}$, on est donc amené à considérer la fonction $\mathbf{f} - \mathbf{a}_1 g_1$. Si cette fonction a une partie principale $\mathbf{a}_2 g_2$ par rapport à $\mathscr{E}$, on aura nécessairement $g_2 \ll g_1$ et $\mathbf{f} - \mathbf{a}_1 g_1 - \mathbf{a}_2 g_2 \ll g_2$.

D'une façon générale, supposons que l'échelle $\mathscr{E}$ soit écrite paramétriquement sous la forme (g_α), où α parcourt un ensemble d'indices A muni d'une structure d'ensemble totalement ordonné isomorphe à l'*opposée* de la structure d'ordre de $\mathscr{E}$: la relation $\alpha < \beta$ est donc équivalente à $g_\beta \ll g_\alpha$. Dans ces conditions:

DÉFINITION 2. — *On dit qu'une fonction* $\mathbf{f} \in \mathscr{H}(\mathfrak{F}, \mathrm{V})$ *admet un développement asymptotique à la précision* g_α (relativement à l'echelle $\mathscr{E}$) *s'il existe une famille* $(\mathbf{a}_\lambda)_{\lambda \leqslant \alpha}$ *d'éléments de* V, *nuls sauf un nombre fini d'entre eux, tels que* $f - \sum_{\lambda \leqslant \alpha} \mathbf{a}_\lambda g_\lambda \ll g_\alpha$. *On dit que* $\sum_{\lambda \leqslant \alpha} \mathbf{a}_\lambda g_\lambda$ *est un développement asymptotique de* $\mathbf{f}$ *à la précision* g_α, *que les* $\mathbf{a}_\lambda g_\lambda$ ($\lambda \leqslant \alpha$) *sont les termes, les* $\mathbf{a}_\lambda$ *les coefficients et la fonctions* $\mathbf{r}_\alpha = \mathbf{f} - \sum_{\lambda \leqslant \alpha} \mathbf{a}_\lambda g_\lambda$ *le reste de ce développement.*

Pour exprimer que $\sum_{\lambda \leqslant \alpha} \mathbf{a}_\lambda g_\lambda$ est un développement asymptotique de $\mathbf{f}$ à la précision g_α, on se bornera le plus souvent à écrire

$$\mathbf{f} = \sum_{\lambda \leqslant \alpha} \mathbf{a}_\lambda g_\lambda + o(g_\alpha) \text{ (ou } \mathbf{f} = \sum_{\lambda \leqslant \alpha} \mathbf{a}_\lambda g_\lambda + o_{\mathrm{K}}(g_\alpha)$$

s'il figure plusieurs fonctions dans la démonstration) conformément aux notations de V, p. 9 et 10.

De deux développements asymptotiques (de deux fonctions distinctes ou non) relativement à la même échelle $\mathscr{E}$, on dit que celui dont la précision a le plus grand indice est *le plus précis*.

Si $\sum_{\lambda \leqslant \alpha} \mathbf{a}_\lambda g_\lambda$ est un développement asymptotique de $\mathbf{f}$ à la précision g_α, pour tout $\beta < \alpha$, $\sum_{\lambda \leqslant \beta} \mathbf{a}_\lambda g_\lambda$ est un développement asymptotique de $\mathbf{f}$ à la précision g_β (V, p. 5, prop. 5) : on dit qu'on l'obtient en *réduisant à la précision* g_β le développement donné $\sum_{\lambda \leqslant \alpha} \mathbf{a}_\lambda g_\lambda$ de $\mathbf{f}$.

Si $\sum_{\lambda \leqslant \alpha} \mathbf{a}_\lambda g_\lambda$ et $\sum_{\lambda \leqslant \alpha} \mathbf{b}_\beta \mathbf{g}_\lambda$ sont des développements asymptotiques à la *même* précision g_α de deux fonctions $\mathbf{f}_1$, $\mathbf{f}_2$ $\sum_{\lambda \leqslant \alpha} (\mathbf{a}_\lambda + \mathbf{b}_\lambda) g_\lambda$ est un développement asymptotique de $\mathbf{f}_1 + \mathbf{f}_2$ à la précision g_α (V, p. 7, prop. 5) et pour tout scalaire c, $\sum_{\lambda \leqslant \alpha} \mathbf{a}_\lambda c g_\lambda$ est un développement asymptotique de $\mathbf{f}_1 c$ à la précision g_α. On en déduit que si une fonction $\mathbf{f}$ admet un développement asymptotique à la précision g_α, ce développement est *unique* : il suffit de voir que la fonction 0 ne peut admettre de développement asymptotique à la précision g_α ayant des coefficients $\neq 0$. Or, si $0 = \sum_{\lambda \leqslant \alpha} \mathbf{a}_\lambda g_\lambda + \mathbf{r}_\alpha$, et si γ est le plus petit des indices $\lambda \leqslant \alpha$ tel que $\mathbf{a}_\lambda \neq 0$, on aurait $\mathbf{a}_\gamma g_\gamma = - \sum_{\gamma < \lambda \leqslant \alpha} \mathbf{a}_\lambda g_\lambda - \mathbf{r}_\alpha \lll g_\gamma$, ce qui est absurde.

Dire qu'une fonction $\mathbf{f}$ admet un développement asymptotique à la précision g_α, dont tous les coefficients sont *nuls*, équivaut à dire que $\mathbf{f} \lll g_\alpha$. Si $\mathbf{f}$ admet un développement asymptotique $\sum_{\lambda \leqslant \alpha} \mathbf{a}_\lambda g_\lambda$ à la précision g_α, dont les coefficients ne sont pas tous nuls, et si γ est le plus petit des indices λ tels que $\mathbf{a}_\lambda \neq 0$, $\mathbf{a}_\gamma g_\gamma$ est la *partie principale* de $\mathbf{f}$ relativement à l'échelle $\mathscr{E}$, car on a $\mathbf{f} - \mathbf{a}_\gamma g_\gamma = \sum_{\gamma < \lambda \leqslant \alpha} \mathbf{a}_\lambda g_\lambda + \mathbf{r}_\alpha \lll g_\gamma$; de même, si $\mu \leqslant \alpha$ est un indice tel que $\mathbf{a}_\mu \neq 0$, $\mathbf{a}_\mu g_\mu$ est la partie principale de $\mathbf{f} - \sum_{\lambda < \mu} \mathbf{a}_\lambda g_\lambda$.

Les développements asymptotiques les plus importants dans les applications sont les développements relatifs à l'échelle des x^{-n} (resp. des z^{-n}), où n est entier positif ou négatif, lorsque x réel tend vers $+\infty$ ou $-\infty$ (resp. lorsque z complexe tend vers ∞), ou relatifs à l'échelle des $(x - c)^n$ (resp. $(z - c)^n$) lorsque x réel tend vers c à droite ou à gauche (resp. lorsque z complexe tend vers c). On a vu dans I, p. 29 que toute fonction vectorielle d'une variable réelle x, k fois dérivable au point $c \in \mathbf{R}$, admet en ce point un développement de Taylor d'ordre k, c'est-à-dire un développement asymptotique à la précision $(x - c)^k$ relatif à l'échelle des $(x - c)^n$.

3. Sommes et produits de développements asymptotiques

Si $\mathbf{f}_1$, $\mathbf{f}_2$ admettent des développements asymptotiques à la précision g_α et g_β respectivement, relativement à une echelle de comparaison $\mathscr{E}$, on en déduit des développements à la précision $g_{\min(\alpha,\beta)}$ en *limitant* à cette précision les deux développements; nous avons vu alors dans V, p. 13, comment on obtient un développement asymptotique de $\mathbf{f}_1 + \mathbf{f}_2$ à la précision $g_{\min(\alpha,\beta)}$.

Soient V_1, V_2 et V trois espaces normés sur le corps K, et soit $(\mathbf{x}, \mathbf{y}) \mapsto [\mathbf{x}.\mathbf{y}]$ une *application bilinéaire continue* de $V_1 \times V_2$ dans V; nous supposerons d'autre part dans tout le reste de ce paragraphe, que l'échelle $\mathscr{E}$ soit telle que le *produit* de deux fonctions quelconques de $\mathscr{E}$ appartienne encore à $\mathscr{E}$ (ce qui est le cas pour toutes les échelles de comparaison données en exemples (dans V, p. 10).

Soient alors $\mathbf{f}_1$, $\mathbf{f}_2$ des fonctions de $\mathscr{H}(\mathfrak{F}, V_1)$ et $\mathscr{H}(\mathfrak{F}, V_2)$ respectivement, admettant par rapport à l'échelle $\mathscr{E}$ des développements asymptotiques $\mathbf{f}_1 = \sum_{\lambda \leqslant \alpha} \mathbf{a}_\lambda g_\lambda + \mathbf{r}_\alpha$, $\mathbf{f}_2 = \sum_{\mu \leqslant \beta} \mathbf{b}_\mu g_\mu + \mathbf{r}_\beta$ à la précision g_α et g_β respectivement. Supposons en outre que ni les $\mathbf{a}_\lambda$ ni les $\mathbf{b}_\mu$ ne soient tous nuls, et soient $\mathbf{a}_\gamma g_\gamma$ et $\mathbf{b}_\delta g_\delta$ les parties principales de $\mathbf{f}_1$ et $\mathbf{f}_2$. Par hypothèse, on peut écrire $g_\gamma g_\beta = g_\rho$ et $g_\delta g_\alpha = g_\sigma$; montrons que la somme $\sum [\mathbf{a}_\lambda . \mathbf{b}_\mu] g_\lambda g_\mu$, étendue aux couples (λ, μ) tels que $g_{\min(\rho,\sigma)} \preccurlyeq g_\lambda g_\mu$, est un *développement asymptotique de* $[\mathbf{f}_1 . \mathbf{f}_2]$ *à la précision* $g_{\min(\rho,\sigma)}$. En effet, la différence entre $[\mathbf{f}_1 . \mathbf{f}_2]$ et cette somme est somme d'un nombre fini de termes, qui sont soit de la forme $[\mathbf{a}_\lambda . \mathbf{b}_\mu] g_\lambda g_\mu$ avec $g_\lambda g_\mu \lll g_{\min(\rho,\sigma)}$, soit de la forme $[\mathbf{a}_\lambda . \mathbf{r}_\beta] g_\lambda$, où $\lambda \geqslant \gamma$, soit de la forme $[\mathbf{r}_\alpha . \mathbf{b}_\mu] g_\mu$, où $\mu \geqslant \delta$; mais comme $[\mathbf{x}.\mathbf{y}]$ est continue, on a (V, p. 3, prop. 3 et V, p. 5, prop. 6) $[\mathbf{a}_\lambda . \mathbf{r}_\beta] g_\lambda \preccurlyeq \mathbf{r}_\beta g_\lambda \lll g_\beta g_\lambda = g_\rho$ pour $\lambda \geqslant \gamma$, et de même $[\mathbf{r}_\alpha . \mathbf{b}_\mu] g_\mu \preccurlyeq \mathbf{r}_\alpha g_\mu \lll g_\alpha g_\delta = g_\sigma$ pour $\mu \geqslant \delta$, d'où la proposition (V, p. 5, prop. 5).

Si tous les $\mathbf{a}_\lambda$ sont nuls, on a $[\mathbf{f}_1 . \mathbf{f}_2] \lll g_\alpha g_\delta$, autrement dit, on a un développement asymptotique de $[\mathbf{f}_1 . \mathbf{f}_2]$ à termes nuls, à la précision $g_\alpha g_\delta$; de même si tous les $\mathbf{a}_\lambda$ et tous les $\mathbf{b}_\mu$ sont nuls, on a un développement asymptotique de $[\mathbf{f}_1 . \mathbf{f}_2]$ à termes nuls, à la précision $g_\alpha g_\beta$.

On appliquera surtout le résultat précédent au cas où V est une *algèbre normée* sur K, et la fonction bilinéaire $[\mathbf{x}.\mathbf{y}]$ le produit $\mathbf{xy}$ dans cette algèbre; les cas les plus importants sont ceux où V est égal à **R** ou **C**.

En particulier, si f_i $(1 \leqslant i \leqslant n)$ sont n fonctions de $\mathscr{H}(\mathfrak{F}, K)$ admettant chacune un développement asymptotique par rapport à $\mathscr{E}$, on pourra obtenir un développement asymptotique par rapport à $\mathscr{E}$ pour tout *polynôme* $\sum_{(\nu_i)} \mathbf{a}_{\nu_1 \nu_2 \ldots \nu_n} f_1^{\nu_1} \ldots f_n^{\nu_n}$ par rapport aux f_i, à coefficients dans un espace normé V; les règles qui précèdent permettent en outre de déterminer la précision du développement obtenu, connaissant celles des développements des fonctions f_i.

4. Composition des développements asymptotiques

Soit f une fonction de $\mathscr{H}(\mathfrak{F}, \mathbf{R})$ (resp. $\mathscr{H}(\mathfrak{F}, \mathbf{C})$) admettant un développement asymptotique à la précision g_α par rapport à une échelle $\mathscr{E}$, et *ayant pour limite* 0 suivant le filtre de base $\mathfrak{F}$. Soit d'autre part $\mathbf{h}$ une fonction à valeurs dans l'espace normé V sur $\mathbf{R}$ (resp. $\mathbf{C}$), définie dans un voisinage du point 0 dans $\mathbf{R}$ (resp. $\mathbf{C}$) et *n fois dérivable* dans ce voisinage; on a donc dans ce voisinage,

$$\mathbf{h}(t) = \mathbf{c}_0 + \mathbf{c}_1 t + \cdots + \mathbf{c}_n t^n + o(t^n)$$

(I, p. 29), d'où, dans un ensemble convenable de $\mathfrak{F}$,

$$\mathbf{h} \circ f = \mathbf{c}_0 + \mathbf{c}_1 f + \cdots + \mathbf{c}_n f^n + o(f^n).$$

Nous avons vu, au n° 3, comment on peut former un développement asymptotique de $\mathbf{c}_0 + \mathbf{c}_1 f + \cdots + \mathbf{c}_n f^n$, à une précision g_ρ bien déterminée par la précision du développement de f; d'autre part, supposons que les coefficients du développement asymptotique de f ne soient pas tous nuls, et que $a_\gamma g_\gamma$ soit la partie principale de f, et soit $g_\sigma = g_\gamma^n$; si $\sigma < \rho$, on aura un développement de $\mathbf{h} \circ f$ à la précision g_σ en limitant le développement de $\sum_{k=0}^{n} \mathbf{c}_k f^k$ à cette précision; si au contraire $\rho \leqslant \sigma$, le développement de $\sum_{k=0}^{n} \mathbf{c}_k f^k$ est aussi un développement de $\mathbf{h} \circ f$ à la précision g_ρ.

Si tous les termes de développement asymptotique de f sont nuls et si $g_\alpha \preccurlyeq 1$, on a $f \ll g_\alpha$, donc $f^k \preccurlyeq g_\alpha^k \ll g_\alpha$ pour tout entier $k > 0$; si $\mathbf{c}_m$ est le premier coefficient d'indice > 0 qui ne soit pas nul (en supposant que les $\mathbf{c}_k$ d'indice $k > 0$ ne soient pas tous nuls), $\mathbf{c}_0$ est un développement asymptotique de $\mathbf{h} \circ f$ à la précision g_α^m.

Dans le reste de ce n°, nous nous bornerons au cas où les fonctions de $\mathscr{E}$ ont des valeurs réelles et *strictement positives* dans un ensemble de $\mathfrak{F}$, et nous ne considérerons que les développements asymptotiques de fonctions de $\mathscr{H}(\mathfrak{F}, \mathbf{R})$. Supposons d'abord que pour toute fonction $g \in \mathscr{E}$ et tout nombre réel ν, g^ν appartienne encore à $\mathscr{E}$: cette condition est par exemple remplie par l'échelle des x^α, ou celle des $x^\alpha |\log x|^\beta$ (α et β réels quelconques) au voisinage de $+\infty$ ou au voisinage de 0 dans $\mathbf{R}$. Cette propriété entraîne que le *quotient* de deux fonctions de $\mathscr{E}$ appartient encore à $\mathscr{E}$. Cela étant, d'un développement asymptotique relatif à $\mathscr{E}$ d'une fonction $f \in \mathscr{H}(\mathfrak{F}, \mathbf{R})$, à la précision g_α, on peut déduire un développement de $|f|^\nu$ pour tout nombre réel ν. Bornons-nous en effet au cas où les coefficients du développement de f ne sont pas tous nuls, et soit $a_\gamma g_\gamma$ la partie principale de f; on peut écrire $|f|^\nu = |a_\gamma|^\nu g_\gamma^\nu (1 + h)^\nu$, avec

$$h = \sum_{\gamma < \lambda \leqslant \alpha} \frac{a_\lambda}{a_\gamma} \frac{g_\lambda}{g_\gamma} + o\left(\frac{g_\alpha}{g_\gamma}\right).$$

En vertu des hypothèses faites $\sum_{\gamma < \lambda \leqslant \alpha} \frac{a_\lambda}{a_\gamma} \frac{g_\lambda}{g_\gamma}$ est un développement asymptotique de h, à la précision g_α/g_γ; comme h tend vers 0 suivant $\mathfrak{F}$, la méthode décrite ci-dessus donne un développement asymptotique de $(1 + h)^\nu$, puis un développement de $|f|^\nu$ en multipliant par $|a_\gamma|^\nu g_\gamma^\nu$.

Sous les mêmes hypothèses sur f, on peut écrire

$$\log|f| = \log|a_\gamma g_\gamma| + \log(1 + h)$$

et $\log(1 + h)$ se développe comme il a été dit plus haut, la fonction $\log(1 + t)$ étant indéfiniment dérivable au voisinage de 0; si en outre $\log g_\gamma$ admet un développement asymptotique par rapport à $\mathscr{E}$, ou par rapport à une échelle $\mathscr{E}_1 \supset \mathscr{E}$, on obtient un développement asymptotique de $\log|f|$ en faisant la somme de deux développements asymptotiques.

Exemple. — On a $(1 + x)^{1/x} = \exp\left(\frac{1}{x}\log(1 + x)\right)$; lorsque x tend vers $+\infty$, on a $\log(1 + x) = \log x + \log\left(1 + \frac{1}{x}\right)$, d'où le développement asymptotique de $\frac{1}{x}\log(1 + x)$ par rapport à l'échelle des $x^\alpha(\log x)^\beta$:

$$\frac{1}{x}\log(1 + x) = \frac{\log x}{x} + \frac{1}{x^2} - \frac{1}{2x^3} + o_1\left(\frac{1}{x^3}\right).$$

De ce développement, et du développement de Taylor

$$e^u = 1 + u + \frac{u^2}{2} + \frac{u^3}{6} + o(u^3)$$

au voisinage de $u = 0$, on tire par les méthodes exposées ci-dessus, le développement asymptotique

$$(1 + x)^{1/x} = 1 + \frac{\log x}{x} + \frac{1}{2}\frac{(\log x)^2}{x^2} + \frac{1}{x^2} + \frac{1}{6}\frac{(\log x)^3}{x^3} + \frac{\log x}{x^3} - \frac{1}{2x^3} + o_2\left(\frac{1}{x^3}\right)$$

par rapport à l'échelle des $x^\alpha(\log x)^\beta$.

Les hypothèses et les notations restant les mêmes, le développement asymptotique de e^f ne pose de nouveaux problèmes que lorsque $f \gg 1$; il faut alors distinguer deux cas, suivant que $g_\alpha \gg 1$ ou $g_\alpha \preccurlyeq 1$. Dans le premier cas, la donnée du développement de f ne permet pas d'obtenir une partie principale de e^f relative à $\mathscr{E}$, car on ignore en général si le reste r_α tend vers 0, c'est-à-dire si e^{r_α} tend vers 1. Au contraire, si $g_\alpha \preccurlyeq 1$, on a $r_\alpha \ll 1$, donc $e^f \sim \exp\left(\sum_{\lambda \leqslant \alpha} a_\lambda g_\lambda\right)$. On peut préciser ce résultat: soit $a_\gamma g_\gamma$ la partie principale de f, et soit δ l'indice (tel que $\gamma < \delta \leqslant \alpha$) pour lequel $g_\delta = 1$; posons $f_1 = \sum_{\lambda \leqslant \delta} a_\lambda g_\lambda$, $f_2 = \sum_{\delta < \lambda \leqslant \alpha} a_\lambda g_\lambda + r_\alpha$; on a $f = f_1 + f_2$, donc $e^f = e^{f_1}e^{f_2}$, et la méthode générale exposée au début de ce nº permet de former un développement asymptotique de e^{f_2} (à partir du développement de Taylor de e^t au point $t = 0$). On aura donc encore un développement asymptotique de e^f si $e^{f_1} = \prod_{\lambda \leqslant \delta} \exp(a_\lambda g_\lambda)$ appartient à $\mathscr{E}$, ou à une échelle $\mathscr{E}_1$ contenant $\mathscr{E}$.

Exemple. — On a $x^{x^{1/x}} = \exp\left(\log x . \exp\left(\frac{1}{x}\log x\right)\right)$; lorsque x tend vers $+\infty$, on a $\log x \ll x$, d'où le développement asymptotique de $\log x . \exp\left(\frac{1}{x}\log x\right)$ par rapport à l'échelle des $x^\alpha(\log x)^\beta$:

$$\log x . \exp\left(\frac{1}{x}\log x\right) = \log x + \frac{(\log x)^2}{x} + \frac{1}{2}\frac{(\log x)^3}{x^2} + o\left(\frac{(\log x)^3}{x^2}\right).$$

Tous les termes de ce développement à partir du second tendent vers 0; à partir de ce développement et du développement de Taylor $e^u = 1 + u + u^2/2 + o(u^2)$ au voisinage de $u = 0$, on tire

$$x^{x^{1/x}} = x + (\log x)^2 + \frac{1}{2}\frac{(\log x)^4}{x} + \frac{1}{2}\frac{(\log x)^3}{x} + o\left(\frac{(\log x)^3}{x}\right).$$

5. Développements asymptotiques à coefficients variables

On peut généraliser la notion de partie principale et celle de développement asymptotique, de la manière suivante. Soit $\mathscr{E}$ une échelle de comparaison formée de fonctions réelles (resp. complexes) telles que, pour chacune d'elles, il existe un ensemble de $\mathfrak{F}$ où la fonction *ne s'annule en aucun point*. Soit d'autre part $\mathscr{C}$ un ensemble de fonctions de $\mathscr{H}(\mathfrak{F}, \mathrm{V})$, satisfaisant aux trois conditions suivantes:

($\mathrm{CO_I}$) *Pour toute fonction* $\mathbf{a} \in \mathscr{C}$, *on a* $\mathbf{a} \preccurlyeq 1$.

($\mathrm{CO_{II}}$) *La relation* $\mathbf{a} \ll 1$ *pour une fonction* $\mathbf{a} \in \mathscr{C}$ *entraîne* $\mathbf{a} = 0$.

($\mathrm{CO_{III}}$) $\mathscr{C}$ *est un espace vectoriel sur* $\mathbf{R}$ (resp. $\mathbf{C}$).

Soit alors $\mathbf{f}$ une fonction quelconque de $\mathscr{H}(\mathfrak{F}, \mathrm{V})$; s'il existe une fonction $g \in \mathscr{E}$ et une fonction non nulle $\mathbf{a} \in \mathscr{C}$ telles que $\mathbf{f} - \mathbf{a}g \ll g$, on dira que $\mathbf{a}g$ est une *partie principale* de $\mathbf{f}$, relative à l'échelle de comparaison $\mathscr{E}$ et au *domaine de coefficients* $\mathscr{C}$. S'il existe une telle partie principale, elle est *unique*: supposons en effet qu'il existe deux telles parties principales $\mathbf{a}_1 g_1$ et $\mathbf{a}_2 g_2$; on ne peut avoir $g_1 \ll g_2$, car en vertu de ($\mathrm{CO_I}$) on déduirait de là $\mathbf{a}_1 g_1 \ll g_2$, et $\mathbf{f} - \mathbf{a}_1 g_1 \ll g_1 \ll g_2$, donc $\mathbf{f} \ll g_2$; mais alors on aurait aussi $\mathbf{a}_2 g_2 \ll g_2$, et par suite $\mathbf{a}_2 \ll 1$, contrairement à l'hypothèse $\mathbf{a}_2 \neq 0$ et à la condition ($\mathrm{CO_{II}}$). On a donc nécessairement $g_1 = g_2$; des relations $\mathbf{f} - \mathbf{a}_1 g_1 \ll g_1$, $\mathbf{f} - \mathbf{a}_2 g_1 \ll g_1$, on tire alors $(\mathbf{a}_2 - \mathbf{a}_1)g_1 \ll g_1$ d'où $\mathbf{a}_2 - \mathbf{a}_1 \ll 1$, et par suite $\mathbf{a}_2 = \mathbf{a}_1$ en vertu de ($\mathrm{CO_{II}}$) et ($\mathrm{CO_{III}}$).

Exemple. — Pour x réel tendant vers $+\infty$, les fonctions *périodiques* et bornées dans $\mathbf{R}$, ayant une même période τ, satisfont aux conditions ($\mathrm{CO_I}$), ($\mathrm{CO_{II}}$) et ($\mathrm{CO_{III}}$): en effet si $\lim_{x \to +\infty} a(x) = 0$, pour tout $\varepsilon > 0$ il existe x_0 tel que $x \geqslant x_0$ entraîne $|a(x)| \leqslant \varepsilon$; on en déduit qu'on a aussi $|a(x)| \leqslant \varepsilon$ pour $0 \leqslant x \leqslant \tau$, puisqu'il existe un entier n tel que $x + n\tau \geqslant x_0$, et que $a(x) = a(x + n\tau)$; comme ε est arbitraire, on a $a(x) = 0$ dans $(0, \tau)$, donc partout.

Avec les notations de V, p. 12, on dira que $\sum_{\lambda \leqslant \alpha} \mathbf{a}_\lambda g_\lambda$, où les $\mathbf{a}_\lambda$ appartiennent à $\mathscr{C}$ et sont nuls sauf un nombre fini d'entre eux, est un *développement asymptotique de* $\mathbf{f}$ *à coefficients dans* $\mathscr{C}$, à la précision g_α, si on a $\mathbf{f} - \sum_{\lambda \leqslant \alpha} \mathbf{a}_\lambda g_\lambda \ll g_\alpha$; pour tout indice μ tel que $\mathbf{a}_\mu \neq 0$, $\mathbf{a}_\mu g_\mu$ est alors la partie principale de $\mathbf{f} - \sum_{\lambda < \mu} \mathbf{a}_\lambda g_\lambda$, relative à $\mathscr{E}$ et à $\mathscr{C}$, ce qui prouve l'unicité de développement asymptotique de $\mathbf{f}$ (à la précision g_α) lorsqu'il existe.

Les méthodes données au n° 3 (V, p. 14) pour former un développement asymptotique de $\mathbf{f}_1 + \mathbf{f}_2$ ou de $[\mathbf{f}_1 . \mathbf{f}_2]$ à partir de développements asymptotiques donnés de $\mathbf{f}_1$ et $\mathbf{f}_2$ s'appliquent encore aux développements à coefficients variables, à condition que les $[\mathbf{a}_\lambda . \mathbf{b}_\mu]$ appartiennent au domaine de coefficients $\mathscr{C}$ correspondant à l'espace normé V ou admettent un développement asymptotique à coefficients dans $\mathscr{C}$.

§ 3. DÉVELOPPEMENTS ASYMPTOTIQUES DES FONCTIONS D'UNE VARIABLE RÉELLE

Dans ce paragraphe, nous allons considérer seulement le cas où l'ensemble E est un *intervalle ouvert* de la droite achevée $\overline{\mathbf{R}}$, et $\mathfrak{F}$ une base de la trace sur E du filtre des voisinages de l'origine ou de l'extrémité α de E; en outre, nous étudierons surtout les fonctions *numériques* (finies) définies dans un ensemble de $\mathfrak{F}$ (dépendant de la fonction considérée). En utilisant au besoin l'un des changements de variables $x' = -x$, $x' = \dfrac{1}{x-\alpha}$, $x' = -\dfrac{1}{x-\alpha}$, on peut toujours se ramener au cas où E est un intervalle de la forme $]a, +\infty[$, et par suite où $\mathfrak{F}$ est formée des intervalles $[t, +\infty[$, où $t > a$. Nous nous bornerons donc en principe à ce dernier cas, et laisserons au lecteur le soin de traduire la plupart des propositions obtenues (au moyen des changements de variables précédents), sauf pour quelques résultats particulièrement importants.

Il nous sera commode de désigner, par abus de langage, les ensembles de $\mathfrak{F}$ sous le nom de « voisinages de $+\infty$ ».

1. Intégration des relations de comparaison: I. Relations faibles

PROPOSITION 1. — *Dans un intervalle* $[a, +\infty[$, *soient* $\mathbf{f}$ *une fonction vectorielle réglée,* g *une fonction réglée* $\geqslant 0$ *et telle que* $\int_a^{+\infty} g(t)\,dt > 0$. *La relation* $\mathbf{f} \preccurlyeq g$ *pour* x *tendant vers* $+\infty$ *entraîne* $\int_a^x \mathbf{f}(t)\,dt \preccurlyeq \int_a^x g(t)\,dt$. *Si l'intégrale* $\int_a^{+\infty} g(t)\,dt$ *est convergente, l'intégrale* $\int_a^{+\infty} \mathbf{f}(t)\,dt$ *est absolument convergente.*

En effet, il existe par hypothèse $b \geqslant a$ et un nombre $c' > 0$ tels que

$$\|\mathbf{f}(x)\| \leqslant c'(g(x) \quad \text{pour } x \geqslant b,$$

d'où

$$\left\|\int_b^x \mathbf{f}(t)\,dt\right\| \leqslant \int_b^x \|\mathbf{f}(t)\|\,dt \leqslant c'\int_b^x g(t)\,dt;$$

comme d'autre part, on peut supposer b assez grand pour que $\int_a^b g(t)\,dt > 0$, il existe $c'' > 0$ tel que $\left\|\int_a^b \mathbf{f}(t)\,dt\right\| \leqslant c'' \int_a^b g(t)\,dt$; en posant $c = \max(c', c'')$, on a donc, pour tout $x \geqslant b$,

$$\left\|\int_a^x \mathbf{f}(t)\,dt\right\| \leqslant c\int_a^x g(t)\,dt,$$

d'où la proposition.

COROLLAIRE 1. — *Si* f *et* g *sont des fonctions réglées* $\geqslant 0$ *dans l'intervalle* $[a, +\infty[$, *telles que* $f \succcurlyeq g$, *et si* $\int_a^{+\infty} g(t)\,dt = +\infty$, *on a* $\int_a^{+\infty} f(t)\,dt = +\infty$.

COROLLAIRE 2. — *Si f et g sont $\geqslant 0$ et non identiquement nulles dans $[a, +\infty[$ et telles que $f \asymp g$, on a $\int_a^x f(t)\,dt \asymp \int_a^x g(t)\,dt$.*

2. Application: critères logarithmiques de convergence des intégrales

Par un choix convenable de la fonction g, on peut déduire de la prop. 1 de V, p. 18, et de son cor. 1 des critères permettant d'affirmer que l'intégrale $\int_a^{+\infty} f(t)\,dt$ d'une fonction $f \geqslant 0$ est convergente ou infinie: il suffit de choisir pour g une fonction dont on connaît une primitive. En particulier, comme x^μ a pour primitive $\frac{x^{\mu+1}}{\mu+1}$ lorsque $\mu \neq -1$, et $\log x$ lorsque $\mu = -1$, on a le critère suivant:

PROPOSITION 2 (« critère logarithmique d'ordre 0 »). — *Soit f une fonction réglée $\geqslant 0$ dans l'intervalle $[a, +\infty[$; si $f(x) \preccurlyeq x^\mu$ pour un $\mu < -1$, l'intégrale $\int_a^{+\infty} f(t)\,dt$ est convergente; si $f(x) \succcurlyeq x^\mu$ pour un $\mu \geqslant -1$, l'intégrale $\int_a^{+\infty} f(t)\,dt$ est infinie.*

Ce critère ne permet pas de conclure lorsque $1/x^{1+\alpha} \prec f(x) \prec 1/x$ pour *tout* exposant $\alpha > 0$, par exemple pour $f(x) = 1/x(\log x)^\mu$ $(\mu > 0)$. Mais dans ce dernier cas, f a pour primitive $\frac{1}{1-\mu}(\log x)^{1-\mu}$ si $\mu \neq 1$ et $\log\log x$ si $\mu = 1$. Par suite:

PROPOSITION 3 (« critère logarithmique d'ordre 1 »). — *Soit f une fonction réglée $\geqslant 0$ dans l'intervalle $[a, +\infty[$; si $f(x) \preccurlyeq 1/x(\log x)^\mu$ pour un $\mu > 1$, l'intégrale $\int_a^{+\infty} f(t)\,dt$ est convergente; si $f(x) \succcurlyeq 1/x(\log x)^\mu$ pour un $\mu \leqslant 1$, l'intégrale $\int_a^{+\infty} f(t)\,dt$ est infinie.*

De façon générale, désignons par $l_n(x)$, pour tout entier $n \geqslant 0$, la fonction définie par récurrence (pour x assez grand) par les relations $l_0(x) = x$, $l_n(x) = \log(l_{n-1}(x))$ pour $n \geqslant 1$; on dit que $l_n(x)$ est le *n-ème logarithme itéré de x* (cf. *Appendice*). On vérifie aussitôt que $\frac{1}{1-\mu}(l_n(x))^{1-\mu}$ est une primitive de

$$\frac{1}{x.l_1(x).l_2(x)\dots l_{n-1}(x)\,(l_n(x))^\mu}$$

pour $\mu \neq 1$, et $l_{n+1}(x)$ une primitive de $\frac{1}{x.l_1(x).l_2(x)\dots l_{n-1}(x).l_n(x)}$. Par suite:

PROPOSITION 4 (« critère logarithmique d'ordre n »). — *Soit f une fonction réglée $\geqslant 0$ dans l'intervalle $[a, +\infty[$; si $f(x) \preccurlyeq \frac{1}{x.l_1(x).l_2(x)\dots l_{n-1}(x)\,(l_n(x))^\mu}$ pour un $\mu > 1$,* *l'intégrale* $\int_a^{+\infty} f(t)\,dt$ *est convergente; si* $f(x) \succcurlyeq \dfrac{1}{x \,.\, l_1(x) \ldots l_{n-1}(x) \,.\, (l_n(x))^{\mu}}$ *pour un* $\mu \leqslant 1$, *l'intégrale* $\int_a^{+\infty} f(t)\,dt$ *est infinie.*

Chaque critère logarithmique est donc applicable à des fonctions pour lesquelles les critères d'ordre inférieur ne peuvent donner de conclusion (cf. V, p. 52, exerc. 5 *b*) et V, p. 53, exerc. 8).

En raison de son utilité, nous traduirons le critère d'ordre 0 pour les intégrales $\int_\alpha^a f(t)\,dt$, où f est réglée et $\geqslant 0$ dans l'intervalle non compact $]\alpha, a]$:

Proposition 5 (« critère logarithmique d'ordre 0 »). — *Si, au voisinage de* α, *on a* $f(x) \preccurlyeq 1/(x-\alpha)^{\mu}$ *pour un* $\mu < 1$, *l'intégrale* $\int_\alpha^a f(t)\,dt$ *est convergente; si* $f(x) \succcurlyeq 1/(x-\alpha)^{\mu}$ *pour un* $\mu \geqslant 1$, *l'intégrale* $\int_\alpha^a f(t)\,dt$ *est infinie.*

Nous laissons au lecteur le soin de traduire de même le critère logarithmique d'ordre n.

L'application des critères logarithmiques est immédiate si on sait obtenir une *partie principale* de f par rapport à une échelle de comparaison contenant les fonctions qui interviennent dans ces critères: si f_1 est cette partie principale, l'intégrale $\int_a^{+\infty} f(t)\,dt$ est convergente ou infinie en même temps que $\int_a^{+\infty} f_1(t)\,dt$, et pour cette dernière intégrale, l'application des critères logarithmiques est immédiate.

Exemples. — 1) La fonction $t^p(1-t)^q$ est non bornée dans $]0, 1[$ lorsque $p < 0$ ou $q < 0$; d'après les critères logarithmiques d'ordre 0 appliqués au voisinage des points 0 et 1, pour que l'intégrale $\int_0^1 t^p(1-t)^q\,dt$ converge, il faut et il suffit que $p > -1$ et $q > -1$. Lorsqu'il en est ainsi, cette intégrale est dite *intégrale eulérienne de première espèce* et notée $\mathrm{B}(p+1, q+1)$ (cf. VII, p. 8).

2) Considérons l'intégrale $\int_0^\infty t^{x-1}e^{-t}\,dt$. Comme $e^{-t} \sim 1$ au voisinage de 0, pour que cette intégrale converge, il faut que $x > 0$; cette condition est aussi suffisante car au voisinage de $+\infty$, on a $e^{-t} \lll t^{-\mu}$ quel que soit $\mu > 0$. Lorsque $x > 0$, l'intégrale est dite *intégrale eulérienne de seconde espèce* et notée $\Gamma(x)$ (cf. VII, p. 7).

3. Intégration des relations de comparaison: II. Relations fortes

Proposition 6. — *Soient* $\mathbf{f}$ *une fonction vectorielle réglée,* g *une fonction numérique réglée et* $\geqslant 0$ *dans* $[a, +\infty[$.

1° *Si l'intégrale* $\int_a^{+\infty} g(t)dt$ *est convergente, la relation* $\mathbf{f} \lll g$ (resp. $\mathbf{f} \sim \mathbf{c}g$, *où* $\mathbf{c}$ *est constant*) *entraîne* $\int_x^{+\infty} \mathbf{f}(t)\,dt \lll \int_x^{+\infty} g(t)\,dt$ (resp. $\int_x^{+\infty} \mathbf{f}(t)\,dt \sim \mathbf{c}\int_x^{+\infty} g(t)\,dt$).

2° *Si l'intégrale* $\int_a^{+\infty} g(t)\,dt$ *est infinie, la relation* $\mathbf{f} \lll g$ (resp. $\mathbf{f} \sim \mathbf{c}g$) *entraîne*

$$\int_\alpha^x \mathbf{f}(t)\,dt \lll \int_\beta^x g(t)\,dt \quad (\text{resp. } \int_\alpha^x \mathbf{f}(t)\,dt \sim \mathbf{c}\int_\beta^x g(t)\,dt),$$

quels que soient α *et* β *dans* $[a, +\infty[$.

Il suffit de démontrer la proposition concernant la relation $\mathbf{f} \ll g$, puisque, si $\mathbf{c} \neq 0$, la relation $\mathbf{f} \sim \mathbf{c}g$ est équivalente à $\mathbf{f} - \mathbf{c}g \ll g$.

La première partie est une conséquence immédiate du théorème de la moyenne, car si on a $\|\mathbf{f}(x)\| \leqslant \varepsilon g(x)$ pour $x \geqslant x_0$, on en tire

$$\left\|\int_x^{+\infty} \mathbf{f}(t)\,dt\right\| \leqslant \int_x^{+\infty} \|\mathbf{f}(t)\|\,dt \leqslant \varepsilon \int_x^{+\infty} g(t)\,dt \quad \text{pour } x \geqslant x_0.$$

En second lieu, supposons que $\int_a^{+\infty} g(t)\,dt = +\infty$. Si $\|\mathbf{f}(x)\| \leqslant \varepsilon g(x)$ pour $x \geqslant x_0 \geqslant \max(\alpha, \beta)$, on a

$$\int_\alpha^x \|\mathbf{f}(t)\|\,dt = \int_\alpha^{x_0} \|\mathbf{f}(t)\|\,dt + \int_{x_0}^x \|\mathbf{f}(t)\|\,dt \leqslant \int_\alpha^{x_0} \|\mathbf{f}(t)\|\,dt + \varepsilon\int_{x_0}^x g(t)\,dt$$
$$= \varepsilon \int_\beta^x g(t)\,dt + \left(\int_\alpha^{x_0} \|\mathbf{f}(t)\|\,dt - \varepsilon\int_\beta^{x_0} g(t)\,dt\right).$$

Or, il existe $x_1 \geqslant x_0$ tel que pour tout $x \geqslant x_1$

$$\left|\int_\alpha^{x_0} \|\mathbf{f}(t)\|\,dt - \varepsilon \int_\beta^{x_0} g(t)\,dt\right| \leqslant \varepsilon \int_\beta^x g(t)\,dt$$

d'où, pour $x \geqslant x_1$

$$\left\|\int_\alpha^x \mathbf{f}(t)\,dt\right\| \leqslant \int_\alpha^x \|\mathbf{f}(t)\|\,dt \leqslant 2\varepsilon \int_\beta^x g(t)\,dt$$

ce qui achève la démonstration, $\varepsilon > 0$ étant arbitraire.

En d'autres termes, on peut *intégrer* les deux membres d'une relation forte $\mathbf{f} \ll g$, $\mathbf{f} \sim \mathbf{a}g$, lorsque g est *positive* dans un intervalle $[a, +\infty[$, sans que la relation cesse d'avoir lieu entre les primitives des deux membres, pourvu qu'on ait soin d'intégrer de x à $+\infty$ si $\int_a^{+\infty} g(t)\,dt$ est convergente et de α à x (α quelconque dans $[a, +\infty[$) dans le cas contraire.

On notera que les prop. 1 (V, p. 18) et 6 (V, p. 20) sont encore valables lorsque $\mathfrak{F}$ est la base de filtre formée de la trace des intervalles $[t, +\infty[$ (où $t > a$) sur le *complémentaire d'un ensemble dénombrable* (cf. I, p. 23, th. 2).

Exemples. — 1) En appliquant la prop. 6 de V, p. 20, à la relation $1/x \ll x^{\alpha-1}$ où $\alpha > 0$, on retrouve la relation $\log x \ll x^\alpha$ pour tout $\alpha > 0$, équivalente à la relation $y^{1/\alpha} \ll e^y$ démontrée dans III, p. 16.

2) On a $\left(\frac{e^x}{x}\right)' = \frac{e^x}{x}\left(1 - \frac{1}{x}\right) \sim e^x/x$; comme e^x/x tend vers $+\infty$ avec x, on déduit de la prop. 6 de V, p. 20, que $\int_1^x \frac{e^t}{t}\,dt \sim e^x/x$.

Remarque. — Lorsque g n'est pas supposée rester $\geqslant 0$ dans un intervalle $[a, +\infty[$ (ou rester $\leqslant 0$ dans un tel intervalle), et que $\int_a^{+\infty} g(t)\,dt$ n'est pas convergente, la relation $f \sim g$ *n'entraîne pas nécessairement* $\int_a^x f(t)\,dt \sim \int_a^x g(t)\,dt$, comme le montre l'exemple où $g(x) = \sin x$ et $f(x) = \left(1 + \frac{\sin x}{x}\right)\sin x$; on a en effet

$$\int_{n\pi}^{(n+1)\pi} \frac{\sin^2 t}{t}\,dt \geqslant \frac{1}{(n+1)\pi}\int_0^\pi \sin^2 t\,dt \geqslant \frac{1}{2}\int_{n+1}^{n+2}\frac{dt}{t},$$

d'où

$$\int_{\pi}^{n\pi} \frac{\sin^2 t}{t}\, dt \geqslant \frac{1}{2}\int_{2}^{n+1} \frac{dt}{t}$$

et l'intégrale $\int_1^\infty dt/t$ est infinie, alors que $\int_{\frac{\pi}{2}}^{x} g(t)\, dt = -\cos x$ reste bornée (cf. V, p. 49, exerc. 4).

4. Dérivation des relations de comparaison

Les propositions 1 (V, p. 18) et 6 (V, p. 20) *n'admettent pas de réciproque*: l'existence d'une relation de comparaison $\mathbf{f} \preccurlyeq g$, $\mathbf{f} \prec\!\!\prec g$, $\mathbf{f} \sim \mathbf{c}g$ entre deux fonctions dérivables au voisinage de $+\infty$ *n'entraîne pas nécessairement* la même relation de comparaison entre leurs dérivées, même lorsqu'il s'agit de relations de comparaison entre fonctions numériques et *monotones* f et g.

Par exemple, la fonction $x^2 + x \sin x + \cos x$ est monotone et équivalente à x^2, mais sa dérivée $x(2 + \cos x)$ n'est pas équivalente à $2x$.

Par contre, on peut dériver des relations de comparaison lorsqu'on suppose *a priori* que les dérivées des fonctions considérées sont *comparables* (V, p. 7). De façon générale, nous dirons que deux fonctions numériques f, g, définies dans un intervalle $[a, +\infty[$, sont *comparables d'ordre* k au voisinage de $+\infty$ si, dans un voisinage de $+\infty$, elles admettent une dérivée k-ème réglée sauf en une infinité dénombrable de points, et si, dans ce voisinage, $f^{(k)}$ et $g^{(k)}$ *gardent un signe constant* (dans l'ensemble où elles sont définies), et sont *comparables*.

On convient de dire que deux fonctions numériques *comparables* (V, p. 7) sont *comparables d'ordre* 0.

PROPOSITION 7. — *Si deux fonctions numériques f, g, sont comparables d'ordre* 1, *elles sont comparables; en outre, la relation $f \prec\!\!\prec g$* (resp. $f \sim cg$, *c constante*) *entraîne $f' \prec\!\!\prec g'$* (resp. $f' \sim cg'$) *sauf si g est équivalente à une constante* $\neq 0$.

En effet, comme f' et g' gardent un signe constant dans un intervalle $[x_0, +\infty[$, f et g sont monotones dans cet intervalle, donc tendent vers une limite finie ou infinie lorsque x tend vers $+\infty$. Il est évident que f et g sont comparables lorsque x tend vers $+\infty$, si une de ces limites est finie et $\neq 0$, ou si l'une est nulle et l'autre infinie. Si f et g tendent toutes deux vers 0, on peut écrire $f(x) = -\int_x^{+\infty} f'(t)dt$, $g(x) = -\int_x^{+\infty} g'(t)dt$; comme f' et g' sont comparables, il en est de même de f et g et la relation de comparaison entre f et g est la même que celle qui existe entre f' et g', d'après la prop. 6 (V, p. 20). De même, si f et g ont toutes deux un elimite infinie, on a $f(x) = f(x_0) + \int_{x_0}^{x} f'(t)\, dt$, $g(x) = g(x_0) + \int_{x_0}^{x} g'(t)\, dt$; la prop. 6 (V, p. 20) montre de nouveau que f et g sont comparables et que la relation de comparaison entre f et g est la même que celle qui existe entre f' et g'. P our achever de démontrer la proposition, il reste à considérer le cas où g tend vers $\pm\infty$ et f vers une constante; alors on ne peut avoir $f' \succcurlyeq g'$, car on déduirait de la prop. 1 (V, p. 18) que l'intégrale $\int_{x_0}^{\infty} g'(t)\,dt$ serait convergente; comme f' et g' sont supposées comparables, on a nécessairement $f' \ll g'$.

COROLLAIRE. — *Si deux fonctions numériques f, g sont comparables d'ordre $k \geqslant 1$, elles sont comparables d'ordre p pour $0 \leqslant p \leqslant k$; en outre, la relation $f \ll g$* (resp. $f \sim cg$) *entraîne $f^{(k)} \ll g^{(k)}$* (resp. $f^{(k)} \sim cg^{(k)}$) *sauf lorsque l'une des dérivées $g^{(p)}$* $(0 \leqslant p \leqslant k-1)$ *est équivalente à une constante* $\neq 0$.

En effet, comme $f^{(k)}$ et $g^{(k)}$ gardent un signe constant dans un intervalle $[x_0, +\infty[$, $f^{(k-1)}$ et $g^{(k-1)}$ sont monotones dans cet intervalle, donc gardent un signe constant au voisinage de $+\infty$; en outre, la prop. 7 de V, p. 22, montre que $f^{(k-1)}$ et $g^{(k-1)}$ sont comparables, donc le corollaire résulte de la prop. 7 appliquée par récurrence sur k.

Remarques. — 1) La restriction de l'énoncé de la prop. 7 concernant g est essentielle. Par exemple, on a $1/x \ll 1 + \frac{1}{x}$ bien que les dérivées des deux membres soient équivalentes; de même $1 + \frac{1}{x} \sim 1 + \frac{1}{x^2}$, mais $1/x^2 \gg 2/x^3$.

2) Si f et g sont comparables d'ordre k, une fonction f_1 équivalente à f n'est pas nécessairement comparable d'ordre k à g; elle l'est toutefois si on suppose que f_1 est comparable d'ordre k à f et qu'aucune des dérivées $f^{(p)}$ $(0 \leqslant p \leqslant k-1)$ n'est équivalente à une constante $\neq 0$.

3) Si f et g sont comparables d'ordre k, il n'en pas nécessairement de même de hf et hg, même pour une fonction monotone h aussi simple que $h(x) = x$ (V, p. 49, exerc. 3); de même, $1/f$ et $1/g$ ne sont pas nécessairement comparables d'ordre k (V, p. 48, exerc. 1).

5. Partie principale d'une primitive

Soit f une fonction numérique réglée $\neq 0$ et gardant un signe constant dans un intervalle $[a, +\infty[$; la proposition suivante permet dans certains cas d'obtenir une partie principale simple de la primitive $\int_x^{+\infty} f(t)\,dt$ si $\int_a^{+\infty} f(t)\,dt$ est convergente, et de la primitive $\int_a^x f(t)\,dt$ si l'intégrale $\int_a^{+\infty} f(t)\,dt$ est infinie:

PROPOSITION 8. — *On pose* $\mathrm{F}(x) = \int_x^{+\infty} f(t)dt$ *si* $\int_a^{+\infty} f(t)dt$ *est convergente,* $\mathrm{F}(x) = \int_a^x f(t)\,dt$ *si* $\int_a^{+\infty} f(t)dt$ *est infinie. On suppose que* $\log |f|$ *et* $\log x$ *sont comparables d'ordre* 1.

1° *Si f est d'ordre fini $\mu \neq -1$ par rapport à x, on a*

$$\mathrm{F}(x) \sim \frac{1}{|\mu + 1|}\, x f(x). \tag{1}$$

2° *Si f est d'ordre infini par rapport à x et si f/f' et x sont comparables d'ordre* 1, *on a*

$$\mathrm{F}(x) \sim \frac{(f(x))^2}{|f'(x)|}. \tag{2}$$

On notera que l'hypothèse entraîne que $f(x)$ a un ordre déterminé par rapport à x (V, p. 9).

1° Si f est d'ordre $\mu \neq 0$ par rapport à x, on a $\log |f| \sim \mu \log x$, donc, comme $\log |f|$ et $\log x$ sont comparables d'ordre 1, on a d'après la prop. 7 de V, p. 22, $f'/f \sim \mu/x$, ou $xf' \sim \mu f$. Si $\mu > -1$, on a $f(x) \gg x^{\mu-\varepsilon}$ pour tout $\varepsilon > 0$, donc (V, p. 19, prop. 2) l'intégrale $\int_a^{+\infty} f(t)\, dt$ est infinie. On peut écrire $\mathrm{F}(x) = \int_a^x f(t)\, dt = xf(x) - af(a) - \int_a^x tf'(t)\, dt$, ou encore

$$\int_a^x (f(t) + tf'(t))\, dt = xf(x) - af(a);$$

comme $\mu \neq -1$, $f(x) + xf'(x) \sim (\mu + 1)f(x)$, donc (V, p. 20, prop. 6)

$$\int_a^x (f(t) + tf'(t))\, dt \sim (\mu + 1)\mathrm{F}(x),$$

ce qui démontre dans ce cas la relation (1). Si $\mu = 0$, on a de même $xf'(x) \ll f(x)$, ce qui donne encore $f(x) + xf'(x) \sim f(x)$. On raisonne de manière analogue lorsque $\mu < -1$, cas où $\int_a^{+\infty} f(t)\, dt$ est convergente.

2° Si f est d'ordre $+\infty$ par rapport à x, on a $\log |f| \gg \log x$, donc (V, p. 22, prop. 7) $f'/f \gg 1/x$, ou encore, en posant $g(x) = f(x)/f'(x)$, $g(x) \ll x$; en outre, comme $f(x) \gg x^\alpha$ pour tout $\alpha > 0$, l'intégrale $\int_a^{+\infty} f(t)\, dt$ est infinie. On peut écrire

$$\mathrm{F}(x) = \int_a^x f(t)\, dt = \int_a^x g(t)f'(t)\, dt = g(x)f(x) - g(a)f(a) - \int_a^x f(t)g'(t)\, dt;$$

comme g et x sont comparables d'ordre 1, de la relation $g(x) \ll x$ on déduit (V, p. 22, prop. 7) $g'(x) \ll 1$, donc $fg' \ll f$, et par suite (V, p. 20, prop. 6)

$$\int_a^x f(t)g'(t)\, dt \ll \mathrm{F}(x),$$

ce qui établit la relation (2). Démonstration analogue lorsque f est d'ordre $-\infty$ par rapport à x, cas où $\int_a^{+\infty} f(t)\, dt$ est convergente.

Soit $\mathscr{E}$ une échelle de comparaison (pour x réel tendant vers $+\infty$) formée de fonctions numériques non nulles et de signe constant au voisinage de $+\infty$, telle que $x \in \mathscr{E}$ et que le produit et le quotient de deux fonctions de $\mathscr{E}$ appartiennent encore à $\mathscr{E}$ (V, p. 11 et p. 14). Si une fonction réglée f de signe constant au voisinage de $+\infty$ admet une partie principale cg par rapport à $\mathscr{E}$, $\int_x^{+\infty} f(t)\, dt$ (resp. $\int_a^x f(t) dt$ suivant le cas) sera équivalente à $c\int_x^{+\infty} g(t)\, dt$ (resp. $c\int_a^x g(t)\, dt$); si la fonction g satisfait aux conditions de la prop. 8 de V, p. 23, et si (lorsque la formule (2) de V, p. 23, s'applique) on connaît une partie principale de g' relativement à $\mathscr{E}$, on aura ainsi une partie principale de $\int_x^{+\infty} f(t)\, dt$ (resp. $\int_a^x f(t)\, dt$) relativement à $\mathscr{E}$.

Exemples. — 1) La fonction $1/\log x$ est d'ordre 0 par rapport à x, et satisfait aux conditions de la prop. 8 de V, p. 23; donc

$$\int_a^x \frac{dt}{\log t} \sim \frac{x}{\log x}.$$

2) La fonction e^{x^2} est d'ordre $+\infty$ par rapport à x et satisfait aux conditions de la prop. 8, donc

$$\int_a^x e^{t^2}\, dt \sim \frac{1}{2x} e^{x^2}.$$

Dans l'Appendice (V, p. 41), nous définirons un ensemble de fonctions auxquelles les prop. 7 et 8 sont toujours applicables.

Remarque. — La prop. 8 n'est pas directement applicable à une fonction f d'ordre -1 par rapport à x. Mais on peut alors écrire $f(x) = f_1(x)/x$, f_1 étant d'ordre 0 par rapport à x. Supposons par exemple que $\int_a^{+\infty} f(t)\, dt$ soit infinie; alors

$$\mathrm{F}(x) = \int_a^x f(t)\, dt = \int_a^x \frac{1}{t} f_1(t)\, dt = \int_{\log a}^{\log x} f_1(e^u)\, du.$$

Si la fonction $f_1(e^y)$ satisfait aux conditions de la prop. 8 et a un ordre $\neq -1$ par rapport à y (c'est-à-dire si $f_1(x)$ a un ordre $\neq -1$ par rapport à $\log x$), les formules (1) et (2) permettront encore d'obtenir une partie principale de $\mathrm{F}(x)$. Par exemple, soit $f(x) = \dfrac{\exp(\sqrt{\log x})}{x \log x}$; comme $\exp(\sqrt{\log x})$ est d'ordre 0 par rapport à x, f est d'ordre -1; on a ici $f_1(e^y) = e^{\sqrt{y}}/y$ et cette fonction est d'ordre $+\infty$ par rapport à y; la prop. 8 lui est applicable et donne $\int_\alpha^y e^{\sqrt{u}}/u\, du \sim 2e^{\sqrt{y}}/\sqrt{y}$; en revenant à la variable x, il vient donc $\displaystyle\int_a^x \frac{\exp(\sqrt{\log t})}{t \log t}\, dt \sim \frac{2\exp(\sqrt{\log x})}{\sqrt{\log x}}$.

6. Développement asymptotique d'une primitive

Soit $\mathscr{E}$ une échelle de comparaison au voisinage de $+\infty$ formée de fonctions numériques $\neq 0$ et de signe constant au voisinage de $+\infty$; soit $\mathbf{f}$ une fonction vectorielle réglée définie dans un intervalle $[a, +\infty[$, à valeurs dans un espace normé complet E, et admettant un développement asymptotique

$$\mathbf{f} = \sum_{\lambda \leqslant \alpha} \mathbf{a}_\lambda g_\lambda + \mathbf{r}_\alpha$$

à la précision g_α, par rapport à $\mathscr{E}$. Supposons en outre que toute primitive $\int_a^x g(t)\, dt$ d'une fonction $g \in \mathscr{E}$ admette un développement asymptotique par rapport à $\mathscr{E}$. Dans ces conditions, nous allons voir qu'on peut obtenir un développement asymptotique de $\mathbf{F}(x) = \int_a^x \mathbf{f}(t)\, dt$ relativement à $\mathscr{E}$. Distinguons deux cas:

1° $\int_a^{+\infty} g_\alpha(t)\, dt$ est infinie; alors (V, p. 20, prop. 6), on a $\int_a^x \mathbf{r}_\alpha(t)\, dt \lll \int_a^x g_\alpha(t)\, dt$; par hypothèse, on peut obtenir un développement asymptotique de $\sum_{\lambda \leqslant \alpha} \mathbf{a}_\lambda \int_a^x g_\lambda(t) dt$ à une certaine précision g_ρ (V, p. 12); si cg_σ est la partie principale de $\int_a^x g_\alpha(t) dt$, on aura donc un développement asymptotique de $\int_a^x \mathbf{f}(t)\, dt$ à la précision $g_{\min(\rho, \sigma)}$, dont tous les termes ont des normes croissant indéfiniment.

2° $\int_a^{+\infty} g_\alpha(t)\,dt$ est convergente; soit β alors le plus petit des indices $\lambda \leqslant \alpha$ tels que $\mathbf{a}_\lambda \neq 0$ et que $\int_a^{+\infty} g_\lambda(t)dt$ soit convergente; l'intégrale

$$\mathbf{C} = \int_a^{+\infty} (\mathbf{f}(t) - \sum_{\lambda<\beta} \mathbf{a}_\lambda g_\lambda(t))\,dt$$

est alors convergente, et on peut écrire

$$\mathbf{F}(x) = \sum_{\lambda<\beta} \mathbf{a}_\lambda \int_a^x g_\lambda(t)\,dt + \mathbf{C} - \sum_{\beta\leqslant\lambda\leqslant\alpha} \mathbf{a}_\lambda \int_x^{+\infty} g_\lambda(t)\,dt - \int_x^{+\infty} \mathbf{r}_\alpha(t)\,dt.$$

On a alors $\int_x^{+\infty} \mathbf{r}_\alpha(t)\,dt \ll \int_x^{+\infty} g_\alpha(t)\,dt$; si cg_σ est la partie principale de $\int_x^{+\infty} g_\alpha(t)dt$, et si on a un développement asymptotique de

$$\sum_{\lambda<\beta} \mathbf{a}_\lambda \int_a^x g_\lambda(t)\,dt + \mathbf{C} - \sum_{\beta\leqslant\lambda\leqslant\alpha} \mathbf{a}_\lambda \int_x^{+\infty} g_\lambda(t)\,dt$$

à la précision g_ρ, on aura de la sorte un développement asymptotique de $\mathbf{F}$ à la précision $g_{\min(\rho,\sigma)}$.

Tout revient donc à trouver des développements asymptotiques par rapport à $\mathscr{E}$ de *primitives de fonctions de* $\mathscr{E}$. Nous avons vu comment, moyennant certaines hypothèses sur $\mathscr{E}$, la prop. 8 de V, p. 23 donne la partie principale d'une telle primitive. En outre, la démonstration de la prop. 8 donne l'expression de la différence des deux membres de la formule (1) (resp. (2)) de V, p. 23, sous forme d'une primitive de la fonction $\frac{1}{|\mu+1|}(xf'(x)+f(x)) - f(x)$ (resp. $f(x)g'(x)$, avec $g = f/f'$); en formant la partie principale de cette nouvelle primitive, ainsi qu'un développement asymptotique du second membre de (1) (resp. (2)), on obtiendra le second terme du développement cherché (voir V, p. 36–43).

Exemples. — 1) Soit $f(x) = 1/\log x$ $(x > 1)$; on a vu que $\int_a^x dt/\log t \sim x/\log x$, et la différence $\int_a^x \frac{dt}{\log t} - \frac{x}{\log x}$ est une primitive de $1/(\log x)^2$; on peut de nouveau appliquer à cette fonction la prop. 8, qui donne $\int_a^x dt/(\log t)^2 \sim x/(\log x)^2$. Par récurrence, on obtient ainsi le développement

$$\int_a^x \frac{dt}{\log t} = \frac{x}{\log x} + \frac{x}{(\log x)^2} + \frac{2x}{(\log x)^3} + \cdots + (n-1)!\,\frac{x}{(\log x)^n} + o\left(\frac{x}{(\log x)^n}\right).$$

On notera que, quel que soit n, tous les termes de ce développement tendent vers $+\infty$ avec x.

2) Soit $f(x) = \frac{e^x}{x^2+1}$; on peut écrire $f(x) = \frac{e^x}{x^2} - \frac{e^x}{x^4} + o_1\left(\frac{e^x}{x^4}\right)$. La prop. 8 donne les développements

$$\int_a^x \frac{e^t}{t^2}\,dt = \frac{e^x}{x^2} + \frac{2e^x}{x^3} + \frac{6e^x}{x^4} + o_2\left(\frac{e^x}{x^4}\right) \qquad \int_a^x \frac{e^t}{t^4}\,dt = \frac{e^x}{x^4} + o_3\left(\frac{e^x}{x^4}\right)$$

d'où par addition

$$\int_a^x \frac{e^t}{t^2+1}\,dt = \frac{e^x}{x^2} + 2\frac{e^x}{x^3} + 5\frac{e^x}{x^4} + o_4\left(\frac{e^x}{x^4}\right).$$

§ 4. APPLICATION AUX SÉRIES A TERMES POSITIFS

1. Critères de convergence des séries à termes positifs

Dans tout ce paragraphe, nous entendons (par abus de langage) par *série à termes positifs* une série (u_n) à termes réels tels que $u_n \geqslant 0$ *à partir d'une certaine valeur de* n. Tout ce qui sera dit sur ces séries s'étend aussitôt par changement de signe aux séries dont tous les termes sont $\leqslant 0$ à partir d'une certaine valeur de n. On a vu (II, p. 14, *Exemple* 3) qu'à toute suite $(\mathbf{u}_n)_{n\geqslant 1}$ de points d'un espace normé E, on associe une fonction en escalier $\mathbf{u}$ définie dans $[1, +\infty[$ par les conditions $\mathbf{u}(x) = \mathbf{u}_n$ pour $n \leqslant x < n+1$: alors, pour que la série $(\mathbf{u}_n)$ soit convergente, il faut et il suffit que l'intégrale $\int_1^{+\infty} \mathbf{u}(t)\, dt$ soit convergente.

Soient (u_n) et (v_n) deux séries à termes positifs, u et v les fonctions en escalier associées: la relation $u_n \leqslant v_n$ pour $n \geqslant n_0$ équivaut à $u(x) \leqslant v(x)$ pour $x \geqslant n_0$. Par suite, chacune des relations $u_n \preccurlyeq v_n$, $u_n \ll v_n$, $u_n \sim v_n$ est respectivement équivalente à $u(x) \preccurlyeq v(x)$, $u(x) \ll v(x)$, $u(x) \sim v(x)$; cette remarque permet de traduire comme suit les propositions 1 (V, p. 18) et 6 (V, p. 20):

Proposition 1. — *Soient (u_n) et (v_n) deux séries à termes positifs. Si $u_n \preccurlyeq v_n$, et si la série (v_n) est convergente, la série (u_n) est convergente; si $u_n \succcurlyeq v_n$ et si $\sum_{n=1}^{\infty} v_n = +\infty$, on a $\sum_{n=1}^{\infty} u_n = +\infty$.*

Proposition 2. — *Soient (u_n) et (v_n) deux séries à termes positifs:*

1° *Si la série (v_n) est convergente, la relation $u_n \ll v_n$* (resp. $u_n \sim v_n$) *entraîne* $\sum_{p=n}^{\infty} u_p \ll \sum_{p=n}^{\infty} v_p$ (resp. $\sum_{p=n}^{\infty} u_p \sim \sum_{p=n}^{\infty} v_p$).

2° *Si $\sum_{n=1}^{\infty} v_n = +\infty$, la relation $u_n \ll v_n$* (resp. $u_n \sim v_n$) *entraîne* $\sum_{p=1}^{n} u_p \ll \sum_{p=1}^{n} v_p$ (resp. $\sum_{p=1}^{n} u_p \sim \sum_{p=1}^{n} v_p$).

On obtient des critères commodes de convergence en prenant pour série de comparaison (v_n) dans la prop. 1 une série dont les termes sont de la forme $v_n = f(n)$, où f est une fonction $\geqslant 0$, *définie pour tout nombre réel* $x > x_0$ et décroissante dans l'intervalle $[x_0, +\infty[$; en effet:

Proposition 3 (critère de Cauchy-Maclaurin). — *Si f est une fonction $\geqslant 0$ et décroissante dans $[x_0, +\infty[$, pour que la série de terme général $v_n = f(n)$ soit convergente, il faut et il suffit que l'intégrale $\int_{x_0}^{+\infty} f(t)\, dt$ soit convergente.*

Il suffit pour le voir de remarquer que si v est la fonction en escalier associée à la série (v_n), on a $v(x+1) \leqslant f(x) \leqslant v(x)$ pour tout $x \geqslant x_0$, puisque f est décroissante; la proposition résulte donc du principe de comparaison (II, p. 17, prop. 3).

Comme les fonctions qui figurent dans les critères logarithmiques de convergence des intégrales (V, p. 19–20, prop. 2, 3 et 4) sont décroissantes dans un intervalle $[x_0, +\infty[$, l'application des prop. 1 et 3 de V, p. 27, donne les critères suivants:

Proposition 4 (« critère logarithmique d'ordre 0 »). — *Soit (u_n) une série à termes positifs; si $u_n \preccurlyeq n^\mu$ pour un $\mu < -1$, la série (u_n) est convergente; si $u_n \succcurlyeq n^\mu$ pour un $\mu \geqslant -1$, la série (u_n) a une somme infinie.*

Proposition 5 (« critère logarithmique d'ordre p »). — *Soit (u_n) une série à termes positifs. Si $u_n \preccurlyeq \dfrac{1}{n.l_1(n).l_2(n)\dots l_{p-1}(n)\,(l_p(n))^\mu}$ pour un $\mu > 1$, la série (u_n) est convergente; si $u_n \succcurlyeq \dfrac{1}{n.l_1(n)\dots l_{p-1}(n)\,(l_p(n))^\mu}$ pour un $\mu \leqslant 1$, la série (u_n) a une somme infinie.*

Si $0 \leqslant q < 1$, on a $q^n \preccurlyeq n^{-\mu}$ quel que soit $\mu > 0$; l'application du critère logarithmique d'ordre 0 prouve à nouveau la convergence de la *série géométrique* $\sum_{n=0}^{\infty} q^n$ pour $|q| < 1$ (TG, IV, p. 32). Si on applique la prop. 1 en prenant $v_n = q^n$ on obtient un critère qui peut se mettre sous la forme suivante (« *critère de Cauchy* »): *Soit (u_n) une série à termes positifs; si $\limsup_{n\to\infty} (u_n)^{1/n} < 1$, la série (u_n) est convergente; si $\limsup_{n\to\infty} (u_n)^{1/n} > 1$, la série (u_n) a une somme infinie.* En effet, si $\limsup_{n\to\infty} (u_n)^{1/n} = a < 1$, pour tout nombre q tel que $a < q < 1$, on a $u_n \preccurlyeq q^n$. Si au contraire $\limsup_{n\to\infty} (u_n)^{1/n} = a > 1$, pour tout q tel que $1 < q < a$, on a $u_n \geqslant q^n > 1$ pour une infinité de valeurs de n; u_n ne tendant pas vers 0, on a $\sum_{n=1}^{\infty} u_n = +\infty$.

Ce critère est fort utile dans la théorie des *séries entières*, que nous étudierons plus tard; mais il ne permet déjà plus de décider de la convergence des séries $(1/n^\alpha)$, autrement dit son champ d'application est beaucoup plus restreint que celui des critères logarithmiques.

2. Développement asymptotique des sommes partielles d'une série

Pour x réel tendant vers $+\infty$, soit $\mathscr{E}$ une échelle de comparaison formée de fonctions dont chacune est définie dans *tout un intervalle* $[x_0, +\infty[$ (dépendant de la fonction) et est $\geqslant 0$ dans cet intervalle. Soit $(\mathbf{u}_n)$ une série dont les termes appartiennent à un espace normé complet E, telle que $\mathbf{u}_n$ admette un développement asymptotique à la précision g_α par rapport à l'échelle $\mathscr{E}'$ des restrictions à $\mathbf{N}$ des fonctions de $\mathscr{E}$:

$$\mathbf{u}_n = \sum_{\lambda \leqslant \alpha} \mathbf{a}_\lambda g_\lambda(n) + \mathbf{r}_\alpha(n).$$

Supposons que toute somme partielle $\sum_{m=1}^{n} g(m)$ où $g \in \mathscr{E}$, admette un développement asymptotique par rapport à $\mathscr{E}'$. On peut alors obtenir un développement asymptotique de $\mathbf{s}_n = \sum_{m=1}^{n} \mathbf{u}_m$ par rapport à $\mathscr{E}'$; nous distinguerons encore deux cas:

1° $\sum_{n=1}^{\infty} g_\alpha(n) = +\infty$. Alors (V, p. 27, prop. 2), on a $\sum_{m=1}^{n} \mathbf{r}_\alpha(m) \ll \sum_{m=1}^{n} g_\alpha(m)$; par hypothèse, on peut obtenir un développement asymptotique de

$$\sum_{\lambda \leqslant \alpha} \mathbf{a}_\lambda \left(\sum_{m=1}^{n} g(m) \right)$$

(V, p. 13) à une certaine précision g_ρ; si $cg_\sigma(n)$ est la partie principale de $\sum_{m=1}^{n} g_\alpha(m)$, on aura un développement asymptotique de $\mathbf{s}_n$ à la précision $g_{\min(\rho,\sigma)}$.

2° $\sum_{n=1}^{\infty} g_\alpha(n)$ est convergente; soit alors β le plus petit des indices $\lambda \leqslant \alpha$ tels que $\mathbf{a}_\lambda \neq 0$ et que $\sum_{n=1}^{\infty} g_\lambda(n)$ soit convergente; la série

$$\mathbf{C} = \sum_{n=1}^{\infty} \left(\mathbf{u}_n - \sum_{\lambda < \beta} \mathbf{a}_\lambda g_\lambda(n) \right)$$

est alors absolument convergente, et on peut écrire

$$\mathbf{s}_n = \sum_{\lambda < \beta} \mathbf{a}_\lambda \left(\sum_{m=1}^{n} g_\lambda(m) \right) + \mathbf{C} - \sum_{\beta \leqslant \lambda \leqslant \alpha} \mathbf{a}_\lambda \left(\sum_{m=n+1}^{\infty} g_\lambda(m) \right) - \sum_{m=n+1}^{\infty} \mathbf{r}_\alpha(m).$$

On a en outre $\sum_{m=n+1}^{\infty} \mathbf{r}_\alpha(m) \ll \sum_{m=n+1}^{\infty} g_\alpha(m)$; si $cg_\sigma(n)$ est la partie principale de $\sum_{m=n+1}^{\infty} g_\alpha(m)$, et si on a un développement asymptotique de

$$\sum_{\lambda < \beta} \mathbf{a}_\lambda \left(\sum_{m=1}^{n} g_\lambda(m) \right) + \mathbf{C} - \sum_{\beta \leqslant \lambda \leqslant \alpha} \mathbf{a}_\lambda \left(\sum_{m=n+1}^{\infty} g_\lambda(m) \right)$$

à la précision g_ρ, on obtiendra ainsi un développement asymptotique de $\mathbf{s}_n$ à la précision $g_{\min(\rho,\sigma)}$.

On est ainsi ramené au cas particulier des séries $(g(n))$ où $g \in \mathscr{E}$. Nous allons voir comment, moyennant certaines conditions, on peut tout d'abord obtenir une partie principale de $s_n = \sum_{m=1}^{n} g(m)$ (lorsque $\sum_{n=1}^{\infty} g(n) = +\infty$) ou de $r_n = \sum_{m=n+1}^{\infty} g(m)$ (lorsque $\sum_{n=1}^{\infty} g(n) < +\infty$).

PROPOSITION 6. — *Soit g une fonction numérique > 0 et monotone définie dans un intervalle $\left[x_0, +\infty\right[$ (où $x_0 \leqslant 1$), et telle que* $\log g$ *et x soient comparables d'ordre* 1.

1° *Si g est d'ordre infini par rapport à e^x, on a*

(1) $$s_n = \sum_{m=1}^{n} g(m) \sim g(n) \quad \text{si} \quad \sum_{n=1}^{\infty} g(n) = +\infty;$$

(2) $$r_n = \sum_{m=n+1}^{\infty} g(m) \sim g(n+1) \quad \text{si} \quad \sum_{n=1}^{\infty} g(n) < +\infty.$$

2° *Si g est d'ordre fini μ par rapport à e^x, on a*

(3) $$s_n = \sum_{m=1}^{n} g(m) \sim \frac{\mu}{1-e^{-\mu}} \int_{x_0}^{n} g(t)\,dt \quad \text{si} \quad \sum_{n=1}^{\infty} g(n) = +\infty;$$

(4) $$r_n = \sum_{m=n+1}^{\infty} g(m) \sim \frac{\mu}{1-e^{-\mu}} \int_{n}^{\infty} g(t)\,dt \quad \text{si} \quad \sum_{n=1}^{\infty} g(n) < +\infty$$

(le nombre $\frac{\mu}{1-e^{-\mu}}$ devant être remplacé par 1 dans (3) et (4) lorsque $\mu = 0$).

1° Si g est d'ordre $+\infty$ par rapport à e^x, on a $\log g \gg x$, d'où $g'/g \gg 1$ ou $g' \gg g$ d'après l'hypothèse; g est donc croissante et tend vers $+\infty$ avec x, d'où $\sum_{n=1}^{\infty} g(n) = +\infty$. Si u est la fonction en escalier associée à la série $(g(n))$ (V, p. 27), on a $u(x) \leqslant g(x)$ à partir d'une certaine valeur de x, donc $u \preccurlyeq g$ et par suite

$$s_{n-1} = \int_1^n u(t)\,dt \preccurlyeq \int_1^n g(t)\,dt \ll \int_1^n g'(t)\,dt \sim g(n);$$

comme $s_n = s_{n-1} + g(n)$, on a bien $s_n \sim g(n)$. Démonstration analogue lorsque g est d'ordre $-\infty$ par rapport à e^x; on a alors la formule (2).

2° Si g est d'ordre μ par rapport à e^x, on peut écrire $g(x) = e^{\mu x}h(x)$, où h est d'ordre 0 par rapport à e^x; en outre, par hypothèse, $\log g \sim \mu x$ pour $\mu \neq 0$ ($\log g \ll x$ pour $\mu = 0$) entraîne $h' \ll h$. Supposons d'abord que $\sum_{n=1}^{\infty} g(n) = +\infty$ (ce qui implique $\mu \geqslant 0$, et est réciproquement toujours vérifié si $\mu > 0$, puisqu'alors $g(x)$ tend vers $+\infty$ avec x); évaluons une partie principale de $\int_{n-1}^{n} g(t)\,dt$. On peut écrire

$$\int_{n-1}^{n} g(t)\,dt = \int_{n-1}^{n} e^{\mu t}h(t)\,dt = h(n)\int_{n-1}^{n} e^{\mu t}dt + \int_{n-1}^{n} e^{\mu t}(h(t)-h(n))\,dt$$
$$= \frac{1-e^{-\mu}}{\mu} g(n) + \int_{n-1}^{n} e^{\mu t}(h(t)-h(n))\,dt.$$

Or, la relation $h' \ll h$ signifie que, pour tout $\varepsilon > 0$, il existe n_0 tel que la relation $x \geqslant n_0$ entraîne $|h'(x)/h(x)| \leqslant \varepsilon$; on en déduit, pour $n-1 \leqslant t \leqslant n$, que $-\varepsilon \leqslant \log |h(t)/h(n)| \leqslant \varepsilon$ d'après le th. des accroissements finis, si $n \geqslant n_0$, d'où

$$|h(t) - h(n)| \leqslant (e^{\varepsilon} - 1)h(n)$$

et par suite

$$\left|\int_{n-1}^{n} e^{\mu t}(h(t) - h(n))\,dt\right| \leqslant (e^{\varepsilon} - 1)e^{\mu n}h(n) = (e^{\varepsilon} - 1)g(n)$$

puisque $e^{\mu t}$ est croissante. Comme $e^{\varepsilon} - 1$ est arbitrairement petit avec ε, on voit qu'on peut écrire

$$\int_{n-1}^{n} g(t)\,dt = \frac{1 - e^{-\mu}}{\mu} g(n) + o(g(n))$$

$\left(\dfrac{1 - e^{-\mu}}{\mu}\right.$ étant remplacé par 1 lorsque $\left.\mu = 0\right)$. La proposition est alors une conséquence de la prop. 2 de V, p. 27. On raisonne de même lorsque $\sum_{n=1}^{\infty} g(n)$ est finie.

Par application répétée de la prop. 6 de V, p. 29, on peut parfois obtenir un *développement asymptotique* de $s_n = \sum_{m=1}^{n} g(m)$. Supposons d'abord que g soit d'ordre $+\infty$ par rapport à e^x; pour toute valeur *fixe* de p, on peut écrire, d'après la prop. 6,

$$s_n = g(n) + g(n-1) + \cdots + g(n-p) + o(g(n-p))$$

et il suffira de développer (relativement à $\mathscr{E}'$) chacune des fonctions $g(n-k)$ $(0 \leqslant k \leqslant p)$ en limitant la précision de ces développements à la partie principale de $g(n-p)$, pour avoir un développement de s_n.

Exemple. — Soit $g(x) = x^x = \exp(x \log x)$, d'ordre $+\infty$ par rapport à e^x. En prenant $p = 2$, on a

$$(n-1)\log(n-1) = (n-1)\log n - 1 + \frac{1}{2n} + o\left(\frac{1}{n}\right)$$

d'où (V, p. 16)

$$(n-1)^{n-1} = \frac{1}{e} n^{n-1} + \frac{1}{2e} n^{n-2} + o_1(n^{n-2})$$

et de même

$$(n-2)^{n-2} = \frac{1}{e^2} n^{n-2} + o_2(n^{n-2});$$

par suite

$$s_n = n^n + \frac{1}{e} n^{n-1} + \left(\frac{1}{2e} + \frac{1}{e^2}\right) n^{n-2} + o_3(n^{n-2}).$$

On procède de même (pour r_n) lorsque g est d'ordre $-\infty$ par rapport à e^x.

Si maintenant g est d'ordre fini μ par rapport à e^x, et si par exemple $\sum_{n=1}^{\infty} g(n) = +\infty$, on peut écrire

$$s_n = \frac{\mu}{1 - e^{-\mu}} \int_1^n g(t)\, dt + \sum_{m=1}^{n} f_1(m)$$

où $f_1(n) = g(n) - \dfrac{\mu}{1 - e^{-\mu}} \displaystyle\int_{n-1}^{n} g(t)\, dt \ll g(n)$ d'après la prop. 6 de V, p. 29. Si on a une partie principale $cg_1(n)$ de $f_1(n)$ par rapport à $\mathscr{E}'$, et si on peut appliquer de nouveau la prop. 6 à la fonction g_1, on obtiendra une primitive équivalente à $\sum_{m=1}^{n} f_1(m)$ si $\sum_{n=1}^{\infty} g_1(n) = +\infty$, équivalente à $\sum_{m=n+1}^{\infty} f_1(m)$ dans le cas contraire (dans ce dernier cas, on écrit $\sum_{m=1}^{n} f_1(m) = C - \sum_{m=n+1}^{\infty} f_1(m)$, avec $C = \sum_{n=1}^{\infty} f_1(n)$).

De proche en proche, on peut obtenir ainsi éventuellement une expression de s_n sous forme de la somme d'un certain nombre de primitives, dont chacune est négligeable devant la précédente, d'un terme restant négligeable devant la dernière primitive écrite, et éventuellement d'une constante (cas où le terme restant tend vers 0). Il reste ensuite à développer chacune des primitives obtenues relativement à $\mathscr{E}'$ (cf. V, p. 25).

Exemple. — Soit $g(n) = \dfrac{1}{n}$; on a

$$s_n = \sum_{m=1}^{n} \frac{1}{m} \sim \int_1^n \frac{dt}{t} = \log n$$

puis

$$\frac{1}{n} - (\log n - \log (n-1)) \sim -\frac{1}{2n^2}$$

d'où

$$s_n = \log n + \gamma + \frac{1}{2n} + o\left(\frac{1}{n}\right).$$

La constante γ qui s'introduit dans cette formule joue un rôle important en Analyse (cf. chap. VI et VII) ; elle est connue sous le nom de *constante d'Euler*; on a

$$\gamma = 0{,}577\,215\,664\ldots$$

à $1/10^9$ près par défaut.

Nous verrons dans VI, p. 20, comment la *formule sommatoire d'Euler-Maclaurin* donne, dans les cas les plus importants, un développement asymptotique d'ordre *quelconque* de s_n (ou de r_n).

3. Développement asymptotique des produits partiels d'un produit infini

On sait (TG, V, p. 14) que, pour que le produit infini de facteur général $1 + u_n$ ($u_n > -1$) soit convergent (resp. commutativement convergent), il faut et il suffit que la série de terme général $\log(1 + u_n)$ soit convergente (resp. commutativement convergente), et que l'on a alors la relation

$$\log \mathop{\mathrm{P}}_{n=1}^{\infty} (1 + u_n) = \mathop{\mathrm{S}}_{n=1}^{\infty} \log (1 + u_n).$$

Lorsque le produit infini est convergent, on sait que u_n tend vers 0; on a donc $\log(1 + u_n) \sim u_n$; or, on sait que, pour qu'une série de nombres réels soit commutativement convergente, il faut et il suffit qu'elle soit absolument convergente (TG, IV, p. 39, prop. 5); en vertu de la prop. 1, on retrouve ainsi que, pour que le produit de facteur général $1 + u_n$ soit commutativement convergent, il faut et il suffit que la série de terme général u_n soit absolument convergente (TG, IV, p. 35, th. 4).

Un raisonnement analogue s'applique à un produit infini de facteur général *complexe* $1 + u_n$ ($u_n \neq -1$). En effet, pour qu'un tel produit soit commutativement convergent, il faut et il suffit (TG, VIII, p. 16, prop. 2) que le produit infini de facteur général $|1 + u_n|$ le soit, et en outre, si θ_n est l'amplitude de $1 + u_n$ (comprise entre $-\pi$ et $+\pi$), que la série des θ_n soit commutativement convergente. Comme u_n tendalors vers 0, $\log(1 + u_n)$ est défini à partir d'une certaine valeur de n (III, p. 10) et on a

$$\log(1 + u_n) = \log|1 + u_n| + i\theta_n;$$

donc, pour que le produit de facteur général $1 + u_n$ soit commutativement convergent il faut et il suffit que la série de terme général $|\log(1 + u_n)|$ soit absolument convergente (TG, VII, p. 16, th. 1); or $\log(1 + u_n) \sim u_n$ (I, p. 26, prop. 5), donc on retrouve la condition que la série de terme général u_n soit absolument convergente (TG, VIII, p. 16, th. 1).

La relation entre produits infinis et séries de nombres réels permet parfois d'obtenir un développement asymptotique du produit partiel $p_n = \prod_{k=1}^{n} (1 + u_k)$; il suffit d'avoir un développement asymptotique de la somme partielle $s_n = \sum_{k=1}^{n} \log(1 + u_k)$, puis de développer $p_n = \exp(s_n)$; on est donc ramené à deux problèmes examinés antérieurement (V, p. 28, et p. 16).

Exemple : formule de Stirling. — Cherchons un développement asymptotique de $n!$; on est ramené à développer $s_n = \sum_{p=1}^{n} \log p$, puis $\exp(s_n)$. La méthode du n° 2 donne successivement

$$s_n = \sum_{p=1}^{n} \log p \sim \int_1^n \log t \, dt = n \log n - n + 1$$

puis

$$\log n - \int_{n-1}^{n} \log t \, dt = \log n - (n \log n - (n-1)\log(n-1) - 1) \sim \frac{1}{2n}$$

d'où

$$s_n = n \log n - n + \tfrac{1}{2} \log n + o(\log n).$$

On a ensuite

$$\log n - \int_{n-1}^{n} \log t \, dt - \tfrac{1}{2}(\log n - \log(n-1)) \sim -\frac{1}{12n^2}$$

d'où

$$s_n = n \log n - n + \tfrac{1}{2} \log n + k + \frac{1}{12n} + o_1\left(\frac{1}{n}\right) \quad (k \text{ constante})$$

et on tire finalement (V, p. 16)

(5) $$n! = e^k n^{n+1/2} e^{-n}\left(1 + \frac{1}{12n} + o_2\left(\frac{1}{n}\right)\right).$$

Nous démontrerons dans VII, p. 17, qu'on a $e^k = \sqrt{2\pi}$. La formule (5) (avec cette valeur de k) est dite *formule de Stirling*. De la même manière, pour tout nombre réel a distinct d'un entier > 0, on démontre que

(6) $$(a+1)(a+2)\ldots(a+n) \sim \mathrm{K}(a)n^{n+a+\frac{1}{2}}e^{-n}.$$

Nous déterminerons également la fonction $\mathrm{K}(a)$ (VII, p. 18). Des formules (5) et (6) on tire en particulier

(7) $$\binom{a}{n} \sim (-1)^n\varphi(a)n^{-a-1}$$

pour tout nombre réel a distinct d'un entier > 0, $\varphi(a)$ étant une fonction de a qui sera précisée dans VII, p. 18.

4. Application: critères de convergence de seconde espèce pour les séries à termes positifs

On rencontre assez souvent des séries (u_n), pour lesquelles $u_n > 0$ à partir d'un certain rang, et u_{n+1}/u_n a un développement asymptotique facile à déterminer. Il est commode, pour de telles séries, d'avoir des critères (dits *critères de seconde espèce*) permettant de déterminer si la série est convergente d'après le seul aspect de u_{n+1}/u_n. Un tel critère est le suivant:

Proposition 7 (« critère de Raabe »). — *Soit* (u_n) *une série à termes* > 0 *à partir d'un certain rang. Si, à partir d'un certain rang,* $u_{n+1}/u_n \leqslant 1 - \dfrac{\alpha}{n}$ *pour un* $\alpha > 1$, *la série* (u_n) *est convergente; si à partir d'un certain rang,* $u_{n+1}/u_n \geqslant 1 - \dfrac{1}{n}$, *la série* (u_n) *a une somme infinie.*

En effet, si $u_{n+1}/u_n \leqslant 1 - \dfrac{\alpha}{n}$ avec $\alpha > 1$, pour tout $n \geqslant n_0$, on a $u_n \preccurlyeq p_n = \prod_{n_0}^{n}\left(1 - \dfrac{\alpha}{k}\right)$. Or, on a $\log\left(1 - \dfrac{\alpha}{n}\right) = -\dfrac{\alpha}{n} - \dfrac{n^2}{2n^2} + o\left(\dfrac{1}{n^2}\right)$, d'où $\log p_n = -\alpha\log n + k + o(1/n)$ (k constante), et $p_n \sim e^k\dfrac{1}{n^\alpha}$; comme $\alpha > 1$, le critère logarithmique d'ordre 0 permet de conclure.

Si au contraire $u_{n+1}/u_n \geqslant 1 - \dfrac{1}{n}$ à partir d'un certain rang, le même calcul prouve que $u_n \succcurlyeq \dfrac{1}{n}$ d'où la proposition.

On démontrerait de la même manière, en utilisant les critères logarithmiques d'ordre > 0, le critère de seconde espèce suivant:

PROPOSITION 8. — *Soit (u_n) une série à termes > 0 à partir d'un certain rang. Si, à partir d'un certain rang, on a*

$$\frac{u_{n+1}}{u_n} \leqslant 1 - \frac{1}{n} - \frac{1}{n.l_1(n)} - \cdots - \frac{1}{n.l_1(n).l_2(n)\dots l_{p-1}(n)} - \frac{\alpha}{n.l_1(n).l_2(n)\dots l_p(n)}$$

pour un $\alpha > 1$, la série (u_n) est convergente; si, à partir d'un certain rang, on a

$$\frac{u_{n+1}}{u_n} \geqslant 1 - \frac{1}{n} - \frac{1}{n.l_1(n)} - \cdots - \frac{1}{n.l_1(n).l_2(n)\dots l_p(n)}$$

la série (u_n) a une somme infinie.

Exemple. — Considérons la *série hypergéométrique*, de terme général

$$u_n = \frac{\alpha(\alpha+1)\dots(\alpha+n-1)\,\beta(\beta+1)\dots(\beta+n-1)}{1.2\dots n.\gamma(\gamma+1)\dots(\gamma+n-1)}$$

où α, β, γ sont des nombres réels quelconques, différents des entiers $\leqslant 0$; il est clair que u_n est > 0 à partir d'un certain rang, ou < 0 à partir d'un certain rang. On a

$$\frac{u_{n+1}}{u_n} = \frac{(\alpha+n)(\beta+n)}{(n+1)(\gamma+n)} = \left(1 + \frac{\alpha+\beta}{n} + \frac{\alpha\beta}{n^2}\right)\left(1 + \frac{\gamma+1}{n} + \frac{\gamma}{n^2}\right)^{-1}$$

$$= 1 + \frac{\alpha+\beta-\gamma-1}{n} + \frac{\alpha\beta - (\alpha+\beta)(\gamma+1) + \gamma^2 + \gamma + 1}{n^2} + o\left(\frac{1}{n^2}\right).$$

Le critère de Raabe montre donc que la série est convergente pour $\alpha + \beta < \gamma$, et a une somme infinie pour $\alpha + \beta > \gamma$; lorsque $\alpha + \beta = \gamma$, la série a encore une somme infinie, comme le montre la prop. 8.

Remarques. — 1) Comme cas particulier du critère de Raabe, on voit que si $\limsup_{n\to\infty} u_{n+1}/u_n < 1$, la série (u_n) est convergente; si au contraire $\liminf_{n\to\infty} u_{n+1}/u_n > 1$, la série a une somme infinie (*critère de d'Alembert*).

2) Les critères de seconde espèce ne peuvent s'appliquer qu'à des séries dont le terme général se comporte de façon très régulière lorsque n tend vers $+\infty$; autrement dit, leur champ d'application est bien plus restreint que celui des critères logarithmiques, et ce serait une maladresse que de vouloir les utiliser en dehors des cas spéciaux auxquels ils sont particulièrement adaptés. Par exemple, pour la série (u_n) définie par $u_{2m} = 2^{-m}$, $u_{2m+1} = 3^{-m}$, on a $u_{2m+1}/u_{2m} = (\frac{2}{3})^m$, $u_{2m+2}/u_{2m+1} = \frac{1}{2}(\frac{3}{2})^m$; le premier de ces rapports tend vers 0 et le second vers $+\infty$ lorsque m croît indéfiniment, donc aucun critère de seconde espèce n'est applicable; cependant, comme $u_n \preccurlyeq 2^{-n/2}$, il est immédiat que la série est convergente.

Même lorsque u_{n+1}/u_n a une expression simple, une évaluation directe d'une partie principale de u_n conduit souvent au résultat aussi vite que les critères de seconde espèce. Par exemple, pour la série hypergéométrique, la formule de Stirling montre aussitôt que $u_n \sim an^{\alpha+\beta-\gamma-1}$, où a est une constante $\neq 0$, et le critère logarithmique d'ordre 0 est par suite applicable.

APPENDICE

CORPS DE HARDY. FONCTIONS (H)

1. Corps de Hardy

Soit $\mathfrak{F}$ la base de filtre sur **R** constituée par les intervalles de la forme $[x_0, +\infty[$. Rappelons que, dans l'ensemble $\mathscr{H}(\mathfrak{F}, \mathbf{R})$ des fonctions numériques définies dans des parties appartenant à $\mathfrak{F}$, nous avons défini la relation d'équivalence R_∞: « il existe un ensemble $M \in \mathfrak{F}$ tel que $f(x) = g(x)$ dans M » (V, p. 2), et que l'ensemble quotient $\mathscr{H}(\mathfrak{F}, \mathbf{R})/R_\infty$ est muni d'une structure d'*anneau* ayant un élément unité.

DÉFINITION 1. — *Étant donné un sous-ensemble* $\mathfrak{K}$ *de* $\mathscr{H}(\mathfrak{F}, \mathbf{R})$, *on dit que* $\mathfrak{K}/R_\infty$ (image canonique de $\mathfrak{K}$ dans $\mathscr{H}(\mathfrak{F}, \mathbf{R})/R_\infty$) *est un corps de Hardy, si* $\mathfrak{K}$ *satisfait aux conditions suivantes*:

1° $\mathfrak{K}/R_\infty$ *est un sous-corps de l'anneau* $\mathscr{H}(\mathfrak{F}, \mathbf{R})/R_\infty$.

2° *Toute fonction de* $\mathfrak{K}$ *est continue et dérivable dans un intervalle* $[a, +\infty[$ (dépendant de la fonction), *et la classe suivant* R_∞ *de sa dérivée appartient à* $\mathfrak{K}/R_\infty$.

L'hypothèse que $\mathfrak{K}/R_\infty$ est un *corps* équivaut aux conditions suivantes: si $f \in \mathfrak{K}$ et $g \in \mathfrak{K}$, $f + g$ et fg sont égales à des fonctions de $\mathfrak{K}$ dans un ensemble de $\mathfrak{F}$; en outre, si f n'est pas identiquement nulle dans un ensemble de $\mathfrak{F}$, il existe un ensemble M de $\mathfrak{F}$ dans lequel f *ne s'annule pas*, $1/f$ étant égale à une fonction de $\mathfrak{K}$ dans M; d'après la condition 2°, on peut toujours supposer M pris tel que f soit *continue* dans M, et par suite *garde un signe constant* dans cet intervalle.

Par abus de langage, si $\mathfrak{K}$ est tel que $\mathfrak{K}/R_\infty$ soit un corps de Hardy, nous dirons dans ce qui suit que $\mathfrak{K}$ lui-même est un *corps de Hardy*.

Exemples. — 1) Tout corps de Hardy contient le corps des *constantes rationnelles* (plus petit corps de caractéristique 0, cf. A, V, § 1), qu'on peut identifier au corps $\mathbf{Q}$; d'ailleurs, comme deux constantes ne sont congrues modulo R_∞ que si elles sont égales, $\mathbf{Q}/R_\infty$ est identique à $\mathbf{Q}$. Les *constantes réelles* forment aussi un corps de Hardy, qu'on peut identifier à $\mathbf{R}$.

2) Un exemple plus important de corps de Hardy est l'*ensemble des fonctions rationnelles à coefficients réels*, que nous noterons $\mathbf{R}(x)$ par abus de langage; si $f(x) = p(x)/q(x)$ est une fonction rationnelle à coefficients réels, non identiquement nulle, elle est continue, dérivable et $\neq 0$ dans l'intervalle $[a, +\infty[$, où a est strictement supérieur à la plus grande des racines réelles des polynômes $p(x)$ et $q(x)$; donc tout élément de $\mathbf{R}(x)/R_\infty$ autre que 0 est inversible. On notera encore que deux fonctions rationnelles ne peuvent être congrues modulo R_∞ que si elles sont égales, donc $\mathbf{R}(x)/R_\infty$ peut encore être identifié à $\mathbf{R}(x)$.

2. Extension d'un corps de Hardy

Étant donné un corps de Hardy $\mathfrak{K}$, nous allons voir comment on peut former de nouveaux corps de Hardy $\mathfrak{K}' \supset \mathfrak{K}$ tels que $\mathfrak{K}'/R_\infty$ s'obtienne par *adjonction* à $\mathfrak{K}/R_\infty$ (au sens algébrique du terme, cf. A, V, § 2) de nouveaux éléments, d'une forme que nous allons préciser.

Lemme 1. — *Soient $a(x)$, $b(x)$ des fonctions numériques continues et ne changeant pas de signe dans un intervalle $[x_0, +\infty[$. Si, dans cet intervalle, la fonction $y(x)$ est continue et dérivable et vérifie l'identité*

$$y' = ay + b \tag{1}$$

il existe un intervalle $[x_1, +\infty[$ dans lequel y ne change pas de signe.

En effet, posons $z(x) = y(x) \exp\left(-\int_{x_0}^{x} a(t)\,dt\right)$ (cf. IV, p. 22); on a, d'après (1), $z'(x) = b(x) \exp\left(-\int_{x_0}^{x} a(t)\,dt\right)$. Si $b(x) \geqslant 0$ pour $x \geqslant x_0$, z est croissante dans cet intervalle, donc, ou bien est < 0 dans tout l'intervalle, ou bien est nulle dans un intervalle $[x_1, +\infty[$, ou bien est > 0 dans un intervalle $[x_1, +\infty[$; comme y a le même signe que z, la proposition est démontrée dans ce cas. Raisonnement analogue si $b(x) \leqslant 0$ pour $x \geqslant x_0$.

Remarque. — Cette propriété si élémentaire ne s'étend pas aux équations différentielles linéaires d'ordre > 1; par exemple, la fonction $y = \sin x$ satisfait à $y'' + y = 0$, mais change de signe dans tout voisinage de $+\infty$.

Lemme 2. — *Soient $a(x)$ et $b(x)$ deux fonctions appartenant à un même corps de Hardy $\mathfrak{K}$, $y(x)$ une fonction satisfaisant à l'identité* (1) *dans un intervalle $[x_0, +\infty[$ où a et b sont définies et continues. Si $p(u)$ est un polynôme par rapport à u, dont les coefficients sont des fonctions de x appartenant à $\mathfrak{K}$, définies et dérivables dans $[x_0, +\infty[$, il existe un intervalle $[x_1, +\infty[$, dans lequel la fonction $p(y)$ ne change pas de signe.*

La proposition est triviale si $p(u)$ a ses coefficients identiquement nuls dans $[x_0, +\infty[$, ou si $p(u)$ est de degré 0 par rapport à u, puisqu'une fonction de $\mathfrak{K}$ garde un signe constant dans un intervalle $[x_1, +\infty[$. Supposons que $p(u)$ soit de degré $n > 0$; le coefficient dominant c de $p(u)$ est alors $\neq 0$ dans un intervalle $[\alpha, +\infty[$; on peut donc écrire $p(u) = c(u^n + c_1 u^{n-1} + \cdots + c_n)$ où $c, c_1, c_2, \ldots, c_n$ sont des *fonctions* appartenant à $\mathfrak{K}$ et dérivables dans $[\alpha, +\infty[$; il suffit donc de démontrer le lemme pour $c = 1$. Raisonnons alors par récurrence sur n; on a

$$\frac{d}{dx}(p(y)) = (ay + b)(ny^{n-1} + (n-1)c_1 y^{n-2} + \cdots + c_{n-1}) + c_1' y^{n-1} + \cdots + c_n' = na.p(y) + q(y)$$

où $q(u)$ est un polynôme de degré $\leqslant n - 1$, à coefficients dans $\mathfrak{K}$. Par hypothèse, les fonctions $na(x)$ et $q(y(x))$ ne changent pas de signe dans un intervalle $[\beta, +\infty[$; le lemme est donc une conséquence du lemme 1.

THÉORÈME 1. — *Soient $a(x)$ et $b(x)$ deux fonctions appartenant à un même corps de Hardy $\mathfrak{K}$, $y(x)$ une fonction satisfaisant à* (1) *dans un intervalle $[x_0, +\infty[$. Lorsque $r(u) = p(u)/q(u)$ parcourt l'ensemble des fractions rationnelles en u à coefficients dans $\mathfrak{K}$ telles que $q(y)$ ne soit pas identiquement nulle dans un voisinage de $+\infty$, l'ensemble $\mathfrak{K}(y)$ des fonctions $r(y)$ forme un corps de Hardy.*

En effet, d'après le lemme 2, il existe un intervalle $[x_1, +\infty[$ dans lequel $r(y)$ est définie, continue et ne change pas de signe, d'où résulte aussitôt que $\mathfrak{K}(y)/R_\infty$ est bien un corps; d'autre part, comme

$$\frac{d}{dx}(r(y)) = r'(y)y' = r'(y)(ay + b)$$

(où $r'(y) = (p'(y)q(y) - p(y)q'(y))/(q(y))^2$ est définie par hypothèse dans un voisinage de $+\infty$), la dérivée de toute fonction de $\mathfrak{K}(y)$ appartient à $\mathfrak{K}(y)$, ce qui prouve que $\mathfrak{K}(y)$ satisfait aux conditions de la déf. 1 de V, p. 36.

Il est clair que $\mathfrak{K}(y)/R_\infty$ s'obtient par *adjonction* algébrique à $\mathfrak{K}/R_\infty$ de la classe de y modulo R_∞. On dit encore que $\mathfrak{K}(y)$ s'obtient par *adjonction de y à $\mathfrak{K}$*.

COROLLAIRE 1. — *Si y est une fonction de $\mathfrak{K}$ non identiquement nulle dans un voisinage de $+\infty$, $\mathfrak{K}(\log|y|)$ est un corps de Hardy.*

En effet, $(\log|y|)' = y'/y$ est égale à une fonction de $\mathfrak{K}$ dans un intervalle $[x_0, +\infty[$.

COROLLAIRE 2. — *Si y est une fonction quelconque de $\mathfrak{K}$, $\mathfrak{K}(e^y)$ est un corps de Hardy.*

En effet, $(e^y)' = e^y y'$, et y' est égale à une fonction de $\mathfrak{K}$ dans un intervalle $[x_0, +\infty[$.

COROLLAIRE 3. — *Si $\mathfrak{K}$ contient les constantes réelles, et si y est une fonction de $\mathfrak{K}$ non* *identiquement nulle dans un voisinage de* $+\infty$, $\mathfrak{K}(|y|^\alpha)$ *est un corps de Hardy pour tout nombre réel* α.

En effet, $\frac{d}{dx}(|y|^\alpha) = |y|^\alpha(\alpha y'/y)$, et $\alpha y'/y$ est égale à une fonction de $\mathfrak{K}$ dans un intervalle $[x_0, +\infty[$.

Notons enfin que si y est une *primitive* d'une fonction quelconque de $\mathfrak{K}$, $\mathfrak{K}(y)$ est encore un corps de Hardy.

3. Comparaison des fonctions d'un corps de Hardy

Proposition 1. — *Deux fonctions appartenant à un même corps de Hardy sont comparables d'ordre quelconque* (V, p. 22).

En effet, si f appartient à un corps de Hardy $\mathfrak{K}$, pour tout entier $n > 0$, il existe un intervalle $[x_0, +\infty[$ dans lequel f est n fois dérivable, sa dérivée n-ème étant égale à une fonction de $\mathfrak{K}$ dans cet intervalle. Il suffit donc de montrer que deux fonctions quelconques f, g de $\mathfrak{K}$ sont *comparables*. C'est évident si l'une d'elles est identiquement nulle dans un voisinage de $+\infty$; on peut donc se borner au cas où elles sont toutes deux strictement positives dans un voisinage de $+\infty$. Mais alors, pour tout nombre réel t, $f - tg$ est égale à une fonction de $\mathfrak{K}$ dans un voisinage de $+\infty$, donc garde un signe constant dans un voisinage de $+\infty$, ce qui démontre la proposition (V, p. 8, prop. 9).

On déduit d'abord de cette proposition que, si un corps de Hardy $\mathfrak{K}$ contient les constantes réelles (ce que nous supposerons toujours par la suite), et si f et g sont deux fonctions quelconques de $\mathfrak{K}$, deux quelconques des fonctions e^f, e^g, $\log|f|$, $\log|g|$, $|f|^\alpha$, $|g|^\alpha$ (α réel quelconque), $\int_a f$, $\int_a g$ (a réel quelconque dans un intervalle $[x_0, +\infty[$ où f et g sont réglées) sont *comparables* (lorsqu'elles sont définies); en effet, deux quelconques de ces fonctions appartiennent à un même corps de Hardy obtenu en les adjoignant successivement à $\mathfrak{K}$.

De même, toute fonction $f(x)$ d'un corps de Hardy $\mathfrak{K}$ est comparable à x, car x et $f(x)$ appartiennent au corps de Hardy $\mathfrak{K}(x)$ obtenu en adjoignant x à $\mathfrak{K}$. On en conclut donc (en particulier) que f est comparable d'ordre quelconque à toute puissance x^α, ainsi qu'à $\log x$ et à e^x.

On voit aussi que, si f et g appartiennent à un même corps de Hardy $\mathfrak{K}$, si $g(x) > 0$ dans un intervalle $[x_0, +\infty[$, et si $g(x)$ tend vers 0 ou vers $+\infty$ lorsque x tend vers $+\infty$, l'*ordre* de f par rapport à g (V, p. 9) est toujours défini.

La prop. 8 de V, p. 23, est donc applicable à toute fonction f d'un corps de Hardy, et prouve que:

1° si f est d'ordre $+\infty$ par rapport à x, $\int_a^x f(t)\,dt \sim (f(x))^2/f'(x)$.

2° si f est d'ordre $\mu > -1$ par rapport à x, $\int_a^x f(t)\,dt \sim \dfrac{1}{\mu+1} x f(x)$.

3° si f est d'ordre $\mu < -1$ par rapport à x, $\int_x^{+\infty} f(t)\,dt \sim -\dfrac{1}{\mu+1} x f(x)$.

4° si f est d'ordre $-\infty$ par rapport à x $\int_x^{+\infty} f(t)\,dt \sim -(f(x))^2/f'(x)$.

On a en outre la proposition suivante:

PROPOSITION 2. — *Soit f une fonction appartenant à un corps de Hardy $\mathfrak{K}$.*

1° *Si f est d'ordre infini par rapport à x, on a, pour tout entier $n > 0$,*

$$f^{(n)}(x) \sim \frac{(f'(x))^n}{(f(x))^{n-1}}. \tag{2}$$

2° *Si f est d'ordre fini μ par rapport à x, on a, pour tout $n > 0$,*

$$f^{(n)}(x) \sim \mu(\mu-1)\ldots(\mu-n+1)\frac{f(x)}{x^n} \sim \frac{(\mu-1)\ldots(\mu-n+1)}{\mu^{n-1}}\frac{(f'(x))^n}{(f(x))^{n-1}} \tag{3}$$

sauf si μ est entier $\geqslant 0$ et $n > \mu$.

1° Si f est d'ordre infini par rapport à x, on a $\log|f| \succ \log x$, donc, puisque $\log|f|$ et $\log x$ sont comparables d'ordre quelconque, $f'/f \succ 1/x$. Posons $g = f'/f$; comme g est égale à une fonction de $\mathfrak{K}$ dans un voisinage de $+\infty$, on déduit de $1/g \prec x$, que $g'/g^2 \prec 1$, et par suite $g'/g \prec g = f'/f$, ou encore $fg' \prec gf'$. De la relation $f' = fg$, on déduit en dérivant

$$f'' = fg' + gf' \sim gf'$$

ou encore $f''/f' \sim f'/f$. Le même raisonnement, appliqué à $f^{(n)}$ au lieu de f, montre, par récurrence sur n, que $f^{(n)}/f^{(n-1)} \sim f'/f$; d'où la relation (2).

2° Si f est d'ordre fini μ par rapport à x et si $\mu \neq 0$, on a $\log|f| \sim \mu \log x$, d'où, en dérivant, $f'(x) \sim \mu\dfrac{f(x)}{x}$; on en déduit que f' est d'ordre $\mu - 1$ par rapport à x, ce qui permet d'appliquer le même raisonnement par récurrence sur n tant que $\mu \neq n$, d'où la formule (3) lorsque μ n'est pas un entier $\geqslant 0$ et $< n$.

Lorsque f est d'ordre entier $p \geqslant 0$ par rapport à x, on peut écrire $f(x) = x^p f_1(x)$, où f_1 est d'ordre 0 par rapport à x. D'après la prop. 2, on a

$$f^{(p)} \sim p!\,f_1.$$

Pour évaluer les dérivées d'ordre $n > p$, on peut donc se borner au cas où $p = 0$. Alors, on a $\log|f| \prec \log x$, d'où $f'(x)/f(x) \prec 1/x$, autrement dit $xf'(x) \prec f(x)$; si f n'est pas équivalente à une constante $k \neq 0$, on a, en dérivant cette relation (V, p. 22, prop. 7), $xf''(x) + f'(x) \prec f'(x)$, ce qui signifie que $xf''(x) \sim -f'(x)$. Tenant compte de cette formule, on voit par récurrence sur n que $f^{(n)}$ est d'ordre $\leqslant -n$ par rapport à x, et que

$$f^{(n)}(x) \sim (-1)^{n+1}(n-1)!\frac{f'(x)}{x^{n-1}}. \tag{4}$$

Si f est équivalente à une constante $k \neq 0$, on a $f(x) = k + f_2(x)$ avec $f_2 \prec 1$, et on est ramené à étudier les dérivées de f_2.

4. Fonctions (H)

PROPOSITION 3. — *Si* $\mathfrak{K}_0$ *est un corps de Hardy, il existe un corps de Hardy* $\mathfrak{K}$*, contenant* $\mathfrak{K}_0$ *et tel que, pour toute fonction* $z \in \mathfrak{K}$*, non identiquement nulle dans un voisinage de* $+\infty$*,* e^z *et* $\log|z|$ *appartiennent à* $\mathfrak{K}$.

Désignons par $\mathfrak{K}$ l'ensemble des fonctions $f \in \mathscr{H}(\mathfrak{F}, \mathbf{R})$ ayant les propriétés suivantes: pour chaque fonction $f \in \mathfrak{K}$ il existe un nombre fini de corps de Hardy $\mathfrak{K}_1, \mathfrak{K}_2, \ldots, \mathfrak{K}_n$ (le nombre n et les corps $\mathfrak{K}_i$ dépendant de f) tels que $f \in \mathfrak{K}_n$ et que, pour $0 \leqslant i \leqslant n-1$, on ait $\mathfrak{K}_{i+1} = \mathfrak{K}_i(u_{i+1})$, où u_{i+1} est égale, soit à e^{z_i}, soit à $\log|z_i|$, z_i appartenant à $\mathfrak{K}_i$ et n'étant pas identiquement nulle au voisinage de $+\infty$. On dit que $u_1, u_2, \ldots, u_n$ forment une *suite de définition* du corps $\mathfrak{K}_n$ et de la fonction f; une même fonction $f \in \mathfrak{K}$ peut naturellement admettre plusieurs suites de définition.

D'après la déf. 1 de V, p. 36, toute fonction $f \in \mathfrak{K}$, non identiquement nulle dans un voisinage de $+\infty$, garde un signe constant et est dérivable dans un intervalle $\left]x_0, +\infty\right[$; si $f \in \mathfrak{K}_n$, $1/f$ et f' sont égales à des fonctions de $\mathfrak{K}_n$, donc à des fonctions de $\mathfrak{K}$, dans un voisinage de $+\infty$. Pour voir que $\mathfrak{K}$ est un corps de Hardy, il suffit donc de prouver que si f et g sont deux fonctions de $\mathfrak{K}$, $f - g$ et fg sont égales à des fonctions de $\mathfrak{K}$ dans un voisinage de $+\infty$. Or soit $u_1, u_2, \ldots, u_m$ une suite de définition de f, $v_1, v_2, \ldots, v_n$ une suite de définition de g. La suite $u_1, u_2, \ldots, u_m, v_1, v_2, \ldots, v_n$ obtenue par juxtaposition des suites (u_i) et (v_j) est encore une suite de définition d'un corps de Hardy $\mathfrak{K}_{m+n}$, et ce corps contient f et g, donc $f - g$ et fg sont égales à des fonctions de $\mathfrak{K}_{m+n}$ dans un voisinage de $+\infty$.

On dira que le corps de Hardy $\mathfrak{K}$ défini dans la démonstration de la prop. 3 est l'*extension* (H) du corps de Hardy $\mathfrak{K}_0$.

Si $\mathfrak{K}'$ est un autre corps de Hardy possédant les propriétés énoncées dans la prop. 3, il résulte de la construction de $\mathfrak{K}$ que $\mathfrak{K}/\mathrm{R}_\infty$ est *contenu* dans $\mathfrak{K}'/\mathrm{R}_\infty$. Par abus de langage, on peut donc dire que l'extension (H) d'un corps de Hardy $\mathfrak{K}_0$ est *le plus petit* corps de Hardy $\mathfrak{K}$ ayant les propriétés énoncées dans la prop. 3.

DÉFINITION 2. — *On appelle corps des fonctions* (H) *l'extension* (H) *du corps de Hardy* $\mathbf{R}(x)$ *des fonctions rationnelles à coefficients réels. Toute fonction appartenant à cette extension est dite fonction* (H).

D'après cette définition, si f est une fonction (H) non identiquement nulle dans un voisinage de $+\infty$, e^f et $\log|f|$ sont aussi des fonctions (H). Plus généralement, si g est une seconde fonction (H), $u_1, u_2, \ldots, u_n$ une suite de définition de g, et si $f(x)$ tend vers $+\infty$ avec x, on voit par récurrence sur n que les fonctions composées $u_1 \circ f, u_2 \circ f, \ldots, u_n \circ f$ et $g \circ f$ sont des fonctions (H).

5. Exponentielles et logarithmes itérés

Nous avons déjà (V, p. 19) défini les *logarithmes itérés* $l_n(x)$ par les conditions $l_0(x) = x$, $l_n(x) = \log(l_{n-1}(x))$ pour $n \geqslant 1$. On définit de même les *exponentielles itérées* $e_n(x)$ par les conditions $e_0(x) = x$, $e_n(x) = \exp(e_{n-1}(x))$ pour $n \geqslant 1$. Il est immédiat, par récurrence sur n, que $l_n(x)$ est la fonction réciproque de $e_n(x)$, définie pour $x > e_{n-1}(0)$, et que $e_m(e_n(x)) = e_{m+n}(x)$, $l_m(l_n(x)) = l_{m+n}(x)$. En vertu des relations $\log x \prec\!\!\prec x^\mu \prec\!\!\prec e^x$ pour tout $\mu > 0$, on a, pour $n \geqslant 1$

(5) $$l_n(x) \prec\!\!\prec (l_{n-1}(x))^\mu \quad \text{pour tout } \mu > 0$$

(6) $$e_{n-1}(x^{1+\beta}) \prec\!\!\prec e_n(x^{1+\delta}) \prec\!\!\prec e_n((1-\gamma)x) \prec\!\!\prec (e_n(x))^\mu \prec\!\!\prec e_n((1+\alpha)x) \prec\!\!\prec e_n(x^{1+\beta})$$

pour $\mu > 0$, $\alpha > 0$, $\beta > 0$, $0 < \gamma < 1$, $0 < \delta < 1$, ces nombres étant par ailleurs quelconques (cf. V, p. 8, prop. 11).

Nous avons déjà vu (V, p. 19) que, pour $n \geqslant 1$, on a

(7) $$\frac{d}{dx}(l_n(x)) = \prod_{i=0}^{n-1} \frac{1}{l_i(x)}.$$

On a de même pour $n \geqslant 1$

(8) $$\frac{d}{dx}(e_n(x)) = \prod_{i=1}^{n} e_i(x)$$

d'où, en vertu de la prop. 8 de V, p. 23, pour tout $\mu > 0$

(9) $$\int_a^x e_n(t^\mu)\, dt \sim \frac{x}{\mu} e_n(x^\mu) \prod_{i=0}^{n-1} \frac{1}{e_i(x^\mu)}$$

(10) $$\int_x^{+\infty} \frac{dt}{e_n(t^\mu)} \sim \frac{x}{\mu} \prod_{i=0}^{n} \frac{1}{e_i(x^\mu)}.$$

On peut montrer que si f est une fonction (H) *quelconque* telle que $f \succ\!\!\succ 1$, il existe deux entiers m et n tels que

$$l_m(x) \prec\!\!\prec f(x) \prec\!\!\prec e_n(x)$$

(V, p. 51, exerc. 1 et 52, exerc. 5). Par contre, on peut définir des fonctions croissantes $g(x)$ (qui ne sont plus des fonctions (H)) telles que $g(x) \succ\!\!\succ e_n(x)$ pour *tout* $n > 0$, ou $1 \prec\!\!\prec g(x) \prec\!\!\prec l_m(x)$ pour *tout* $m > 0$ (V, p. 53, exerc. 8, 9 et 10).

À l'aide des logarithmes itérés, nous allons montrer qu'on peut définir une *échelle de comparaison* (pour x tendant vers $+\infty$) $\mathscr{E}$ formée de fonctions (H), qui sont >0 dans un voisinage de $+\infty$ et satisfont aux conditions suivantes:

a) le produit de deux fonctions quelconques de $\mathscr{E}$ appartient à $\mathscr{E}$;

b) pour toute fonction $f \in \mathscr{E}$ et tout nombre réel μ, $f^\mu \in \mathscr{E}$;

c) pour toute fonction $f \in \mathscr{E}$, $\log f$ est combinaison linéaire d'un nombre fini de fonctions de $\mathscr{E}$;

d) pour toute fonction $f \in \mathscr{E}$ autre que la constante 1, e^f est équivalente à une fonction de $\mathscr{E}$.

Considérons d'abord l'ensemble $\mathscr{E}_0$ des fonctions de la forme $\prod_{m=0}^{\infty} (l_m(x))^{\alpha_m}$, où les α_m sont des nombres réels, nuls sauf pour un nombre fini d'indices m; il est immédiat, d'après (5) (V, p. 42), que ces fonctions forment une *échelle de comparaison* quisatisfait aux conditions a), b) et c). Définissons ensuite par récurrence sur n l'ensemble $\mathscr{E}_n$ (pour $n \geqslant 1$) comme formé de la constante 1 et des fonctions de la forme $\exp\left(\sum_{k=1}^{p} a_k f_k\right)$, où p est un entier > 0 arbitraire, f_k $(1 \leqslant k \leqslant p)$ des fonctions de $\mathscr{E}_{n-1}$ telles que $f_1 \ggg f_2 \ggg \cdots \ggg f_p \ggg 1$, et les a_k des nombres réels $\neq 0$; montrons par récurrence que $\mathscr{E}_n$ est une *échelle de comparaison* satisfaisant aux conditions a), b) et c) et contenant $\mathscr{E}_{n-1}$. En premier lieu, la relation $\mathscr{E}_{n-1} \subset \mathscr{E}_n$ est vraie pour $n = 1$, car le logarithme d'une fonction non constante de $\mathscr{E}_0$ est de la forme $\sum_{k=1}^{p} a_k f_k$, où les f_k sont des logarithmes itérés, donc $\ggg 1$; d'autre part, si $\mathscr{E}_{n-2} \subset \mathscr{E}_{n-1}$, on déduit de la définition de $\mathscr{E}_n$ que $\mathscr{E}_{n-1} \subset \mathscr{E}_n$; cette définition montre en outre que $\mathscr{E}_n$ satisfait à a), b) et c). Reste à voir que $\mathscr{E}_n$ est une échelle de comparaison: comme le quotient de deux fonctions de $\mathscr{E}_n$ appartient encore à $\mathscr{E}_n$, il suffit de prouver qu'une fonction f de $\mathscr{E}_n$ autre que la constante 1, ne peut être équivalente à une constante $\neq 0$. Or on a $\log f = \sum_{k=1}^{p} a_k f_k \sim a_1 f_1$ par construction, et comme $f_1 \ggg 1$, $\log f$ tend vers $\pm\infty$, donc f tend vers 0 ou vers $+\infty$ lorsque x tend vers $+\infty$.

Cela étant, si $\mathscr{E}$ est la *réunion* des $\mathscr{E}_n$ pour $n \geqslant 0$, $\mathscr{E}$ est une échelle de comparaison, car deux fonctions de $\mathscr{E}$ appartiennent à une même échelle $\mathscr{E}_n$; pour la même raison, $\mathscr{E}$ satisfait à a), et il est clair qu'elle satisfait aussi à b) et c). Enfin, si $f \in \mathscr{E}$, il existe n tel que $f \in \mathscr{E}_n$; si f n'est pas la constante 1, $f(x)$ tend vers 0 ou vers $+\infty$ lorsque x tend vers $+\infty$; dans le premier cas, $e^f \sim 1$, et dans le second, e^f appartient à $\mathscr{E}_{n+1}$ par définition, donc à $\mathscr{E}$.

Remarque. — Malgré l'utilité pratique de l'échelle $\mathscr{E}$ que nous venons de définir, il est facile de donner des exemples de fonctions (H) qui *n'ont pas de partie principale* par rapport à $\mathscr{E}$. En effet, si f est une fonction (H) telle que $f \sim ag$, où a est une constante > 0 et $g \in \mathscr{E}$, $\log f - \log g - \log a$ tend vers 0 avec $1/x$, donc $\log f$ admet, relativement à $\mathscr{E}$, un développement asymptotique dont *le reste tend vers* 0, en vertu de la propriété c). Or, si on considère par exemple la fonction (H) $f(x) = e_2\left(x + \frac{1}{x}\right)$, on a $\log f(x) = \exp\left(x + \frac{1}{x}\right)$, donc les développements asymptotiques de $\log f$ par rapport à $\mathscr{E}$ sont de la forme

$$\log f(x) = e^x + \frac{e^x}{x} + \frac{1}{2!}\frac{e^x}{x^2} + \cdots + \frac{1}{n!}\frac{e^x}{x^n} + o\left(\frac{e^x}{x^n}\right) \quad (n \text{ entier } > 0).$$

Il est clair que le reste de ce développement est équivalent à $\frac{1}{(n+1)!}\frac{e^x}{x^{n+1}}$, donc ne tend pas vers 0. Par suite, f n'a pas de partie principale par rapport à $\mathscr{E}$.

6. Fonction réciproque d'une fonction (H)

Si f est une fonction (H), f est monotone et continue dans un intervalle $[x_0, +\infty[$, donc la fonction réciproque φ de la restriction de f à cet intervalle est monotone et continue au voisinage du point $a = \lim_{x \to +\infty} f(x)$; mais, si a est égal à $+\infty$ (resp. $-\infty$, fini), on peut montrer que $\varphi(y)$ (resp. $\varphi(-y)$, $\varphi\left(a + \frac{1}{y}\right)$ ou $\varphi\left(a - \frac{1}{y}\right)$ *n'est pas en général égale à une fonction* (H) au voisinage de $+\infty$. Toutefois, nous allons voir que, dans certains cas importants, on peut obtenir une fonction (H) *équivalente* à $\varphi(y)$ (resp. $\varphi(-y)$, $\varphi\left(a + \frac{1}{y}\right)$, $\varphi\left(a - \frac{1}{y}\right)$ et même parfois un développement asymptotique de cette fonction par rapport à l'échelle $\mathscr{E}$ définie dans V, p. 43.

Nous utiliserons la proposition suivante :

PROPOSITION 4. — *Soient p et q deux fonctions* (H) *strictement positives dans un intervalle* $[x_0, +\infty[$.

1° *Si $q \ll p/p'$, on a $p(x + q(x)) \sim p(x)$.*

2° *Si on a à la fois $q \ll p/p'$ et $q(x) \ll x$, on a $p(x - q(x)) \sim p(x)$.*

Les deux parties de la proposition sont évidentes si $p \sim k$ (constante $\neq 0$) ; on peut donc supposer $p(x) \ll 1$ (sinon on raisonnerait sur $1/p$). On en déduit $p'(x) \ll 1$.

1° On peut écrire $p(x + q(x)) = p(x) + q(x)p'(x + \theta q(x))$ avec $0 \leqslant \theta \leqslant 1$ (I, p. 22, corollaire). Comme $|p'(x)|$ tend vers 0 lorsque x tend vers $+\infty$, et est égale à une fonction (H) dans un voisinage de $+\infty$, elle est décroissante dans un intervalle $[x_1, +\infty[$, donc, pour $x \geqslant x_1$, on a $|p'(x + \theta q(x))| \leqslant |p'(x)|$; comme $qp' \ll p$, on a bien $p(x + q(x)) \sim p(x)$.

2° La condition $q(x) \ll x$ assure que $x - q(x)$ tend vers $+\infty$ avec x. On a encore $p(x - q(x)) = p(x) - q(x)p'(x - \theta p(x))$ avec $0 \leqslant \theta \leqslant 1$. Le même raisonnement que dans la première partie de la démonstration montre que, pour x assez grand, on a $|p'(x - \theta q(x))| \leqslant |p'(x - q(x))|$. Tout revient à montrer que $q(x)\frac{p'(x - q(x))}{p(x - q(x))}$ tend vers 0 lorsque x tend vers $+\infty$. La proposition est vraie si $p'/p \gg 1$, car alors $|p'/p|$ est une fonction (H) croissante pour x assez grand, donc $q(x)\frac{|p'(x - q(x))|}{|p(x - q(x))|} \leqslant q(x)\frac{|p'(x)|}{|p(x)|}$, et on a $qp' \ll p$ par hypothèse. Elle est vraie aussi si $p'/p \sim k$ (k constante $\neq 0$), car alors

$$\frac{p'(x - q(x))}{p(x - q(x))} \sim \frac{p'(x)}{p(x)}$$

puisque $x - q(x)$ tend vers $+\infty$. Reste uniquement à examiner le cas où $p'/p \ll 1$. Supposons d'abord que $p(x)$ soit d'ordre *fini* par rapport à x, donc (V, p. 22, prop. 7) que $p'(x)/p(x) \ll 1/x$. On a alors $\dfrac{p'(x-q(x))}{p(x-q(x))} = \dfrac{1}{x-q(x)} O_1(1)$, donc $q(x)\dfrac{p'(x-q(x))}{p(x-q(x))} = \dfrac{q(x)}{x}\left(1 - \dfrac{q(x)}{x}\right)^{-1} O_1(1) = \dfrac{q(x)}{x} O_2(1)$ et on voit que dans ce cas la proposition est vraie sous la *seule* hypothèse $q(x) \ll x$. Considérons enfin le cas où $1/x \ll p'(x)/p(x) \ll 1$; la fonction $r = p'/p$ est alors d'ordre fini par rapport à x; comme d'après la remarque précédente, la prop. 4 de V, p. 44, est applicable à une telle fonction, on a $p'(x - q(x))/p(x - q(x)) \sim p'(x)/p(x)$, et l'hypothèse $qp' \ll p$ permet alors d'achever la démonstration.

Remarque. — Les conditions imposées à $q(x)$ ne peuvent être améliorées, comme le montrent les exemples suivants:

a) $p(x) = e^x, \quad q(x) = 1 = \dfrac{p(x)}{p'(x)}, \quad p(x + q(x)) = e.p(x)$

b) $p(x) = \log x, \quad q(x) = x - \log x \ll \dfrac{p(x)}{p'(x)} = x \log x,$

$$p(x - q(x)) = \log\log x \ll p(x).$$

Nous allons d'abord étudier les fonctions réciproques d'un type particulier de fonctions (H):

Proposition 5. — *Soit g une fonction* (H) *non équivalente à une constante* $\neq 0$ *et telle que* $g(x) \ll x$, *et soit* $u(x)$ *la fonction réciproque de* $x - g(x)$, *définie dans un voisinage de* $+\infty$. *Soit* (u_n) *la suite de fonctions définie, par récurrence sur* n, *par les conditions* $u_0(x) = x$, $u_n(x) = x + g(u_{n-1}(x))$ *pour* $n \geqslant 1$; *on a* $u_n \gg 1$, *et*

(11) $$u(x) - u_n(x) \sim g(x)(g'(x))^n.$$

Posons $y = u(x)$, $y_n = u_n(x)$; on a donc $x = y - g(y)$, $y_0 = x$ et $y_n = x + g(y_{n+1})$. On en tire d'abord $x/y = 1 - \dfrac{g(y)}{y}$; comme y tend vers $+\infty$ avec x, l'hypothèse $g(x) \ll x$ montre que $y = u(x) \sim x = y_0$; en outre,

$$y - x = g(y) = g(x) + (y - x)g'(z)$$

où z appartient à l'intervalle d'extrémités x, y; quand x tend vers $+\infty$, il en est donc de même de z, et comme $g(x) \ll x$, $g' \ll 1$, donc $g'(z)$ tend vers 0, et on a par suite

$$y - x = g(x) + o(y - x)$$

d'où

(12) $$u(x) - x \sim g(x).$$

Montrons en second lieu, par récurrence sur n, que lorsque x tend vers $+\infty$, on a $u_n \gg 1$, et

$$(13) \qquad u(x) - u_n(x) \ll u(x) - u_{n-1}(x).$$

En effet, $y - y_n = g(y) - g(y_{n-1}) = (y - y_{n-1})g'(z_{n-1})$, où z_{n-1} appartient à l'intervalle d'extrémités y et y_{n-1}; d'après l'hypothèse de récurrence, z_{n-1} tend vers $+\infty$ avec x, donc $g'(z_{n-1})$ tend vers 0, ce qui démontre (13). On déduit de cette relation et de (12) que $u(x) - u_n(x) \ll u(x) - x \sim g(x) \ll x \sim u(x)$, d'où $u_n(x) \sim u(x)$ et par suite $u_n \gg 1$. Enfin, la relation $u(x) - u_n(x) \ll u(x) - x$ s'écrit aussi $(u(x) - x) - (u_n(x) - x) \ll u(x) - x$, d'où

$$(14) \qquad u_n(x) - x \sim u(x) - x \sim g(x).$$

Pour démontrer (11), remarquons d'abord que, si $t(x)$ est une fonction telle que $t(x) - x \sim g(x)$, on a $g'(t(x)) \sim g'(x)$. En effet, quel que soit $\varepsilon > 0$, pour x assez grand, g' est monotone, donc $g'(t(x))$ est comprise entre $g'(x + (1 + \varepsilon)g(x))$ et $(g'(x + (1 - \varepsilon)g(x))$. La prop. 4 de V, p. 44, montre donc que $g'(t(x)) \sim g'(x)$, pourvu qu'on établisse la relation $g \ll g'/g''$. Or, si g est d'ordre infini par rapport à x, on a (V, p. 40, prop. 2) $g''/g' \sim g'/g$, et comme $g' \ll 1$, $g \ll g/g' \sim g'/g''$; si g est d'ordre fini μ par rapport à x, on a nécessairement $\mu \leqslant 1$; si $\mu < 1$, comme g n'est pas équivalente à une constante $\neq 0$, les formules (3) et (4) (V, p. 40) montrent que $g''/g' \sim k/x$ (k constante $\neq 0$), d'où encore $g \ll g'/g''$; enfin si $\mu = 1$, g' est d'ordre 0 par rapport à x, donc $g''/g' \ll 1/x$, et par suite on a encore $g \ll g'/g''$.

Cela étant, comme z_{n-1} est compris entre y et y_{n-1}, il résulte de (14) que $z_{n-1} - x \sim g(x)$, d'où $g'(z_{n-1}) \sim g'(x)$ d'après ce qui précède; on a donc

$$y - y_n \sim (y - y_{n-1})g'(x),$$

d'où (11) par récurrence sur n.

Remarques. — 1) Si g est *d'ordre* < 1 *par rapport à* x, la fonction $u(x) - u_n(x)$ *tend vers* 0 *avec* $1/x$ dès que n est assez grand. En effet, dans le cas contraire, on aurait $gg'^n \gg 1$ pour *tout* n, donc g serait d'ordre infini par rapport à $1/g'$; autrement dit, on aurait $\log|g| \gg \log|g'|$, d'où en dérivant $g'/g \gg g''/g'$. Mais, si g est d'ordre $\mu < 1$ par rapport à x, on a $g'/g \sim g''/g'$ lorsque $\mu = -\infty$, $\dfrac{g'}{g} \sim \dfrac{\mu}{\mu - 1}\dfrac{g''}{g'}$ lorsque $\mu \neq 0$ et enfin $g'/g \ll g''/g'$ lorsque $\mu = 0$ (V, p. 40, n° 3).

Par contre, si g est d'ordre 1 par rapport à x, on peut avoir $gg'^n \gg 1$ pour tout entier $n > 0$, comme le montre l'exemple $g(x) = x/\log x$.

2) Lorsque $g(x)$ est une fonction (H) équivalente à une constante $k \neq 0$, on a $g(x) = k + g_1(x)$, avec $g_1 \ll 1$; la fonction $u_1(x) = u(x) - k$ est fonction réciproque de $x - g_1(x + k)$, et on est ramené au cas traité dans la prop. 5 de V, p. 45.

Pour avoir un développement asymptotique de la fonction u, il suffit donc d'avoir un tel développement pour la fonction u_n: si g admet un développement asymptotique par rapport à l'échelle considérée, on est ainsi ramené (en vertu de la définition des fonctions (H)) aux problèmes examinés dans V, p. 14 à 17.

Au cas traité dans la prop. 5 de V, p. 45, se ramène le cas plus général suivant: la fonction $y = u(x)$ est supposée satisfaire à la relation

$$\varphi(x) = \psi(y) - g(y) \tag{15}$$

où φ est une fonction (H), ψ une fonction (H) telle que $\psi \gg 1$ et que la fonction réciproque θ de ψ soit aussi une fonction (H), et g une fonction (H) telle que $g \ll \psi$. Soit alors $v(x)$ la fonction réciproque de $x - g(\theta(x))$; on a $u = \theta \circ v \circ \varphi$, et $g(\theta(x)) \ll x$; si on connaît un développement asymptotique de v grâce à la prop. 5 de V, p. 45, on en déduira un développement asymptotique de u par de V, p. 14 à 17.

Exemples. — 1) Cherchons un développement asymptotique de la fonction réciproque $v(x)$ de $x^5 + x$ (pour x tendant vers $+\infty$); en posant $x^5 = t$, on est ramené à chercher un développement de la fonction réciproque $u(t)$ de $t + t^{1/5}$ (pour t tendant vers $+\infty$), c'est-à-dire à appliquer la prop. 5 de V, p. 45, au cas où $g(t) = -t^{1/5}$. Calculons par exemple $u_2(t)$; on a

$$u_2(t) = t - (t - t^{1/5})^{1/5} = t - t^{1/5} + \frac{1}{5}t^{-3/5} + \frac{2}{25}t^{-7/5} + o_1(t^{-7/5}).$$

D'autre part, d'après (11) (V, p. 45)

$$u(t) - u_2(t) \sim -\frac{1}{25}t^{-7/5}$$

d'où

$$u(t) = t - t^{1/5} + \frac{1}{5}t^{-3/5} + \frac{1}{25}t^{-7/5} + o_2(t^{-7/5})$$

et on en déduit le développement cherché

$$v(x) = (u(x))^{1/5} = x^{1/5} - \frac{1}{5}x^{-3/5} - \frac{1}{25}x^{-7/5} + o_3(x^{-7/5}).$$

2) Cherchons un développement asymptotique de la fonction réciproque $v(x)$ de la fonction $x/\log x$; de l'identité $x = y/\log y$, où $y = v(x)$, on tire $\log x = \log y - \log\log y$; posant $z = \log y$, $t = \log x$, on a $t = z - \log z$, et on est donc ramené à développer la fonction réciproque $u(t)$ de $t - \log t$; on a par exemple

$$u_2(t) = t + \log(t + \log t) = t + \log t + \frac{\log t}{t} - \frac{(\log t)^2}{2t^2} + o_1\left(\frac{\log t}{t^2}\right)$$

et d'autre part, d'après (11) (V, p. 45)

$$u(t) - u_2(t) \sim \frac{\log t}{t^2}$$

d'où

$$u(t) = t + \log t + \frac{\log t}{t} - \frac{(\log t)^2}{2t^2} + \frac{\log t}{t^2} + o_2\left(\frac{\log t}{t^2}\right)$$

et en revenant au problème initial, on obtient le développement asymptotique

$$v(x) = x\log x + x\log\log x + x\frac{\log\log x}{\log x} + o\left(x\frac{\log\log x}{\log x}\right).$$

Remarque. — On notera que deux fonctions (H) équivalentes peuvent avoir des fonctions réciproques non équivalentes, comme le montre l'exemple des deux fonctions $\log x$ et $1 + \log x$.

Exercices

§ 1

1) Montrer que pour x réel tendant vers $+\infty$, la fonction

$$f(x) = (x \cos^2 x + \sin^2 x) e^{x^2}$$

est monotone, mais n'est pas comparable à e^{x^2}, ni faiblement comparable à $x^{1/2} e^{x^2}$.

2) Soit φ une fonction strictement positive, définie et croissante pour $x > 0$ et telle que $\varphi \gg 1$.
a) Montrer que si la fonction $\log \varphi(x)/\log x$ est croissante, la relation $f \ll g$ entre fonctions >0 entraîne $\varphi \circ f \ll \varphi \circ g$ si $g \gg 1$.
b) Donner un exemple où $\log \varphi(x)/\log x$ est décroissante, f et g sont deux fonctions >0 telles que $g \gg 1$ et $f \sim g$, mais $\varphi \circ f$ n'est pas équivalente à $\varphi \circ g$.

¶ 3) *a*) Soient (α_i, β_i) n couples distincts de nombres réels $\geqslant 0$, distincts de $(0, 0)$ et tels que $\inf_i \alpha_i = \inf_i \beta_i = 0$. On considère l'équation

$$f(x, y) = \sum_{i=1}^{n} a_i x^{\alpha_i} y^{\beta_i} (1 + \varphi_i(x, y)) = 0$$

où les a_i sont des nombres réels $\neq 0$, les φ_i des fonctions continues dans un carré $0 \leqslant x \leqslant a$, $0 \leqslant y \leqslant a$, et tendant vers 0 lorsque (x, y) tend vers $(0, 0)$. On suppose qu'il existe une fonction g positive et continue dans un intervalle $\left]0, b\right]$, tendant vers 0 avec x et telle que $f(x, g(x)) = 0$ pour tout $x \in \left]0, b\right]$. Pour tout nombre réel $\mu > 0$, montrer que $g(x)/x^\mu$ tend vers une limite finie ou infinie lorsque x tend vers 0 (utiliser V, p. 8, prop. 9, en considérant, pour tout nombre $t \geqslant 0$, l'équation $f(x, tx^\mu) = 0$).
b) Pour que $g(x)/x^\mu$ tende vers une limite finie et $\neq 0$, il est nécessaire que μ soit tel qu'il existe au moins deux couples distincts (α_h, β_h) et (α_k, β_k) tels que $\alpha_h + \mu\beta_h = \alpha_k + \mu\beta_k$ et que, pour tout autre couple (α_i, β_i), on ait $\alpha_i + \mu\beta_i \geqslant \alpha_h + \mu\beta_h$. On obtient ainsi un nombre fini de valeurs possibles μ_j $(1 \leqslant j \leqslant r)$; les nombres $-1/\mu_j$ sont les pentes des droites affines du plan $\mathbf{R}^2$ contenant au moins deux points de l'ensemble des points (α_i, β_i) et telles que tous les autres points de cet ensemble soient au-dessus de la droite considérée (« *polygone de Newton* »).
c) Soit μ_1 le plus petit des nombres μ_j. Montrer que $g(x)/x^{\mu_1}$ tend une limite *finie* (pouvant être nulle). (Montrer d'abord qu'on peut toujours supposer que si i et j sont deux indices distincts, on n'a pas à la fois $\alpha_i \leqslant \alpha_j$ et $\beta_i \leqslant \beta_j$; en déduire qu'on peut supposer $\alpha_1 = 0$, $\alpha_i > 0$ et $\beta_i < \beta_1$ pour $i \neq 1$; en posant alors $g(x) = t(x)x^{\mu_1}$, montrer que $t(x)$ ne peut pas tendre vers $+\infty$ lorsque x tend vers 0.)
d) Déduire de *c*), par récurrence sur r, qu'il existe un indice j tel que $g(x)/x^{\mu_j}$ tende vers une limite finie et $\neq 0$ lorsque x tend vers 0.

§ 3

1) Définir une fonction croissante g, admettant une dérivée continue dans un voisinage de $+\infty$, telle que g et $1/x$ soient comparables d'ordre 1, mais que x et $1/g$ ne soient pas comparables d'ordre 1 (prendre $g'(x) = 1$ sauf dans des intervalles suffisamment petits ayant pour milieux les points $x = n$ (b entier > 0) dans lesquels g' prend des valeurs très grandes).

2) Soient f et g deux fonctions $\geqslant 0$ tendant vers $+\infty$ avec x et comparables d'ordre 1; si h est une fonction dérivable, $\geqslant 0$ et croissante pour x tendant vers $+\infty$, montrer que hf et hg sont comparables d'ordre 1.

3) Donner un exemple de deux fonctions f, g positives, décroissantes et tendant vers 0 lorsque x tend vers $+\infty$, comparables d'ordre 1 et telles que $xf(x)$ et $xg(x)$ ne soient pas comparables d'ordre 1 (prendre f et g équivalentes et telles que

$$\frac{f'(x)}{f(x)} + \frac{1}{(x)} \quad \text{et} \quad \frac{g'(x)}{g(x)} + \frac{1}{x}$$

ne soient pas comparables).

4) *a*) Montrer que l'on a $\frac{\sin x}{\sqrt{x}} \sim \frac{\sin x}{\sqrt{x}}\left(1 + \frac{\sin x}{\sqrt{x}}\right)$, mais que l'intégrale $\int_a^{+\infty} \frac{\sin t}{\sqrt{t}}\, dt$ est convergente et l'intégrale $\int_a^{+\infty} \frac{\sin t}{\sqrt{t}}\left(1 + \frac{\sin t}{\sqrt{t}}\right) dt$ infinie.

b) Montrer que les intégrales $\int_a^{+\infty} \frac{\sin t}{t}\, dt$ et $\int_a^{+\infty} \frac{\sin^2 t}{t^2}$ sont toutes deux convergentes, mais que $\int_x^{+\infty} \frac{\sin^2 t}{t^2}\, dt$ n'est pas négligeable devant $\int_x^{+\infty} \frac{\sin t}{t}\, dt$, bien que l'on ait $\sin^2 t/t^2 \ll \sin t/t$.

c) On considère les deux fonctions continues à valeurs dans $\mathbf{R}^2$, définies dans $[1, +\infty[$:

$$\mathbf{f}: x \mapsto \left(\frac{1}{x^2}, \frac{\sin x}{x}\right), \qquad \mathbf{g}: x \mapsto \left(\frac{1}{x^2}, \frac{\sin x}{x}\left(1 + \frac{\sin x}{x}\right)\right).$$

Montrer qu'elles ne s'annulent pour aucune valeur de x, qu'on a $\mathbf{f} \sim \mathbf{g}$ pour x tendant vers $+\infty$, que les intégrales $\int_a^{+\infty} \mathbf{f}(t)dt$ et $\int_a^{+\infty} \mathbf{g}(t)dt$ sont convergentes, mais que $\int_x^{+\infty} \mathbf{f}(t)dt$ n'est pas équivalente à $\int_x^{+\infty} \mathbf{g}(t)dt$ lorsque x tend vers $+\infty$.

¶ 5) Soit f une fonction numérique *convexe* définie dans un voisinage de $+\infty$, telle que $f x) \gg x$. On dit que f est *régulièrement convexe* au voisinage de $+\infty$ si, pour *toute* fonction *convexe* g définie dans un voisinage de $+\infty$ et telle que $f \sim g$, on a aussi $f'_d \sim g'_d$.

Pour tout nombre $\alpha > 0$ et tout x assez grand, soit $k(\alpha, x)$ la borne inférieure des nombres $(f(y) - (y - x)f'_d(y))/f(x)$ lorsque y parcourt l'ensemble des nombres $\geqslant x$ tels que $f'_d(y) \leqslant (1 + \alpha)f'_d(x)$. Soit de même $h(\alpha, x)$ la borne inférieure des nombres

$$(f(z) + (x - z)f'_d(z))/f(x)$$

lorsque z parcourt l'ensemble des nombres $\leqslant x$ tels que $f'_d(z) \geqslant (1 - 0)f'_d(x)$. Soient $\psi(\alpha) = \limsup_{x \to +\infty} k(\alpha, x)$, $\varphi(\alpha) = \lim \cdot \sup_{x \to +\infty} h(\alpha, x)$. Montrer que, pour que f soit régulièrement convexe au voisinage de $+\infty$, il faut et il suffit que, pour tout $\alpha > 0$ assez petit, on ait $\psi(\alpha) < 1$ et $\varphi(\alpha) < 1$.

¶ 6) Soient $\mathbf{f}$ une fonction vectorielle continue dans un intervalle $[x_0, +\infty[$ de $\mathbf{R}$ et telle que, pour tout $\lambda \geqslant 0$, la fonction $\mathbf{f}(x + \lambda) - \mathbf{f}(x)$ tende vers 0 lorsque x tend vers $+\infty$.

a) Montrer que $\mathbf{f}(x + \lambda) - \mathbf{f}(x)$ tend *uniformément* vers 0 avec $1/x$ lorsque λ appartient à un intervalle compact quelconque $K = [a, b]$ de $[0, +\infty[$. (Raisonner par l'absurde: s'il existe une suite (x_n) tendant vers $+\infty$ et une suite (λ_n) de points de K telles que

$$\|\mathbf{f}(x_n + \lambda_n) - \mathbf{f}(x_n)\| > \alpha > 0$$

pour tout n, il existe un voisinage J_n de λ_n dans K tel que $\|\mathbf{f}(x_n + \lambda) - \mathbf{f}(x_n)\| > \alpha$ pour tout $\lambda \in J_n$. Construire par récurrence une suite *décroissante* d'intervalles fermés $I_k \subset K$, et une suite (x_{n_k}) extraite de (x_n), telles que $\|\mathbf{f}(x_{n_k} + \lambda) - \mathbf{f}(x_{n_k})\| \geqslant \alpha/3$ pour *tout* $\lambda \in I_k$; on remarquera pour cela que si δ_k est la longueur de I_k et q un entier tel que $q\delta_k > b - a$, on a $\|\mathbf{f}(x + \delta_k) - \mathbf{f}(x)\| \leqslant \alpha/3q$ dès que x est assez grand).

b) Déduire de *a*) que $\int_x^{x+1} \mathbf{f}(t)\, dt - \mathbf{f}(x)$ tend vers 0 lorsque x tend vers $+\infty$, et en conclure que l'on a $\mathbf{f}(x) = o(x)$.

7) Soit g une fonction numérique strictement positive, continue dans un intervalle $[x_0, +\infty[$, et telle que, pour tout $\mu > 0$, on ait $g(\mu x) \sim g(x)$. Déduire de l'exerc. 6 que g est d'ordre 0 par rapport à x.

§ 4

1) Si la série de terme général $u_n \geqslant 0$ est convergente, il en est de même de la série de terme général $\sqrt{u_n u_{n+1}}$. La réciproque est inexacte en général; montrer qu'elle est vraie si la suite (u_n) est décroissante.

2) Soit (p_n) une suite croissante de nombres > 0, tendant vers $+\infty$.
a) Si le rapport p_n/p_{n-1} tend vers 1 lorsque n croît indéfiniment, montrer que l'on a

$$\sum_{k=1}^{n} \frac{p_k - p_{k-1}}{p_k} \sim \log p_n$$

$$\sum_{k=1}^{n} p_k^{\rho} (p_k - p_{k-1}) \sim \frac{1}{\rho + 1} p_n^{\rho+1} \quad \text{pour } \rho > -1$$

(appliquer la prop. 2 de V, p. 27).
b) Sans hypothèse sur le rapport p_n/p_{n-1}, montrer que la série de terme général $(p_n - p_{n-1})/p_n$ a toujours une somme infinie (distinguer deux cas suivant que p_n/p_{n-1} tend ou non vers 1).
c) Montrer que, pour $\rho > 0$, la série de terme général $(p_n - p_{n-1})/p_n p_{n-1}^{\rho}$ est convergente (comparer à la série de terme général $\dfrac{1}{p_{n-1}^{\rho}} - \dfrac{1}{p_n^{\rho}}$.

3) Montrer que, pour toute série convergente (u_n) à termes > 0, il existe une série (v_n) de somme infinie, à termes > 0, telle que $\liminf_{n\to\infty} v_n/u_n = 0$.

4) Soit (u_n) une suite décroissante de nombres > 0; s'il existe un entier k tel que $ku_{kn} \geqslant u_n$ quel que soit n à partir d'un certain rang, la série de terme général u_n a une somme infinie.

5) Soit (u_n) une série à termes > 0 à partir d'un certain rang. Montrer que si

$$\limsup_{n\to\infty} \left(\frac{u_{n+1}}{u_n}\right)^n < \frac{1}{e},$$

la série (u_n) est convergente, et que si $\liminf_{n\to\infty} (u_{n+1}/u_n)^n \geqslant 1/e$, la série a une somme infinie.

6) Soit (u_n) une série à termes réels $\neq 0$, tels que $\lim_{n\to\infty} u_n = 0$. Montrer que, s'il existe un nombre r tel que $0 < r < 1$ et qu'à partir d'une certaine valeur de n, on ait $-1 \leqslant u_{n+1}/u_n \leqslant r$, la série (u_n) est convergente.

7) Soit (u_n) une série convergente à termes > 0.
a) Montrer que

$$\lim_{n\to\infty} \frac{u_1 + 2u_2 + \cdots + nu_n}{n} = 0.$$

b) Montrer que

$$\sum_{n=1}^{\infty} \frac{u_1 + 2u_2 + \cdots + nu_n}{n(n+1)} = \sum_{n=1}^{\infty} u_n$$

$\left(\text{écrire } \dfrac{1}{n(n+1)} = \dfrac{1}{n} - \dfrac{1}{n+1}\right)$.
c) Déduire de *a*) et *b*), que l'on a

$$\lim_{n\to\infty} n(u_1 u_2 \ldots u_n)^{1/n} = 0$$

et

$$\sum_{n=1}^{\infty} \frac{(n!\, u_1 u_2 \ldots u_n)^{1/n}}{n+1} < \sum_{n=1}^{\infty} u_n$$

(appliquer l'inégalité (8) de III, p. 3).

¶ 8) *a*) Soit (z_n) une suite de nombres complexes. Montrer que si les séries de terme général $z_n, z_n^2, \ldots, z_n^{q-1}, |z_n|^q$ sont convergentes, le produit infini de facteur général $1 + z_n$ est convergent.
b) Si z_n est *réel* et si la série de terme général z_n est convergente, le produit infini de facteur général $1 + z_n$ est convergent si la série de terme général z_n^2 est convergente, et on a

$$\mathop{\mathrm{P}}_{n=1}^{\infty} (1 + z_n) = 0 \quad \text{si} \quad \sum_{n=1}^{\infty} z_n^2 = +\infty.$$

c) Pour tout entier p, on pose

$$k_p = [\log \log p], \quad h_p = \sum_{j=1}^{p-1} k_j, \quad \omega_p = \frac{2\pi}{k_p}.$$

On définit de la façon suivante la suite (z_n) de nombres complexes: pour $n = h_p + m$, $0 \leqslant m \leqslant k_p - 1$, on pose $z_n = e^{mi\omega_p}/\log p$. Montrer que pour *tout* entier $q > 0$, la série de terme général z_n^q est convergente, mais que le produit de facteur général $1 + z_n$ n'est pas convergent.

9) *a*) Démontrer, à l'aide de la formule de Stirling, que le maximum de la fonction $f_n(x) = \left| e^{-2x} - e^{-x} \sum_{k=0}^{n} (-1)^k \frac{x^k}{k!} \right|$ dans l'intervalle $[0, +\infty[$, tend vers 0 avec $1/n$.
b) En déduire, par récurrence sur l'entier p, que pour tout $\varepsilon > 0$, il existe un polynôme $g(x)$ tel que $|e^{-px} - e^{-x}g(x)| \leqslant \varepsilon$ pour tout $x \geqslant 0$ (remplacer x par $px/2$ dans *a*), et utiliser l'hypothèse de récurrence appliquée à $e^{-(p-1)x/2}$).

10) Pour tout nombre $\alpha > 0$, démontrer la formule

$$1^{\alpha n} + 2^{\alpha n} + \cdots + n^{\alpha n} \sim \frac{n^{\alpha n}}{1 - e^{-\alpha}}$$

lorsque n tend vers $+\infty$.

¶ 11) Pour tout nombre $a > 0$, démontrer la formule

$$(1!)^{-\alpha/n} + (2!)^{-\alpha/n} + \cdots + (n!)^{-\alpha/n} \sim \frac{1}{\alpha} \frac{n}{\log n}$$

lorsque n tend vers $+\infty$ (comparer chaque terme $(p!)^{-\alpha/n}$ à $n^{-\alpha p/n}$).

Appendice

1) Soit $\mathfrak{K}$ un corps de Hardy tel que, pour toute fonction $f \in \mathfrak{K}$ non identiquement nulle au voisinage de $+\infty$, il existe $\lambda > 0$ tel que

$$\frac{1}{e_m(x^\lambda)} \ll f(x) \ll e_m(x^\lambda)$$

(m entier *indépendant de* f).
a) Soint $u_1, u_2, \cdots, u_p$ p fonctions de la forme $u_k = \log|z_k|$, où $z_k \in \mathfrak{K}$ n'est pas nulle dans un voisinage de $+\infty$. Montrer que pour toute fonction g (non nulle dans un voisinage de $+\infty$) du corps de Hardy $\mathfrak{K}(u_1, \cdots, u_p)$ obtenu par adjonction à $\mathfrak{K}$ des fonctions u_k $(1 \leqslant k \leqslant p)$, il existe $\mu > 0$ tel que

$$\frac{1}{e_m(x^\mu)} \ll g(x) \ll e_m(x^\mu)$$

(se ramener au cas où g est un polynôme par rapport aux u_k, à coefficients dans $\mathfrak{K}$, et raisonner par récurrence sur p, puis, pour $p = 1$, raisonner par récurrence sur le degré du polynôme g en procédant comme dans le lemme 2 de V, p. 37).
b) Soient u_k $(1 \leqslant k \leqslant p)$ p fonctions de la forme $u_k = \exp(z_k)$ où $z_k \in \mathfrak{K}$. Montrer que pour

toute fonction g du corps de Hardy $\mathfrak{K}(u_1, \ldots, u_p)$, non identiquement nulle au voisinage de $+\infty$, il existe un nombre $\mu > 0$ tel que

$$\frac{1}{e_{m+1}(x^\mu)} \lll g(x) \lll e_{m+1}(x^\mu)$$

(méthode analogue).

c) En déduire que si f est une fonction (H) admettant une suite de définition de n termes, et non identiquement nulle dans un voisinage de $+\infty$, il existe un nombre $\lambda > 0$ tel que

$$\frac{1}{e_n(x^\lambda)} \lll f(x) \lll e_n(x^\lambda).$$

2) a) Montrer que toute fonction (H) possédant une suite de définition d'un seul terme est équivalente à une fonction de l'une des formes $x^p(\log x)^q$, ou $x^p e^{g(x)}$, où p et q sont des entiers rationnels, et g un polynôme en x (méthode de l'exerc. 1).

b) Déduire de a) que toute fonction du corps de Hardy $\mathbf{R}(x, u_1, \ldots, u_p)$, où $u_1, \ldots, u_p$ sont des fonctions (H) ayant une suite de définition d'un seul terme, est équivalente à une fonction de la forme $x^p (\log x)^q e^{g(x)}$ où p et q sont des entiers rationnels, et g un polynôme en x.

3) Soient f et g deux fonctions (H) telles que f/g soit d'ordre 0 par rapport à $l_m(x)$; montrer que si g n'est pas d'ordre 0 par rapport à $l_m(x)$, on a $f'/g' \sim f/g$ (comparer $\log|f|$ et $\log|g|$).

4) Soit $\mathfrak{K}$ un corps de Hardy tel que, pour toute fonction $f \in \mathfrak{K}$ non équivalente à une constante, et d'ordre 0 par rapport à $l_{m-1}(x)$, il existe une constante k et un entier rationnel r tels que $f(x) \sim k(l_m(x))^r$.

a) Soit z une fonction quelconque de $\mathfrak{K}$, non identiquement nulle dans un voisinage de $+\infty$. Montrer que toute fonction g du corps de Hardy $\mathfrak{K}(\log|z|)$ non équivalente à une constante, et d'ordre 0 par rapport à $l_m(x)$, est équivalente à une fonction de la forme $k(l_{m+1}(x))^r$ (k constante, r entier rationnel). (Considérer d'abord le cas où g est un polynôme de degré p en $\log|z|$, à coefficients dans $\mathfrak{K}$, et raisonner par récurrence sur p, en utilisant l'exerc. 3; si g est une fonction rationnelle de $\log|z|$, à coefficients dans $\mathfrak{K}$, raisonner par récurrence sur le degré du numérateur, en utilisant l'exerc. 3.)

b) Montrer que toute fonction de $\mathfrak{K}(l_{m+1}(x))$ est équivalente à une fonction de la forme $f(x)(l_{m+1}(x))^r$, où $f \in \mathfrak{K}$ et r est un entier rationnel.

c) Soit z une fonction quelconque de $\mathfrak{K}$. Montrer que toute fonction g du corps de Hardy $\mathfrak{K}(e^z)$, d'ordre 0 par rapport à $l_m(x)$, est équivalente à une constante. (Considérer d'abord le cas où $g = u^q \mathrm{P}(u)$, où $u = e^z$, q est un entier rationnel, et $\mathrm{P}(u)$ un polynôme en u, de degré p, à coefficients dans $\mathfrak{K}$; raisonner alors par récurrence sur p, en utilisant a) et l'exerc. 3. Passer de là au cas général en utilisant l'exerc. 3.)

d) Etendre le résultat de a) au corps $\mathfrak{K}(u_1, u_2, \ldots, u_s)$, où les u_k sont de la forme e^{z_k} ou $\log|z_k|$, les z_k étant des fonctions de $\mathfrak{K}$ non identiquement nulles dans un voisinage de $+\infty$ (raisonner par récurrence sur s).

5) a) Déduire de l'exerc. 4 que si f est une fonction (H) ayant une suite de définition de n termes, non équivalente à une constante, et d'ordre 0 par rapport à $l_{n-1}(x)$, il existe une constante k et un entier rationnel r tels que $f(x) \sim k(l_n(x))^r$.

b) Déduire de l'exerc. 4 que si f est une fonction (H) quelconque, il existe un entier n tel que le critère logarithmique d'ordre n soit applicable pour déterminer si l'intégrale $\int_a^{+\infty} f(t)\,dt$ est convergente ou infinie.

6) Comparer entre elles les fonctions $e_p((l_q(x))^\mu)$ suivant les valeurs des entiers p et q et du nombre réel μ, supposé >0, et $\neq 1$.

¶ 7) Soit f une fonction (H) ayant une suite de définition de n termes. Montrer que si on a $e_p((l_{q+1}(x))^\beta) \lll f(x) \lll e_p((l_q(x))^\alpha)$ (resp. $e_p((l_q(x))^\beta) \lll f(x) \lll e_{p+1}((l_q(x))^\alpha)$) quel que soit $\beta > 0$ et quel que soit α tel que $0 < \alpha < 1$, on a nécessairement $p + q + 1 < n$ (raisonner par récurrence sur n, en utilisant des méthodes analogues à celles des exerc. 1 (V p. 51) et 4 (V, p. 67)).

8) *a*) Soit (f_n) une suite de fonctions continues croissantes appartenant à $\mathscr{H}(\mathfrak{F}, \mathbf{R})$ et telles que $f_n \ll f_{n+1}$ pour tout n. Montrer qu'il existe une fonction f, continue, croissante, appartenant à $\mathscr{H}(\mathfrak{F}, \mathbf{R})$ et telle que $f \gg f_n$ pour tout n (se ramener au cas où $f_n \leqslant f_{n+1}$ et définir f de sorte que $f_n(x) \leqslant f(x) \leqslant f_{n+1}(x)$ pour $n \leqslant x \leqslant n + 1$).
b) Soit (f_n) une suite de fonctions continues croissantes appartenant à $\mathscr{H}(\mathfrak{F}, \mathbf{R})$, et telles que $1 \ll f_{n+1} \ll f_n$ pour tout n. Montrer qu'il existe une fonction f continue, croissante et appartenant à $\mathscr{H}(\mathfrak{F}, \mathbf{R})$, telle que $1 \ll f \ll f_n$ pour tout n (en se ramenant au cas où $f_{n+1} \leqslant f_n$, montrer qu'on peut définir une suite croissante (x_n) de nombres réels et une fonction continue et croissante f telle que $f_{n+1}(x) \leqslant f(x) \leqslant f_n(x)$ pour $x_n \leqslant x \leqslant x_{n+1}$).
c) Soient (f_n), (g_n) deux suites de fonctions continues croissantes appartenant à $\mathscr{H}(\mathfrak{F}, \mathbf{R})$, telles que $f_n \ll f_{n+1}$, $g_m \gg g_{m+1}$ et $f_n \ll g_m$ quels que soient m et n; montrer qu'il existe une fonction h continue, croissante, appartenant à $\mathscr{H}(\mathfrak{F}, \mathbf{R})$, telle que $f_n \ll h \ll g_m$, quels que soient m et n (méthode analogue).

En particulier, montrer qu'il existe une fonction continue et décroissante f, appartenant à $\mathscr{H}(\mathfrak{F}, \mathbf{R})$ et telle qu'*aucun* critère logarithmique ne permette de déterminer si l'intégrale $\int_a^{+\infty} f(t)\,dt$ est convergente ou infinie (« *théorèmes de Du Bois-Reymond* »).

9) Montrer que la série $\sum_{n=1}^{\infty} \dfrac{e_n(x)}{e_n(n)}$ converge uniformément dans toute partie compacte de $\mathbf{R}$, et que sa somme $f(x)$ est telle que $f(x) \gg e_n(x)$ pour tout entier n.

10) Montrer qu'il existe une fonction croissante f, définie, continue et > 0 pour $x \geqslant 0$, telle que $f(2x) = 2^{f(x)}$ pour tout $x \geqslant 0$; en déduire que, pour tout entier n, on a $f(x) \gg e_n(x)$.

11) Soit f une fonction croissante, continue et $\geqslant 0$, définie pour $x \geqslant 0$, et telle que $f(x) \gg e_n(x)$ pour tout entier n; montrer que, si g est la fonction réciproque de f, on a $1 \ll g(x) \ll l_n(x)$ pour tout entier n.

¶ 12) Pour tout entier $n > 0$, soit $n = \sum_{k=0}^{\infty} \varepsilon_k 2^k$ le développement dyadique de n (ε_k entier nul sauf pour un nombre fini d'indices, $0 \leqslant \varepsilon_k \leqslant 1$). On pose

$$\alpha(n) = \sum_{k=0}^{\infty} \varepsilon_k, \quad A_1(n) = \sum_{j=1}^{n} \alpha(j), \quad A_2(n) = \sum_{j=1}^{n} \alpha(\alpha(j)).$$

a) Démontrer la formule $A_1(n) = \sum_{k=0}^{\infty} (k+2)\varepsilon_k 2^{k-1}$. En déduire la formule

$$A_1(n) = \frac{n \log n}{2 \log 2} + o(n \log \log n)$$

lorsque n croît indéfiniment (décomposer la somme qui exprime $A_1(n)$ en deux parties, l'indice k variant de 0 à $\mu(n)$ dans la première somme, de $\mu(n)$ à n_1 dans la seconde, où n_1 est le plus grand des nombres k tels que $\varepsilon_k \neq 0$, et $\mu(n)$ un nombre convenablement choisi; on majorera la première somme en utilisant la prop. 6 de V, p. 29, et on majorera ensuite la différence entre la deuxième somme et $n_1 n/2$).
b) Démontrer la relation

$$\sum_{j=0}^{2^m-1} f(\alpha(j)) = \sum_{k=0}^{m} \binom{m}{k} f(k)$$

f étant une fonction quelconque définie dans $\mathbf{N}$ (considérer pour un k donné le nombre des $j < 2^m$ tels que $\alpha(j) = k$).
c) Pour $m = 2^r - 1$, démontrer la relation $\alpha(m-j) + \alpha(j) = r$. Déduire de cette relation et de *b*) qu'on a

$$A_2(2^m) = r 2^{m-1} \sim \frac{2^m \log \log 2^m}{2 \log 2}.$$

d) Pour $m = 2^r$, montrer qu'on a

$$A_2(2^m) = 2A_2(2^{m-1}) + 2^{m-1} - \sum_{j=0}^{m-1} \binom{m-1}{j} \Delta(j+1)$$

où on a posé $\alpha(n+1) - \alpha(n) = 1 - \Delta(n+1)$ pour tout n (utiliser *b*) et la relation $\alpha(2^k + r) = \alpha(r) + 1$ pour $r < 2^k$). Montrer que $\sum_{j=0}^{m-1} \binom{m-1}{j} \Delta(j+1) \leqslant r2^{m-2}$ (remarquer que $\Delta(j+1) = 0$ si j est pair, et $\Delta(j+1) \leqslant \log j/\log 2$ pour tout j). En déduire à l'aide de *c*), qu'on a

$$A_2(2^m) \geqslant \frac{3}{2} r2^{m-1} \geqslant \frac{3}{2} \cdot \frac{2^m \log \log 2^m}{2 \log 2}.$$

Conclure de *c*) et de cette relation que $A_2(n)$ *n'est équivalente à aucune fonction* (H) lorsque n tend vers $+\infty$.

13) Soit f une fonction (H) telle que $1 \prec\!\!\prec f(x) \prec\!\!\prec x$. Montrer que, dans la formule de Taylor

$$f(x + f(x)) = f(x) + f(x)f'(x) + \frac{1}{2!}(f(x))^2 f''(x) + \cdots + \\ + \frac{1}{n!} f(x))^n f^{(n)}(x) + \frac{1}{(n+1)!}(f(x))^{n+1} f^{(n+1)}(x + \theta f(x))$$

avec $0 < \theta < 1$ (I, p. 47, exerc. 9), chaque terme est négligeable devant le précédent. Si f est d'ordre <1 par rapport à x, le dernier terme de cette somme tend vers 0 avec $1/x$ dès que n est assez grand.

14) Déduire de l'exerc. 13 que si f est une fonction (H), telle que $\log f(e^x)$ soit d'ordre < 1 par rapport à x, la fonction $f(xf(x))$ est équivalente à une fonction de la forme $e^{g(x)}$, où g est une fonction rationnelle par rapport à x, $\log f(x)$ et un certain nombre de dérivées de cette dernière fonction.

¶ 15) Soit f une fonction (H) convexe au voisinage de $+\infty$, telle que $f(x) \succ\!\!\succ x$. Pour tout $\alpha > 0$, soit x_α le point tel que $f'(x_\alpha) = (1+\alpha)f'(x)$.

a) Si f est d'ordre $+\infty$ par rapport à x, montrer que l'on a

$$x_\alpha - x \sim \log(1+\alpha)\,\frac{f(x)}{f'(x)}$$

(utiliser les prop. 2 (V, p. 40) et 4 (V, p. 44), en appliquant la formule de Taylor à $\log f'(x)$). Montrer que $(f(x)_\alpha - (x_\alpha - x)f'(x_\alpha))/f(x)$ tend vers $(1+\alpha)(1 - \log(1+\alpha))$ lorsque x tend vers $+\infty$.

b) Si f est d'ordre $r > 1$ par rapport à x, montrer que

$$x_\alpha \sim (1+\alpha)^{1/(r-1)}\,x$$

(remarquer que si f_1 est d'ordre 0 par rapport à x, on a $f_1(kx) \sim f_1(x)$ pour toute constante k, en vertu de la prop. 4 de V, p. 40). En déduire que $(f(x_\alpha) - (x_\alpha - x)f'(x_\alpha))/f(x)$ tend vers

$$r(1+\alpha) - (r-1)(1+\alpha)^{r/(r-1)}$$

lorsque x tend vers $+\infty$.

c) On suppose enfin que f soit d'ordre 1 par rapport à x. En posant $f(x) = xf_1(x)$, montrer que

$$x_\alpha - x \sim \log(1+\alpha)\,\frac{f_1(x)}{f_1'(x)}$$

(considérer la fonction réciproque de f_1, qui est d'ordre $+\infty$ par rapport à x). En déduire que $(f(x_\alpha) - (x_\alpha - x)f'(x_\alpha))/f(x)$ tend vers $-\infty$ lorsque x tend vers $+\infty$.

Soit de même x'_α le point tel que $f'(x'_\alpha) = (1-\alpha)f'(x)$ (pour $0 < \alpha < 1$). Donner les formules analogues aux précédentes exprimant la partie principale de $x - x'_\alpha$ et la limite de

$$(f(x'_\alpha) + (x - x'_\alpha)f'(x'_\alpha))/f(x)$$

lorsque x tend vers $+\infty$.

Conclure de ces résultats que f est une fonction *régulièrement convexe* au voisinage de $+\infty$ (V, p. 49, exerc. 5).

CHAPITRE VI

Développements tayloriens généralisés Formule sommatoire d'Euler-Maclaurin

§ 1. DÉVELOPPEMENTS TAYLORIENS GÉNÉRALISÉS

1. Opérateurs de composition dans une algèbre de polynômes

Soient K un corps commutatif *de caractéristique* 0, K[X] l'algèbre des polynômes à une indéterminée sur K (A, IV, § 1, n° 1); dans tout ce paragraphe, nous désignerons sous le nom d'*opérateur* dans K[X] toute *application linéaire* U de l'espace vectoriel K[X] (par rapport à K) dans lui-même; comme les monômes X^n ($n \geqslant 0$) forment une base de cet espace, U est déterminé par la donnée des polynômes $U(X^n)$; de façon précise, si $f(X) = \sum_{k=0}^{\infty} \lambda_k X^k$ avec $\lambda_k \in K$, on a $U(f) = \sum_{k=0}^{\infty} \lambda_k U(X^k)$.

Si G est une algèbre commutative sur K, ayant un élément unité, le G-module G[X] s'obtient par extension à G du corps des scalaires K de l'espace vectoriel K[X]; tout opérateur U dans K[X] se prolonge donc d'une seule manière en une application linéaire du G-module G[X] dans lui-même, que nous noterons encore U (A, II, p. 82); pour tout élément $g(X) = \sum_{k=0}^{\infty} \gamma_k X^k$, avec $\gamma_k \in G$, on a $U(g) = \sum_{k=0}^{\infty} \gamma_k U(X^k)$.

Considérons en particulier le cas où G = K[Y]; G[X] est donc l'anneau K[X, Y] des polynômes à deux indéterminées sur K; pour éviter toute confusion, on notera U_X le prolongement de U à G[X]. Pour tout polynôme $g(X, Y) = \sum_{k=0}^{\infty} \gamma_k(Y) X^k$, où $\gamma_k(Y) \in K[Y]$ on a donc $U_X(g) = \sum_{k=0}^{\infty} \gamma_k(Y) U(X^k)$. Comme U_X est linéaire, on voit que si on écrit $g(X, Y) = \sum_{h=0}^{\infty} \beta_h(X) Y^h$, on a aussi $U_X(g) = \sum_{h=0}^{\infty} U(\beta_h) Y^h$.

Par l'isomorphisme canonique de K[X] sur K[Y] qui à X fait correspondre Y, l'opérateur U se transforme en un opérateur dans K[Y] que nous noterons U_Y pour éviter toute confusion, $U_Y(f(Y))$ étant donc le polynôme obtenu en remplaçant X par Y dans le polynôme $U(f(X)) = U_X(f(X))$. Cet opérateur U_Y peut à son tour être prolongé en un opérateur (noté encore U_Y) dans K[X, Y]: si $g(X, Y) = \sum_{h=0}^{\infty} \beta_h(X)Y^h$, on a donc ici $U_Y(g(X, Y)) = \sum_{h=0}^{\infty} \beta_h(X)\, U_Y(Y^h)$.

Comme exemple de ces prolongements, citons l'opérateur de *dérivation* D dans K[X] (A, IV, § 4), qui donne dans K[X, Y] les opérateurs de dérivation partielle D_X et D_Y.

Pour tout polynôme $f \in K[X]$, nous désignerons par $T_Y(f)$ le polynôme $f(X + Y)$ de K[X, Y]; l'application T_Y est une application K-linéaire de K[X] dans K[X, Y], dite *opérateur de translation.*

DÉFINITION 1. — *On dit qu'un opérateur U dans* K[X] *est un opérateur de composition s'il est permutable avec l'opérateur de translation, c'est-à-dire si $U_X T_Y = T_Y U$.*

En d'autres termes, si f est un polynôme quelconque de K[X], et si $g = U(f)$, on doit avoir $g(X + Y) = V_X(f(X + Y))$.

Il résulte aussitôt de cette définition que, pour tout polynôme $f(X) \in K[X]$, on a, avec les notations introduites ci-dessus,

$$U_X(f(X + Y)) = U_Y(f(X + Y)). \tag{1}$$

Exemples. — 1) Pour tout $\lambda \in K$, l'opérateur qui, à tout polynôme $f(X)$, fait correspondre le polynôme $f(X + \lambda)$, est un opérateur de composition.

2) La *dérivation* D dans K[X] est un opérateur de composition (cf. prop. 1).

Remarque. — Comme K est un corps infini, pour que l'opérateur U dans K[X] soit un opérateur de composition, il faut et il suffit que pour tout polynôme $f \in K[X]$ et tout élément $\alpha \in K$, on ait, en posant $g = U(f)$, $g(X + \alpha) = U(f(X + \alpha))$. (A, IV, § 2, n° 4).

Il est clair que toute combinaison linéaire d'opérateurs de composition, à coefficients dans K, est un opérateur de composition; il en est de même du composé de deux opérateurs de composition. En d'autres termes, les opérateurs de composition forment une *sous-algèbre* Γ de l'algèbre des endomorphismes de l'espace vectoriel K[X].

PROPOSITION 1. — *Pour qu'un opérateur U dans* K[X] *soit un opérateur de composition il faut et il suffit qu'il soit permutable avec la dérivation* D *dans* K[X].

En effet, la formule de Taylor montre que, pour tout polynôme $f \in K[X]$, on a

$$U_X(f(X + Y)) = U_X\left(\sum_{k=0}^{\infty} \frac{1}{k!} Y^k D^k f(X)\right) = \sum_{k=0}^{\infty} \frac{1}{k!} Y^k U(D^k f(X));$$

si on pose $g = U(f)$, on a

$$g(X + Y) = \sum_{k=0}^{\infty} \frac{1}{k!} Y^k D^k g(X) = \sum_{k=0}^{\infty} \frac{1}{k!} Y^k D^k(U(f(X)));$$

pour que U soit un opérateur de composition, on doit donc avoir $UD^k = D^kU$ pour tout entier $k \geqslant 1$, et en particulier $UD = DU$. Inversement, si cette relation est vérifiée, elle entraîne $UD^k = D^kU$ pour tout entier $k \geqslant 1$, par récurrence sur k; la formule de Taylor montre alors que $g(X + Y) = U_X(f(X + Y))$.

Pour tout polynôme $f \in K[X, Y]$, nous désignerons par $U_0(f)$ le terme *indépendant de* X dans le polynôme $U_X(f)$; en particulier, si $f \in K[X]$, $U_0(f)$ est le *terme constant* de $U(f)$, et U_0 est une *forme linéaire* sur $K[X]$. Pour tout polynôme $f \in K[X]$, soit $g = U(f)$; on a, en vertu de la déf. 1 de VI, p. 2,

$$g(X + Y) = V_X(f(X + Y)) = U_X\left(\sum_{k=0}^{\infty} \frac{1}{k!} X^k D^k f(Y)\right) = \sum_{k=0}^{\infty} \frac{1}{k!} U(X^k) D^k f(Y)$$

et si, dans cette formule, on remplace X par 0, on obtient

$$g(Y) = \sum_{k=0}^{\infty} \frac{1}{k!} U_0(X^k) D^k f(Y).$$

On voit donc qu'on a

$$U(f(X)) = \sum_{k=0}^{\infty} \frac{1}{k!} \mu_k D^k f(X) \tag{2}$$

où *μ_k est le terme constant du polynôme $U(X^k)$*.

Cette formule montre que la donnée des μ_k détermine complètement l'opérateur de composition U; inversement, si (μ_n) est une suite *arbitraire* d'éléments de K, la formule (2) définit un opérateur U qui est évidemment permutable avec D, et par suite (VI, p. 2, prop. 1) un opérateur de composition. Nous écrirons désormais la formule (2) sous la forme

$$U = \sum_{k=0}^{\infty} \frac{1}{k!} \mu_k D^k. \tag{3}$$

Cette formule peut s'interpréter en langage topologique de la façon suivante: si on considère sur K[X] la topologie discrète, et sur l'algèbre End (K[X]) des endomorphismes de K[X], la topologie de la convergence *simple* dans K[X] (TG, X, p. 4), la série de terme général $\frac{1}{k!} \mu_k D^k$ est commutativement convergente dans End(K[X]) et a pour somme U (TG, III, p. 44).

La formule (3) montre qu'à toute *série formelle* $u(S) = \sum_{k=0}^{\infty} \alpha_k S^k$ à une indéterminée sur K (A, IV, § 5), on peut faire correspondre l'opérateur de composition $U = \sum_{k=0}^{\infty} \alpha_k D^k$, que nous noterons désormais $u(D)$. Cette remarque peut être précisée de la façon suivante:

THÉORÈME 1. — *L'application qui, à toute série formelle* $u(S) = \sum_{k=0}^{\infty} \alpha_k S^k$ *à une indéterminée sur* K, *fait correspondre l'opérateur de composition* $u(D) = \sum_{k=0}^{\infty} \alpha_k D^k$ *dans* K[X], *est un isomorphisme de l'algèbre* K[[S]] *des séries formelles sur l'algèbre* Γ *des opérateurs de composition.*

On vérifie aussitôt que cette application est un homomorphisme. Tout revient donc à voir qu'elle est injective, autrement dit, que la relation $\sum_{k=0}^{\infty} \alpha_k D^k = 0$ entraîne $\alpha_k = 0$ pour tout k; or, $h!\alpha_h$ est le terme constant du polynôme obtenu en appliquant $\sum_{k=0}^{\infty} \alpha_k D^k$ à X^h, d'où le théorème.

COROLLAIRE. — *L'algèbre* Γ *des opérateurs de composition dans* K[X] *est commutative.*

Exemple. — Si U est l'opérateur qui, à tout polynôme $f(X)$, fait correspondre $f(X + \lambda)$ (où $\lambda \in K$), on a $U_0(X^k) = \lambda^k$, et par suite $U = \sum_{k=0}^{\infty} \frac{1}{k!} (\lambda D)^k$. Par analogie avec le développement en série de e^x (III, p. 15), nous désignerons par e^S ou exp(S) le série formelle $\sum_{k=0}^{\infty} \frac{1}{n!} S^n$ dans l'anneau K[[S]]; on peut donc écrire $U = e^{\lambda D}$. En remplaçant dans ce raisonnement le corps K par le corps de fractions rationnelles K(Y), on voit de même que l'*opérateur de translation* T_Y peut s'écrire e^{YD}.

On notera d'ailleurs que, dans l'anneau K[[S, T]] des séries formelles sur K à deux indéterminées, on a

$$(4) \quad (\exp S)(\exp T) = \sum_{p,q} \frac{S^p T^q}{p!\, q!}$$
$$= \sum_{n=0}^{\infty} \frac{1}{n!} \left(\binom{n}{0} S^n + \binom{n}{1} S^{n-1} T + \cdots + \binom{n}{n} T^n \right) = \exp(S+T)$$

et en particulier

$$(5) \qquad (\exp S)(\exp(-S)) = 1$$

ce qui justifie la notation introduite.

Scholie. — L'isomorphie de l'algèbre K[[S]] des séries formelles et de l'algèbre Γ des opérateurs de composition dans K[X], permet parfois de démontrer plus simplement des propositions relatives à des séries formelles, en les démontrant pour les opérateurs de composition qui leur correspondent (cf. VI, p. 6, prop. 6).

2. Polynômes d'Appell attachés à un opérateur de composition

Étant donné un opérateur de composition $U = \sum_{k=0}^{\infty} \alpha_k D^k \neq 0$, soit p le plus petit des entiers k tels que $\alpha_k \neq 0$; nous dirons que p est l'*ordre* de l'opérateur U.

PROPOSITION 2. — *Tout opérateur de composition d'ordre* 0 *est inversible dans l'algèbre* Γ *des opérateurs de composition dans* K[X].

En effet, une série formelle $\sum_{k=0}^{\infty} \alpha_k S^k$ telle que $\alpha_0 \neq 0$ est *inversible* dans l'anneau K[[S]] (A, IV, § 5); la proposition résulte donc du th. 1 de VI, p. 4.

PROPOSITION 3. — *Soit U un opérateur de composition d'ordre p; pour tout polynôme f de degré $< p$, $U(f) = 0$; pour tout polynôme $f \neq 0$ de degré $n \geqslant p$, $U(f)$ est un polynôme $\neq 0$ de degré $n - p$.*

C'est une conséquence immédiate de la formule (2) de VI, p. 2 et de la définition de l'ordre de U.

Il est clair que tout opérateur U d'ordre p peut s'écrire d'une seule manière $U = D^p V = V D^p$, où V est un opérateur d'ordre 0 (donc inversible).

DÉFINITION 2. — *Soit $U = D^p V$ un opérateur de composition d'ordre p dans* K[X]. *On appelle polynôme d'Appell d'indice n attaché à l'opérateur U le polynôme $u_n(X) = V^{-1}(X^n)$.*

Si $V^{-1} = \sum_{k=0}^{\infty} \frac{1}{k!} \beta_k D^k$ (avec $\beta_0 \neq 0$) on a donc

$$u_n(X) = \sum_{k=0}^{n} \binom{n}{k} \beta_k X^{n-k}. \tag{6}$$

On vérifie ainsi que u_n est un polynôme de *degré* n (prop. 3); on a en outre

$$u_n(0) = \beta_n.$$

PROPOSITION 4. — *Les polynômes d'Appell attachés à U satisfont aux relations*

$$\frac{du_n}{dX} = n \, . \, u_{n-1} \tag{7}$$

$$u_n(X + Y) = \sum_{k=0}^{n} \binom{n}{k} u_{n-k}(X) Y^k \tag{8}$$

$$U(u_n(X)) = \frac{n!}{(n-p)!} X^{n-p}. \tag{9}$$

Ces formules sont en effet respectivement équivalentes aux relations suivantes (compte tenu de la déf. 2) :

$$DV^{-1} = V^{-1}D \tag{10}$$

$$(\exp(YD_X))\, V_X^{-1} = V_X^{-1} \exp(YD_X) \tag{11}$$

$$UV^{-1} = D^p. \tag{12}$$

Proposition 5. — *Pour tout polynôme $f \in K[X]$ et tout opérateur de composition U d'ordre p, on a*

$$f^{(p)}(X + Y) = \sum_{k=0}^{\infty} \frac{1}{k!} U(f^{(k)}(X))u_k(Y) \tag{13}$$

(*développement taylorien généralisé*).

En effet, si on pose $U = D^pV = VD^p$, on a (VI, p. 2, formule (1))

$$V_X^{-1}(f(X + Y)) = V_Y^{-1}(f(X + Y)) = \sum_{k=0}^{\infty} \frac{1}{k!} f^{(k)}(X)u_k(Y) \tag{14}$$

en raison de la formule de Taylor et de la déf. 2 de VI, p. 5; il suffit d'appliquer l'opérateur U_X aux deux membres extrêmes de la formule (14) pour obtenir (13).

3. Série génératrice des polynômes d'Appell

Soit E l'anneau des *séries formelles* à une indéterminée S, à coefficients dans l'anneau de polynômes K[X] (A, IV, § 5) autrement dit, l'anneau des séries formelles $g(X, S) = \sum_{n=0}^{\infty} \alpha_n(X)S^n$, où les α_n appartiennent à K[X]. Pour tout opérateur U dans K[X], on définit une application U_X de E dans lui-même en posant $U_X(g(X, S)) = \sum_{n=0}^{\infty} U(\alpha_n)S^n$. Il est clair que E est un module sur l'anneau K[[S]] des séries formelles en S à coefficients dans K; en raison de la linéarité de U dans K[X], on vérifie aussitôt que pour tout élément $\theta \in K[[S]]$ et tout $g \in E$, on a $U_X(\theta g) = \theta U_X(g)$; autrement dit, U_X est une application *linéaire* du module E dans lui-même.

Proposition 6. — *Soit $U = D^pV = u(D)$ un opérateur de composition d'ordre p dans* K[X], *$u(S)$ étant une série d'ordre formelle p dans* K[[S]]. *On a alors les formules*

$$U_X(\exp(XS)) = u(S).\exp(XS) \tag{15}$$

$$\frac{S^p}{u(S)} \exp(XS) = \sum_{n=0}^{\infty} \frac{1}{n!} u_n(X)S^n \tag{16}$$

u_n étant le polynôme d'Appell d'indice n attaché à U.

D'après le scholie du th. 1 (VI, p. 4), pour établir la formule (15), il suffit de démontrer que, pour tout polynôme $f(Y) \in K[Y]$, on a

$$(17) \qquad U_X(\exp(XD_Y)(f(Y))) = u(D_Y)(\exp(XD_Y)(f(Y))).$$

Or, le premier membre de (17) est $U_X(f(X+Y))$, et comme $U = u(D)$, le second membre de (17) est $U_Y(f(X+Y))$, si bien que l'identité (17) se réduit à (1) (VI, p. 2).

Il suffit ensuite d'appliquer (15) à l'opérateur de composition $V^{-1} = D^p/u(D)$ pour obtenir (16), puisque, par définition, on a

$$V^{-1}(\exp(XS)) = \sum_{n=0}^{\infty} \frac{1}{n!} u_n(X)S^n.$$

On notera que la formule (16) s'obtient aussi en multipliant les séries formelles $S^p/u(S)$ et $\exp(XS)$, compte tenu de (6).

On dit que la série formelle (16) est la *série génératrice* des polynômes d'Appell attachés à U.

4. Polynômes de Bernoulli

Considérons l'opérateur de composition U défini par

$$U(f(X)) = f(X+1) - f(X);$$

on peut l'écrire $U = e^D - 1$ (VI, p. 2, *Exemple* 1); c'est un opérateur *d'ordre* 1, et si on pose $U = DV$, on a $V^{-1} = \dfrac{D}{e^D - 1}$. Le polynôme d'Appell de degré n correspondant à l'opérateur U s'appelle *polynôme de Bernoulli* de degré n et se note $B_n(X)$; si on pose $b_n = B_n(0)$, on a les formules

$$(18) \qquad B_n(X) = \sum_{k=0}^{n} \binom{n}{k} b_{n-k} X^k$$

$$(19) \qquad \frac{Se^{XS}}{e^S - 1} = \sum_{n=0}^{\infty} \frac{1}{n!} B_n(X)S^n$$

et en particulier

$$(20) \qquad \frac{S}{e^S - 1} = \sum_{n=0}^{\infty} \frac{1}{n!} b_n S^n.$$

Les formules (7) et (9) de VI p. 5, donnent, pour les polynômes de Bernoulli, les relations

$$(21) \qquad \frac{dB_n}{dX} = nB_{n-1}(X)$$

$$(22) \qquad B_n(X+1) - B_n(X) = nX^{n-1}.$$

En particulier, on a $B_n(1) - B_n(0) = 0$ pour $n > 1$, ce qui, compte tenu de (18), donne la relation de récurrence

$$\sum_{m=0}^{n-1} \binom{n}{m} b_m = 0 \quad (\text{pour } n > 1) \tag{23}$$

qui permet de calculer de proche en proche les b_n. Ces nombres sont évidemment *rationnels*; comme on peut écrire

$$\frac{S}{e^S - 1} = -\frac{S}{2} + \frac{S}{2}\frac{e^S + 1}{e^S - 1}$$

et que l'on a (VI, p. 4, formule (5))

$$\frac{e^{-S} + 1}{e^{-S} - 1} = -\frac{e^S + 1}{e^S - 1}$$

on voit que, dans la série formelle $\frac{S}{2}\frac{e^S + 1}{e^S - 1}$, tous les termes de degré *impair* ont un coefficient nul; on a donc

$$b_0 = 1, \qquad b_1 = -\tfrac{1}{2}, \qquad b_{2n-1} = 0 \quad \text{pour } n > 1. \tag{24}$$

Les nombres rationnels b_{2n} $(n \geqslant 1)$ sont appelés *nombres de Bernoulli*; nous verrons (VI, p. 19) que b_{2n} a le signe de $(-1)^{n-1}$. La formule (23) donne, pour les premières valeurs de n,

$$b_2 = \frac{1}{6}, \quad b_4 = -\frac{1}{30}, \quad b_6 = \frac{1}{42}, \quad b_8 = -\frac{1}{30},$$

$$b_{10} = \frac{5}{66}, \quad b_{12} = -\frac{691}{2730}, \quad b_{14} = \frac{7}{6},$$

$$b_{16} = -\frac{3617}{510}, \quad b_{18} = \frac{43867}{798}, \quad b_{20} = -\frac{174611}{330}, \quad b_{22} = \frac{854513}{138},$$

$$b_{24} = -\frac{236364091}{2730}, \quad b_{26} = \frac{8553103}{6}, \quad b_{28} = -\frac{23749461029}{870}.$$

On notera que les numérateurs 691, 3617, 43867 sont premiers; les autres ont pour factorisations

$$\begin{aligned} 174611 &= 283 \times 617 \\ 854513 &= 11 \times 131 \times 593 \\ 236364091 &= 103 \times 2294797 \\ 8553103 &= 13 \times 657931 \\ 23749461029 &= 7 \times 9349 \times 362903 \end{aligned}$$

tous les facteurs des seconds membres étant premiers.

On en déduit pour expression des premiers polynômes de Bernoulli

$$B_0(X) = 1, \quad B_1(X) = X - \tfrac{1}{2}, \quad B_2(X) = X^2 - X + \tfrac{1}{6},$$
$$B_3(X) = X^3 - \tfrac{3}{2}X^2 + \tfrac{1}{2}X, \quad B_4(X) = X^4 - 2X^3 + X^2 - \tfrac{1}{30}.$$

5. Opérateurs de composition sur les fonctions d'une variable réelle

Soit I un intervalle de $\mathbf{R}$ contenant l'intervalle $\mathbf{R}_+ = [0, +\infty[$; soit E un espace vectoriel sur le corps $\mathbf{C}$, formé de fonctions d'une variable réelle à valeurs complexes, définies dans I. Nous supposerons que, pour tout $a \geqslant 0$ et toute fonction $f \in E$, la fonction $x \mapsto f(x + a)$ appartient à E; en outre, nous supposerons que E contient les restrictions à I des *polynômes à coefficients complexes* et des *exponentielles* $e^{\lambda x}$, où λ est un nombre *complexe* quelconque. Nous appellerons *opérateur* dans E toute application linéaire U de E dans l'espace de toutes les applications de I dans le corps $\mathbf{C}$ des nombres complexes; si $f \in E$ et $g = U(f)$, il sera commode d'utiliser la notation

$$g(x) = U_x^\xi(f(\xi))$$

ξ étant donc une variable *muette* dans le symbole fonctionnel du second membre (cf. II, p. 9). Pour tout $a \geqslant 0$, l'opérateur qui, à toute fonction $f \in E$, associe la restriction à I de la fonction $x \mapsto f(x + a)$, est appelé l'*opérateur de translation par a*.

DÉFINITION 3. — *On dit qu'un opérateur U dans* E *est un opérateur de composition si, pour tout a* $\geqslant 0$, *il est permutable avec l'opérateur de translation par a.*

Avec la notation introduite ci-dessus, cette définition se traduit par l'identité en x et a ($x \in I$, $a \geqslant 0$)

$$U_{x+a}^\xi(f(\xi)) = U_x^\xi(f(\xi + a)). \tag{25}$$

Dans cette identité, on peut échanger les rôles de x et a si $x \geqslant 0$, puis faire $a = 0$; on obtient ainsi, pour tout $x \geqslant 0$.

$$U_x^\xi(f(\xi)) = U_0^\xi(f(\xi + x)) \tag{26}$$

U_0 étant la *forme linéaire* sur E qui, à toute fonction $f \in E$, fait correspondre la valeur $g(0)$ de $g = U(f)$.

Si f est un polynôme, on a $f(\xi + x) = \sum_{k=0}^{\infty} \frac{1}{k!} f^{(k)}(\xi) x^k$, et la formule (26) montre donc que $U(f)$ est un polynôme; restreint à l'ensemble des polynômes en x, à coefficients dans $\mathbf{C}$ (ensemble qu'on peut identifier à l'algèbre $\mathbf{C}[X]$), l'opérateur U est donc un opérateur de composition au sens de la déf. 1 de VI, p. 2, et tous les résultats des numéros précédents lui sont applicables.

Nous désignerons encore par u_n les polynômes d'Appell attachés à l'opérateur U. Au développement taylorien généralisé d'un polynôme (VI, p. 6, formule (13)) correspond, pour des fonctions plus générales, le résultat suivant:

THÉORÈME 2. — *Soit f une fonction admettant une dérivée $(n+1)$-ème continue dans* I, *et appartenant à* E *ainsi que toutes ses dérivées $f^{(m)}$ pour $1 \leqslant m \leqslant n$. Si U est un opérateur de composition d'ordre $p \leqslant n$ dans* E, *on a, pour $x \geqslant 0$ et $h \geqslant 0$*

$$f^{(p)}(x+h) = \sum_{m=0}^{n} \frac{1}{m!} u_m(x)\, U_h^{\xi}(f^{(m)}(\xi)) + \mathrm{R}_n(x, h) \tag{27}$$

avec

$$R_n(x, h) = -U_h^{\xi}\left(\int_0^{\xi-x-h} \frac{1}{n!} u_n(x+\eta) f^{(n+1)}(\xi-\eta)\, d\eta\right) \tag{28}$$

(*développement taylorien généralisé*).

Considérons l'intégrale $\int_0^{\xi-x-h} \frac{1}{n!} u_n(x+\eta) f^{(n+1)}(\xi-\eta) d\eta$, définie pour tout $\xi \in \mathrm{I}$, et appliquons-lui la formule d'intégration par parties d'ordre n (II, p. 10, formule (11)); en tenant compte des relations

$$u_n^{(k)} = n(n-1)\ldots(n-k+1)u_{n-k}$$

déduites de (7) (VI, p. 5) par récurrence, il vient

$$\int_0^{\xi-x-h} \frac{1}{n!} u_n(x+\eta) f^{(n+1)}(\xi-\eta)\, d\eta \tag{29}$$

$$= \sum_{m=0}^{n} \frac{1}{m!} u_m(x) f^{(m)}(\xi) - \sum_{m=0}^{n} \frac{1}{m!} u_m(\xi-h) f^{(m)}(x+h).$$

Appliquons l'opérateur U aux deux membres de la formule (29), considérés comme fonctions de ξ, puis prenons la valeur de la fonction obtenue pour la valeur h de la variable ξ; en remarquant que, d'après les formules (26) (VI, p. 9) et (9) (VI, p. 5), on a

$$U_h^{\xi}(u_m(\xi-h)) = U_0^{\xi}(u_m(\xi)) = \begin{cases} 0 & \text{pour } m \neq p \\ p! & \text{pour } m = p \end{cases}$$

on obtient finalement la formule (27).

6. Indicatrice d'un opérateur de composition

Les hypothèses étant les mêmes que dans le n° 5, la formule (26) de VI, p. 9, appliquée à la fonction $e^{\lambda x}$, donne

$$U_x^{\xi}(e^{\lambda\xi}) = U_0^{\xi}(e^{\lambda x}e^{\lambda\xi}) = e^{\lambda x}U_0^{\xi}(e^{\lambda\xi}) = u(\lambda)e^{\lambda x} \tag{30}$$

en posant $u(\lambda) = U_0^{\xi}(e^{\lambda\xi})$. On dit que la fonction $u(\lambda)$, définie dans $\mathbf{C}$ et à valeurs complexes, est l'*indicatrice* de l'opérateur de composition U. On notera que, si la restriction de U à l'anneau $\mathbf{C}[X]$ des polynômes est égale à la série

$$D^p \sum_{n=0}^{\infty} \alpha_n D^n$$

(VI, p. 4, th. 1) (que nous avons notée $u(D)$ dans VI, p. 4), la série à *termes complexes* dont le terme général est $\alpha_n \lambda^{n+p}$ *n'est pas nécessairement convergente* pour $\lambda \neq 0$, et que, même si elle converge pour certaines valeurs de λ, sa somme *n'est pas nécessairement égale à l'indicatrice* $u(\lambda)$ *de* U (VI, p. 22, exerc. 2). Nous dirons que l'opérateur de composition U est *régulier* s'il existe un voisinage de 0 dans $\mathbf{C}$ tel que la série de terme général $\alpha_n \lambda^{n+p}$ soit *absolument convergente* et ait une somme *égale à l'indicatrice* $u(\lambda)$ dans ce voisinage[1].

Appliquons la formule (27) de VI, p. 10, à la fonction $e^{\lambda x}$, en faisant $h = 0$; comme $D^m(e^{\lambda x}) = \lambda^m e^{\lambda x}$, on a $U_0^{\xi}(D^m(e^{\lambda\xi})) = \lambda^m u(\lambda)$; il vient donc, pour tout λ complexe tel que $u(\lambda) \neq 0$

$$\frac{\lambda^p e^{\lambda x}}{u(\lambda)} = \sum_{m=0}^{n} u_m(x) \frac{\lambda^m}{m!} - \frac{\lambda^{n+1}}{u(\lambda)} U_0^{\xi} \left(\int_0^{\xi - x} \frac{1}{n!} u_n(x + \eta) e^{\lambda(\xi - \eta)} \, d\eta \right) \tag{31}$$

et en particulier, pour $x = 0$

$$\frac{\lambda^p}{u(\lambda)} = \sum_{m=0}^{n} \beta_m \frac{\lambda^m}{m!} - \frac{\lambda^{n+1}}{u(\lambda)} . U_0^{\xi} \left(\int_0^{\xi} \frac{1}{n!} u_n(\eta) e^{\lambda(\xi - \eta)} \, d\eta \right) \tag{32}$$

avec $\beta_m = u_m(0)$.

Si U est un opérateur *régulier*, pour tout $\lambda \in \mathbf{C}$ tel que les séries entières $u(\lambda) = \sum_{n=0}^{\infty} \alpha_n \lambda^{n+p}$ et $\sum_{n=0}^{\infty} \beta_n \frac{\lambda^n}{n!}$ soient absolument convergentes[2], il résulte de la formule (16) et de la formule donnant le produit de deux séries absolument convergentes (TG, VIII, p. 16, prop. 1) que l'on a

$$\frac{\lambda^p}{u(\lambda)} = \sum_{n=0}^{\infty} \beta_n \frac{\lambda^n}{n!}. \tag{33}$$

De même, puisque le développement en série de Taylor de $e^{\lambda x}$ est absolument convergent pour tout $\lambda \in \mathbf{C}$ et tout $x \in \mathbf{C}$ (III, p. 15) on a aussi (formules (6) (VI, p. 5) et (16) (VI, p. 6), pour toutes les valeurs considérées et pour tout $x \in \mathbf{C}$

$$\frac{\lambda^p e^{\lambda x}}{u(\lambda)} = \sum_{n=0}^{\infty} u_n(x) \frac{\lambda^n}{n!}. \tag{34}$$

[1] Nous ferons plus tard l'étude des séries dont le terme général est de la forme $c_n z^n$ ($c_n \in \mathbf{C}$, $z \in \mathbf{C}$), qu'on appelle *séries entières*; on verra en particulier que lorsqu'une telle série est absolument convergente pour $z = z_0$, elle est *normalement convergente* pour $|z| \leqslant |z_0|$.

[2] Il résulte de la théorie des séries entières que lorsque l'une de ces séries est absolument convergente dans un voisinage V de 0, l'autre est absolument convergente dans un voisinage $W \subset V$ de 0

Remarque. — On peut utiliser la formule (33) (resp. (34)) pour le calcul des β_n (resp. des $u_n(x)$) en utilisant le lemme suivant de la théorie des séries entières:

Lemme. — Si deux séries entières $\sum_{n=0}^{\infty} c_n\lambda^n$ $\sum_{n=0}^{\infty} d_n\lambda^n$ *sont absolument convergentes pour tout* λ *dans un voisinage de* 0, *et si on a* $\sum_{n=0}^{\infty} c_n\lambda^n = \sum_{n=0}^{\infty} d_n\lambda^n$ *pour ces valeurs de* λ, *alors* $c_n = d_n$ *pour tout entier* $n \geqslant 0$[1].

Si, par un procédé quelconque, on peut obtenir une série entière convergente égale à $\lambda^p/u(\lambda)$ dans un voisinage de 0, les coefficients de cette série sont nécessairement égaux aux β_n. C'est ce procédé que nous allons appliquer dans les exemples qui suivent.

Exemples. — 1) Si U est l'application identique, on a $u(\lambda) = 1$, et l'opérateur U est évidemment régulier; comme $u_n(x) = x^n$, la formule (27) de VI, p. 10, s'écrit, en posant $t = \xi - \eta$

$$f(x+h) = \sum_{m=0}^{n} \frac{1}{m!} f^{(m)}(h)x^m + \int_h^{x+h} f^{(n+1)}(t)\,\frac{(x+h-t)^n}{n!}\,dt$$

c'est-à-dire se réduit à la formule de Taylor (II, p. 12).

2) Prenons pour U l'opérateur de composition qui, à toute fonction f définie dans $\mathbf{R}_+$, fait correspondre la fonction $x \mapsto f(x+1) - f(x)$; on a donc

$$U_x^\xi(f(\xi)) = f(x+1) - f(x);$$

nous avons vu (VI, p. 7) que la restriction de U à $\mathbf{C}[X]$ est égale à $e^{\mathrm{D}} - 1$. Comme d'autre part $u(\lambda) = e^\lambda - 1$, l'opérateur U est *régulier*; nous verrons (VI, p. 19) comment on peut déterminer les nombres de Bernoulli b_n en calculant un développement en série entière convergente de $\dfrac{\lambda}{e^\lambda - 1}$. En appliquant la formule (27) de VI, p. 10, à une *primitive* de la fonction f, il vient

$$(35)\quad f(x+h) = \int_h^{h+1} f(t)\,dt + \sum_{m=1}^{n} \frac{1}{m!} \mathrm{B}_m(x)\big(f^{(m-1)}(h+1) - f^{(m-1)}(h)\big) + \mathrm{R}_n(x,h)$$

avec

$$(36)\quad \mathrm{R}_n(x,h) = -\int_0^{1-x} \frac{\mathrm{B}_n(x+\eta)}{n!} f^{(n)}(h+1-\eta)\,d\eta + \int_0^{-x} \frac{\mathrm{B}_n(x+\eta)}{n!} f^{(n)}(h-\eta)\,d\eta.$$

[1] Ce lemme est un cas particulier d'un résultat général que nous démontrerons plus tard; en voici la démonstration. Si une série entière $\sum_{n=0}^{\infty} c_n\lambda^n$ est absolument convergente pour $\lambda = \lambda_0$, pour tout entier $k \geqslant 0$ la série $\sum_{n=0}^{\infty} c_{n+k}\lambda^n$ est normalement convergente pour $|\lambda| \leqslant |\lambda_0|$, donc est continue dans ce disque (TG, X, p. 10); on en conclut que $\sum_{n=k+1}^{\infty} c_n\lambda^n = o(\lambda^k)$ au voisinage de 0. Le lemme résulte alors de l'unicité des coefficients du développement asymptotique d'une fonction suivant les λ^n (V, p. 12).

* 3) Soit E l'espace vectoriel des fonctions f définies et continues dans $\mathbf{R}$, telles en outre que l'intégrale $\int_{-\infty}^{+\infty} f(x+\xi)e^{-\xi^2/2}\,d\xi$ soit convergente pour tout $x \geqslant 0$. L'opérateur U défini par

$$U_x^\xi(f(\xi)) = \frac{1}{\sqrt{2\pi}}\int_{-\infty}^{+\infty} e^{-\xi^2/2} f(x+\xi)d\xi$$

est donc défini dans E et est évidemment un opérateur de composition. L'espace E contient toutes les exponentielles $e^{\lambda x}$ (λ complexe quelconque), et on a

$$u(\lambda) = \frac{1}{\sqrt{2\pi}}\int_{-\infty}^{+\infty} e^{-(\xi^2/2)+\lambda\xi}\,d\xi = \frac{1}{\sqrt{2\pi}}e^{\lambda^2/2}\int_{-\infty}^{+\infty} e^{-(\xi-\lambda)^2/2}d\xi = e^{\lambda^2/2}$$

(cf. III, p. 28, exerc. 24, et VII, p. 9, formule (22)). On a $n!\alpha_n = U_0^\xi(\xi^n) = \frac{1}{\sqrt{2\pi}}\int_{-\infty}^{+\infty} e^{-\xi^2/2}\,\xi^n d\xi$. Pour tout entier n, on peut écrire

$$\sum_{k=0}^{n}\int_{-\infty}^{+\infty}\frac{|\lambda\xi|^k}{k!}e^{-\xi^2/2}\,d\xi \leqslant 2\int_0^{+\infty} e^{-(\xi^2/2)+|\lambda|\xi}\,d\xi.$$

La série $\sum_{n=0}^{\infty} e^{-\xi^2/2}\frac{(\lambda\xi)^n}{n!}$ peut donc être intégrée terme à terme dans $\mathbf{R}$ (II, p. 22) cor. 1), ce qui prouve que la série $\sum_{n=0}^{\infty}\alpha_n\lambda^n$ converge absolument pour tout $\lambda \in \mathbf{C}$, et a une somme égale à $u(\lambda) = e^{\lambda^2/2} = \sum_{n=0}^{\infty}\frac{\lambda^{2n}}{2^n n!}$; l'opérateur U est donc *régulier*. L'application du lemme énoncé ci-dessus montre que $\alpha_{2n} = 1/2^n n!$, $\alpha_{2n+1} = 0$ pour tout $n \geqslant 0$; l'opérateur U est donc d'ordre 0. On a

$$1/u(\lambda) = e^{-\lambda^2/2} = \sum_{n=0}^{\infty}\frac{(-1)^n\lambda^{2n}}{2^n n!},$$

la série étant absolument convergente pour tout $\lambda \in \mathbf{C}$; une nouvelle application du lemme montre que $\beta_{2n} = \frac{(-1)^n}{2^n}\frac{(2n)!}{n!}$, $\beta_{2n+1} = 0$; en outre, la série $\sum_{n=0}^{\infty}\frac{\lambda^n}{n!}u_n(x)$ est absolument convergente pour tout $\lambda \in \mathbf{C}$ et tout $x \in \mathbf{R}$, et on a

$$\sum_{n=0}^{\infty}\frac{\lambda^n}{n!}u_n(x) = \exp\left(-\frac{\lambda^2}{2}+\lambda x\right) = \exp\left(\frac{x^2}{2}\right)\exp\left(-\tfrac{1}{2}(\lambda-x)^2\right).$$

En appliquant la formule de Taylor à la fonction $\exp(-x^{2/2})$, on obtient donc l'expression suivante des polynômes $u_n(x)$;

$$u_n(x) = (-1)^n e^{x^2/2}\frac{d^n}{dx^n}(e^{-x^2/2}).$$

Ce polynôme est appelé *polynôme d'Hermite* de degré n, et se note le plus souvent $H_n(x)$. Les formules (7), (8) et (9) de VI, p. 5, donnent ici

$$\frac{dH_n}{dx} = nH_{n-1}(x)$$

$$H_n(x+y) = \sum_{k=0}^{n}\binom{n}{k}H_{n-k}(x)\,y^k$$

$$\frac{1}{\sqrt{2\pi}}\int_{-\infty}^{+\infty} e^{-\xi^2/2}\,H_n(x+\xi)d\xi = x^n$$

et la formule (27) de VI, p. 10, devient, pour $h = 0$

$$\sqrt{2\pi} f(x) = \sum_{m=0}^{n} \left(\int_{-\infty}^{+\infty} e^{-\xi^2/2} f^{(m)}(\xi) d\xi \right) \frac{H_m(x)}{m!} - \int_{-\infty}^{+\infty} d\xi \int_0^{\xi} \frac{H_n(x+\eta)}{n!} e^{-(\xi+x)^2/2} f^{(n+1)}(x+\xi-\eta) d\eta. _*$$

7. La formule sommatoire d'Euler-Maclaurin

Dans la formule (35) de VI, p. 12, remplaçons x par 0, et h par x; comme $B_m(0) = b_m$, il résulte des relations (24) de VI, p. 8, qu'on peut écrire, pour tout entier $p > 0$

$$(37)\quad f(x) = \int_x^{x+1} f(t)\, dt - \tfrac{1}{2}(f(x+1) - f(x)) + \sum_{k=1}^{p} \frac{b_{2k}}{(2k)!} (f^{(2k-1)}(x+1) - f^{(2k-1)}(x)) + R_p(x)$$

avec

$$(38)\qquad R_p(x) = -\frac{1}{(2p+1)!} \int_0^1 B_{2p+1}(t) f^{(2p+1)}(x+1-t)\, dt.$$

Dans cette formule, remplaçons successivement x par $x+1, x+2, \ldots, x+n$, et ajoutons les formules obtenues membre à membre; il vient

$$(39)\quad \begin{cases} f(x) + f(x+1) + \cdots + f(x+n) \\ \qquad = \displaystyle\int_x^{x+n+1} f(t)\, dt - \tfrac{1}{2}(f(x+n+1) - f(x)) \\ \qquad + \displaystyle\sum_{k=1}^{p} \frac{b_{2k}}{(2k)!} (f^{(2k-1)}(x+n+1) - f^{(2k-1)}(x)) + T_p(x, n) \end{cases}$$

avec

$$(40)\quad T_p(x, n) = -\frac{1}{(2p+1)!} \int_0^1 B_{2p+1}(t) \left(\sum_{k=0}^{n} f^{(2p+1)}(x+k+1-t) \right) dt.$$

Le reste $T_p(x, n)$ de cette formule peut encore s'écrire de la façon suivante: désignons par $\overline{B}_{2p+1}(t)$ la fonction *périodique* de période 1, égale à $B_{2p+1}(t)$ dans l'intervalle $[0, 1[$. On a alors

$$\int_0^1 B_{2p+1}(t) f^{(2p+1)}(x+k+1-t) dt = \int_k^{k+1} \overline{B}_{2p+1}(1-s) f^{(2p+1)}(x+s) ds$$

et par suite

$$(41)\qquad T_p(x, n) = -\frac{1}{(2p+1)!} \int_0^{n+1} \overline{B}_{2p+1}(1-s) f^{(2p+1)}(x+s) ds.$$

La formule (39) est dite *formule sommatoire d'Euler-Maclaurin*; elle est applicable à toute fonction complexe ayant une dérivée $(2p + 1)$-ème continue dans un intervalle $[x_0, +\infty[$, pour tout $x \geqslant x_0$. Nous verrons (VI, p. 20) comment on peut majorer le *reste* $T_p(x, n)$ de cette formule.

§ 2. DÉVELOPPEMENTS EULÉRIENS DES FONCTIONS TRIGONOMÉTRIQUES ET NOMBRES DE BERNOULLI

1. Développement eulérien de cotg z

D'après la formule (20) de VI, p. 7, les nombres $b_n/n!$ sont les coefficients du développement en série *formelle* de $S/(e^S - 1)$; nous allons démontrer dans ce paragraphe que la fonction $z/(e^z - 1)$ est égale à la somme d'une série entière absolument convergente dans un voisinage de 0 dans $\mathbf{C}$; il résultera du lemme de VI, p. 12, que les coefficients de cette série seront les nombres $b_n/n!$, d'où nous déduirons des majorations pour les nombres de Bernoulli b_n.

Notons en premier lieu qu'on a

$$(1) \qquad \frac{z}{e^z - 1} = -\frac{z}{2} + \frac{z}{2}\frac{e^z + 1}{e^z - 1} = -\frac{z}{2} + \frac{iz}{2}\operatorname{cotg}\frac{iz}{2}.$$

Nous allons obtenir dans ce qui suit un développement en série de cotg z, valable pour tout z distinct d'un multiple entier de π.

PROPOSITION 1. — *Pour tout nombre complexe z et tout entier n, on a*

$$(2) \qquad \sin nz = 2^{n-1}\sin z \sin\left(z + \frac{\pi}{n}\right)\sin\left(z + \frac{2\pi}{n}\right)\dots\sin\left(z + \frac{(n-1)\pi}{n}\right).$$

En effet, on peut écrire

$$\begin{aligned}\sin nz &= \frac{e^{niz} - e^{-niz}}{2i} = \frac{e^{-niz}(e^{2niz} - 1)}{2i} \\ &= \frac{e^{-niz}(e^{2iz} - 1)\,(e^{2iz} - e^{-2i\pi/n})\dots(e^{2iz} - e^{-2(n-1)i\pi/n})}{2i} \\ &= \mathrm{A}\sin z \sin\left(z + \frac{\pi}{n}\right)\dots\sin\left(z + \frac{(n-1)\pi}{n}\right)\end{aligned}$$

avec

$$\mathrm{A} = (2i)^{n-1}e^{-\frac{i\pi}{n}(1+2+\dots+(n-1))} = (2i)^{n-1}e^{-i(n-1)\frac{\pi}{2}} = 2^{n-1}.$$

COROLLAIRE 1. — *Pour tout entier n, on a*

$$(3) \qquad \sin\frac{\pi}{n}\sin\frac{2\pi}{n}\dots\sin\frac{(n-1)\pi}{n} = \frac{n}{2^{n-1}}.$$

Il suffit en effet de diviser les deux membres de (2) par $\sin z$ et de faire tendre z vers 0.

COROLLAIRE 2. — *Pour tout entier impair $n = 2m + 1$, et tout nombre complexe z tel que nz ne soit pas multiple entier de π, on a*

$$\text{(4)} \qquad \operatorname{cotg} nz = (-1)^m \operatorname{cotg} z \operatorname{cotg}\left(z + \frac{\pi}{n}\right) \ldots \operatorname{cotg}\left(z + \frac{(n-1)\pi}{n}\right).$$

En effet, on a $\sin n\left(z + \frac{\pi}{2}\right) = \sin\left(nz + \frac{\pi}{2} + m\pi\right) = (-1)^m \cos nz$, d'où, en remplaçant z par $z + \frac{\pi}{2}$ dans (2)

$$\text{(5)} \qquad \cos nz = (-1)^m 2^{n-1} \cos z \cos\left(z + \frac{\pi}{n}\right) \ldots \cos\left(z + \frac{(n-1)\pi}{n}\right)$$

et les formules (2) et (5) donnent (4) par division membre à membre lorsque $\sin nz \neq 0$.

Dans tout ce qui suit, nous supposerons toujours que $n = 2m + 1$ est un entier impair; la formule (4) peut aussi s'écrire

$$\operatorname{cotg} nz = (-1)^m \prod_{k=-m}^{m} \operatorname{cotg}\left(z - \frac{k\pi}{n}\right).$$

Or, on a

$$\operatorname{cotg}\left(z - \frac{k\pi}{n}\right) = \frac{1 + \operatorname{tg} z \operatorname{tg} \frac{k\pi}{n}}{\operatorname{tg} z - \operatorname{tg} \frac{k\pi}{n}}$$

pour $\operatorname{tg} z$ fini; par rapport à $u = \operatorname{tg} z$, $\operatorname{cotg} nz$ est donc une fraction rationnelle dont le numérateur est de degré $n - 1$ et dont le dénominateur, de degré n, a les n racines simples $\operatorname{tg} k\pi/n$; en décomposant cette fraction en éléments simples, il vient

$$\text{(6)} \qquad \operatorname{cotg} nz = \sum_{k=-m}^{m} \frac{A_k}{u - \operatorname{tg} \frac{k\pi}{n}}$$

avec

$$A_k = \lim_{z \to k\pi/n} \operatorname{cotg} nz . \left(\operatorname{tg} z - \operatorname{tg} \frac{k\pi}{n}\right) = \lim_{z \to k\pi/n} \frac{\cos nz}{\sin nz} \frac{\sin\left(z - \frac{k\pi}{n}\right)}{\cos z \cos \frac{k\pi}{n}}$$

$$= \lim_{h \to 0} \frac{\cos nh}{\cos \frac{k\pi}{n} \cos\left(h + \frac{k\pi}{n}\right)} \frac{\sin h}{\sin nh} = \frac{1}{n \cos^2 \frac{k\pi}{n}}$$

d'où, en mettant à part dans (6) le terme correspondant à $k = 0$, en réunissant les termes correspondant à des valeurs opposées de k, et en remplaçant z par z/n,

$$(7)\qquad \operatorname{cotg} z = \frac{1}{n \operatorname{tg} \frac{z}{n}} + \sum_{k=1}^{m} \frac{2n \operatorname{tg} \frac{z}{n}}{\cos^2 \frac{k\pi}{n}\left(n \operatorname{tg} \frac{z}{n}\right)^2 - \left(n \sin \frac{k\pi}{n}\right)^2}$$

valable pour tout nombre complexe z non multiple entier de $\pi/2$. On peut écrire cette formule sous la forme $\operatorname{cotg} z = \dfrac{1}{n \operatorname{tg} \frac{z}{n}} + \sum_{k=1}^{\infty} v_k(n, z)$ avec $v_k(n, z) =$ 0 pour $k > m$ et $v_k(n, z) = \dfrac{2n \operatorname{tg} \frac{z}{n}}{\cos^2 \frac{k\pi}{n}\left(n \operatorname{tg} \frac{z}{n}\right)^2 - \left(n \sin \frac{k\pi}{n}\right)^2}$ pour $1 \leqslant k \leqslant m$.

Nous allons voir que pour tout z contenu dans une partie *compacte* K de **C** ne contenant aucun multiple entier de π, et pour tout n impair assez grand, la série de terme général $v_k(n, z)$ est *normalement convergente*. En effet, lorsque n tend vers $+\infty$, nt g z tend vers $\frac{z}{n}$ uniformément dans K, donc il existe un nombre $M > 0$ tel que $\left|n \operatorname{tg} \frac{z}{n}\right| \leqslant M$ pour tout entier m assez grand et tout $z \in K$. D'autre part, pour $0 \leqslant x \leqslant \pi/2$, on a $\sin x/x \geqslant 1 - \frac{x^2}{6} \geqslant \frac{1}{2}$, donc pour $1 \leqslant k \leqslant m$, on a $n \sin \frac{k\pi}{n} \geqslant k\pi/2$; par suite, dès que m est assez grand, pour tout entier k tel que $k\pi/2 > M$, on a $|v_k(n, z)| \leqslant \dfrac{8M}{k^2\pi^2 - 4M^2}$, ce qui démontre notre assertion. Pour tout k fixe, $v_k(n, z)$ tend (uniformément dans K) vers $\dfrac{2z}{z^2 - k^2\pi^2}$ lorsque n tend vers $+\infty$. Par suite:

THÉORÈME 1. — *Pour tout nombre complexe z distinct d'un multiple entier de π, on a*

$$(8)\qquad \operatorname{cotg} z = \frac{1}{z} + \sum_{n=1}^{\infty} \frac{2z}{z^2 - n^2\pi^2}$$

la série du second membre étant normalement convergente dans tout ensemble compact $K \subset \mathbf{C}$ *ne contenant aucun multiple entier de* π (développement eulérien de cotg z).

2. Développement eulérien de sin z

Pour tout entier *impair* $n = 2m + 1$ et tout z complexe, la formule (2) de VI, p. 15, peut s'écrire

$$\sin nz = (-1)^m 2^{n-1} \prod_{k=-m}^{m} \sin\left(z - \frac{k\pi}{n}\right)$$
$$= (-1)^m 2^{n-1} \sin z \prod_{k=1}^{m} \sin\left(z - \frac{k\pi}{n}\right) \sin\left(z + \frac{k\pi}{n}\right).$$

Or, on a $\sin\left(z - \frac{k\pi}{n}\right)\sin\left(z + \frac{k\pi}{n}\right) = \sin^2 z - \sin^2\frac{k\pi}{n}$, et, d'après (3) (VI, p. 15) $\prod_{k=1}^{m}\sin^2\frac{k\pi}{n} = \frac{n}{2^{n-1}}$, d'où, en remplaçant z par z/n

$$\sin z = n\sin\frac{z}{n}\prod_{k=1}^{m}\left(1 - \frac{\sin^2\frac{z}{n}}{\sin^2\frac{k\pi}{n}}\right). \tag{9}$$

On peut écrire cette formule $\sin z = n\sin\frac{z}{n}\prod_{k=1}^{m}(1 - w_k(n, z))$, avec $w_k(n, z) = 0$ pour $k > m$, et $w_k(n, z) = \frac{\sin^2\frac{z}{n}}{\sin^2\frac{k\pi}{n}}$ pour $1 \leqslant k \leqslant m$. Nous allons voir que pour tout z contenu dans une partie compacte K de $\mathbf{C}$ et pour tout n impair, la série de terme général $w_k(n, z)$ est *normalement convergente*. En effet, lorsque n tend vers $+\infty$, $n\sin\frac{z}{n}$ tend uniformément vers z dans K, donc il existe $M > 0$ tel que $\left|n\sin\frac{z}{n}\right| \leqslant M$ pour tout entier m et tout $z \in K$. Nous avons vu d'ailleurs dans la démonstration du th. 1 de VI p. 17, que pour $1 \leqslant k \leqslant m$ on a $n\sin\frac{k\pi}{n} \geqslant \frac{k\pi}{2}$; donc, pour tout entier k tel que $k\pi/2 \geqslant M$, on a $|w_k(n, z)| \leqslant 4M^2/k^2\pi^2$, ce qui démontre notre assertion. Comme pour tout k fixe, $w_k(n, z)$ tend (uniformément dans K) vers $z^2/k^2\pi^2$ lorsque n tend vers $+\infty$, on voit que:

THÉORÈME 2. — *Pour tout nombre complexe z, on a*

$$\sin z = z\prod_{n=1}^{\infty}\left(1 - \frac{z^2}{n^2\pi^2}\right) \tag{10}$$

le produit infini du second membre étant absolument et uniformément convergent dans toute partie compacte de $\mathbf{C}$ (développement eulérien de $\sin z$).

3. Application aux nombres de Bernoulli

Le th. 1 de VI, p. 17, montre que, pour $0 \leqslant x < \pi$, la série de terme général $\frac{2x}{n^2\pi^2 - x^2} \geqslant 0$ est convergente. On peut d'autre part écrire, pour tout nombre complexe z tel que $|z| < \pi$,

$$\frac{2z}{n^2\pi^2 - z^2} = \frac{2z}{n^2\pi^2}\sum_{k=0}^{\infty}\frac{z^{2k}}{n^{2k}\pi^{2k}}$$

la série du second membre étant absolument convergente. Nous allons en déduire que *la série « double »*

$$(11)\qquad \sum_{n=1}^{\infty}\sum_{k=1}^{\infty}\frac{-2z^{2k-1}}{n^{2k}\pi^{2k}}$$

est absolument convergente dans le disque ouvert $|z| < \pi$, *normalement convergente dans tout ensemble compact contenu dans ce disque, et a pour somme* $\operatorname{cotg} z - \frac{1}{z}$. En effet, pour $|z| \leqslant a < \pi$, la valeur absolue du terme général de (11) est au plus égale à $2a^{2k-1}/n^{2k}\pi^{2k}$, et la somme d'une nombre fini quelconque de termes $2a^{2k-1}/n^{2k}\pi^{2k}$ est inférieure au nombre fini $\sum_{n=1}^{\infty}\frac{2a}{n^2\pi^2 - a^2}$; en sommant d'abord par rapport à k, puis par rapport à n, on voit que la somme de la série (11) est égale à $\sum_{n=1}^{\infty}\frac{2z}{z^2 - n^2\pi^2}$, ce qui démontre notre assertion.

Si maintenant on somme la série (11), d'abord par rapport à n, puis par rapport à k, on a l'identité (pour $|z| < \pi$)

$$(12)\qquad \operatorname{cotg} z - \frac{1}{z} = -2\sum_{k=1}^{\infty}\frac{S_{2k}}{\pi^{2k}}z^{2k-1}$$

où on a posé $S_k = \sum_{n=1}^{\infty}\frac{1}{n^k}$. D'après (1) (VI, p. 15), on a donc, pour $|z| < 2\pi$

$$(13)\qquad \frac{z}{e^z - 1} = 1 - \frac{z}{2} + \sum_{n=1}^{\infty}\frac{(-1)^{n-1}S_{2n}}{2^{2n-1}\pi^{2n}}z^{2n}$$

d'où la formule

$$(14)\qquad b_{2n} = (-1)^{n-1}(2n!)\frac{2S_{2n}}{(2\pi)^{2n}} \quad \text{pour } n \geqslant 1,$$

formule qui montre en particulier que les nombres S_{2n}/π^{2n} sont *rationnels*. On a évidemment $S_{k+1} \leqslant S_k$, donc, pour tout k entier $\geqslant 2$, on a $S_k \leqslant S_2 = \pi^2/6 \leqslant 2$; on tire donc de (14) les inégalités suivantes pour les nombres de Bernoulli

$$(15)\qquad \frac{2(2n)!}{(2\pi)^{2n}} \leqslant |b_{2n}| \leqslant 4\frac{(2n)!}{(2\pi)^{2n}} \quad \text{pour } n \geqslant 1.$$

De ces inégalités on peut tirer une majoration du polynôme de Bernoulli $B_n(x) = \sum_{k=0}^{n}\binom{n}{k}b_k x^{n-k}$; en particulier, pour $0 \leqslant x \leqslant 1$, on a

$$(16)\qquad |B_n(x)| \leqslant 4\sum_{k=0}^{n}\binom{n}{k}\frac{k!}{(2\pi)^k} = 4\frac{n!}{(2\pi)^n}\sum_{k=0}^{n}\frac{(2\pi)^k}{k!} \leqslant 4e^{2\pi}\frac{n!}{(2\pi)^n}.$$

§ 3. MAJORATION DU RESTE DE LA FORMULE D'EULER–MACLAURIN

1. Majoration du reste de la formule d'Euler–Maclaurin

La majoration obtenue dans (16) pour les polynômes de Bernoulli dans l'intervalle $[0, 1]$ permet de majorer aisément le reste $T_p(x, n)$ de la formule d'Euler–Maclaurin (IV, p. 14, formule (39))

$$(1)\quad \begin{cases} f(x) + f(x+1) + \cdots + f(x+n) \\ \qquad = \displaystyle\int_x^{x+n+1} f(t)\,dt - \tfrac{1}{2}(f(x+n+1) - f(x)) \\ \qquad + \displaystyle\sum_{k=1}^{p} \frac{b_{2k}}{(2k)!}\,(f^{(2k-1)}(x+n+1) - f^{(2k-1)}(x)) + T_p(x, n) \end{cases}$$

On a en effet (VI, p. 14, formule (41))

$$(2)\qquad T_p(x, n) = -\frac{1}{(2p+1)!}\int_0^{n+1} \overline{B}_{2p+1}(1-s)\,f^{(2p+1)}(x+s)\,ds$$

où $\overline{B}_{2p+1}(t)$ est la fonction périodique de période 1 égale à $B_{2p+1}(t)$ dans l'intervalle $[0, 1[$. La formule (16) de VI, p. 19, montre que

$$(3)\qquad |\overline{B}_{2p+1}(t)| \leqslant 4e^{2\pi}\frac{(2p+1)!}{(2\pi)^{2p+1}}$$

pour tout $t \in \mathbf{R}$, et l'application de la formule de la moyenne donne pour $T_p(x, n)$ la majoration

$$(4)\qquad |T_p(x, n)| \leqslant \frac{4e^{2\pi}}{(2\pi)^{2p+1}}\int_x^{x+n+1} |f^{(2p+1)}(t)|\,dt.$$

2. Application aux développements asymptotiques

La formule d'Euler–Maclaurin permet de donner une solution plus complète (dans les cas les plus importants) au problème traité dans V, p. 28 à 32, consistant à obtenir un développement asymptotique de la somme partielle $s_n = \sum_{m=0}^{n} g(m)$ (resp. du reste $r_n = \sum_{m=n+1}^{\infty} g(m)$), où g est une fonction numérique > 0 et monotone définie dans un intervalle $[x_0, +\infty[$. Nous allons nous borner au cas où g est une *fonction* (H) (V, p. 41), *d'ordre* 0 par rapport à e^x; autrement dit, on a la relation $g' \lll g$; de cette relation, on déduit $g^{(k+1)} \lll g^{(k)}$ pour tout entier $k > 0$ tel qu'aucune des dérivées $g^{(h)}$ d'ordre $h \leqslant k$ ne soit équivalente à une constante

(V, p. 22, prop. 7). Soit p un entier tel qu'aucune des dérivées $g^{(h)}$ d'ordre $h \leqslant 2p$ ne soit équivalente à une constante. Supposons d'abord que la série de terme général $g(n)$ ait une somme infinie, et distinguons plusieurs cas:

1° $|g^{(2p-1)}(n)|$ tend vers $+\infty$ avec n; il en est de même, en vertu de l'hypothèse, de $|g^{(2k-1)}(n)|$ pour $1 \leqslant k \leqslant p$; en outre comme $g^{(2p+1)}$ est monotone au voisinage de $+\infty$, la formule (4) de VI, p. 20, donne $\mathrm{T}_p(0, n) = O(g^{(2p)}(n+1)) = o(g^{(2p-1)}(n+1))$; la formule d'Euler-Maclaurin, appliquée pour $x = 0$, montre que

$$s_n = \sum_{m=0}^{n} g(m) = \int_0^{n+1} g(t)\,dt - \tfrac{1}{2}g(n+1) + \sum_{k=1}^{p} \frac{b_{2k}}{(2k)!} g^{(2k-1)}(n+1) + o(g^{(2p-1)}(n+1))$$

chacun des termes de cette somme étant négligeable devant le précédent; en développant chacun d'eux par rapport à une échelle de comparaison $\mathscr{E}$, on aura donc un développement asymptotique de s_n.

2° Supposons maintenant que pour un indice q tel que $1 \leqslant q < p$, $|g^{(2q-1)}(n)|$ tend vers $+\infty$ avec n, mais que $g^{(2k-1)}(n)$ tende vers 0 pour $k > q$. Comme $g^{(2p+1)}$ est monotone au voisinage de $+\infty$, l'intégrale $\int_0^\infty |g^{(2p+1)}(u)|du$ est convergente, et on peut alors écrire

$$s_n = \sum_{m=0}^{n} g(m) = \int_0^{n+1} g(t)\,dt - \tfrac{1}{2}g(n+1) + \sum_{k=1}^{q} \frac{b_{2k}}{(2k)!} g^{(2k-1)}(n+1) + \mathrm{C} + \sum_{k=q+1}^{p} \frac{b_{2k}}{(2k)!} g^{(2k-1)}(n+1) + o(g^{(2p-1)}(n+1))$$

où C est une constante: on a en effet

$$\int_{n+1}^{\infty} |g^{(2p+1)}(u)|\,du = O(g^{(2p)}(n+1)) = o(g^{(2p-1)})(n+1)).$$

La même formule est valable lorsque $g(n)$ elle-même tend vers 0. Enfin, lorsque la série de terme général $g(n)$ est convergente, on a, pour le reste $r_n = \sum_{m=n+1}^{\infty} g(m)$, le développement

$$r_n = \sum_{m=n+1}^{\infty} g(m) = \int_{n+1}^{\infty} g(t)\,dt + \tfrac{1}{2}g(n+1) - \sum_{k=1}^{p} \frac{b_{2k}}{(2k)!} g^{(2k-1)}(n+1) + o(g^{(2p-1)}(n+1)).$$

§ 1

1) Soient K un corps de caractéristique 0, U et V deux opérateurs de composition dans K[X], et $W = VU = UV$; soient (u_n), $v_n)$, (w_n) les suites de polynômes d'Appell correspondant respectivement à U, V, W. Démontrer que, si p est l'ordre de U, on a

$$w_n^{(p)}(\mathrm{X}) = \sum_{k=0}^{n} \binom{n}{k} v_{n-k}(\mathrm{X}) V_0(u_k)$$

$$w_n(\mathrm{X} + \mathrm{Y}) = \sum_{k=0}^{n} \binom{n}{k} u_k(\mathrm{X}) v_{n-k}(\mathrm{Y}).$$

2) Soit E l'espace vectoriel sur **C** engendré par les fonctions x^n ($n \in \mathbf{N}$), $e^{\lambda x}$ ($\lambda \in \mathbf{C}$, $\lambda \neq 0$) et $|x + \mu|$ ($\mu \in \mathbf{R}$).

a) Montrer que les fonctions précédentes forment une base de E.

b) Soit U l'opérateur de composition défini dans E par les conditions: $U_0^\xi(\xi^n) = (n!)^2$, $U(e^{\lambda x}) = e^{\lambda x}$ pour $\lambda \neq 0$, $U(|x + \mu|) = |x + \mu|$ pour $\mu \in \mathbf{R}$. L'indicatrice $u(\lambda)$ est la constante 1, mais la série de terme général $n!\lambda^n$ n'est convergente pour aucune valeur $\lambda \neq 0$.

c) Soit V l'opérateur de composition défini dans E par les conditions $V(x^n) = x^n$, $V(|x + \mu|) = |x + \mu|$, $V(e^{\lambda x}) = 0$ pour $\lambda \neq 0$; l'indicatrice $v(\lambda)$ est égale à 1 pour $\lambda = 0$, à 0 pour $\lambda \neq 0$, et est donc distincte de la somme de la série $\sum_{n=0}^{\infty} \alpha_n \lambda^n$, où $\alpha_n = V_0^\xi(\xi^n)$.

d) Soit W l'opérateur de composition défini dans E par

$$\mathrm{W}(x^n) = x^n, \mathrm{W}(e^{\lambda x}) = e^{\lambda x}, \qquad \mathrm{W}(|x + \mu|) = e^{x+\mu};$$

montrer que l'on a $VW \neq WV$.

3) Soit K un corps de caractéristique 0. On dit qu'un endomorphisme U de l'algèbre K[X, Y] des polynômes à deux indéterminées X, Y sur K est un opérateur de composition si, pour tout polynôme $f \in \mathrm{K}[\mathrm{X}, \mathrm{Y}]$, on a, en posant $g = U(f)$, $g(\mathrm{X} + \mathrm{S}, \mathrm{Y} + \mathrm{T}) = U_{\mathrm{X},\mathrm{Y}}(f(\mathrm{X} + \mathrm{S}, \mathrm{Y} + \mathrm{T}))$, S et T étant deux autres indéterminées.

a) Généraliser à ces opérateurs la prop. 1 et le th. 1. En déduire une nouvelle démonstration de la formule $e^{\mathrm{S}+\mathrm{T}} = e^{\mathrm{S}} e^{\mathrm{T}}$.

b) Pour les opérateurs de composition de la forme $\mathrm{D}_\mathrm{X}^p \mathrm{D}_\mathrm{Y}^q u(\mathrm{D}_\mathrm{X}, \mathrm{D}_\mathrm{Y})$, où le terme constant de la série formelle u n'est pas nul, définir les polynômes d'Appell u_{mn}, et généraliser les prop. 4, 5 et 6 de VI, p. 5 et 6.

c) On considère en particulier l'opérateur de composition U défini par $U(f(\mathrm{X}, \mathrm{Y})) = f(\mathrm{X} + 1, \mathrm{Y} + 1) - f(\mathrm{X}, \mathrm{Y} + 1) - f(\mathrm{X} + 1, \mathrm{Y}) + f(\mathrm{X}, \mathrm{Y})$; on appelle polynômes de Bernoulli et on note $\mathrm{B}_{m,n}$ les polynômes d'Appell correspondant à cet opérateur. Montrer que l'on a $\mathrm{B}_{m,n}(\mathrm{X}, \mathrm{Y}) = \mathrm{B}_m(\mathrm{X})\mathrm{B}_n(\mathrm{Y})$.

§ 2

1) Démontrer les formules

$$\operatorname{tg} z = \sum_{n=1}^{\infty} (-1)^{n-1} 2^{2n} (2^{2n} - 1) b_{2n} \frac{z^{2n-1}}{(2n)!}$$

$$\frac{1}{\sin z} = \frac{1}{z} + \sum_{n=1}^{\infty} (-1)^{n-1} 2(2^{2n-1} - 1) b_{2n} \frac{z^{2n-1}}{(2n)!}$$

où les séries du second membre sont absolument convergentes, la première pour $|z| < \frac{\pi}{2}$ et la seconde pour $|z| < \pi$ (exprimer tg z et $1/\sin 2z$ comme combinaisons linéaires de cotg z et cotg $2z$). En déduire que les nombres $\frac{2^{2n}(2^{2n}-1)}{2n} b_{2n}$ sont *entiers*. (On utilisera le lemme suivant: si, dans deux séries absolument convergentes $\sum_{n=0}^{\infty} \alpha_n \frac{z^n}{n!}$, $\sum_{n=0}^{\infty} \beta_n \frac{z^n}{n!}$, les coefficients α_n et β_n sont entiers, dans leur produit écrit sous la forme $\sum_{n=0}^{\infty} \gamma_n \frac{z^n}{n!}$, les γ_n sont entiers.)

2) Démontrer la formule

$$(n-1)B_n(X) = n(X-1)B_{n-1}(X) - \sum_{k=0}^{n} \binom{n}{k} b_k B_{n-k}(X)$$

(dériver la série $Se^{SX}/(e^S - 1)$ par rapport à S). En déduire la formule

$$(2n+1)b_{2n} = -\sum_{k=1}^{n-1} \binom{2n}{2k} b_{2k} b_{2n-2k}$$

pour les nombres de Bernoulli.

3) Démontrer, pour tout entier $p > 1$, la formule

$$B_n\left(\frac{x}{p}\right) + B_n\left(\frac{x+1}{p}\right) + \cdots + B_n\left(\frac{x+p-1}{p}\right) = \frac{1}{p^{n-1}} B_n(X).$$

4) *a*) Démontrer la relation

$$B_n(1-X) = (-1)^n B_n(X)$$

(utiliser le fait que $b_{2n-1} = 0$ pour $n > 1$, et la relation

$$B_n(1-X) - B_n(-X) = (-1)^n n X^{n-1}.)$$

b) Montrer qu'on a

$$B_n(\tfrac{1}{2}) = b_n\left(\frac{1}{2^{n-1}} - 1\right)$$

(utiliser l'exerc. 3).

c) Montrer que, pour n pair, $B_n(X)$ a deux racines dans l'intervalle $(0, 1)$ de $\mathbf{R}$, et que, pour n impair > 1, $B_n(X)$ a une racine simple aux points 0, $\frac{1}{2}$ et 1, et ne s'annule en aucun autre point de $(0, 1)$ (utiliser *b*) et la relation $B'_n = nB_{n-1}$).

d) Déduire de *c*) que, pour n pair, le maximum de $|B_n(x)|$ dans l'intervalle $(0, 1)$ est égal à $|b_n|$, et que pour n impair, si a_n est le maximum de $|B_n(x)|$ dans $(0, 1)$, on a

$$\frac{4}{n+1}|b_{n+1}|\left(1 - \frac{1}{2^n}\right) \leqslant a_n \leqslant \tfrac{1}{2}n\,|b_{n-1}|$$

(utiliser le th. des accroissements finis).

5) Si l'on pose $S_n(x) = \frac{1}{n+1}(B_{n+1}(x) - B_{n+1}(0))$, on a, pour tout entier $a > 0$

$$S_n(a) = 1^n + 2^n + \cdots + (a-1)^n.$$

a) Montrer que pour tout entier $n \geqslant 0$ et tout entier $a > 0$, on a $2S_{2n+1}(a) \equiv 0 \pmod{a}$ (considérer la somme $k^{2n+1} + (a-k)^{2n+1}$).

b) Si r et s sont deux entiers 0 quelconques, montrer que

$$S_n(rs) \equiv sS_n(r) + nrS_{n-1}(r)S_1(s) \pmod{r^2}.$$

c) Soit p un nombre premier. Montrer que si n est divisible par $p - 1$, on a $S_n(p) \equiv -1$ (mod. p), et si n n'est pas divisible par $p - 1$, $S_n(p) \equiv 0$ (mod. p) (si p ne divise pas l'entier g, remarquer que $S_n(p) \equiv g^n S_n(p)$ (mod. p)).

6) *a*) Les nombres rationnels b_n étant définis par la formule (20) de VI, p. 7, on note d_n le dénominateur >0 de b_n écrit sous forme de fraction irréductible. Montrer qu'aucun facteur premier de d_n ne peut être $> n + 1$ (utiliser la formule de récurrence (23) de VI, p. 8).
b) Montrer que l'on a, pour tout entier $p > 0$ et tout entier $n > 0$

$$S_n(p) = b_n p + \binom{n}{1} \frac{p}{2} b_{n+1} p + \cdots + \binom{n}{r} \frac{p^r}{r+1} b_{n-r} p + \cdots + \frac{p^{n+1}}{n+1}.$$

c) Déduire de *b*) par récurrence sur n que, pour tout nombre premier p le dénominateur de $S_n(p) - b_n p$ écrit sous forme de fraction irréductible, n'est pas divisible par p (observer que p^{r+1} ne peut diviser $r + 1$).
d) Déduire de *c*) que le nombre

$$b_n - \sum_p \frac{S_n(p)}{p}$$

où p parcourt l'ensemble des nombres premiers $p \leqslant n + 1$ et n est pair, est un nombre entier. Conclure que

$$b_{2n} + \sum_p \frac{1}{p}$$

où p parcourt l'ensemble des nombres premiers tels que $p - 1$ divise $2n$, est un entier (*théorème de Clausen-von Staudt*; utiliser l'exerc. 5 *c*).

* 7) On admettra que pour tout entier $a > 0$, il existe une infinité de nombres premiers dans l'ensemble des entiers $1 + ma$ (m parcourant l'ensemble des entiers $\geqslant 1$; cas particulier du théorème de la progression arithmétique de Dirichlet).
a) Soit n un entier $\geqslant 1$, et soit $s \geqslant 1$ un entier tel que $q = 1 + (2n + 1)!\, s$ soit premier; montrer que si p est un nombre premier tel que $p - 1$ divise $2nq$, alors $p - 1$ divise nécessairement $2n$ (dans le cas contraire, on aurait $p - 1 = qd$ avec d entier, et p serait divisible par $d + 1$).
b) Déduire de *a*) que pour tout entier $n > 0$, il existe une infinité d'entiers $m > n$ tels que $b_{2m} - b_{2n}$ soit un *entier*. *

8) Montrer que, pour tout nombre premier $p > 3$, $S_{2n}(p^k) - p^k b_{2n}$, mis sous forme de fraction irréductible, a un numérateur divisible par p^{2k} (raisonner comme dans l'exerc. 6).

9) Dire qu'un nombre rationnel r est un *entier p-adique* (TG, III, p. 84, exerc. 23) pour un nombre premier p signifie que, lorsque r est mis sous forme de fraction irréductible, son dénominateur n'est pas divisible par p; on écrit $r \equiv 0$ (mod. p) pour exprimer que r/p est un entier p-adique, et $r \equiv r'$ (mod. p) est équivalent par définition à $r' - r \equiv 0$ (mod. p).
a) Soit m un entier rationnel; la fonction $F_m(z) = \dfrac{m}{e^{mz} - 1} - \dfrac{1}{e^z - 1}$ est analytique pour $|z|$ assez petit et s'écrit donc sous forme de série entière convergente au voisinage de 0

$$F_m(z) = \sum_{n=1}^{\infty} (m^n - 1) \frac{b_n}{n} \frac{z^{n-1}}{(n-1)!}.$$

Montrer qu'on a aussi au voisinage de 0

$$F_m(z) = \sum_{n=0}^{\infty} c_n (e^z - 1)^n$$

où les c_n sont entiers p-adiques; en déduire que les nombres $a_n = (m^n - 1) \dfrac{b_n}{n}$ sont entiers p-adiques; en outre on a $a_{n+p-1} \equiv a_n$ (mod. p).

b) Déduire de *a*) que si $p - 1$ ne divise pas n, b_n/n est entier p-adique et que l'on a

$$\frac{b_{n+p-1}}{n+p-1} \equiv \frac{b_n}{n} \pmod{p}$$

(*congruences de Kummer*). (Prendre pour m un entier dont la classe mod. p est un générateur du groupe multiplicatif des éléments inversibles de $\mathbf{Z}/p\mathbf{Z}$ (A, VII, § 2, n° 4).)

10) Avec les notations de l'exerc. 9, montrer que les nombres $m^n a_n = m^n(m^n - 1)\, b_n/n$ sont *entiers* (écrire $F_m(z)$ comme quotien de deux polynômes en e^z). En déduire que (pour n pair $\geqslant 2$) le dénominateur δ_n de b_n/n écrit sous forme de fraction irréductible est tel que, pour *tout* entier m premier à n, on a $m^n \equiv 1 \pmod{\delta_n}$. En outre, si un entier d est tel que $m^n \equiv 1 \pmod{d}$ pour tout entier m premier à n, d divise δ_n (utiliser le th. de Clausen-von Staudt et la structure du groupe multiplicatif de $\mathbf{Z}/d\mathbf{Z}$ (A, VII, § 2, n° 4)).

11) *a*) Soit p un nombre premier $\neq 2$. Alors les propriétés suivantes sont équivalentes:
α) $b_n/n \not\equiv 0 \pmod{p}$ pour tout n pair tel que $p - 1$ ne divise pas n.
β) $b_n \not\equiv 0 \pmod{p}$ pour $n = 2, 4, 6, \ldots, p - 3$.
(Utiliser l'exerc. 9*b*).)
b) On dit que p est un nombre premier *régulier* s'il est égal à 2 ou vérifie les conditions équivalentes de *a*); sinon p est dit *irrégulier*. Les nombres premiers 2, 3, 5, 7, 11 sont réguliers; 691 est irrégulier.

Soit I un ensemble fini de nombres premiers irréguliers. Soit n un entier $\geqslant 2$ multiple de $\prod_{q \in \mathrm{I}} (q - 1)$ et tel que $|b_n/n| > 1$, (cf. VI, p. 19, formule (15)). Soit p un facteur premier du numérateur de $|b_n/n|$ mis sous forme irréductible. Montrer que $p - 1$ ne divise pas n et par suite que p est irrégulier. En déduire que l'ensemble des nombres premiers irréguliers est *infini*.

12) Pour tout polynôme Q à coefficients réels, tel que $Q(0) = Q(1)$, on note $\tilde{Q}$ la fonction continue dans $\mathbf{R}$ telle que $\tilde{Q}(x) = Q(x)$ pour $0 \leqslant x \leqslant 1$ et $\tilde{Q}(x + 1) = \tilde{Q}(x)$ pour tout $x \in \mathbf{R}$.
a) Pour tout entier $m \geqslant 2$, le polynôme de Bernoulli B_m est l'unique polynôme à coefficients réels, Q de degré m, unitaire et tel que l'on ait $\int_0^1 Q(x)\,dx = 0$, $Q(1) = Q(0)$ et que la fonction $\tilde{Q}$ soit $m - 2$ fois dérivable dans $\mathbf{R}$ et ait une dérivée $(m - 2)$-ème continue. (Raisonner par récurrence sur m.)
b) Montrer que l'on a, pour $m \geqslant 1$

$$\int_0^1 B_m(x) e^{-2\pi i n x}\,dx = \begin{cases} 0 & \text{si } n = 0 \\ -\dfrac{m!}{(2\pi i n)^m} & \text{si } n \neq 0 \text{ dans } \mathbf{Z}. \end{cases}$$

* *c*) Déduire de *b*) que, pour $0 \leqslant x \leqslant 1$ et $m \geqslant 2$, on a

$$B_m(x) = -\frac{m!}{(2\pi i)^m} \sum_{n \in \mathbf{Z} - \{0\}} \frac{e^{2\pi i n x}}{n^m}$$

la série étant normalement convergente. *

13) Soient f un entier $\geqslant 1$, χ une fonction définie dans $\mathbf{Z}$, à valeurs complexes, telle que $\chi(x + f) = \chi(x)$ pour tout $x \in \mathbf{Z}$. Si l'on pose

$$\hat{\chi}(y) = \frac{1}{f} \sum_{x=0}^{f-1} \chi(x)\, e^{-2\pi i x y/f} \qquad \text{pour } y \in \mathbf{Z},$$

on a

$$\chi(x) = \sum_{y=0}^{f-1} \hat{\chi}(y)\, e^{2\pi i x y/f} \qquad \text{pour } x \in \mathbf{Z}.$$

Déduire de l'exerc. 12 que l'on a, pour tout entier $m \geqslant 2$,

$$\sum_{n \in \mathbf{Z}-\{0\}} \frac{\chi(n)}{n^m} = -\frac{(2\pi i)^m}{m!} \sum_{y=0}^{f-1} \hat{\chi}(y) \mathrm{B}_m\left(\frac{y}{f}\right).$$

Par exemple, on a

$$1 - \frac{1}{3^3} + \frac{1}{5^3} - \cdots + \frac{(-1)^n}{(2n+1)^3} + \cdots = \frac{\pi^3}{32}.$$

§ 3

1) Montrer que, si $f^{(2p+1)}(t)$ est monotone dans l'intervalle $(x, x + n + 1)$, le reste $\mathrm{T}_p(x,n)$ de la formule d'Euler–Maclaurin VI, p. 20, (formule (2)) a le même signe que le terme

$$\frac{1}{(2p+2)!} b_{2p+2} \left(f^{(2p+1)}(x+n+1) - f^{(2p+1)}(x)\right)$$

et a une valeur absolue au plus égale à celle de ce terme.

Si on suppose que $f^{(2p+2)}$ est continue (mais de signe quelconque), montrer que l'on a

$$|\mathrm{T}_p(x, n)| \leqslant \frac{1}{(2p+2)!} |b_{2p+2}| \left(|f^{(2p+1)}(x+n+1) - f^{(2p+1)}(x)| + \int_x^{x+n+1} |f^{(2p+2)}(t)|\, dt\right).$$

2) Démontrer la formule

$$\tfrac{1}{2}f(x) - f(x+1) + f(x+2) - \cdots - f(x+2n-1) + \tfrac{1}{2}f(x+2n)$$
$$= \sum_{k=1}^{p} \frac{b_{2k}}{(2k)!} (2^{2k} - 1) \left(f^{(2k-1)}(x+2n) - f^{(2k-1)}(x)\right) + \mathrm{V}_p(x, n)$$

avec

$$|\mathrm{V}_p(x, n)| \leqslant \frac{4e^{2\pi}(2^{2p+1}+1)}{(2\pi)^{2p+1}} \int_x^{x+2n} |f^{(2p+1)}(t)|\, dt$$

(appliquer la formule d'Euler–Maclaurin à $g(x) = f(2x)$).

3) Soit f une fonction continue ainsi que ses $2p + 1$ premières dérivées dans l'intervalle $(0, 1)$. Démontrer la formule

$$\int_0^1 f(t)\, dt = \frac{1}{n}\left(\tfrac{1}{2}f(0) + f\left(\frac{1}{n}\right) + f\left(\frac{2}{n}\right) + \cdots + f\left(\frac{n-1}{n}\right) + \tfrac{1}{2}f(1)\right)$$
$$- \sum_{k=1}^{2p} \frac{b_{2k}}{(2k)!} \frac{1}{n^{2k}} \left(f^{(2k-1)}(1) - f^{(2k-1)}(0)\right) + \mathrm{R}_p(n)$$

avec

$$|\mathrm{R}_p(n)| \leqslant \frac{4e^{2\pi}}{(2\pi)^{2p+1}} \frac{1}{n^{2p+1}} \int_0^1 |f^{(2p+1)}(t)|\, dt.$$

NOTE HISTORIQUE

(Chapitres V et VI)

(N.B. — Les chiffres romains entre parenthèses renvoient à la bibliographie placée à la fin de cette note.)

La distinction entre les « infiniment petits » (ou « infiniment grands ») de divers ordres, apparaît implicitement dès les premiers écrits sur le Calcul différentiel, et par exemple dans ceux de Fermat; elle devient pleinement consciente chez Newton et Leibniz, avec la théorie des « différences d'ordre supérieur »; et on ne tarde pas à observer que, dans les cas les plus simples, la limite (ou « vraie valeur ») d'une expression de la forme $f(x)/g(x)$, en un point où f et g tendent toutes deux vers 0, est donnée par le développement de Taylor de ces fonctions au voisinage du point considéré (« règle de l'Hôpital », due vraisemblablement à Johann Bernoulli).

En dehors de ce cas élémentaire, le principal problème d' « évaluation asymptotique » qui se pose aux mathématiciens dès la fin du XVIIe siècle est le calcul, exact ou approché, de sommes de la forme $\sum_{k=1}^{n} f(k)$, lorsque n est très grand; un tel calcul est en effet nécessaire aussi bien pour l'interpolation et l'évaluation numérique de la somme d'une série, que dans le Calcul des probabilités, où les « fonctions de grands nombres » telles que $n!$ ou $\binom{a}{n}$ jouent un rôle prépondérant. Déjà Newton, pour obtenir des valeurs approchées de $\sum_{k=1}^{n} \frac{1}{a+k}$ lorsque n est grand, indique une méthode qui revient (sur ce cas particulier) à calculer les premiers termes de la formule d'Euler-Maclaurin (I). Vers la fin du siècle, Jakob Bernoulli, au cours de recherches sur le Calcul des probabilités, se propose de déterminer les sommes $S_k(n) = \sum_{p=1}^{n-1} p^k$, polynômes en n dont il découvre la loi générale de formation (sans en donner de démonstration)[1], introduisant ainsi pour la première fois, dans l'expression des coefficients de ces polynômes, les nombres qui portent son nom, et la relation de récurrence qui permet de les calculer ((II), p. 97). En 1730, Stirling obtient un développement asymptotique pour $\sum_{k=1}^{n} \log(x + ka)$, n croissant indéfiniment, avec un procédé de calcul des coefficients par récurrence.

De 1730 à 1745 se placent les travaux décisifs d'Euler sur les séries et les

[1] Ce sont les primitives des « polynômes de Bernoulli » $B_k(x)$.

questions qui s'y rattachent. Posant $S(n) = \sum_{k=1}^{n} f(k)$, il applique à la fonction $S(n)$ la formule de Taylor, ce qui lui donne

$$f(n) = S(n) - S(n-1) = \frac{dS}{dn} - \frac{1}{2!}\frac{d^2S}{dn^2} + \frac{1}{3!}\frac{d^3S}{dn^3} - \cdots,$$

équation qu'il « inverse » par la méthode des coefficients indéterminés, en cherchant une solution de la forme

$$S(n) = \alpha \int f(n)\,dn + \beta f(n) + \gamma \frac{df}{dn} + \delta \frac{d^2f}{dn^2} + \cdots;$$

il obtient ainsi de proche en proche

$$S(n) = \int f(n)\,dn + \frac{f(n)}{2} + \frac{1}{12}\frac{df}{dn} - \frac{1}{720}\frac{d^3f}{dn^3} + \frac{1}{30\,240}\frac{d^5f}{dn^5} - \cdots$$

sans pouvoir tout d'abord déterminer la loi de formation des coefficients (III *a* et *d*). Mais vers 1735, par analogie avec la décomposition d'un polynôme en facteurs du premier degré, il n'hésite pas à écrire la formule

$$1 - \frac{\sin s}{\sin \alpha} = \left(1 - \frac{s}{\alpha}\right)\left(1 - \frac{s}{\pi - \alpha}\right)\left(1 - \frac{s}{-\pi - \alpha}\right)\left(1 - \frac{s}{2\pi - \alpha}\right)\left(1 - \frac{s}{-2\pi + \alpha}\right)\cdots$$

et en égalant les coefficients des développements des deux membres en série entière il obtient en particulier (pour $\alpha = \pi/2$) les célèbres expressions des séries $\sum_{n=1}^{\infty} \frac{1}{n^{2k}}$ à l'aide des puissances de π (III *b*)[1]. Quelques années plus tard, il s'aperçoit enfin que les coefficients de ces puissances de π sont donnés par les mêmes équations que ceux de sa formule sommatoire, et reconnaît leur lien avec les nombres introduits par Bernoulli, et avec les coefficients du développement en série de $z/(e^z - 1)$ (III *g*).

Indépendamment d'Euler, Maclaurin était arrivé vers la même époque à la même formule sommatoire, par une voie un peu moins hasardeuse, voisine de celle que nous avons suivie dans le texte; il itère en effet la formule « taylorienne » qui exprime $f(x)$ à l'aide des différences $f^{(2k+1)}(x+1) - f^{(2k+1)}(x)$, formule qu'il obtient en « inversant » les développements de Taylor de ces différences par la méthode des coefficients indéterminés (IV); il n'aperçoit d'ailleurs pas la loi de formation des coefficients, découverte par Euler.

[1] En 1743, Euler, pour répondre à diverses critiques de ses contemporains, donne une dérivation un peu plus plausible des « développements eulériens » des fonctions trigonométriques; par exemple, le développement en produit infini de sin x est tiré de l'expression $\sin x = \frac{1}{2i}(e^{-ix} - e^{ix})$, et du fait que e^{ix} est limite du polynôme $\left(1 + \frac{ix}{n}\right)^n$ (III *e*).

Mais Maclaurin, comme Euler et tous les mathématiciens de son temps, présente toutes ses formules comme des développements en *série*, dont la convergence n'est même pas étudiée. Ce n'est pas que la notion de série convergente fût totalement négligée à cette époque: on savait depuis Jakob Bernoulli que la série harmonique est divergente, et Euler avait lui-même précisé ce résultat en évaluant la somme des n premiers termes de cette série à l'aide de sa formule sommatoire (III *c* et *d*); c'est aussi Euler qui remarque que le rapport de deux nombres de Bernoulli consécutifs croît indéfiniment, et par suite qu'une série entière ayant ces nombres pour coefficients ne peut converger ((III *f*), p. 357)[1]. Mais la tendance au calcul formel est la plus forte, et l'extraordinaire intuition d'Euler lui-même ne l'empêche pas de tomber parfois dans l'absurde, lorsqu'il écrit par exemple $0 = \sum_{n=-\infty}^{+\infty} x^n$ ((III *f*), p. 362)[2].

Nous avons dit ailleurs (Note hist. du chap. IV) comment les mathématiciens du début du XIXe siècle, lassés de ce formalisme sans frein et sans fondement, ramenèrent l'Analyse dans les voies de la rigueur. Une fois la notion de série convergente précisée, apparut la nécessité de critères simples permettant de démontrer la convergence des intégrales et des séries par comparaison avec des intégrales ou séries connues; Cauchy donne un certain nombre de ces critères dans son *Analyse algébrique* (V *a*), tandis qu'Abel, dans un mémoire posthume (VI), obtient les critères logarithmiques de convergence. Cauchy, d'autre part (V *b*), élucide le paradoxe des séries telles que la série de Stirling, obtenues par application de la formule d'Euler-Maclaurin (et souvent appelées « séries semi-convergentes »); il montre que si (en raison de la remarque d'Euler sur les nombres de Bernoulli) le terme général $u_k(n)$ d'une telle série, pour une valeur *fixe* de n, croît indéfiniment avec k, il n'en reste pas moins que, pour une valeur *fixe* de k, la somme partielle $s_k(n) = \sum_{h=1}^{k} u_h(n)$ donne un développement asymptotique (pour n tendant vers $+\infty$) de la fonction « représentée » par la série, d'autant plus précis que k est plus grand.

Dans la plupart des calculs de l'Analyse classique, il est possible d'obtenir une loi générale de formation des développements asymptotiques d'une fonction, ayant un nombre de termes *arbitrairement grand*; ce fait a contribué à créer une confusion durable (tout au moins dans le langage) entre séries et développements asymptotiques; si bien que H. Poincaré, lorsqu'il prend la peine, en 1886 (VIII), de codifier les règles élémentaires des développements asymptotiques (suivant les puissances entières de $1/x$ au voisinage de $+\infty$), emploie encore le vocabulaire de

[1] Comme la série que considère Euler en cet endroit est introduite en vue du calcul numérique, il n'en prend que la somme des termes qui vont en décroissant, et à partir de l'indice où les termes commencent à croître, il les remplace par un reste dont il n'indique pas l'origine (le reste de la formule d'Euler–Maclaurin sous sa forme générale n'apparaît pas avant Cauchy).

[2] Il est piquant que cette formule suive, à une page de distance, un passage où Euler met en garde contre l'usage inconsidéré des séries divergentes!

la théorie des séries. Ce n'est guère qu'avec l'apparition des développements asymptotiques provenant de la théorie analytique des nombres que s'est enfin opérée la distinction nette entre la notion de développement asymptotique et celle de série, en raison du fait que, dans la plupart des problèmes que traite cette théorie, on ne peut obtenir explicitement qu'un très petit nombre de termes (le plus souvent un seul) du développement cherché.

Ces problèmes ont aussi familiarisé les mathématiciens avec l'usage d'échelles de comparaison autres que celle des puissances de la variable (réelle ou entière). Cette extension remonte surtout aux travaux de P. du Bois-Reymond (VII) qui, le premier, aborda systématiquement les problèmes de comparaison des fonctions au voisinage d'un point, et, dans des travaux très originaux, reconnut le caractère « non archimédien » des échelles de comparaison, en même temps qu'il étudiait de façon générale l'intégration et la dérivation des relations de comparaison, et en tirait une foule de conséquences intéressantes (VII *b*). Ses démonstrations manquent toutefois de clarté et de rigueur, et c'est à G. H. Hardy (IX) que revient la présentation correcte des résultats de du Bois-Reymond: sa contribution principale a consisté à reconnaître et démontrer l'existence d'un ensemble de « fonctions élémentaires », les fonctions (H), où les opérations usuelles de l'Analyse (notamment la dérivation) sont applicables aux relations de comparaison[1].

[1] Il n'entrait pas dans notre propos de développer dans ces chapitres les méthodes qui permettent d'obtenir des développements asymptotiques de fonctions se classant dans certaines catégories particulières, comme par exemple certains types d'intégrales dépendant d'un paramètre, qui interviennent fréquemment en Analyse; sur ce point (et en particulier sur les importantes méthodes de Laplace et de Darboux) le lecteur pourra consulter le livre cité de Hardy (IX), qui contient une bibliographie très complète.

BIBLIOGRAPHIE

(I) I. NEWTON, in St. P. RIGAUD, *Correspondence of scientific men*, Oxford, 1841, t. II, p. 309–310.

(II) JAKOB BERNOULLI, *Ars conjectandi*, Bâle, 1713.

(III) L. EULER, *Opera omnia* (1), t. XIV; *Commentationes analyticae...*, Leipzig-Berlin (Teubner), 1924: *a*) Methodus generalis summandi progressiones, p. 42–72 (= *Comm. Acad. petrop.*, t. VI (1732–33)); *b*) De summis serierum reciprocarum, p. 73–86 (= *Comm. Acad. petrop.*, t. VII (1734–35)); *c*) De progressionibus harmonicis observationes, p. 87–100 (*ibid.*); *d*) Inventio summae cujusque seriei..., p. 108–123 (= *Comm. Acad. petrop.*, t. VIII (1736)); *e*) De summis serierum reciprocarum... dissertatio altera..., p. 138–155 (= *Misc. Berol.*, t. VII (1743)); *f*) Consideratio progressionis..., p. 350–363 (= *Comm. Acad. petrop.*, t. XI (1739)); *g*) De seriebus quibusdam considerationes, p. 407–462 (= *Comm. Acad. petrop.*, t. XII (1740)).

(IV) C. MACLAURIN, *A complete treatise of fluxions*, Edimburgh, 1742.

(V) A. L. CAUCHY: a) *Cours d'Analyse de l'Ecole Royale Polytechnique*, 1re partie, 1821 (= *Œuvres*, (2), t. III, Paris (Gauthier-Villars), 1897); b) *Œuvres*, (1), t. VIII, p. 18–25, Paris (Gauthier-Villars), 1893.

(VI) N. H. ABEL, *Œuvres*, t. II, p. 197–205, éd. Sylow et Lie, Christiania, 1881.

(VII) P. DU BOIS-REYMOND: *a*) Sur la grandeur relative des infinis des fonctions, *Ann. di Mat.* (2), t. IV (1871), p. 338–353; *b*) Ueber asymptotische Werthe, infinitäre Approximationen und infinitäre Auflösung von Gleichungen, *Math. Ann.*, t. VIII (1875), p. 362–414.

(VIII) H. POINCARÉ, Sur les intégrales irrégulières des équations linéaires, *Acta Math.*, t. VIII (1886), p. 295–344.

(IX) G. H. HARDY, *Orders of infinity*, Cambridge tracts, n° 12, 2e éd., Cambridge University Press, 1924.

CHAPITRE VII

La fonction gamma

§ 1. LA FONCTION GAMMA DANS LE DOMAINE RÉEL

1. Définition de la fonction gamma

Nous avons défini (E, III, p. 41) la fonction $n!$ pour tout entier $n \geqslant 0$, comme égale au produit $\prod_{0 \leqslant k < n} (n-k)$; on a donc $0! = 1$, $(n+1)! = (n+1).n!$ pour $n \geqslant 0$. Nous poserons $\Gamma(n) = (n-1)!$ pour tout entier $n \geqslant 1$; nous nous proposons de définir, dans l'ensemble des nombres réels $x > 0$, une fonction *continue* $\Gamma(x)$, *prolongeant* la fonction Γ définie sur l'ensemble des entiers $\geqslant 1$.

Il est clair qu'il existe une infinité de telles fonctions; comme on a la relation $\Gamma(n+1) = n\Gamma(n)$ pour tout entier $n \geqslant 1$, nous nous bornerons à considérer, parmi les fonctions continues qui prolongent Γ, celles qui pour tout $x > 0$ satisfont à l'équation

(1) $$f(x+1) = xf(x).$$

Pour qu'une solution de cette équation soit un prolongement de $\Gamma(n)$, il faut et il suffit qu'on ait en outre $f(1) = 1$.

Si f satisfait à (1), pour tout n entier > 1, on a, par récurrence sur n

(2) $$f(x+n) = x(x+1)(x+2)\ldots(x+n-1)f(x)$$

pour tout $x > 0$. Cette relation montre en particulier que les valeurs de f dans un intervalle $]n, n+1]$ (n entier $\geqslant 1$) sont déterminées par ses valeurs dans l'intervalle $]0, 1]$. Inversement, soit φ une fonction continue dans $]0, 1]$, satisfaisant aux seules conditions $\varphi(1) = 1$, $\lim_{x \to 0} x\varphi(x) = 1$; pour tout entier $n \geqslant 1$, définissons f par la relation

$$f(x) = (x-1)(x-2)\ldots(x-n)\varphi(x-n)$$

dans l'intervalle $]n, n+1]$; il est clair que f est continue dans $]0, +\infty[$, satisfait à l'équation (1), et prolonge $\Gamma(n)$.

Si f est une solution continue de (1) et prend des valeurs >0 dans $]0, 1]$, elle prend des valeurs >0 dans $]0, +\infty[$ d'après (2); la fonction $g(x) = \log f(x)$ est donc définie et continue dans $]0, +\infty[$ et satisfait dans cet intervalle à l'équation

$$g(x+1) - g(x) = \log x. \tag{3}$$

Si g_1 est une seconde solution continue de (3) dans $]0, +\infty[$, et si $h = g_1 - g$, on a $h(x+1) - h(x) = 0$ pour tout $x > 0$; autrement dit, h est une fonction continue *périodique* de période 1, définie dans $]0, +\infty[$; inversement, pour toute fonction h de cette nature, $g + h$ est une solution continue de (3).

PROPOSITION 1. — *Il existe une fonction convexe et une seule g, définie dans $]0, +\infty[$, satisfaisant à l'équation (3) et prenant la valeur 0 pour $x = 1$.*

Montrons d'abord que s'il existe une fonction g satisfaisant aux conditions de l'énoncé, elle est *bien déterminée* dans l'intervalle $]0, 1]$, et par suite dans tout l'intervalle $]0, +\infty[$. En effet, pour tout entier $n > 1$, la pente de la droite joignant le point $(n, g(n))$ au point $(x, g(x))$ est fonction croissante de x, puisque g est convexe (I, p. 36, prop. 5); on doit donc avoir, pour $0 < x \leqslant 1$

$$\frac{g(n-1) - g(n)}{(n-1) - n} \leqslant \frac{g(n+x) - g(n)}{(n+x) - n} \leqslant \frac{g(n+1) - g(n)}{(n+1) - n}$$

c'est-à-dire, d'après (3)

$$x \log(n-1) \leqslant g(x+n) - g(n) \leqslant x \log n. \tag{4}$$

Or, d'après (3), on a

$$g(x+n) - g(n) = g(x) + \log x + \sum_{k=1}^{n-1} (\log(x+k) - \log k).$$

D'autre part, on peut écrire $\log n = \sum_{k=2}^{n} \log \frac{k}{k-1}$, donc l'inégalité (4) s'écrit

$$x \sum_{k=2}^{n-1} \log \frac{k}{k-1} \leqslant g(x) + \log x$$
$$+ \sum_{k=2}^{n} (\log(x+k-1) - \log(k-1)) \leqslant x \sum_{k=2}^{n} \log \frac{k}{k-1}.$$

Posons, pour tout $n \geqslant 2$

$$u_n(x) = x \log \frac{n}{n-1} - \log(x+n-1) + \log(n-1) \tag{5}$$

et

$$g_n(x) = -\log x + \sum_{k=2}^{n} u_k(x).$$

Pour $0 < x \leqslant 1$, on a donc

$$g_n(x) - x \log \frac{n}{n-1} \leqslant g(x) \leqslant g_n(x). \tag{6}$$

Comme $\log \frac{n}{n-1}$ tend vers 0 lorsque n tend vers $+\infty$, on déduit de (6) que si la solution g existe, elle est nécessairement égale, dans $]0, 1]$, à la *limite* de $g_n(x)$.

Or, on tire aussitôt de la relation (5) que, pour tout x fixe et >0, on a

$$u_n(x) = -x \log\left(1 - \frac{1}{n}\right) - \log\left(1 + \frac{x-1}{n}\right) + \log\left(1 - \frac{1}{n}\right) \sim \frac{x(x-1)}{2n^2}$$

lorsque n tend vers $+\infty$, ce qui prouve que la série de terme général $u_n(x)$ converge tout $x > 0$. Chacune des fonctions $u_n(x)$ étant convexe dans $]0, +\infty[$, ainsi que $-\log x$, la fonction $g(x) = -\log x + \sum_{n=2}^{\infty} u_n(x)$ est convexe dans cet intervalle (I, p. 35, prop. 2 et prop. 4); enfin, on a $u_n(1) = 0$, d'où $g(1) = 0$, et

$$u_n(x+1) = u_{n+1}(x) + x\left(\log \frac{n}{n-1} - \log \frac{n+1}{n}\right)$$

d'où

$$g(x+1) = -\log(x+1) + x \log 2 + \sum_{n=3}^{\infty} u_n(x) = \log x + g(x);$$

autrement dit, g satisfait à l'équation (3) de VII, p. 2.

DÉFINITION 1. — *On désigne par* $\Gamma(x)$ *la fonction* >0 *définie dans l'intervalle* $]0, +\infty[$, *satisfaisant à l'équation*

$$\Gamma(x+1) = x\Gamma(x), \tag{7}$$

telle que $\Gamma(1) = 1$ *et que* $\log \Gamma(x)$ *soit convexe dans* $]0, +\infty[$.

2. Propriétés de la fonction gamma

PROPOSITION 2. — *Pour tout* $x > 0$, *on a*

$$\Gamma(x) = \lim_{n \to \infty} \frac{n^x . n!}{x(x+1)\ldots(x+n)} \tag{8}$$

(*formule de Gauss*), *et*

$$\Gamma(x) = e^{-\gamma x} \frac{1}{x} \prod_{n=1}^{\infty} \frac{e^{x/n}}{1 + \frac{x}{n}} \tag{9}$$

où γ *désigne la constante d'Euler, et le produit infini du second membre de* (9) *est absolument et uniformément convergent dans tout intervalle compact de* **R** *ne contenant aucun entier* <0 (*formule de Weierstrass*).

La fonction $\Gamma(x)$ *est indéfiniment dérivable dans* $]0, +\infty[$, *et on a*

$$\frac{\Gamma'(x)}{\Gamma(x)} = -\gamma - \frac{1}{x} + \sum_{n=1}^{\infty}\left(\frac{1}{n} - \frac{1}{x+n}\right) \tag{10}$$

et

$$D^k(\log \Gamma(x)) = \sum_{n=0}^{\infty} \frac{(-1)^k(k-1)!}{(x+n)^k} \quad \textit{pour } k \geqslant 2, \tag{11}$$

les séries qui figurent aux seconds membres de (10) *et* (11) *étant absolument et uniformément convergentes dans tout intervalle compact ne contenant aucun entier* $\leqslant 0$.

En effet, la démonstration de la prop. 1 de VII, p. 2, montre que

$$\Gamma(x) = \lim_{n\to\infty} \frac{n^x(n-1)!}{x(x+1)\dots(x+n-1)}$$

d'où la formule de Gauss, puisque $\frac{n}{x+n}$ tend vers 1 lorsque n tend vers $+\infty$. On peut aussi écrire

$$\log\frac{n}{n-1} = \frac{1}{n-1} + \left(\log\frac{n}{n-1} - \frac{1}{n-1}\right),$$

donc (avec les notations de la prop. 1)

$$\exp(u_n(x)) = e^{x\left(\log\frac{n}{n-1} - \frac{1}{n-1}\right)} \frac{e^{x/n-1}}{1 + \dfrac{x}{n-1}}$$

et la série de terme général $\log\frac{n}{n-1} - \frac{1}{n-1}$ est absolument convergente et a pour somme $-\gamma$, où γ désigne la constante d'Euler (V, p. 32), d'où la formule de Weierstrass.

Pour $|x| \leqslant a$, on a $|1/(x+n)^k| \leqslant 1/(n-a)^k$ dès que $n > a$, donc la série du second membre de (11) est absolument et uniformément convergente dans tout intervalle compact de **R** ne contenant aucun entier $\leqslant 0$, quel que soit l'entier $k \geqslant 2$; le même raisonnement s'applique à la série du second membre de (10), puisque $\left|\frac{1}{n} - \frac{1}{x+n}\right| \leqslant \frac{a}{n(n-a)}$ pour $|x| \leqslant a$ et $n > a$. Comme ces séries s'obtiennent en dérivant terme à terme la série

$$\log \Gamma(x) = -\gamma x - \log x + \sum_{n=1}^{\infty}\left(\frac{x}{n} - \log\left(1 + \frac{x}{n}\right)\right)$$

qui converge pour tout $x > 0$, la série de terme général $\frac{x}{n} - \log\left(1 + \frac{x}{n}\right)$ est absolument et uniformément convergente dans tout intervalle compact contenu dans $[0, +\infty[$, et on a bien les relations (10) et (11) de VII, p. 4, pour tout $x > 0$ (II, p. 2, th. 1). D'ailleurs, pour tout $x \in \mathbf{R}$, $\frac{x}{n} - \log\left(1 + \frac{x}{n}\right)$ est défini dès que n est assez grand, donc le th. 1 de II, p. 2, montre encore que le produit infini du second membre de (9) (VII, p. 3) est absolument et uniformément convergent dans tout intervalle compact ne contenant aucun entier $\leqslant 0$.

La fonction $\Gamma(x)$, définie pour $x > 0$, peut se prolonger à tout l'ensemble des points x distincts des entiers $\leqslant 0$ de façon à satisfaire à l'équation (7) de VII, p. 3, dans cet ensemble: il suffit, pour $-(n+1) < x < -n$, de poser

$$\Gamma(x) = \frac{1}{x(x+1)\ldots(x+n)}\,\Gamma(x+n+1).$$

D'après la prop. 2 de VII, p. 3, les formules (8), (9), (10) et (11) de VII, p. 3 et 4 sont encore valables dans cet ensemble. La formule (9) (VII, p. 3) montre que $\Gamma(x) \sim 1/x$ lorsque x tend vers 0, d'où, d'après (7) de VII, p. 3,

$$\Gamma(x) \sim \frac{(-1)^n}{n!(x+n)}$$

lorsque x tend vers $-n$ (n entier $\geqslant 0$). La fonction $1/\Gamma(x)$ peut donc être prolongée par continuité à $\mathbf{R}$ tout entier, en lui donnant la valeur 0 aux entiers $\leqslant 0$; on a alors, pour *tout* $x \in \mathbf{R}$

$$\frac{1}{\Gamma(x)} = \lim_{n\to\infty} \frac{x(x+1)\ldots(x+n)}{n^x.n!} \tag{12}$$

et

$$\frac{1}{\Gamma(x)} = e^{\gamma x}\,x.\prod_{n=1}^{\infty}\left(1+\frac{x}{n}\right)e^{-x/n} \tag{13}$$

et on montre comme dans la prop. 2 de VII, p. 3 que le produit infini du second membre de (13) est absolument et uniformément convergent dans tout intervalle compact de $\mathbf{R}$.

Comme $\Gamma(x) > 0$ pour $x > 0$, l'équation (7) de VII, p. 3, montre que l'on a $\Gamma(x) < 0$ pour $-(2n-1) < x < -(2n-2)$ et $\Gamma(x) > 0$ pour

$$-2n < x < -(2n-1)$$

(n entier $\geqslant 1$); $\Gamma(x)$ a pour limite à droite $+\infty$ aux points $-2n$, $-\infty$ aux points $-(2n+1)$, pour limite à gauche $-\infty$ aux points $-2n$, $+\infty$ aux points $-(2n+1)$ (pour tout $n \in \mathbf{N}$). La formule (11) de VII, p. 4, montre que, pour $k = 2$, le second membre est toujours $\geqslant 0$ lorsqu'il est défini, donc

$$\Gamma''(x)\Gamma(x) - (\Gamma'(x))^2 \geqslant 0,$$

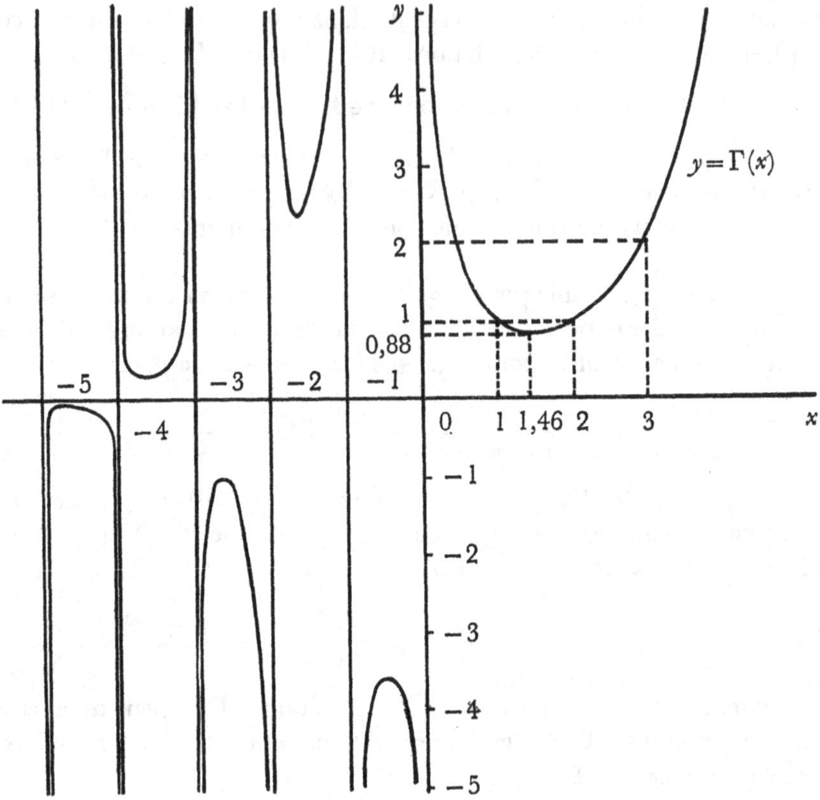

Fig. 1

et par suite $\Gamma''(x)$ a le signe de $\Gamma(x)$; Γ est donc *convexe* pour $x > 0$ et pour $-(2n+2) < x < -(2n+1)$, *concave* pour $-(2n+1) < x < -2n$ ($n \in \mathbf{N}$); on en déduit que, dans les intervalles où Γ est convexe, $\Gamma'(x)$ croît de $-\infty$ à $+\infty$, et dans les intervalles où Γ est concave, $\Gamma'(x)$ décroît de $+\infty$ à $-\infty$. D'où la courbe représentative de Γ (fig. 1).

3. Les intégrales eulériennes

Nous dirons pour abréger qu'une fonction f définie dans un intervalle $\mathrm{I} \subset \mathbf{R}$ et >0 dans cet intervalle, est *logarithmiquement convexe* dans I si $\log f$ est convexe dans I. La définition de $\Gamma(x)$ montre donc que cette fonction est logarithmiquement convexe dans $]0, +\infty[$.

Il est clair que le *produit* de deux fonctions logarithmiquement convexes dans I est logarithmiquement convexe dans I. En outre:

Lemme 1. — *Soient f et g deux fonctions >0 et deux fois dérivables dans un intervalle ouvert* I. *Si f et g sont logarithmiquement convexes dans* I, *$f + g$ est logarithmiquement convexe dans* I.

En effet, la relation $D^2(\log f(x)) \geqslant 0$ s'écrit $f(x)f''(x) - (f'(x))^2 \geqslant 0$. Nous sommes ramenés à montrer que les relations $a \geqslant 0$, $a' \geqslant 0$, $ac - b^2 \geqslant 0$, $a'c' - b'^2 \geqslant 0$ entraînent $(a + a')(c + c') - (b + b')^2 \geqslant 0$; or, les relations $a \geqslant 0$, $ac - b^2 \geqslant 0$ équivalent au fait que la forme quadratique $ax^2 + 2bxy + cy^2$ est $\geqslant 0$ dans $\mathbf{R}^2$, et il est clair que si

$$ax^2 + 2bxy + cy^2 \geqslant 0 \quad \text{et} \quad a'x^2 + 2b'xy + c'y^2 \geqslant 0$$

dans $\mathbf{R}^2$, on a aussi $(a + a')x^2 + 2(b + b')xy + (c + c')y^2 \geqslant 0$ dans $\mathbf{R}^2$.

Lemme 2. — *Soit une fonction numérique finie et* >0, *définie et continue dans le produit* $I \times J$ *de deux intervalles ouverts dans* $\mathbf{R}$ *et telle que, pour tout* $t \in J$, *la fonction* $x \mapsto f(x, t)$ *soit logarithmiquement convexe et deux fois dérivable dans* I. *Dans ces conditions, si pour tout* $x \in I$, *l'intégrale* $g(x) = \int_J f(x, t)\, dt$ *est convergente,* g *est logarithmiquement convexe dans* I.

Montrons d'abord que, pour tout intervalle compact $K \subset J$, la fonction $g_K(x) = \int_K f(x, t)dt$ est logarithmiquement convexe. En effet, si $K = [a, b]$, la suite des fonctions

$$g_n(x) = \frac{b-a}{n} \sum_{k=0}^{n-1} f\left(x, a + k\frac{b-a}{n}\right)$$

converge simplement vers $g_K(x)$ dans I (II, p. 7, prop. 5), donc $\log g_n$ converge simplement vers $\log g_K$; d'après le lemme 1 de VII, p. 6, $\log g_n$ est convexe dans I, donc (I, p. 35, prop. 4) il en est de même de $\log g_K$.

D'autre part, g est limite simple des g_K suivant l'ordonné filtrant des intervalles compacts contenus dans I (II, p. 15), donc $\log g$ est limite simple des $\log g_K$; ces dernières fonctions étant convexes dans I, il en est de même de $\log g$ (I, p. 35, prop. 4).

On montre facilement que les lemmes 1 et 2 sont encore valables lorsque l'on n'y suppose plus les fonctions deux fois dérivables (VII, p. 20, exerc. 5).

Lemme 3. — *Soit* φ *une fonction continue et* >0 *dans un intervalle ouvert* J *contenu dans* $]0, +\infty[$. *Si* I *est un intervalle ouvert tel que l'intégrale* $g(x) = \int_J t^{x-1}\varphi(t)dt$ *soit convergente pour tout* $x \in I$, g *est logarithmiquement convexe dans* I.

En effet, $\log t^{x-1} = (x - 1) \log t$ est une fonction de x qui est convexe et deux fois dérivable pour tout $t > 0$, donc le lemme 2 est applicable.

Proposition 3. — *Pour tout* $x > 0$, *on a*

$$\Gamma(x) = \int_0^\infty e^{-t}\, t^{x-1}\, dt \tag{14}$$

(*seconde intégrale eulérienne*).

En effet, la fonction $g(x) = \int_0^\infty e^{-t} t^{x-1} dt$ est définie pour tout $x > 0$ (V, p. 19); le lemme 3 de VII, p. 7, montre donc qu'elle est *logarithmiquement convexe* dans $]0, +\infty[$. D'autre part, en intégrant par parties, on a

$$g(x+1) = \int_0^\infty e^{-t} t^x \, dt = -e^{-t} t^x \,|_0^\infty + x \int_0^\infty e^{-t} t^{x-1} \, dt = xg(x).$$

Autrement dit, g est une solution de l'équation (1) de VII, p. 1; enfin,

$$g(1) = \int_0^\infty e^{-t} \, dt = 1;$$

la proposition résulte donc de la prop. 1 de VII, p. 2.

Par le changement de variable $e^{-t} = u$, on déduit de (14) (VII, p. 7) la formule

$$\Gamma(x) = \int_0^1 \left(\log \frac{1}{t}\right)^{x-1} dt. \tag{15}$$

De même, par le changement de variable $u = t^x$, il vient

$$x\Gamma(x) = \int_0^\infty e^{-t^{1/x}} \, dt$$

ou encore, en tenant compte de (7) (VII, p. 1)

$$\Gamma\left(1 + \frac{1}{x}\right) = \int_0^\infty e^{-t^x} \, dt \tag{16}$$

et en particulier, pour $x = 2$

$$\Gamma\left(\frac{3}{2}\right) = \frac{1}{2}\Gamma\left(\frac{1}{2}\right) = \int_0^\infty e^{-t^2} \, dt. \tag{17}$$

PROPOSITION 4. — *Pour $x > 0$ et $y > 0$, l'intégrale*

$$\mathsf{B}(x, y) = \int_0^1 t^{x-1}(1-t)^{y-1} \, dt$$

(*première intégrale eulérienne*) *a pour valeur*

$$\mathsf{B}(x, y) = \frac{\Gamma(x)\Gamma(y)}{\Gamma(x+y)}. \tag{18}$$

En effet, l'intégrale est convergente pour $x > 0$ et $y > 0$ (V, p. 19). D'après le lemme 3 de VII, p. 7, la fonction $x \mapsto \mathsf{B}(x, y)$ est *logarithmiquement convexe* pour $x > 0$. D'autre part, on a

$$\mathsf{B}(x+1, y) = \int_0^1 (1-t)^{x+y-1} \left(\frac{t}{1-t}\right)^x dt$$

d'où, en intégrant par parties

$$\mathsf{B}(x+1, y) = -\frac{(1-t)^{x+y}}{x+y} \left(\frac{t}{1-t}\right)^x \Bigg|_0^1 + \frac{x}{x+y} \int_0^1 (1-t)^{x+y} \left(\frac{t}{1-t}\right)^{x-1} \frac{dt}{(1-t)^2} = \frac{x}{x+y} \mathsf{B}(x, y).$$

Il en résulte que $f(x) = \mathrm{B}(x, y)\Gamma(x + y)$ satisfait à l'identité (1) de VII, p. 1. D'autre part cette fonction est logarithmiquement convexe, comme produit de deux fonctions logarithmiquement convexes. Enfin, on a $f(1) = \mathrm{B}(1, y)\Gamma(y + 1)$, et $\mathrm{B}(1, y) = \int_0^1 (1 - t)^{y-1}\, dt = 1/y$, d'où $f(1) = \frac{1}{y}\Gamma(y + 1) = \Gamma(y)$. La fonction $f(x)/\Gamma(y)$ est donc égale à $\Gamma(x)$ d'après la prop. 1 de VII, p. 2, ce qui démontre (18).

Par le changement de variable $t = \frac{u}{u+1}$, la formule (18) devient

$$\int_0^\infty \frac{t^{x-1}}{(1+t)^{x+y}}\, dt = \frac{\Gamma(x)\Gamma(y)}{\Gamma(x+y)} \tag{19}$$

et par le changement de variable $t = \sin^2 \varphi$,

$$\int_0^{\pi/2} \sin^{2x-1}\varphi \cos^{2y-1}\varphi d\varphi = \frac{1}{2}\frac{\Gamma(x)\Gamma(y)}{\Gamma(x+y)}. \tag{20}$$

Si, dans cette dernière formule, on fait $x = y = \frac{1}{2}$, il vient

$$\Gamma(\tfrac{1}{2}) = \sqrt{\pi} \tag{21}$$

d'où, en vertu de (17)

$$\int_0^\infty e^{-t^2}\, dt = \tfrac{1}{2}\sqrt{\pi}. \tag{22}$$

D'après la relation (7) de VII, p. 3, on a pour $\Gamma(x)$, au voisinage de 0, le développement asymptotique

$$\begin{aligned} \Gamma(x) &= \frac{1}{x}\Gamma(x+1) \\ &= \frac{1}{x} + \Gamma'(1) + \frac{1}{2!}\Gamma''(1)x + \cdots + \frac{1}{n!}\Gamma^{(n)}(1)x^{n-1} + O(x^n). \end{aligned} \tag{23}$$

De même, pour tout y fixe et >0, on peut écrire

$$\frac{1}{\Gamma(x+y)} = \frac{1}{\Gamma(y)} + \mathrm{D}\left(\frac{1}{\Gamma(y)}\right)x + \frac{1}{2!}\mathrm{D}^2\left(\frac{1}{\Gamma(y)}\right)x^2 + \cdots + \frac{1}{n!}\mathrm{D}^n\left(\frac{1}{\Gamma(y)}\right)x^n + O_1(x^{n+1})$$

et la formule (18) donne donc, pour y fixe, le développement asymptotique au voisinage de $x = 0$

$$\begin{aligned} \mathrm{B}(x, y) &= \frac{1}{x} + \left(\Gamma'(1) - \frac{\Gamma'(y)}{\Gamma(y)}\right) \\ &\quad + \left(\frac{\Gamma''(1)}{2} - \Gamma'(1)\frac{\Gamma'(y)}{\Gamma(y)} + \frac{2\Gamma'^2(y) - \Gamma(y)\Gamma''(y)}{2\Gamma^2(y)}\right)x + O(x^2). \end{aligned} \tag{24}$$

D'autre part, pour $x > 0$ et $y > 0$, on a

$$\text{(25)} \qquad \mathsf{B}(x, y) = \int_0^1 \left(t^{x-1} + t^x \frac{(1-t)^{y-1} - 1}{t}\right) dt$$
$$= \frac{1}{x} + \int_0^1 t^x \frac{(1-t)^{y-1} - 1}{t} dt.$$

La fonction $\varphi(t) = \dfrac{(1-t)^{y-1} - 1}{t}$ est continue dans l'intervalle compact $[0, 1]$; comme

$$t^x = e^{x \log t} = 1 + x \log t + \frac{x^2}{2!} (\log t)^2 + \cdots + \frac{x^n}{n!} (\log t)^n + r_n(x, t)$$

avec $|r_n(x, t)| \leqslant \dfrac{x^{n+1}}{(n+1)!} |\log t|^{n+1}$ (puisque $\log t \leqslant 0$ et $x > 0$), la formule (25) donne pour $\mathsf{B}(x, y)$ le développement asymptotique au voisinage de $x = 0$

$$\mathsf{B}(x, y) = \frac{1}{x} + \int_0^1 \varphi(t)\, dt + x \int_0^1 \varphi(t) \log t\, dt + \cdots$$
$$+ \frac{x^n}{n!} \int_0^1 \varphi(t)\, (\log t)^n\, dt + O_2(x^{n+1}).$$

Pour $n = 1$, l'identification de ce développement à (24) donne en particulier

$$\Gamma'(1) - \frac{\Gamma'(y)}{\Gamma(y)} = \int_0^1 \frac{(1-t)^{y-1} - 1}{t} dt.$$

D'ailleurs la formule (10) donne $\Gamma'(1) = \Gamma'(1)/\Gamma(1) = -\gamma$, donc (*intégrale de Gauss*)

$$\text{(26)} \qquad \frac{\Gamma'(x)}{\Gamma(x)} + \gamma = \int_0^1 \frac{1 - (1-t)^{x-1}}{t} dt.$$

§ 2. LA FONCTION GAMMA DANS LE DOMAINE COMPLEXE

1. Prolongement à C de la fonction gamma

Reprenons la formule de Weierstrass qui donne l'expression de $1/\Gamma(x)$ pour tout x réel

$$\text{(1)} \qquad \frac{1}{\Gamma(x)} = x e^{\gamma x} \prod_{n=1}^{\infty} \left(1 + \frac{x}{n}\right) e^{-x/n}$$

et considérons le produit infini de terme général $\left(1 + \dfrac{z}{n}\right) e^{-z/n}$, pour z complexe quelconque. On peut écrire $e^{-z/n} = 1 - \dfrac{z}{n} + h(z)$, avec $|h(z)| \leqslant \dfrac{|z|^2}{2n^2} e^{|z/n|}$ (III,

p. 16, formule (8)), d'où

$$\left(1 + \frac{z}{n}\right) e^{-z/n} = 1 + v_n(z)$$

avec $|v_n(z)| \leqslant \frac{|z|^2}{n^2}\left(1 + \frac{e^{|z|}}{2}(1 + |z|)\right)$; le produit infini considéré est donc *absolument et uniformément convergent* dans toute partie compacte de **C**; en outre, sa valeur n'est nulle que pour les points $z = -n$ (TG, IX, p. 80, corollaire). En raison de la formule (1) de VII, p. 10, on pose, pour tout z complexe

$$\frac{1}{\Gamma(z)} = ze^{\gamma z} \prod_{n=1}^{\infty} \left(1 + \frac{z}{n}\right) e^{-z/n}. \tag{2}$$

La fonction $\Gamma(z)$ est ainsi définie pour tout point $z \in \mathbf{C}$ distinct des points $-n$ $(n \in \mathbf{N})$; elle est continue dans cet ensemble, et au voisinage de $-n$, on a $(z + n)\Gamma(z) \sim \frac{(-1)^n}{n!}$. La formule (2) montre que l'on a $\Gamma(\bar{z}) = \overline{\Gamma(z)}$ pour tout z distinct d'un entier négatif.

Le raisonnement qui permet de passer de la formule de Gauss (VII, p. 3, formule (8)) à la formule de Weierstrass, repris en sens inverse, s'applique aussi pour z complexe, et montre que, pour tout $z \neq -n$ $(n \in \mathbf{N})$, on a

$$\Gamma(z) = \lim_{n \to \infty} \frac{n^z . n!}{z(z + 1) \ldots (z + n)} \tag{3}$$

en convenant de poser $n^z = e^{z \log n}$. Comme on a

$$\frac{n^{z+1} . n!}{(z + 1)(z + 2) \ldots (z + n + 1)} = z . \frac{n}{n + 1 + z} . \frac{n^z . n!}{z(z + 1) \ldots (z + n)}$$

on a encore, en passant à la limite, l'équation fonctionnelle fondamentale

$$\Gamma(z + 1) = z\Gamma(z) \tag{4}$$

pour tout $z \neq -n$ $(n \in \mathbf{N})$.

Soit p un entier >0 quelconque, et K_p le disque ouvert $|z| < p$; pour tout $z \in K_p$ et tout entier $n > p$, $1 + \frac{z}{n}$ n'est pas un nombre réel négatif, donc $\log\left(1 + \frac{z}{n}\right)$ est défini, et il résulte de ce qui précède que la série de terme général $\log\left(1 + \frac{z}{n}\right) - \frac{z}{n}$ $(n > p)$ est *normalement convergente* dans K_p; il en est de même des séries obtenues en dérivant un nombre quelconque de fois le terme général, puisqu'on a

$$\left|\frac{1}{n} - \frac{1}{z + n}\right| \leqslant \frac{p}{n(n - p)} \quad \text{et} \quad \left|\frac{1}{(z + n)^k}\right| \leqslant \frac{1}{(n - p)^k} \quad (k > 1)$$

pour $z \in K_p$ et $n > p$. On voit donc (cf. II, p. 68, *Remarque* 3) que $\Gamma(z)$ est *indéfiniment dérivable* en tous les points $z \in \mathbf{C}$ distincts des points $-n$, et on a en ces points

$$\frac{\Gamma'(z)}{\Gamma(z)} = -\gamma - \frac{1}{z} + \sum_{n=1}^{\infty} \left(\frac{1}{n} - \frac{1}{z+n}\right) \tag{5}$$

$$D^{k-1}\left(\frac{\Gamma'(z)}{\Gamma(z)}\right) = \sum_{n=0}^{\infty} \frac{(-1)^k (k-1)!}{(z+n)^k} \quad \text{pour } k \geqslant 2, \tag{6}$$

les séries des seconds membres de (5) et (6) étant *normalement convergentes* dans tout ensemble compact contenu dans $\mathbf{C}$ et ne contenant aucun entier $\leqslant 0$. On peut écrire en outre

$$\log \Gamma(z) \equiv -\gamma z - \log z + \sum_{n=1}^{\infty} \left(\frac{z}{n} - \log\left(1 + \frac{z}{n}\right)\right) \quad (\text{mod. } 2\pi i) \tag{7}$$

en convenant que lorsqu'un logarithme, dans cette formule, porte sur un nombre réel négatif, il a l'une ou l'autre des deux valeurs limites (différant de $2\pi i$) de $\log z$ en ce point; la série du second membre de (7) est alors normalement convergente dans tout ensemble compact contenu dans $\mathbf{C}$ et ne contenant aucun entier $\leqslant 0$.

2. La relation des compléments et la formule de multiplication de Legendre-Gauss

On tire aussitôt de la formule (2) de VII, p. 11, que, pour tout $z \in \mathbf{C}$

$$\frac{1}{\Gamma(z)\Gamma(-z)} = -z^2 \prod_{n=1}^{\infty} \left(1 - \frac{z^2}{n^2}\right).$$

Or, le développement eulérien de $\sin z$ (VI, p. 18, th. 2) montre que

$$z \prod_{n=1}^{\infty} \left(1 - \frac{z^2}{n^2}\right) = \frac{1}{\pi} \sin \pi z;$$

tenant compte de l'équation fonctionnelle (4) de VII, p. 11, on voit donc que:

PROPOSITION 1. — *Pour tout z complexe, on a*

$$\frac{1}{\Gamma(z)\Gamma(1-z)} = \frac{1}{\pi} \sin \pi z \tag{8}$$

(*relation des compléments*).

COROLLAIRE. — *Pour tout t réel, on a*

$$|\Gamma(it)| = \sqrt{\frac{\pi}{t \operatorname{sh} \pi t}} \quad (t \neq 0) \tag{9}$$

(10) $$|\Gamma(\tfrac{1}{2} + it)| = \sqrt{\frac{\pi}{\operatorname{ch} \pi t}}.$$

En effet on déduit de (8) que $\Gamma(it)\Gamma(-it) = \dfrac{i\pi}{t \sin \pi i t} = \dfrac{\pi}{t \operatorname{sh} \pi t}$ et on a $\Gamma(-it) = \overline{\Gamma(it)}$; de même, (8) donne

$$\Gamma(\tfrac{1}{2} + it)\Gamma(\tfrac{1}{2} - it) = \frac{\pi}{\sin\left(\frac{\pi}{2} + \pi i t\right)} = \frac{\pi}{\cos \pi i t} = \frac{\pi}{\operatorname{ch} \pi t},$$

et on a

$$\Gamma(\tfrac{1}{2} - it) = \overline{\Gamma(\tfrac{1}{2} + it)}.$$

Soit maintenant p un entier >0 quelconque, et considérons le produit

$$f(z) = \Gamma\left(\frac{z+1}{p}\right)\Gamma\left(\frac{z+2}{p}\right)\ldots\Gamma\left(\frac{z+p}{p}\right).$$

D'après (3) (VII, p. 11), pour tout $z \neq -n$ $(n \in \mathbf{N})$, $f(z)$ est limite du produit

$$\frac{n^{(z+1)/p}n!}{\left(\frac{z+1}{p}\right)\left(\frac{z+1}{p}+1\right)\ldots\left(\frac{z+1}{p}+n\right)} \cdot \frac{n^{(z+2)/p}n!}{\left(\frac{z+2}{p}\right)\left(\frac{z+2}{p}+1\right)\ldots\left(\frac{z+2}{p}+n\right)} \cdots$$

$$\cdots \frac{n^{(z+p)/p}n!}{\left(\frac{z+p}{p}\right)\left(\frac{z+p}{p}+1\right)\ldots\left(\frac{z+p}{p}+n\right)} = \frac{n^{z+(p+1)/2}p^{(n+1)p}(n!)^p}{(z+1)(z+2)\ldots(z+(n+1)p)}$$

et en particulier $f(0)$ est limite du produit

$$\frac{n^{(p+1)/2}p^{(n+1)p}(n!)^p}{((n+1)p)!}$$

d'où résulte que $f(z)/f(0)$ est limite de

$$\frac{n^z((n+1)p)!}{(z+1)(z+2)\ldots(z+(n+1)p)}$$

$$= zp^{-z}\left(\frac{n}{n+1}\right)^z \frac{((n+1)p)^z((n+1)p)!}{z(z+1)(z+2)\ldots(z+(n+1)p)}$$

ce qui, d'après (3) (VII, p. 11), donne

(11) $$f(z) = f(0)\,zp^{-z}\Gamma(z).$$

Mais on peut écrire

$$f(0) = \prod_{k=1}^{p-1}\Gamma\left(\frac{k}{p}\right) = \prod_{k=1}^{p-1}\Gamma\left(1 - \frac{k}{p}\right) = \sqrt{\prod_{k=1}^{p-1}\Gamma\left(\frac{k}{p}\right)\Gamma\left(1 - \frac{k}{p}\right)}$$

puisque $f(0) > 0$; la relation des compléments donne par suite

$$f(0) = \sqrt{\pi^{p-1} \Big/ \prod_{k=1}^{p-1} \sin \frac{k\pi}{p}}$$

et comme le produit du second membre est égal à $p/2^{p-1}$ (VI, p. 15, cor. 1), on voit finalement que:

PROPOSITION 2. — *Pour tout nombre complexe z distinct d'un entier* $\leqslant 0$ *et pour tout entier* $p > 0$, *on a*

$$\Gamma\left(\frac{z}{p}\right)\Gamma\left(\frac{z+1}{p}\right)\dots\Gamma\left(\frac{z+p-1}{p}\right) = (2\pi)^{(p-1)/2}p^{\frac{1}{2}-z}\Gamma(z) \tag{12}$$

(*formule de multiplication de Legendre–Gauss*).

PROPOSITION 3. — *Pour tout nombre réel* $x > 0$, *on a*

$$\int_x^{x+1} \log \Gamma(t)\, dt = x(\log x - 1) + \tfrac{1}{2}\log 2\pi \tag{13}$$

(*intégrale de Raabe*).

Démontrons d'abord la formule (13) pour $x = 0$. Comme $\log \Gamma(x) \sim \log \frac{1}{x}$ lorsque x tend vers 0, l'intégrale $\int_0^1 \log \Gamma(x)\, dx$ est convergente. En outre, dans $\left]0, 1\right]$, la fonction $\log \Gamma(x)$ est décroissante (VII, p. 6); pour tout $\alpha > 0$, on a donc

$$\frac{1}{n}\sum_{k=1}^{q} \log \Gamma\left(\frac{k}{n}\right) \leqslant \int_0^{\alpha} \log \Gamma(x)\, dx,$$

q étant le plus grand entier tel que $q/n \leqslant \alpha$. Comme $\int_0^{\alpha} \log \Gamma(x)\, dx$ tend vers 0 avec α et que $\frac{1}{n}\sum_{k=q+1}^{n} \log \Gamma\left(\frac{k}{n}\right)$ tend vers $\int_{\alpha}^{1} \log \Gamma(x)\, dx$ lorsque n tend vers $+\infty$ (II, p. 7, prop. 5), on a

$$\int_0^1 \log \Gamma(x)\, dx = \lim_{n\to\infty} \frac{1}{n}\sum_{k=1}^{n} \log \Gamma\left(\frac{k}{n}\right).$$

Mais, d'après (12), le second membre de cette formule est limite de

$$\frac{n-1}{2n}\log 2\pi - \frac{1}{2}\frac{\log n}{n},$$

d'où

$$\int_0^1 \log \Gamma(x)\, dx = \tfrac{1}{2}\log 2\pi. \tag{14}$$

Remarquons maintenant que, de l'identité

$$\log \Gamma(x+1) = \log \Gamma(x) + \log x$$

on déduit, en intégrant, pour $x > 0$

$$\int_0^x \log \Gamma(t+1)\,dt = \int_0^x \log \Gamma(t)\,dt + \int_0^x \log t\,dt.$$

Mais l'intégrale du premier membre est aussi égale à $\int_1^{x+1} \log \Gamma(t)\,dt$. On a donc, d'après (14),

$$\int_x^{x+1} \log \Gamma(t)\,dt = \int_0^x \log t\,dt + \tfrac{1}{2}\log 2\pi = x(\log x - 1) + \tfrac{1}{2}\log 2\pi.$$

3. Le développement de Stirling

Soient x et y deux nombres complexes non situés sur le demi-axe réel négatif; d'après la formule (3) de VII, p. 11, et avec les conventions de VII, p. 12 concernant les logarithmes, $\log \Gamma(x) - \log \Gamma(y)$ est congru modulo $2\pi i$ à la limite de l'expression

$$(x-y)\log n + \sum_{k=0}^{n} (\log(y+k) - \log(x+k)). \tag{15}$$

Posons $f(t) = \log(y+t) - \log(x+t)$; nous allons appliquer à la fonction f la formule sommatoire d'Euler–Maclaurin (VI, p. 20)

$$f(0) + f(1) + \cdots + f(n) = \int_0^{n+1} f(t)\,dt - \tfrac{1}{2}(f(n+1) - f(0))$$
$$+ \sum_{k=1}^{p} \frac{b_{2k}}{(2k)!}(f^{(2k-1)}(n+1) - f^{(2k-1)}(0)) + \mathrm{T}_p(n)$$

avec

$$|\mathrm{T}_p(n)| \leqslant \frac{4\,e^{2\pi}}{(2\pi)^{2p+1}} \int_0^{n+1} |f^{(2p+1)}(u)|\,du. \tag{16}$$

Comme

$$f^{(m)}(t) = (-1)^{m-1}(m-1)!\left(\frac{1}{(y+t)^m} - \frac{1}{(x+t)^m}\right),$$

$f^{(2k-1)}(n+1)$ tend vers 0 lorsque n tend vers $+\infty$, pour tout $k \geqslant 1$; il en est d'ailleurs de même de

$$f(n+1) = \log\left(1 + \frac{y}{n+1}\right) - \log\left(1 + \frac{x}{n+1}\right).$$

D'autre part, on a

$$\int_0^{n+1} \log(x+t)\,dt = (x+n+1)(\log(x+n+1) - 1) - x(\log x - 1);$$

lorsque n tend vers $+\infty$, on a le développement asymptotique

$$(x + n)(\log (x + n) - 1) = n \log n - n + x \log n + O\left(\frac{1}{n}\right).$$

Portant dans l'expression (15) on voit finalement que, lorsque n tend vers $+\infty$, $T_p(n)$ a une limite $R_p(x, y)$ et que l'on peut écrire

$$\log \Gamma(x) - g(x) \equiv \log \Gamma(y) - g(y) + R_p(x, y) \pmod{2\pi i}$$

en posant

$$g(x) = x \log x - x - \tfrac{1}{2} \log x + \sum_{k=1}^{p} \frac{b_{2k}}{2k(2k-1)} \frac{1}{x^{2k-1}}. \tag{17}$$

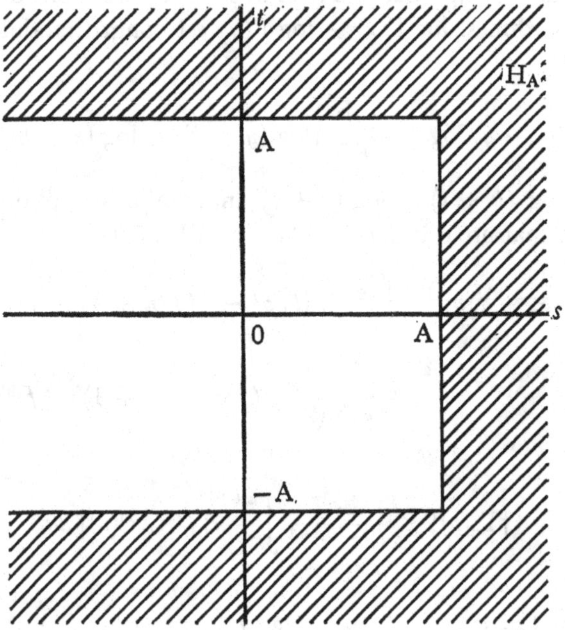

Fig. 2

Nous allons maintenant évaluer une borne supérieure de $R_p(x, y)$ à l'aide de l'inégalité (16), en supposant que x et y soient tous deux dans la partie H_A de $\mathbf{C}$ définie par la relation « $\mathscr{R}(z) \geqslant A$ ou $|\mathscr{I}(z)| \geqslant A$ », où A est un nombre >0 arbitraire (fig. 2). Remarquons pour cela que si $x = s + it$ avec $s > A$, on a $|x + u| \geqslant A + u$ pour tout $u > 0$ et par suite

$$\int_0^{n+1} \frac{du}{|x + u|^{2p+1}} \leqslant \int_0^{\infty} \frac{du}{(A + u)^{2p+1}} = \frac{1}{2pA^{2p}}.$$

De même, si $|t| \geqslant A$, on a $|x + u| = |s + u + it| \geqslant \sqrt{A^2 + (s + u)^2}$ pour tout u réel, d'où

$$\int_0^{n+1} \frac{du}{|x+u|^{2p+1}} \leqslant \int_{-\infty}^{+\infty} \frac{du}{(A^2 + u^2)^{p+1/2}} = \frac{2}{A^{2p}} \int_0^{\infty} \frac{dv}{(1+v^2)^{p+1/2}}.$$

On voit donc que, lorsque x et y sont dans H_A, on a

$$|R_p(x, y)| \leqslant \frac{C_p}{A^{2p}}$$

où C_p ne dépend que de p. Soit alors $\mathfrak{F}$ le filtre ayant pour base les ensembles H_A; le critère de Cauchy montre que, suivant le filtre $\mathfrak{F}$, la fonction $\log \Gamma(z) - g(z)$ *a une limite finie* δ (modulo $2\pi i$) et que, si on pose $\omega(z) = \max(\mathscr{R}(z), |\mathscr{I}(z)|)$, on a

$$\log \Gamma(z) - g(z) - \delta \equiv O\left(\frac{1}{(\omega(z))^{2p}}\right) \quad (\text{mod. } 2\pi i). \tag{18}$$

Pour x réel et >0, on a $\Gamma(x) > 0$, et $g(x)$ est réel, donc on peut supposer δ *réel*, et on a

$$\log \Gamma(x) = g(x) + \delta + O\left(\frac{1}{x^{2p}}\right).$$

Nous allons en déduire la valeur de la constante δ; d'après la prop. 2 de VII, p. 14, appliquée pour $p = 2$, on a, pour x réel tendant vers $+\infty$

$$\frac{x-1}{2}\log\frac{x}{2} - \frac{x}{2} + \frac{x}{2}\log\frac{x+1}{2} - \frac{x+1}{2} + 2\delta$$
$$= x\log x - x - \tfrac{1}{2}\log x + (\tfrac{1}{2} - x)\log 2 + \tfrac{1}{2}\log 2\pi + \delta + o(1)$$

d'où on tire aisément $\delta = \frac{1}{2}\log 2\pi$. On a donc finalement le résultat suivant:

Proposition 4. — *Suivant le filtre* $\mathfrak{F}$, *on a (pour tout entier* $p \geqslant 1$*) le développement asymptotique*

$$\log \Gamma(z) \equiv z\log z - z - \tfrac{1}{2}\log z + \tfrac{1}{2}\log 2\pi + \sum_{k=1}^{p} \frac{b_{2k}}{2k(2k-1)} \frac{1}{z^{2k-1}} + O\left(\frac{1}{(\omega(z))^{2p}}\right) \quad (\text{mod. } 2\pi i) \tag{19}$$

(*développement de Stirling*).

Corollaire. — *Suivant le filtre* $\mathfrak{F}$, *on a*

$$\Gamma(z) \sim \sqrt{2\pi}\exp(z\log z - z - \tfrac{1}{2}\log z). \tag{20}$$

En particulier, pour x réel et tendant vers $+\infty$, la formule (20) s'écrit

$$\Gamma(x) \sim \sqrt{2\pi}x^{x-1/2}e^{-x}, \tag{21}$$

d'où pour n entier tendant vers $+\infty$

$$n! \sim \sqrt{2\pi}\, n^{n+1/2} e^{-n}$$

(cf. V, p. 34).

On déduit de là de nombreuses formules. Par exemple, pour tout nombre complexe α et tout entier n, on a, lorsque n tend vers $+\infty$

$$\frac{\Gamma(n+\alpha)}{\Gamma(n)} \sim n^{\alpha} \ (= e^{\alpha \log n}). \tag{22}$$

De même, pour tout nombre complexe a distinct d'un entier $\leqslant 0$, on a

$$a(a+1)(a+2)\ldots(a+n) = \frac{\Gamma(n+a+1)}{\Gamma(a)} \sim \frac{\sqrt{2\pi}}{\Gamma(a)} n^{n+a+1/2} e^{-n} \tag{23}$$

et pour nombre complexe a, distinct d'un entier $\geqslant 0$

$$\binom{a}{n} = \frac{(-1)^n}{\Gamma(-a)} \frac{\Gamma(n-a)}{\Gamma(n+1)} \sim \frac{(-1)^n}{\Gamma(-a)} n^{-a-1}. \tag{24}$$

Enfin, pour toute constante réelle $k > 1$, on a

$$\binom{kn}{n} = \frac{\Gamma(kn+1)}{\Gamma(n+1)\Gamma((k-1)n+1)} \sim \sqrt{\frac{k}{2\pi(k-1)n}} \left(\frac{k^k}{(k-1)^{k-1}}\right)^n, \tag{25}$$

Le même raisonnement conduit à la proposition analogue suivante:

PROPOSITION 5. — *Suivant le filtre $\mathfrak{F}$, on a (pour tout entier $p \geqslant 1$), le développement asymptotique*

$$\frac{\Gamma'(z)}{\Gamma(z)} = \log z - \frac{1}{2z} - \sum_{k=1}^{p} \frac{b_{2k}}{2k} \frac{1}{z^{2k}} + O\left(\frac{1}{(\omega(z))^{2p+1}}\right). \tag{26}$$

Au lieu de la prop. 2 de VII, p. 14, on utilise pour la détermination de la constante la formule

$$\int_{x}^{x+1} \frac{\Gamma'(t)}{\Gamma(t)} dt = \log \Gamma(x+1) - \log \Gamma(x) = \log x.$$

Exercices

§ 1

¶ 1) Soit g une fonction réglée et > 0 dans $]0, +\infty[$.

a) Soient u, v deux fonctions croissantes dans $]0, +\infty[$, telles que $u(x + 1) - u(x) = v(x + 1) - v(x) = g(x)$ pour tout $x > 0$. Montrer que si $w = u - v$, on a

$$\sup_{0<x\leqslant y\leqslant 1} |w(y) - w(x)| \leqslant \inf_{x>0} g(x).$$

(Remarquer que, pour $a \leqslant x \leqslant y \leqslant a + 1$, on a $u(y) - u(x) \leqslant g(a)$.) En particulier, si $\inf_{x>0} g(x) = 0$, il existe au plus une solution croissante de l'équation $u(x + 1) - u(x) = g(x)$ prenant une valeur donnée en un point donné.

b) On suppose que g décroissante dans $]0, +\infty[$. Montrer la série

$$\varphi(x) = -g(x) + \sum_{n=1}^{\infty} (g(n) - g(x + n))$$

est absolument et uniformément convergente dans tout intervalle compact contenu dans $]0, +\infty[$; si $\lambda = \lim_{x\to+\infty} g(x)$, la fonction $u(x) = \varphi(x) + \lambda x$ est une solution croissante de l'équation $u(x + 1) - u(x) = g(x)$. Montrer que pour toute solution croissante v de cette équation, on a $v(y) - v(x) \geqslant \varphi(y) - \varphi(x)$ pour $0 < x < y$. Quelle est l'enveloppe supérieure (resp. inférieure) de l'ensemble des solutions croissantes de l'équation $u(x + 1) - u(x) = g(x)$ prenant une valeur donnée en un point donné? Montrer que, pour que cet ensemble se réduise à un seul élément, il faut et il suffit que $\lambda = 0$.

c) Montrer que si $g(x)$ est croissante et > 0 dans $[0, +\infty[$, il existe une infinité de solutions croissantes de l'équation $u(x + 1) - u(x) = g(x)$ qui prennent une valeur donnée en un point donné.

d) Soit $\psi(x)$ la fonction définie dans $]0, +\infty[$ par les conditions: $\psi(x) = 0$ pour $0 \leqslant x < 1$, $\psi(x) = 1$ pour $1 \leqslant x < 2$, $\psi(x) = n$ pour $n - 1 + \dfrac{1}{n-1} \leqslant x < n + \dfrac{1}{n}$ $(n \geqslant 2)$; soit $g(x) = \psi(x + 1) - \psi(x)$. Montrer que ψ est la seule solution croissante de l'équation

$$u(x + 1) - u(x) = g(x)$$

telle que $u(1) = 1$.

¶ 2) Soit g une fonction continue et croissante dans $]0, +\infty[$.

a) Montrer que si $\liminf_{x\to+\infty} g(x)/x = 0$, il existe au plus une solution convexe de l'équation $u(x + 1) - u(x) = g(x)$ prenant une valeur donnée en un point donné (remarquer que pour tout $h > 0$, la fonction $v(x) = u(x + h) - u(x)$ est une fonction croissante satisfaisant à l'équation $v(x + 1) - v(x) = g(x + h) - g(x)$, et appliquer l'exerc. 1 *a*)).

b) Montrer que si g est concave dans $]0, +\infty[$, il existe une solution convexe de l'équation $u(x + 1) - u(x) = g(x)$; pour qu'il existe une seule solution convexe de cette équation prenant une valeur donnée en un point donné, il faut et il suffit que $\lim_{x\to+\infty} g(x)/x = 0$ (cf. exerc. 1 *b*)).

c) On suppose désormais que g est croissante et concave dans $]0, +\infty[$, et que $\lim_{x\to+\infty} g(x)/x = 0$. Pour tout couple de nombres $h > 0$, $k > 0$, et toute fonction numérique finie f définie dans $]0, +\infty[$, on pose

$$\Delta(f(x); h, k) = \frac{f(x + h) - f(x)}{h} - \frac{f(x) - f(x - k)}{k}$$

pour $x > k$. Montrer que si u est une solution convexe de l'équation $u(x + 1) - u(x) = g(x)$, on a $\lim_{x \to +\infty} \Delta(u(x); h, k) = 0$ quels que soient $h > 0$ et $k > 0$ (utiliser l'expression de u'_a tirée de l'exerc. 1 *b*) de VII, p. 19).

d) Avec les notations de *c*), montrer qu'il existe une constante α telle que l'on ait $u(x) = v(x) + \alpha$, avec

$$v(x) = \int_1^x g(t)\, dt - \tfrac{1}{2} g(x) + \mathrm{R}(x)$$

où on a posé

$$\mathrm{R}(x) = \sum_{n=0}^{\infty} h(x+n), \qquad h(x) = \int_x^{x+1} g(t)\, dt - \tfrac{1}{2}\,(g(x+1) + g(x));$$

en outre, on a

$$0 \leqslant \mathrm{R}(x) \leqslant \tfrac{1}{2}(g(x + \tfrac{1}{2}) - g(x)).$$

(Remarquer que $v(x+1) - v(x) = g(x)$, et que $\lim_{x \to +\infty} \Delta(v(x); h, k) = 0$ quels que soient $h > 0$ et $k > 0$.)

3) *a*) Soit g une fonction définie et admettant une dérivée k-ème continue dans $]0, +\infty[$, telle que $g^{(k)}$ soit décroissante dans cet intervalle et que $\lim_{x \to +\infty} g^{(k)}(x) = 0$. Montrer qu'il existe une solution et une seule u de l'équation $u(x+1) - u(x) = g(x)$ qui admette dans $]0, +\infty[$ une dérivée k-ème croissante et prenne une valeur donnée en un point donné (utiliser l'exerc. 1 *b*)).

b) Soit α un nombre réel quelconque. Soit S_α la fonction définie dans $]0, +\infty[$, satisfaisant à la relation

$$\mathrm{S}_\alpha(x+1) - \mathrm{S}_\alpha(x) = x^\alpha$$

telle que $\mathrm{S}_\alpha(1) = 0$, et en outre telle que la dérivée de S_α d'ordre égal à la partie entière de $(\alpha + 1)^+$ soit croissante (fonction qui est unique d'après *a*)). Montrer que l'on a

$$\mathrm{S}'_\alpha(x) - \mathrm{S}'_\alpha(1) = \alpha \mathrm{S}_{\alpha-1}(x),$$

et

$$\mathrm{S}_\alpha\left(\frac{x}{p}\right) + \mathrm{S}_\alpha\left(\frac{x+1}{p}\right) + \cdots + \mathrm{S}_\alpha\left(\frac{x+p-1}{p}\right) = \frac{1}{p^\alpha}\,\mathrm{S}_\alpha(x) + \mathrm{C}_\alpha$$

pour tout entier $p \geqslant 1$, où C_α est une constante qui, lorsque $\alpha \neq -1$, est égale à

$$\left(\frac{1}{p^\alpha} - p\right) \frac{\mathrm{S}'_{\alpha+1}(1)}{\alpha + 1}$$

(cf. VII, p. 14, prop. 2 et VI, p. 23, exerc. 3).

4) Montrer que la fonction $f(x) = \dfrac{1}{\sqrt{2}} \dfrac{\Gamma(x/2)}{\Gamma\left(\dfrac{x+1}{2}\right)}$ est la seule solution convexe de l'équation $u(x+1) = 1/xu(x)$ (remarquer que cette équation entraîne $u(x+2) = \dfrac{x}{x+1}\, u(x)$, et appliquer l'exerc. 1 *a*)).

5) Généraliser les lemmes 1 et 2 de VII, p. 6 et 7 aux fonctions logarithmiquement convexes quelconques (cf. I, p. 51, exerc. 2). Montrer que toute fonction logarithmiquement convexe est convexe.

6) Soit $\psi(x) = \Gamma'(x)/\Gamma(x)$; pour tout entier $q > 1$ et tout entier k tel que $1 \leqslant k \leqslant q - 1$, démontrer les formules

$$\sum_{p=1}^{q} \psi\left(\frac{p}{q}\right) \exp\left(\frac{2pk\pi i}{q}\right) = -q \sum_{n=1}^{\infty} \frac{1}{n} \exp\left(\frac{2nk\pi i}{q}\right) = q \log\left(1 - \exp\frac{2k\pi i}{q}\right).$$

(Utiliser la formule (9) de VII, p. 3.)

§ 2

¶1) *a*) Soit g une fonction numérique continue pour $x \geqslant 0$. Montrer que si g vérifie les deux identités

$$\sum_{k=0}^{p-1} g\left(\frac{x+k}{p}\right) = g(x)$$

$$\sum_{h=0}^{q-1} g\left(\frac{x+h}{q}\right) = g(x)$$

elle vérifie aussi l'identité

$$\sum_{j=0}^{pq-1} g\left(\frac{x+j}{pq}\right) = g(x).$$

b) En déduire que si une fonction g a une dérivée continue pour $x \geqslant 0$ et vérifie l'identité

$$\sum_{k=0}^{p-1} g\left(\frac{x+k}{p}\right) = g(x)$$

elle est de la forme $a(x - \frac{1}{2})$, où a est une constante (remarquer que g vérifie une identité analogue, où p est remplacé par p^n; faire tendre n vers $+\infty$, et en déduire que $g'(x) = \int_0^1 g'(t)\, dt$).

c) Conclure de *b*) que la fonction Γ est la seule fonction ayant une dérivée continue pour $x > 0$, vérifiant l'équation (1) de VII, p. 1, et la formule de multiplication (12) de VII, p. 14, pour une valeur de p.

2) Pour tout nombre entier $k > 1$, on pose $S_k = \sum_{n=1}^{\infty} n^{-k}$. Démontrer que, pour $-1 < x \leqslant 1$, on a

$$\log \Gamma(1+x) = -\gamma x + \sum_{k=2}^{\infty} (-1)^k \frac{S_k}{k} x^k$$

la série du second membre étant uniformément convergente dans tout intervalle compact contenu dans $]-1, 1]$, et absolument convergente pour $|x| < 1$.

3) Soit s un nombre réel fixe; montrer que lorsque t tend vers $+\infty$ ou vers $-\infty$, on a

$$|\Gamma(s+it)| \sim \sqrt{2\pi}|t|^{s-\frac{1}{2}} e^{-(\pi/2)|t|}$$

et

$$\frac{\Gamma'(s+it)}{\Gamma(s+it)} \sim \log|t|.$$

4) Soit t un nombre réel fixe et $\neq 0$; montrer que lorsque s tend vers $+\infty$, on a

$$|\Gamma(-s+it)| \sim \sqrt{\frac{\pi}{2}} \left(s^{s+\frac{1}{2}} e^{-s} \sqrt{\operatorname{sh}^2 \pi t + \sin^2 \pi s}\right)^{-1}$$

(utiliser la relation des compléments).

5) Soit x_n la racine de l'équation $\Gamma'(x) = 0$ appartenant à l'intervalle $]-n, -n+1[$. Montrer que l'on a

$$x_n = -n + \frac{1}{\log n} + O\left(\frac{1}{(\log n)^2}\right)$$

(utiliser la relation des compléments et la formule (5) de VII, p. 12). En déduire que

$$\Gamma(x_n) \sim \frac{(-1)^n}{\sqrt{2\pi}} n^{-n-\frac{1}{2}} e^{n+1} \log n.$$

6) Soit V_n le déterminant de Vandermonde $V(1, 2, \ldots, n)$ (A, III, p. 99) Montrer que l'on a

$$\log V_n = \frac{n^2}{2}\log n - \frac{3n^2}{4} + \left(\frac{1}{2}\log 2\pi - \frac{1}{4}\right)n - \frac{1}{12}\log n + k + O\left(\frac{1}{n}\right)$$

où k est une constante.

NOTE HISTORIQUE

(N.-B. — Les chiffres romains renvoient à la bibliographie placée à la fin de cette note.)

L'idée d' « interpoler » une suite (u_n) par les valeurs d'une intégrale dépendant d'un paramètre réel λ et égale à u_n pour $\lambda = n$, remonte à Wallis (III, p. 55). C'est cette idée qui guide principalement Euler lorsque, en 1730 ((I), t. XIV, p. 1–24), il se propose d'interpoler la suite des factorielles. Il commence par remarquer que $n!$ est égal au produit infini $\prod_{k=1}^{\infty} \left(\frac{k+1}{k}\right)^n \frac{k}{k+n}$, que ce produit est défini pour toute valeur de n (entière ou non), et qu'en particulier, pour $n = \frac{1}{2}$, il prend la valeur $\frac{1}{2}\sqrt{\pi}$ d'après la formule de Wallis. L'analogie de ce résultat avec ceux de Wallis le conduit alors à reprendre l'intégrale

$$\int_0^1 x^e(1 - x)^n \, dx$$

(n entier, e quelconque), déjà considérée par ce dernier. Euler en obtient la valeur $\frac{n!}{(e+1)(e+2)\dots(e+n)}$ par le développement du binôme; un changement de variables lui montre alors que $n!$ est la limite, pour z tendant vers 0, de l'intégrale $\int_0^1 \left(\frac{1 - x^z}{z}\right)^n dx$, d'où la « seconde intégrale eulérienne »

$$n! = \int_0^1 \left(\log \frac{1}{x}\right)^n dx;$$

par la même méthode, et l'usage de la formule de Wallis, il obtient la formule $\int_0^1 \sqrt{\log 1/x} \, dx = \frac{1}{2}\sqrt{\pi}$. Dans ses travaux ultérieurs, Euler revient fréquemment à ces intégrales; il découvre ainsi la relation des compléments ((I), t. XV, p. 82 et t. XVII, p. 342), la formule $\mathrm{B}(p, q) = \Gamma(p)\Gamma(q)/\Gamma(p + q)$ ((I), t. XVII, p. 355), et le cas particulier de la formule de Legendre-Gauss correspondant à $x = 1$ ((I), t. XIX, p. 483); le tout bien entendu sans l'inquiéter de questions de convergence.

Gauss poursuit l'étude de la fonction Γ à l'occasion de ses recherches sur la fonction hypergéométrique, dont la fonction Γ est un cas limite (II); c'est au cours de ces recherches qu'il obtient la formule générale de multiplication (déjà remarquée par Legendre peu auparavant pour $p = 2$). Les travaux ultérieurs sur Γ ont surtout porté sur le prolongement de cette fonction au domaine complexe. Ce n'est que récemment que l'on s'est aperçu que la propriété de convexité logarithmique caractérisait $\Gamma(x)$ (dans le domaine réel) à un facteur près parmi toutes les solutions de l'équation fonctionnelle $f(x + 1) = xf(x)$ (III); et Artin a montré (IV) comment on peut rattacher simplement tous les résultats classiques sur $\Gamma(x)$ à cette propriété. Nous avons suivi d'assez près son exposé

BIBLIOGRAPHIE

(I) L. EULER, *Opera omnia*, Leipzig-Berlin (Teubner): t. XIV (1924), t. XV (1927), t. XVII (1915) et t. XIX (1932).

(II) C. F. GAUSS, *Werke*, t. III, Göttingen, 1866.

(III) H. BOHR und J. MOLLERUP, *Laerebog i matematisk Analyse*, t. III, Kopenhagen, 1922, p. 149–164.

(IV) E. ARTIN, *Einführung in die Theorie der Gammafunktion*, Leipzig (Teubner), 1931.

INDEX DES NOTATIONS

INDEX TERMINOLOGIQUE

TABLE DES MATIÈRES